中外物理学精品书系

本书出版得到“国家出版基金”资助

中 外 物 理 学 精 品 书 系

前 沿 系 列 · 11

物理学中的非线性方程

(第二版)

刘式适 刘式达 著

图书在版编目(CIP)数据

物理学中的非线性方程/刘式适,刘式达著. —2 版. —北京:北京大学出版社,2012.3

(中外物理学精品书系)

ISBN 978-7-301-20168-8

Ⅰ.①物… Ⅱ.①刘… ②刘… Ⅲ.①物理学-非线性方程 Ⅳ.①O415

中国版本图书馆 CIP 数据核字(2012)第 018128 号

书　　　名:物理学中的非线性方程(第二版)

著作责任者:刘式适　刘式达　著

责 任 编 辑:王剑飞

标 准 书 号:ISBN 978-7-301-20168-8/O·0864

出 版 发 行:北京大学出版社

地　　　址:北京市海淀区成府路 205 号　100871

网　　　址:http://www.pup.cn

电　　　话:邮购部 62752015　发行部 62750672　编辑部 62765014

出版部 62754962

电 子 邮 箱:zpup@pup.pku.edu.cn

印　刷　者:北京大学印刷厂

经　销　者:新华书店

730 毫米×980 毫米　16 开本　26 印张　495 千字

2000 年 7 月第 1 版

2012 年 3 月第 2 版　2018 年 9 月第 2 次印刷

定　　　价:68.00 元

Nonlinear Equations in Physics

(Second Edition)

Liu Shikuo, Liu Shida

Peking University Press

《中外物理学精品书系》
编 委 会

序　　言

物理学是研究物质、能量以及它们之间相互作用的科学.她不仅是化学、生命、材料、信息、能源和环境等相关学科的基础,同时还是许多新兴学科和交叉学科的前沿.在科技发展日新月异和国际竞争日趋激烈的今天,物理学不仅囿于基础科学和技术应用研究的范畴,而且在社会发展与人类进步的历史进程中发挥着越来越关键的作用.

我们欣喜地看到,改革开放三十多年来,随着中国政治、经济、教育、文化等领域各项事业的持续稳定发展,我国物理学取得了跨越式的进步,做出了很多为世界瞩目的研究成果.今日的中国物理正在经历一个历史上少有的黄金时代.

在我国物理学科快速发展的背景下,近年来物理学相关书籍也呈现百花齐放的良好态势,在知识传承、学术交流、人才培养等方面发挥着无可替代的作用.从另一方面看,尽管国内各出版社相继推出了一些质量很高的物理教材和图书,但系统总结物理学各门类知识和发展,深入浅出地介绍其与现代科学技术之间的渊源,并针对不同层次的读者提供有价值的教材和研究参考,仍是我国科学传播与出版界面临的一个极富挑战性的课题.

为有力推动我国物理学研究、加快相关学科的建设与发展,特别是展现近年来中国物理学者的研究水平和成果,北京大学出版社在国家出版基金的支持下推出了《中外物理学精品书系》,试图对以上难题进行大胆的尝试和探索.该书系编委会集结了数十位来自内地和香港顶尖高校及科研院所的知名专家学者.他们都是目前该领域十分活跃的专家,确保了整套丛书的权威性和前瞻性.

这套书系内容丰富,涵盖面广,可读性强,其中既有对我国传统物理学发展的梳理和总结,也有对正在蓬勃发展的物理学前沿的全面展示;既引进和介绍了世界物理学研究的发展动态,也面向国际主流领域传播中国物理的优秀专著.可以说,《中外物理学精品书系》力图完整呈现近现代世界和中国物理科学发展的全貌,是一部目前国内为数不多的兼具学术价值和阅读乐趣的经典物理丛书.

《中外物理学精品书系》另一个突出特点是,在把西方物理的精华要义"请进来"的同时,也将我国近现代物理的优秀成果"送出去".物理学科在世界范围内的重要性不言而喻,引进和翻译世界物理的经典著作和前沿动态,可以满足当前国内物理教学和科研工作的迫切需求.另一方面,改革开放几十年来,我国的物理学研究取得了长足发展,一大批具有较高学术价值的著作相继问世.这套丛书首次将一些中国物理学者的优秀论著以英文版的形式直接推向国际相关研究的主流领域,使世界对中国物理学的过去和现状有更多的深入了解,不仅充分展示出中国物理学研究和积累的"硬实力",也向世界主动传播我国科技文化领域不断创新的"软实力",对全面提升中国科学、教育和文化领域的国际形象起到重要的促进作用.

值得一提的是,《中外物理学精品书系》还对中国近现代物理学科的经典著作进行了全面收录.20世纪以来,中国物理界诞生了很多经典作品,但当时大都分散出版,如今很多代表性的作品已经淹没在浩瀚的图书海洋中,读者们对这些论著也都是"只闻其声,未见其真".该书系的编者们在这方面下了很大工夫,对中国物理学科不同时期、不同分支的经典著作进行了系统的整理和收录.这项工作具有非常重要的学术意义和社会价值,不仅可以很好地保护和传承我国物理学的经典文献,充分发挥其应有的传世育人的作用,更能使广大物理学人和青年学子切身体会我国物理学研究的发展脉络和优良传统,真正领悟到老一辈科学家严谨求实、追求卓越、博大精深的治学之美.

温家宝总理在2006年中国科学技术大会上指出,"加强基础研究是提升国家创新能力、积累智力资本的重要途径,是我国跻身世界科技强国的必要条件".中国的发展在于创新,而基础研究正是一切创新的根本和源泉.我相信,这套《中外物理学精品书系》的出版,不仅可以使所有热爱和研究物理学的人们从中获取思维的启迪、智力的挑战和阅读的乐趣,也将进一步推动其他相关基础科学更好更快地发展,为我国今后的科技创新和社会进步做出应有的贡献.

《中外物理学精品书系》编委会　主任

中国科学院院士,北京大学教授

王恩哥

2010年5月于燕园

内容简介

自20世纪60年代以来，非线性科学取得了飞速的发展，与此相应，物理学中的非线性方程的求解也日趋丰富. 本书着重介绍在物理学中广泛遇到的非线性方程(包括非线性常微分方程、非线性偏微分方程、非线性差分方程和函数方程)的求解(解析解)和求解方法.

非线性方程的求解内容丰富，涉及数学的许多领域. 本书力求用一种相对简单的方法去说明，让读者把它作为一个应用数学的范畴去了解，以便在物理学的各个分支领域中去应用.

全书共分10章. 第1章普遍地给出物理学中的一些非线性方程. 第2章从物理学角度去定性分析一些非线性方程，并从中说明一些非线性的概念. 第3章给出一些经典的非线性常微分方程、差分方程和函数方程的求解. 第4～10章分别介绍试探函数法(含Adomian分解法)，摄动法(含幂级数展开法)，行波解、双曲函数和Jacobi椭圆函数展开法(含守恒律、Lamé函数和多级行波解)，相似变换和自相似解，特殊变换法(含WTC方法和Hirota方法)，散射反演法(含Darboux变换)以及Bäcklund变换. 附录A,B,C分别列出了线性常微分方程、自治系统、椭圆积分和椭圆函数的一些必备的知识. 附录D为各章的问题与思考.

本书包含作者十多年来的研究成果，可作为理工科研究生的教材或参考书，也可供理工科大学教师、高年级学生和科技人员阅读参考.

第二版前言

《物理学中的非线性方程》已出版 10 年，不少研究生和其他读者反映，这本书便于学习且较为实用，内容丰富也容易深入；从这本书的学习中他们熟知了不少非线性方程的求解方法，而且激发了对非线性方程的众多问题的兴趣.

借《中外物理学精品书系》面世之际，本书推出了第二版，一方面修正了第一版中的一些错误，另一方面又补充了近 10 年来这方面新的研究进展. 事实上，自第一版出版以来，笔者就感到第一版的不足，而且也收到了读者许多有益的反馈.

本书第二版增加了一些新的内容，如关于 Euler 方程组和 Lorenz 方程组的定性分析，又如 Adomian 分解法、WTC 方法、双曲函数展开法和 Jacobi 椭圆函数展开法等. 同时，第二版删除了第一版中个别重复的部分，整体结构仍保持 10 章，但为了便于从物理学问题去认识非线性科学，笔者将第一版中的第 2 章和第 3 章作了对调，并对第 3 章、第 6 章和第 8 章相对修改较多. 此外，各章的习题作为“问题与思考”均编入附录 D.

随着我国经济和科技教育事业的蓬勃发展，笔者相信，这本书的第二版必将满足广大读者的需要，也会促进笔者和同行们所从事的教学科研工作的发展.

在本书作为《中外物理学精品书系》中的“物理学前沿系列”的出版之际，笔者在此感谢北京大学及其他高等学校老师和学生的帮助，特别要感谢《中外物理学精品书系》编委会主任王恩哥院士以及执行编委张酣教授和秘书陈小红的热情支持和大力协助. 笔者在此也对北京大学出版社的支持和王剑飞编辑的辛勤劳动表示由衷的谢意.

刘式适　刘式达

2011 年 4 月 12 日于北京大学物理学院

第一版前言

随着非线性科学研究的进展，非线性方程（包括非线性常微分方程、非线性偏微分方程、非线性差分方程和函数方程等）的求解成为广大物理学、力学、地球科学、生命科学、应用数学和工程技术科学工作者研究非线性问题所不可缺少的.

本书是我们在北京大学从事非线性课程教学和科研近 20 年的结晶. 我们希望研究生和其他读者比较容易地理解和掌握在物理学中广泛遇到的非线性方程的求解，并由此更深入地了解非线性方程和解的主要特征.

本书着重论述用解析的方法求解非线性方程. 由于非线性方程无统一的求解方法，况且，它更多地属于应用数学的范畴，因而，我们采用了不同于一般非线性方程专著中的系统，即不从群分析或变换群的方法去论述，而是尽量用易于理解的一种变换方法去说明. 而且着重从具体的非线性方程出发论述其求解方法，并从求解中去说明非线性科学中的一些概念和术语.

全书共分 10 章. 第 1 章普遍地给出一些物理学中的非线性方程. 第 2 章给出经典的一些非线性常微分方程、差分方程和函数方程的求解. 第 3 章从物理角度去定性分析一些非线性方程，并从中说明一些非线性的概念. 第 4 章到第 10 章分别介绍试探函数法、摄动法（含级数展开法）、行波解（着重介绍椭圆余弦波和孤立波解）、相似变换和自相似解、特殊变换法、散射反演法和 Bäcklund 变换. 附录 A，B 和 C 分别列出了线性常微分方程、自治系统、椭圆积分和椭圆函数的一些必备的知识，便于读者查阅.

非线性方程的求解内容十分丰富，并饶有兴味，限于作者的水平，本书难免有许多不妥甚至错误，敬请读者给予批评和指正.

最后，作者衷心感谢高崇寿教授、郝柏林教授、郭柏林教授、周月梅编审和审稿人的热情支持和诚恳帮助，在此向他们表示感谢.

刘式适　刘式达

1999 年 4 月 12 日于北京大学

目　　录

第 1 章　物理学中的非线性方程 …… (1)

§1.1　非线性常微分方程 …… (1)

§1.2　非线性偏微分方程 …… (7)

§1.3　非线性差分方程 …… (14)

§1.4　函数方程 …… (16)

第 2 章　非线性方程的定性分析 …… (19)

§2.1　Logistic 方程 …… (19)

§2.2　Landau 方程 …… (21)

§2.3　Lotka-Volterra 方程 …… (23)

§2.4　无阻尼的单摆运动方程 …… (25)

§2.5　有阻尼的单摆运动方程 …… (32)

§2.6　van der Pol 方程 …… (34)

§2.7　Duffing 方程 …… (39)

§2.8　Euler 方程组 …… (43)

§2.9　Lorenz 方程组 …… (45)

第 3 章　经典的非线性方程的求解 …… (48)

§3.1　等尺度方程和尺度不变方程 …… (48)

§3.2　经典的一阶非线性方程 …… (50)

§3.3　椭圆方程 …… (58)

§3.4　经典的二阶非线性方程 …… (80)

§3.5　Painleve 方程 …… (83)

§3.6　Euler 方程组 …… (90)

§3.7　差分方程 …… (93)

§3.8　函数方程 …… (99)

第 4 章　试探函数法 …… (104)

§4.1　幂试探函数 …… (104)

§4.2 三角试探函数 …………………………………………………… (106)
§4.3 指数试探函数 …………………………………………………… (107)
§4.4 微扰法 …………………………………………………………… (118)
§4.5 Adomian 分解法 ………………………………………………… (120)

第5章 摄动法 ………………………………………………………… (125)
§5.1 正则摄动法 ……………………………………………………… (125)
§5.2 多尺度方法 ……………………………………………………… (127)
§5.3 PLK(Poincare-Lighthill-Kuo)方法 ………………………… (132)
§5.4 平均值方法 ……………………………………………………… (135)
§5.5 KBM(Krylov-Bogoliubov-Mitropolski)方法 ……………… (137)
§5.6 约化摄动法 ……………………………………………………… (138)
§5.7 幂级数展开法 …………………………………………………… (145)

第6章 行波解、双曲函数和 Jacobi 椭圆函数展开法 ……………… (153)
§6.1 行波解 …………………………………………………………… (153)
§6.2 双曲函数展开法 ………………………………………………… (183)
§6.3 Jacobi 椭圆函数展开法 ………………………………………… (187)
§6.4 守恒律 …………………………………………………………… (202)
§6.5 扩展的行波解和 Jacobi 椭圆函数展开法 ……………………… (208)
§6.6 Lamé 函数和多级行波解 ………………………………………… (212)

第7章 相似变换和自相似解 ………………………………………… (222)
§7.1 活动奇点和 Painleve 性质 ……………………………………… (222)
§7.2 相似变换和自相似解 …………………………………………… (225)
§7.3 Burgers 方程 …………………………………………………… (228)
§7.4 KdV 方程 ………………………………………………………… (230)
§7.5 mKdV 方程 ……………………………………………………… (232)
§7.6 正弦-Gordon 方程 ……………………………………………… (233)
§7.7 浅水方程组 ……………………………………………………… (234)

第8章 特殊变换法 …………………………………………………… (238)
§8.1 特征线方法 ……………………………………………………… (238)
§8.2 因变量或自变量变换 …………………………………………… (247)
§8.3 Cole-Hopf 变换 ………………………………………………… (263)
§8.4 推广的 Cole-Hopf 变换 ………………………………………… (265)

§8.5　WTC(Weiss-Tabor-Carnevale)方法 …………………… (269)
§8.6　Hirota 方法 …………………… (274)

第 9 章　散射反演法 …………………… (279)
§9.1　GGKM(Gardner-Greene-Kruskal-Miura)变换 …………………… (279)
§9.2　Schrödinger 方程势场的孤立子解 …………………… (280)
§9.3　散射反演法 …………………… (283)
§9.4　KdV 方程的单孤立子解 …………………… (294)
§9.5　KdV 方程的双孤立子解 …………………… (296)
§9.6　Lax 方程 …………………… (300)
§9.7　AKNS(Ablowitz-Kaup-Newell-Segur)方法 …………………… (302)

第 10 章　Bäcklund 变换 …………………… (311)
§10.1　Bäcklund 变换 …………………… (311)
§10.2　正弦-Gordon 方程 …………………… (315)
§10.3　KdV 方程 …………………… (320)
§10.4　Darboux 变换 …………………… (325)
§10.5　Boussinesq 方程 …………………… (327)

附录 A　线性常微分方程 …………………… (335)
附录 B　自治系统 …………………… (341)
附录 C　椭圆积分和椭圆函数 …………………… (346)
附录 D　问题与思考 …………………… (351)
参考文献 …………………… (391)

Contents

Chapter 1 Nonlinear equations in physics ······ (1)
§ 1.1 Nonlinear ordinary differential equations ······ (1)
§ 1.2 Nonlinear partial differential equations ······ (7)
§ 1.3 Nonlinear difference equations ······ (14)
§ 1.4 Functional equations ······ (16)

Chapter 2 Qualitative analysis of nonlinear equations ······ (19)
§ 2.1 Logistic equation ······ (19)
§ 2.2 Landau equation ······ (21)
§ 2.3 Lotka-Volterra equation ······ (23)
§ 2.4 Undamped simple pendulum equation of motion ······ (25)
§ 2.5 Damped simple pendulum equation of motion ······ (32)
§ 2.6 van der Pol equation ······ (34)
§ 2.7 Duffing equation ······ (39)
§ 2.8 Euler equations ······ (43)
§ 2.9 Lorenz equations ······ (45)

Chapter 3 Solving classical nonlinear equations ······ (48)
§ 3.1 Equidimensional equations and scale invariant equations ······ (48)
§ 3.2 Classical nonlinear equations of first-order ······ (50)
§ 3.3 Elliptic equations ······ (58)
§ 3.4 Classical nonlinear equations of second-order ······ (80)
§ 3.5 Painleve equations ······ (83)
§ 3.6 Euler equations ······ (90)
§ 3.7 Difference equations ······ (93)
§ 3.8 Functional equations ······ (99)

Chapter 4 Trial function methods ······ (104)
§ 4.1 Power trial functions ······ (104)

§4.2 Trigonometric trial functions ······ (106)
§4.3 Exponential trial functions ······ (107)
§4.4 Perturbation methods ······ (118)
§4.5 Adomian decomposition methods ······ (120)

Chapter 5 Perturbation expansion methods ······ (125)
§5.1 Regular perturbation expansion methods ······ (125)
§5.2 Maltiple scales methods ······ (127)
§5.3 PLK (Poincare-Lighthill-Kuo) methods ······ (132)
§5.4 Averaging methods ······ (135)
§5.5 KBM (Krylov-Bogoliubov-Mitropolski) methods ······ (137)
§5.6 Reductive perturbation expansion methods ······ (138)
§5.7 Power series expansion methods ······ (145)

Chapter 6 Travelling wave solutions, hyperbolic function expansion methods and Jacobi elliptic function expansion methods ······ (153)
§6.1 Travelling wave solutions ······ (153)
§6.2 Hyperbolic function expansion methods ······ (183)
§6.3 Jacobi elliptic function expansion methods ······ (187)
§6.4 Conservation laws ······ (202)
§6.5 Extended travelling wave solutions and extended Jacobi elliptic function expansion methods ······ (208)
§6.6 Lamé functions and multi-order travelling wave solutions ······ (212)

Chapter 7 Similarity transformations and self-similarity solutions ······ (222)
§7.1 Movable singular points and Painleve properties ······ (222)
§7.2 Similarity transformations and self-similarity solutions ······ (225)
§7.3 Burgers equation ······ (228)
§7.4 KdV equation ······ (230)
§7.5 mKdV equation ······ (232)
§7.6 sine-Gordon equation ······ (233)
§7.7 Shallow water equations ······ (234)

Chapter 8 Special transformation methods ······ (238)
§8.1 Characteristics methods ······ (238)
§8.2 Dependent or independent variables transformations ······ (247)

§ 8. 3 Cole-Hopf transformation …… (263)
§ 8. 4 Extended Cole-Hopf transformation …… (265)
§ 8. 5 WTC (Weiss-Tabor-Carnevale) methods …… (269)
§ 8. 6 Hirota methods …… (274)

Chapter 9 Inverse scattering methods …… (279)
§ 9. 1 GGKM (Gardner-Greene-Kruskal-Muira) transformation …… (279)
§ 9. 2 Soliton solutions of potentials in Schrödinger equation …… (280)
§ 9. 3 Inverse scattering methods …… (283)
§ 9. 4 One-soliton solution of KdV equation …… (294)
§ 9. 5 Two-soliton solution of KdV equation …… (296)
§ 9. 6 Lax equations …… (300)
§ 9. 7 AKNS (Ablowitz-Kaup-Newell-Segur) methods …… (302)

Chapter 10 Bäcklund transformations …… (311)
§ 10. 1 Bäcklund transformations …… (311)
§ 10. 2 Sine-Gordon equation …… (315)
§ 10. 3 KdV equation …… (320)
§ 10. 4 Darboux transformations …… (325)
§ 10. 5 Boussinesq equation …… (327)

Appendix A Linear ordinary differential equations …… (335)
Appendix B Autonomous systems …… (341)
Appendix C Elliptic integrals and elliptic functions …… (346)
Appendix D Problems and thoughts …… (351)
References …… (391)

第 1 章　物理学中的非线性方程

在物理学的众多问题中经常会遇到大量的能反映各种因子或各种物理量之间相互制约和相互依存关系的非线性方程，一般可以称为非线性演化方程(nonlinear evolution equations).

通常，物理学中的非线性方程包含非线性常微分方程(对未知函数及其导数都不全是线性的或一次式的常微分方程)、非线性偏微分方程(对未知函数及其偏导数都不全是线性的或一次式的偏微分方程)、非线性差分方程[又称为非线性映射(mapping)，它通常是非线性常微分方程或偏微分方程的离散形式，它对未知函数的 n 次迭代值都不全是线性的或一次式的]和函数方程(一个函数自身或多个函数之间满足的一个代数关系式). 当然，还有非线性微分-差分方程等.

自 20 世纪 60 年代以来，非线性科学飞跃发展，与此相应，物理学中的非线性方程的内容也日趋丰富. 尽管线性方程定解问题的适定性(存在性、唯一性和稳定性)在非线性方程中同样存在，但非线性方程的适定性问题要复杂得多，况且非线性方程有许多自身的特点，所以本书的重点放在非线性方程的物理分析、求解和求解方法上.

本章给出在各类非线性方程中人们经常用到的而且大多能求出解析解的一些非线性方程. 由于这些方程在物理学的各个分支中都可能遇到，而且叙述和推演不尽相同，因此，对这些方程的物理背景，我们只作一些简单的说明.

§1.1　非线性常微分方程

在物理学中广泛遇到的问题是非线性常微分方程，经常提到和用到的有：

1. 经典的一阶非线性方程

这类方程包含 Riccati 方程、Bernoulli 方程、Chrystal 方程、Abel 方程和椭圆方程等.

Riccati 方程的一般形式为

$$y' + p(x)y + q(x)y^2 + r(x) = 0, \tag{1.1.1}$$

其中 x 为自变量,y 为因变量,$y'\equiv\frac{\mathrm{d}y}{\mathrm{d}x}$,$p(x)$,$q(x)$和 $r(x)$是 x 的已知函数.

Bernoulli 方程的一般形式为

$$y'+p(x)y+q(x)y^m=0, \tag{1.1.2}$$

其中 m 为常数且要求 $m\neq0$ 和 $m\neq1$.

Chrystal 方程的一般形式为

$$y'^2+axy'+by+cx^2=0, \tag{1.1.3}$$

其中 a,b 和 c 是常数.

第一类 Abel 方程的一般形式为

$$y'+p(x)y+q(x)y^2+r(x)y^3+s(x)=0, \tag{1.1.4}$$

其中 $p(x)$,$q(x)$,$r(x)$和 $s(x)$是 x 的已知函数.

第二类 Abel 方程的一般形式为

$$[y+s(x)]y'+p(x)y+q(x)y^2+r(x)=0. \tag{1.1.5}$$

在一阶非线性常微分方程中,还有一类椭圆方程,其一般形式为

$$y'^2=a_0+a_1y+a_2y^2+a_3y^3+a_4y^4, \tag{1.1.6}$$

其中 a_0,a_1,a_2,a_3 和 a_4 为常数.

2. 经典的二阶非线性方程

这类方程包含 Lambert 方程、Painleve 方程和椭圆方程等.

Lambert 方程的一般形式为

$$yy''+ay'^2+byy'+cy^2=0, \tag{1.1.7}$$

其中 a,b 和 c 是常数,$y''\equiv\frac{\mathrm{d}^2y}{\mathrm{d}x^2}$.

描写原子中势能分布的 Thomas-Fermi 方程通常写为

$$y''=x^{-1/2}y^{3/2}. \tag{1.1.8}$$

Painleve 在对非线性方程进行分类时,认为有 50 种不同类型的方程都可以化为形式

$$y''=P(x,y)y'^2+Q(x,y)y'+R(x,y), \tag{1.1.9}$$

其中 P,Q 和 R 都是 y 的有理函数且关于 x 是解析的. 方程(1.1.9)称为 Painleve 方程. 在方程(1.1.9)中有 44 类方程可以化为线性方程或用椭圆函数求解(详见第3章),另外 6 类 Painleve 方程分别写为

$$P_{\mathrm{I}}:y''=6y^2+x, \tag{1.1.10}$$

$$P_{\mathrm{II}}:y''=2y^3+xy+\alpha, \tag{1.1.11}$$

$$P_{\mathrm{III}}:y''=\frac{1}{y}y'^2-\frac{1}{x}y'+\frac{1}{x}(\alpha y^2+\beta)+\gamma y^3+\frac{\delta}{y}, \tag{1.1.12}$$

$$P_{\mathrm{IV}}: y' = \frac{1}{2y}y'^2 + \frac{3}{2}y^3 + 4xy^2 + 2(x^2 - \alpha)y + \frac{\beta}{y}, \tag{1.1.13}$$

$$P_{\mathrm{V}}: y'' = \left(\frac{1}{2y} + \frac{1}{y-1}\right)y'^2 - \frac{1}{x}y' + \frac{(y-1)^2}{x^2}\left(\alpha y + \frac{\beta}{y}\right) + \frac{\gamma}{x}y + \frac{\delta y(y+1)}{y-1}, \tag{1.1.14}$$

$$P_{\mathrm{VI}}: y'' = \frac{1}{2}\left(\frac{1}{y} + \frac{1}{y-1} + \frac{1}{y-x}\right)y'^2 - \left(\frac{1}{x} + \frac{1}{x-1} + \frac{1}{y-x}\right)y' + \frac{y(y-1)(y-x)}{x^2(x-1)^2}\left[\alpha + \frac{\beta x}{y^2} + \frac{\gamma(x-1)}{(y-1)^2} + \frac{\delta x(x-1)}{(y-x)^2}\right], \tag{1.1.15}$$

其中α,β,γ和δ为常数. 这些方程通常不能化为简单的方程去求解,但可以用 Painleve 所给的方法求出一些特解或渐近解(详见第 3 章),或者定义六种 Painleve 超越函数.

椭圆方程(1.1.6)也可以表为

$$y'' = A_0 + A_1 y + A_2 y^2 + A_3 y^3, \tag{1.1.16}$$

其中 A_0,A_1,A_2 和 A_3 为常数. 方程(1.1.16)与方程(1.1.6)是等价的. 方程(1.1.16)可以视为方程(1.1.6)两边对 x 求导并消去 y' 而得到的.

3. Logistic 方程

Logistic 方程是一个生态模式. 设 $N(t)$代表某种生物群体的数目 N 随时间 t 的变化,它一方面取决于生物群体的繁殖能力,另一方面取决于环境的影响(如食品供应的限制). 因而有下列 Logistic 方程:

$$\frac{\mathrm{d}N}{\mathrm{d}t} = aN - bN^2 \quad (a > 0, b > 0), \tag{1.1.17}$$

其中方程右端第一项表示生物群体的繁殖能力,它是线性项;右端第二项表示环境对生物群体数目的限制,它是非线性项. a 和 b 为正的常数.

4. Landau 方程

Landau 方程是描写扰动复振幅 $A(t)$随时间 t 变化的方程,也就是最早用来描述湍流发生的方程. 对扰动复振幅 A 的模$|A|$而言,其平方满足

$$\frac{\mathrm{d}|A|^2}{\mathrm{d}t} = 2\sigma|A|^2 - l|A|^4 \quad (\sigma > 0, l > 0), \tag{1.1.18}$$

这就是 Landau 方程,其中 σ 为线性增长率,l 称为 Landau 常数. Landau 方程在形式上与 Logistic 方程类似.

5. 无阻尼的单摆运动方程

设有一单摆,摆球为单位质量,摆长为 L,如图 1-1 所示. 若初始时摆球受一微小扰动自下垂位置开始摆动,摆动的角位移为 θ,θ_0 为最大角位移,则在重力作用下

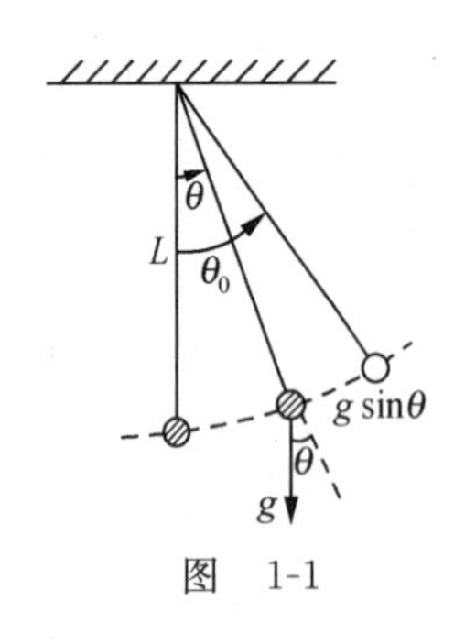

图　1-1

的单摆运动方程为

$$\ddot{\theta}+\omega_0^2\sin\theta=0,\tag{1.1.19}$$

其中 $\dot{\theta}\equiv\frac{\mathrm{d}\theta}{\mathrm{d}t}$ 和 $\ddot{\theta}\equiv\frac{\mathrm{d}^2\theta}{\mathrm{d}t^2}$ 分别表示角速度和角加速度. 为了方便,以后也常用这类符号,而

$$\omega_0\equiv\sqrt{\frac{g}{L}}\tag{1.1.20}$$

为圆频率,g 为重力加速度.

由方程(1.1.19)看到,单摆运动没有受到阻尼,但有一非线性恢复力 $-\omega_0^2\sin\theta$.

6. 有阻尼的单摆运动方程

设单摆运动受到阻尼,且阻尼力的大小与角速度成正比,这样单摆运动方程可以写为

$$\ddot{\theta}+2\mu\dot{\theta}+\omega_0^2\sin\theta=0\quad(\mu>0),\tag{1.1.21}$$

其中 μ 称为阻尼系数,$-2\mu\dot{\theta}$ 为阻尼力.

7. van der Pol 方程

设质点的位移为 x,速度和加速度分别为 $\dot{x}$ 和 $\ddot{x}$. 在它受到一个线性恢复力 $-\omega_0^2x$(ω_0 为线性振荡圆频率)的同时,还受到一个非线性阻尼力 $-2\mu\left(\frac{x^2}{a_c^2}-1\right)\dot{x}$ 的作用,其中 μ 为阻尼系数,a_c 为一正常数. 这样,质点的运动方程写为

$$\ddot{x}+2\mu\left(\frac{x^2}{a_c^2}-1\right)\dot{x}+\omega_0^2x=0\quad(\mu>0),\tag{1.1.22}$$

它称为 van der Pol 方程. 显然,当 $|x|<a_c$ 时表征负阻尼,当 $|x|>a_c$ 时表征正阻尼. 即当位移增加时,阻尼机制的性质将由负变为正,它在真空电子管电路振荡问题中经常出现.

在方程(1.1.22)中,若用 x 去代替 $\frac{x}{a_c}$,则 van der Pol 方程可以改写为

$$\ddot{x}+2\mu(x^2-1)\dot{x}+\omega_0^2x=0\quad(\mu>0).\tag{1.1.23}$$

8. Duffing 方程

Duffing 方程的形式为

$$\ddot{x}+2\mu\dot{x}+\omega_0^2x+\varepsilon\beta_0^2x^3=A\cos\Omega t\quad(\mu>0).\tag{1.1.24}$$

它除存在线性恢复力 $-\omega_0^2x$ 和与速度成正比的阻尼力 $-2\mu\dot{x}$ 外,还有一个与位移

的立方成正比的非线性恢复力$-\varepsilon\beta_0^2x^3$(β_0为正的常数,$|\varepsilon|\ll 1$.当$\varepsilon>0$时,它表征非线性恢复力的绝对值大于线性恢复力,称为硬非线性;当$\varepsilon<0$时,它表征非线性恢复力的绝对值小于线性恢复力,称为软非线性)和一个强迫振荡$A\cos\Omega t$(A和Ω是常数).

无阻尼($\mu=0$)和无强迫($A=0$)的Duffing方程为

$$\ddot{x}+\omega_0^2x=-\varepsilon\beta_0^2x^3, \tag{1.1.25}$$

很多非线性的振动都用此方程来描写.

9. Lotka-Volterra 方程组

Lotka-Volterra方程组是描写两个生物群体(如兔子和狐狸)之间捕食关系的一个简单模型,也是参与催化化学反应的两种物质浓度变化的一个简单模型,它通常写为

$$\begin{cases}\dfrac{\mathrm{d}N_1}{\mathrm{d}t}=\alpha_1N_1-\beta_1N_1N_2,\\ \dfrac{\mathrm{d}N_2}{\mathrm{d}t}=-\alpha_2N_2+\beta_2N_1N_2\end{cases}\quad(\alpha_1,\alpha_2,\beta_1,\beta_2>0), \tag{1.1.26}$$

其中N_1和N_2表示两种生物群体的数目或两种物质的浓度;α_1和α_2分别为增长率和递减率,两者均为正的常数;β_1和β_2分别表征两种生物群体或两种物质之间的相互作用,两者也均为正的常数.显然,当两种生物群体或两种物质之间无相互作用时,一种生物(如狐狸)的数目或一种物质的浓度将无限增加,而另一种生物(如兔子)的数目或另一种物质的浓度将无限减小.

Lotka-Volterra方程组(1.1.26)的右端不明显含有时间,所以它是一个二维的自治系统(autonomous systems).它也是受激的Raman散射的一个模型.

10. Yang[①]-Mills 方程组

描写基本粒子相互作用的Yang-Mille方程组在最简单的情况下可以写为下列耦合形式:

$$\begin{cases}\beta^2y''-e^2\rho^2z^2y=0,\\ \beta^2z''-e^2\alpha^2y^2z=0\end{cases}\quad(e^2>0), \tag{1.1.27}$$

其中α,β,e和ρ均为常数,y和z为两个实的因变量.

11. Euler 方程组

无外力的自由旋转的刚体,其运动由Euler方程

① Yang是指杨振宁.

$$\frac{\mathrm{d}\boldsymbol{a}}{\mathrm{d}t}+\boldsymbol{\omega}\times\boldsymbol{a}=0 \tag{1.1.28}$$

所控制，其中$\boldsymbol{\omega}(\omega_1,\omega_2,\omega_3)$是角速度，$\boldsymbol{a}(a_1,a_2,a_3)$是角动量. Euler方程(1.1.28)的分量形式为

$$\begin{cases}\dot{a}_1=\omega_3a_2-\omega_2a_3,\\ \dot{a}_2=\omega_1a_3-\omega_3a_1,\\ \dot{a}_3=\omega_2a_1-\omega_1a_2,\end{cases} \tag{1.1.29}$$

这就是通常说的Euler方程组. 因为

$$a_1=I_1\omega_1,\quad a_2=I_2\omega_2,\quad a_3=I_3\omega_3, \tag{1.1.30}$$

其中I_1,I_2和I_3分别是绕x,y和z轴的惯性矩. 这样，Euler方程组(1.1.29)可改写为

$$\begin{cases}\dot{a}_1=\gamma_1a_2a_3,\\ \dot{a}_2=\gamma_2a_3a_1,\quad(\gamma_1\neq0,\gamma_2\neq0,\gamma_3\neq0,\gamma_1+\gamma_2+\gamma_3=0),\\ \dot{a}_3=\gamma_3a_1a_2\end{cases} \tag{1.1.31}$$

其中

$$\gamma_1=\frac{1}{I_3}-\frac{1}{I_2},\quad \gamma_2=\frac{1}{I_1}-\frac{1}{I_3},\quad \gamma_3=\frac{1}{I_2}-\frac{1}{I_1}. \tag{1.1.32}$$

若$I_1>I_2>I_3$，则$\gamma_1>0,\gamma<0,\gamma_3>0$；若$I_1<I_2<I_3$，则$\gamma_1<0,\gamma_2>0,\gamma_3<0$；等等. Euler方程组(1.1.31)是一个三维的自治系统. 大气中研究波流相互作用和三波共振的问题，都可以化为Euler方程组(1.1.31).

12. Lorenz方程组

Lorenz方程组是著名气象学家Lorenz在1963年研究介于两个界面之间的流体对流(称为Benard对流)运动时，应用Galerkin谱展开法和截谱法，将涡度方程和热力学方程化成下列一个三维的自治系统，即

$$\begin{cases}\dot{x}=-\sigma x+\sigma y,\\ \dot{y}=rx-y-xz,\quad(\sigma,r,b>0),\\ \dot{z}=-bz+xy\end{cases} \tag{1.1.33}$$

其中σ是Prandtl数，r是相对Rayleigh数，b是与Benard对流的水平和垂直特征尺度有关的常数.

Lorenz自治系统之所以出名，是由于Lorenz首先论证了确定的三变量的方程组可以出现混沌解，而且，在这个系统中初条件的一个微小改变对系统状态的演化有重大的影响，这就是所谓敏感初条件(sensitivity to initial conditions)或蝴蝶效应(butterfly effects).

§1.2 非线性偏微分方程

物理学的众多问题中遇到的非线性偏微分方程也很多,经常提到和用到的有:

1. 广义热传导方程

空间一维的广义热传导方程通常写为

$$\frac{\partial u}{\partial t}=\kappa\frac{\partial}{\partial x}\left(u^{\alpha}\frac{\partial u}{\partial x}\right)\quad(\kappa>0,\alpha\neq 0),\tag{1.2.1}$$

其中 $u=u(t,x)$表温度是时间变量 t 和空间变量 x 的函数,κ 为导温系数,α 为常数.讨论非线性热传导问题要求 $\alpha\neq 0$.

2. 非线性平流方程

空间一维的非线性平流方程为

$$\frac{\partial u}{\partial t}+u\frac{\partial u}{\partial x}=0,\tag{1.2.2}$$

它也称为 Hopf 方程.

3. Burgers 方程

Burgers 方程是非线性的耗散(热传导、扩散和黏性)方程,其一般形式为

$$\frac{\partial u}{\partial t}+u\frac{\partial u}{\partial x}-\nu\frac{\partial^2 u}{\partial x^2}=0\quad(\nu>0),\tag{1.2.3}$$

其中 ν 为耗散系数.当 $\nu=0$ 时,Burgers 方程退化为非线性平流方程.

4. KdV(Kortweg-de Vries)方程

KdV 方程是非线性的色散方程,其一般形式为

$$\frac{\partial u}{\partial t}+u\frac{\partial u}{\partial x}+\beta\frac{\partial^3 u}{\partial x^3}=0\quad(\beta>0),\tag{1.2.4}$$

其中 β 为色散系数(不妨设 $\beta>0$.若 $\beta<0$ 则可以通过变换转化,见附录 D 1.6).更一般形式的 KdV 方程为

$$\frac{\partial u}{\partial t}+\alpha u\frac{\partial u}{\partial x}+\beta\frac{\partial^3 u}{\partial x^3}=0\quad(\beta>0),\tag{1.2.5}$$

其中 α 和 β 分别为非线性系数和色散系数.浅水波(或长波)的 KdV 方程通常写为

$$\frac{\partial h'}{\partial t}+c_0\left(1+\frac{3}{2H}h'\right)\frac{\partial h'}{\partial x}+\beta\frac{\partial^3 h'}{\partial x^3}=0\quad\left(c_0=\sqrt{gH},\beta=\frac{1}{6}c_0H^2\right),\tag{1.2.6}$$

其中 $c_0>0$ 为线性波的波速,H 为自由面的平均高度,h'为自由面的扰动.

5. KdV-Burgers 方程

KdV-Burgers 方程是既包含耗散作用又包含色散作用的非线性演化方程，其一般形式为

$$\frac{\partial u}{\partial t}+u\frac{\partial u}{\partial x}-\nu\frac{\partial^2 u}{\partial x^2}+\beta\frac{\partial^3 u}{\partial x^3}=0\quad(\nu>0,\beta>0), \tag{1.2.7}$$

其中 ν 为耗散系数，β 为色散系数(不妨设 $\beta>0$).

6. KdV-Burgers-Kuramoto 方程

KdV-Burgers-Kuramoto 方程，又称为 Benney 方程，它一并考虑了耗散、色散和不稳定的作用，其一般形式为

$$\frac{\partial u}{\partial t}+u\frac{\partial u}{\partial x}+\alpha\frac{\partial^2 u}{\partial x^2}+\beta\frac{\partial^3 u}{\partial x^3}+\gamma\frac{\partial^4 u}{\partial x^4}=0, \tag{1.2.8}$$

其中 β 为色散系数，α 和 γ 分别表征耗散和不稳定的作用.

7. mKdV(modified KdV)方程

mKdV 方程，即变形的 KdV 方程，其一般形式为

$$\frac{\partial u}{\partial t}+\alpha u^2\frac{\partial u}{\partial x}+\beta\frac{\partial^3 u}{\partial x^3}=0, \tag{1.2.9}$$

其中 α 和 β 分别为非线性系数和色散系数.

8. Gardner(mixed KdV-mKdV 或 combined KdV-mKdV)方程

Gardner 方程，又称混合的 KdV-mKdV 方程，其一般形式为

$$\frac{\partial u}{\partial t}+\alpha_1 u\frac{\partial u}{\partial x}+\alpha_2 u^2\frac{\partial u}{\partial x}+\beta\frac{\partial^3 u}{\partial x^3}=0, \tag{1.2.10}$$

其中 α_1 和 α_2 是非线性系数，β 是色散系数.

9. Boussinesq 方程

Boussinesq 方程的一般形式为

$$\frac{\partial^2 u}{\partial t^2}-c_0^2\frac{\partial^2 u}{\partial x^2}-\alpha\frac{\partial^2 u^2}{\partial x^2}-\beta\frac{\partial^4 u}{\partial x^4}=0\quad(c_0>0), \tag{1.2.11}$$

其中 c_0 为线性波的波速，α 和 β 分别为非线性系数和色散系数.

10. KP(Kadomtsev-Petviashvili)方程

KP 方程就是空间二维的 KdV 方程，其一般形式为

$$\frac{\partial}{\partial x}\left(\frac{\partial u}{\partial t}+u\frac{\partial u}{\partial x}+\beta\frac{\partial^3 u}{\partial x^3}\right)+\frac{c_0}{2}\frac{\partial^2 u}{\partial y^2}=0\quad (c_0>0),\tag{1.2.12}$$

其中 c_0 为线性波的波速,$c_0/2$ 为 y 方向的色散系数,β 为 x 方向的色散系数.值得注意的是,方程(1.2.12)有时称为 KP(Ⅱ)方程或 y 方向负色散(或反常色散,群速度的数值大于相速度的数值)的 KP 方程;而把方程(1.2.12)左端$\frac{c_0}{2}\frac{\partial^2 u}{\partial y^2}$改为$-\frac{c_0}{2}\frac{\partial^2 u}{\partial y^2}$的 KP 方程称为 KP(Ⅰ)方程或 y 方向正色散(或正常色散,群速度的数值小于相速度的数值)的 KP 方程.

11. 非线性 Klein-Gordon 方程

非线性 Klein-Gordon 方程的普遍形式为

$$\frac{\partial^2 u}{\partial t^2}-c_0^2\frac{\partial^2 u}{\partial x^2}+V'(u)=0\quad (c_0>0),\tag{1.2.13}$$

其中 $c_0>0$ 为线性波的波速,$V(u)$是 u 的非线性函数,表征系统的势能,$V'(u)$是 $V(u)$对 u 的导数.

若取下列正弦-Gordon 势能为

$$V(u)=f_0^2(1-\cos u)\quad (f_0\text{ 为常数}),\tag{1.2.14}$$

则方程(1.2.13)化为

$$\frac{\partial^2 u}{\partial t^2}-c_0^2\frac{\partial^2 u}{\partial x^2}+f_0^2\sin u\equiv 0,\tag{1.2.15}$$

它称为正弦-Gordon 方程,在非线性光学和量子力学等问题中有着广泛的应用.

若分别取下列 u^3 势能和 u^4 势能为

$$V(u)=\frac{1}{2}\alpha u^2-\frac{1}{3}\beta u^3+\gamma\quad (\alpha,\beta,\gamma\text{ 为常数})\tag{1.2.16}$$

和

$$V(u)=\frac{1}{2}\alpha u^2-\frac{1}{4}\beta u^4+\gamma\quad (\alpha,\beta,\gamma\text{ 为常数}),\tag{1.2.17}$$

则方程(1.2.13)分别化为

$$\frac{\partial u^2}{\partial t^2}-c_0^2\frac{\partial^2 u}{\partial x^2}+\alpha u-\beta u^2=0\tag{1.2.18}$$

和

$$\frac{\partial^2 u}{\partial t^2}-c_0^2\frac{\partial^2 u}{\partial x^2}+\alpha u-\beta u^3=0.\tag{1.2.19}$$

方程(1.2.18)和方程(1.2.19)分别称为 u^3 势能和 u^4 势能的非线性 Klein-Gordon 方程,在非线性光学和量子力学等问题中也有着广泛的应用.

12. Liouville 方程

最简单的空间二维的 Liouville 方程的一般形式为

$$\frac{\partial^2 u}{\partial x \partial y} = \alpha e^{\beta u} \quad (\alpha \text{ 和 } \beta \text{ 为常数}). \tag{1.2.20}$$

它在微分几何、量子场论等问题中经常出现.

13. 非线性 Poisson 方程

空间二维的非线性 Poisson 方程的普遍形式为

$$\nabla_2^2 u = F(u), \tag{1.2.21}$$

其中 $F(u)$ 是 u 的非线性函数,而

$$\nabla_2^2 \equiv \frac{\partial^2}{\partial x^2} + \frac{\partial^2}{\partial y^2} \tag{1.2.22}$$

为二维 Laplace 算子.

在方程(1.2.21)中,若分别取 $F(u) = \alpha e^{-\beta u}$, $\alpha u - \beta u^2$ 和 $\alpha u - \beta u^3$,则方程(1.2.21)分别化为

$$\nabla_2^2 u = \alpha e^{-\beta u} \quad (\alpha \text{ 和 } \beta \text{ 为常数}), \tag{1.2.23}$$

$$\nabla_2^2 u = \alpha u - \beta u^2 \quad (\alpha \text{ 和 } \beta \text{ 为常数}), \tag{1.2.24}$$

$$\nabla_2^2 u = \alpha u - \beta u^3 \quad (\alpha \text{ 和 } \beta \text{ 为常数}). \tag{1.2.25}$$

考虑到通过变换 $\xi = x + \mathrm{i}y$, $\bar{\xi} = x - \mathrm{i}y$, ∇_2^2 可以化为 $4\frac{\partial^2}{\partial \xi \partial \bar{\xi}}$(详见§8.2),因而方程(1.2.23)也称为 Liouville 方程;而方程(1.2.24)和(1.2.25)统称为 FP(Flierl-Petviashvili)方程,其中式(1.2.24)称为 FP(Ⅰ)方程,式(1.2.25)称为 FP(Ⅱ)方程. 当然,若把 FP 方程的右端 αu 移至左端,则 FP 方程也可视为是非线性的 Helmholtz 方程.

此外,形如

$$\nabla_2 \cdot [k(u) \nabla_2 u] = 0 \tag{1.2.26}$$

的方程常称为空间二维的非线性 Laplace 方程. 其中 $k(u)$ 是 u 的函数(不能为常数),∇_2 是关于 x 和 y 的二维 Hamilton 算子.

14. Monge-Ampere 方程

在流体力学的许多问题中经常用到的 Monge-Ampere 方程的一般形式为

$$\frac{\partial^2 u}{\partial x^2}\frac{\partial^2 u}{\partial y^2} - \left(\frac{\partial^2 u}{\partial x \partial y}\right)^2 + A\frac{\partial^2 u}{\partial x^2} + B\frac{\partial^2 u}{\partial x \partial y} + C\frac{\partial^2 u}{\partial y^2} = D, \tag{1.2.27}$$

其中 A, B, C 和 D 都是 $x, y, \frac{\partial u}{\partial x}$ 和 $\frac{\partial u}{\partial y}$ 的函数或常数. 特别当 $A = B = C = D = 0$ 时,

Monge-Ampere 方程化为

$$\frac{\partial^2 u}{\partial x^2}\frac{\partial^2 u}{\partial y^2}-\left(\frac{\partial^2 u}{\partial x\partial y}\right)^2=0. \tag{1.2.28}$$

15. 非线性反应扩散方程

空间一维的非线性反应扩散方程的普遍形式为

$$\frac{\partial u}{\partial t}-D\frac{\partial^2 u}{\partial x^2}=F(u)\quad (D>0), \tag{1.2.29}$$

其中 $D\frac{\partial^2 u}{\partial x^2}$为扩散项,$D$ 为扩散系数;$F(u)$为反应项,是 u 的非线性函数.

若取 $F(u)=ru\left(1-\frac{u}{u_0}\right)$,这里 u_0 是常数,r 称为反应系数($r>0$),则方程(1.2.29)化为

$$\frac{\partial u}{\partial t}-D\frac{\partial^2 u}{\partial x^2}=ru\left(1-\frac{u}{u_0}\right)\quad (D>0,r>0). \tag{1.2.30}$$

它称为 Fisher 方程,若其中 u/u_0 用 u 去代替,则 Fisher 方程改写为

$$\frac{\partial u}{\partial t}-D\frac{\partial^2 u}{\partial x^2}=ru(1-u)\quad (D>0,r>0). \tag{1.2.31}$$

若取 $F(u)=ru(1-u)(u-s)$,这里 $r(r>0)$为反应系数,$s(0<s<1)$为常数,则方程(1.2.29)化为

$$\frac{\partial u}{\partial t}-D\frac{\partial^2 u}{\partial x^2}=ru(1-u)(u-s)\quad (D>0,r>0,0<s<1). \tag{1.2.32}$$

它称为 Huxley 方程,又称为 FitzHugh-Nagumo 方程.

16. 非线性 Schrödinger 方程

非线性 Schrödinger 方程,简称 NLS 方程,又称为立方 Schrödinger 方程,它是描写非线性波的调制(即非线性波包)方程,也是描写非线性波的聚散(或引斥)方程,其一般形式为

$$\mathrm{i}\frac{\partial u}{\partial t}+\alpha\frac{\partial^2 u}{\partial x^2}+\beta|u|^2u=0\quad (\alpha\neq 0,\beta\neq 0), \tag{1.2.33}$$

其中 u 是复函数,通常表示波的复振幅;α 和 β 分别称为色散系数和 Landau 系数. $\beta>0$ 时,方程(1.2.33)称为聚焦的(focusing)或吸引的(attractive)非线性 Schrödinger 方程;$\beta<0$ 时,方程(1.2.33)称为散焦的(defocusing)或排斥的(repulsive)非线性 Schrödinger 方程.

17. Ginzburg-Landau 方程

非线性耦合系统振幅的演变通常可以化为下列 Ginzburg-Landau 方程

$$\mathrm{i}\frac{\partial u}{\partial t}+\alpha\frac{\partial^2 u}{\partial x^2}+\beta|u|^2u-\omega_0u-\mathrm{i}\sigma u=0, \tag{1.2.34}$$

其中 u 是复函数，色散系数 α 和 Landau 系数 β 通常为复数，ω_0 为固有频率，σ 为增长率.

18. BDO(Benjamin-Davis-Ono)方程

BDO 方程是描写深水波(或短波)的色散方程，其一般形式为

$$\frac{\partial u}{\partial t}+c_0\frac{\partial u}{\partial x}+u\frac{\partial u}{\partial x}+\beta\frac{\partial^2}{\partial x^2}\mathscr{H}\{u\}=0, \tag{1.2.35}$$

其中 $c_0(c_0>0)$为线性波的波速，β 为色散系数，而

$$\mathscr{H}\{u\}=\frac{1}{\pi}\int_{-\infty}^{+\infty}\frac{u(x',t)}{x'-x}\mathrm{d}x' \tag{1.2.36}$$

为 u 的 Hilbert 变换，这里的无穷积分取主值.

19. Born-Infeld 方程

非线性的 Maxwell 方程组经过简化得到下列 Born-Infeld 方程

$$\left[c_0^2-\left(\frac{\partial u}{\partial t}\right)^2\right]\frac{\partial^2 u}{\partial x^2}+2\frac{\partial u}{\partial x}\frac{\partial u}{\partial t}\frac{\partial^2 u}{\partial x\partial t}-\left[1+\left(\frac{\partial u}{\partial x}\right)^2\right]\frac{\partial^2 u}{\partial t^2}=0, \tag{1.2.37}$$

其中 c_0 为常数. 流体定常的无旋运动也可得到类似的 Born-Infeld 方程.

20. 准地转位涡度方程

描写大气和海洋大尺度运动的准地转位涡度方程是下列空间二维的非线性方程:

$$\left(\frac{\partial}{\partial t}+u\frac{\partial}{\partial x}+v\frac{\partial}{\partial y}\right)q=0, \tag{1.2.38}$$

它也称为 CO(Charney-Obukhov)方程. 其中水平速度(u,v)满足

$$u=-\frac{\partial\psi}{\partial y},\quad v=\frac{\partial\psi}{\partial x}, \tag{1.2.39}$$

这里 ψ 为准地转流函数. 在方程(1.2.38)中，q 为准地转位涡度，在正压条件下它写为

$$q=f_0+\beta_0y+\nabla_2^2\psi-\lambda_0^2\psi, \tag{1.2.40}$$

其中 f_0，β_0 和 λ_0^2 均为常数，而 ∇_2^2 为二维 Laplace 算子，见式(1.2.22).

21. 浅水(或长波)方程组

描写均匀不可压缩流体(如水)运动的浅水(或长波)方程组，在空间一维的情况下可以写为

$$\begin{cases}\dfrac{\partial u}{\partial t}+u\dfrac{\partial u}{\partial x}+g\dfrac{\partial h}{\partial x}=0,\\ \dfrac{\partial h}{\partial t}+u\dfrac{\partial h}{\partial x}+h\dfrac{\partial u}{\partial x}=0,\end{cases} \tag{1.2.41}$$

其中 g 为重力加速度，u 和 h 分别为 x 方向的速度和自由面的高度.

若在方程组(1.2.41)的第一个方程左端加入色散项$\frac{1}{3}H\frac{\partial^3 h}{\partial t^2\partial x}$($H$ 为自由面的平均高度)，则方程组(1.2.41)化为

$$\begin{cases}\dfrac{\partial u}{\partial t}+u\dfrac{\partial u}{\partial x}+g\dfrac{\partial h}{\partial x}+\dfrac{1}{3}H\dfrac{\partial^3 h}{\partial t^2\partial x}=0,\\ \dfrac{\partial h}{\partial t}+u\dfrac{\partial h}{\partial x}+h\dfrac{\partial u}{\partial x}=0,\end{cases} \tag{1.2.42}$$

它称为 Boussinesq 方程组.

若在方程组(1.2.41)中，记 gh 为 v，并在第二个方程左端加入色散项 $\beta\frac{\partial^3 u}{\partial x^3}$($\beta$ 为色散系数)，则方程组(1.2.41)化为

$$\begin{cases}\dfrac{\partial u}{\partial t}+u\dfrac{\partial u}{\partial x}+\dfrac{\partial v}{\partial x}=0,\\ \dfrac{\partial v}{\partial t}+\dfrac{\partial (uv)}{\partial x}+\beta\dfrac{\partial^3 u}{\partial x^3}=0,\end{cases} \tag{1.2.43}$$

它通常称为含色散的长波方程组.

22. 两波相互作用方程组

描写分别以波速 c_1 和 c_2($c_2\neq c_1$)行进的两个波相互作用的方程组，在空间一维的情况下通常写为

$$\begin{cases}\dfrac{\partial u_1}{\partial t}+c_1\dfrac{\partial u_1}{\partial x}=-\beta u_1u_2,\\ \dfrac{\partial u_2}{\partial t}+c_2\dfrac{\partial u_2}{\partial x}=\beta u_1u_2\end{cases} \quad (\beta>0, c_1\neq c_2), \tag{1.2.44}$$

其中 β 为耦合系数.

23. Zakharov 方程组

描写等离子体的高频运动或非线性光波可以化为下列 Zakharov 方程组

$$\begin{cases}\dfrac{\partial^2 u}{\partial t^2}-c_0^2\dfrac{\partial^2 u}{\partial x^2}=\beta\dfrac{\partial^2 |v|^2}{\partial x^2},\\ \mathrm{i}\dfrac{\partial v}{\partial t}+\alpha\dfrac{\partial^2 v}{\partial x^2}=\delta uv\end{cases} \quad (\alpha>0,\beta>0), \tag{1.2.45}$$

其中 u 是离子的数密度偏差，v 为电场强度的慢变振幅，c_0 为电子-离子热运动速

度或声速，α 为色散系数，β 为非线性系数，δ 为耦合系数.

24. 无量纲的离子声波方程组

描写离子声波的无量纲的方程组为

$$\begin{cases}\dfrac{\partial n}{\partial t}+\dfrac{\partial nv}{\partial x}=0,\\ \dfrac{\partial v}{\partial t}+v\dfrac{\partial v}{\partial x}=-\dfrac{\partial \phi}{\partial x},\\ \dfrac{\partial^2 \phi}{\partial x^2}=\mathrm{e}^{\phi}-n,\end{cases} \tag{1.2.46}$$

其中 n,v 和 ϕ 分别为离子的数密度、运动速度和低频电势.

25. Landau-Lifshitz 方程组

在不考虑耗散的条件下，Heisenberg 的自旋(spin)密度或磁化强度 $\boldsymbol{S}(u,v,w)$ 满足下列 Landau-Lifshitz 方程：

$$\frac{\partial \boldsymbol{S}}{\partial t}=\alpha\boldsymbol{S}\times\frac{\partial^2 \boldsymbol{S}}{\partial x^2}+\beta\boldsymbol{S}\times\boldsymbol{H}_0\quad(\alpha>0,\beta>0), \tag{1.2.47}$$

其中 α 和 β 为正的常数，$\boldsymbol{H}_0$ 为作用在 z 轴上的恒定外加磁场. 当 $\beta=0$ 时，方程(1.2.47)称为 Heisenberg 铁磁体方程.

Landau-Lifshitz 方程(1.2.47)的分量构成下列 Landau-Lifshitz 方程组：

$$\begin{cases}\dfrac{\partial u}{\partial t}=\alpha\left(v\dfrac{\partial^2 w}{\partial x^2}-w\dfrac{\partial^2 v}{\partial x^2}\right)+\beta H_0 v,\\ \dfrac{\partial v}{\partial t}=\alpha\left(w\dfrac{\partial^2 u}{\partial x^2}-u\dfrac{\partial^2 w}{\partial x^2}\right)-\beta H_0 u,\quad(\alpha>0,\beta>0,H_0>0)\\ \dfrac{\partial w}{\partial t}=\alpha\left(u\dfrac{\partial^2 v}{\partial x^2}-v\dfrac{\partial^2 u}{\partial x^2}\right),\end{cases} \tag{1.2.48}$$

其中 $H_0=|\boldsymbol{H}_0|$ 为正的常数，$u^2+v^2+w^2=|\boldsymbol{S}|^2=S^2$ 也为正的常数.

§1.3　非线性差分方程

差分方程是微分方程的离散形式，其自变量为 $n(n=0,1,2,\cdots)$，因变量为 $x_n(n=0,1,2,\cdots)$. x_n 的一阶导数和二阶导数分别用 $x_{n+1}-x_n$ 和 $x_{n+2}-2x_{n+1}+x_n$ 来表示. 差分方程也称为映射.

在物理学的众多问题中遇到的非线性差分方程和非线性微分-差分方程很多，经常提到和用到的有：

1. Logistic 映射

Logistic 映射是一个离散的生态模式. 设 x_n 代表第 n 代某种生物群体的数目(为了方便,已用生物群体数目的最大值作为参考值无量纲化),则 Logistic 映射通常写为

$$x_{n+1} = \mu x_n(1 - x_n) \quad (0 \leqslant x_n \leqslant 1, 0 < \mu \leqslant 4), \tag{1.3.1}$$

其中 μ 为参数.

2. 帐篷映射

帐篷映射的一般形式为

$$x_{n+1} = \begin{cases} 2x_n & (0 \leqslant x_n \leqslant 1/2), \\ 2(1 - x_n) & (1/2 \leqslant x_n \leqslant 1). \end{cases} \tag{1.3.2}$$

很容易证明:若在方程(1.3.1)中取 $\mu=4$,并令

$$x_n = \sin^2\left(\frac{\pi}{2} y_n\right), \tag{1.3.3}$$

则关于 x_n 的 Logistic 映射就转化为关于 y_n 的帐篷映射,再将 y_n 改记为 x_n,就得到式(1.3.2).

3. 移位映射

移位映射的一般形式为

$$x_{n+1} = \begin{cases} 2x_n & (0 \leqslant x_n \leqslant 1/2), \\ 2x_{n-1} & (1/2 \leqslant x_n \leqslant 1). \end{cases} \tag{1.3.4}$$

很容易证明:若在方程(1.3.1)中取 $\mu=4$,并令

$$x_n = \begin{cases} \sin^2\left(\frac{\pi}{2} y_n\right) & (0 \leqslant x_n \leqslant 1/2), \\ \cos^2\left(\frac{\pi}{2} y_n\right) & (1/2 \leqslant x_n \leqslant 1), \end{cases} \tag{1.3.5}$$

则关于 x_n 的 Logistic 映射就转化为关于 y_n 的移位映射,再将 y_n 改记为 x_n,就得到式(1.3.4).

4. 高次映射

由方程(1.3.1)所表征的 Logistic 映射又称为二次映射或抛物线映射. 类似地,可引入高次映射. 例如,三次映射、四次映射和五次映射可分别表示为

$$x_{n+1} = x_n(3 - 4x_n^2) \quad (-1 \leqslant x_n \leqslant 1), \tag{1.3.6}$$

$$x_{n+1} = 16x_n(1 - x_n)(1 - 2x_n)^2 \quad (0 \leqslant x_n \leqslant 1), \tag{1.3.7}$$

$$x_{n+1} = x_n(5 - 20x_n^2 + 16x_n^4) \quad (-1 \leqslant x_n \leqslant 1). \tag{1.3.8}$$

5. 椭圆映射

椭圆映射的一般形式为

$$x_{n+1} = \frac{4x_n(1-x_n)(1-m^2x_n)}{(1-m^2x_n^2)^2} \quad (0 \leqslant x_n \leqslant 1, 0 \leqslant m \leqslant 1), \tag{1.3.9}$$

其中 m 称为模数(modulus).

6. Toda 映射

非线性晶格的运动方程是一个微分-差分方程,其一般形式为

$$\ddot{x}_n = F(x_{n+1} - x_n) - F(x_n - x_{n-1}) \quad (n = 1, 2, \cdots, N), \tag{1.3.10}$$

其中 x_n 为第 n 个单位质量质点的位移,F 表示质点间的相互作用力.若令相对位移为

$$r_n \equiv x_{n+1} - x_n, \tag{1.3.11}$$

则由方程(1.3.10)很容易求得

$$\ddot{r}_n = F(r_{n+1}) + F(r_{n-1}) - 2F(r_n). \tag{1.3.12}$$

Toda 假定

$$F(r) = a(1 - \mathrm{e}^{-br}) \quad (a > 0, b > 0), \tag{1.3.13}$$

则方程(1.3.12)化为

$$\ddot{r}_n = a(2\mathrm{e}^{-br_n} - \mathrm{e}^{-br_{n+1}} - \mathrm{e}^{-br_{n-1}}). \tag{1.3.14}$$

此微分-差分方程称为 Toda 映射,又称为 Toda 晶格(lattice)或 Toda 链(chain).

§1.4 函 数 方 程

这里所说的函数方程是指一个函数自身或多个函数之间满足的一个代数关系式.这些函数方程的求解在非线性科学中有着广泛的应用.函数方程通常包括:

1. Cauchy 方程

函数 $u(x)$的 Cauchy 方程一般有下列四种基本形式,即

$$u(x+y) = u(x) + u(y), \tag{1.4.1}$$

$$u(x+y) = u(x)u(y), \tag{1.4.2}$$

$$u(xy) = u(x) + u(y), \tag{1.4.3}$$

$$u(xy) = u(x)u(y). \tag{1.4.4}$$

2. Pexider 方程

函数 $u(x)$,$v(x)$和 $w(x)$的 Pexider 方程是 Cauchy 方程的推广,它一般也有下列四种基本形式,即

$$u(x+y)=v(x)+w(y), \tag{1.4.5}$$

$$u(x+y)=v(x)w(y), \tag{1.4.6}$$

$$u(xy)=v(x)+w(y), \tag{1.4.7}$$

$$u(xy)=v(x)w(y). \tag{1.4.8}$$

3. Euler 方程

这里说的 Euler 方程是指齐次函数方程. 对 m 次的齐次函数 $u(x,y)$,它满足

$$u(\lambda x,\lambda y)=\lambda^m u(x,y) \quad (\lambda>0,m\neq 0), \tag{1.4.9}$$

这就是 m 次的齐次函数 $u(x,y)$的 Euler 方程.

式(1.4.9)两边对 λ 微商后,再令 $\lambda=1$,就得到

$$x\frac{\partial u}{\partial x}+y\frac{\partial u}{\partial y}=mu, \tag{1.4.10}$$

它称为 Euler 公式,是式(1.4.9)满足的微分方程.

4. 标度(scaling)方程

物理学中的许多物理量(如湍流中的结构函数和功率谱,又如临界相变中的磁化强度和磁化率)都有所谓标度或标度指数(scaling exponent),它们都受标度方程控制. 标度方程通常有下列三种形式,即

$$u(\lambda x)=\lambda^\alpha u(x), \tag{1.4.11}$$

$$u(\lambda^\alpha x,\lambda^\beta y)=\lambda u(x,y), \tag{1.4.12}$$

$$u(\lambda^\alpha x,\lambda^\beta y)=\lambda^\gamma u(x,y). \tag{1.4.13}$$

在上述三式中 $\lambda>0$,而 α,β 和 γ 均为非零常数,它们都称为标度指数.

物理学中的标度方程充分反映了自然界中存在自相似结构(self-similarity structures)和标度不变性(scaling invariance). 例如,标度方程(1.4.11)表明:对于函数 $u(x)$,当它的自变量 x 变为 λx 后,$u(\lambda x)$是 $u(x)$与 λ^α 的乘积,即是说 $u(x)$的结构特征不变,只是它的放大或缩小,这就是自相似结构;而且 α 不因变量尺度的变化而变化,这就是标度不变性.

式(1.4.11),(1.4.12)和(1.4.13)分别对 λ 微商后,再令 $\lambda=1$,即可得到

$$x\frac{\mathrm{d}u}{\mathrm{d}x}=\alpha u, \tag{1.4.14}$$

$$\alpha x\frac{\partial u}{\partial x}+\beta y\frac{\partial u}{\partial y}=u, \tag{1.4.15}$$

$$\alpha x \frac{\partial u}{\partial x} + \beta y \frac{\partial u}{\partial y} = \gamma u. \tag{1.4.16}$$

它们可分别视为式(1.4.11),(1.4.12)和(1.4.13)所满足的微分方程.

5. Fermi-Dirac 函数方程

Fermi-Dirac 熵函数 $u(x)$满足下列函数方程:

$$u(x) + (1+x)u\left(\frac{y}{1+x}\right) = u(y) + (1+y)u\left(\frac{x}{1+y}\right), \tag{1.4.17}$$

它称为 Fermi-Dirac 函数方程.

第 2 章　非线性方程的定性分析

第 1 章我们给出了在物理学的众多问题中常遇到的一些非线性方程. 本章将从具体的一些非线性方程出发，着重从物理角度对这些方程作定性分析，并在分析的基础上简述非线性运动的一些特征和非线性动力学中一些常用的概念，如平衡态(equilibrium state)、稳定性(stability)、分岔(bifurcation)、突变(catastrophe)、极限环(limit cycle)、吸引子(attractor)和混沌(chaos)等.

§2.1　Logistic 方程

在式(1.1.17)中已经标记过的 Logistic 方程为

$$\frac{\mathrm{d}N}{\mathrm{d}t} = aN - bN^2 \quad (a > 0, b > 0, \text{为常数}). \tag{2.1.1}$$

它是一个生态模式，其中 $N(t)$ 为某种生物群体的数目，它随时间的变化决定于生物群体的繁殖能力(方程右端第一项)和环境的影响(方程右端第二项).

在无环境影响时($b=0$)，Logistic 方程(2.1.1)化为下列一阶线性方程：

$$\frac{\mathrm{d}N}{\mathrm{d}t} = aN. \tag{2.1.2}$$

它的解为

$$N(t) = N_0 \mathrm{e}^{at}, \tag{2.1.3}$$

其中 N_0 为初始时刻的 N. 式(2.1.3)表明：当环境没有限制时，某种生物种群的数目随时间将无限制地增长.

由于环境的影响($b \neq 0$)，生物种群的繁殖将受到抑制，此时的 Logistic 方程是 Riccati 方程. 方程(2.1.1)可以改写为

$$\frac{1}{a}\left(\frac{1}{N} + \frac{b}{a - bN}\right)\mathrm{d}N = \mathrm{d}t, \tag{2.1.4}$$

很容易积分求得

$$N(t) = \frac{N_0 \mathrm{e}^{at}}{1 - \frac{b}{a}N_0 + \frac{b}{a}N_0 \mathrm{e}^{at}}, \tag{2.1.5}$$

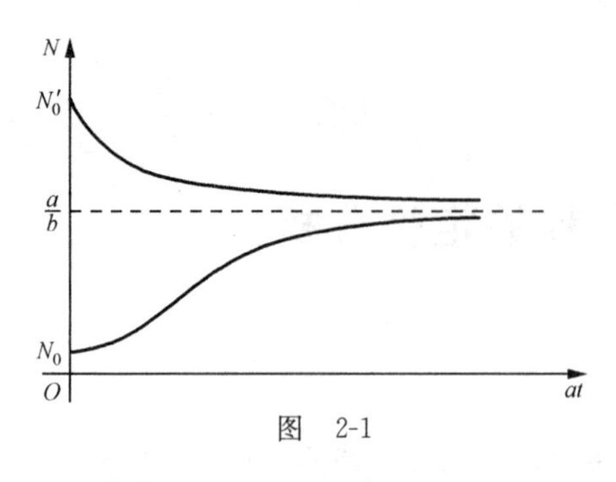

图　2-1

这就是 Logistic 方程(2.1.1)满足初条件 $N(0)=N_0$ 的解析解. $N(t)$随 at 的变化如图 2-1 所示. 图中下面一条曲线为 $N_0<\frac{a}{b}$ 的情况 $\left(N(t)<\frac{a}{b}\text{且}\frac{\mathrm{d}N}{\mathrm{d}t}>0\right)$；上面一条曲线为 $N_0>\frac{a}{b}$ 的情况，此时的 N_0 记为 N_0' $\left(N(t)>\frac{a}{b}\text{且}\frac{\mathrm{d}N}{\mathrm{d}t}<0\right)$.

从式(2.1.5)可以求得

$$\lim_{t\to+\infty} N(t) = \frac{a}{b}. \tag{2.1.6}$$

这表明经过足够长的时间，某种生物种群的数目将趋于稳定.

根据方程(2.1.1)可知，使得 $\frac{\mathrm{d}N}{\mathrm{d}t}=0$ 的定常状态解有两个：

$$N_1^* = 0, \quad N_2^* = \frac{a}{b} \equiv N_c. \tag{2.1.7}$$

它们称为系统(即 Logistic 方程)(2.1.1)的平衡态(定常解、平衡点或不动点)，可以视为系统未受扰动的状态. N_1^* 表示某生物种群自身的繁殖能力与环境影响两者都是零的情况；而 N_2^* 表示某生物种群自身的繁殖能力与环境影响两者平衡使生物种群数目不再变化的情况.

在平衡态 $N_1^*=0$ 附近，方程(2.1.1)可近似表为

$$\frac{\mathrm{d}N}{\mathrm{d}t} = aN \quad (a>0), \tag{2.1.8}$$

因而 $N(t)$随时间呈指数增长，故该平衡态是不稳定的. 它表示只要某生物种群自身的繁殖能力和环境影响中有一个摆脱零，都会使 N 远离 $N_1^*=0$ 的状态.

在平衡态 $N_2^*=N_c$ 附近，方程(2.1.1)可近似表为

$$\frac{\mathrm{d}N}{\mathrm{d}t} = -bN_c(N-N_c) \quad (b>0), \tag{2.1.9}$$

因而 $N-N_c$ 随时间呈指数减小，故该平衡态是稳定的. 它表示即便某生物种群自身的繁殖能力与环境影响两者不平衡也会使 N 逐渐靠近 $N_c\equiv\frac{a}{b}$ 的状态. 而且从图 2-1 和式(2.1.6)可以看到，不管 $N(t)$的初值 N_0 小于 N_c 还是大于 N_c，在 $t\to+\infty$ 时，从 $N<N_c$ 和 $N>N_c$ 两个方向使 N 达到一个稳定的数值 $N=N_c\equiv a/b$. 因而称平衡态 $N_2^*=N_c$ 为系统(2.1.1)的吸引子.

从上述分析看到，Logistic 方程(2.1.1)的平衡态是否稳定取决于方程(2.1.1)的右端函数

$$P(N,a,b) \equiv aN - bN^2 \tag{2.1.10}$$

关于 N 的变化率. 因为

$$\frac{\partial P}{\partial N} = a - 2bN, \tag{2.1.11}$$

则

$$\left(\frac{\partial P}{\partial N}\right)_{N=N_1^*=0} = a > 0, \quad \left(\frac{\partial P}{\partial N}\right)_{N=N_2^*=a/b} = -a < 0, \tag{2.1.12}$$

即在平衡态 N^* 处,若$\frac{\partial P}{\partial N}<0$,则平衡态 N^* 是稳定的;若$\frac{\partial P}{\partial N}>0$,则平衡态 N^* 是不稳定的.

为了方便,式(2.1.5)可以改写为

$$N(t) = \begin{cases} N_c(1+me^{-at})^{-1} & (N_0 < N_c), \\ N_c(1-me^{-at})^{-1} & (N_0 > N_c), \end{cases} \tag{2.1.13}$$

其中

$$m = \left|\frac{N_c}{N_0} - 1\right| = \begin{cases} \frac{N_c}{N_0} - 1 & (N_0 < N_c), \\ 1 - \frac{N_c}{N_0} & (N_0 > N_c). \end{cases} \tag{2.1.14}$$

$N_0 = N_c$ 时,$N(t) = N_c$. 若令

$$t_0 = \frac{1}{a}\ln m, \tag{2.1.15}$$

则式(2.1.13)可以改写为

$$N(t) = \begin{cases} \frac{N_c}{2}\left[1 + \tanh\frac{a}{2}(t-t_0)\right] & (N_0 < N_c), \\ \frac{N_c}{2}\left[1 + \coth\frac{a}{2}(t-t_0)\right] & (N_0 > N_c). \end{cases} \tag{2.1.16}$$

且由式(2.1.16)有

$$\frac{dN}{dt} = \begin{cases} \frac{aN_c}{4}\mathrm{sech}^2\,\frac{a}{2}(t-t_0) & (N_0 < N_c), \\ -\frac{aN_c}{4}\mathrm{csch}^2\,\frac{a}{2}(t-t_0) & (N_0 > N_c). \end{cases} \tag{2.1.17}$$

§ 2.2　Landau 方程

在式(1.1.18)中已经标记过的 Landau 方程为

$$\frac{d|A|^2}{dt} = 2\sigma|A|^2 - l|A|^4 \quad (\sigma > 0, l > 0). \tag{2.2.1}$$

它是最早用来描写湍流发生的方程，其中$|A|$是扰动复振幅A的模，l为Landau常数，σ为线性增长率，它与$(Re-Re_c)$成正比，即

$$\sigma = \sigma_0(Re - Re_c) \quad (\sigma_0 > 0), \tag{2.2.2}$$

其中Re和Re_c分别为Reynolds数和临界Reynolds数.

Landau方程(2.2.1)在形式上与Logistic方程(2.1.1)一样属于Riccati方程，若设$|A|$的初值为$|A|_0$，则Landau方程(2.2.1)的解

$$|A|^2 = \frac{|A|_0^2 e^{2\sigma t}}{1-\frac{l}{2\sigma}|A|_0^2+\frac{l}{2\sigma}|A|_0^2 e^{2\sigma t}}. \tag{2.2.3}$$

因$\sigma>0$，$l>0$，则从式(2.2.1)看到，使得$d|A|^2/dt=0$的平衡态为

$$|A|_1^* = 0, \quad |A|_2^* = \sqrt{\frac{2\sigma}{l}} \equiv A_c, \tag{2.2.4}$$

而且$|A|_1^*=0$是不稳定的，$|A|_2^*=A_c$是稳定的. 同时，在$|A|_2^*=A_c$附近，从$|A|<A_c$和$|A|>A_c$两个方向都趋向于一个稳定的极限A_c，即

$$\lim_{t\to+\infty}|A| = A_c \equiv \sqrt{\frac{2\sigma}{l}} = \sqrt{\frac{2\sigma_0}{l}} \cdot \sqrt{Re - Re_c}. \tag{2.2.5}$$

以上分析完全与Logistic方程的分析相同. 但如果这里允许Landau方程(2.2.1)中的两个参数σ和l都可以改变符号的话，将会出现新的现象. 此时Landau方程(2.2.1)的平衡态应为

$$\begin{cases} l>0:\ |A|_1^*=0 \quad (\sigma<0); \quad |A|_1^*=0, \quad |A|_2^*=A_c \quad (\sigma>0). \\ l<0:\ |A|_1^*=0, \quad |A|_2^*=A_c \quad (\sigma<0); \quad |A|_1^*=0 \quad (\sigma>0). \end{cases} \tag{2.2.6}$$

而且因为在$|A|_1^*=0$附近，Landau方程(2.2.1)可近似表为

$$\frac{d|A|^2}{dt} = 2\sigma|A|^2; \tag{2.2.7}$$

在$|A|_2^*=A_c$附近，Landau方程可近似表为

$$\frac{d|A|^2}{dt} = -lA_c^2(|A|^2 - A_c^2). \tag{2.2.8}$$

所以，在$l>0$的情况，平衡态$|A|_1^*=0$在$\sigma<0$时是稳定的，但$\sigma>0$时$|A|_1^*=0$就不稳定了，而且在$\sigma>0$时又出现了一个新的平衡态$|A|_2^*=A_c$. 即是说，在$l>0$的情况，当σ由$\sigma<0$变化到$\sigma>0$时，平衡态$|A|_1^*=0$从稳定变为不稳定，而且分支出一个稳定的新平衡态$|A|_2^*=A_c$，这就是分岔现象，如图2-2所示. 图中实线表稳定的平衡态，虚线表不稳定的平衡态. $l<0$的情况可作类似的分析.

由此，Landau提出了一个湍流发生机制的猜想，认为湍流是一系列不稳定分岔的结果. 即当$Re<Re_c(\sigma<0)$时，$|A|_1^*=0$(代表层流)是稳定的，但当$Re>Re_c(\sigma>0)$

后，$|A|_1^* = 0$ 变为不稳定，表示层流失稳，而且出现了一个稳定的新解 $|A|_2^* = A_c$，它可以视为是一个周期为 T_1 的运动. 若 Re 再增加，周期为 T_1 的运动到一定时刻会变为不稳定，同时会出现另一个周期为 T_2 的运动，而且 T_2 与 T_1 之比是无理数，如此不断，随着 Re 的进一步增加和相当多的 n 次分岔，就会出现由 n 个周期 T_1，T_2，…，T_n 共同组成的运动，它实际上就是没有固定周期的湍流运动.

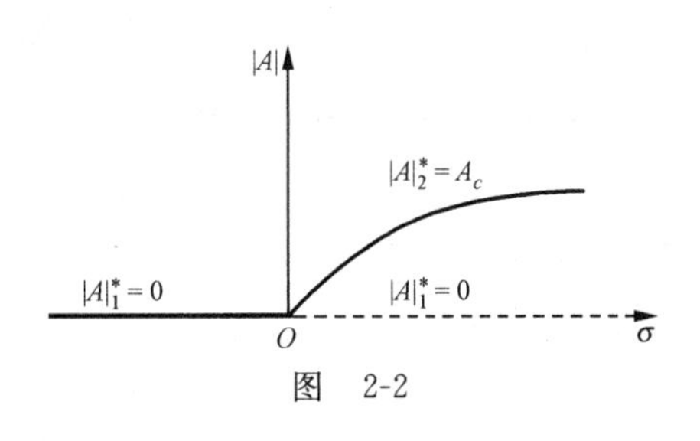

图　2-2

与从式(2.1.5)化为式(2.1.16)相似，式(2.2.3)可以改写为

$$|A|^2 = \begin{cases} \dfrac{A_c^2}{2}[1+\tanh\sigma(t-t_0)] & (|A|_0 < A_c), \\ \dfrac{A_c^2}{2}[1+\coth\sigma(t-t_0)] & (|A|_0 > A_c), \end{cases} \tag{2.2.9}$$

其中

$$t_0 = \frac{1}{2\sigma}\ln\left|\frac{A_c^2}{|A|_0^2}-1\right|. \tag{2.2.10}$$

$|A|_0 = A_c$ 时，$|A| = A_c$. 而且，由式(2.2.9)有

$$\frac{\mathrm{d}|A|^2}{\mathrm{d}t} = \begin{cases} \dfrac{\sigma A_c^2}{2}\mathrm{sech}^2\sigma(t-t_0) & (|A|_0 < A_c), \\ -\dfrac{\sigma A_c^2}{2}\mathrm{csch}^2\sigma(t-t_0) & (|A|_0 > A_c). \end{cases} \tag{2.2.11}$$

§ 2.3　Lotka-Volterra 方程

在式(1.1.26)中已经标记过的 Lotka-Volterra 方程组或 Lotka-Volterra 自治系统为

$$\begin{cases} \dfrac{\mathrm{d}N_1}{\mathrm{d}t} = N_1(\alpha_1 - \beta_1 N_2) & (\alpha_1, \beta_1 > 0), \\ \dfrac{\mathrm{d}N_2}{\mathrm{d}t} = -N_2(\alpha_2 - \beta_2 N_1) & (\alpha_2, \beta_2 > 0). \end{cases} \tag{2.3.1}$$

它是两个生物群体捕食关系的一个模式，也是化学反应中两种物质浓度变化的一个模式，这里要求 $N_1 > 0$，$N_2 > 0$.

从方程组(2.3.1)看到，使得 $\dfrac{\mathrm{d}N_1}{\mathrm{d}t} = 0$ 和 $\dfrac{\mathrm{d}N_2}{\mathrm{d}t} = 0$ 的平衡态为

$$(N_1^*, N_2^*) = \left(\frac{\alpha_2}{\beta_2}, \frac{\alpha_1}{\beta_1}\right). \tag{2.3.2}$$

考察在平衡态附近解的性质,即令

$$N_1 = N_1^* + n_1, \quad N_2 = N_2^* + n_2, \tag{2.3.3}$$

其中 n_1 和 n_2 相对于 N_1^* 和 N_2^* 是小量.式(2.3.3)代入方程(2.3.1),忽略 n_1 与 n_2 的乘积,则得

$$\begin{cases} \dfrac{\mathrm{d}n_1}{\mathrm{d}t} = -\dfrac{\alpha_2\beta_1}{\beta_2}n_2, \\ \dfrac{\mathrm{d}n_2}{\mathrm{d}t} = \dfrac{\alpha_1\beta_2}{\beta_1}n_1. \end{cases} \tag{2.3.4}$$

方程组(2.3.4)通过消元很容易得到

$$\frac{\mathrm{d}^2 n_j}{\mathrm{d}t^2} + \omega_0^2 n_j = 0 \quad (j = 1,2), \tag{2.3.5}$$

其中

$$\omega_0 = \sqrt{\alpha_1\alpha_2}. \tag{2.3.6}$$

方程(2.3.5)是线性振动方程,在 $n_1|_{t=0} = A$ 和 $n_2|_{t=0} = 0$ 的条件下,由方程(2.3.5)和方程组(2.3.4)求得

$$n_1 = A\cos\omega_0 t, \quad n_2 = \frac{\beta_2\omega_0}{\beta_1\alpha_2}A\sin\omega_0 t = \frac{\beta_2\alpha_1}{\beta_1\omega_0}A\sin\omega_0 t. \tag{2.3.7}$$

由此便知:n_1 和 n_2 都随时间 t 作周期变化.

事实上,Lotka-Volterra 自治系统(2.3.1)右端在平衡态(N_1^*, N_2^*)处的 Jacobi 矩阵为

$$\boldsymbol{J} = \begin{bmatrix} \alpha_1 - \beta_1 N_2 & -\beta_1 N_1 \\ \beta_2 N_2 & -\alpha_2 + \beta_2 N_1 \end{bmatrix}_{(N_1^*, N_2^*)} = \begin{bmatrix} 0 & -\dfrac{\alpha_2\beta_1}{\beta_2} \\ \dfrac{\beta_2\alpha_1}{\beta_1} & 0 \end{bmatrix}. \tag{2.3.8}$$

它的特征值 λ 满足

$$\lambda^2 + \omega_0^2 = 0, \tag{2.3.9}$$

因而特征值 λ 为

$$\lambda = \pm\omega_0 \mathrm{i}. \tag{2.3.10}$$

这是一对共轭纯虚数,此时称 Lotka-Volterra 自治系统的平衡态(N_1^*, N_2^*)为中心(centre),它是稳定的.

为了求解 Lotka-Volterra 方程组(2.3.1),我们将它改写为

$$\frac{\mathrm{d}N_2}{\mathrm{d}N_1} = -\frac{N_2(\alpha_2 - \beta_2 N_1)}{N_1(\alpha_1 - \beta_1 N_2)} \tag{2.3.11}$$

或

$$\frac{(\alpha_1-\beta_1 N_2)\mathrm{d}N_2}{N_2}=-\frac{(\alpha_2-\beta_2 N_1)\mathrm{d}N_1}{N_1}. \tag{2.3.12}$$

将方程(2.3.12)直接积分求得

$$H(N_1,N_2)=\text{常数}, \tag{2.3.13}$$

其中

$$H(N_1,N_2)=\alpha_1\ln N_2+\alpha_2\ln N_1-\beta_1 N_2-\beta_2 N_1 \tag{2.3.14}$$

为系统的 Hamilton 量(见附录 D 1.3),相当于系统的总能量.

由式(2.3.14)可知

$$\left(\frac{\partial H}{\partial N_1}\right)_{(N_1^*,N_2^*)}=\left(\frac{\partial H}{\partial N_2}\right)_{(N_1^*,N_2^*)}=0,\quad \left(\frac{\partial^2 H}{\partial N_1^2}\right)_{(N_1^*,N_2^*)}=-\frac{\beta_2^2}{\alpha_2}<0,$$
$$\left(\frac{\partial^2 H}{\partial N_2^2}\right)_{(N_1^*,N_2^*)}=-\frac{\beta_1^2}{\alpha_1}<0. \tag{2.3.15}$$

因此,平衡态(N_1^*,N_2^*)是系统总能量$H(N_1,N_2)$的极小值点.

在坐标平面(N_1,N_2)(称为相平面 phase plane)上,式(2.3.13)表征的是围绕平衡态(N_1^*,N_2^*)的闭合曲线,如图 2-3 所示,图中箭头代表时间增加的方向.相平面中的曲线常称为相图(phase diagram 或 phase portrait)或相轨(phase orbit 或 phase trajectory).所以,Lotka-Volterra 方程组具有周期解.

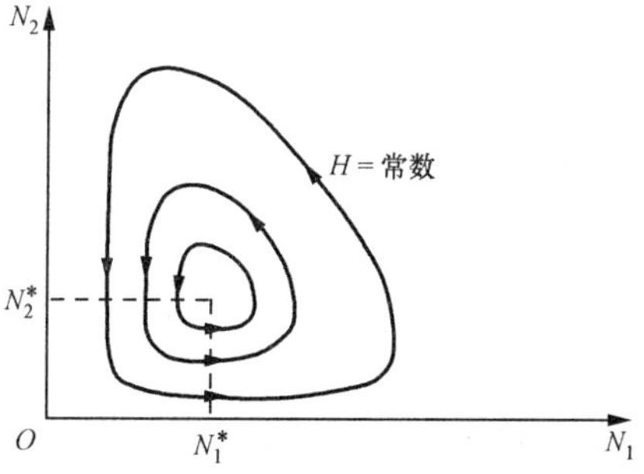

图 2-3

我们还要指出的是,Lotka-Volterra 方程组属于 Hamilton 系统(见附录 D 1.3),且系统平衡态的特征值的实部为零(即 $\mathrm{Re}\lambda=0$),因而只要方程组右端稍有变化或系统稍有扰动,其非线性的拓扑结构将发生改变,这称为结构不稳定性(structural instability).

§ 2.4 无阻尼的单摆运动方程

在式(1.1.19)中已经标记过的无阻尼的单摆运动方程为

$$\ddot{\theta}+\omega_0^2\sin\theta=0. \tag{2.4.1}$$

当角位移θ很小时,近似有 $\sin\theta=\theta$,则方程(2.4.1)化为

$$\ddot{\theta}+\omega_0^2\theta=0, \tag{2.4.2}$$

这是线性振动方程.设初始单摆在下垂位置(即$\theta|_{t=0}=0$),给一微小扰动,使其振动到最大角位移θ_0,参见图 1-1 所示.满足方程(2.4.2)时,θ_0 也很小,且它正好处

于 $t=T_0/4(T_0=2\pi/\omega_0$ 为振动周期)的时刻(即 $\theta|_{t=T_0/4=\pi/2\omega_0}=\theta_0$),该时刻的角速度应为零($\dot{\theta}|_{t=T_0/4=\pi/2\omega_0}=0$).

方程(2.4.2)满足上述条件的解为

$$\theta=\pm\theta_0\sin\omega_0 t, \tag{2.4.3}$$

而单摆振动的周期为

$$T_0=\frac{2\pi}{\omega_0}=2\pi\sqrt{\frac{L}{g}}, \tag{2.4.4}$$

由此可见,线性的无阻尼的单摆系统只有一种运动形态,即周期运动.

对于非线性的单摆运动,方程(2.4.1)可以改写为二维的自治系统

$$\begin{cases}\dot{\theta}=\omega,\\ \dot{\omega}=-\omega_0^2\sin\theta,\end{cases} \tag{2.4.5}$$

其中 $\omega=\dot{\theta}$ 表示角速度.

由自治系统(2.4.5)可知,使得 $\dot{\theta}=0$ 和 $\dot{\omega}=0$ 的平衡态满足

$$\sin\theta=0,\quad \omega=0, \tag{2.4.6}$$

因而求得非线性单摆系统的平衡态有三个:

$$(\theta_1^*,\omega_1^*)=(0,0),\quad (\theta_2^*,\omega_2^*)=(-\pi,0),\quad (\theta_3^*,\omega_3^*)=(\pi,0), \tag{2.4.7}$$

其中$(\theta_1^*,\omega_1^*)=(0,0)$是单摆下垂,摆球处于最下方的位置;而$(\theta_2^*,\omega_2^*)=(-\pi,0)$和$(\theta_3^*,\omega_3^*)=(\pi,0)$实际上是一个点,即单摆摆球处于最上方的位置.

自治系统(2.4.5)右端在平衡态(θ^*,ω^*)处的 Jacobi 矩阵为

$$\boldsymbol{J}=\begin{bmatrix}0 & 1\\ -\omega_0^2\cos\theta & 0\end{bmatrix}_{(\theta^*,\omega^*)}. \tag{2.4.8}$$

对式(2.4.7)的三个平衡态,它们分别是

$$\boldsymbol{J}_1=\begin{bmatrix}0 & 1\\ -\omega_0^2 & 0\end{bmatrix},\quad \boldsymbol{J}_{2,3}=\begin{bmatrix}0 & 1\\ \omega_0^2 & 0\end{bmatrix}. \tag{2.4.9}$$

对$(\theta_1^*,\omega_1^*)=(0,0)$而言,其特征值 λ 满足

$$\lambda^2+\omega_0^2=0, \tag{2.4.10}$$

因而

$$\lambda=\pm\omega_0\mathrm{i}. \tag{2.4.11}$$

这是纯虚根,所以平衡态$(\theta_1^*,\omega_1^*)=(0,0)$是中心,它是稳定的.这表示:若给此平衡态以微小位移,在无阻尼的情况下单摆作周期振荡.

对$(\theta^*,\omega^*)=(\pm\pi,0)$而言,其特征值 λ 满足

$$\lambda^2-\omega_0^2=0, \tag{2.4.12}$$

因而

$$\lambda = \pm \omega_0. \tag{2.4.13}$$

这是不同符号的两个实根，此时的平衡态$(\theta^*, \omega^*)=(\pm\pi, 0)$称为鞍点(saddle)，它是不稳定的. 这表示：若给此平衡态以微小位移，单摆不再在此点附近振荡，而是旋转起来了.

与 Lotka-Volterra 方程组类似，无阻尼的非线性的单摆运动方程(2.4.5)也是一个 Hamilton 系统或保守系统. 从方程组(2.4.5)有

$$\frac{d\omega}{d\theta} = -\frac{\omega_0^2 \sin\theta}{\omega}. \tag{2.4.14}$$

积分上式求得

$$H(\theta, \omega) = 常数, \tag{2.4.15}$$

其中

$$H(\theta, \omega) = \frac{1}{2}\omega^2 + \omega_0^2(1-\cos\theta) \tag{2.4.16}$$

为 Hamilton 量. 由于 ω 是角速度，因而$\frac{1}{2}\omega^2$ 可视为单摆系统的动能 K；而系统的恢复力为$-\omega_2^2\sin\theta$，克服此力所做的功$\int_0^\theta \omega_0^2 \sin\theta d\theta = \omega_0^2(1-\cos\theta)$ 是系统的势能 V，即

$$K = \frac{1}{2}\omega^2, \quad V = \omega_0^2(1-\cos\theta). \tag{2.4.17}$$

因此 $H(\theta, \omega)$就是单摆系统的总能量，而式(2.4.15)表征的就是能量守恒定律. 这样，非线性的单摆运动方程组(2.4.5)可以改写为

$$\dot{\theta} = \frac{\partial H}{\partial \omega}, \quad \dot{\omega} = -\frac{\partial H}{\partial \theta}, \tag{2.4.18}$$

而且不难看出：平衡态$(\theta_1^*, \omega_1^*)=(0,0)$是势能和总能量的极小值点(该点 $V=0$，$H=0$)，而平衡态$(\theta^*, \omega^*)=(\pm\pi, 0)$是势能和总能量的极大值点(该点 $V=2\omega_0^2$，$H=2\omega_0^2$).

非线性单摆方程(2.4.1)可以准确求解. 因 $1-\cos\theta = 2\sin^2\frac{\theta}{2}$，则方程(2.4.15)改写为

$$\dot{\theta}^2 + 4\omega_0^2 \sin^2\frac{\theta}{2} = 2H. \tag{2.4.19}$$

由于总能量守恒，这里 H 为一常数，可以由初值去决定. 若令

$$H = 2\omega_0^2 m^2, \tag{2.4.20}$$

这里 m^2 也为常数，m 称为模数. 利用式(2.4.20)，方程(2.4.19)改写为

$$\dot{\theta}^2 = 4\omega_0^2\left(m^2 - \sin^2\frac{\theta}{2}\right). \tag{2.4.21}$$

下面分三种不同情况求解方程(2.4.21).

1. $H<2\omega_0^2$ $\left(\text{即 } m^2\equiv\dfrac{H}{2\omega_0^2}<1\right)$

这应是无阻尼的单摆作非线性振动的情况，也就是围绕中心$(\theta_1^*,\omega_1^*)=(0,0)$单摆有周期解的情况. 因 $\theta=\theta_0$ 时，$\dot{\theta}=0$，则由式(2.4.21)有

$$m^2=\sin^2\frac{\theta_0}{2}\quad(0<m<1). \tag{2.4.22}$$

作因变量变换，令

$$\sin\frac{\theta}{2}=m\sin\varphi\quad(|\theta|\leqslant\theta_0,\ |\varphi|\leqslant\pi/2). \tag{2.4.23}$$

注意：上式两边微分有 $\frac{1}{2}\cos\frac{\theta}{2}\mathrm{d}\theta=m\cos\varphi\mathrm{d}\varphi$，再利用上式有 $\sqrt{1-m^2\sin^2\varphi}\,\mathrm{d}\theta=2m\cos\varphi\mathrm{d}\varphi$，这样，方程(2.4.21)化为

$$\dot{\varphi}^2=\omega_0^2(1-m^2\sin^2\varphi), \tag{2.4.24}$$

因而

$$\pm\omega_0\mathrm{d}t=\frac{1}{\sqrt{1-m^2\sin^2\varphi}}\mathrm{d}\varphi. \tag{2.4.25}$$

将上式两边从 $t=0(\varphi=0)$ 到 $t=t(\varphi=\varphi)$ 积分，得

$$\pm\omega_0 t=\int_0^{\varphi}\frac{1}{\sqrt{1-m^2\sin^2\varphi}}\mathrm{d}\varphi. \tag{2.4.26}$$

上式右端是第一类 Legendre 椭圆积分，其模数为 m. 当 φ 从 0 变到 $\pi/2$ 时，相应 θ 从 0 变到 θ_0，单摆经历了周期 T(取正值)的 1/4，则由式(2.4.26)有

$$\omega_0\cdot\frac{T}{4}=\int_0^{\pi/2}\frac{1}{\sqrt{1-m^2\sin^2\varphi}}\mathrm{d}\varphi\equiv\mathrm{K}(m), \tag{2.4.27}$$

这里 $\mathrm{K}(m)$ 为第一类 Legendre 完全椭圆积分，由此求得非线性单摆振动的周期为

$$T=\frac{4\mathrm{K}(m)}{\omega_0}. \tag{2.4.28}$$

它与线性单摆振动的周期公式(2.4.4)比较有

$$\frac{T}{T_0}=\frac{2\mathrm{K}(m)}{\pi}. \tag{2.4.29}$$

因 $m=0$ 时，$\mathrm{K}(0)=\pi/2$，此时 $\theta=\theta_0=0$，$\frac{T}{T_0}=1$. 随着 θ_0 的增加，m 和 $\mathrm{K}(m)$ 的数值也在增加，当 $\theta_0=\pi$ 时，$m=1$，$\mathrm{K}(1)\to+\infty$，$\frac{T}{T_0}\to+\infty$. $\frac{T}{T_0}$ 随 θ_0 的变化如图 2-4 所示. 由此可见，$m=0$ 表单摆的线性振动，$m\neq0$ 表单摆的非线性振动，m 的数值越大，非线性振动越强. 当 m 的数值接近于 1 时，非线性振动达最强.

下面给出在 $m^2\equiv\dfrac{H}{2\omega_2^2}<1$ 时，非线性单摆运动方程(2.4.1)的准确解. 在式(2.4.26)中，令

$$x=\sin\varphi. \tag{2.4.30}$$

注意 $\mathrm{d}x=\cos\varphi\mathrm{d}\varphi=\sqrt{1-x^2}\,\mathrm{d}\varphi$，则式(2.4.26)化为

$$\pm\omega_0 t=\int_0^{\sin\varphi}\frac{1}{\sqrt{(1-x^2)(1-m^2x^2)}}\mathrm{d}x. \tag{2.4.31}$$

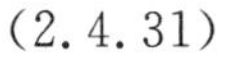

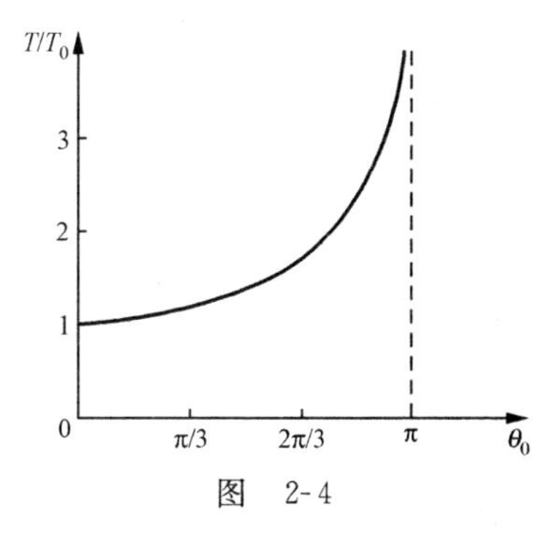

图　2-4

上式表明：积分值 $\pm\omega_0 t$ 是积分上限 $\sin\varphi$ 的函数，反过来，我们也可以把积分上限 $\sin\varphi$ 视为积分值 $\pm\omega_0 t$ 的函数，这就是 Jacobi 椭圆正弦函数. 因而

$$\sin\varphi=\pm\,\mathrm{sn}(\omega_0 t,m), \tag{2.4.32}$$

其中 $\mathrm{sn}(\omega_0 t,m)$ 即是 Jacobi 椭圆正弦函数，其模数为 m，$\mathrm{sn}(\omega_0 t,m)$ 有时候就简写为 $\mathrm{sn}\omega_0 t$.

将式(2.4.32)代入式(2.4.23)，最后求得非线性单摆运动方程(2.4.1)在 $m^2\equiv\dfrac{H}{2\omega_0^2}<1$ 时的解析解为

$$\sin\frac{\theta}{2}=\pm\,m\mathrm{sn}(\omega_0 t,m)\quad\left(m\equiv\sin\frac{\theta_0}{2}<1\right). \tag{2.4.33}$$

当 θ_0 很小时，近似有 $m=\theta_0/2$ 或 $m=0$，$\mathrm{sn}(\omega_0 t,0)=\sin\omega_0 t$，同样近似有 $\sin\dfrac{\theta}{2}=\dfrac{\theta}{2}$. 这样，式(2.4.33)便退化为线性解(2.4.3).

式(2.4.33)代入方程(2.4.21)求得单摆的角速度为

$$\dot{\theta}=\pm\,2\omega_0 m\mathrm{cn}(\omega_0 t,m), \tag{2.4.34}$$

其中 $\mathrm{cn}(\omega_0 t,m)$ 是 Jacobi 椭圆余弦函数，它满足 $\mathrm{cn}^2u=1-\mathrm{sn}^2u$.

2.　$H>2\omega_0^2$ $\left(\text{即 } m^2\equiv\dfrac{H}{2\omega_0^2}>1\right)$

这应是无阻尼的单摆作旋转运动的情况. 因为 $H>2\omega_0^2$，即系统的总能量大于势能的最大值，则由式(2.4.16)可知，此时 $\omega\equiv\dot{\theta}$ 恒不为零，此种情况下的单摆方程组(2.4.5)没有平衡态. 若令

$$n^2\equiv\frac{1}{m^2}=\frac{2\omega_0^2}{H}, \tag{2.4.35}$$

则 $n^2<1$，且单摆运动方程(2.4.21)可以改写为

$$\dot{\theta}^2 = \frac{4\omega_0^2}{n^2}\left(1 - n^2\sin^2\frac{\theta}{2}\right). \tag{2.4.36}$$

再作因变量变换

$$\sin\frac{\theta}{2} = \sin\varphi. \tag{2.4.37}$$

注意:由上式有 $\mathrm{d}\theta=2\mathrm{d}\varphi$,这样,方程(2.4.36)化为

$$\dot{\varphi}^2 = \frac{\omega_0^2}{n^2}(1 - n^2\sin^2\varphi), \tag{2.4.38}$$

因而

$$\pm\frac{\omega_0}{n}\mathrm{d}t = \frac{1}{\sqrt{1-n^2\sin^2\varphi}}\mathrm{d}\varphi. \tag{2.4.39}$$

将上式两边积分,得

$$\pm\frac{\omega_0}{n}t = \int_0^{\varphi}\frac{1}{\sqrt{1-n^2\sin^2\varphi}}\mathrm{d}\varphi. \tag{2.4.40}$$

上式右端仍是第一类 Legendre 椭圆积分,但模数为 n. 当 φ 从 0 变到 $\pi/2$ 时,相应 θ 从 0 变到 π,单摆旋转了周期 T(取正值)的 1/2,则由式(2.4.40)有

$$\frac{\omega_0}{n}\cdot\frac{T}{2} = \int_0^{\pi/2}\frac{1}{\sqrt{1-n^2\sin^2\varphi}}\mathrm{d}\varphi \equiv \mathrm{K}(n). \tag{2.4.41}$$

由此求得非线性单摆旋转的周期为

$$T = \frac{2n\mathrm{K}(n)}{\omega_0}. \tag{2.4.42}$$

令 $x=\sin\varphi$[参见式(2.4.30)],则式(2.4.40)化为

$$\pm\frac{\omega_0}{n}t = \int_0^{\sin\varphi}\frac{1}{\sqrt{(1-x^2)(1-n^2x^2)}}\mathrm{d}x. \tag{2.4.43}$$

因而

$$\sin\varphi = \pm\,\mathrm{sn}\left(\frac{\omega_0}{n}t, n\right). \tag{2.4.44}$$

将式(2.4.37)代入式(2.4.44),最后求得非线性单摆运动方程(2.4.1)在 $m^2\equiv\dfrac{H}{2\omega_0^2}>1$ 时的解析解为

$$\sin\frac{\theta}{2} = \pm\,\mathrm{sn}\left(\frac{\omega_0}{n}t, n\right)\quad\left(m\equiv\sqrt{\frac{H}{2\omega_0^2}} = \frac{1}{n} > 1\right), \tag{2.4.45}$$

这是单摆旋转运动的解析解.

将式(2.4.45)代入方程(2.4.36)求得单摆旋转运动的角速度为

$$\dot{\theta} = \pm\frac{2\omega_0}{n}\mathrm{dn}\left(\frac{\omega_0}{n}t, n\right), \tag{2.4.46}$$

其中 $\mathrm{dn}\left(\frac{\omega_0}{n}t,n\right)$是第三类 Jacobi 椭圆函数，它满足 $\mathrm{dn}^2u=1-n^2\mathrm{sn}^2u$($n$ 为模数).

3. $H=2\omega_0^2\left(\text{即 } m^2\equiv\frac{H}{2\omega_0^2}=1\right)$

这是介于振动与旋转之间的情况. 此时的方程(2.4.21)化为

$$\dot{\theta}^2 = 4\omega_0^2\cos^2\frac{\theta}{2}, \tag{2.4.47}$$

因而

$$\pm 2\omega_0\mathrm{d}t = \frac{1}{\cos(\theta/2)}\mathrm{d}\theta. \tag{2.4.48}$$

上式两边积分求得

$$\pm 2\omega_0 t = \ln\frac{1+\sin(\theta/2)}{1-\sin(\theta/2)}. \tag{2.4.49}$$

由此求得

$$\sin\frac{\theta}{2} = \pm\tanh\omega_0 t, \tag{2.4.50}$$

这就是 $m=1$ 时单摆运动方程(2.4.1)的解析解. 这个解实际上也可以从式(2.4.33)或式(2.4.45)令 $m=1$ 求得.

因为 $\mathrm{K}(1)\to+\infty$，则从式(2.4.28)或式(2.4.42)都有 $T\to+\infty$，即周期为无穷大，而且由式(2.4.50)有 $t\to+\infty$，$\theta\to\pm\pi$.

将式(2.4.50)代入式(2.4.47)，求得 $m=1$ 时单摆运动的角速度为

$$\dot{\theta} = \pm 2\omega_0\,\mathrm{sech}\,\omega_0 t. \tag{2.4.51}$$

在相平面(θ,ω)上，由式(2.4.15)所确定的单摆系统(2.4.5)的相轨如图 2-5 所示.

从图 2-5 看出，它有四种相轨线：曲线①代表角位移 θ 很小时的周期振荡. 曲线②代表角位移 θ 较大时的非线性周期振荡. 曲线①和曲线②都是围绕中心$(\theta^*,\omega^*)=(0,0)$的闭合曲线，它们通常可以用Jacobi椭圆函数表征. 曲线③代表角位移 $\theta=\pm\pi$ 的单摆运动，它是连接两个鞍点$(\theta^*,\omega^*)=(-\pi,0)$和$(\pi,0)$，而且把振动和旋转分开的分型线(separatrix)，通常称为异宿轨道(heteroclinic orbit). 不过，这里$(-\pi,0)$和$(\pi,0)$实际为一个点，所以，此相轨为同宿轨道(homoclinic orbit). 同宿轨道和异宿轨道通

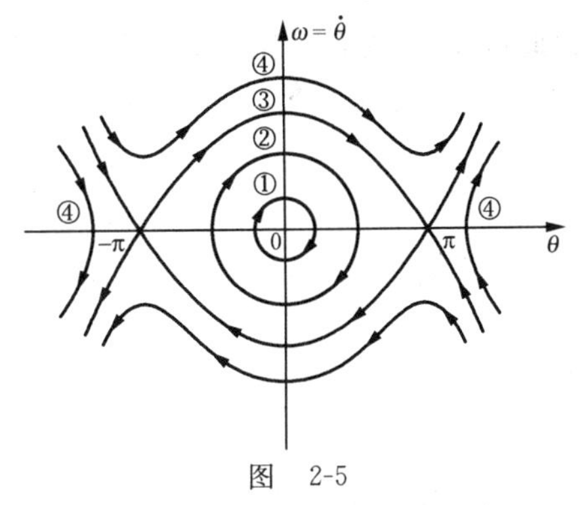

图　2-5

常分别用双曲正割函数和双曲正切函数表征. 曲线④代表单摆的旋转运动. 需要注意的是,单摆运动的实际轨线[即 $\theta(t)$]与相轨线是两码事,如单摆振动的实际轨线为一不闭合的曲线,但其相轨线为闭合曲线;又如单摆旋转的实际轨线为一个圆,但其相轨线却是不闭合的.

由上分析可知:随着单摆运动由线性变为非线性,其运动形态由单一的周期运动变为多样化的运动了. 而且就单摆的振动而言,线性单摆振动的角速度和周期与振动的振幅无关;而非线性单摆振动的角速度和周期与振动的振幅$\left(\text{即 } m=\sin\dfrac{\theta_0}{2}\right)$有关. 这是非线性振动的特色.

§2.5 有阻尼的单摆运动方程

在式(1.1.21)中已经标记过的有阻尼的单摆运动方程为

$$\ddot{\theta}+2\mu\dot{\theta}+\omega_0^2\sin\theta=0\quad(\mu>0).\tag{2.5.1}$$

当角位移 θ 很小时,方程(2.5.1)近似化为

$$\ddot{\theta}+2\mu\dot{\theta}+\omega_0^2\theta=0\quad(\mu>0).\tag{2.5.2}$$

这是线性阻尼振动方程,在 $\theta|_{t=0}=0$ 的条件下,方程(2.5.2)的解可以写为

$$\theta=\begin{cases}A\mathrm{e}^{-\mu t}\sin\omega_1 t & (\omega_1\equiv\sqrt{\omega_0^2-\mu^2}>0),\\ B\mathrm{e}^{-\mu t}\sinh\mu_1 t & (\mu_1\equiv\sqrt{\mu^2-\omega_0^2}>0),\end{cases}\tag{2.5.3}$$

其中 A 和 B 是任意常数,$\omega_1>0$ 表征弱阻尼($\mu^2<\omega_0^2$),$\mu_1>0$ 表征强阻尼($\mu^2>\omega_0^2$). 前者是衰减振动,后者是衰减强阻尼(不振动).

对于非线性的有阻尼的单摆运动,方程(2.5.1)可以改写为二维的自治系统

$$\begin{cases}\dot{\theta}=\omega,\\ \dot{\omega}=-2\mu\omega-\omega_0^2\sin\theta.\end{cases}\tag{2.5.4}$$

由此可知:即便有了阻尼,但单摆系统的平衡态与无阻尼时的一样,仍然是用式(2.4.7)表征的三个. 不过,此时在平衡态(θ^*,ω^*)处的 Jacobi 矩阵为

$$\boldsymbol{J}=\begin{bmatrix}0 & 1\\ -\omega_0^2\cos\theta & -2\mu\end{bmatrix}_{(\theta^*,\omega^*)}.\tag{2.5.5}$$

对平衡态$(\theta^*,\omega^*)=(0,0)$而言,其特征值满足

$$\lambda^2+2\mu\lambda+\omega_0^2=0,\tag{2.5.6}$$

因而

$$\lambda=-\mu\pm\sqrt{\mu^2-\omega_0^2}.\tag{2.5.7}$$

下面分三种不同情况来说明.

1. 弱阻尼($\mu^2<\omega_0^2$)

此时

$$\lambda=-\mu\pm\omega_1\mathrm{i}\quad(\omega_1\equiv\sqrt{\omega_0^2-\mu^2}>0). \tag{2.5.8}$$

它是二共轭复根,平衡态$(\theta^*,\omega^*)=(0,0)$称为焦点(focus).若允许$\mu$可正可负,则当$\mu>0$时(正阻尼),$\lambda$的实部为负,$(\theta^*,\omega^*)=(0,0)$为稳定焦点,它是有阻尼单摆运动的吸引子;当$\mu<0$时(负阻尼),$\lambda$的实部为正,$(\theta^*,\omega^*)=(0,0)$为不稳定焦点,它是有阻尼单摆运动的排斥子(repeller).

2. 强阻尼($\mu^2>\omega_0^2$)

此时

$$\lambda=-\mu\pm\mu_1\quad(\mu_1\equiv\sqrt{\mu^2-\omega_0^2}>0) \tag{2.5.9}$$

是二不等实根,平衡态$(\theta^*,\omega^*)=(0,0)$称为结点(node).当$\mu>0$时(正阻尼),$\lambda$全为负值,$(\theta^*,\omega^*)=(0,0)$为稳定结点;当$\mu<0$时(负阻尼),$\lambda$全为正值,$(\theta^*,\omega^*)=(0,0)$为不稳定结点.

3. 临界阻尼($\mu^2=\omega_0^2,\mu_1=\omega_1=0$)

此时

$$\lambda=-\mu \tag{2.5.10}$$

是二相等实根.它分开焦点和结点,也就是分开弱阻尼的衰减振动和强阻尼的非振动.

事实上,有阻尼的单摆运动方程组可以改写为

$$\frac{\mathrm{d}\omega}{\mathrm{d}\theta}=-\frac{2\mu\omega+\omega_0^2\sin\theta}{\omega}, \tag{2.5.11}$$

由此求得系统的总能量和它的变化率分别为

$$H\equiv\frac{1}{2}\omega^2+\omega_0^2(1-\cos\theta)=-2\mu\int_0^t\dot{\theta}^2\,\mathrm{d}t \tag{2.5.12}$$

和

$$\dot{H}\equiv\omega\dot{\omega}+\omega_0^2\sin\theta\dot{\theta}=-2\mu\dot{\theta}^2. \tag{2.5.13}$$

由此可见,非线性的有阻尼的单摆系统的总能量不再守恒,在正阻尼时($\mu>0$),总能量耗损($\dot{H}<0$),即它是耗散系统(dissipative system).对平衡态$(\theta^*,\omega^*)=(0,0)$而言,图2-5中的闭合相轨消失,而代之以向内旋转的对数螺线,最终趋向于平衡态$(\theta^*,\omega^*)=(0,0)$.

对平衡态$(\theta^*,\omega^*)=(\pm\pi,0)$而言,其特征值满足

$$\lambda^2 + 2\mu\lambda - \omega_0^2 = 0, \tag{2.5.14}$$

因而

$$\lambda = -\mu \pm \sqrt{\mu^2 + \omega_0^2}. \tag{2.5.15}$$

它是不同符号的两个实根，因而平衡态$(\theta^*, \omega^*) = (\pm\pi, 0)$仍旧是鞍点.

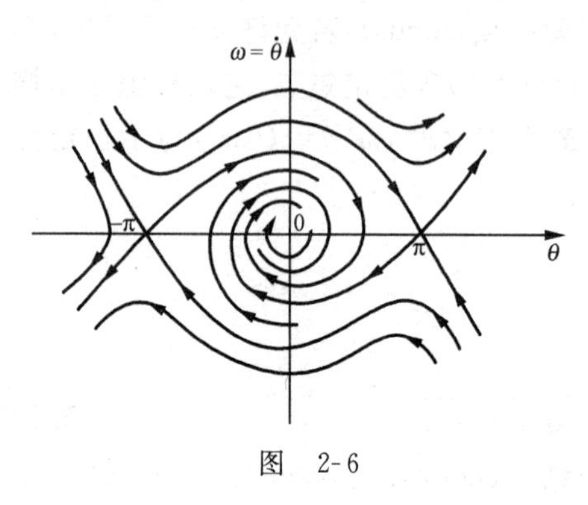

图　2-6

在相平面(θ, ω)上，非线性有阻尼的单摆系统(2.5.4)的相轨如图2-6所示.

由上分析可知：只要$\mathrm{Re}\lambda \neq 0$(此时平衡态可称为双曲点)，非线性系统与它相应的线性系统的相轨在平衡态附近就是相似的，这就是双曲点的特征.在这样的系统中，尽管μ可以有较小的改变，但系统的拓扑结构并没有改变，这样的系统称为是结构稳定的(structurally stable).

§2.6　van der Pol 方程

在式(1.1.22)中已经标记过的 van der Pol 方程为

$$\ddot{x} + 2\mu\left(\frac{x^2}{a_c^2} - 1\right)\dot{x} + \omega_0^2 x = 0 \quad (\mu > 0). \tag{2.6.1}$$

与 van der Pol 方程(2.6.1)等价的一个系统为

$$\begin{cases} \dot{x} = y, \\ \dot{y} = -\omega_0^2 x - 2\mu\left(\dfrac{x^2}{a_c^2} - 1\right)y \end{cases} \quad (\mu > 0). \tag{2.6.2}$$

方程组(2.6.2)只有一个平衡态

$$(x^*, y^*) = (0, 0). \tag{2.6.3}$$

在该点的 Jacobi 矩阵为

$$\boldsymbol{J} = \begin{bmatrix} 0 & 1 \\ -\omega_0^2 & 2\mu \end{bmatrix}_{(0,0)}. \tag{2.6.4}$$

相应的特征方程是

$$\lambda^2 - 2\mu\lambda + \omega_0^2 = 0, \tag{2.6.5}$$

因而特征根为

$$\lambda = \mu \pm \sqrt{\mu^2 - \omega_0^2}, \tag{2.6.6}$$

则在弱阻尼的情况下$(\mu^2 < \omega_0^2)$，λ为二共轭复根，且实部为正，平衡态$(x^*, y^*) =$

(0,0)是一个不稳定的焦点(若 $\mu=0$,该平衡态是中心);而在强阻尼的情况下($\mu^2>\omega_0^2$),λ 为同为正号的二不等实根,平衡态$(x^*,y^*)=(0,0)$是一个不稳定的结点.

由方程组(2.6.2)知,在相平面(x,y)上,van der Pol 方程的相轨满足

$$\frac{\mathrm{d}y}{\mathrm{d}x}=-\frac{\omega_0^2x+2\mu\left(\frac{x^2}{a_c^2}-1\right)y}{y}. \tag{2.6.7}$$

由此求得系统的总能量和它的变化率分别为

$$H\equiv\frac{1}{2}y^2+\frac{1}{2}\omega_0^2x^2=-2\mu\int_0^t\left(\frac{x^2}{a_c^2}-1\right)\dot{x}^2\mathrm{d}t \tag{2.6.8}$$

和

$$\dot{H}\equiv y\dot{y}+\omega_0^2x\dot{x}=-2\mu\left(\frac{x^2}{a_c^2}-1\right)\dot{x}^2. \tag{2.6.9}$$

由此可见,van der Pol 方程是一耗散系统,其总能量不守恒,而且在 $\mu>0$ 的条件下当$|x|<a_c$ 时(负阻尼)$\dot{H}>0$,当$|x|>a_c$ 时(正阻尼)$\dot{H}<0$. 它表明在运动过程中 $\dot{H}$ 可以改变符号,这样,van der Pol 方程可以出现新的现象.

为了进一步分析 van der Pol 方程,我们先考察 $\mu=0$ 的情况. 此时方程(2.6.1)在 $x|_{t=0}=0$ 条件下的解为

$$x=a\sin\omega_0 t, \tag{2.6.10}$$

其中 a 为振幅. 因而

$$\dot{x}=\omega_0 a\cos\omega_0 t. \tag{2.6.11}$$

因 $\mu=0$ 时,van der Pol 方程(2.6.1)为一守恒系统(即保守系统或 Hamilton 系统),其总能量为

$$H\equiv\frac{1}{2}\dot{x}^2+\frac{1}{2}\omega_0^2x^2=\frac{1}{2}\omega_0^2a^2. \tag{2.6.12}$$

这样,式(2.6.10)和式(2.6.11)可分别写为

$$x=\pm\frac{\sqrt{2H}}{\omega_0}\sin\omega_0 t \tag{2.6.13}$$

和

$$\dot{x}=\pm\sqrt{2H}\cos\omega_0 t. \tag{2.6.14}$$

对于 $\mu\neq0$ 的情况,在弱阻尼($\mu^2<\omega_0^2$)的条件下,我们认为 H 和 a 都是 t 的慢变函数. 这样,考虑式(2.6.13)和式(2.6.14),而设

$$x=\pm\frac{\sqrt{2H(t)}}{\omega_0}\sin\omega_0 t,\quad \dot{x}=\pm\sqrt{2H(t)}\cos\omega_0 t, \tag{2.6.15}$$

这里 $H(t)$是 t 的慢变函数.

将式(2.6.15)代入式(2.6.9)得到

$$\dot{H}=-4\mu\left[\frac{2H(t)\sin^2\omega_0 t}{\omega_0^2 a_c^2}-1\right]H(t)\cos^2\omega_0 t. \tag{2.6.16}$$

上式在一个周期 $T_0=\frac{2\pi}{\omega_0}$ 内求平均,在右端积分时忽略 H 的变化,左端平均仍记为 $\dot{H}$,则得到

$$\dot{H}=\frac{1}{T_0}\int_0^{T_0}\dot{H}\mathrm{d}t=-2\mu H\left(\frac{H}{H_0}-1\right)\quad (H_0=2\omega_0^2 a_c^2). \tag{2.6.17}$$

由式(2.6.17)看到,使得 $\dot{H}=0$ 的平衡态有两个:

$$H_1^*=0,\quad H_2^*=H_0. \tag{2.6.18}$$

从式(2.6.12)知 $H_1^*=0$ 就是平衡态$(x^*,y^*)=(0,0)$.

在 $H_1^*=0$ 附近,式(2.6.17)近似化为

$$\dot{H}=2\mu H, \tag{2.6.19}$$

因而 $\dot{H}>0$,运动不稳定,$H_1^*=0$ 便是不稳定焦点,这种分析与式(2.6.6)在弱阻尼条件下的分析一致.

在 $H_2^*=H_0$ 附近,式(2.6.17)近似化为

$$\dot{H}=-2\mu H_0(H/H_0-1)=-2\mu(H-H_0), \tag{2.6.20}$$

则当 $H<H_0$ 时,$\dot{H}>0$; $H>H_0$ 时,$\dot{H}<0$. 这意味着运动从 $H<H_0$ 和 $H>H_0$ 两边趋于 $H=H_0$,因为 $H=H_0$ 就是

$$\frac{1}{2}\omega_0^2 x^2+\frac{1}{2}\dot{x}^2=2\omega_0^2 a_c^2, \tag{2.6.21}$$

即

$$\left(\frac{x}{2a_c}\right)^2+\left(\frac{y}{2\omega_0 a_c}\right)^2=1. \tag{2.6.22}$$

在相平面(x,y)上,它是一个椭圆的闭合轨道,称为极限环(limit cycle),而且是稳定的极限环,如图 2-7(a)所示;图中点$(x^*,y^*)=(0,0)$是不稳定焦点,也称为源点. 若允许 $\mu<0$,则点$(x^*,y^*)=(0,0)$便是稳定焦点,也称为汇点,而 $H_2^*=H_0$ 便是不稳定的极限环,如图 2-7(b)所示.

稳定的极限环是 van der Pol 方程在弱阻尼的条件下求得的孤立的周期解,也称为周期吸引子(periodic attractor).

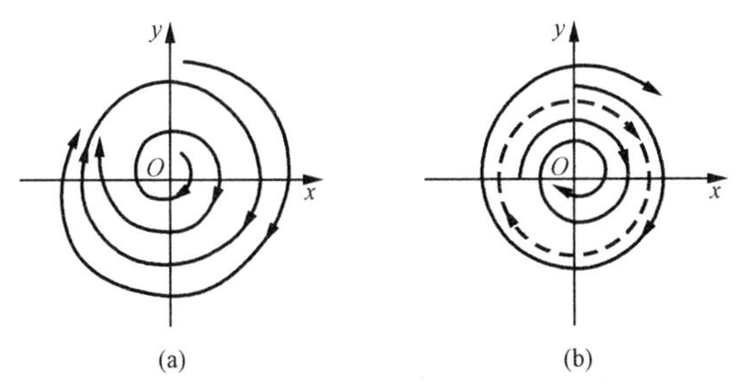

(a)　(b)

图　2-7

对于一般的非线性振动方程

$$\ddot{x}+f(x)\dot{x}+g(x)=0, \tag{2.6.23}$$

Levison-Smith 在 Bendixson 判别定理[①]的基础上证明：若 $f(x)$ 和 $g(x)$ 满足三个条件：(1) $g(x)$ 是奇函数，且当 $x>0$ 时 $g(x)>0$；(2) $F(x)\equiv\int_0^x f(\xi)\mathrm{d}\xi$ 是奇函数，并存在数 x_0 使得当 $0<x<x_0$ 时 $F(x)<0$，而当 $x\geqslant x_0$ 时，$F(x)\geqslant 0$ 且单调增加；(3) $\int_0^{+\infty} f(\xi)\mathrm{d}\xi=\int_0^{+\infty} g(\xi)\mathrm{d}\xi=+\infty$，则系统(2.6.23)存在唯一的极限环(孤立的周期解)，对于 van der Pol 方程(2.6.1)，$f(x)=2\mu\left(\frac{x^2}{a_c^2}-1\right)$，$g(x)=\omega_0^2 x$，因而 $F(x)=2\mu x\left(\frac{x^2}{3a_c^2}-1\right)$，且 $x_0=\sqrt{3}a_c$，则 Levison-Smith 定理的三个条件均满足，所以，van der Pol 方程一定存在极限环.

以上分析说明：在弱阻尼($\mu^2<\omega_0^2$)的条件下，van der Pol 方程(2.6.1)具有极限环. 下面，我们将说明，即便在强阻尼($\mu^2>\omega_0^2$)的条件下，van der Pol 方程也有丰富的特征. 为此，我们将方程(2.6.1)改写为

$$\begin{cases}\dot{x}=2\mu[y-F(x)],\\ \dot{y}=-\dfrac{\omega_0^2}{2\mu}x,\end{cases} \tag{2.6.24}$$

其中

$$F(x)=\frac{x^3}{3a_c^2}-x. \tag{2.6.25}$$

与方程组(2.6.2)一样，方程组(2.6.24)是与 van der Pol 方程(2.6.1)等价的又一个系统. 由方程组(2.6.24)看到，在强阻尼($\mu^2>\omega_0^2$)时，变量 x 相对于变量 y 而言

---

① Bendixson 判别定理：对于二维自治系统：$\dot{x}=P(x,y)$，$\dot{y}=Q(x,y)$ 在单连通区域内存在极限环的必要条件是 $\frac{\partial P}{\partial x}+\frac{\partial Q}{\partial y}$ 要改变符号.

是快变的,而且有

$$[y-F(x)]\frac{\mathrm{d}y}{\mathrm{d}x}=-\frac{\omega_0^2}{4\mu^2}x. \tag{2.6.26}$$

这样,在强阻尼($\mu^2>\omega_0^2$)的条件下,近似有

$$[y-F(x)]\frac{\mathrm{d}y}{\mathrm{d}x}=0. \tag{2.6.27}$$

要使上式成立,只有相轨为

$$y=F(x)\quad 或 \quad y=常数. \tag{2.6.28}$$

在相图(x,y)上,我们画出$y=F(x)$的曲线(图2-8中的曲线)和$y=$常数的直线(图2-8中的直线). 当沿相轨$y=F(x)$由点$A\left(2a_c,\frac{2}{3}a_c\right)$移至点$B\left(a_c,-\frac{2}{3}a_c\right)$时,因$\frac{x^2}{a_c^2}-1>0$,则运动为正阻尼,因而$x$缓慢变化;而沿相轨$y=-\frac{2}{3}a_c$由点$B\left(a_c,-\frac{2}{3}a_c\right)$移至点$C\left(-2a_c,-\frac{2}{3}a_c\right)$时,因$\frac{x^2}{a_c^2}-1<0$,则运动为负阻尼,因而$x$快速变化. 类似地,$CD$段属正阻尼,$x$缓慢变化,$DA$段属负阻尼,$x$快速变化. 即运动呈现快慢过程的交替,有两种不同的时间尺度.

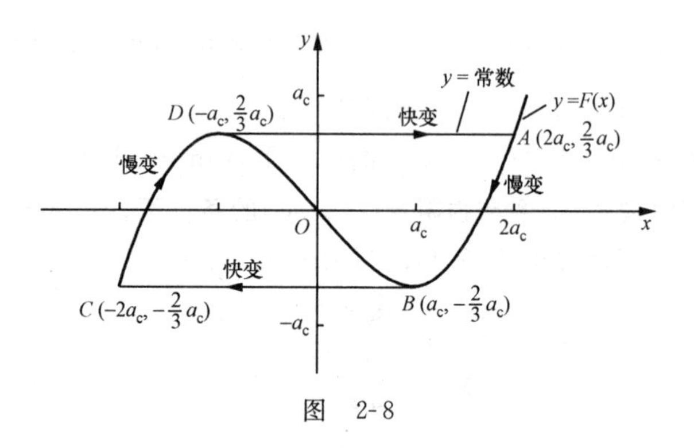

图　2-8

图2-9分别给出了$\mu=\frac{1}{20}\omega_0$[参见图2-9(a)],$\mu=\frac{1}{2}\omega_0$[参见图2-9(b)]和$\mu=\frac{5}{2}\omega_0$[参见图2-9(c)]三种情况下x随$\omega_0 t$的变化曲线. 从曲线看出,随着阻尼的增大,波形渐渐从准正弦曲线转变为方波曲线,它称为弛豫振荡(relaxation oscillation).

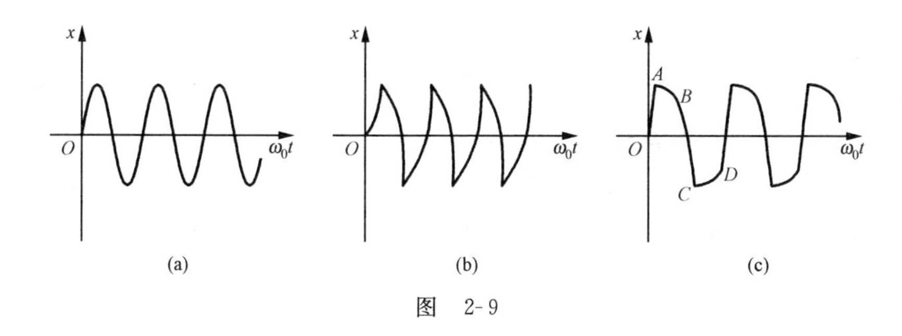

图 2-9

§ 2.7 Duffing 方程

1. 无阻尼、无强迫的 Duffing 方程

已在式(1.1.25)中标记过的无阻尼、无强迫的 Duffing 方程为

$$\ddot{x}+\omega_0^2 x=-\varepsilon\beta_0^2 x^3, \tag{2.7.1}$$

与其等价的方程组或自治系统为

$$\begin{cases}\dot{x}=y,\\ \dot{y}=-\omega_0^2 x-\varepsilon\beta_0^2 x^3.\end{cases} \tag{2.7.2}$$

很容易看出，不管 ε 是正还是负，方程组(2.7.2)都有一个平衡态 $(x^*,y^*)=(0,0)$，而且是中心. 在相平面 (x,y) 上的相轨满足

$$\frac{\mathrm{d}y}{\mathrm{d}x}=-\frac{\omega_0^2 x+\varepsilon\beta_0^2 x^3}{y}. \tag{2.7.3}$$

积分上式求得

$$H(x,y)=\text{常数}, \tag{2.7.4}$$

其中

$$H(x,y)=\frac{1}{2}y^2+\frac{1}{2}\omega_0^2 x^2+\frac{1}{4}\varepsilon\beta_0^2 x^4 \tag{2.7.5}$$

为系统(2.7.2)的总能量. 而且，方程组(2.7.2)可以改写为

$$\dot{x}=\frac{\partial H}{\partial y},\quad \dot{y}=-\frac{\partial H}{\partial x}, \tag{2.7.6}$$

所以，无阻尼、无强迫的 Duffing 方程也是一个保守系统，它有周期解，称为 Duffing 振子(oscillator).

在 $\varepsilon>0$(硬非线性)时，根据 Jacobi 椭圆函数的性质[或参见第 3 章式(3.3.17)]知，Duffing 方程(2.7.1)的周期解为

$$x=a\,\mathrm{cn}(\omega t,m), \tag{2.7.7}$$

其中

$$\omega^2 = \omega_0^2 + \varepsilon\beta_0^2 a^2, \quad m^2 = \frac{\varepsilon\beta_0^2 a^2}{2\omega^2} = \frac{1}{2}\left(1 - \frac{\omega_0^2}{\omega^2}\right). \tag{2.7.8}$$

由此便知:Duffing 方程周期解的圆频率与振幅有关,这与单摆的非线性振动是相似的.因为 Jacobi 椭圆余弦函数的周期为 $4\mathrm{K}(m)$[$\mathrm{K}(m)$参见式(2.4.27)],又因为

$$\mathrm{K}(m) = \frac{\pi}{2}F\left(\frac{1}{2},\frac{1}{2},1,m^2\right) = \frac{\pi}{2}\left[1 + \left(\frac{1}{2}\right)^2 m^2 + \left(\frac{3}{8}\right)^2 m^4 + \cdots\right], \tag{2.7.9}$$

这里 $F(\alpha,\beta,\gamma,x)$为超比函数.所以,$\varepsilon>0$ 时 Duffing 方程(2.7.1)的非线性振动周期为

$$T = \frac{4\mathrm{K}(m)}{\omega} = \frac{2\pi}{\omega}\left[1 + \left(\frac{1}{2}\right)^2 m^2 + \left(\frac{3}{8}\right)^2 m^4 + \cdots\right]. \tag{2.7.10}$$

由上式,若定义等效的线性振动的圆频率为 ω_e,则由式(2.7.10)和式(2.7.8)有

$$\begin{aligned}\omega_e \equiv \frac{2\pi}{T} &= \frac{\omega}{1 + \frac{1}{4}m^2 + \frac{9}{64}m^4 + \cdots} = \omega\left[1 - \frac{1}{4}m^2 + O(m^4)\right] \\ &= \omega_0\left[1 + \frac{\varepsilon\beta_0^2 a^2}{2\omega_0^2} + O(\varepsilon^2 a^4)\right]\left[1 - \frac{\varepsilon\beta_0^2 a^2}{8\omega_0^2} + O(\varepsilon^2 a^4)\right] = \omega_0 + \frac{3\varepsilon\beta_0^2 a^2}{8\omega_0} + O(\varepsilon^2 a^4).\end{aligned} \tag{2.7.11}$$

在 $\varepsilon<0$(软非线性)时,根据 Jacobi 椭圆函数的性质[或参见第3章式(3.3.13)]知,Duffing 方程(2.7.1)的周期解为

$$x = a\,\mathrm{sn}(\omega t, m), \tag{2.7.12}$$

其中

$$\omega^2 = \omega_0^2 + \frac{1}{2}\varepsilon\beta_0^2 a^2, \quad m^2 = \frac{-\frac{1}{2}\varepsilon\beta_0^2 a^2}{\omega^2} = \frac{\omega_0^2}{\omega^2} - 1. \tag{2.7.13}$$

上式说明 $\varepsilon<0$ 时,非线性振动的圆频率也与振幅有关.因为 Jacobi 椭圆函数的周期也为 $4\mathrm{K}(m)$,所以,$\varepsilon<0$ 时,非线性振动的周期也是式(2.7.10),而等效圆频率为

$$\begin{aligned}\omega_e &= \omega\left[1 - \frac{1}{4}m^2 + O(m^4)\right] = \omega_0\left[1 + \frac{\varepsilon\beta_0^2 a^2}{4\omega_0^2} + O(\varepsilon^2 a^4)\right]\left[1 + \frac{\varepsilon\beta_0^2 a^2}{8\omega_0^2} + O(\varepsilon^2 a^4)\right] \\ &= \omega_0 + \frac{3\varepsilon\beta_0^2 a^2}{8\omega_0} + O(\varepsilon^2 a^4).\end{aligned} \tag{2.7.14}$$

其形式与式(2.7.11)完全相同.

2. 有阻尼、有强迫的 Duffing 方程

在式(1.1.24)中已标记过的这种 Duffing 方程为

$$\ddot{x} + 2\mu\dot{x} + \omega_0^2 x + \varepsilon\beta_0^2 x^3 = A\cos\Omega t \quad (\mu > 0). \tag{2.7.15}$$

$\varepsilon=0$ 时，它化为线性方程，且在弱阻尼($\mu^2<\omega_0^2$)的条件下求得解为

$$x = a_0 e^{-\mu t}\cos(\omega_1 t + \theta_0) + a_1\cos(\Omega t + \theta_1) \quad (\omega_1 = \sqrt{\omega_0^2 - \mu^2}), \tag{2.7.16}$$

其中 a_0 和 θ_0 为二任意常数，而 a_1 和 θ_1 分别满足

$$a_1 = \frac{A}{\sqrt{(\omega_0^2 - \Omega^2)^2 + 4\mu^2\Omega^2}}, \quad \tan\theta_1 = -\frac{2\mu\Omega}{\omega_0^2 - \Omega^2}. \tag{2.7.17}$$

解(2.7.16)包含两个部分：第一部分为固有的衰减振动，随着时间的增加，这部分的解将渐趋消亡；第二部分为强迫振动，随着强迫(或激励)振幅 A 的增加，解(或响应)的振幅 a_1 也随之增加.

在 $\varepsilon\neq0$ 时，引入等效频率 $\omega_e\left(\omega_e=\omega_0+\dfrac{3\beta_0^2a^2}{8\omega_0}\varepsilon\right)$，它相当于把方程(2.7.15)中的 $\omega_0^2x+\varepsilon\beta_0^2x^3$ 变为 ω_e^2x，则方程(2.7.15)化为

$$\ddot{x} + 2\mu\dot{x} + \omega_e^2 x = A\cos\Omega t. \tag{2.7.18}$$

其强迫部分的解(或时间足够长时方程的解)为

$$x = a\cos(\Omega t + \delta), \tag{2.7.19}$$

其中

$$a^2 = \frac{A^2}{(\omega_e^2 - \Omega^2)^2 + 4\mu^2\Omega^2}, \quad \tan\delta = -\frac{2\mu\Omega}{\omega_e^2 - \Omega^2}. \tag{2.7.20}$$

对于近共振的情况，设

$$\Omega = \omega_0 + \varepsilon\Delta, \tag{2.7.21}$$

在 $\Delta=0$ 时可以形成共振，使响应振幅达到极大. 在 $\Delta\neq0$ 时，由于 $(\omega_e^2-\Omega^2)^2=(\omega_e-\Omega)^2(\omega_e+\Omega)^2\approx\left(\dfrac{3\beta_0^2a^2}{8\omega_0}\varepsilon-\varepsilon\Delta\right)^2(2\omega_0)^2=4\omega_0^2\varepsilon^2\left(\dfrac{3\beta_0^2a^2}{8\omega_0}-\Delta\right)^2$，$4\mu^2\Omega^2\approx4\mu^2\omega_0^2$，则近似有

$$a^2 = \frac{(A^2/4\omega_0^2\varepsilon^2)}{(3\beta_0^2a^2/8\omega_0 - \Delta)^2 + (\mu/\varepsilon)^2}. \tag{2.7.22}$$

显然，如果 $a^2=O(1)$，则要求 $A=O(\varepsilon)$，即要求激励振幅较小，即是软激励. 若令

$$\sigma = \frac{3\beta_0^2a^2}{8\omega_0}, \quad F = \frac{3\beta_0^2A^2}{32\omega_0^3\varepsilon^2}, \tag{2.7.23}$$

则式(2.7.22)可以化为

$$\sigma[(\sigma - \Delta)^2 + (\mu/\varepsilon)^2] = F, \tag{2.7.24}$$

这是 σ 的三次代数方程，实际上是 a^2 的三次代数方程. 由此可知：随着激励振幅(用 F 表示)的增加，响应振幅(用 σ 表示)随之增加，而且 σ 随 Δ 的变化会变成多值的，如图 2-10 所示.

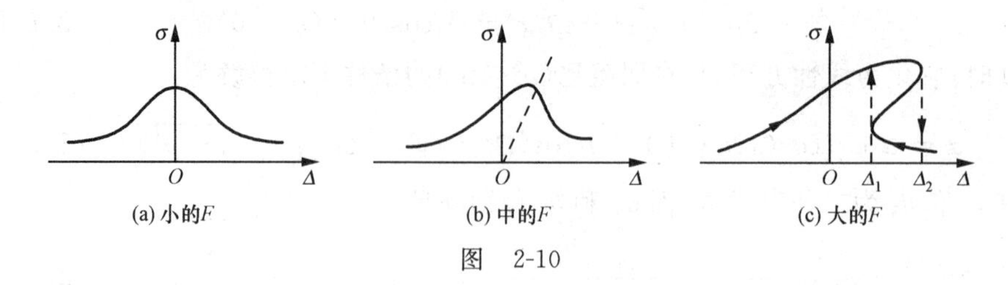

图　2-10

从图 2-10 看出：当 F 较大时[图 2-10(c)的情况]，在 $\Delta_1 \leqslant \Delta \leqslant \Delta_2$ 的范围内，σ 对 Δ 有多值关系. 则随着 Δ 的缓慢增加(相应地，激励频率 Ω 也缓慢增加)，振幅将增加一直到 $\Delta=\Delta_2$ 处，此后振幅将跌到一个较小的值；相反，随着 Δ 的缓慢减小(相应地，激励频率 Ω 也缓慢减小)，振幅将增加到 $\Delta=\Delta_1$ 处，此后振幅将跳到一个较大的值. 这种变化称为滞后(hysteresis)或跳跃(jump)，这是一个重要的非线性现象——突变，这是非线性作用所致.

非线性的另一个作用是：即使 Ω 与 ω_0 差别很大，也能产生共振.

由式(2.7.19)知，强迫耗散的 Duffing 方程(2.7.15)在时间足够大时的解可以写为

$$x_0 = a\cos(\Omega t + \delta) \quad \left(a = \frac{A}{\sqrt{(\omega^2 - \Omega^2)^2 + 4\mu^2\Omega^2}}, \omega = \omega_0 + O(\varepsilon)\right). \tag{2.7.25}$$

它可以视为强迫耗散的 Duffing 方程的零级近似解. 若设

$$x = x_0 + \varepsilon x_1 + \varepsilon^2 x_2 + \cdots, \tag{2.7.26}$$

其中 $x_1, x_2, \cdots$ 分别为一级近似解、二级近似解…….

将式(2.7.26)代入 Duffing 方程(2.7.15)，求得一级近似解满足

$$\ddot{x}_1 + 2\mu\dot{x}_1 + \omega_0^2\dot{x}_1 = -\varepsilon\beta_0^2 x_0^3. \tag{2.7.27}$$

再将式(2.7.25)代入方程(2.7.27)，注意 $\cos^3\alpha = \frac{1}{4}(\cos 3\alpha + 3\cos\alpha)$，则得到

$$\ddot{x}_1 + 2\mu\dot{x}_1 + \omega_0^2 x_1 = -\frac{1}{4}\varepsilon\beta_0^2 a^3[\cos 3(\Omega t + \delta) + 3\cos(\Omega t + \delta)]. \tag{2.7.28}$$

因为上述方程的右端存在 $\cos 3(\Omega t + \delta)$ 的强迫项，相应地 x_1 必有形式为 $B\cos 3(\Omega t + \gamma)$ 的特解(B, γ 为常数). 这样，固有频率 $\omega_0 = 3\Omega$ 时就要出现共振. 此时，x_1 仍是一周期运动，但其圆频率是激励频率的 3 倍，其周期便是激励周期的 1/3，它称为超谐(倍频)共振或分周期运动.

类似地，特别在强迫是多频的情况下，由于非线性的作用，在方程右端也会出现诸如 $\cos\frac{1}{3}(\Omega t + \delta)$ 的一些项. 这样，只要有 $\omega_0 = \frac{1}{3}\Omega$ 也会出现共振. 此时的固有圆频率是激励频率的 1/3，而周期是激励周期的 3 倍，它称为次谐(分频)共振或倍

周期运动. 一般地, $\omega_0=n\Omega$ 和 $\omega_0=\frac{1}{n}\Omega\,(n=1,2,\cdots)$ 分别被称为超谐共振(分周期运动)和次谐共振(倍周期运动).

若是倍周期运动,在倍数充分大的情况下必然会出现非周期运动(周期为无穷大),从而形成了混沌. 事实上,若令

$$z=\Omega t, \tag{2.7.29}$$

则强迫耗散的 Duffing 方程(2.7.15)可以化为

$$\begin{cases}\dot{x}=y,\\ \dot{y}=-2\mu y-\omega_0^2x-\varepsilon\beta_0^2x^3+A\cos z,\\ \dot{z}=\Omega.\end{cases} \tag{2.7.30}$$

这是一个右端不明显含有时间 t 的三维的耗散自治系统,这是出现混沌所必需的最低阶的自治系统.

§2.8　Euler 方程组

在式(1.1.31)中已经标记过的 Euler 方程组或 Euler 系统为

$$\begin{cases}\dot{a}_1=\gamma_1a_2a_3,\\ \dot{a}_2=\gamma_2a_3a_1,\quad(\gamma_1\neq0,\gamma_2\neq0,\gamma_3\neq0),\\ \dot{a}_3=\gamma_3a_1a_2\end{cases} \tag{2.8.1}$$

其中 γ_1,γ_2 和 γ_3 满足

$$\gamma_1+\gamma_2+\gamma_3=0. \tag{2.8.2}$$

设 $\boldsymbol{r}\equiv(x,y,z)$, $\boldsymbol{F}\equiv\{P(x,y,z),Q(x,y,z),R(x,y,z)\}$,则一般三维自治系统可表为

$$\dot{\boldsymbol{r}}=\boldsymbol{F}, \tag{2.8.3}$$

其相空间 (x,y,z) 体积的相对变化率可表为

$$\nabla\cdot\boldsymbol{F}\equiv\frac{\partial P}{\partial x}+\frac{\partial Q}{\partial y}+\frac{\partial R}{\partial z}. \tag{2.8.4}$$

若 $\nabla\cdot\boldsymbol{F}=0$,则称系统(2.8.3)为三维保守系统;若 $\nabla\cdot\boldsymbol{F}<0$,则称系统(2.8.3)为三维耗散系统.

对 Euler 方程组(2.8.1)而言,显然

$$\nabla\cdot\boldsymbol{F}=0, \tag{2.8.5}$$

所以,Euler 方程组(2.8.1)是一个三维的保守系统.

Euler 方程组(2.8.1)的三个方程分别乘以 a_1,a_2 和 a_3 后相加并积分求得

$$A^2=\text{常数}, \tag{2.8.6}$$

其中

$$A^2 \equiv a_1^2 + a_2^2 + a_3^2 \tag{2.8.7}$$

是 Euler 自治系统(2.8.1)的总角动量的平方. 式(2.8.6)表明:Euler 系统的总角动量是守恒的.

从 Euler 方程组(2.8.1)看到,使 $\dot{a}_1=0, \dot{a}_2=0$ 和 $\dot{a}_3=0$ 的平衡态有六个:

$$\begin{cases} P_1:(a_1^*,a_2^*,a_3^*)=(A,0,0), & P_2:(a_1^*,a_2^*,a_3^*)=(-A,0,0), \\ P_3:(a_1^*,a_2^*,a_3^*)=(0,A,0), & P_4:(a_1^*,a_2^*,a_3^*)=(0,-A,0), \\ P_5:(a_1^*,a_2^*,a_3^*)=(0,0,A), & P_6:(a_1^*,a_2^*,a_3^*)=(0,0,-A). \end{cases} \tag{2.8.8}$$

Euler 系统(2.8.1)右端在平衡态处的 Jacobi 矩阵为

$$\boldsymbol{J} = \begin{bmatrix} 0 & \gamma_1 a_3 & \gamma_1 a_2 \\ \gamma_2 a_3 & 0 & \gamma_2 a_1 \\ \gamma_3 a_2 & \gamma_3 a_1 & 0 \end{bmatrix}_{(a_1^*,a_2^*,a_3^*)}, \tag{2.8.9}$$

因此,很容易求得对应于平衡态 P_1 和 P_2,P_3 和 P_4,P_5 和 P_6 的特征值分别是

$$\lambda_{1,2}=\pm\sqrt{\gamma_2\gamma_3}A, \quad \lambda_{3,4}=\pm\sqrt{\gamma_3\gamma_1}A, \quad \lambda_{5,6}=\pm\sqrt{\gamma_1\gamma_2}A. \tag{2.8.10}$$

由此很容易看到:在相空间(a_1,a_2,a_3)的等总角动量[即式(2.8.6)]的球面上,六个平衡态中有四个是中心,两个是鞍点. 例如 $\gamma_1>0,\gamma_2<0,\gamma_3>0$ 和 $\gamma_1<0,\gamma_2>0,\gamma_3<0$ 的两种情况都有 $\gamma_2\gamma_3<0,\gamma_3\gamma_1>0,\gamma_1\gamma_2<0$,所以,$\lambda_{1,2}$ 和 $\lambda_{5,6}$ 均为共轭纯虚根,$\lambda_{3,4}$ 为符号相反的二实根,所以,P_1,P_2,P_5 和 P_6 为中心,P_3 和 P_4 为鞍点. 图 2-11 给出了在相空间(a_1,a_2,a_3)的等总角动量的球面上,围绕中心 P_1,P_2,P_5 和 P_6 的闭合相轨和通过鞍点 P_3 和 P_4 的异宿轨道.

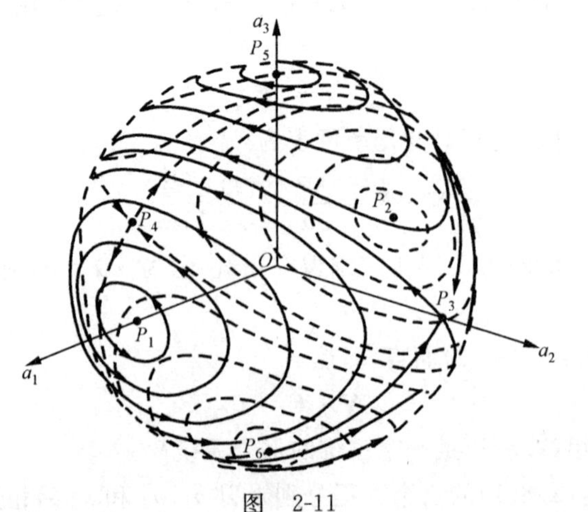

图　2-11

§ 2.9 Lorenz 方程组

在式(1.1.33)中已经标记过的描写 Benard 对流的 Lorenz 方程组或 Lorenz 系统为

$$\begin{cases} \dot{x} = -\sigma x + \sigma y, \\ \dot{y} = rx - y - xz, \quad (\sigma, r, b > 0). \\ \dot{z} = -bz + xy \end{cases} \tag{2.9.1}$$

由式(2.8.4)知,Lorenz 系统(2.9.1)相空间体积的相对变化率

$$\nabla \cdot \boldsymbol{F} = -(\sigma + 1 + b) < 0, \tag{2.9.2}$$

所以,Lorenz 方程组(2.9.1)是一个三维的耗散系统.

从 Lorenz 系统(2.9.1)看到,使得 $\dot{x}=0$, $\dot{y}=0$ 和 $\dot{z}=0$ 的平衡态(x^*, y^*, z^*)满足

$$x^* = y^*, \quad x^*(r - 1 - z^*) = 0, \quad x^{*2} = bz^*. \tag{2.9.3}$$

因而求得平衡态为:$r<1$ 时,只有一个实的平衡态

$$O:(x_1^*, y_1^*, z_1^*) = (0,0,0) \quad (r < 1). \tag{2.9.4}$$

而 $r>1$ 时,有三个平衡态

$$\begin{cases} O:(x_1^*, y_1^*, z_1^*) = (0,0,0), \\ P^+:(x_2^*, y_2^*, z_2^*) = (\sqrt{b(r-1)}, \sqrt{b(r-1)}, r-1), \qquad (r > 1). \\ P^-:(x_3^*, y_3^*, z_3^*) = (-\sqrt{b(r-1)}, -\sqrt{b(r-1)}, r-1) \end{cases} \tag{2.9.5}$$

显然,$x_3^* = -x_2^*$, $y_3^* = -y_2^*$, $z_3^* = z_2^*$.

对平衡态 O,Lorenz 系统(2.9.1)右端的 Jacobi 矩阵为

$$\boldsymbol{J}_1 = \begin{bmatrix} -\sigma & \sigma & 0 \\ r & -1 & 0 \\ 0 & 0 & -b \end{bmatrix}. \tag{2.9.6}$$

相应的特征方程为

$$(\lambda + b)[\lambda^2 + (\sigma + 1)\lambda + \sigma(1 - r)] = 0. \tag{2.9.7}$$

因而特征值为

$$\begin{cases} \lambda_1 = -b, \\ \lambda_{2,3} = \dfrac{1}{2}\left[-(\sigma+1) \pm \sqrt{(\sigma+1)^2 - 4\sigma(1-r)}\right] \\ \qquad = \dfrac{1}{2}\left[-(\sigma+1) \pm \sqrt{(\sigma-1)^2 + 4\sigma r}\right]. \end{cases} \tag{2.9.8}$$

由此可见，它是三个实根，而且当 $r<1$ 时，三个根皆负，平衡态 O 是稳定的结点，这意味着对流不会发生；但当 $r=1$ 时，$\lambda_1=-b,\lambda_2=0,\lambda_3=-(\sigma+1)$；$r>1$ 时，$\lambda_1<0$，$\lambda_2>0,\lambda_3<0$，平衡态 O 是不稳定的鞍点，这意味着对流从 $r=1$ 开始形成. 随着参数 r 从 $r<1$ 变化到 $r>1$，在 $r=1$ 处不仅平衡态 O 的稳定性发生交换（从稳定变为不稳定），而且分岔出新的平衡态 P^+ 和 P^-，这称为叉形(pitchfork)分岔.

对平衡态 P^+ 和 P^-，它们只是 x^* 和 y^* 存在符号的差别，而 Lorenz 系统(2.9.1)关于 x 和 y 是对称的，即(x,y)变为$(-x,-y)$，Lorenz 系统不变. 所以，平衡态 P^+ 和 P^- 的稳定性应该是相同的.

对平衡态 P^+ 和 P^-，Lorenz 系统的 Jacobi 矩阵为

$$\boldsymbol{J}_2=\begin{bmatrix} -\sigma & \sigma & 0 \\ 1 & -1 & \mp\sqrt{b(r-1)} \\ \pm\sqrt{b(r-1)} & \pm\sqrt{b(r-1)} & -b \end{bmatrix}. \tag{2.9.9}$$

相应的特征方程为

$$\lambda^3+(\sigma+b+1)\lambda^2+b(\sigma+r)\lambda+2b\sigma(r-1)=0. \tag{2.9.10}$$

由此可见，$r=1$ 时，$\lambda_1=-b,\lambda_2=0,\lambda_3=-(\sigma+1)$，与平衡态 O 相同，但 $r>1$ 时，上述三次代数方程的系数全是正的，所以，它必须有一个负实根，记为 $\lambda_0<0$，而且只有当

$$R\equiv\frac{p^3}{27}+\frac{q^2}{4}\leqslant 0 \tag{2.9.11}$$

时，另外两个根也是负实根. 其中

$$\begin{cases} p=b(\sigma+r)-\dfrac{1}{3}(\sigma+b+1)^2, \\ q=2b\sigma(r-1)-\dfrac{b}{3}(\sigma+r)(\sigma+b+1)+\dfrac{2}{27}(\sigma+b+1)^3. \end{cases} \tag{2.9.12}$$

这样，三个根皆负，平衡态 P^+ 和 P^- 都是稳定的结点. 若取 $\sigma=10,b=8/3$，则式(2.9.11)化为

$$1<r\leqslant r_1=1.3456\cdots, \tag{2.9.13}$$

即是说，在 $\sigma=10,b=8/3$ 的取值下，当 $1<r\leqslant r_1$ 时，平衡态 P^+ 和 P^- 都是稳定的结点. 但当 $r>r_1$ 时，$R>0$，此时三次代数方程(2.9.10)有一个负实根 $\lambda_0<0$，另两个是带有负实部的共轭复根，即

$$\lambda=\alpha\pm\mathrm{i}\beta\quad(\alpha<0). \tag{2.9.14}$$

这样的平衡态 P^+ 和 P^- 都是稳定的鞍-焦点(saddle-focus). 它显示此时的对流是衰减的周期运动，此时的特征方程可以写为

$$(\lambda-\lambda_0)(\lambda-\alpha-\mathrm{i}\beta)(\lambda-\alpha+\mathrm{i}\beta)=0, \tag{2.9.15}$$

或展开写为

$$\lambda^3-(\lambda_0+2\alpha)\lambda^2+(2\lambda_0\alpha+\alpha^2+\beta^2)\lambda-\lambda_0(\alpha^2+\beta^2)=0. \tag{2.9.16}$$

方程(2.9.16)与方程(2.9.10)相比较,有

$$\begin{cases}\sigma+b+1=-(\lambda_0+2\alpha),\\ b(\sigma+r)=2\lambda_0\alpha+\alpha^2+\beta^2,\\ 2b\sigma(r-1)=-\lambda_0(\alpha^2+\beta^2).\end{cases}\tag{2.9.17}$$

从 $r>r_1$ 开始,随着 r 的进一步增加,平衡态 O,P^+ 和 P^- 的稳定性无任何变化(O 仍然是不稳定的鞍点,P^+ 和 P^- 仍然是稳定的鞍-焦点),但$|\alpha|$的数值进一步减小,α 从小于零而接近于零. 若令 $\alpha=0$,则式(2.9.17)化为

$$\sigma+b+1=-\lambda_0,\quad b(\sigma+r)=\beta^2,\quad 2b\sigma(r-1)=-\lambda_0\beta^2.\tag{2.9.18}$$

由此求得

$$r_2=\frac{\sigma(\sigma+b+3)}{\sigma-b-1}=24.7368\cdots\quad(\text{取 }\sigma=10,b=8/3).\tag{2.9.19}$$

$r>r_2$ 后,α 变为正,平衡态 P^+ 和 P^- 成为不稳定的鞍-焦点,对流运动进入非周期的混沌状态.

第 3 章　经典的非线性方程的求解

第 1 章我们给出了在物理学的众多问题中遇到的一些非线性方程. 本章则给出其中一些相对简单和经典的非线性方程. 主要是常微分方程、差分方程和函数方程的求解.

本章主要根据非线性方程的特性,利用简单变换和直接积分的方法求解.

§ 3.1　等尺度方程和尺度不变方程

等尺度方程和尺度不变方程一般可以通过简单变换求解.

1. 等尺度方程

所谓等尺度方程,是指关于 $y(x)$ 的常微分方程在尺度变换

$$\xi = \lambda x \quad (\lambda \neq 0, \text{为常数}) \tag{3.1.1}$$

下其形式保持不变. 等尺度方程可以通过变换

$$x = \mathrm{e}^t \quad \left(x\frac{\mathrm{d}}{\mathrm{d}x} = \frac{\mathrm{d}}{\mathrm{d}t}, x^2\frac{\mathrm{d}^2}{\mathrm{d}x^2} = \frac{\mathrm{d}^2}{\mathrm{d}t^2} - \frac{\mathrm{d}}{\mathrm{d}t}\right) \tag{3.1.2}$$

化为自治方程(不明显出现自变量的方程)去求解.

例 1　方程

$$xy'' - yy' = 0 \tag{3.1.3}$$

是等尺度方程. 因为它在式(3.1.1)的变换下形式保持不变. 而且,经过式(3.1.2)的变换,方程(3.1.3)化为

$$\frac{\mathrm{d}^2 y}{\mathrm{d}t^2} - \frac{\mathrm{d}y}{\mathrm{d}t} - y\frac{\mathrm{d}y}{\mathrm{d}t} = 0. \tag{3.1.4}$$

若令

$$z = \frac{\mathrm{d}y}{\mathrm{d}t}, \tag{3.1.5}$$

则方程(3.1.4)化为下列两个变量的自治系统:

$$\begin{cases}\dfrac{dy}{dt}=z,\\ \dfrac{dz}{dt}=z(1+y).\end{cases}\tag{3.1.6}$$

在 $z\neq0$ 时($z=0$ 使得 $y=$常数),自治系统(3.1.6)化为

$$\frac{dz}{dy}=1+y.\tag{3.1.7}$$

直接积分方程(3.1.7)得到

$$z=\frac{1}{2}y^2+y+C,\tag{3.1.8}$$

其中 C 为常数. 上式即

$$\frac{dy}{dt}=\frac{1}{2}y^2+y+C.\tag{3.1.9}$$

再次积分求得

$$y=2A\tan(A\ln x+B)-1\quad(B\text{ 为常数},4A^2=2C-1).\tag{3.1.10}$$

2. 尺度不变方程

所谓尺度不变方程,是指关于 $y(x)$ 的常微分方程在尺度变换

$$\xi=\lambda x,\quad z=\lambda^{\alpha}y\quad(\lambda\neq0,\alpha\neq0,\text{为常数})\tag{3.1.11}$$

下其形式保持不变. 尺度不变方程可以通过变换

$$y=x^{\alpha}z\tag{3.1.12}$$

化为等尺度方程去求解,注意 $y'=x^{\alpha-1}(xz'+\alpha z)$, $y''=x^{\alpha-2}[x^2z''+2\alpha xz'+\alpha(\alpha-1)z]$.

例 2 在式(1.1.8)中已标记过的 Thomas-Fermi 方程

$$y''=x^{-1/2}y^{3/2}\tag{3.1.13}$$

是尺度不变方程. 因为它在 $\xi=\lambda x, z=\lambda^{-3}y$ 的变换下形式保持不变. 而且,经过变换

$$y=x^{-3}z,\tag{3.1.14}$$

方程(3.1.13)化为

$$x^2z''-6xz'+12z=z^{3/2}.\tag{3.1.15}$$

它是一个等尺度方程,再经过式(3.1.2)的变换,方程(3.1.15)化为

$$\frac{d^2z}{dt^2}-7\frac{dz}{dt}+12z=z^{3/2}.\tag{3.1.16}$$

虽然这个方程很难求解析解,但可以肯定它有一个

$$z=12^2=144\tag{3.1.17}$$

的常数解. 因而 Thomas-Fermi 方程(3.1.13)存在一个解

$$y=144x^{-3},\tag{3.1.18}$$

它满足 Thomas-Fermi 方程(3.1.13)经常要求的在 $x\to+\infty$, $y\to 0$ 的边条件,但不满足 $x=0$, $y=1$ 的边条件[参见 Thomas-Fermi 方程的边值问题(4.5.22)].

§3.2 经典的一阶非线性方程

1. Bernoulli 方程

在式(1.1.2)中已经标记过的 Bernoulli 方程为

$$y' + p(x)y + q(x)y^m = 0 \quad (m \neq 0,1). \tag{3.2.1}$$

该方程两端同除以 y^m 得到

$$y^{-m}y' + p(x)y^{1-m} + q(x) = 0. \tag{3.2.2}$$

作变换

$$z = y^{1-m}, \tag{3.2.3}$$

则方程(3.2.2)化为

$$z' + (1-m)p(x)z + (1-m)q(x) = 0. \tag{3.2.4}$$

这是关于 $z(x)$ 的一阶线性方程,其解为

$$z = \mathrm{e}^{-\int(1-m)p(x)\mathrm{d}x}\left\{C - \int(1-m)q(x)\mathrm{e}^{\int(1-m)p(x)\mathrm{d}x}\mathrm{d}x\right\}, \tag{3.2.5}$$

其中 C 为常数.式(3.2.5)代入式(3.2.3)即求得 y.

例1 方程

$$y' + \frac{1}{x}y - x^2y^3 = 0, \tag{3.2.6}$$

这是 $p(x)=\dfrac{1}{x}$, $q(x)=-x^2$, $m=3$ 的 Bernoulli 方程.如作变换

$$z = y^{-2}, \tag{3.2.7}$$

则方程(3.2.6)化为

$$z' - \frac{2}{x}z + 2x^2 = 0. \tag{3.2.8}$$

由式(3.2.5)解得

$$z = x^2(C-2x) \quad (C\text{ 为常数}). \tag{3.2.9}$$

代入式(3.2.7)求得方程(3.2.6)的解为

$$y = \pm\frac{1}{x\sqrt{C-2x}} \quad (C\text{ 为常数}). \tag{3.2.10}$$

有了 Bernoulli 方程的求解方法,很自然地想到,能否将 Bernoulli 方程推广并将它化为一阶线性方程求解呢?我们考察广义的 Bernoulli 方程

$$y' + p(x)G(y) + q(x)H(y) = 0, \tag{3.2.11}$$

其中 $G(y)$ 和 $H(y)$ 是 y 的函数，为了求解方程(3.2.11)，我们称一阶线性方程

$$v' + p(x)v + q(x) = 0 \tag{3.2.12}$$

为广义的 Bernoulli 方程(3.2.11)的基础方程. 下面来寻求方程(3.2.11)的解与方程(3.2.12)的解之间的联系. 设 v 与 y 存在下列函数关系：

$$v = F(y). \tag{3.2.13}$$

因为 $v'=\frac{\mathrm{d}F}{\mathrm{d}y}y'$，则将式(3.2.13)代入方程(3.2.12)得到

$$y' + p(x)\left(\frac{F}{\mathrm{d}F/\mathrm{d}y}\right) + q(x)\left(\frac{1}{\mathrm{d}F/\mathrm{d}y}\right) = 0. \tag{3.2.14}$$

方程(3.2.14)与方程(3.2.11)比较得

$$G(y) = \frac{F}{\mathrm{d}F/\mathrm{d}y}, \quad H(y) = \frac{1}{\mathrm{d}F/\mathrm{d}y}, \tag{3.2.15}$$

因而

$$v = F(y) = \frac{G(y)}{H(y)}, \tag{3.2.16}$$

这就是 v 与 y 的相互转换函数. 但若把式(3.2.16)的两边对 y 微商，并注意 $\frac{\mathrm{d}v}{\mathrm{d}y}=\frac{\mathrm{d}F}{\mathrm{d}y}=\frac{1}{H}$，则得

$$H\frac{\mathrm{d}}{\mathrm{d}y}\left(\frac{G}{H}\right) = 1, \tag{3.2.17}$$

这就是解(3.2.16)存在的条件，称为连接条件.

表面上看，对 Bernoulli 方程(3.2.1)，$G(y)=y$，$H(y)=y^m$，$H\frac{\mathrm{d}}{\mathrm{d}y}\left(\frac{G}{H}\right)=y^m\frac{\mathrm{d}}{\mathrm{d}y}y^{1-m}=1-m\neq 1$，不满足条件(3.2.17)，但若取 $G(y)=\frac{y}{1-m}$，$H(y)=\frac{y^m}{1-m}$，则 $H\frac{\mathrm{d}}{\mathrm{d}y}\left(\frac{G}{H}\right)=\frac{y^m}{1-m}\frac{\mathrm{d}}{\mathrm{d}y}y^{1-m}=1$，就满足连接条件了. 当然，此时的 $p(x)$ 和 $q(x)$ 也要作相应的改变. 所以，为了满足连接条件(3.2.17)，常将广义的 Bernoulli 方程改写为

$$y' + p_1(x)G_1(y) + q_1(x)H_1(y) = 0, \tag{3.2.18}$$

其中

$$p_1(x) = kp(x), \quad q_1(x) = kq(x), \quad G_1(y) = \frac{1}{k}G(y), \quad H_1(y) = \frac{1}{k}H(y), \tag{3.2.19}$$

且 $p_1(x)G_1(y)=p(x)G(y)$，$q_1(x)H_1(y)=q(x)H(y)$. 这里 $k\neq 1$. 对于 Bernoulli 方程(3.2.1)，$k=1-m$.

例2 方程

$$y' + e^x - e^{x-y} = 0 \tag{3.2.20}$$

是式(3.2.11)类型的方程，可以认为 $p(x)=e^x, q(x)=-e^x, G(y)=1, H(y)=e^{-y}$，且 $H\frac{d}{dy}\left(\frac{G}{H}\right)=1$. 它的基础方程为

$$v' + e^x v - e^x = 0. \tag{3.2.21}$$

这是 v 的一阶线性方程，其解很容易求得为

$$v = 1 + C\exp(-e^x), \tag{3.2.22}$$

其中 C 为常数. 而由式(3.2.16)

$$v = \frac{1}{e^{-y}} = e^y. \tag{3.2.23}$$

式(3.2.22)与式(3.2.23)相比较即求得方程(3.2.20)的解为

$$y = \ln[1 + C\exp(-e^x)] \quad (C\text{ 为常数}). \tag{3.2.24}$$

2. Riccati 方程

在式(1.1.1)中已经标记过的 Riccati 方程为

$$y' + p(x)y + q(x)y^2 + r(x) = 0. \tag{3.2.25}$$

引入分式变换

$$y = \frac{G}{F}, \tag{3.2.26}$$

其中 F 和 G 都是 x 的函数. 因 $y' = \frac{1}{F^2}(FG' - GF')$，则式(3.2.26)代入方程(3.2.25)得到

$$[G' + p(x)G + r(x)F]F - [F' - q(x)G]G = 0, \tag{3.2.27}$$

要使上式成立，我们选择 F 和 G 使得上式的两个方括号内的值为零，即

$$F' - q(x)G = 0, \quad G' + p(x)G + r(x)F = 0. \tag{3.2.28}$$

根据式(3.2.28)的第一式有

$$G = \frac{F'}{q(x)}. \tag{3.2.29}$$

再代入式(3.2.26)有

$$y = \frac{1}{q(x)}\frac{F'}{F} = \frac{1}{q(x)}(\ln F)'. \tag{3.2.30}$$

这就是所谓 Riccati 变换，这种对数的导数式变换经常被用到. 在 3.4 节、3.5 节和第 8 章都有这一类的变换.

注意 $G' = \frac{1}{q^2(x)}[q(x)F'' - q'(x)F']$，则式(3.2.28)的第二式化为

$$F'' + \left(p - \frac{q'}{q}\right)F' + qrF = 0, \tag{3.2.31}$$

这是关于 F 的二阶线性方程. 所以, Riccati 方程(3.2.25)通过变换(3.2.30)化为线性方程(3.2.31). 由方程(3.2.31)解出 F 再代入式(3.2.30)即可求得 y.

对于 Riccati 方程(3.2.25), 若已知它的一个非零特解为 y_1, 则可令

$$y = y_1 + u, \tag{3.2.32}$$

则 u 满足

$$u' + (p + 2qy_1)u + qu^2 = 0, \tag{3.2.33}$$

这是 $m=2$ 的关于 u 的 Bernoulli 方程.

还需注意的是: 当 $r(x)=0$ 时, Riccati 方程(3.2.25)就化为 $m=2$ 的 Bernoulli 方程.

例 3 方程

$$y' + ay + by^2 = 0 \quad (a \neq 0, b \neq 0, \text{为常数}), \tag{3.2.34}$$

这是 $p(x)=a, q(x)=b, r(x)=0$ 的 Riccati 方程. 通过变换

$$y = \frac{1}{b}\frac{F'}{F} = \frac{1}{b}(\ln F)', \tag{3.2.35}$$

方程(3.2.34)化为

$$F'' + aF' = 0. \tag{3.2.36}$$

它有通解

$$F = A + Be^{-ax}, \tag{3.2.37}$$

其中 A 和 B 为常数. 将式(3.2.37)代入式(3.2.35), 求得方程(3.2.34)的通解为

$$y = -\frac{a}{b}\cdot\frac{e^{-ax}}{C + e^{-ax}} = -\frac{a}{b}\cdot\frac{1 - \tanh\frac{ax}{2}}{(C+1) + (C-1)\tanh\frac{ax}{2}} \quad \left(C \equiv \frac{A}{B}\right). \tag{3.2.38}$$

例 4 方程

$$y' + by^2 + c = 0 \quad (b \neq 0, c \neq 0, \text{为常数}), \tag{3.2.39}$$

这是 $p(x)=0, q(x)=b, r(x)=c$ 的 Riccati 方程. 通过变换(3.2.35), 方程(3.2.39)化为

$$F'' + bcF = 0, \tag{3.2.40}$$

它有通解

$$F = \begin{cases} A\cos(\sqrt{bc}\,x - \delta), & bc > 0, \\ A\cosh(\sqrt{-bc}\,x - \delta), & bc < 0, \end{cases} \tag{3.2.41}$$

其中 A 和 δ 为常数. 将式(3.2.41)代入式(3.2.35), 求得方程(3.2.39)的通解为

$$y=\begin{cases}\sqrt{\dfrac{c}{b}}\tan(\sqrt{bc}x-\delta), & b<0,c<0,\\ -\sqrt{\dfrac{c}{b}}\tan(\sqrt{bc}x-\delta), & b>0,c>0,\\ \sqrt{-\dfrac{c}{b}}\tanh(\sqrt{-bc}x-\delta), & b>0,c<0,\\ -\sqrt{-\dfrac{c}{b}}\tanh(\sqrt{-bc}x-\delta), & b<0,c>0.\end{cases} \tag{3.2.42}$$

例5　方程

$$y'-y^2=x, \tag{3.2.43}$$

这是 $p(x)=0,q(x)=-1,r(x)=-x$ 的 Riccati 方程. 通过变换

$$y=-F'/F=-(\ln F)', \tag{3.2.44}$$

方程(3.2.43)化为

$$F''+xF=0. \tag{3.2.45}$$

这是 $F(-x)$满足的 Airy 方程,其通解为

$$F=C_1\mathrm{Ai}(-x)+C_2\mathrm{Bi}(-x), \tag{3.2.46}$$

其中 $\mathrm{Ai}(x)$和 $\mathrm{Bi}(x)$为第一类和第二类 Airy 函数,C_1 和 C_2 为常数.

将式(3.2.46)代入式(3.2.44)求得方程(3.2.43)的通解为

$$y=\frac{\mathrm{Ai}'(-x)+C\mathrm{Bi}'(-x)}{\mathrm{Ai}(-x)+C\mathrm{Bi}(-x)}\quad (C=C_2/C_1). \tag{3.2.47}$$

根据 Airy 函数的性质,在 $x\to+\infty$时,式(3.2.46)可近似表为

$$F=ax^{-1/4}\cos\left(\frac{2}{3}x^{3/2}\right)\quad (x\to+\infty,a\text{ 为常数}). \tag{3.2.48}$$

将式(3.2.48)代入式(3.2.44)可以求得 $x\to+\infty$时,方程(3.2.43)的渐近解为

$$y=\sqrt{x}\tan\left(\frac{2}{3}x^{3/2}\right)\quad (x\to+\infty). \tag{3.2.49}$$

事实上,若令 $\xi=\dfrac{2}{3}x^{3/2},y=\sqrt{x}w$,则方程(3.2.43)化为

$$\frac{\mathrm{d}w}{\mathrm{d}\xi}+\frac{1}{2\xi}w=w^2+1\quad \left(\xi=\frac{2}{3}x^{3/2},y=\sqrt{x}w\right). \tag{3.2.50}$$

在 $\xi\to+\infty$时,它有特解 $w=\tan\xi$.

例6　方程

$$y'=\frac{2}{x}y(1-y), \tag{3.2.51}$$

这是 $p(x)=-\dfrac{2}{x},q(x)=\dfrac{2}{x},r(x)=0$ 的 Riccati 方程. 通过变换

$$y=\frac{x}{2}\frac{F'}{F}=\frac{x}{2}(\ln F)',\tag{3.2.52}$$

方程(3.2.51)化为

$$F''-\frac{1}{x}F'=0.\tag{3.2.53}$$

由此求得

$$F'=Ax,\quad F=\frac{A}{2}x^2+B,\tag{3.2.54}$$

其中 A 和 B 为常数. 将式(3.2.54)代入式(3.2.52)最后求得

$$y=\frac{x^2}{x^2+\lambda^2}\quad(\lambda^2=2B/A).\tag{3.2.55}$$

由此知:$x\to0$ 时,$y\to0$;$x\to+\infty$时,$y\to1$.

例 7 方程

$$y'+\frac{1}{2}y^2=-\frac{1}{2x^2},\tag{3.2.56}$$

这是 $p(x)=0,q(x)=\frac{1}{2},r(x)=\frac{1}{2x^2}$的 Riccati 方程. 不难看出,方程(3.2.56)有一特解 $y=\frac{1}{x}$,如令

$$y=\frac{1}{x}+u,\tag{3.2.57}$$

则 u 满足

$$u'+\frac{1}{x}u+\frac{1}{2}u^2=0,\tag{3.2.58}$$

这是 Bernoulli 方程. 通过变换

$$z=u^{-1}\tag{3.2.59}$$

方程(3.2.58)化为

$$z'-\frac{1}{x}z-\frac{1}{2}=0.\tag{3.2.60}$$

由式(3.2.5)解得

$$z=x\left(C+\frac{1}{2}\ln x\right),\tag{3.2.61}$$

其中 C 为常数,因而

$$u=\left[x\left(C+\frac{1}{2}\ln x\right)\right]^{-1}.\tag{3.2.62}$$

将式(3.2.62)代入式(3.2.57)求得方程(3.2.56)的解为

$$y=\frac{1}{x}\left[1+\left(C+\frac{1}{2}\ln x\right)^{-1}\right]\quad(C\text{ 为常数}).\tag{3.2.63}$$

3. Chrystal 方程

在式(1.1.3)中已经标记过的 Chrystal 方程为

$$y'^2 + axy' + by + cx^2 = 0. \tag{3.2.64}$$

此方程可以改写为下列形式：

$$\left(y' + \frac{ax}{2}\right)^2 = \left(\frac{a^2}{4} - c\right)x^2 - by. \tag{3.2.65}$$

在 $b=0$ 时，方程(3.2.65)化为

$$y' = \left(-\frac{a}{2} \pm \sqrt{\frac{a^2}{4} - c}\right)x, \tag{3.2.66}$$

积分求得

$$y = \frac{1}{2}\left(-\frac{a}{2} \pm \sqrt{\frac{a^2}{4} - c}\right)x^2 + C \quad (b = 0), \tag{3.2.67}$$

其中 C 为常数. 在 $b \neq 0$ 时，可令

$$y = x^2 z, \tag{3.2.68}$$

使方程(3.2.65)化为

$$\left(xz' + 2z + \frac{a}{2}\right)^2 = \frac{a^2}{4} - c - bz. \tag{3.2.69}$$

再作变换

$$v^2 = \frac{a^2}{4} - c - bz, \tag{3.2.70}$$

则方程(3.2.69)化为

$$xvv' + v^2 \pm \frac{b}{2}v - \frac{1}{4}(a^2 + ab - 4c) = 0. \tag{3.2.71}$$

上式中如果 $a^2+ab-4c=0$，则它化为

$$v' + \frac{1}{x}v \pm \frac{b}{2x} = 0, \tag{3.2.72}$$

这是关于 $v(x)$ 的一阶线性方程. 其通解为

$$v = \frac{C}{x} \mp \frac{b}{2}, \tag{3.2.73}$$

其中 C 为常数. 将式(3.2.73)代入式(3.2.70)可求得 z，再代入式(3.2.68)便求得

$$y = \frac{a^2 - 4c}{4b}x^2 - \frac{1}{b}\left(C \mp \frac{b}{2}x\right)^2 \quad (C\text{ 为常数}, a^2 + ab - 4c = 0). \tag{3.2.74}$$

例 8 方程

$$y'^2+2xy'-3x^2=0, \tag{3.2.75}$$

这是 $a=2,b=0,c=-3$ 的 Chrystal 方程. 根据式(3.2.67)求得

$$y=\frac{1}{2}x^2+C \quad 和 \quad y=-\frac{3}{2}x^2+C \quad (C\text{ 为常数}). \tag{3.2.76}$$

例 9 方程

$$y'^2+xy'+2y+\frac{3}{4}x^2=0, \tag{3.2.77}$$

这是 $a=1,b=2,c=\frac{3}{4}$ 的 Chrystal 方程. 这里 $a^2+ab-4c=0$,则根据式(3.2.74)求得

$$y=-\frac{1}{4}x^2-\frac{1}{2}(C\mp x)^2 \quad (C\text{ 为常数}). \tag{3.2.78}$$

4. 第一类 Abel 方程

在式(1.1.4)中已经标记过的第一类 Abel 方程为

$$y'+p(x)y+q(x)y^2+r(x)y^3+s(x)=0. \tag{3.2.79}$$

它没有固定的解法,有时直接积分即可解得.

若 $p(x)=0,s(x)=0$,则第一类 Abel 方程(3.2.79)化为

$$y'+q(x)y^2+r(x)y^3=0. \tag{3.2.80}$$

在这个方程中,如果 $(r/q)'=\alpha q$(α 为常数),则此时可作变换

$$y=\frac{q}{r}z, \tag{3.2.81}$$

使方程(3.2.80)化为下列可分离变量的形式:

$$z'+\frac{q^2}{r}(z^3+z^2-\alpha z)=0. \tag{3.2.82}$$

例 10 方程

$$y'=k(a-y)(b-y)^2 \quad (a,b\text{ 和 }k\text{ 为常数}). \tag{3.2.83}$$

这是第一类 Abel 方程,但它可分离变量并直接积分求得 y 的隐式解为

$$x=\frac{1}{k}\left[\frac{1}{a-b}\frac{1}{b-y}-\frac{1}{(a-b)^2}\ln\frac{a-y}{b-y}\right]+C \quad (C\text{ 为常数}). \tag{3.2.84}$$

例 11 方程

$$y'+2y^2-xy^3=0, \tag{3.2.85}$$

这是 $p(x)=0,q(x)=2,r(x)=-x,s(x)=0$ 的形式为(3.2.80)的第一类 Abel 方程. 而且因为 $r/q=-x/2$,$(r/q)'=-1/2=\alpha q\left(\alpha=-\frac{1}{4}\right)$,则依式(3.2.81),令

$$y=-\frac{2}{x}z, \tag{3.2.86}$$

使方程(3.2.85)化为

$$xz'-z(2z+1)^2=0. \tag{3.2.87}$$

上式可分离变量,并直接积分得到

$$\frac{1}{2z+1}+\ln\frac{z}{2z+1}=\ln x+C' \quad (C'\text{ 为常数}). \tag{3.2.88}$$

式(3.2.86)代入式(3.2.88),最后求得方程(3.2.85)的隐式解为

$$\frac{1}{1-xy}+\ln\frac{y}{xy-1}=C \quad (C=C'+\ln 2). \tag{3.2.89}$$

5. 第二类 Abel 方程

在式(1.1.5)中已经标记过的第二类 Abel 方程为

$$[y+s(x)]y'+p(x)y+q(x)y^2+r(x)=0. \tag{3.2.90}$$

若作变换

$$z=\frac{1}{y+s(x)}, \tag{3.2.91}$$

则它可以化为第一类 Abel 方程:

$$z'-qz+(-p+2qs+s')z^2+(-qs^2+ps-r)z^3=0. \tag{3.2.92}$$

§3.3 椭圆方程

在式(1.1.6)和式(1.1.16)中已经标记过的椭圆方程可以写为两种形式,即为

$$y'^2=a_0+a_1y+a_2y^2+a_3y^3+a_4y^4 \quad (a_j\text{ 为常数},j=0,1,2,3,4) \tag{3.3.1}$$

或

$$y''=A_0+A_1y+A_2y^2+A_3y^3 \quad (A_j\text{ 为常数},j=0,1,2,3). \tag{3.3.2}$$

式(3.3.2)可视为式(3.3.1)两边对 x 微商再消去 y' 得到的.

对于 $a_j\neq 0(j=0,1,2,3,4)$ 的情况,本书不予一般论述.这里只给出在 $a_0=c^2$, $a_1=2bc$, $a_2=b^2+2ac$, $a_3=2ab$, $a_4=a^2$ (a,b,c 为常数,且 $abc\neq 0, b^2-4ac>0$)的特殊情况下椭圆方程(3.3.1)的解.此时的方程(3.3.1)改写为

$$y'^2=(ay^2+by+c)^2 \quad (abc\neq 0, b^2-4ac>0). \tag{3.3.3}$$

将方程(3.3.3)的两边开平方根并直接积分求得它的解为

$$y=\frac{1}{2a}\left[-b\pm\sqrt{b^2-4ac}\tanh\frac{\sqrt{b^2-4ac}}{2}(x-x_0)\right] \quad (abc\neq 0, b^2-4ac>0), \tag{3.3.4}$$

其中 x_0 为任意常数.

下面重点论述三种椭圆方程的解.这些解在近代自然科学中有着广泛的应用.椭圆方程的解通常是椭圆函数,它包括 Jacobi 椭圆函数和 Weierstrass 椭圆函数.由于 Jacobi 椭圆函数相对于 Weierstrass 椭圆函数来得简单明确且应用方便,所以,我们重点介绍椭圆方程的 Jacobi 椭圆函数解.

1. 第一种椭圆方程

这类椭圆方程可表为

$$y'^2 = a + by^2 + cy^4, \tag{3.3.5}$$

即在方程(3.3.1)中 $a_0=a,a_1=0,a_2=b,a_3=0,a_4=c$ 的情况.将方程(3.3.5)的两边对 x 微商再消去 y' 得到

$$y'' = by + 2cy^3, \tag{3.3.6}$$

这就是方程(3.3.2)中 $A_0=0,A_1=b,A_2=0,A_3=2c$ 的情况.

首先,我们要说明的是方程(3.3.5)有 Weierstrass 椭圆函数解.这只要令

$$y^2 = \frac{1}{c}\left(w - \frac{b}{3}\right), \tag{3.3.7}$$

并注意 $y'^2=\frac{1}{c}\left(w^2+\frac{b}{3}w+\frac{9ac-2b^2}{9}\right)$,则方程(3.3.5)化为

$$w'^2 = 4w^3 - g_2 w - g_3, \tag{3.3.8}$$

其中

$$g_2 = \frac{4}{3}(b^2 - 3ac), \quad g_3 = \frac{4b}{27}(9ac - 2b^2). \tag{3.3.9}$$

方程(3.3.8)即是 Weierstrass 椭圆函数满足的微分方程.所以,椭圆方程(3.3.5)的解为

$$y = \pm\sqrt{\frac{1}{c}\left[\wp(x - x_0; g_2, g_3) - \frac{b}{3}\right]}, \tag{3.3.10}$$

其中 x_0 为任意常数,$\wp(u;g_2,g_3)$就是 Weierstrass 椭圆函数.

其次,我们要重点说明方程(3.3.5)的 Jacobi 椭圆函数解.在第 2 章,我们已用到最基本的三种 Jacobi 椭圆函数,即 Jacobi 椭圆正弦函数、Jacobi 椭圆余弦函数和第三类 Jacobi 椭圆函数.下面给出椭圆方程(3.3.5)的 12 种 Jacobi 椭圆函数解.根据 Jacobi 椭圆函数的定义和性质,这些解是很容易验证的.

(1) $a=k^2A^2,b=-k^2(1+m^2),c=\frac{k^2m^2}{A^2}$,即是方程

$$y'^2 = \frac{k^2}{A^2}(A^2 - y^2)(A^2 - m^2 y^2) \tag{3.3.11}$$

或是方程

$$y'' = -k^2(1+m^2)y + \frac{2k^2m^2}{A^2}y^3, \tag{3.3.12}$$

它们的解为

$$y = A\mathrm{sn}(k(x-x_0),m), \tag{3.3.13}$$

其中常数 A,k 和模数 $m(0\leqslant m\leqslant 1)$ 可以由 a,b,c 确定，x_0 为任意常数.

当 $m=1$ 时，$a=k^2A^2, b=-2k^2, c=\frac{k^2}{A^2}$，因而 $a>0, b<0, c>0$，且 $b^2=4ac, k^2=-\frac{b}{2}$ 和 $A^2=-\frac{b}{2c}=-\frac{2a}{b}$，此时解(3.3.13)退化为

$$y = \pm\sqrt{-\frac{b}{2c}}\tanh\sqrt{-\frac{b}{2}}(x-x_0) \quad (b<0, c>0). \tag{3.3.14}$$

(2) $a=k^2A^2m'^2$ ($m'^2=1-m^2$，m' 为余模数)，$b=k^2(2m^2-1)$，$c=-\frac{k^2m^2}{A^2}$，即是方程

$$y'^2 = \frac{k^2}{A^2}(A^2-y^2)(m'^2A^2+m^2y^2) \tag{3.3.15}$$

或是方程

$$y'' = k^2(2m^2-1)y - \frac{2k^2m^2}{A^2}y^3, \tag{3.3.16}$$

它们的解为

$$y = A\mathrm{cn}(k(x-x_0),m), \tag{3.3.17}$$

其中常数 A,k 和 m 可以由 a,b,c 确定，x_0 为任意常数.

当 $m=1$ 时($m'=0$)，$a=0, b=k^2, c=-\frac{k^2}{A^2}$，方程(3.3.5)变为 $y'^2=by^2+cy^4$，因而 $b>0, c<0$，且 $A^2=-\frac{b}{c}$，此时解(3.3.17)退化为

$$y = \pm\sqrt{-\frac{b}{c}}\mathrm{sech}\sqrt{b}(x-x_0) \quad (b>0, c<0). \tag{3.3.18}$$

(3) $a=-k^2A^2m'^2$，$b=k^2(2-m^2)$，$c=-\frac{k^2}{A^2}$，即是方程

$$y'^2 = \frac{k^2}{A^2}(A^2-y^2)(y^2-m'^2A^2) \tag{3.3.19}$$

或是方程

$$y'' = k^2(2-m^2)y - \frac{2k^2}{A^2}y^3, \tag{3.3.20}$$

它们的解为

$$y = A\mathrm{dn}(k(x-x_0),m), \tag{3.3.21}$$

其中常数 A,k 和 m 可以由 a,b,c 确定，x_0 为任意常数.

当 $m=1$ 时($m'=0$)，$a=0,b=k^2,c=-\frac{k^2}{A^2}$，因而 $b>0,c<0$，且 $A^2=-\frac{b}{c}$，这些都与情况(2)中 $m=1$ 时相同. 而此时解(3.3.21)退化为

$$y=\pm\sqrt{-\frac{b}{c}}\operatorname{sech}\sqrt{b}(x-x_0)\quad(b>0,c<0),\tag{3.3.22}$$

此式与式(3.3.18)完全相同.

(4) $a=k^2A^2m^2,b=-k^2(1+m^2),c=\frac{k^2}{A^2}$，即是方程

$$y'^2=\frac{k^2}{A^2}(y^2-A^2)(y^2-m^2A^2)\tag{3.3.23}$$

或是方程

$$y''=-k^2(1+m^2)y+\frac{2k^2}{A^2}y^3,\tag{3.3.24}$$

它们的解为

$$y=A\operatorname{ns}(k(x-x_0),m)\equiv A\frac{1}{\operatorname{sn}(k(x-x_0),m)},\tag{3.3.25}$$

其中 $\operatorname{ns}u\equiv\frac{1}{\operatorname{sn}u}$是另类的 Jacobi 椭圆函数，常数 A,k 和 m 可以由 a,b,c 确定，x_0 为任意常数.

当 $m=1$ 时，$a=k^2A^2,b=-2k^2,c=\frac{k^2}{A^2}$，因而 $a>0,b<0,c>0$，且 $b^2=4ac,k^2=-\frac{b}{2}$和 $A^2=-\frac{b}{2c}=-\frac{2a}{b}$，这些都与情况(1)中 $m=1$ 时相同，而此时解(3.3.25)退化为

$$y=\pm\sqrt{-\frac{b}{2c}}\coth\sqrt{-\frac{b}{2}}(x-x_0)\quad(b<0,c>0).\tag{3.3.26}$$

(5) $a=-k^2A^2m^2,b=k^2(2m^2-1),c=\frac{k^2m'^2}{A^2}$，即是方程

$$y'^2=\frac{k^2}{A^2}(y^2-A^2)(m^2A^2+m'^2y^2)\tag{3.3.27}$$

或是方程

$$y''=k^2(2m^2-1)y+\frac{2k^2m'^2}{A^2}y^3,\tag{3.3.28}$$

它们的解为

$$y=A\operatorname{nc}(k(x-x_0),m)\equiv A\frac{1}{\operatorname{cn}(k(x-x_0),m)},\tag{3.3.29}$$

其中 $\mathrm{nc}u \equiv \dfrac{1}{\mathrm{cn}u}$ 也是另类的 Jacobi 椭圆函数，常数 A,k 和 m 可以由 a,b,c 确定，x_0 为任意常数.

当 $m=1$ 时 $(m'=0)$，$a=-k^2A^2,b=k^2,c=0$，方程(3.3.5)变为 $y'^2=a+by^2$. 因而 $a<0,b>0$，且 $A^2=-\dfrac{a}{b}$，此时解(3.3.29)退化为

$$y=\pm\sqrt{-\frac{a}{b}}\cosh\sqrt{b}(x-x_0)\quad(a<0,b>0). \tag{3.3.30}$$

(6) $a=-k^2A^2,b=k^2(2-m^2),c=-\dfrac{k^2m'^2}{A^2}$，即是方程

$$y'^2=\frac{k^2}{A^2}(y^2-A^2)(A^2-m'^2y^2) \tag{3.3.31}$$

或是方程

$$y''=k^2(2-m^2)y-\frac{2k^2m'^2}{A^2}y^3. \tag{3.3.32}$$

它们的解为

$$y=A\mathrm{nd}(k(x-x_0),m)\equiv A\frac{1}{\mathrm{dn}(k(x-x_0),m)}, \tag{3.3.33}$$

其中 $\mathrm{nd}u \equiv \dfrac{1}{\mathrm{dn}u}$ 也是另类的 Jacobi 椭圆函数，常数 A,k 和 m 可以由 a,b,c 确定，x_0 为任意常数.

当 $m=1$ 时 $(m'=0)$，$a=-k^2A^2,b=k^2,c=0$. 因而 $a<0,b>0$，且 $A^2=-\dfrac{a}{b}$. 这些都与情况(5)中 $m=1$ 时相同. 而此时解(3.2.33)退化为

$$y=\pm\sqrt{-\frac{a}{b}}\cosh\sqrt{b}(x-x_0)\quad(a<0,b>0). \tag{3.3.34}$$

此式与式(3.3.30)完全相同.

(7) $a=k^2A^2,b=k^2(2-m^2),c=\dfrac{k^2m'^2}{A^2}$，即是方程

$$y'^2=\frac{k^2}{A^2}(A^2+y^2)(A^2+m'^2y^2) \tag{3.3.35}$$

或是方程

$$y''=k^2(2-m^2)y+\frac{2k^2m'^2}{A^2}y^3. \tag{3.3.36}$$

它们的解为

$$y=A\mathrm{sc}(k(x-x_0),m)\equiv\frac{A\mathrm{sn}(k(x-x_0),m)}{\mathrm{cn}(k(x-x_0),m)}, \tag{3.3.37}$$

其中 $\mathrm{sc}u\equiv\dfrac{\mathrm{sn}u}{\mathrm{cn}u}$也是另类的 Jacobi 椭圆函数，常数 A,k 和 m 可以由 a,b,c 确定，x_0 为任意常数.

当 $m=1$ 时($m'=0$)，$a=k^2A^2,b=k^2,c=0$，方程(3.3.5)变为 $y'^2=a+by^2$. 因而 $a>0,b>0$，且 $A^2=\dfrac{a}{b}$. 此时解(3.3.37)退化为

$$y=\pm\sqrt{\frac{a}{b}}\sinh\sqrt{b}(x-x_0)\quad(a>0,b>0).\tag{3.3.38}$$

(8) $a=k^2A^2,b=k^2(2m^2-1),c=-\dfrac{k^2m^2m'^2}{A^2}$，即是方程

$$y'^2=\frac{k^2}{A^2}(A^2+m^2y^2)(A^2-m'^2y^2)\tag{3.3.39}$$

或是方程

$$y''=k^2(2m^2-1)y-\frac{2k^2m^2m'^2}{A^2}y^3.\tag{3.3.40}$$

它们的解为

$$y=A\mathrm{sd}(k(x-x_0),m)\equiv A\,\frac{\mathrm{sn}(k(x-x_0),m)}{\mathrm{dn}(k(x-x_0),m)},\tag{3.3.41}$$

其中 $\mathrm{sd}u\equiv\dfrac{\mathrm{sn}u}{\mathrm{dn}u}$也是另类的 Jacobi 椭圆函数，常数 A,k 和 m 可以由 a,b,c 确定，x_0 为任意常数.

当 $m=1$ 时($m'=0$)，$a=k^2A^2,b=k^2,c=0$，因而 $a>0,b>0$，且 $A^2=\dfrac{a}{b}$，这些都与情况(7)中 $m=1$ 时相同，而此时解(3.3.41)退化为

$$y=\pm\sqrt{\frac{a}{b}}\sinh\sqrt{b}(x-x_0)\quad(a>0,b>0).\tag{3.3.42}$$

此式与式(3.3.38)完全相同.

(9) $a=k^2A^2m'^2,b=k^2(2-m^2),c=\dfrac{k^2}{A^2}$，即是方程

$$y'^2=\frac{k^2}{A^2}(A^2+y^2)(m'^2A^2+y^2)\tag{3.3.43}$$

或是方程

$$y''=k^2(2-m^2)y+\frac{2k^2}{A^2}y^3.\tag{3.3.44}$$

它们的解为

$$y=A\mathrm{cs}(k(x-x_0),m)\equiv A\,\frac{\mathrm{cn}(k(x-x_0),m)}{\mathrm{sn}(k(x-x_0),m)},\tag{3.3.45}$$

其中 $\mathrm{cs}u\equiv\dfrac{\mathrm{cn}u}{\mathrm{sn}u}$也是另类的 Jacobi 椭圆函数，常数 A,k 和 m 可以由 a,b,c 确定，x_0 为任意常数.

当 $m=1$ 时($m'=0$)，$a=0,b=k^2,c=\dfrac{k^2}{A^2}$，方程(3.3.5)变为 $y'^2=by^2+cy^4$. 因而 $b>0,c>0$，且 $A^2=\dfrac{b}{c}$. 此时解(3.3.45)退化为

$$y=\pm\sqrt{\frac{b}{c}}\operatorname{csch}\sqrt{b}(x-x_0)\quad(b>0,c>0).\tag{3.3.46}$$

(10) $a=k^2A^2,b=-k^2(1+m^2),c=\dfrac{k^2m^2}{A^2}$，即是方程

$$y'^2=\frac{k^2}{A^2}(A^2-y^2)(A^2-m^2y^2)\tag{3.3.47}$$

或是方程

$$y''=-k^2(1+m^2)y+\frac{2k^2m^2}{A^2}y^3.\tag{3.3.48}$$

它们的解为

$$y=A\mathrm{cd}(k(x-x_0),m)\equiv A\frac{\mathrm{cn}(k(x-x_0),m)}{\mathrm{dn}(k(x-x_0),m)},\tag{3.3.49}$$

其中 $\mathrm{cd}u\equiv\dfrac{\mathrm{cn}u}{\mathrm{dn}u}$也是另类的 Jacobi 椭圆函数，常数 A,k 和 m 可以由 a,b,c 确定，x_0 为任意常数. 需要注意的是，这里的方程(3.3.47)与情况(1)的方程(3.3.11)完全相同，只是解的形式不同.

当 $m=1$ 时，$a=k^2A^2,b=-2k^2,c=\dfrac{k^2}{A^2}$，因而 $a>0,b<0,c>0$，且 $b^2=4ac,k^2=-\dfrac{b}{2}$和 $A^2=-\dfrac{b}{2c}=-\dfrac{2a}{b}$，这些也都与情况(1)中 $m=1$ 时完全相同，但此时解(3.3.49)退化为

$$y=\pm\sqrt{-\frac{b}{2c}}\quad(b<0,c>0).\tag{3.3.50}$$

它与式(3.3.14)不同. 解(3.3.50)实际上是方程(3.3.47)或方程(3.3.48)的一个非零平衡态.

(11) $a=-k^2A^2m^2m'^2,b=k^2(2m^2-1),c=\dfrac{k^2}{A^2}$，即是方程

$$y'^2=\frac{k^2}{A^2}(y^2+m^2A^2)(y^2-m'^2A^2)\tag{3.3.51}$$

或是方程

$$y''=k^2(2m^2-1)y+\frac{2k^2}{A^2}y^3. \tag{3.3.52}$$

它们的解为

$$y=A\mathrm{ds}(k(x-x_0),m)\equiv A\frac{\mathrm{dn}(k(x-x_0),m)}{\mathrm{sn}(k(x-x_0),m)}, \tag{3.3.53}$$

其中 $\mathrm{ds}u\equiv\frac{\mathrm{dn}u}{\mathrm{sn}u}$也是另类的 Jacobi 椭圆函数,常数 A,k 和 m 可以由 a,b,c 确定,x_0 为任意常数.

当 $m=1$ 时($m'=0$),$a=0,b=k^2,c=\frac{k^2}{A^2}$,因而 $b>0,c>0$ 且 $A^2=\frac{b}{c}$. 这些都与情况(9)中 $m=1$ 时相同,而此时解(3.3.53)退化为

$$y=\pm\sqrt{\frac{b}{c}}\mathrm{csch}\sqrt{b}(x-x_0)\quad(b>0,c>0). \tag{3.3.54}$$

此式与式(3.3.46)完全相同.

(12) $a=k^2A^2m^2,b=-k^2(1+m^2),c=\frac{k^2}{A^2}$,即是方程

$$y'^2=\frac{k^2}{A^2}(y^2-A^2)(y^2-m^2A^2) \tag{3.3.55}$$

或是方程

$$y''=-k^2(1+m^2)y+\frac{2k^2}{A^2}y^3. \tag{3.3.56}$$

它们的解为

$$y=A\mathrm{dc}(k(x-x_0),m)\equiv A\frac{\mathrm{dn}(k(x-x_0),m)}{\mathrm{cn}(k(x-x_0),m)}, \tag{3.3.57}$$

其中 $\mathrm{dc}u\equiv\frac{\mathrm{dn}u}{\mathrm{cn}u}$也是另类的 Jacobi 椭圆函数,常数 A,k 和 m 可以由 a,b,c 确定,x_0 为任意常数. 需要注意的是,这里的方程与情况(4)完全相同,只是解的形式不同.

当 $m=1$ 时,$a=k^2A^2,b=-2k^2,c=\frac{k^2}{A^2}$,因而 $a>0,b<0,c>0$,且 $b^2=4ac,k^2=-\frac{b}{2}$和 $A^2=-\frac{b}{2c}=-\frac{2a}{b}$,这些也都与情况(4)中 $m=1$ 时完全相同,但此时解(3.3.57)退化为

$$y=\pm\sqrt{-\frac{b}{2c}}\quad(b<0,c>0). \tag{3.3.58}$$

它与式(3.3.26)不同. 解(3.3.58)实际上是方程(3.3.55)或方程(3.3.56)的一个非零平衡态. 式(3.3.58)与式(3.3.50)完全相同.

例1　方程

$$y''+\lambda y^3=0\quad(\lambda>0),\tag{3.3.59}$$

将它与方程(3.3.16)比较即知：$m=\frac{1}{\sqrt{2}}$，$\frac{k^2}{A^2}=\lambda$，则 $k=\pm\sqrt{\lambda}(A=\pm1)$ 或 $A=\pm\frac{1}{\sqrt{\lambda}}(k=\pm1)$. 因而方程(3.3.59)有解

$$y=\pm\operatorname{cn}\left(\sqrt{\lambda}(x-x_0),\frac{1}{\sqrt{2}}\right)\quad(\lambda>0)\tag{3.3.60}$$

或

$$y=\pm\frac{1}{\sqrt{\lambda}}\operatorname{cn}\left(x-x_0,\frac{1}{\sqrt{2}}\right)\quad(\lambda>0).\tag{3.3.61}$$

例2　方程

$$y''-\lambda y^3=0\quad(\lambda>0),\tag{3.3.62}$$

将它与方程(3.3.28)比较即知：$m=\frac{1}{\sqrt{2}}\left(\text{因而 } m'=\frac{1}{\sqrt{2}}\right)$，$\frac{k^2}{A^2}=\lambda$，则 $k=\pm\sqrt{\lambda}(A=\pm1)$ 或 $A=\pm\frac{1}{\sqrt{\lambda}}(k=\pm1)$，因而方程(3.3.62)有解

$$y=\pm\operatorname{nc}\left(\sqrt{\lambda}(x-x_0),\frac{1}{\sqrt{2}}\right)\quad(\lambda>0)\tag{3.3.63}$$

或

$$y=\pm\frac{1}{\sqrt{\lambda}}\operatorname{nc}\left(x-x_0,\frac{1}{\sqrt{2}}\right)\quad(\lambda>0).\tag{3.3.64}$$

此外，方程(3.3.62)还可以改写为

$$y'^2=\frac{\lambda}{2}y^4\quad(\lambda>0),\tag{3.3.65}$$

则它两边开平方根并直接积分求得

$$y=\pm\sqrt{\frac{2}{\lambda}}\cdot\frac{1}{x-x_0}\quad(\lambda>0).\tag{3.3.66}$$

这也是方程(3.3.62)的解.

例3　Yang-Mills 方程(1.1.27)在 $\beta^2=1$ 和 $\alpha^2=\rho^2=-1$ 的情况下化为

$$\begin{cases}y''+e^2z^2y=0\\ z''+e^2y^2z=0\end{cases}\quad(e^2>0).\tag{3.3.67}$$

若取 $y=z$ 并注意 $e^2>0$，则每个方程的形式都同方程(3.3.59)，只是 $\lambda=e^2$，因而有一类解为

$$y = z = \pm \frac{1}{e}\text{cn}\left(x - x_0, \frac{1}{\sqrt{2}}\right)^{①}. \tag{3.3.68}$$

例 4 Yang-Mills 方程(1.1.27)在 $\alpha^2=\beta^2=\rho^2=-1$ 的情况下化为

$$\begin{cases} y'' - e^2 z^2 y = 0 \\ z'' - e^2 y^2 z = 0 \end{cases} \quad (e^2 > 0). \tag{3.3.69}$$

若取 $y=z$,并注意 $e^2>0$,则每个方程的形式都同方程(3.3.62),只是 $\lambda=e^2$,因而有两类解

$$y = z = \pm \frac{1}{e}\text{nc}\left(x - x_0, \frac{1}{\sqrt{2}}\right)^{①} \tag{3.3.70}$$

和

$$y = z = \pm \frac{\sqrt{2}}{e} \cdot \frac{1}{x - x_0}^{①}. \tag{3.3.71}$$

例 5 方程

$$y'' - \mu^2 y + \lambda y^3 = 0 \quad (\mu > 0, \lambda > 0), \tag{3.3.72}$$

将它与方程(3.3.20)比较即知:$k^2=\dfrac{\mu^2}{2-m^2}$,$A^2=\dfrac{2k^2}{\lambda}$. 因此,方程(3.3.72)的解为

$$y = \pm \mu \cdot \sqrt{\frac{2}{\lambda(2-m^2)}}\text{dn}\left(\frac{\mu}{\sqrt{2-m^2}}(x - x_0), m\right) \quad (\mu > 0, \lambda > 0), \tag{3.3.73}$$

其中模数 m 可由振幅确定.

当 $m=1$ 时,上式退化为

$$y = \pm \mu \cdot \sqrt{\frac{2}{\lambda}}\text{sech}\mu(x - x_0) \quad (\mu > 0, \lambda > 0). \tag{3.3.74}$$

例 6 方程

$$y'' - \mu^2 y - \lambda y^3 = 0 \quad (\mu > 0, \lambda > 0), \tag{3.3.75}$$

将它与方程(3.3.44)比较即知:$k^2=\dfrac{\mu^2}{2-m^2}$,$A^2=\dfrac{2k^2}{\lambda}$. 因此,方程(3.3.75)的解为

$$y = \pm \mu \cdot \sqrt{\frac{2}{\lambda(2-m^2)}}\text{cs}\left(\frac{\mu}{\sqrt{2-m^2}}(x - x_0), m\right) \quad (\mu > 0, \lambda > 0), \tag{3.3.76}$$

其中模数 m 可由振幅确定.

---

① 通常,称 Yang-Mille 方程在时间-空间上的局域解为瞬子(instantons),并用它说明基本粒子不同状态间的转换,而形式为 $y=\dfrac{x^2}{x^2+\lambda^2}$[见式(3.2.55)]的解(当 $x\to0$ 时 $y\to0$;当 $x\to\pm\infty$时 $y\to1$)也称为瞬子或赝粒子(pseudo-particle).

当 $m=1$ 时,上式退化为

$$y=\pm\mu\cdot\sqrt{\frac{2}{\lambda}}\operatorname{csch}\mu(x-x_0)\quad(\mu>0,\lambda>0). \tag{3.3.77}$$

例 7 方程

$$y''+\mu^2y+\lambda y^3=0\quad(\mu>0,\lambda>0), \tag{3.3.78}$$

将它与方程(3.3.16)比较即知:$k^2=\dfrac{\mu^2}{1-2m^2}\left(m^2<\dfrac{1}{2}\right)$,$A^2=\dfrac{2k^2m^2}{\lambda}$,因此,方程(3.3.78)的解为

$$y=\pm\mu m\cdot\sqrt{\frac{2}{\lambda(1-2m^2)}}\operatorname{cn}\left(\frac{\mu}{\sqrt{1-2m^2}}(x-x_0),m\right)$$
$$\left(\mu>0,\lambda>0,0<m<\frac{1}{\sqrt{2}}\right), \tag{3.3.79}$$

其中模数 m 可由振幅去确定.因这里 $m<1/\sqrt{2}$,所以不存在 $m=1$ 的情况.

例 8 方程

$$y''+\mu^2y-\lambda y^3=0\quad(\mu>0,\lambda>0,\text{为常数}), \tag{3.3.80}$$

将它与方程(3.3.12)比较即知:$k^2=\dfrac{\mu^2}{1+m^2}$,$A^2=\dfrac{2k^2m^2}{\lambda}$.因此,方程(3.3.80)的解为

$$y=\pm\mu m\cdot\sqrt{\frac{2}{\lambda(1+m^2)}}\operatorname{sn}\left(\frac{\mu}{\sqrt{1+m^2}}(x-x_0),m\right)\quad(\mu>0,\lambda>0), \tag{3.3.81}$$

其中模数 m 可由振幅确定.

当 $m=1$ 时,上式退化为

$$y=\pm\frac{\mu}{\sqrt{\lambda}}\tanh\frac{\mu}{\sqrt{2}}(x-x_0)\quad(\mu>0,\lambda>0). \tag{3.3.82}$$

我们还要说明的是:这里诸如例 5 到例 8 类型的方程可参考第 6 章 Flierl-Petviashvili(Ⅱ)方程(6.3.19)的求解.

例 9 方程

$$y'^2=B(y_1^2-y^2)(y^2-y_2^2)\quad(B>0,y_1>y_2>0). \tag{3.3.83}$$

方程(3.3.83)可以改写为

$$y'^2=B(y_1^2-y^2)\left(y^2-\frac{y_2^2}{y_1^2}y_1^2\right). \tag{3.3.84}$$

将方程(3.3.84)与方程(3.3.19)比较即知:$A^2=y_1^2$,$m'^2=\dfrac{y_2^2}{y_1^2}$,$k^2=By_1^2$,因此,方程(3.3.83)的解为

$$y=\pm y_1\mathrm{dn}(\sqrt{B}y_1(x-x_0),m)$$
$$\left(B>0,y_1>y_2>0,m^2=1-\left(\frac{y_2}{y_1}\right)^2\right).\tag{3.3.85}$$

当 $m=1$ 时($y_2=0$),上式退化为

$$y=\pm y_1\mathrm{sech}\sqrt{B}y_1(x-x_0)\quad(B>0,y_1>0).\tag{3.3.86}$$

例 10 一维非线性波动方程的边值问题

$$\begin{cases}\dfrac{\partial^2 u}{\partial t^2}=c_0^2\left[1+\alpha\displaystyle\int_0^L\left(\frac{\partial u}{\partial x}\right)^2\mathrm{d}x\right]\dfrac{\partial^2 u}{\partial x^2} & (c_0>0,\alpha>0,0<x<L,t>0),\\ u\,|_{x=0}=0,u\,|_{x=L}=0 & (t\geqslant 0).\end{cases}\tag{3.3.87}$$

应用分离变量法求解,设

$$u=X(x)T(t).\tag{3.3.88}$$

代入式(3.3.87)中的方程,注意

$$\int_0^L\left(\frac{\partial u}{\partial x}\right)^2\mathrm{d}x=\beta T^2(t)\quad\left(\beta=\int_0^L X'^2(x)\mathrm{d}x>0\right),\tag{3.3.89}$$

则有

$$XT''=c_0^2(1+\alpha\beta T^2)X''T,\tag{3.3.90}$$

因而

$$\frac{T''}{c_0^2T(1+\alpha\beta T^2)}=\frac{X''}{X}=-\lambda\quad(\lambda\text{ 为常数}),\tag{3.3.91}$$

所以

$$\begin{cases}X''+\lambda X=0,\\ T''+\lambda c_0^2T+\lambda\alpha\beta c_0^2T^3=0.\end{cases}\tag{3.3.92}$$

由式(3.3.87)中的边条件有 $X(0)=X(L)=0$,则由式(3.3.92)的第一个方程求得

$$\lambda=\left(\frac{n\pi}{L}\right)^2,\quad X(x)=\sin\frac{n\pi x}{L}\quad(n=1,2,\cdots),\tag{3.3.93}$$

相应求得 $\beta=\dfrac{n^2\pi^2}{2L}(n=1,2,\cdots)$.

式(3.3.92)的第二个关于 $T(t)$ 的方程与方程(3.3.78)比较求得

$$T(t)=A\mathrm{cn}(\omega t,m)\quad\left(0<m<\frac{1}{\sqrt{2}}\right),\tag{3.3.94}$$

其中 m 为模数,而振幅 A 与圆频率 ω 满足

$$\omega^2=\frac{\lambda c_0^2}{1-2m^2},\quad A^2=\frac{2\omega^2m^2}{\lambda\alpha\beta c_0^2}=\frac{2m^2}{\alpha\beta(1-2m^2)}.\tag{3.3.95}$$

这样,我们最后求得一维非线性波动方程边值问题(3.3.87)的特解为

$$u=A\sin\sqrt{\lambda}x\,\mathrm{cn}(\omega t,m)\quad\left(0<m<\frac{1}{\sqrt{2}}\right).\tag{3.3.96}$$

2. 第二种椭圆方程

这类椭圆方程可表为

$$y'^2 = ay + by^2 + cy^3, \tag{3.3.97}$$

即在方程(3.3.1)中 $a_0=0, a_1=a, a_2=b, a_3=c, a_4=0$ 的情况. 将方程(3.3.97)的两边对 x 微商再消去 y' 得到

$$y'' = \frac{a}{2} + by + \frac{3c}{2}y^2. \tag{3.3.98}$$

这就是方程(3.3.2)中 $A_0=\frac{a}{2}, A_1=b, A_2=\frac{3c}{2}, A_3=0$ 的情况.

很容易证明(见附录 D 3.11):在第一种椭圆方程(3.3.5)中,若令 $z=\frac{1}{A}y^2$,则关于 z 的方程便是第二种椭圆方程.

与第一种椭圆方程类似,首先,我们要说明的是第二种椭圆方程(3.3.97)也有 Weierstrass 椭圆函数解,这只要令

$$y = w - \frac{b}{3c}, \quad \xi = \frac{\sqrt{c}}{2}x \quad (c > 0), \tag{3.3.99}$$

则方程(3.3.97)就化为 Weierstrass 椭圆函数 $w(\xi)$满足的微分方程

$$\left(\frac{\mathrm{d}w}{\mathrm{d}\xi}\right)^2 = 4w^3 - g_2 w - g_3, \tag{3.3.100}$$

其中

$$g_2 = \frac{4}{3c^2}(b^2 - 3ac), \quad g_3 = \frac{4b}{27c^3}(9ac - 2b^2). \tag{3.3.101}$$

这样,椭圆方程(3.3.97)的解为

$$y = -\frac{b}{3c} + \wp\left(\frac{\sqrt{c}}{2}(x - x_0); g_2, g_3\right), \tag{3.3.102}$$

其中 x_0 为任意常数,$\wp(u;g_2,g_3)$就是 Weierstrass 椭圆函数.

其次,我们重点给出椭圆方程(3.3.97)的 12 种 Jacobi 椭圆函数解.

(1) $a=4k^2A, b=-4k^2(1+m^2), c=\frac{4k^2m^2}{A}$,即是方程

$$y'^2 = \frac{4k^2}{A}y(A-y)(A-m^2y) \tag{3.3.103}$$

或是方程

$$y'' = 2k^2A - 4k^2(1+m^2)y + \frac{6k^2m^2}{A}y^2. \tag{3.3.104}$$

它们的解为

$$y = A\mathrm{sn}^2(k(x-x_0), m), \tag{3.3.105}$$

其中常数 A,k 和 m 可由 a,b,c 确定,x_0 为任意常数.

当 $m=1$ 时,$a=4k^2A,b=-8k^2,c=\dfrac{4k^2}{A}$,因而 $b<0$ 且 $b^2=4ac$(a 与 c 同号),$k^2=-\dfrac{b}{8}$ 和 $A=-\dfrac{2a}{b}=-\dfrac{b}{2c}$,此时解(3.3.105)退化为

$$y=-\frac{b}{2c}\tanh^2\frac{-b}{2\sqrt{2}}(x-x_0)\quad(b<0).\tag{3.3.106}$$

(2) $a=4k^2Am'^2$($m'^2=1-m^2$,m' 为余模数),$b=4k^2(2m^2-1)$,$c=-\dfrac{4k^2m^2}{A}$,即是方程

$$y'^2=\frac{4k^2}{A}y(A-y)(Am'^2+m^2y)\tag{3.3.107}$$

或是方程

$$y''=2k^2Am'^2+4k^2(2m^2-1)y-\frac{6k^2m^2}{A}y^2.\tag{3.3.108}$$

它们的解为

$$y=A\mathrm{cn}^2(k(x-x_0),m),\tag{3.3.109}$$

其中常数 A,k 和 m 可由 a,b,c 确定,x_0 为任意常数.

当 $m=1$ 时($m'=0$),$a=0,b=4k^2,c=-\dfrac{4k^2}{A}$,方程为 $y'^2=by^2+cy^3$. 因而 $b>0,k^2=\dfrac{b}{4}$ 且 $A=-\dfrac{b}{c}$. 此时解(3.3.109)退化为

$$y=-\frac{b}{c}\mathrm{sech}^2\frac{\sqrt{b}}{2}(x-x_0)\quad(b>0).\tag{3.3.110}$$

(3) $a=-4k^2Am'^2,b=4k^2(2-m^2),c=-\dfrac{4k^2}{A}$,即是方程

$$y'^2=\frac{4k^2}{A}y(A-y)(y-Am'^2)\tag{3.3.111}$$

或是方程

$$y''=-2k^2Am'^2+4k^2(2-m^2)y-\frac{6k^2}{A}y^2.\tag{3.3.112}$$

它们的解为

$$y=A\mathrm{dn}^2(k(x-x_0),m),\tag{3.3.113}$$

其中常数 A,k 和 m 可由 a,b,c 确定,x_0 为任意常数.

当 $m=1$ 时($m'=0$),$a=0,b=4k^2,c=-\dfrac{4k^2}{A}$,因而 $b>0,k^2=\dfrac{b}{4}$,且 $A=-\dfrac{b}{c}$,此时解(3.3.113)退化为

$$y=-\frac{b}{c}\operatorname{sech}^2\frac{\sqrt{b}}{2}(x-x_0)\quad(b>0).\tag{3.3.114}$$

此式与式(3.3.110)完全相同.

(4) $a=4k^2Am^2, b=-4k^2(1+m^2), c=\frac{4k^2}{A}$,即是方程

$$y'^2=\frac{4k^2}{A}y(y-A)(y-Am^2)\tag{3.3.115}$$

或是方程

$$y''=2k^2Am^2-4k^2(1+m^2)y+\frac{6k^2}{A}y^2.\tag{3.3.116}$$

它们的解为

$$y=A\operatorname{ns}^2(k(x-x_0),m)\equiv A\frac{1}{\operatorname{sn}^2(k(x-x_0),m)},\tag{3.3.117}$$

其中常数 A,k 和 m 可由 a,b,c 确定,x_0 为任意常数.

当 $m=1$ 时,$a=4k^2A, b=-8k^2, c=\frac{4k^2}{A}$,因而 $b<0$,且 $b^2=4ac$(a 与 c 同号),$k^2=-\frac{b}{8}$ 和 $A=-\frac{2a}{b}=-\frac{b}{2c}$,这些都与情况(1)中 $m=1$ 时相同. 而此时解(3.3.117)退化为

$$y=-\frac{b}{2c}\coth^2\frac{-b}{2\sqrt{2}}(x-x_0)\quad(b<0).\tag{3.3.118}$$

(5) $a=-4k^2Am^2, b=4k^2(2m^2-1), c=\frac{4k^2m'^2}{A}$,即是方程

$$y'^2=\frac{4k^2}{A}y(y-A)(Am^2+m'^2y)\tag{3.3.119}$$

或是方程

$$y''=-2k^2Am^2+4k^2(2m^2-1)y+\frac{6k^2m'^2}{A}y^2.\tag{3.3.120}$$

它们的解为

$$y=A\operatorname{nc}^2(k(x-x_0),m)\equiv A\frac{1}{\operatorname{cn}^2(k(x-x_0),m)},\tag{3.3.121}$$

其中常数 A,k 和 m 可由 a,b,c 确定,x_0 为任意常数.

当 $m=1$ 时($m'=0$),$a=-4k^2A, b=4k^2, c=0$,方程 $y'^2=ay+by^2$. 因而 $b>0$,且 $k^2=\frac{b}{4}$ 和 $A=-\frac{a}{b}$,此时解(3.3.121)退化为

$$y=-\frac{a}{b}\cosh^2\frac{\sqrt{b}}{2}(x-x_0)\quad(b>0).\tag{3.3.122}$$

(6) $a=-4k^2A, b=4k^2(2-m^2), c=-\dfrac{4k^2m'^2}{A}$,即是方程

$$y'^2=\frac{4k^2}{A}y(y-A)(A-m'^2y) \tag{3.3.123}$$

或是方程

$$y''=-2k^2A+4k^2(2-m^2)y-\frac{6k^2m'^2}{A}y^2. \tag{3.3.124}$$

它们的解为

$$y=A\mathrm{nd}^2(k(x-x_0),m)\equiv A\frac{1}{\mathrm{dn}^2(k(x-x_0),m)}, \tag{3.3.125}$$

其中常数 A,k 和 m 可由 a,b,c 确定,x_0 为任意常数.

当 $m=1$ 时($m'=0$),$a=-4k^2A, b=4k^2, c=0$,因而 $b>0$,且 $k^2=\dfrac{b}{4}$ 和 $A=-\dfrac{a}{b}$. 这些都与情况(5)中 $m=1$ 时相同. 而此时解(3.3.125)退化为

$$y=-\frac{a}{b}\cosh^2\frac{\sqrt{b}}{2}(x-x_0)\quad (b>0). \tag{3.3.126}$$

此式与式(3.3.122)完全相同.

(7) $a=4k^2A, b=4k^2(2-m^2), c=\dfrac{4k^2m'^2}{A}$,即是方程

$$y'^2=\frac{4k^2}{A}y(A+y)(A+m'^2y) \tag{3.3.127}$$

或是方程

$$y''=2k^2A+4k^2(2-m^2)y+\frac{6k^2m'^2}{A}y^2. \tag{3.3.128}$$

它们的解为

$$y=A\mathrm{sc}^2(k(x-x_0),m)\equiv A\frac{\mathrm{sn}^2(k(x-x_0),m)}{\mathrm{cn}^2(k(x-x_0),m)}, \tag{3.3.129}$$

其中常数 A,k 和 m 可由 a,b,c 确定,x_0 为任意常数.

当 $m=1$ 时($m'=0$),$a=4k^2A, b=4k^2, c=0$,方程为 $y'^2=ay+by^2$. 因而 $b>0$,且 $k^2=\dfrac{b}{4}$ 和 $A=\dfrac{a}{b}$,此时解(3.3.129)退化为

$$y=\frac{a}{b}\sinh^2\frac{\sqrt{b}}{2}(x-x_0)\quad (b>0). \tag{3.3.130}$$

(8) $a=4k^2A, b=4k^2(2m^2-1), c=-\dfrac{4k^2m^2m'^2}{A}$,即是方程

$$y'^2=\frac{4k^2}{A}y(A+m^2y)(A-m'^2y) \tag{3.3.131}$$

或是方程

$$y''=2k^2A+4k^2(2m^2-1)y-\frac{6k^2m^2m'^2}{A}y^2. \tag{3.3.132}$$

它们的解为

$$y=A\mathrm{sd}^2(k(x-x_0),m)\equiv A\frac{\mathrm{sn}^2(k(x-x_0),m)}{\mathrm{dn}^2(k(x-x_0),m)}, \tag{3.3.133}$$

其中常数 A,k 和 m 可由 a,b,c 确定，x_0 为任意常数.

当 $m=1$ 时($m'=0$)，$a=4k^2A, b=4k^2, c=0$，因而 $b>0$，且 $k^2=\frac{b}{4}$ 和 $A=\frac{a}{b}$，这些都与情况(7)中 $m=1$ 时相同，而此时解(3.3.133)退化为

$$y=\frac{a}{b}\sinh^2\frac{\sqrt{b}}{2}(x-x_0)\quad(b>0). \tag{3.3.134}$$

此式与式(3.3.130)完全相同.

(9) $a=4k^2Am'^2, b=4k^2(2-m^2), c=\frac{4k^2}{A}$，即是方程

$$y'^2=\frac{4k^2}{A}y(A+y)(Am'^2+y) \tag{3.3.135}$$

或是方程

$$y''=2k^2Am'^2+4k^2(2-m^2)y+\frac{6k^2}{A}y^2. \tag{3.3.136}$$

它们的解为

$$y=A\mathrm{cs}^2(k(x-x_0),m)\equiv A\frac{\mathrm{cn}^2(k(x-x_0),m)}{\mathrm{sn}^2(k(x-x_0),m)}, \tag{3.3.137}$$

其中常数 A,k 和 m 可由 a,b,c 确定，x_0 为任意常数.

当 $m=1$ 时($m'=0$)，$a=0, b=4k^2, c=\frac{4k^2}{A}$，方程为 $y'^2=by^2+cy^3$. 因而 $b>0$ 且 $k^2=\frac{b}{4}$ 和 $A=\frac{b}{c}$. 此时解(3.3.137)退化为

$$y=\frac{b}{c}\mathrm{csch}^2\frac{\sqrt{b}}{2}(x-x_0)\quad(b>0). \tag{3.3.138}$$

(10) $a=4k^2A, b=-4k^2(1+m^2), c=\frac{4k^2m^2}{A}$，即是方程

$$y'^2=\frac{4k^2}{A}y(A-y)(A-m^2y) \tag{3.3.139}$$

或是方程

$$y''=2k^2A-4k^2(1+m^2)y+\frac{6k^2m^2}{A}y^2. \tag{3.3.140}$$

它们的解为

$$y = A\mathrm{cd}^2(k(x-x_0),m) \equiv A\frac{\mathrm{cn}^2(k(x-x_0),m)}{\mathrm{dn}^2(k(x-x_0),m)}, \qquad (3.3.141)$$

其中常数 A,k 和 m 可由 a,b,c 确定，x_0 为任意常数. 需要注意的是，这里的方程与情况(1)完全相同，只是解的形式不同.

当 $m=1$ 时，$a=4k^2A, b=-8k^2, c=\frac{4k^2}{A}$，因而 $b<0$，且 $b^2=4ac$(a 与 c 同号)，$k^2=-\frac{b}{8}$ 和 $A=-\frac{2a}{b}=-\frac{b}{2c}$，这些也都与情况(1)中 $m=1$ 时完全相同，但此时解(3.3.141)退化为

$$y=-\frac{b}{2c}\quad(b<0). \qquad (3.3.142)$$

它与式(3.3.106)不同. 解(3.3.142)实际上是方程(3.3.139)或方程(3.3.140)的一个非零平衡态.

(11) $a=-4k^2Am^2m'^2, b=4k^2(2m^2-1), c=\frac{4k^2}{A}$，即是方程

$$y'^2=\frac{4k^2}{A}y(y+Am^2)(y-Am'^2) \qquad (3.3.143)$$

或是方程

$$y''=-2k^2Am^2m'^2+4k^2(2m^2-1)y+\frac{6k^2}{A}y^2. \qquad (3.3.144)$$

它们的解为

$$y = A\mathrm{ds}^2(k(x-x_0),m) \equiv A\frac{\mathrm{dn}^2(k(x-x_0),m)}{\mathrm{sn}^2(k(x-x_0),m)}, \qquad (3.3.145)$$

其中常数 A,k 和 m 可由 a,b,c 确定，x_0 为任意常数.

当 $m=1$ 时($m'=0$)，$a=0, b=4k^2, c=\frac{4k^2}{A}$，因而 $b>0$，且 $k^2=\frac{b}{4}$ 和 $A=\frac{b}{c}$. 这些都与情况(9)中 $m=1$ 时相同. 而此时解(3.3.145)退化为

$$y=\frac{b}{c}\mathrm{csch}^2\frac{\sqrt{b}}{2}(x-x_0)\quad(b>0). \qquad (3.3.146)$$

此式与式(3.3.138)完全相同.

(12) $a=4k^2Am^2, b=-4k^2(1+m^2), c=\frac{4k^2}{A}$，即是方程

$$y'^2=\frac{4k^2}{A}y(y-A)(y-Am^2) \qquad (3.3.147)$$

或是方程

$$y''=2k^2Am^2-4k^2(1+m^2)y+\frac{6k^2}{A}y^2. \qquad (3.3.148)$$

它们的解为

$$y = A\mathrm{dc}^2(k(x-x_0),m) \equiv A\frac{\mathrm{dn}^2(k(x-x_0),m)}{\mathrm{cn}^2(k(x-x_0),m)}, \tag{3.3.149}$$

其中常数 A,k 和 m 可由 a,b,c 确定，x_0 为任意常数. 需要注意的是，这里的方程与情况(4)完全相同，只是解的形式不同.

当 $m=1$ 时，$a=4k^2A, b=-8k^2, c=\frac{4k^2}{A}$，因而 $b<0$ 且 $b^2=4ac$（a 与 c 同号），$k^2=-\frac{b}{8}$ 和 $A=-\frac{2a}{b}=-\frac{b}{2c}$，这些也都与情况(4)中 $m=1$ 时完全相同，但此时解(3.3.149)退化为

$$y = -\frac{b}{2c} \quad (b<0). \tag{3.3.150}$$

它与式(3.3.118)不同，解(3.3.150)实际上是方程(3.3.148)或方程(3.3.149)的一个非零平衡态. 式(3.3.150)与式(3.3.142)完全相同.

例 11　方程

$$y'^2 = By(y-\alpha)(y-\beta) \quad (B>0, 0<\alpha<\beta). \tag{3.3.151}$$

此方程可以改写为

$$y'^2 = \frac{\beta B}{\alpha}y(\alpha-y)\left(\alpha-\frac{\alpha}{\beta}y\right). \tag{3.3.152}$$

与方程(3.3.103)比较知：$A=\alpha, k^2=\frac{\beta B}{4}, m^2=\frac{\alpha}{\beta}$，因此，方程(3.3.151)的解为

$$y = \alpha\,\mathrm{sn}^2\left(\frac{\sqrt{\beta B}}{2}(x-x_0),m\right) \quad \left(B>0, 0<\alpha<\beta, m=\sqrt{\frac{\alpha}{\beta}}\right). \tag{3.3.153}$$

例 12　方程

$$y'^2 = -By(y-\alpha)(y-\alpha+\beta) \quad (B>0, 0<\alpha<\beta). \tag{3.3.154}$$

此方程可以改写为

$$y'^2 = \frac{\beta B}{\alpha}y(\alpha-y)\left[\alpha\left(1-\frac{\alpha}{\beta}\right)+\frac{\alpha}{\beta}y\right]. \tag{3.3.155}$$

与方程(3.3.107)比较知：$A=\alpha, k^2=\frac{\beta B}{4}, m^2=\frac{\alpha}{\beta}$，因此，方程(3.3.154)的解为

$$y = \alpha\,\mathrm{cn}^2\left(\frac{\sqrt{\beta B}}{2}(x-x_0),m\right) \quad \left(B>0, 0<\alpha<\beta, m=\sqrt{\frac{\alpha}{\beta}}\right). \tag{3.3.156}$$

例 13　方程

$$y'^2 = -By(y-\beta)(y-\beta+\alpha) \quad (B>0, 0<\alpha<\beta). \tag{3.3.157}$$

此方程可以改写为

$$y'^2=\frac{\beta B}{\beta}y(\beta-y)\left[y-\beta\left(1-\frac{\alpha}{\beta}\right)\right]. \tag{3.3.158}$$

与方程(3.3.111)比较知：$A=\beta, k^2=\frac{\beta B}{4}, m^2=\frac{\alpha}{\beta}$，因此，方程(3.3.157)的解为

$$y=\beta\mathrm{dn}^2\left(\frac{\sqrt{\beta B}}{2}(x-x_0),m\right)\quad\left(B>0,0<\alpha<\beta,m=\sqrt{\frac{\alpha}{\beta}}\right). \tag{3.3.159}$$

3. 第三种椭圆方程

这类椭圆方程可表为

$$y'^2=a+by+cy^2+dy^3, \tag{3.3.160}$$

即在方程(3.3.1)中 $a_0=a, a_1=b, a_2=c, a_3=d, a_4=0$ 的情况. 将方程(3.3.160)的两边对 x 微商再消去 y' 得到

$$y''=\frac{b}{2}+cy+\frac{3d}{2}y^2. \tag{3.3.161}$$

首先，我们要说明的是第三种椭圆方程(3.3.160)只要令

$$y=\frac{4}{d}w-\frac{c}{3d}\quad(d\neq 0), \tag{3.3.162}$$

则 w 就满足 Weierstrass 椭圆函数的微分方程(3.3.8)，即 $w'^2=4w^3-g_2w-g_3$，其中

$$g_2=\frac{1}{12}(c^2-3bd),\quad g_3=\frac{1}{432}(9bcd-27ad^2-2c^3). \tag{3.3.163}$$

这样，椭圆方程(3.3.160)的解为

$$y=\frac{4}{d}\wp(x-x_0;g_2,g_3)-\frac{c}{3d}, \tag{3.3.164}$$

其中 x_0 为任意常数，$\wp(u;g_2,g_3)$ 就是 Weierstrass 函数.

其次，我们重点给出椭圆方程(3.3.160)常用的两种 Jacobi 椭圆函数解.

(1) $a=-By_1y_2y_3, b=B(y_1y_2+y_2y_3+y_3y_1), c=-B(y_1+y_2+y_3), d=B(B>0)$，即是方程

$$y'^2=B(y-y_1)(y-y_2)(y-y_3)\quad(B>0,y_1>y_2>y_3). \tag{3.3.165}$$

若令

$$z=y-y_3,\quad \alpha=y_2-y_3,\quad \beta=y_1-y_3\quad(0<\alpha<\beta), \tag{3.3.166}$$

则因 $y-y_1=(y-y_3)-(y_1-y_3)=z-\beta, y-y_2=(y-y_3)-(y_2-y_3)=z-\alpha$，方程(3.3.165)就化为

$$z'^2=Bz(z-\alpha)(z-\beta)\quad(B>0,0<\alpha<\beta). \tag{3.3.167}$$

这就是 z 满足的方程(3.3.151),所以,方程(3.3.165)的解为

$$y=y_3+(y_2-y_3)\mathrm{sn}^2\left(\sqrt{\frac{B(y_1-y_3)}{4}}(x-x_0),m\right)$$

$$=y_2-(y_2-y_3)\mathrm{cn}^2\left(\sqrt{\frac{B(y_1-y_3)}{4}}(x-x_0),m\right)$$

$$\left(B>0,y_1>y_2>y_3,m=\sqrt{\frac{y_2-y_3}{y_1-y_3}}\right). \tag{3.3.168}$$

当 $m=1$ 时,$y_1=y_2$,方程为 $y'^2=B(y-y_1)^2(y-y_3)$,则解(3.3.168)退化为

$$y=y_1-(y_1-y_3)\mathrm{sech}^2\sqrt{\frac{B(y_1-y_3)}{4}}(x-x_0)\quad(B>0,y_1=y_2>y_3). \tag{3.3.169}$$

(2) $a=By_1y_2y_3,b=-B(y_1y_2+y_2y_3+y_3y_1),c=B(y_1+y_2+y_3),d=-B(B>0)$,即是方程

$$y'^2=-B(y-y_1)(y-y_2)(y-y_3)\quad(B>0,y_1>y_2>y_3). \tag{3.3.170}$$

若令

$$z=y-y_2,\quad \alpha=y_1-y_2,\quad \beta=y_1-y_3\quad(0<\alpha<\beta), \tag{3.3.171}$$

则因 $y-y_1=(y-y_2)-(y_1-y_2)=z-\alpha,y-y_3=(y-y_2)-(y_1-y_2)+(y_1-y_3)=z-\alpha+\beta$,方程(3.3.170)就化为

$$z'^2=-Bz(z-\alpha)(z-\alpha+\beta)\quad(B>0,0<\alpha<\beta). \tag{3.3.172}$$

这就是 z 满足的方程(3.3.154).所以,方程(3.3.170)的解为

$$y=y_2+(y_1-y_2)\mathrm{cn}^2\left(\sqrt{\frac{B(y_1-y_3)}{4}}(x-x_0),m\right)$$

$$\left(B>0,y_1>y_2>y_3,m=\sqrt{\frac{y_1-y_2}{y_1-y_3}}\right). \tag{3.3.173}$$

当 $m=1$ 时,$y_2=y_3$,方程为 $y'^2=-B(y-y_1)(y-y_2)^2$.则解(3.3.173)退化为

$$y=y_2+(y_1-y_2)\mathrm{sech}^2\sqrt{\frac{B(y_1-y_2)}{4}}(x-x_0). \tag{3.3.174}$$

例 14　方程

$$y''=\lambda y^2\quad(\lambda>0). \tag{3.3.175}$$

方程(3.3.175)本身就有 Weierstrass 椭圆函数满足的方程$\left(即\ y''=6y^2-\frac{g_2}{2}\right)$的基本框架($g_2=0$),它两边乘以 $2y'$ 再对 x 积分有

$$y'^2 = \frac{2\lambda}{3}y^3 + C_1 \quad (\lambda > 0), \tag{3.3.176}$$

其中 C_1 为积分常数. 虽然方程(3.3.176)可以参照式(3.3.162)的做法,对它作因变量变换,但考虑到方程(3.3.176)形式简单,而且具备了 Weierstrass 椭圆函数微分方程的基本框架,不如作自变量变换,令

$$\xi = \sqrt{\frac{\lambda}{6}}x, \tag{3.3.177}$$

则方程(3.3.176)化为

$$\left(\frac{\mathrm{d}y}{\mathrm{d}\xi}\right)^2 = 4y^3 - C \quad \left(C = -\frac{6C_1}{\lambda}\right). \tag{3.3.178}$$

这是 Weierstrass 椭圆函数满足的微分方程($g_2=0, g_3=C$). 因而方程(3.3.175)的解为

$$y = \wp\left(\sqrt{\frac{\lambda}{6}}(x - x_0); 0, C\right). \tag{3.3.179}$$

例 15 方程

$$y'' + \mu^2 y = -\lambda y^2 \quad (\mu > 0). \tag{3.3.180}$$

方程(3.3.180)的两边乘以 $2y'$ 再对 x 积分求得

$$y'^2 = -\frac{2\lambda}{3}\left(y^3 + \frac{3\mu^2}{2\lambda}y^2 + C\right) = -\frac{2\lambda}{3}(y - y_1)(y - y_2)(y - y_3) \quad (y_1 > y_2 > y_3), \tag{3.3.181}$$

其中 C 为积分常数, y_1, y_2, y_3 是方程 $y_3 + \frac{3\mu^2}{2\lambda}y^2 + C = 0$ 的三个实根.

当 $\lambda > 0$ 时,将方程(3.3.181)与方程(3.3.170)比较求得

$$y = y_2 + (y_1 - y_2)\mathrm{cn}^2\left(\sqrt{\frac{\lambda(y_1 - y_3)}{6}}(x - x_0), m\right) \quad \left(m^2 = \frac{y_1 - y_2}{y_1 - y_3}, \lambda > 0\right). \tag{3.3.182}$$

而当 $\lambda < 0$ 时,将方程(3.3.181)与方程(3.3.165)比较求得

$$y = y_2 - (y_2 - y_3)\mathrm{cn}^2\left(\sqrt{\frac{-\lambda(y_1 - y_3)}{6}}(x - x_0), m\right) \quad \left(m^2 = \frac{y_2 - y_3}{y_1 - y_3}, \lambda < 0\right). \tag{3.3.183}$$

方程(3.3.180)可参考第 6 章 Flierl-Petviashvili(Ⅰ)方程(6.3.9)的求解.

例 16 方程

$$y'^2 = -B(y - \alpha)(y + 2\alpha)^2 \quad (B > 0, \alpha > 0). \tag{3.3.184}$$

将方程(3.3.184)与方程(3.3.170)比较知: $y_1 = \alpha, y_2 = y_3 = -2\alpha, m = 1$,因而

$$y = -2\alpha + 3\alpha\,\mathrm{sech}^2\sqrt{\frac{3\alpha B}{4}}(x - x_0). \tag{3.3.185}$$

§3.4　经典的二阶非线性方程

本节主要论述 Lambert 方程. 在式(1.1.7)中已经标记过的 Lambert 方程为

$$yy'' + ay'^2 + byy' + cy^2 = 0. \tag{3.4.1}$$

我们将它分为 $a \neq -1$ 和 $a = -1$ 两种情况来说明.

在 $a \neq -1$ 时, 通过变换

$$y = z^{\frac{1}{a+1}}, \tag{3.4.2}$$

Lambert 方程(3.4.1)化为下列关于 $z(x)$ 的二阶常系数线性方程:

$$z'' + bz' + (a+1)cz = 0. \tag{3.4.3}$$

由方程(3.4.3)解得 z 后代入(3.4.2)式即可求得 y.

在 $a = -1$ 时, Lambert 方程(3.3.1)为

$$yy'' - y'^2 + byy' + cy^2 = 0. \tag{3.4.4}$$

它通过变换

$$z = \frac{y'}{y} = (\ln y)', \tag{3.4.5}$$

化为下列关于 $z(x)$ 的一阶常系数线性方程:

$$z' + bz + c = 0. \tag{3.4.6}$$

由方程(3.4.6)解得 z 后代入式(3.4.5)即求得 y.

例 1　方程

$$yy'' + 3y'^2 - y^2 = 0. \tag{3.4.7}$$

这是 Lambert 方程(3.4.1)中 $a=3, b=0, c=-1$ 的情况, 则令

$$y = z^{\frac{1}{4}}. \tag{3.4.8}$$

方程(3.4.7)化为

$$z'' - 4z = 0, \tag{3.4.9}$$

由此求得

$$z = A\cosh 2(x - x_0), \tag{3.4.10}$$

其中 A 和 x_0 为任意常数. 将式(3.4.10)代入式(3.4.8)求得

$$y = B\cosh^{\frac{1}{4}} 2(x - x_0) \quad (B = A^{\frac{1}{4}}). \tag{3.4.11}$$

例 2　方程

$$yy'' + 2y'^2 + \frac{k^2}{3}y^2 = 0 \quad (k \neq 0). \tag{3.4.12}$$

这是 Lambert 方程(3.4.1)中 $a=2, b=0, c=\frac{k^2}{3}$ 的情况, 则令

$$y = z^{1/3}. \tag{3.4.13}$$

方程(3.4.12)化为

$$z'' + k^2 z = 0, \tag{3.4.14}$$

由此求得

$$z = A\cos k(x - x_0), \tag{3.4.15}$$

其中 A 和 x_0 为任意常数. 将式(3.4.15)代入式(3.4.13)求得

$$y = B\cos^{1/3} k(x - x_0) \quad (B = A^{1/3}). \tag{3.4.16}$$

例 3 方程

$$yy'' - y'^2 + 4y^2 = 0. \tag{3.4.17}$$

这是 Lambert 方程(3.4.1)中 $a=-1, b=0, c=4$ 的情况,则作式(3.4.5)的变换后方程(3.4.17)化为

$$z' + 4 = 0. \tag{3.4.18}$$

由此求得

$$z = -4(x - x_0), \tag{3.4.19}$$

其中 x_0 为任意常数. 式(3.4.19)即为$(\ln y)' = -4(x - x_0)$,所以

$$y = Ce^{-2(x-x_0)^2}, \tag{3.4.20}$$

其中 C 为任意常数. 有了 Lambert 方程的求解方法,人们就会自然地去考察下列广义的 Lambert 方程:

$$y'' + p(x)y' + q(x)G(y) + r(x)H(y) = I(y)y'^2, \tag{3.4.21}$$

其中 $G(y)$,$H(y)$和 $I(y)$是 y 的函数. 为了求解方程(3.4.21),我们称二阶线性方程

$$v'' + p(x)v' + q(x)v + r(x) = 0 \tag{3.4.22}$$

为非线性方程(3.4.21)的基础方程. 下面来寻求方程(3.4.21)的解与基础方程(3.4.22)的解之间的联系. 设 v 与 y 存在下列函数关系:

$$v = F(y). \tag{3.4.23}$$

因为 $v' = \dfrac{dF}{dy}y'$, $v'' = \dfrac{dF}{dy}y'' + \dfrac{d^2F}{dy^2}y'^2$,则将式(3.4.23)代入方程(3.4.22)得到

$$y'' + p(x)y' + q(x)\left(\frac{F}{dF/dy}\right) + r(x)\left(\frac{1}{dF/dy}\right) = \left(-\frac{d^2F/dy^2}{dF/dy}\right)y'^2. \tag{3.4.24}$$

方程(3.4.24)与方程(3.4.21)相比较得

$$G(y) = \frac{F}{dF/dy}, \quad H(y) = \frac{1}{dF/dy}, \quad I(y) = -\frac{d^2F/dy^2}{dF/dy}, \tag{3.4.25}$$

因而由式(3.4.25)中的头两式得

$$v = F(y) = \frac{G(y)}{H(y)}. \tag{3.4.26}$$

这就是 v 与 y 的相互转换函数. 至于式(3.4.25)中的第三式可以通过第一式和第二式化为

$$I(y)=\frac{1}{H}\frac{\mathrm{d}H}{\mathrm{d}y}=\frac{1}{G}\left(\frac{\mathrm{d}G}{\mathrm{d}y}-1\right). \tag{3.4.27}$$

若把式(3.4.26)的两边对 y 微商,并注意$\frac{\mathrm{d}v}{\mathrm{d}y}=\frac{\mathrm{d}F}{\mathrm{d}y}=\frac{1}{H}$,则得到

$$H\frac{\mathrm{d}}{\mathrm{d}y}\left(\frac{G}{H}\right)=1. \tag{3.4.28}$$

这就是解(3.4.26)存在的条件,它称为连接条件.

表面上看,对 Lambert 方程: $p(x)=b, q(x)=c, r(x)=0, G(y)=y, I(y)=\frac{1}{H}\frac{\mathrm{d}H}{\mathrm{d}y}=-\frac{a}{y}$,因而有 $H(y)=y^{-a}$, $H\frac{\mathrm{d}}{\mathrm{d}y}\left(\frac{G}{H}\right)=a+1(a\neq-1)$,但若取 $q(x)=c(a+1), G(y)=\frac{y}{a+1}, H(y)=\frac{1}{a+1}y^{-a}$,则 $H\frac{\mathrm{d}}{\mathrm{d}y}\left(\frac{G}{H}\right)=1$,就满足连接条件了.

例 4 方程

$$y''+a(x)y^2=\frac{2}{y}y'^2 \tag{3.4.29}$$

是式(3.4.21)类型的方程. 因而

$$I(y)=\frac{1}{H}\frac{\mathrm{d}H}{\mathrm{d}y}=\frac{1}{G}\left(\frac{\mathrm{d}G}{\mathrm{d}y}-1\right)=\frac{2}{y}, \tag{3.4.30}$$

由此求得

$$H(y)=Ay^2,\quad G(y)=Ay^2-y, \tag{3.4.31}$$

其中 A 为常数. 将方程(3.4.29)与方程(3.4.21)相比较有

$$p(x)=0,\quad q(x)=0,\quad Ar(x)=a(x). \tag{3.4.32}$$

所以,方程(3.4.29)的基础方程为

$$v''+\frac{1}{A}a(x)=0. \tag{3.4.33}$$

而依式(3.4.26)有

$$v=\frac{Ay^2-y}{Ay^2}=1-\frac{1}{Ay}. \tag{3.4.34}$$

这样,我们求得方程(3.4.29)的解为

$$y=\frac{1}{A(1-v)}, \tag{3.4.35}$$

其中 A 为常数, v 由方程(3.4.33)解得.

例如

$$a(x)=a_2x^2+a_1x+a_0. \tag{3.4.36}$$

取 $A=1$,则由方程(3.4.33)求得

$$v=-\left(\frac{a_2}{12}x^4+\frac{a_1}{6}x^3+\frac{a_0}{2}x^2\right)+B_1x+C_1, \tag{3.4.37}$$

其中 B_1 和 C_1 为常数.而由式(3.4.35)求得方程(3.4.29)的解为

$$y=\left(\frac{a_2}{12}x^4+\frac{a_1}{6}x^3+\frac{a_0}{2}x^2+Bx+C\right)^{-1}, \tag{3.4.38}$$

其中 $B=-B_1, C=1-C_1$.

例 5 方程

$$y''-\frac{1}{x}y'=\frac{1}{y}y'^2 \tag{3.4.39}$$

也是式(3.4.21)类型的方程.因而

$$I(y)=\frac{1}{H}\frac{\mathrm{d}H}{\mathrm{d}y}=\frac{1}{G}\left(\frac{\mathrm{d}G}{\mathrm{d}y}-1\right)=\frac{1}{y}, \tag{3.4.40}$$

由此求得

$$H(y)=Ay,\quad G(y)=y(A+\ln y), \tag{3.4.41}$$

其中 A 为常数.将方程(3.4.39)与方程(3.4.21)相比较有

$$p(x)=-\frac{1}{x},\quad q(x)=0,\quad r(x)=0. \tag{3.4.42}$$

所以,方程(3.4.39)的基础方程为

$$v''-\frac{1}{x}v'=0. \tag{3.4.43}$$

而依式(3.4.26)有

$$v=\frac{y(A+\ln y)}{Ay}=1+\frac{1}{A}\ln y, \tag{3.4.44}$$

因而,若取 $A=1$,则有

$$y=\mathrm{e}^{v-1}. \tag{3.4.45}$$

而由方程(3.4.43)解得

$$v=\frac{1}{2}B_1x^2+C_1, \tag{3.4.46}$$

其中 B_1 和 C_1 为常数.将式(3.4.46)代入式(3.4.45)求得方程(3.4.39)的解为

$$y=C\mathrm{e}^{Bx^2}\quad\left(B=\frac{1}{2}B_1, C=\mathrm{e}^{C_1-1}\right). \tag{3.4.47}$$

§3.5 Painleve 方程

在式(1.1.9)中已经标记过的 Painleve 方程为

$$y''=P(x,y)y'^2+Q(x,y)y'+R(x,y). \tag{3.5.1}$$

在某些情况下它可以化为线性方程、Riccati 方程或椭圆方程去求解,否则只能求近似解或渐近解.我们分如下几点说明.

1. 化为线性方程求解

例1　方程

$$y'' + 3ayy' + a^2y^3 + by = 0 \quad (a,b\text{ 为常数}), \tag{3.5.2}$$

它通过变换

$$y = \frac{1}{a} \cdot \frac{u'}{u} = \frac{1}{a}(\ln u)' \tag{3.5.3}$$

化为下列关于 $u(x)$ 的三阶线性方程

$$u''' + bu' = 0. \tag{3.5.4}$$

例2　方程

$$y^2y'' + ayy'^2 + by' = 0 \quad (a,b\text{ 为常数}), \tag{3.5.5}$$

若作变换

$$y' = u(y). \tag{3.5.6}$$

注意 $y''=\frac{\mathrm{d}y'}{\mathrm{d}x}=\frac{\mathrm{d}y'}{\mathrm{d}y}\frac{\mathrm{d}y}{\mathrm{d}x}=y'\frac{\mathrm{d}u}{\mathrm{d}y}=u\frac{\mathrm{d}u}{\mathrm{d}y}$,则方程(3.5.5)化为下列关于 $u(y)$ 的一阶线性方程:

$$\frac{\mathrm{d}u}{\mathrm{d}y} + \frac{a}{y}u + \frac{b}{y^2} = 0. \tag{3.5.7}$$

例3　Liouville 常微分方程

$$y'' = \alpha e^{\beta y} \quad (\alpha,\beta\text{ 为常数}), \tag{3.5.8}$$

作变换

$$\beta y = \ln w^{-2} = -2\ln w \quad (w > 0) \tag{3.5.9}$$

后,方程(3.5.8)化为

$$ww'' - w'^2 = -\frac{\alpha\beta}{2}. \tag{3.5.10}$$

上式两边对 x 微商得到

$$ww''' - w'w'' = 0 \quad \text{或} \quad \left(\frac{w''}{w}\right)' = 0, \tag{3.5.11}$$

因而有

$$w'' = Cw, \tag{3.5.12}$$

其中 C 为任意常数.方程(3.5.12)是 w 的二阶常系数线性方程,其通解可以写为

$$w = \begin{cases} A\cos k(x-x_0) & (C=-k^2<0), \\ A(x-x_0) & (C=0), \\ A\cosh k(x-x_0) & (C=k^2>0), \end{cases} \tag{3.5.13}$$

其中 A 和 x_0 为任意常数.

式(3.5.13)要满足方程(3.5.10)只有

$$\begin{cases} k^2=\dfrac{\alpha\beta}{2A^2} & (C=-k^2<0,\alpha\text{ 与 }\beta\text{ 同号}),\\ A^2=\dfrac{\alpha\beta}{2} & (C=0,\alpha\text{ 与 }\beta\text{ 同号}),\\ k^2=-\dfrac{\alpha\beta}{2A^2} & (C=k^2>0,\alpha\text{ 与 }\beta\text{ 异号}). \end{cases} \tag{3.5.14}$$

式(3.5.13)代入式(3.5.9),最后求得 Liouville 常微分方程(3.5.8)的解为

$$y=\begin{cases} -\dfrac{1}{\beta}\ln[A^2\cos^2k(x-x_0)] & \left(k^2A^2=\dfrac{\alpha\beta}{2},\alpha\text{ 与 }\beta\text{ 同号}\right),\\ -\dfrac{1}{\beta}\ln[A^2(x-x_0)^2] & \left(A^2=\dfrac{\alpha\beta}{2},\alpha\text{ 与 }\beta\text{ 同号}\right),\\ -\dfrac{1}{\beta}\ln[A^2\cosh^2k(x-x_0)] & \left(k^2A^2=-\dfrac{\alpha\beta}{2},\alpha\text{ 与 }\beta\text{ 异号}\right). \end{cases} \tag{3.5.15}$$

例 4 由式(1.1.12)标记的 Painleve 方程. $P_{\text{Ⅲ}}$ 可以改写为

$$x^2y''-\frac{1}{y}(xy')^2+xy'-x(\alpha y^2+\beta)-\gamma x^2y^3-\frac{\delta x^2}{y}=0. \tag{3.5.16}$$

若作变换

$$x=\mathrm{e}^t,\quad y=z\mathrm{e}^{\lambda t}=x^\lambda z\quad (\lambda\text{ 为常数}), \tag{3.5.17}$$

则方程(3.5.16)化为

$$\frac{\mathrm{d}^2z}{\mathrm{d}t^2}+(2\lambda-1)\frac{\mathrm{d}z}{\mathrm{d}t}+\lambda(\lambda-1)z=\frac{1}{z}\left(\frac{\mathrm{d}z}{\mathrm{d}t}+\lambda z\right)^2-\left(\frac{\mathrm{d}z}{\mathrm{d}t}+\lambda z\right)+\alpha z^2\mathrm{e}^{(\lambda+1)t}$$
$$+\beta\mathrm{e}^{(1-\lambda)t}+\gamma z^3\mathrm{e}^{2(\lambda+1)t}+\frac{\delta}{z}\mathrm{e}^{2(1-\lambda)t}. \tag{3.5.18}$$

在下列两种情况下,方程(3.5.18)可以求解.

(1) $\alpha=\gamma=0,\lambda=1$,则方程(3.5.18)化为

$$z\frac{\mathrm{d}^2z}{\mathrm{d}t^2}=\left(\frac{\mathrm{d}z}{\mathrm{d}t}\right)^2+\beta z+\delta. \tag{3.5.19}$$

令

$$u=\frac{\mathrm{d}z}{\mathrm{d}t}. \tag{3.5.20}$$

注意$\dfrac{\mathrm{d}^2z}{\mathrm{d}t^2}=\dfrac{\mathrm{d}u}{\mathrm{d}t}=\dfrac{\mathrm{d}u}{\mathrm{d}z}\dfrac{\mathrm{d}z}{\mathrm{d}t}=u\dfrac{\mathrm{d}u}{\mathrm{d}z}$,则方程(3.5.19)化为

$$zu\frac{\mathrm{d}u}{\mathrm{d}z}=u^2+\beta z+\delta. \tag{3.5.21}$$

这是关于 $u^2(z)$的一阶线性方程,由此可求 $u=u(z)$,即$\dfrac{\mathrm{d}z}{\mathrm{d}t}=u(z)$,因而可以求得 $z=z(t)$,再代入式(3.5.17)便求得 y.

(2) $\beta=\delta=0,\lambda=-1$,则方程(3.5.18)化为

$$z\frac{\mathrm{d}^2z}{\mathrm{d}t^2}=\left(\frac{\mathrm{d}z}{\mathrm{d}t}\right)^2+\alpha z^3+\gamma z^4. \tag{3.5.22}$$

同样再作式(3.5.20)的变换,则方程(3.5.22)化为

$$zu\frac{\mathrm{d}u}{\mathrm{d}z}=u^2+\alpha z^3+\gamma z^4. \tag{3.5.23}$$

这也是关于 $u^2(z)$ 的一阶线性方程,由此可求 $u=u(z)$,即 $\frac{\mathrm{d}z}{\mathrm{d}t}=u(z)$,因而可以求得 $z=z(t)$,再代入式(3.5.17)便求得 y.

2. 化为椭圆方程求解

例5 方程

$$yy''=y'^2+b_0+b_1y+b_3y^3+b_4y^4, \tag{3.5.24}$$

若作变换

$$y=\mathrm{e}^z, \tag{3.5.25}$$

则方程(3.5.24)化为

$$z''=b_0\mathrm{e}^{-2z}+b_1\mathrm{e}^{-z}+b_3\mathrm{e}^z+b_4\mathrm{e}^{2z}. \tag{3.5.26}$$

上式两边乘以 $2z'$ 并积分得到

$$z'^2=-b_0\mathrm{e}^{-2z}-2b_1\mathrm{e}^{-z}+2b_3\mathrm{e}^z+b_4\mathrm{e}^{2z}+b_2, \tag{3.5.27}$$

其中 b_2 为任意常数. 注意到 $y'=\mathrm{e}^zz'$,则上式化为下列标准的椭圆方程

$$y'^2=a_0+a_1y+a_2y^2+a_3y^3+a_4y^4, \tag{3.5.28}$$

其中 $a_0=-b_0,a_1=-2b,a_2=b_2,a_3=2b_3,a_4=b_4$.

例6 方程

$$2yy''-y'^2+ay^2+by^3=0 \quad (a\text{ 和 }b\text{ 为常数}), \tag{3.5.29}$$

若作与式(3.5.6)完全相同的变换(即 $y'=u(y)$),则它化为

$$2yu\frac{\mathrm{d}u}{\mathrm{d}y}-u^2+ay^2+by^3=0. \tag{3.5.30}$$

再令

$$v=u^2, \tag{3.5.31}$$

则方程(3.5.30)化为下列关于 $v(y)$ 的一阶线性方程:

$$\frac{\mathrm{d}v}{\mathrm{d}y}-\frac{1}{y}v=-ay-by^2, \tag{3.5.32}$$

由此求得

$$v=c_1y-ay^2-\frac{b}{2}y^3, \tag{3.5.33}$$

其中 c_1 为任意常数,式(3.5.33)即是下列椭圆方程

$$y'^2=-\frac{b}{2}y\left(y^2+\frac{2a}{b}y+c\right),\tag{3.5.34}$$

其中 $c=-\frac{2c_1}{b}$.

若 $b<0$,设 $\left(\frac{2a}{b}\right)^2-4c>0$,相应,二次代数方程 $y^2+\frac{2a}{b}y+c=0$ 有二实根,设为 α 和 β,且设 $0<\alpha<\beta\left(\alpha+\beta=-\frac{2a}{b}>0,\text{则 } a>0\right)$,此时方程(3.5.34)可改写为

$$y'^2=-\frac{b\beta}{2\alpha}y(\alpha-y)\left(\alpha-\frac{\alpha}{\beta}y\right)\quad(b<0,0<\alpha<\beta).\tag{3.5.35}$$

将方程(3.5.35)与方程(3.3.152)比较知,方程(3.5.34)的解为

$$y=\alpha\operatorname{sn}^2\left(\sqrt{-\frac{b\beta}{8}}(x-x_0),m\right)\quad\left(b<0,0<\alpha<\beta,m=\sqrt{\frac{\alpha}{\beta}}\right).\tag{3.5.36}$$

若 $b>0$,设 $\left(\frac{2a}{b}\right)^2-4c>0$,相应,二次代数方程 $y^2+\frac{2a}{b}y+c=0$ 的二实根设为 β 和 $\beta-\alpha$,且设 $\beta<\alpha<0\left(\alpha-2\beta=\frac{2a}{b}>0,\text{则 } a>0\right)$,此时方程(3.5.34)可改写为

$$y'^2=\frac{b(-\beta)}{2(-\beta)}y(\beta-y)\left[y-\beta\left(1-\frac{\alpha}{\beta}\right)\right]\quad(b>0,\beta<\alpha<0).\tag{3.5.37}$$

将方程(3.5.37)与方程(3.3.158)比较知,方程(3.5.34)的解为

$$y=-\beta\operatorname{dn}^2\left(\sqrt{-\frac{b\beta}{8}}(x-x_0),m\right)\quad\left(b>0,\beta<\alpha<0,m=\sqrt{\frac{\alpha}{\beta}}\right).\tag{3.5.38}$$

3. 化为 Riccati 方程求解

例 7 由式(1.1.15)标记的 Painleve 方程 P_{VI} 为

$$y''=\frac{1}{2}\left(\frac{1}{y}+\frac{1}{y-1}+\frac{1}{y-x}\right)y'^2-\left(\frac{1}{x}+\frac{1}{x-1}+\frac{1}{y-x}\right)y'$$
$$+\frac{y(y-1)(y-x)}{x^2(x-1)^2}\left[\alpha+\frac{\beta x}{y^2}+\frac{\gamma(x-1)}{(y-1)^2}+\frac{\delta x(x-1)}{(y-x)^2}\right].\tag{3.5.39}$$

我们设法将方程(3.5.39)与下列 Riccati 方程

$$y'=a(x)y^2+b(x)y+c(x)\tag{3.5.40}$$

建立联系.其中 $a(x)$,$b(x)$和 $c(x)$待定.

式(3.5.40)两边对 x 微商有

$$y''=2a(x)yy'+a'(x)y^2+b(x)y'+b'(x)y+c'(x).\tag{3.5.41}$$

将式(3.5.40)和式(3.5.41)代入方程(3.5.39),并使 y 的各个幂次的系数为零,得到

$$x^2(x-1)^2a^2(x)=2\alpha, \tag{3.5.42}$$

$$x^2(x-1)^2[a'(x)-(x+1)a(x)]+x(x-1)(2x-1)a(x)+2\alpha(x+1)=0, \tag{3.5.43}$$

$$\begin{aligned}&x^2(x-1)^2[b^2(x)+2a(x)c(x)-2b'(x)-3xa^2(x)+2(x+1)a'(x)+2(x+1)a(x)b(x)]\\&\quad-2x(x-1)[(2x-1)b(x)+(1-2x-x^2)a(x)]+2\alpha(x^2+4x+1)\\&\quad+2\beta x+2\gamma(x-1)+2\delta x(x-1)=0,\end{aligned} \tag{3.5.44}$$

$$\begin{aligned}&x(x-1)^2[(x+1)b'(x)+2b(x)c(x)-c'(x)-xa'(x)-2xa(x)b(x)]\\&\quad-(x-1)[(2x-1)c(x)+(1-2x-x^2)b(x)+x^2a(x)]\\&\quad-2\alpha(x+1)-2\beta(x+1)-2\gamma(x-1)-2\delta(x-1)=0,\end{aligned} \tag{3.5.45}$$

$$\begin{aligned}&x(x-1)^2[3c^2(x)-2(x+1)b(x)c(x)+2(x+1)c'(x)-xb^2(x)-2xa(x)c(x)\\&\quad-2xb'(x)]-2(x-1)[(1-2x-x^2)c(x)+x^2b(x)]+2\alpha x\\&\quad+2\beta(x^2+4x+1)+2\gamma x(x-1)+2\delta(x-1)=0,\end{aligned} \tag{3.5.46}$$

$$(x-1)^2[xc'(x)+(x+1)c^2(x)]+x(x-1)c(x)+2\beta(x+1)=0, \tag{3.5.47}$$

$$(x-1)^2c^2(x)+2\beta=0. \tag{3.5.48}$$

非常有意思的是，由式(3.5.42)很快确定的

$$a(x)=\frac{\sqrt{2\alpha}}{x(x-1)}\quad(\alpha>0) \tag{3.5.49}$$

能自动满足式(3.5.43). 而由式(3.5.48)很快确定的

$$c(x)=\frac{\sqrt{-2\beta}}{x-1}\quad(\beta<0) \tag{3.5.50}$$

也能自动满足式(3.5.47). 而且经过一系列运算，若选择

$$b(x)=\frac{\lambda x+\mu}{x(x-1)}, \tag{3.5.51}$$

其中

$$\lambda=\frac{\sqrt{2\alpha}-(\alpha+\beta+\gamma+\delta)}{\sqrt{2\alpha}-\sqrt{-2\beta}-1},\quad \mu=\frac{\sqrt{-2\beta}-(\alpha+\beta-\gamma-\delta)}{\sqrt{2\alpha}-\sqrt{-2\beta}-1}$$

$$(\sqrt{2\alpha}-\sqrt{-2\beta}-1\neq 0). \tag{3.5.52}$$

从式(3.5.52)有

$$\lambda+\mu+\sqrt{2\alpha}+\sqrt{-2\beta}=0. \tag{3.5.53}$$

也很有意思的是，只要方程(3.5.39)中的常数满足

$$\begin{aligned}&2\sqrt{2\alpha}(-\alpha+3\beta+\gamma-\delta)+2\sqrt{-2\beta}(3\alpha-\beta-\gamma+\delta)+4\sqrt{-\alpha\beta}(-\alpha+\beta+\gamma-\delta-1)\\&\quad+2(\alpha-\beta-\gamma)+\alpha^2-6\alpha\beta-2\alpha\gamma+2\alpha\delta+\beta^2+2\beta\gamma\\&\quad-2\beta\delta+\gamma^2+2\gamma\delta+\delta^2=0,\end{aligned} \tag{3.5.54}$$

那么式(3.5.44)，(3.5.45)和(3.5.46)也能满足.

这样，Riccati 方程(3.5.40)就改写为

$$y' = \frac{\sqrt{2\alpha}}{x(x-1)}y^2 + \frac{\lambda x + \mu}{x(x-1)}y + \frac{\sqrt{-2\beta}}{x-1}. \tag{3.5.55}$$

依式(3.2.30)，作变换

$$y = -\frac{x(x-1)}{\sqrt{2\alpha}}\frac{z'}{z} \quad (\alpha > 0), \tag{3.5.56}$$

则方程(3.5.55)化为

$$z'' + \frac{(2-\lambda)x - (\mu+1)}{x(x-1)}z' + \frac{2\sqrt{-\alpha\beta}}{x(x-1)^2}z = 0 \quad (\alpha > 0, \beta < 0). \tag{3.5.57}$$

这是包含三个正则奇点 $x=0,1,\infty$ 的 Fuchs 型方程. 作自变量变换

$$\xi = \frac{1}{1-x}, \tag{3.5.58}$$

则方程(3.5.57)化为下列超比方程(即 Gauss 方程)：

$$\xi(1-\xi)\frac{\mathrm{d}^2 z}{\mathrm{d}\xi^2} + [\gamma_1 - (1+\alpha_1+\beta_1)\xi]\frac{\mathrm{d}z}{\mathrm{d}\xi} - \alpha_1\beta_1 z = 0, \tag{3.5.59}$$

其中

$$\alpha_1 = -\sqrt{2\alpha}, \quad \beta_1 = -\sqrt{-2\beta}, \quad \gamma_1 = \lambda. \tag{3.5.60}$$

由方程(3.5.59)解得 z，代入式(3.5.56)就求得 y.

4. 求渐近解

例 8　由式(1.1.10)标记的 Painleve 方程 P_{I} 为

$$y'' = 6y^2 + x. \tag{3.5.61}$$

通常，方程(3.5.61)是不能严格化简和准确求解的. 但若作变换

$$\xi = \frac{4}{5}x^{5/4}, \quad y = x^{1/2}z(\xi), \tag{3.5.62}$$

则方程(3.5.61)化为

$$\frac{\mathrm{d}^2 z}{\mathrm{d}\xi^2} = 6z^2 + 1 - \frac{1}{\xi}\frac{\mathrm{d}z}{\mathrm{d}\xi} + \frac{4}{25\xi^2}z. \tag{3.5.63}$$

在 ξ 很大时(相应 x 也很大)，方程(3.5.63)化为

$$\frac{\mathrm{d}^2 z}{\mathrm{d}\xi^2} = 6z^2 + 1. \tag{3.5.64}$$

这是第三种椭圆方程(3.3.161)中 x 和 y 分别换为 ξ 和 z，而 $b=2, c=0, d=4$ 的情况，则依式(3.3.164)，方程(3.5.64)的解是下列 Weierstrass 椭圆函数：

$$z = \wp(\xi; -2, g_3) \quad (g_3 \text{ 为常数}). \tag{3.5.65}$$

将式(3.5.65)代入式(3.5.62)就得到方程(3.5.61)在 x 很大时的渐近解为

$$y = x^{1/2}\wp\left(\frac{4}{5}x^{5/4};-2,g_3\right)\quad (x\to\infty, g_3\text{ 为常数}). \tag{3.5.66}$$

例 9 由式(1.1.11)标记过的 Painleve 方程 P_{II} 为

$$y'' = 2y^3 + xy + \alpha. \tag{3.5.67}$$

若 $\alpha=0$,则它化为

$$y'' = 2y^3 + xy. \tag{3.5.68}$$

若再不考虑非线性项,则它化为下列 Airy 方程:

$$y'' - xy = 0. \tag{3.5.69}$$

它的一个解是 Airy 函数 $\mathrm{Ai}(x)$,即

$$y = \mathrm{Ai}(x). \tag{3.5.70}$$

若 $\alpha\neq 0$,则可作下列所谓 Boutroux 变换:

$$\xi = \frac{2}{3}x^{3/2},\quad y = x^{1/2}z(\xi), \tag{3.5.71}$$

则方程(3.5.67)化为

$$\frac{\mathrm{d}^2 z}{\mathrm{d}\xi^2} = 2z^3 + z - \frac{1}{\xi}\frac{\mathrm{d}z}{\mathrm{d}\xi} + \frac{1}{9\xi^2}z + \frac{2\alpha}{3\xi}. \tag{3.5.72}$$

在 ξ 很大时(相应 x 也很大),方程(3.5.72)化为

$$\frac{\mathrm{d}^2 z}{\mathrm{d}\xi^2} = 2z^3 + z. \tag{3.5.73}$$

这是式(3.3.36)类型的方程.其中 x 和 y 分别换为 ξ 和 z,而 $k^2=\dfrac{1}{2-m^2}$, $A^2=k^2m'^2\left(\text{则 } A^2=1-k^2, m^2=\dfrac{1-2A^2}{1-A^2}\right)$,因此,方程(3.5.73)的解为

$$z = A\mathrm{sc}(k\xi, m)\quad \left(A^2 = 1-k^2, m^2 = \frac{1-2A^2}{1-A^2}\right). \tag{3.5.74}$$

将式(3.5.74)代入式(3.5.71)就得到方程(3.5.67)在 x 很大时的渐近解为

$$y = A\sqrt{x}\,\mathrm{sc}\left(\frac{2}{3}kx^{3/2}, m\right)\quad \left(A^2 = 1-k^2, m^2 = \frac{1-2A^2}{1-A^2}\right). \tag{3.5.75}$$

§3.6 Euler 方程组

在式(1.1.31)中已标记过并在§2.8作了定性分析的 Euler 方程组或 Euler 系统为

$$\begin{cases}\dot{a}_1 = \gamma_1 a_2 a_3,\\ \dot{a}_2 = \gamma_2 a_3 a_1,\\ \dot{a}_3 = \gamma_3 a_1 a_2,\end{cases} \tag{3.6.1}$$

其中

$$\gamma_1 = \frac{I_2 - I_3}{I_2 I_3}, \quad \gamma_2 = \frac{I_3 - I_1}{I_3 I_1}, \quad \gamma_3 = \frac{I_1 - I_2}{I_1 I_2}, \tag{3.6.2}$$

由此可知：

$$\gamma_1 + \gamma_2 + \gamma_3 = 0, \quad \frac{\gamma_1}{I_1} + \frac{\gamma_2}{I_2} + \frac{\gamma_3}{I_3} = 0. \tag{3.6.3}$$

从方程组(3.6.1)很容易证明：Hamilton 量(相当于总能量)

$$H \equiv \frac{1}{2}\left(\frac{a_1^2}{I_1} + \frac{a_2^2}{I_2} + \frac{a_3^2}{I_3}\right) \tag{3.6.4}$$

和总角动量的平方

$$A^2 \equiv a_1^2 + a_2^2 + a_3^2 \tag{3.6.5}$$

$\left(\frac{A^2}{2}\right.$又称为 Casimir 量$\left.\right)$为 Euler 系统中的两个守恒量.

此外，Euler 系统中的守恒量还有

$$A_1^2 \equiv a_1^2 - \frac{\gamma_1}{\gamma_2}a_2^2, \quad A_2^2 \equiv a_2^2 - \frac{\gamma_2}{\gamma_1}a_1^2, \quad A_3^2 \equiv a_3^2 - \frac{\gamma_3}{\gamma_2}a_2^2. \tag{3.6.6}$$

由式(3.6.5)和式(3.6.6)显然有

$$A_2^2 = -\frac{\gamma_2}{\gamma_1}A_1^2, \quad A^2 = A_1^2 + A_3^2, \tag{3.6.7}$$

且

$$a_1^2 = -\frac{\gamma_1}{\gamma_2}(A_2^2 - a_2^2), \quad a_2^2 = \frac{\gamma_2}{\gamma_1}(a_1^2 - A_1^2) = \frac{\gamma_2}{\gamma_3}(a_3^2 - A_3^2), \quad a_3^2 = A_3^2 + \frac{\gamma_3}{\gamma_2}a_2^2. \tag{3.6.8}$$

这样，Euler 方程组(3.6.1)中的任何一个方程都可以成为单一未知函数的非线性常微分方程. 同时，由式(3.6.6)或式(3.6.8)有

$$\gamma_2 A_3^2 = \gamma_2 a_3^2 - \gamma_3 a_2^2, \quad \gamma_3 A_1^2 - \gamma_1 A_3^2 = \gamma_3 a_1^2 - \gamma_1 a_3^2, \quad -\gamma_2 A_1^2 = -\gamma_2 a_1^2 + \gamma_1 a_2^2. \tag{3.6.9}$$

将式(3.6.9)中的三式分别乘以 a_1^2, a_2^2 和 a_3^2 后相加得到

$$\gamma_2 A_3^2 a_1^2 + (\gamma_3 A_1^2 - \gamma_1 A_3^2)a_2^2 - \gamma_2 A_1^2 a_3^2 = 0. \tag{3.6.10}$$

这是同时连接 a_1^2, a_2^2 和 a_3^2 的一个关系式，也是确定解 a_1, a_2 和 a_3 的形式的一个依据.

在 $\gamma_1>0, \gamma_2<0, \gamma_3>0$ 的条件下，式(3.6.10)左端第一项为负，第三项为正，而第二项可正可负(在 $\gamma_1<0, \gamma_2>0, \gamma_3<0$ 时，第一项为正，第三项为负，第二项可正可负). 我们分第二项为正和第二项为负两种情况来说明.

(1) $\gamma_1 A_3^2 < \gamma_3 A_1^2$. 此时式(3.6.10)左端第二项为正，则要使式(3.6.10)成立，a_1 恒不为零($\gamma_1<0, \gamma_2>0, \gamma_3<0$ 时，a_3 恒不为零). 利用式(3.6.6)，Euler 方程组(3.6.1)可以分别化为

$$\begin{cases} \dot{a}_1^2 = \dfrac{\omega_1^2}{A_1^2}(A_1^2 - a_1^2)(a_1^2 - m_1'^2 A_1^2), \\ \dot{a}_2^2 = \dfrac{\omega_1^2}{A_2^2}(A_2^2 - a_2^2)(A_2^2 - m_1^2 a_2^2), \\ \dot{a}_3^2 = \dfrac{\omega_1^2}{A_3^2}(A_3^2 - a_3^2)(m_1'^2 A_3^2 + m_1^2 a_3^2), \end{cases} \tag{3.6.11}$$

其中

$$m_1^2 = \frac{\gamma_1 A_3^2}{\gamma_3 A_1^2}, \quad m_1'^2 \equiv 1 - m_1^2 = \frac{\gamma_3 A_1^2 - \gamma_1 A_3^2}{\gamma_3 A_1^2}, \tag{3.6.12}$$

而

$$\omega_1^2 = -\gamma_2\gamma_3 A_1^2. \tag{3.6.13}$$

将方程组(3.6.11)的头三个方程分别与方程(3.3.19),(3.3.11)和(3.3.15)比较求得

$$\begin{cases} a_1(t) = A_1 \mathrm{dn}(\omega_1 t - \alpha_1, m_1), \\ a_2(t) = A_2 \mathrm{sn}(\omega_1 t - \alpha_1, m_1), \\ a_3(t) = A_3 \mathrm{cn}(\omega_1 t - \alpha_1, m_1), \end{cases} \tag{3.6.14}$$

其中 m_1 和 m_1' 分别为模数和余模数,α_1 为任意常数.式(3.6.14)表征的就是§2.8分析的围绕中心 $P_{1,2}$ 和 $P_{5,6}$ 的闭合相轨,这里 $a_1(t)$ 用第三类 Jacobi 椭圆函数表征,恒不为零.

当 $m_1=1$ 时($m_1'=0$),由式(3.6.12),(3.6.13),(3.6.6)和(3.6.7)有

$$\gamma_3 A_1^2 = \gamma_1 A_3^2, \quad \omega_1^2 = -\gamma_2\gamma_3 A_1^2 = -\gamma_1\gamma_2 A_3^2 = -\gamma_1\gamma_3 A_2^2 \quad (m_1 = 1), \tag{3.6.15}$$

且

$$A_1^2 = -\frac{\gamma_1}{\gamma_2} A^2, \quad A_2^2 = A^2, \quad A_3^2 = -\frac{\gamma_3}{\gamma_2} A^2 \quad (m_1 = 1), \tag{3.6.16}$$

此时,解(3.6.14)退化为

$$\begin{cases} a_1(t) = \pm\sqrt{-\dfrac{\gamma_1}{\gamma_2}} A \mathrm{sech}(\sqrt{\gamma_1\gamma_3}\, t - \alpha_1), \\ a_2(t) = \pm A \tanh(\sqrt{\gamma_1\gamma_3}\, t - \alpha_1), \\ a_3(t) = \pm\sqrt{-\dfrac{\gamma_3}{\gamma_2}} A \mathrm{sech}(\sqrt{\gamma_1\gamma_3}\, t - \alpha_1). \end{cases} \tag{3.6.17}$$

式(3.6.17)表征的就是2.8节分析的通过鞍点 $P_{3,4}$ 的异宿轨道.

需要注意的是:在 $\gamma_1<0,\gamma_2>0,\gamma_3<0$ 的情况,Euler方程组(3.6.1)的解仍是式(3.6.14),不过,$\mathrm{dn}(\omega_1 t-\alpha_1, m_1)$ 要与 $\mathrm{cn}(\omega_1 t-\alpha_1, m_1)$ 对换,此时 a_3 恒不为零.

(2) $\gamma_1 A_3^2>\gamma_3 A_1^2$. 此时式(3.6.10)左端第二项为负,则要使式(3.6.10)成立,a_3 恒不为零($\gamma_1<0,\gamma_2>0,\gamma_3<0$ 时,a_1 恒不为零).利用式(3.6.6),Euler方程组(3.6.1)可以分别化为

$$\begin{cases} \dot{a}_1^2 = \dfrac{\omega_2^2}{A_1^2}(A_1^2 - a_1^2)(m_2'^2 A_1^2 + m_2^2 a_1^2), \\ \dot{a}_2^2 = \dfrac{\omega_2^2}{A_2^2}(A_2^2 - a_2^2)(A_2^2 - m_2^2 a_2^2), \\ \dot{a}_3^2 = \dfrac{\omega_2^2}{A_3^2}(A_3^2 - a_3^2)(a_3^2 - m_2'^2 A_3^2), \end{cases} \tag{3.6.18}$$

其中

$$m_2^2 = \frac{\gamma_3 A_1^2}{\gamma_1 A_3^2}, \quad m_2'^2 \equiv 1 - m_2^2 = \frac{\gamma_1 A_3^2 - \gamma_3 A_1^2}{\gamma_1 A_3^2}, \tag{3.6.19}$$

而

$$\omega_2^2 = -\gamma_1 \gamma_2 A_3^2. \tag{3.6.20}$$

将方程组(3.6.19)的头三个方程分别与方程(3.3.15),(3.3.11)和(3.3.19)比较求得

$$\begin{cases} a_1(t) = A_1 \mathrm{cn}(\omega_2 t - \alpha_2, m_2), \\ a_2(t) = A_2 \mathrm{sn}(\omega_2 t - \alpha_2, m_2), \\ a_3(t) = A_3 \mathrm{dn}(\omega_2 t - \alpha_2, m_2), \end{cases} \tag{3.6.21}$$

其中 m_2 和 m_2' 分别为模数和余模数,α_2 为任意常数. 式(3.6.21)与式(3.6.14)一样,也是表征闭合相轨. 这里 $a_3(t)$ 用第三类 Jacobi 椭圆函数表征,恒不为零.

至于 $m_2=1$ 的情况,完全与 $m_1=1$ 的情况相同,同样有式(3.6.15),(3.6.16)和(3.6.17). 此时 $\omega_2=\omega_1$.

当然,在 $\gamma_1<0, \gamma_2>0, \gamma_3<0$ 的情况,解(3.6.21)中的 $\mathrm{cn}(\omega_2 t-\alpha_2, m_2)$ 要与 $\mathrm{dn}(\omega_2 t-\alpha_2, m_2)$ 对换.

从式(3.6.19)和(3.6.12)看到:$m_2=\dfrac{1}{m_1}$,又从式(3.6.20)和(3.6.13)看到:$\omega_2^2=m_1^2\omega_1^2$,则利用公式:$\mathrm{sn}\left(mu, \dfrac{1}{m}\right) = m\,\mathrm{sn}(u, m)$, $\mathrm{cn}\left(mu, \dfrac{1}{m}\right) = \mathrm{dn}(u, m)$, $\mathrm{dn}\left(mu, \dfrac{1}{m}\right) = \mathrm{cn}(u, m)$,式(3.6.21)即可化为式(3.6.14),反之亦然.

§3.7 差分方程

1. Logistic 映射

取 $\mu=4$,则 Logistic 映射(1.3.1)写为

$$x_{n+1} = 4x_n(1 - x_n) \quad (0 \leqslant x_n \leqslant 1), \tag{3.7.1}$$

这是表征二次映射的差分方程. 若初始迭代值为 x_0，求 x_n 的表达式，就是求差分方程的解. 为了求解 Logistic 映射，我们作变换

$$x_n = \sin^2 t_n. \tag{3.7.2}$$

代入方程(3.7.1)得到

$$\sin^2 t_{n+1} = 4\sin^2 t_n - 4\sin^4 t_n. \tag{3.7.3}$$

利用三角公式 $\sin^2 t = \frac{1}{2}(1-\cos 2t)$，式(3.7.3)很容易改写为

$$\cos 2t_{n+1} = \cos 4t_n, \tag{3.7.4}$$

因而 $2t_{n+1} = 2k\pi + 4t_n$ 或

$$t_{n+1} = k\pi + 2t_n \quad (k\text{ 为任意整数}), \tag{3.7.5}$$

由此求得 $t_1 = k\pi + 2t_0, t_2 = k\pi + 2t_1 = 3k\pi + 2^2 t_0, \cdots$,

$$t_n = (2^n - 1)k\pi + 2^n t_0 \quad (n = 1, 2, \cdots). \tag{3.7.6}$$

代入式(3.7.2)求得

$$x_n = \sin^2[(2^n-1)k\pi + 2^n t_0] = \sin^2(2^n t_0) = \sin^2(2^n \sin^{-1}\sqrt{x_0}). \tag{3.7.7}$$

这就是 Logistic 映射(3.7.1)的解析解. 显然，若 $\sin^{-1}\sqrt{x_0} = \pi\theta_0$ (θ_0 为有理数)，则式(3.7.7)表征周期解. 以后的解不再作类似的说明.

类似地，对于二次映射

$$x_{n+1} = x_n^2, \tag{3.7.8}$$

很容易求得解为

$$x_n = (x_0)^{2^n}. \tag{3.7.9}$$

同样，对于二次映射

$$x_{n+1} = 2x_n^2 - 1, \tag{3.7.10}$$

不难求得解为

$$x_n = \begin{cases} \cos(2^n \cos^{-1} x_0) & (|x_n| \leqslant 1), \\ \cosh(2^n \cosh^{-1} x_0) & (|x_n| \geqslant 1). \end{cases} \tag{3.7.11}$$

详见附录 D 3.25.

2. 帐篷映射

已在式(1.3.2)中标记过的帐篷映射为

$$x_{n+1} = \begin{cases} 2x_n & (0 \leqslant x_n \leqslant 1/2), \\ 2(1-x_n) & (1/2 \leqslant x_n \leqslant 1). \end{cases} \tag{3.7.12}$$

在式(1.3.3)中我们已经说明：若作变换

$$x_n = \sin^2\left(\frac{\pi}{2} y_n\right), \tag{3.7.13}$$

则关于 x_n 的 Logistic 映射(3.7.1)就转化为关于 y_n 的帐篷映射. 将式(3.7.7)代入式(3.7.13)，并注意 $x_0=\sin^2\left(\frac{\pi}{2}y_0\right)$，得到

$$\sin^2\left(\frac{\pi}{2}y_n\right)=\sin^2(2^n\sin^{-1}\sqrt{x_0})=\sin^2\left(2^n\cdot\frac{\pi}{2}y_0\right)=\sin^2(2^{n-1}\pi y_0). \tag{3.7.14}$$

利用三角公式 $\sin^2 t=\frac{1}{2}(1-\cos 2t)$，式(3.7.14)化为

$$\cos\pi y_n=\cos(2^n\pi y_0), \tag{3.7.15}$$

由此求得

$$\pi y_n=\cos^{-1}(\cos(2^n\pi y_0)). \tag{3.7.16}$$

这就是关于 y_n 的帐篷映射的解. 把 y_n 改写为 x_n，y_0 改写为 x_0，就求得帐篷映射(3.7.12)的解为

$$x_n=\frac{1}{\pi}\cos^{-1}(\cos(2^n\pi x_0)). \tag{3.7.17}$$

3. 移位映射

已在式(1.3.4)中标记过的移位映射为

$$x_{n+1}=\begin{cases}2x_n & (0\leqslant x_n\leqslant 1/2),\\ 2x_n-1 & (1/2\leqslant x_n\leqslant 1).\end{cases} \tag{3.7.18}$$

由上式不难得到

$$x_{n+1}=\begin{cases}2x_n=2^{n+1}x_0 & (0\leqslant x_n\leqslant 1/2),\\ 2x_n-1=2[2^nx_0-(2^n-1)]-1=2^{n+1}x_0-(2^{n+1}-1) & (1/2\leqslant x_n\leqslant 1).\end{cases} \tag{3.7.19}$$

因而有

$$\pi x_{n+1}=\begin{cases}2^{n+1}\pi x_0 & (0\leqslant x_n\leqslant 1/2),\\ 2^{n+1}\pi x_0-(2^{n+1}-1)\pi & (1/2\leqslant x_n\leqslant 1),\end{cases} \tag{3.7.20}$$

且上式总满足

$$\sin(\pi x_n-2^n\pi x_0)=0. \tag{3.7.21}$$

利用三角公式 $\sin(\alpha-\beta)=\sin\alpha\cos\beta-\cos\alpha\sin\beta$，式(3.7.21)化为

$$\cot\pi x_n=\cot(2^n\pi x_0), \tag{3.7.22}$$

由此求得移位映射(3.7.18)的解为

$$x_n=\frac{1}{\pi}\cot^{-1}(\cot(2^n\pi x_0)). \tag{3.7.23}$$

4. 高次映射

(1) 三次映射

在式(1.3.6)中已经标记过的三次映射为

$$x_{n+1} = x_n(3 - 4x_n^2) \quad (-1 \leqslant x_n \leqslant 1). \tag{3.7.24}$$

若作变换

$$x_n = \sin t_n, \tag{3.7.25}$$

并利用三角公式 $\sin 3t = 3\sin t - 4\sin^3 t$,则方程(3.7.24)化为

$$\sin t_{n+1} = \sin 3t_n, \tag{3.7.26}$$

因而 $t_{n+1} = 2k\pi + 3t_n$,即 $t_1 = 2k\pi + 3t_0$,$t_2 = 2k\pi + 3t_1 = 8k\pi + 3^2 t_0$,…,以此类推

$$t_{n+1} = 2k\pi + 3t_n = (3^{n+1} - 1)k\pi + 3^{n+1} t_0, \tag{3.7.27}$$

其中 k 为任意整数.所以,三次映射(3.7.24)的解为

$$x_n = \sin(3^n t_0) = \sin(3^n \sin^{-1} x_0). \tag{3.7.28}$$

(2) 四次映射

在式(1.3.7)中已经标记过的四次映射为

$$x_{n+1} = 16x_n(1 - x_n)(1 - 2x_n)^2 \quad (0 \leqslant x_n \leqslant 1). \tag{3.7.29}$$

若作变换

$$x_n = \sin^2 t_n, \tag{3.7.30}$$

则方程(3.7.29)很易化为

$$\cos 2t_{n+1} = \cos 8t_n, \tag{3.7.31}$$

因而 $t_{n+1} = k\pi + 4t_n$,即 $t_1 = k\pi + 4t_0$,$t_2 = k\pi + 4t_1 = 5k\pi + 4^2 t_0$,…,以此类推

$$t_{n+1} = k\pi + 4t_n = \frac{1}{3}(4^{n+1} - 1)k\pi + 4^{n+1} t_0, \tag{3.7.32}$$

其中 k 为任意整数.所以,四次映射的解为

$$x_n = \sin^2(4^n t_0) = \sin^2(4^n \sin^{-1}\sqrt{x_0}). \tag{3.7.33}$$

(3) 五次映射

在式(1.3.8)中已经标记过的五次映射为

$$x_{n+1} = x_n(5 - 20x_n^2 + 16x_n^4) \quad (-1 \leqslant x_n \leqslant 1). \tag{3.7.34}$$

若作变换

$$x_n = \sin t_n, \tag{3.7.35}$$

并利用三角公式 $\sin 5t = 5 - 20\sin^2 t + 16\sin^4 t$,则方程(3.7.34)化为

$$\sin t_{n+1} = \sin 5t_n, \tag{3.7.36}$$

因而 $t_{n+1} = 2k\pi + 5t_n$,即 $t_1 = 2k\pi + 5t_0$,$t_2 = 2k\pi + 5t_1 = 12k\pi + 5^2 t_0$,…,以此类推

$$t_{n+1} = 2k\pi + 5t_n = \frac{1}{2}(5^{n+1} - 1)k\pi + 5^{n+1} t_0, \tag{3.7.37}$$

其中 k 为任意整数. 所以,五次映射(3.7.34)的解为

$$x_n = \sin(5^n t_0) = \sin(5^n \sin^{-1} x_0). \qquad (3.7.38)$$

5. 椭圆映射

在式(1.3.9)中已经标记过的椭圆映射为

$$x_{n+1} = \frac{4x_n(1-x_n)(1-m^2 x_n)}{(1-m^2 x_n^2)^2} \quad (0 \leqslant x_n \leqslant 1). \qquad (3.7.39)$$

若作变换

$$x_n = \mathrm{sn}^2(t_n, m), \qquad (3.7.40)$$

并利用公式 $\mathrm{sn}2u = \dfrac{2\mathrm{sn}u\mathrm{cn}u\mathrm{dn}u}{1-m^2\mathrm{sn}^4 u}$,则方程(3.7.39)化为

$$\mathrm{sn}^2 t_{n+1} = \mathrm{sn}^2(2t_n), \qquad (3.7.41)$$

因而 $t_{n+1} = 2m\mathrm{K}(m) + 2t_n$,即 $t_1 = 2m\mathrm{K}(m) + 2t_0$, $t_2 = 2m\mathrm{K}(m) + 2t_1 = 6m\mathrm{K}(m) + 2^2 t_0$, …,以此类推

$$t_{n+1} = 2m\mathrm{K}(m) + 2t_n = (2^{n+2} - 2)m\mathrm{K}(m) + 2^{n+1} t_0, \qquad (3.7.42)$$

所以,椭圆映射(3.7.39)的解为

$$x_n = \mathrm{sn}^2(2^n t_0, m) = \mathrm{sn}^2(2^n \mathrm{sn}^{-1}\sqrt{x_0}, m). \qquad (3.7.43)$$

6. Toda 映射

在式(1.3.14)中已经标记过的 Toda 映射为

$$\ddot{r}_n = a(2\mathrm{e}^{-br_n} - \mathrm{e}^{-br_{n+1}} - \mathrm{e}^{-br_{n-1}}) \quad (a > 0, b > 0). \qquad (3.7.44)$$

为了求解它,可作变换

$$\xi_n = br_n, \quad \tau = \sqrt{ab}t, \qquad (3.7.45)$$

则方程(3.7.44)可以改写为

$$\frac{\mathrm{d}^2 \xi_n}{\mathrm{d}\tau^2} = 2\mathrm{e}^{-\xi_n} - \mathrm{e}^{-\xi_{n+1}} - \mathrm{e}^{-\xi_{n-1}}. \qquad (3.7.46)$$

再令

$$\mathrm{e}^{-\xi_n} = 1 + \eta_n, \qquad (3.7.47)$$

则方程(3.7.46)改写为

$$\frac{\mathrm{d}^2}{\mathrm{d}\tau^2}\ln(1+\eta_n) = \eta_{n+1} + \eta_{n-1} - 2\eta_n. \qquad (3.7.48)$$

我们寻求方程(3.7.48)的椭圆余弦波(cnoidal waves)的解,即令

$$\eta_n = C(\mathrm{dn}^2\theta - D), \quad \theta \equiv \alpha n - \beta\tau - \delta, \qquad (3.7.49)$$

其中 C, D, α, β 和 δ 为任意常数, θ 为相位函数, α 和 β 分别相当于波数和圆频率.

首先,我们定出 D. 为此假设在 0 到 $\mathrm{K}(m)$ 内, η_n 的平均值为零,即

$$\int_0^{\mathrm{K}(m)} \eta_n \mathrm{d}\theta = 0. \tag{3.7.50}$$

将式(3.7.49)代入式(3.7.50),注意

$$\int_0^{\mathrm{K}(m)} \mathrm{dn}^2\theta \mathrm{d}\theta = \int_0^{\pi/2} \sqrt{1-m^2\sin^2\varphi}\mathrm{d}\varphi \equiv \mathrm{E}(m). \tag{3.7.51}$$

E(m)为第二类 Legendre 完全椭圆积分,则得到

$$C[\mathrm{E}(m) - D\mathrm{K}(m)] = 0, \tag{3.7.52}$$

因而定得 $D=\dfrac{\mathrm{E}(m)}{\mathrm{K}(m)}$,这样,式(3.7.49)改写为

$$\eta_n = C\left[\mathrm{dn}^2\theta - \frac{\mathrm{E}(m)}{\mathrm{K}(m)}\right], \quad \theta = \alpha n - \beta\tau - \delta. \tag{3.7.53}$$

其次,我们求解方程(3.7.48).将式(3.7.53)代入方程(3.7.48)得

$$\frac{\mathrm{d}^2}{\mathrm{d}\tau^2}\ln(1+\eta_n) = C[\mathrm{dn}^2(\theta+\alpha) + \mathrm{dn}^2(\theta-\alpha) - 2\mathrm{dn}^2\theta]. \tag{3.7.54}$$

利用公式[参见附录(C.38)式]

$$\mathrm{dn}^2(\theta+\alpha) + \mathrm{dn}^2(\theta-\alpha) - 2\mathrm{dn}^2\theta = \frac{\mathrm{d}^2}{\mathrm{d}\theta^2}\left[\ln\frac{1}{A}(\mathrm{ns}^2\alpha - 1 + \mathrm{dn}^2\theta)\right]$$

$$(A \text{ 为任意常数}) \tag{3.7.55}$$

和式(3.7.53),式(3.7.54)化为

$$\frac{\mathrm{d}^2}{\mathrm{d}\tau^2}\ln(1+\eta_n) = \frac{C}{\beta^2}\frac{\mathrm{d}^2}{\mathrm{d}\tau^2}\ln\left[\frac{1}{A}\left(\mathrm{ns}^2\alpha - 1 + \frac{\mathrm{E}(m)}{\mathrm{K}(m)} + \frac{\eta_n}{C}\right)\right]. \tag{3.7.56}$$

上式两边比较有

$$C = \beta^2, \quad A = \mathrm{ns}^2\alpha - 1 + \frac{\mathrm{E}(m)}{\mathrm{K}(m)}, \quad AC = 1, \tag{3.7.57}$$

由此求得 Toda 映射椭圆余弦波的色散关系为

$$\beta^2 = \left[\mathrm{ns}^2\alpha - 1 + \frac{\mathrm{E}(m)}{\mathrm{K}(m)}\right]^{-1}. \tag{3.7.58}$$

而由式(3.7.53)求得

$$\eta_n = \beta^2\left[\mathrm{dn}^2(\alpha n - \beta\tau - \delta) - \frac{\mathrm{E}(m)}{\mathrm{K}(m)}\right] \quad (\tau = \sqrt{ab}t). \tag{3.7.59}$$

又由式(3.7.47)求得

$$\xi_n = -\ln\left[1 + \beta^2\left(\mathrm{dn}^2(\alpha n - \beta\tau - \delta) - \frac{\mathrm{E}(m)}{\mathrm{K}(m)}\right)\right] \quad (\tau = \sqrt{ab}t). \tag{3.7.60}$$

最后由式(3.7.45)求得 Toda 映射的椭圆余弦波解为

$$r_n = -\frac{1}{b}\ln\left[1 + \beta^2\left(\mathrm{dn}^2(\alpha n - \beta\tau - \delta) - \frac{\mathrm{E}(m)}{\mathrm{K}(m)}\right)\right] \quad (\tau = \sqrt{ab}t). \tag{3.7.61}$$

当 $m=1$ 时,$\mathrm{K}(1)\to+\infty$,$\mathrm{E}(1)=1$,$\mathrm{ns}u=\dfrac{1}{\tanh u}$,$\mathrm{dn}u=\mathrm{sech}u$,则色散关系(3.7.58)退化为

$$\beta^2=\sinh^2\alpha \quad (\beta=\pm\sinh\alpha), \tag{3.7.62}$$

而式(3.7.59),(3.7.60)和(3.7.61)分别退化为

$$\eta_n=\beta^2\mathrm{sech}^2(\alpha n-\beta\tau-\delta) \quad (\tau=\sqrt{ab}t, m=1), \tag{3.7.63}$$

$$\xi_n=-\ln[1+\beta^2\mathrm{sech}^2(\alpha n-\beta\tau-\delta)] \quad (\tau=\sqrt{ab}t, m=1) \tag{3.7.64}$$

和

$$r_n=-\frac{1}{b}\ln[1+\beta^2\mathrm{sech}^2(\alpha n-\beta\tau-\delta)] \quad (\tau=\sqrt{ab}t, m=1). \tag{3.7.65}$$

式(3.7.65)就是 Toda 映射的孤立波(solitary waves)解或称为 Toda 孤立子(solitons).椭圆余弦波和孤立波将在第 6 章中详细论述.

§3.8 函数方程

1. Cauchy 方程

(1) 在式(1.4.1)中已经标记过的方程

$$u(x+y)=u(x)+u(y). \tag{3.8.1}$$

因为其形式貌似加法,所以也称为加法方程.

显然,$u(0)=0$,$u(-x)=-u(x)$(奇函数),并且它有解

$$u(x)=ax \quad (a\neq 0,\text{为常数}), \tag{3.8.2}$$

而且对任何非零常数 λ,必有

$$u(\lambda x)=\lambda u(x). \tag{3.8.3}$$

(2) 在式(1.4.2)中已经标记过的方程

$$u(x+y)=u(x)u(y). \tag{3.8.4}$$

因为其形式貌似指数函数运算法则(实质上也是),所以也称为指数方程.

显然,$u(0)=0$ 或 $u(0)=1$,并且它有非零解

$$u(x)=\mathrm{e}^{ax} \quad (a\text{ 为常数}), \tag{3.8.5}$$

而且对任何非零常数 λ,必有

$$u(\lambda x)=[u(x)]^\lambda. \tag{3.8.6}$$

事实上,若令

$$v(x)=\ln u(x), \tag{3.8.7}$$

则关于 $u(x)$ 的指数方程便化为下列关于 $v(x)$ 的加法方程:

$$v(x+y)=v(x)+v(y). \tag{3.8.8}$$

(3) 在式(1.4.3)中已经标记过的方程

$$u(xy) = u(x) + u(y). \tag{3.8.9}$$

因为其形式貌似对数函数运算法则(实质上也是),所以也称为对数方程.

显然,$u(1)=0$,并且它有非零解

$$u(x) = \ln x^a = a\ln x \quad (a \neq 0,\text{为常数}), \tag{3.8.10}$$

而且对任何非零常数 λ,必有

$$u(x^\lambda) = \lambda u(x). \tag{3.8.11}$$

事实上,若令

$$\xi = \ln x, \quad \eta = \ln y, \quad v(x) = u(e^x), \tag{3.8.12}$$

则关于 $u(x)$的对数方程便化为下列关于 $v(\xi)$的加法方程:

$$v(\xi + \eta) = v(\xi) + v(\eta). \tag{3.8.13}$$

(4) 在式(1.4.4)中已经标记过的方程

$$u(xy) = u(x)u(y). \tag{3.8.14}$$

因为其形式貌似乘法,所以也称为乘法方程.

显然 $u(1)=0$ 或 $u(1)=1$,并且它有非零解

$$u(x) = x^a \quad (a\text{ 为常数}), \tag{3.8.15}$$

而且对任何非零常数 λ 必有

$$u(x^\lambda) = [u(x)]^\lambda. \tag{3.8.16}$$

事实上,若作式(3.8.12)的变换,则关于 $u(x)$的乘法方程便化为下列关于 $v(\xi)$的指数方程:

$$v(\xi + \eta) = v(\xi)v(\eta). \tag{3.8.17}$$

2. Pexider 方程

(1) 在式(1.4.5)中已经标记过的方程

$$u(x + y) = v(x) + w(y). \tag{3.8.18}$$

设 $v(0)=b, w(0)=c$,则 $u(0)=b+c$,此外,$u(x)-v(x)=c, u(x)-(b+c)=v(x)-b=w(x)-c$,因而它有解

$$u(x) = ax + b + c, \quad v(x) = ax + b, \quad w(x) = ax + c \quad (a,b,c\text{ 为常数}). \tag{3.8.19}$$

(2) 在式(1.4.6)中已经标记过的方程

$$u(x + y) = v(x)w(y). \tag{3.8.20}$$

显然,$\ln u(x+y)=\ln v(x)+\ln w(y)$,若令

$$U(x) = \ln u(x), \quad V(x) = \ln v(x), \quad W(x) = \ln w(x), \tag{3.8.21}$$

则方程(3.8.20)化为

$$U(x+y)=V(x)+W(y). \tag{3.8.22}$$

这是式(3.8.18)类型的方程,则依式(3.8.19)有 $U(x)=ax+b_1+c_1$,$V(x)=ax+b_1$,$W(x)=ax+c_1$,所以方程(3.8.20)的解为

$$u(x)=bc\mathrm{e}^{ax},\quad v(x)=b\mathrm{e}^{ax},\quad w(x)=c\mathrm{e}^{ax}\quad (a,b\text{ 和 }c\text{ 为非零常数}). \tag{3.8.23}$$

(3) 在式(1.4.7)中已经标记过的方程

$$u(xy)=v(x)+w(y). \tag{3.8.24}$$

显然,若令

$$x=\mathrm{e}^{\xi},\quad y=\mathrm{e}^{\eta},\quad U(x)=u(\mathrm{e}^{x}),\quad V(x)=v(\mathrm{e}^{x}),\quad W(x)=w(\mathrm{e}^{x}), \tag{3.8.25}$$

则方程(3.8.24)化为

$$U(\xi+\eta)=V(\xi)+W(\eta). \tag{3.8.26}$$

这也是式(3.8.18)类型的方程,则依式(3.8.19)有 $U(\xi)=a\xi+b+c$,$V(\xi)=a\xi+b$,$W(x)=a\xi+c$,所以,方程(3.8.24)的解为

$$u(x)=a\ln x+b+c,\quad v(x)=a\ln x+b,\quad w(x)=a\ln x+c. \tag{3.8.27}$$

(4) 在式(1.4.8)中已经标记过的方程

$$u(xy)=v(x)w(y). \tag{3.8.28}$$

显然,若作式(3.8.25)的变换,则方程(3.8.28)化为

$$U(\xi+\eta)=V(\xi)W(\eta). \tag{3.8.29}$$

这是式(3.8.20)类型的方程.因而 $U(\xi)=bc\mathrm{e}^{a\xi}$,$V(\xi)=b\mathrm{e}^{a\xi}$,$W(\xi)=c\mathrm{e}^{a\xi}$,所以方程(3.8.28)的解为

$$u(x)=bcx^{a},\quad v(x)=bx^{a},\quad w(x)=cx^{a}\quad (a,b\text{ 和 }c\text{ 为非零常数}). \tag{3.8.30}$$

3. Euler 方程(齐次函数方程)

在式(1.4.9)中已经标记过的 Euler 方程为

$$u(\lambda x,\lambda y)=\lambda^{m}u(x,y)\quad (\lambda>0,m\neq 0). \tag{3.8.31}$$

若在方程(3.8.31)中取 $\lambda=1/x$,并令 $u(1,y/x)=F(y/x)$,则得到

$$u(x,y)=x^{m}F(y/x). \tag{3.8.32}$$

这就是 Euler 方程(3.8.31)的一类解.如取 $F(y/x)=a(y/x)^{m/2}$,则式(3.8.32)化为

$$u(x,y)=a(xy)^{m/2}\quad (a\text{ 为非零常数}). \tag{3.8.33}$$

这就是 Euler 方程(3.8.31)的一个幂函数解.

类似地,在方程(3.8.31)中取 $\lambda=1/y$,并令 $u(x/y,1)=G(x/y)$,则得到 Euler

方程(3.8.31)的另一类解为

$$u(x,y)=y^m G(x/y). \tag{3.8.34}$$

4. 标度方程

(1) 在式(1.4.11)中已经标记过的标度方程

$$u(\lambda x)=\lambda^\alpha u(x)\quad(\lambda>0,\alpha\text{ 为非零常数}) \tag{3.8.35}$$

中取 $\lambda=\dfrac{1}{x}$,并令 $u(1)=a$,则得到标度方程(3.8.35)的幂函数解为

$$u(x)=ax^\alpha\quad(\alpha\text{ 和 }a\text{ 为非零常数}). \tag{3.8.36}$$

上式也可以解方程(1.4.13)得到. 式(3.8.36)表明,只有幂函数才满足标度方程(3.8.35),即只有幂函数才具有自相似结构.

(2) 在式(1.4.12)中已经标记过的标度方程

$$u(\lambda^\alpha x,\lambda^\beta y)=\lambda u(x,y)\quad(\lambda>0,\alpha\text{ 和 }\beta\text{ 为非零常数}) \tag{3.8.37}$$

中取 $\lambda=x^{-1/\alpha}$,并令 $u(1,x^{-\beta/\alpha}y)=F(x^{-\beta/\alpha}y)$,则得到标度方程(3.8.37)的一类解为

$$u(x,y)=x^{1/\alpha}F(x^{-\beta/\alpha}y). \tag{3.8.38}$$

如取 $F(x^{-\beta/\alpha}y)=a(x^{-\beta/\alpha}y)^{1/2\beta}=ax^{-1/2\alpha}y^{1/2\beta}$,则式(3.8.38)化为

$$u(x,y)=ax^{1/2\alpha}y^{1/2\beta}, \tag{3.8.39}$$

这是标度方程(3.8.37)的一个幂函数解,其中 a 为非零常数.

类似地,在方程(3.8.37)中取 $\lambda=y^{-1/\beta}$,并令 $u(xy^{-\alpha/\beta},1)=G(xy^{-\alpha/\beta})$,则得到标度方程(3.8.37)的另一类解为

$$u(x,y)=y^{1/\beta}G(xy^{-\alpha/\beta}). \tag{3.8.40}$$

(3) 在式(1.4.13)中已经标记过的标度方程

$$u(\lambda^\alpha x,\lambda^\beta y)=\lambda^\gamma u(x,y)\quad(\lambda>0,\alpha,\beta,\gamma\text{ 为非零常数}) \tag{3.8.41}$$

中取 $\lambda=x^{-1/\alpha}$,并令 $u(1,x^{-\beta/\alpha}y)=F(x^{-\beta/\alpha}y)$,则得到标度方程(3.8.41)的一类解为

$$u(x,y)=x^{\gamma/\alpha}F(x^{-\beta/\alpha}y). \tag{3.8.42}$$

如取 $F(x^{-\beta/\alpha}y)=a(x^{-\beta/\alpha}y)^{\gamma/2\beta}=ax^{-\gamma/2\alpha}y^{\gamma/2\beta}$,则式(3.8.42)化为

$$u(x,y)=ax^{\gamma/2\alpha}y^{\gamma/2\beta}. \tag{3.8.43}$$

这是标度方程(3.8.41)的一个幂函数解,其中 a 为非零常数.

类似地,在方程(3.8.41)中取 $\lambda=y^{-1/\beta}$,并令 $u(xy^{-\alpha/\beta},1)=G(xy^{-\alpha/\beta})$,则得到标度方程(3.8.41)的另一类解为

$$u(x,y)=y^{\gamma/\beta}G(xy^{-\alpha/\beta}). \tag{3.8.44}$$

应该指出的是:这里给出的标度方程的解均可称为自相似解(self-similarity solutions),详细讨论见第7章.

5. Fermi-Dirac 方程

在式(1.4.17)中已经标记过的 Fermi-Dirac 函数方程为

$$u(x)+(1+x)u\left(\frac{y}{1+x}\right)=u(y)+(1+y)u\left(\frac{x}{1+y}\right). \tag{3.8.45}$$

若令

$$u(x)=\ln v(x), \tag{3.8.46}$$

则方程(3.8.45)化为

$$\ln v(x)+(1+x)\ln v\left(\frac{y}{1+x}\right)=\ln v(y)+(1+y)\ln v\left(\frac{x}{1+y}\right), \tag{3.8.47}$$

因而

$$v(x)\left[v\left(\frac{y}{1+x}\right)\right]^{1+x}=v(y)\left[v\left(\frac{x}{1+y}\right)\right]^{1+y}. \tag{3.8.48}$$

这是关于 $v(x)$的新的 Cauchy 方程,不难证明它的解为

$$v(x)=\frac{x^x}{(1+x)^{1+x}}. \tag{3.8.49}$$

式(3.8.49)代入方程(3.8.48),左右两端均为$(1+x+y)^{-(1+x+y)}$,则 Fermi-Dirac 函数方程(3.8.45)的解为

$$u(x)=x\ln x-(1+x)\ln(1+x). \tag{3.8.50}$$

它称为 Fermi-Dirac 熵函数.实际上,式(3.8.45)就是 Fermi-Dirac 熵函数的量子统计分布律.

第 4 章　试探函数法

非线性方程通常是很难求解的.一方面,我们需要不断探求获得解析解的一些方法;另一方面,有些非线性方程即便求出解析解,或是以隐函数形式出现,或不便于应用.但非线性方程很多来自广泛的物理问题,本章力图在对非线性方程的物理问题进行分析的基础上,应用某些初等函数作为非线性方程解的试探函数,从而获得一些非线性方程的准确解或近似解,这就是试探函数法(trial function methods).此外,本章还要介绍微扰法(perturbation methods)以及 Adomian 分解法(decomposition methods).

§ 4.1　幂试探函数

我们举两例分别说明求近似解和准确解.

例 1　无阻尼单摆运动方程的近似解

无阻尼的单摆运动方程为

$$\ddot{\theta} + \omega_0^2 \sin\theta = 0. \tag{4.1.1}$$

在§2.4,我们对它作了定性分析并求得准确解,现在用幂试探函数求近似解.

在$\dfrac{H}{2\omega_0^2}<1$ 的单摆振动的情况,如选择单摆运动到最大角位移 $\theta=\theta_0$ 的时刻为 $t=0$,此时的角速度为零,则初条件应为

$$\theta(0) = \theta_0, \quad \dot{\theta}(0) = 0. \tag{4.1.2}$$

在线性条件下($\sin\theta=\theta$),满足初条件(4.1.2)的方程(4.1.1)的解为

$$\theta = \theta_0 \cos\omega_0 t. \tag{4.1.3}$$

在非线性条件下,可以画出在$-\dfrac{T}{4}\leqslant t\leqslant\dfrac{T}{4}$($T$ 为振动周期)内,θ 随 t 的变化示意图,如图 4-1 所示.

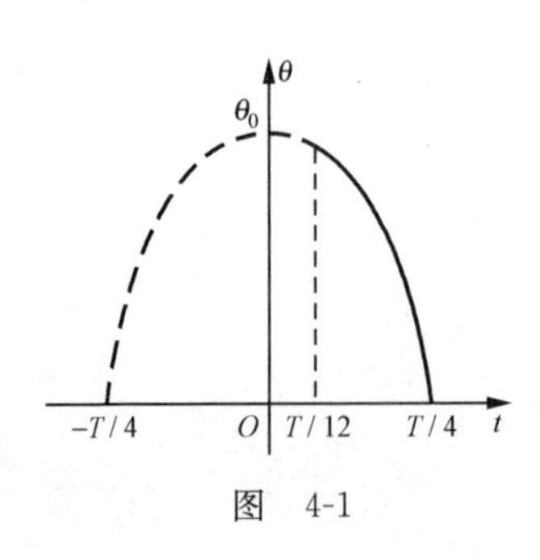

图　4-1

基于前面的分析并考虑到初条件(4.1.2),我们选择试探函数为一抛物线,即选

$$\Theta(t)=\theta_0[1-(4t/T)^2],\tag{4.1.4}$$

其中周期 T 的选择是一个很重要的问题.

将式(4.1.4)代入方程(4.1.1)得到

$$-\frac{32\theta_0}{T^2}+\omega_0^2\sin\left\{\theta_0\left[1-\left(\frac{4t}{T}\right)^2\right]\right\}=0.\tag{4.1.5}$$

由于式(4.1.4)给出的是近似解,因此,式(4.1.5)是近似成立的,设等号两边之差为 $R(t)$,即

$$R(t)\equiv\ddot{\Theta}+\omega_0^2\sin\Theta=-\frac{32\theta_0}{T^2}+\omega_0^2\sin\left\{\theta_0\left[1-\left(\frac{4t}{T}\right)^2\right]\right\}.\tag{4.1.6}$$

$R(t)$称为剩余函数,它随 t 变,也随 T 变. 考虑到单摆从最大振幅 $\theta=\theta_0$ 变化到 $\theta=0$ 需要时间 $T/4$,在这个时间的 1/3 时刻上,即 $t=T/12$ 时,发生转折,即通过该点,$|\dot{\theta}|$ 的数值从较小转为较大. 因此,在式(4.1.4)中,T 的选择要求

$$t=T/12,\quad R(t)=0.\tag{4.1.7}$$

将式(4.1.7)代入式(4.1.6)右端的第二项和左端,求得单摆运行周期为

$$T=\frac{4}{\omega_0}\sqrt{\frac{2\theta_0}{\sin\left(\frac{8}{9}\theta_0\right)}}.\tag{4.1.8}$$

它与线性周期 $T_0=2\pi/\omega_0$ 之比为

$$\frac{T}{T_0}=\frac{2}{\pi}\sqrt{\frac{2\theta_0}{\sin\left(\frac{8}{9}\theta_0\right)}}.\tag{4.1.9}$$

它与式(2.4.29)比较知,这里用$\sqrt{2\theta_0\Big/\sin\left(\frac{8}{9}\theta_0\right)}$代替了 K($m$). 计算表明,用式(4.1.9)计算的 T/T_0 与用式(2.4.29)计算的 T/T_0 非常相近.

例 2 广义热传导方程的准确行波解(travelling wave solutions)

在式(1.2.1)中已经标记过的广义热传导方程为

$$\frac{\partial u}{\partial t}=\kappa\frac{\partial}{\partial x}\left(u^\alpha\frac{\partial u}{\partial x}\right)\quad(\kappa>0,\alpha\neq 0).\tag{4.1.10}$$

在 $\alpha=0$ 时,式(4.1.10)化为线性热传导方程

$$\frac{\partial u}{\partial t}=\kappa\frac{\partial^2 u}{\partial x^2},\tag{4.1.11}$$

它存在下列平面波形式的行波解

$$u=A\mathrm{e}^{k(x-ct)},\tag{4.1.12}$$

其中 c 为常数,表征行波的移动速度,$c=-\kappa k$;而圆频率 $\omega\equiv kc=-\kappa k^2$.

在 $\alpha\neq 0$ 时,广义热传导方程(4.1.10)的行波解设为

$$u=u(\xi),\quad \xi=x-ct,\tag{4.1.13}$$

其中 c 为常数，将式(4.1.13)代入方程(4.1.10)有

$$-c\frac{\mathrm{d}u}{\mathrm{d}\xi}=\kappa\frac{\mathrm{d}}{\mathrm{d}\xi}\left(u^{\alpha}\frac{\mathrm{d}u}{\mathrm{d}\xi}\right). \tag{4.1.14}$$

考虑到线性热传导方程中1的位置被 u^{α} 所替代就成了广义热传导方程，则选择试探函数为一幂函数，即选

$$u(\xi)=A(\xi-\xi_0)^b\quad(A,b,\xi_0\text{ 为任意常数}). \tag{4.1.15}$$

将式(4.1.15)代入方程(4.1.14)定得

$$b=\frac{1}{\alpha},\quad A=-\left(\frac{\alpha c}{\kappa}\right)^{1/\alpha}, \tag{4.1.16}$$

因而求得广义热传导方程(4.1.10)的准确行波解[①]为

$$u=\left[-\frac{\alpha c}{\kappa}(\xi-\xi_0)\right]^{1/\alpha}=\left[-\frac{\alpha c}{\kappa}(x-ct-\xi_0)\right]^{1/\alpha}. \tag{4.1.17}$$

§4.2　三角试探函数

下面举一例说明.

例　van der Pol 方程极限环的近似解

在2.6节分析过的 van der Pol 方程

$$\ddot{x}+2\mu\left(\frac{x^2}{a_c^2}-1\right)\dot{x}+\omega_0^2x=0\quad(\mu>0) \tag{4.2.1}$$

是很难准确求解的. 不过，从分析中知道，它存在振幅为 $2a_c$ 的极限环(孤立的周期解). 正由于此，我们设试探函数为

$$X(t)=A\cos\omega t\quad(A,\omega\text{ 为非零常数}). \tag{4.2.2}$$

将式(4.2.2)代入方程(4.2.1)，注意 $\cos^2\omega t\sin\omega t=\frac{1}{4}(\sin\omega t+\sin3\omega t)$，则得到

$$(\omega_0^2-\omega^2)A\cos\omega t-2\mu\omega A\left(\frac{A^2}{4a_c^2}-1\right)\sin\omega t-\frac{\mu}{2a_c^2}\omega A^3\sin3\omega t=R(t). \tag{4.2.3}$$

$R(t)$为剩余函数. 因为在式(4.2.2)中存在两个参数：A 和 ω，而式(4.2.3)中存在两个最低频率的项(即包含 $\cos\omega t$ 和包含 $\sin\omega t$ 的两项)，这样，我们选择 A 和 ω 使得式(4.2.3)中的高频项(即包含 $\sin3\omega t$ 的项)舍弃，并使 $R(t)=0$，因而 $\cos\omega t$ 和 $\sin\omega t$ 的系数必为零，所以求得

$$\omega=\omega_0,\quad A=2a_c. \tag{4.2.4}$$

因此，van der Pol 方程(4.2.1)极限环的近似解为

$$x=2a_c\cos\omega_0t. \tag{4.2.5}$$

---

① 此行波解也可以由方程(4.1.14)对 ξ 积分两次获得.

下一章应用摄动法(perturbation expansion methods)将更合理地得到这个极限环.

§4.3 指数试探函数

下面举几例说明.

例 1 落石问题中速度的近似解

在空气中下落的小石块或雨滴既受到重力的作用又受到阻力的作用.设小石块的质量为 m,速度为 v,重力加速度为 g,所受空气阻力假定与 v^2 成正比,则其运动方程可以写为

$$m\frac{\mathrm{d}v}{\mathrm{d}t}=mg-\mu v^2 \quad (\mu>0), \tag{4.3.1}$$

其中 μ 为阻尼系数.设小石块在初始时刻是静止的,即初条件为

$$v(0)=0. \tag{4.3.2}$$

方程(4.3.1)为 Riccati 方程,它可以准确求解.方程(4.3.1)满足初条件(4.3.2)的解为

$$v(t)=\sqrt{\frac{mg}{\mu}}\tanh\sqrt{\frac{\mu g}{m}}t. \tag{4.3.3}$$

实际上,我们可以对落石问题作简单的物理分析.首先,初始时刻 $v=0$,这样可知在下落初期主要受重力作用,即随时间的增加,速度迅速增加;其次,随着小石块的下落,速度增加,阻力的作用突出了,因而速度增加变缓,到时间足够大时,重力与阻力平衡,而达到一个稳定的末速度

$$v_\infty=\sqrt{\frac{mg}{\mu}}. \tag{4.3.4}$$

基于上述分析,我们可以得到 v 随 t 变化的一条定性的曲线,如图 4-2 所示.

图 4-2 中的曲线是指数增加的曲线,所以我们选择下列指数函数作为方程(4.3.1)解的试探函数,即选

$$V(t)=v_\infty(1-\mathrm{e}^{-t/T}), \tag{4.3.5}$$

其中 T 可称为时间常数,试探法求解的关键在于 T 的选择.

将式(4.3.5)代入方程(4.3.1)得到

$$\frac{v_\infty}{T}\mathrm{e}^{-t/T}-g+g(1-\mathrm{e}^{-t/T})^2=R(t). \tag{4.3.6}$$

$R(t)$是剩余函数.这里,我们认为:小石块下落过程差不多一半的时候,近似有 $V=\frac{1}{2}v_\infty$,

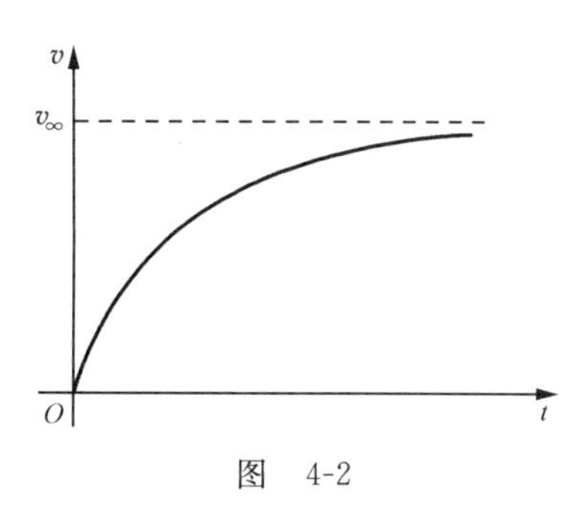

图 4-2

$R(t)=0$，所以，这里 T 的选择要求

$$e^{-t/T}=\frac{1}{2},\quad R(t)=0. \tag{4.3.7}$$

将式(4.3.7)代入式(4.3.6)，求得时间常数为

$$T=\frac{2v_\infty}{3g}=\frac{2}{3}\sqrt{\frac{m}{\mu g}}. \tag{4.3.8}$$

所以，方程(4.3.1)满足初条件(4.3.2)的解可近似表示为

$$v=v_\infty\left[1-\exp\left(-\frac{3}{2}\sqrt{\frac{\mu g}{m}}t\right)\right]. \tag{4.3.9}$$

例 2　双分子化学反应问题中分子数 n 的近似解

分子 A 和 B 通过化学反应形成一个新的分子 C. 设在化学反应刚开始时，A 和 B 的分子数分别为 a 和 b（设 $a<b$），又设化学反应后 C 分子的数目为 n，则控制方程为

$$\frac{\mathrm{d}n}{\mathrm{d}t}=r(a-n)(b-n)\quad(0<a<b), \tag{4.3.10}$$

其中 $r>0$ 为反应常数，$a-n$ 和 $b-n$ 分别表示通过化学反应保留的 A 分子和 B 分子的数目.

因化学反应刚开始时，还没有 C 分子形成，所以，问题的初条件为

$$n(0)=0. \tag{4.3.11}$$

方程(4.3.10)也是一个 Riccati 方程，它满足初条件(4.3.11)的准确解为

$$n(t)=\frac{ab(1-e^{-\sigma t})}{b-ae^{-\sigma t}}\quad(\sigma=r(b-a)). \tag{4.3.12}$$

类似于落石问题，在双分子反应问题中，因初始时刻 $n=0$，因而在反应初期，随时间的增加，n 迅速增加；但随着 n 的增加，n 的增速变缓，到一定时刻 n 达到一个稳定的值

$$n_\infty=a. \tag{4.3.13}$$

所以，本问题的试探函数仍可以采用式(4.3.5)的形式，即选

$$N(t)=a(1-e^{-t/T}). \tag{4.3.14}$$

将式(4.3.14)代入方程(4.3.10)得到

$$\frac{a}{T}e^{-t/T}=rae^{-t/T}(b-a+ae^{-t/T})+R(t). \tag{4.3.15}$$

类似，时间常数 T 和剩余函数 $R(t)$ 的选择满足式(4.3.7)，把它代入式(4.3.15)求得

$$T=\frac{1}{r\left(b-\frac{a}{2}\right)}. \tag{4.3.16}$$

所以，方程(4.3.10)满足初条件(4.3.11)的解可近似表示为

$$n = a\left\{1 - \exp\left[-r\left(b - \frac{a}{2}\right)t\right]\right\}. \tag{4.3.17}$$

例 3　三分子化学反应问题中分子数 n 的近似解

分子 A,B 和 C 通过化学反应形成一个新的分子 D. 为了简单起见，设在化学反应刚开始时，A 的分子数为 a，B 和 C 的分子数都为 b(设 $a<b$)，又设化学反应后 D 分子的数目为 n，则控制方程为

$$\frac{\mathrm{d}n}{\mathrm{d}t} = r(a-n)(b-n)^2 \quad (0 < a < b), \tag{4.3.18}$$

其中 $r>0$ 为反应常数，问题的初条件仍为式(4.3.11).

方程(4.3.18)是第一类 Abel 方程，依式(3.2.84)，它满足初条件(4.3.11)的准确解为下列隐函数形式：

$$t = \frac{1}{r}\left[\frac{1}{a-b}\left(\frac{1}{b-n} - \frac{1}{b}\right) + \frac{1}{(a-b)^2}\ln\left(\frac{1-n/b}{1-n/a}\right)\right]. \tag{4.3.19}$$

与例 2 的分析相似，我们仍采用式(4.3.14)的试探函数，将它代入方程(4.3.18)得到

$$\frac{a}{T}\mathrm{e}^{-t/T} = ra\mathrm{e}^{-t/T}(b-a+a\mathrm{e}^{-t/T})^2 + R(t), \tag{4.3.20}$$

使它满足式(4.3.7)，求得

$$T = \frac{1}{r\left(b - \frac{a}{2}\right)^2}. \tag{4.3.21}$$

所以，方程(4.3.18)满足初条件(4.3.11)的解可近似表示为

$$n = a\left\{1 - \exp\left[-r\left(b - \frac{a}{2}\right)^2 t\right]\right\}. \tag{4.3.22}$$

例 4　Fisher 方程的准确行波解

在式(1.2.31)中已经标记过的 Fisher 方程为

$$\frac{\partial u}{\partial t} - D\frac{\partial^2 u}{\partial x^2} - ru(1-u) = 0 \quad (D > 0, r > 0). \tag{4.3.23}$$

它是一个反应扩散方程. 一方面，它如同本节例 2 和例 3 那样具有反应的作用，经过足够长的时间，u 将稳定到一个值；另一方面，它又如同§4.1 中例 2 那样具有扩散(或传导)的作用，存在行波解. 首先，以行波解(4.1.13)代入方程(4.3.23)有

$$-c\frac{\mathrm{d}u}{\mathrm{d}\xi} - D\frac{\mathrm{d}^2 u}{\mathrm{d}\xi^2} - ru(1-u) = 0 \quad (\xi = x - ct). \tag{4.3.24}$$

其次，设行波解为下列指数型的试探函数，即设

$$u(\xi) = \frac{B\mathrm{e}^{b(\xi-\xi_0)}}{[1+\mathrm{e}^{a(\xi-\xi_0)}]^2}, \tag{4.3.25}$$

其中 B,a 和 b 为待定常数,ξ_0 可视为积分常数,分母中方括号外的幂 2 是方程(4.3.24)中的最高阶导数项与最高阶非线性项相平衡的结果(详见 §6.2 和 §7.1).

将式(4.3.25)代入方程(4.3.24),注意

$$\begin{cases}\dfrac{\mathrm{d}u}{\mathrm{d}\xi}=B\dfrac{\mathrm{e}^{b(\xi-\xi_0)}[b+2(b-a)\mathrm{e}^{a(\xi-\xi_0)}+(b-2a)\mathrm{e}^{2a(\xi-\xi_0)}]}{[1+\mathrm{e}^{a(\xi-\xi_0)}]^4},\\ \dfrac{\mathrm{d}^2u}{\mathrm{d}\xi^2}=B\dfrac{\mathrm{e}^{b(\xi-\xi_0)}[b^2-2(a^2-b^2+2ab)\mathrm{e}^{a(\xi-\xi_0)}+(2a-b)^2\mathrm{e}^{2a(\xi-\xi_0)}]}{[1+\mathrm{e}^{a(\xi-\xi_0)}]^4},\end{cases}\tag{4.3.26}$$

则得到

$$\begin{aligned}&(Db^2+cb+r)-rB\mathrm{e}^{b(\xi-\xi_0)}+2[r-D(a^2-b^2+2ab)+c(b-a)]\mathrm{e}^{a(\xi-\xi_0)}\\&\quad+[r+D(2a-b)^2+c(b-2a)]\mathrm{e}^{2a(\xi-\xi_0)}=0.\end{aligned}\tag{4.3.27}$$

若在式(4.3.27)中取 $b=0$,则有

$$r(1-B)+2(r-Da^2-ca)\mathrm{e}^{a(\xi-\xi_0)}+(r+4Da^2-2ca)\mathrm{e}^{2a(\xi-\xi_0)}=0.\tag{4.3.28}$$

在 $a\neq 0$ 时,上式成立只有

$$r(1-B)=0,\quad r-Da^2-ca=0,\quad r+4Da^2-2ca=0,\tag{4.3.29}$$

由此求得

$$B=1,\quad a=\frac{c}{5D},\quad c^2=\frac{25}{6}rD.\tag{4.3.30}$$

代入式(4.3.25)求得

$$u=\frac{1}{[1+\mathrm{e}^{\frac{c}{5D}(\xi-\xi_0)}]^2}=\frac{1}{4}\left[1-\tanh\frac{c}{10D}(\xi-\xi_0)\right]^2.\tag{4.3.31}$$

显然

$$u|_{\xi-\xi_0=0}=1/4,\quad u|_{\xi\to-\infty}=1,\quad u|_{\xi\to+\infty}=0.\tag{4.3.32}$$

式(4.3.31)中 u 随 $\xi-\xi_0$ 的变化如图 4-3 中实线所示,它称为 Fisher 方程(4.3.23)的冲击波(shock waves).

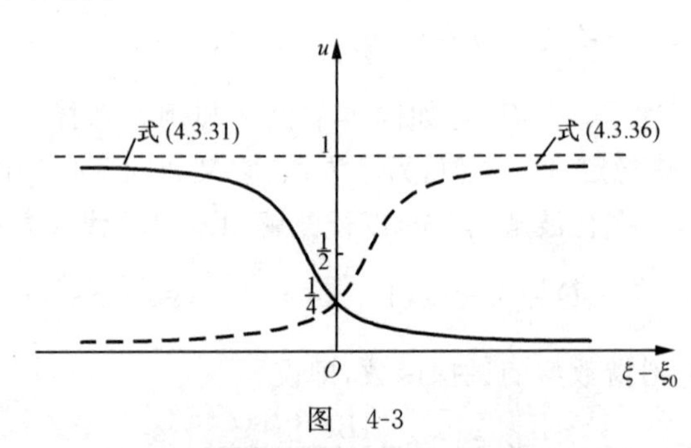

图 4-3

若在式(4.3.27)中取 $b=2a$,则有

$$(r+4Da^2+2ca)+2(r-Da^2+ca)e^{a(\xi-\xi_0)}+r(1-B)e^{2a(\xi-\xi_0)}=0. \tag{4.3.33}$$

在 $a\neq0$ 时,上式成立只有

$$r(1-B)=0,\quad r-Da^2+ca=0,\quad r+4Da^2+2ca=0, \tag{4.3.34}$$

由此求得

$$B=1,\quad a=-\frac{c}{5D},\quad c^2=\frac{25}{6}rD. \tag{4.3.35}$$

代入式(4.3.25)求得

$$u=\frac{1}{[1+e^{-\frac{c}{5D}(\xi-\xi_0)}]^2}=\frac{1}{4}\left[1+\tanh\frac{c}{10D}(\xi-\xi_0)\right]^2, \tag{4.3.36}$$

显然

$$u|_{\xi-\xi_0=0}=1/4,\quad u|_{\xi\to-\infty}=0,\quad u|_{\xi\to+\infty}=1. \tag{4.3.37}$$

式(4.3.36)也是 Fisher 方程(4.3.23)的冲击波解,u 随 $\xi-\xi_0$ 的变化曲线如图 4-3 中的虚线所示.

若令 $\frac{du}{d\xi}=v$,很容易证明:在 $c^2>4rD$ 时,平衡态 $(u_1^*,v_1^*)=(0,0)$ 为结点,$(u_2^*,v_2^*)=(1,0)$ 为鞍点,因而,由式(4.3.31)和式(4.3.36)表征的冲击波是连接上述鞍点和结点的异宿轨道.

例 5 Huxley 方程的准确行波解

在式(1.2.32)中已经标记过的 Huxley 方程(又称为 FitzHugh-Nagumo 方程)为

$$\frac{\partial u}{\partial t}-D\frac{\partial^2 u}{\partial x^2}-ru(1-u)(u-s)=0\quad(D>0,r>0,0<s<1). \tag{4.3.38}$$

若以行波解(4.1.13)代入,有

$$-c\frac{du}{d\xi}-D\frac{d^2u}{d\xi^2}-ru(1-u)(u-s)=0\quad(\xi=x-ct). \tag{4.3.39}$$

设行波解为下列指数型的试探函数,即设

$$u(\xi)=\frac{B}{1+e^{a(\xi-\xi_0)}}, \tag{4.3.40}$$

其中 B 和 a 是待定常数,ξ_0 可视为积分常数,分母中 $1+e^{a(\xi-\xi_0)}$ 外的幂为 1,也是方程(4.3.39)中的最高阶导数项与最高阶非线性项相平衡的结果(详见 6.2 节和 7.1 节).

将式(4.3.40)代入方程(4.3.39),注意到

$$\frac{du}{d\xi}=-B\frac{ae^{a(\xi-\xi_0)}}{[1+e^{a(\xi-\xi_0)}]^2},\quad \frac{d^2u}{d\xi^2}=-B\frac{a^2e^{a(\xi-\xi_0)}[1-e^{a(\xi-\xi_0)}]}{[1+e^{a(\xi-\xi_0)}]^3}, \tag{4.3.41}$$

则得到

$$-r(1-B)(B-s)+[Da^2+ac-r(B-s)+rs(1-B)]e^{a(\xi-\xi_0)}$$
$$+(-Da^2+ac+rs)e^{2a(\xi-\xi_0)}=0, \quad (4.3.42)$$

因而有

$$\begin{cases} r(1-B)(B-s)=0, \\ Da^2+ac-r(B-s)+rs(1-B)=0, \\ -Da^2+ac+rs=0. \end{cases} \quad (4.3.43)$$

若在式(4.3.43)中取 $B=1$,则有

$$B=1, \quad Da^2+ac-r(1-s)=0, \quad -Da^2+ac+rs=0, \quad (4.3.44)$$

因而 a 与 c 同号[$2ac=r(1-2s)\geqslant 0$],而且有

$$B=1, \quad a=\pm\sqrt{\frac{r}{2D}}, \quad c=\pm\sqrt{2rD}\left(\frac{1}{2}-s\right) \quad (0<s<1/2).$$

$$(4.3.45)$$

代入式(4.3.40)求得

$$u=\frac{1}{1+e^{\pm\sqrt{\frac{r}{2D}}(\xi-\xi_0)}}=\frac{1}{2}\left[1\mp\tanh\frac{1}{2}\sqrt{\frac{r}{2D}}(\xi-\xi_0)\right]. \quad (4.3.46)$$

这是 Huxley(或 FitzHugh-Nagumo)方程(4.3.38)的冲击波解.

若在式(4.3.43)中取 $B=s$,则有

$$B=s, \quad Da^2+ac+rs(1-s)=0, \quad -Da^2+ac+rs=0, \quad (4.3.47)$$

因而 a 与 c 反号[$2ac=-rs(2-s)<0$],而且有

$$B=s, \quad a=\pm\sqrt{\frac{r}{2D}}s, \quad c=\mp\sqrt{2rD}\left(1-\frac{s}{2}\right). \quad (4.3.48)$$

代入式(4.3.40)求得

$$u=\frac{s}{1+e^{\pm s\sqrt{\frac{r}{2D}}(\xi-\xi_0)}}=\frac{s}{2}\left[1\mp\tanh\frac{s}{2}\sqrt{\frac{r}{2D}}(\xi-\xi_0)\right]. \quad (4.3.49)$$

这也是 Huxley(或 FitzHugh-Nagumo)方程(4.3.38)的冲击波解.

非常有意思的是:形式为式(4.3.46)和式(4.3.49)的解分别满足下列 Riccati 方程:

$$\frac{du}{d\xi}=au(1-u) \quad \left(a=\pm\sqrt{\frac{r}{2D}}\right) \quad (4.3.50)$$

和

$$\frac{du}{d\xi}=au(u-s) \quad \left(a=\pm\sqrt{\frac{r}{2D}}\right). \quad (4.3.51)$$

事实上,对于形如

$$\frac{\mathrm{d}u}{\mathrm{d}\xi}=a(u-\alpha)(u-\beta)\quad(\alpha>\beta)\tag{4.3.52}$$

的 Riccati 方程，利用积分公式

$$\int\frac{\mathrm{d}u}{(u-\alpha)(u-\beta)}=-\frac{2}{\alpha-\beta}\tanh^{-1}\left[\frac{2u-(\alpha+\beta)}{\alpha-\beta}\right]\quad(\alpha>\beta),\tag{4.3.53}$$

很容易求得解为

$$u=\frac{\alpha+\beta}{2}-\frac{\alpha-\beta}{2}\tanh\frac{a(\alpha-\beta)}{2}(\xi-\xi_0)\quad(\xi_0\text{ 为任意常数}).\tag{4.3.54}$$

若取 $\alpha=1,\beta=0,a=\pm\sqrt{\dfrac{r}{2D}}$，则式(4.3.52)就化为式(4.3.50)，相应地，式(4.3.54)就化为式(4.3.46)；若取 $\alpha=s,\beta=0,a=\pm\sqrt{\dfrac{r}{2D}}$，则式(4.3.52)就化为式(4.3.51)，相应，式(4.3.54)就化为式(4.3.49).

受上述分析的启发，对于方程(4.3.39)，我们可以假设

$$\frac{\mathrm{d}u}{\mathrm{d}\xi}=a(1-u)(u-s).\tag{4.3.55}$$

因

$$\frac{\mathrm{d}^2u}{\mathrm{d}\xi^2}=a^2(1-u)(u-s)(1+s-2u),\tag{4.3.56}$$

则将式(4.3.55)和(4.3.56)代入方程(4.3.39)，得到

$$[-ac-Da^2(1+s)]+(2Da^2-r)u=0,\tag{4.3.57}$$

由此求得

$$a=\pm\sqrt{\frac{r}{2D}},\quad c=\mp\sqrt{\frac{rD}{2}}(1+s).\tag{4.3.58}$$

比较方程(4.3.55)和方程(4.3.52)，并依式(4.3.54)，求得 Huxley(或 FitzHugh-Nagumo)方程(4.3.38)的另一个冲击波解为

$$u=\frac{1+s}{2}\pm\frac{1-s}{2}\tanh\frac{1-s}{2}\sqrt{\frac{r}{2D}}(\xi-\xi_0).\tag{4.3.59}$$

若令 $\dfrac{\mathrm{d}u}{\mathrm{d}\xi}=v$，则不难证明：在 $c^2>4rDs(1-s)$ 时，平衡态 $(u_1^*,v_1^*)=(0,0)$ 和 $(u_2^*,v_2^*)=(1,0)$ 都是鞍点，而平衡态 $(u_3^*,v_3^*)=(s,0)$ 为结点. 因而，解(4.3.46)是连接鞍点(0,0)和(1,0)的异宿轨道，解(4.3.49)是连接鞍点(0,0)和结点$(s,0)$的异宿轨道，而解(4.3.59)是连接鞍点(1,0)和结点$(s,0)$的异宿轨道.

例 6 KdV-Burgers 方程的准确行波解(鞍-结异宿轨道)

在式(1.2.7)中已经标记过的 KdV-Burgers 方程为

$$\frac{\partial u}{\partial t}+u\frac{\partial u}{\partial x}-\nu\frac{\partial^2u}{\partial x^2}+\beta\frac{\partial^3u}{\partial x^3}=0\quad(\nu>0,\beta>0),\tag{4.3.60}$$

以行波解(4.1.13)代入方程(4.3.60)有

$$-c\frac{\mathrm{d}u}{\mathrm{d}\xi}+u\frac{\mathrm{d}u}{\mathrm{d}\xi}-\nu\frac{\mathrm{d}^2u}{\mathrm{d}\xi^2}+\beta\frac{\mathrm{d}^3u}{\mathrm{d}\xi^3}=0\quad(\xi=x-ct).\tag{4.3.61}$$

上式两边对ξ积分一次,得

$$-cu+\frac{1}{2}u^2-\nu\frac{\mathrm{d}u}{\mathrm{d}\xi}+\beta\frac{\mathrm{d}^2u}{\mathrm{d}\xi^2}=A,\tag{4.3.62}$$

其中A为积分常数.因为KdV-Burgers方程(4.3.60)中除非定常项和非线性项外,还有耗散项和色散项,它很难直接积分,但可先作定性分析.

方程(4.3.62)的等价方程组为

$$\begin{cases}\dfrac{\mathrm{d}u}{\mathrm{d}\xi}=v,\\[2mm]\dfrac{\mathrm{d}v}{\mathrm{d}\xi}=\dfrac{\nu}{\beta}v-\dfrac{1}{2\beta}(u^2-cu-2A).\end{cases}\tag{4.3.63}$$

设二次代数方程

$$u^2-2cu-2A=0\tag{4.3.64}$$

的两个实根为

$$u_1^*=c+\sqrt{c^2+2A},\quad u_2^*=c-\sqrt{c^2+2A}\quad(c^2+2A>0),\tag{4.3.65}$$

则方程组(4.3.63)的两个平衡态为

$$(u_1^*,v_1^*)=(u_1^*,0),\quad(u_2^*,v_2^*)=(u_2^*,0).\tag{4.3.66}$$

方程组(4.3.63)在平衡态处的Jacobi矩阵为

$$\boldsymbol{J}=\begin{bmatrix}0&1\\-\dfrac{1}{\beta}(u^*-c)&\dfrac{\nu}{\beta}\end{bmatrix},\tag{4.3.67}$$

从而求得特征方程为

$$\lambda^2-\frac{\nu}{\beta}\lambda+\frac{\sqrt{c^2+2A}}{\beta}=0\quad(\text{对应于}(u_1^*,0)),\tag{4.3.68}$$

$$\lambda^2-\frac{\nu}{\beta}\lambda-\frac{\sqrt{c^2+2A}}{\beta}=0\quad(\text{对应于}(u_2^*,0)).\tag{4.3.69}$$

而特征根为

$$\lambda=\frac{1}{2}\left[\frac{\nu}{\beta}\pm\sqrt{\left(\frac{\nu}{\beta}\right)^2-\frac{4}{\beta}\sqrt{c^2+2A}}\right]\quad(\text{对应于}(u_1^*,0)),\tag{4.3.70}$$

$$\lambda=\frac{1}{2}\left[\frac{\nu}{\beta}\pm\sqrt{\left(\frac{\nu}{\beta}\right)^2+\frac{4}{\beta}\sqrt{c^2+2A}}\right]\quad(\text{对应于}(u_2^*,0)).\tag{4.3.71}$$

从式(4.3.71)看到:λ为二不等实根且不同符号,因而$(u_2^*,0)$为鞍点.但式(4.3.70)要区分不同情况:当$\nu^2\geqslant4\beta\sqrt{c^2+2A}$时(相当于耗散大于色散的情况),$\lambda$为二正根，因而$(u_1^*,0)$为不稳定的结点；而当$\nu^2<4\beta\sqrt{c^2+2A}$时（相当于色散大于耗散的情况），$\lambda$为共轭复根且实部为正，因而$(u_1^*,0)$为不稳定的焦点. 所以，就存在连接鞍点$(u_2^*,0)$和结点$(u_1^*,0)$的异宿轨道（$\nu^2\geqslant 4\beta\sqrt{c^2+2A}$，见图4-4）以及连接鞍点$(u_2^*,0)$和焦点$(u_1^*,0)$的异宿轨道（$\nu^2<4\beta\sqrt{c^2+2A}$，见图4-5）.

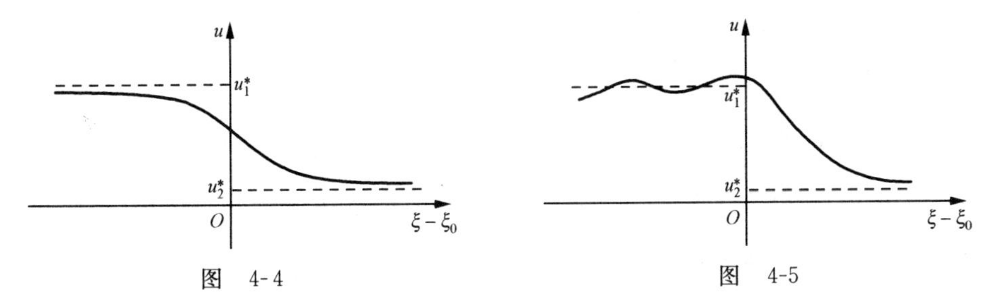

图 4-4　　　　图 4-5

不管是图4-4还是图4-5的情况，我们都可以设

$$u=u_1^*+u' \quad (u_1^*=c+\sqrt{c^2+2A}). \tag{4.3.72}$$

将式(4.3.72)代入方程(4.3.62)得到

$$\frac{\mathrm{d}^2u'}{\mathrm{d}\xi^2}-\frac{\nu}{\beta}\frac{\mathrm{d}u'}{\mathrm{d}\xi}+\frac{1}{2\beta}u'^2+\frac{\sqrt{c^2+2A}}{\beta}u'=0. \tag{4.3.73}$$

本例用试探函数法求$\nu^2\geqslant 4\beta\sqrt{c^2+2A}$情况下KdV-Burgers方程的准确行波解（即鞍-结异宿轨道），在下一节我们将求$\nu^2<4\beta\sqrt{c^2+2A}$情况下KdV-Burgers方程的近似行波解（即鞍-焦异宿轨道）.

对于鞍-结异宿轨道，我们仿式(4.3.25)，设解为

$$u'=\frac{Be^{b(\xi-\xi_0)}}{[1+e^{a(\xi-\xi_0)}]^2}. \tag{4.3.74}$$

代入方程(4.3.73)得到

$$b^2+\frac{\sqrt{c^2+2A}}{\beta}-\frac{\nu}{\beta}b+\frac{B}{2\beta}e^{b(\xi-\xi_0)}+\left[\frac{2}{\beta}(\sqrt{c^2+2A}+a\nu-b\nu)-2(a^2-b^2+2ab)\right]e^{a(\xi-\xi_0)}$$
$$+\left[\frac{1}{\beta}(2a\nu-b\nu+\sqrt{c^2+2A})+(2a-b)^2\right]e^{2a(\xi-\xi_0)}=0. \tag{4.3.75}$$

取$b=0$，式(4.3.75)化为

$$\frac{1}{\beta}\left(\frac{B}{2}+\sqrt{c^2+2A}\right)-2\left(a^2-\frac{\nu}{\beta}a-\frac{\sqrt{c^2+2A}}{\beta}\right)e^{a(\xi-\xi_0)}$$
$$+2\left(2a^2+\frac{\nu}{\beta}a+\frac{\sqrt{c^2+2A}}{2\beta}\right)e^{2a(\xi-\xi_0)}=0, \tag{4.3.76}$$

由此定得

$$a=\mp\frac{\nu}{5\beta},\quad B=-\frac{12\nu^2}{25\beta},\quad \sqrt{c^2+2A}=\frac{6\nu^2}{25\beta}. \tag{4.3.77}$$

代入(4.3.74)式求得

$$u' = -\frac{12\nu^2}{25\beta} \cdot \frac{1}{[1+\mathrm{e}^{\mp\frac{\nu}{5\beta}(\xi-\xi_0)}]^2} = -\frac{3\nu^2}{25\beta}\left[1 \pm \tanh\frac{\nu}{10\beta}(\xi-\xi_0)\right]^2, \tag{4.3.78}$$

所以

$$u = u_1^* - \frac{3\nu^2}{25\beta}\left[1 \pm \tanh\frac{\nu}{10\beta}(\xi-\xi_0)\right]^2. \tag{4.3.79}$$

因式(4.3.77)中的第三式 $\nu^2 = \frac{25}{6}\beta\sqrt{c^2+2A} > 4\beta\sqrt{c^2+2A}$,所以,式(4.3.79)表征的就是 KdV-Burgers 方程(4.3.60)的冲击波解,即图 4-4 所描述的鞍-结异宿轨道$\left(\xi\to-\infty, u\to u_1^*; \xi\to+\infty, u\to u_2^* = u_1^* - \frac{12\nu^2}{25\beta}\right)$.

若取积分常数 $A=0$,则 $u_1^*=2c, u_2^*=0, c=\frac{6\nu^2}{25\beta}$,因而式(4.3.79)化为

$$\begin{aligned} u &= 2c - \frac{3\nu^2}{25\beta}\left[1 \pm \tanh\frac{\nu}{10\beta}(\xi-\xi_0)\right]^2 = \frac{12\nu^2}{25\beta} - \frac{3\nu^2}{25\beta}\left[1 \pm \tanh\frac{\nu}{10\beta}(\xi-\xi_0)\right]^2 \\ &= \frac{9\nu^2}{25\beta} \mp \frac{6\nu^2}{25\beta}\tanh k(\xi-\xi_0) - \frac{3\nu^2}{25\beta}\tanh^2 k(\xi-\xi_0) \quad \left(k = \frac{\nu}{10\beta}\right). \end{aligned} \tag{4.3.80}$$

例 7　KdV-Burgers-Kuramoto 方程的准确行波解

在式(1.2.8)中已经标记过的 KdV-Burgers-Kuramoto 方程(又称为 Benney 方程)为

$$\frac{\partial u}{\partial t} + u\frac{\partial u}{\partial x} + \alpha\frac{\partial^2 u}{\partial x^2} + \beta\frac{\partial^3 u}{\partial x^3} + \gamma\frac{\partial^4 u}{\partial x^4} = 0 \quad (\alpha\gamma > 0). \tag{4.3.81}$$

上式要求 $\alpha\gamma>0$ 表示 $\alpha\frac{\partial^2 u}{\partial x^2}$和 $\gamma\frac{\partial^4 u}{\partial x^4}$中的一个表征耗散的作用,另一个表征不稳定的作用.

以行波解式(4.1.13)代入方程(4.3.81)有

$$-c\frac{\mathrm{d}u}{\mathrm{d}\xi} + u\frac{\mathrm{d}u}{\mathrm{d}\xi} + \alpha\frac{\mathrm{d}^2 u}{\mathrm{d}\xi^2} + \beta\frac{\mathrm{d}^3 u}{\mathrm{d}\xi^3} + \gamma\frac{\mathrm{d}^4 u}{\mathrm{d}\xi^4} = 0 \quad (\xi = x - ct). \tag{4.3.82}$$

上式两边对 ξ 积分一次,得

$$-cu + \frac{1}{2}u^2 + \alpha\frac{\mathrm{d}u}{\mathrm{d}\xi} + \beta\frac{\mathrm{d}^2 u}{\mathrm{d}\xi^2} + \gamma\frac{\mathrm{d}^3 u}{\mathrm{d}\xi^3} = A, \tag{4.3.83}$$

其中 A 为积分常数. 方程(4.3.83)也很难直接积分,类似方程(4.3.62),以式(4.3.72)代入方程(4.3.83),得到

$$\gamma\frac{\mathrm{d}^3 u'}{\mathrm{d}\xi^3} + \beta\frac{\mathrm{d}^2 u'}{\mathrm{d}\xi^2} + \alpha\frac{\mathrm{d}u'}{\mathrm{d}\xi} + \frac{1}{2}u'^2 + \sqrt{c^2+2A}\,u' = 0. \tag{4.3.84}$$

考虑 KdV-Burgers-Kuramoto 方程比 KdV-Burgers 方程高一阶,所以,试探函数

设为

$$u' = \frac{Be^{b(\xi-\xi_0)}}{[1+e^{a(\xi-\xi_0)}]^3}. \tag{4.3.85}$$

代入方程(4.3.84),注意

$$\begin{cases} \dfrac{du'}{d\xi} = Be^{b(\xi-\xi_0)}\left\{\dfrac{b}{[1+e^{a(\xi-\xi_0)}]^3} - \dfrac{3ae^{a(\xi-\xi_0)}}{[1+e^{a(\xi-\xi_0)}]^4}\right\}, \\ \dfrac{d^2u'}{d\xi^2} = Be^{b(\xi-\xi_0)}\left\{\dfrac{b^2}{[1+e^{a(\xi-\xi_0)}]^3} - \dfrac{3a(a+2b)e^{a(\xi-\xi_0)}}{[1+e^{a(\xi-\xi_0)}]^4} + \dfrac{12a^2e^{2a(\xi-\xi_0)}}{[1+e^{a(\xi-\xi_0)}]^5}\right\}, \\ \dfrac{d^3u'}{d\xi^3} = Be^{b(\xi-\xi_0)}\left\{\dfrac{b^3}{[1+e^{a(\xi-\xi_0)}]^3} - \dfrac{3a(a^2+3ab+3b^2)e^{a(\xi-\xi_0)}}{[1+e^{a(\xi-\xi_0)}]^4}\right. \\ \qquad \left. + \dfrac{36a^2(a+b)e^{2a(\xi-\xi_0)}}{[1+e^{a(\xi-\xi_0)}]^5} - \dfrac{60a^3e^{3a(\xi-\xi_0)}}{[1+e^{a(\xi-\xi_0)}]^6}\right\}, \end{cases} \tag{4.3.86}$$

则得到

$$\begin{aligned} &r\{b^3[1+e^{a(\xi-\xi_0)}]^3 - 3a(a^2+3ab+3b^2)[1+e^{a(\xi-\xi_0)}]^2e^{a(\xi-\xi_0)} \\ &\quad + 36a^2(a+b)[1+e^{a(\xi-\xi_0)}]e^{2a(\xi-\xi_0)} - 60a^3e^{3a(\xi-\xi_0)}\} + \beta\{b^2[1+e^{a(\xi-\xi_0)}]^3 \\ &\quad - 3a(a+2b)[1+e^{a(\xi-\xi_0)}]^2e^{a(\xi-\xi_0)} + 12a^2[1+e^{a(\xi-\xi_0)}]e^{2a(\xi-\xi_0)}\} \\ &\quad + \alpha\{b[1+e^{a(\xi-\xi_0)}]^3 - 3a[1+e^{a(\xi-\xi_0)}]^2e^{a(\xi-\xi_0)}\} \\ &\quad + \frac{1}{2}Be^{b(\xi-\xi_0)} + \sqrt{c^2+2A}[1+e^{a(\xi-\xi_0)}]^3 = 0. \end{aligned} \tag{4.3.87}$$

若取 $b=0$,则式(4.3.87)化为

$$\begin{aligned} &\frac{B}{2} + \sqrt{c^2+2A} - 3(\gamma a^3+\beta a^2+\alpha a-\sqrt{c^2+2A})e^{a(\xi-\xi_0)} + 3(10\gamma a^3+2\beta a^2-2\alpha a \\ &\quad + \sqrt{c^2+2A})e^{2a(\xi-\xi_0)} - (27\gamma a^3-9\beta a^2+3\alpha a-\sqrt{c^2+2A})e^{3a(\xi-\xi_0)} = 0, \end{aligned} \tag{4.3.88}$$

由此定得

$$a = \frac{\beta}{12\gamma} = \frac{12\alpha}{47\beta}, \quad \sqrt{c^2+2A} = \frac{5\alpha\beta}{47\gamma}, \quad B = -2\sqrt{c^2+2A}, \tag{4.3.89}$$

因而

$$\beta > 0, \quad \beta^2 = \frac{144}{47}\alpha\gamma, \tag{4.3.90}$$

而且

$$\sqrt{c^2+2A} = \frac{60}{47\sqrt{47}}|\alpha|\sqrt{\frac{\alpha}{\gamma}}, \quad B = -\frac{120}{47\sqrt{47}}|\alpha|\sqrt{\frac{\alpha}{\gamma}}, \quad a = \mp\frac{1}{\sqrt{47}}\sqrt{\frac{\alpha}{\gamma}}$$

$$(\text{“}-\text{”号}: \alpha<0,\gamma<0;\ \text{“}+\text{”号}: \alpha>0,\gamma>0), \tag{4.3.91}$$

所以

$$u' = -\frac{15}{47\sqrt{47}}|\alpha|\sqrt{\frac{\alpha}{\gamma}}\left[1 \pm \tanh\frac{1}{2\sqrt{47}}\sqrt{\frac{\alpha}{\gamma}}(\xi-\xi_0)\right]^2$$

$$(\text{“+”号}:\alpha<0,\gamma<0;\text{“−”号}:\alpha>0,\gamma>0). \tag{4.3.92}$$

这样就有

$$u=u_1^*-\frac{15}{47\sqrt{47}}\mid\alpha\mid\sqrt{\frac{\alpha}{\gamma}}\left[1\pm\tanh\frac{1}{2\sqrt{47}}\sqrt{\frac{\alpha}{\gamma}}(\xi-\xi_0)\right]^2$$

$$(\text{“+”号}:\alpha<0,\gamma<0;\text{“−”号}:\alpha>0,\gamma>0). \tag{4.3.93}$$

这是 KdV-Burgers-Kuramoto 方程(4.3.81)的冲击波解.

若取 $b=a$,则式(4.3.87)化为

$$\gamma a^3+\beta a^2+\alpha a+\sqrt{c^2+2A}-\left(18\gamma a^3+6\beta a^2-\frac{1}{2}B-3\sqrt{c^2+2A}\right)\mathrm{e}^{a(\xi-\xi_0)}$$

$$+3(11\gamma a^3-\beta a^2-\alpha a+\sqrt{c^2+2A})\mathrm{e}^{2a(\xi-\xi_0)}$$

$$-(8\gamma a^3-4\beta a^2+2\alpha a-\sqrt{c^2+2A})\mathrm{e}^{3a(\xi-\xi_0)}=0, \tag{4.3.94}$$

由此定得

$$a=\frac{\beta}{4\gamma}=\pm\sqrt{\frac{\alpha}{\gamma}},\quad \sqrt{c^2+2A}=-\frac{3\alpha\beta}{2\gamma},\quad B=30\frac{\alpha\beta}{\gamma}. \tag{4.3.95}$$

因而

$$\beta<0,\quad \beta^2=16\alpha\gamma, \tag{4.3.96}$$

而且

$$\sqrt{c^2+2A}=6\mid\alpha\mid\sqrt{\frac{\alpha}{\gamma}},\quad B=-120\mid\alpha\mid\sqrt{\frac{\alpha}{\gamma}},\quad a=\pm\sqrt{\frac{\alpha}{\gamma}}$$

$$(\text{“+”号}:\alpha<0,\gamma<0;\text{“−”号}:\alpha>0,\gamma>0), \tag{4.3.97}$$

所以

$$u'=-15\mid\alpha\mid\sqrt{\frac{\alpha}{\gamma}}\operatorname{sech}^2\frac{1}{2}\sqrt{\frac{\alpha}{\gamma}}(\xi-\xi_0)\left[1\mp\tanh\frac{1}{2}\sqrt{\frac{\alpha}{\gamma}}(\xi-\xi_0)\right]$$

$$(\text{“−”号}:\alpha<0,\gamma<0;\text{“+”号}:\alpha>0,\gamma>0), \tag{4.3.98}$$

这样就有

$$u'=u_1^*-15\mid\alpha\mid\sqrt{\frac{\alpha}{\gamma}}\operatorname{sech}^2\frac{1}{2}\sqrt{\frac{\alpha}{\gamma}}(\xi-\xi_0)\left[1\mp\tanh\frac{1}{2}\sqrt{\frac{\alpha}{\gamma}}(\xi-\xi_0)\right]$$

$$(\text{“−”号}:\alpha<0,\gamma<0;\text{“+”号}:\alpha>0,\gamma>0). \tag{4.3.99}$$

这是 KdV-Burgers-Kuramoto 方程(4.3.81)的孤立波解($\xi\to\pm\infty,u\to u_1^*\equiv c+\sqrt{c^2+2A}$).

§4.4 微 扰 法

这里所说的微扰法或小扰动方法是求解非线性演化方程近似解的一种方法.

现举二例说明.

例 1 低黏流体黏性的测量问题的近似解

利用毛细管黏度计测量低黏流体的黏性.在一个垂直放置的管内装入流体,可以根据流体所在高度 h 随时间 t 的变化,确定流体的运动学黏性系数 ν.

h 的控制方程为

$$\frac{\mathrm{d}^2h}{\mathrm{d}t^2}+\frac{5}{4}\left(\frac{\mathrm{d}h}{\mathrm{d}t}\right)^2+bh\frac{\mathrm{d}h}{\mathrm{d}t}+ch=d \quad (b,c\text{ 和 }d\text{ 为常数}). \tag{4.4.1}$$

但根据实验测得 h 随时间 t 的变化如图 4-6 所示.

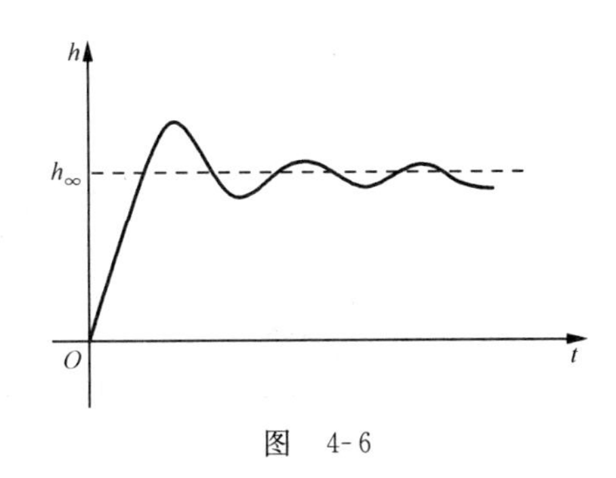

图 4-6

由图 4-6 看出:h 存在一个定常状态 h_∞,而且 h 围绕此定常状态作小振荡.因此,我们假设方程(4.4.1)的解为定常状态 h_∞ 和小扰动 h' 叠加而成,即

$$h=h_\infty+h' \quad (h'\ll h_\infty), \tag{4.4.2}$$

而且 h_∞ 是方程(4.4.1)中与时间导数无关的两项相平衡的结果,即

$$ch_\infty=d. \tag{4.4.3}$$

将式(4.4.2)代入方程(4.4.1),并忽略小振荡的二次乘积项 $\left(\frac{\mathrm{d}h'}{\mathrm{d}t}\right)^2$ 和 $h'\frac{\mathrm{d}h'}{\mathrm{d}t}$,则得

$$\frac{\mathrm{d}^2h'}{\mathrm{d}t^2}+bh_\infty\frac{\mathrm{d}h'}{\mathrm{d}t}+ch'=0. \tag{4.4.4}$$

这是线性阻尼振动方程.在 $\frac{b^2h_\infty^2}{4}<c$ 的条件下求得

$$h'=a\mathrm{e}^{-\frac{bh_\infty}{2}t}\cos(\omega t+\delta), \tag{4.4.5}$$

其中 a 为振幅,δ 为初位相,而振动圆频率 ω 满足

$$\omega^2=c-\left(\frac{bh_\infty}{2}\right)^2=c\left(1-\frac{b^2h_\infty^2}{4c}\right). \tag{4.4.6}$$

这样,方程(4.4.1)的近似解为

$$h=h_\infty+a\mathrm{e}^{-\frac{bh_\infty}{2}t}\cos(\omega t+\delta). \tag{4.4.7}$$

具体如何求黏性系数 ν 不在此讨论.

例 2 KdV-Burgers 方程的焦点附近的近似解

从§4.3 中例 6 知 KdV-Burgers 方程(4.3.60)在 $0<\nu^2<4\beta\sqrt{c^2+2A}$ 时,平衡态 $u_1^*=c+\sqrt{c^2+2A}$ 为一焦点,而且如图 4-5 所示,在 $\xi<\xi_0$ 时,方程的解为围绕 u_1^* 作衰减振荡,而且是小振荡.这样,式(4.3.72)可视为微扰法的出发步骤($u'\ll$

u_1^*)，而且在方程(4.3.73)中忽略 u' 的二次乘积项 $\frac{1}{2\beta}u'^2$，得到下列线性方程：

$$\frac{d^2u'}{d\xi^2}-\frac{\nu}{\beta}\frac{du'}{d\xi}+\frac{\sqrt{c^2+2A}}{\beta}u'=0, \tag{4.4.8}$$

由此求得 KdV-Burgers 方程(4.3.60)焦点附近的近似解为

$$u'=a_0 e^{\frac{\nu}{2\beta}(\xi-\xi_0)}\cos k(\xi-\xi_0) \quad (\xi<\xi_0), \tag{4.4.9}$$

其中 a_0 为振幅，而 k 满足

$$k^2=\frac{\sqrt{c^2+2A}}{\beta}-\frac{\nu^2}{4\beta^2}. \tag{4.4.10}$$

§4.5 Adomian 分解法

Adomian 于 1986 年提出了分解法，Wazwaz 于 1998 年予以了改进，其主要思想是将解 u 写为一个级数形式，即

$$u=\sum_{n=0}^{+\infty}u_n=u_0+u_1+u_2+\cdots. \tag{4.5.1}$$

将它代入微分方程，通过积分依次求得 $u_0,u_1,u_2,\cdots$，从而求得 u. 但问题的关键在对微分方程中非线性项的处理. Adomian 将方程中的非线性项 $F(u)$，如 u^2，u^3，$\sin u$，$u\frac{\partial u}{\partial x}$ 等也写为一个级数形式，即

$$F(u)=\sum_{n=0}^{+\infty}A_n(u_0,u_1,u_2,\cdots)=A_0+A_1+A_2+\cdots, \tag{4.5.2}$$

其中 $A_n(n=0,1,2,\cdots)$ 称为 Adomian 多项式，它按下列表达式计算：

$$A_n=\frac{1}{n!}\frac{d^n}{d\lambda^n}[F(u_0+\lambda u_1+\lambda^2u_2+\cdots)]_{\lambda=0} \quad (n=0,1,2,\cdots). \tag{4.5.3}$$

如

$$\begin{cases} A_0=F(u_0), \quad A_1=F'(u_0)u_1, \quad A_2=F'(u_0)u_2+\frac{1}{2!}F''(u_0)u_1^2, \\ A_3=F'(u_0)u_3+F''(u_0)u_1u_2+\frac{1}{3!}F'''(u_0)u_1^3. \end{cases} \tag{4.5.4}$$

由此可见，A_0 只与 u_0 有关，A_1 只与 u_0,u_1 有关，A_2 只与 u_0,u_1,u_2 有关，等等. 而且，A_n 中的每一项 u 的下标的和都是 n. 若将式(4.5.4)代入式(4.5.2)，得到

$$\begin{aligned} F(u)&=F(u_0)+(u_1+u_2+\cdots)F'(u_0)+\frac{1}{2!}(u_1^2+2u_1u_2+\cdots)F''(u_0)+\frac{1}{3!}(u_1^3+\cdots)F'''(u_0) \\ &=F(u_0)+F'(u_0)(u-u_0)+\frac{1}{2!}F''(u_0)(u-u_0)^2+\cdots. \end{aligned} \tag{4.5.5}$$

上式说明:由 Adomian 多项式 $A_n(n=0,1,2,\cdots)$构成的级数实质上是非线性项 $F(u)$关于 u_0 的 Taylor 级数.所以,Adomian 分解法的处理是合理的.

由于积分的需要,Adomian 分解法特别适合于求非线性微分方程的初值或边值问题.下面举三例说明.

例 1 Riccati 方程的初值问题

$$\begin{cases}\dfrac{\mathrm{d}y}{\mathrm{d}t}+\dfrac{\sigma}{a_0}y^2=\sigma a_0 \quad (\sigma>0,a_0>0,t>0), \\ y\big|_{t=0}=0,\end{cases} \tag{4.5.6}$$

其中 σ 和 a_0 为常数.因为方程为 Riccati 方程,解能很方便求得.将式(4.5.6)中的方程与方程(3.2.39)相比较$\left(b=\dfrac{\sigma}{a_0},c=-\sigma a_0\right)$即知,本方程的通解为

$$y=a_0\tanh\sigma(t-t_0). \tag{4.5.7}$$

代入初条件可知 $t_0=0$,所以,初值问题(4.5.6)的解为

$$y=a_0\tanh\sigma t. \tag{4.5.8}$$

若应用 Adomian 分解法,首先,将方程两边对 t 从 0 到 t 积分,并利用初条件得到

$$y=a_0\sigma t-\int_0^t\frac{\sigma}{a_0}y^2\,\mathrm{d}t. \tag{4.5.9}$$

其次,令

$$y=y_0+y_1+y_2+\cdots. \tag{4.5.10}$$

注意

$$\frac{\sigma}{a_0}y^2=\frac{\sigma}{a_0}(y_0+y_1+y_2+\cdots)^2=A_0+A_1+A_2+\cdots\equiv F(y), \tag{4.5.11}$$

其中,利用式(4.5.4)可知

$$A_0=\frac{\sigma}{a_0}y_0^2,\quad A_1=\frac{2\sigma}{a_0}y_0y_1,\quad A_2=\frac{\sigma}{a_0}(2y_0y_2+y_1^2). \tag{4.5.12}$$

将式(4.5.10)和(4.5.11)代入式(4.5.9),注意 y 的零级分量 y_0 的确定通常不包括积分中的项,则依次求得

$$\begin{cases}y_0=a_0\sigma t, \\ y_1=-\displaystyle\int_0^t A_0\,\mathrm{d}t=-\int_0^t\frac{\sigma}{a_0}y_0^2\,\mathrm{d}t=-\int_0^t\frac{\sigma}{a_0}a_0^2\sigma^2t^2\,\mathrm{d}t=-\frac{a_0}{3}(\sigma t)^3, \\ y_2=-\displaystyle\int_0^t A_1\,\mathrm{d}t=-\int_0^t\frac{2\sigma}{a_0}y_0y_1\,\mathrm{d}t=\int_0^t\frac{2a_0}{3}\sigma^5t^4\,\mathrm{d}t=\frac{2a_0}{15}(\sigma t)^5,\end{cases} \tag{4.5.13}$$

所以

$$y=a_0\left[\sigma t-\frac{1}{3}(\sigma t)^3+\frac{2}{15}(\sigma t)^5-\cdots\right]=a_0\tanh\sigma t. \tag{4.5.14}$$

它与式(4.5.8)完全相同.

例2 Burgers方程的初值问题

$$\begin{cases}\dfrac{\partial u}{\partial t}+u\dfrac{\partial u}{\partial x}-\nu\dfrac{\partial^2 u}{\partial x^2}=0 & (-\infty<x<+\infty,t>0),\\ u\,|_{t=0}=f_0 x & (-\infty<x<+\infty).\end{cases}\tag{4.5.15}$$

将Burgers方程两边对t从0到t积分,并利用初条件得到

$$u=f_0 x+\nu\int_0^t\frac{\partial^2 u}{\partial x^2}\mathrm{d}t-\int_0^t u\frac{\partial u}{\partial x}\mathrm{d}t.\tag{4.5.16}$$

应用Adomian分解法,令

$$u=u_0+u_1+u_2+\cdots.\tag{4.5.17}$$

注意

$$u\frac{\partial u}{\partial x}=\frac{1}{2}\frac{\partial u^2}{\partial x}=\frac{1}{2}\frac{\partial}{\partial x}(u_0+u_1+u_2+\cdots)^2=A_0+A_1+A_2+\cdots\equiv F(u),\tag{4.5.18}$$

其中

$$\begin{cases}A_0=F(u_0)=u_0\dfrac{\partial u_0}{\partial x},\\ A_1=\dfrac{1}{2}\dfrac{\partial}{\partial x}(2u_0u_1)=u_1\dfrac{\partial u_0}{\partial x}+u_0\dfrac{\partial u_1}{\partial x},\\ A_2=\dfrac{1}{2}\dfrac{\partial}{\partial x}(2u_0u_2+u_1^2)=u_2\dfrac{\partial u_0}{\partial x}+u_1\dfrac{\partial u_1}{\partial x}+u_0\dfrac{\partial u_2}{\partial x}.\end{cases}\tag{4.5.19}$$

将式(4.5.17)和(4.5.18)代入式(4.5.16)依次求得

$$\begin{cases}u_0=f_0 x,\\ u_1=\nu\displaystyle\int_0^t\frac{\partial^2 u_0}{\partial x^2}\mathrm{d}t-\int_0^t u_0\frac{\partial u_0}{\partial x}\mathrm{d}t=0-\int_0^t f_0^2 x\mathrm{d}t=-f_0^2 xt,\\ u_2=\nu\displaystyle\int_0^t\frac{\partial^2 u_1}{\partial x^2}\mathrm{d}t-\int_0^t\frac{\partial u_0u_1}{\partial x}\mathrm{d}t=\int_0^t 2f_0^3 xt\,\mathrm{d}t=f_0^3 xt^2,\\ \cdots,\end{cases}\tag{4.5.20}$$

所以

$$u=f_0x-f_0^2xt+f_0^3xt^2-\cdots=f_0x(1-f_0t+f_0^2t^2-\cdots)=\frac{f_0x}{1+f_0t}\quad(|f_0t|<1).\tag{4.5.21}$$

例3 Thomas-Fermi方程的边值问题

$$\begin{cases}y''=x^{-1/2}y^{3/2} & (0<x<+\infty),\\ y\,|_{x=0}=1,\quad y\,|_{x\to+\infty}=0.\end{cases}\tag{4.5.22}$$

首先,把方程两边对x从0到x积分两次有

$$\int_0^x\int_0^x y''\mathrm{d}x\mathrm{d}x=\int_0^x\int_0^x x^{-1/2}y^{3/2}\mathrm{d}x\mathrm{d}x.\tag{4.5.23}$$

上式左边的积分利用 $x=0$ 处的边条件有

$$\int_0^x\int_0^x y''\mathrm{d}x\mathrm{d}x = \int_0^x[y'-y'(0)]\mathrm{d}x = y-1-Bx, \tag{4.5.24}$$

其中 $B\equiv y'(0)$. 因而式(4.5.23)化为

$$y = 1+Bx+\int_0^x\int_0^x x^{-1/2}y^{3/2}\mathrm{d}x\mathrm{d}x \quad (B\equiv y'(0)). \tag{4.5.25}$$

其次，应用 Adomian 分解法，令

$$y = y_0+y_1+y_2+\cdots. \tag{4.5.26}$$

注意

$$y^{3/2} = (y_0+y_1+y_2+\cdots)^{3/2} = A_0+A_1+A_2+\cdots\equiv F(y), \tag{4.5.27}$$

其中

$$A_0 = y_0^{3/2}, \quad A_1 = \frac{3}{2}y_1y_0^{1/2}, \quad A_2 = \frac{3}{8}y_1^2y_0^{-1/2}+\frac{3}{2}y_2y_0^{1/2}, \quad \cdots. \tag{4.5.28}$$

将式(4.5.26)和(4.5.27)代入方程(4.5.25)依次求得

$$\begin{cases} y_0 = 1, \\ y_1 = Bx+\int_0^x\int_0^x x^{-1/2}A_0\mathrm{d}x\mathrm{d}x = Bx+\int_0^x\int_0^x x^{-1/2}\mathrm{d}x\mathrm{d}x = Bx+\frac{4}{3}x^{3/2}, \\ y_2 = \int_0^x\int_0^x x^{-1/2}A_1\mathrm{d}x\mathrm{d}x = \int_0^x\int_0^x \frac{3}{2}x^{-1/2}\left(Bx+\frac{4}{3}x^{3/2}\right)\mathrm{d}x\mathrm{d}x = \frac{2}{5}Bx^{5/2}+\frac{1}{3}x^3, \\ y_3 = \int_0^x\int_0^x x^{-1/2}A_2\mathrm{d}x\mathrm{d}x = \frac{3}{70}B^2x^{7/2}+\frac{2}{15}Bx^4+\frac{2}{27}x^{9/2}, \\ \cdots, \end{cases} \tag{4.5.29}$$

所以，Thomas-Fermi 方程边值问题(4.5.22)的解为

$$y = 1+Bx+\frac{4}{3}x^{3/2}+\frac{2}{5}Bx^{5/2}+\frac{1}{3}x^3+\frac{3}{70}B^2x^{7/2}+\frac{2}{15}Bx^4+\frac{2}{27}x^{9/2}+\cdots. \tag{4.5.30}$$

上式左端包含 $B\equiv y'(0)$，为了能近似确定它，我们令

$$\xi = x^{1/2}, \tag{4.5.31}$$

则式(4.5.30)化为

$$y = 1+B\xi^2+\frac{4}{3}\xi^3+\frac{2}{5}B\xi^5+\frac{1}{3}\xi^6+\frac{3}{70}B^2\xi^7+\frac{2}{15}B\xi^8+\frac{2}{27}\xi^9+\cdots. \tag{4.5.32}$$

应用所谓 Padé 近似$[m/n]$，其中 $m=n$ 的 Padé 对角线近似为

$$[n/n] = \frac{a_0+a_1\xi+a_2\xi^2+\cdots+a_n\xi^n}{b_0+b_1\xi+b_2\xi^2+\cdots+b_n\xi^n} = c_0+c_1\xi+c_2\xi^2+\cdots, \tag{4.5.33}$$

由此有

$$a_0 = b_0c_0, \quad a_1 = b_0c_1+b_1c_0, \quad a_2 = b_0c_2+b_1c_1+b_2c_0, \quad \cdots. \tag{4.5.34}$$

依式(4.5.32)和数学软件，可以确定

$$[2/2]=\frac{9B^2-12B\xi+(9B^3+16)\xi^2}{9B^2-12B\xi+16\xi^2}. \tag{4.5.35}$$

若用[2/2]去逼近 y,则要满足 $y|_{\xi\to+\infty}=0$,只有 $9B^3+16=0$,由此定得

$$B\equiv y'(0)=-\sqrt[3]{\frac{16}{9}}\approx-1.211\,414. \tag{4.5.36}$$

若用[4/4]和[7/7]去逼近 y,则分别求得

$$B\approx-1.550\,526 \tag{4.5.37}$$

和

$$B\approx-1.586\,021. \tag{4.5.38}$$

通常认为取

$$B\equiv y'(0)\approx-1.588\,071 \tag{4.5.39}$$

更为准确.

第5章　摄　动　法

摄动法是求解非线性方程的一种重要的方法.这种方法的第一步是在方程中引进无量纲的小参数 $\varepsilon(0<\varepsilon\ll 1)$;第二步是将方程的解展开为小参数 ε 的幂级数,从而可以依次求得方程的各级近似解;第三步是分析摄动级数的收敛性,它通常在自变量变得很大时不收敛.为了解决这个问题,人们在经典的正则摄动法(regular perturbation expansion methods)的基础上提出了许多奇异摄动法(singular perturbation expansion methods).此外,本章还要介绍我们创立的幂级数展开法(power series expansion methods).

§5.1　正则摄动法

考察下列包含小参数 ε 的非线性方程的初值问题:

$$\begin{cases}\dfrac{\mathrm{d}y}{\mathrm{d}t}+\mu y=\varepsilon\beta_0 y^2 \quad (\mu>0,\beta_0>0,t>0),\\ y\,|_{t=0}=a_0,\end{cases} \tag{5.1.1}$$

其中 μ,β_0 和 a_0 为常数.式(5.1.1)中的方程是 Riccati 方程.与方程(3.2.34)比较($a=\mu,b=-\varepsilon\beta_0$),并利用式(5.1.1)中的初条件,求得初值问题(5.1.1)的解析解为

$$y=\frac{a_0\mathrm{e}^{-\mu t}}{1-\varepsilon\dfrac{\beta_0 a_0}{\mu}(1-\mathrm{e}^{-\mu t})}. \tag{5.1.2}$$

若应用正则摄动法,将 y 展为 ε 的幂级数,即

$$y=y_0+\varepsilon y_1+\varepsilon^2 y_2+\cdots, \tag{5.1.3}$$

其中 $y_0,y_1,y_2,\cdots$ 分别代表 y 的零级近似、一级近似、二级近似、…….

式(5.1.3)代入初值问题(5.1.1)得到

$$\begin{cases}\dfrac{\mathrm{d}}{\mathrm{d}t}(y_0+\varepsilon y_1+\varepsilon^2 y_2+\cdots)+\mu(y_0+\varepsilon y_1+\varepsilon^2 y_2+\cdots)=\varepsilon\beta_0(y_0+\varepsilon y_1+\varepsilon^2 y_2+\cdots)^2,\\ y_0(0)+\varepsilon y_1(0)+\varepsilon^2 y_2(0)+\cdots=a_0,\end{cases} \tag{5.1.4}$$

由此求得它的零级近似、一级近似和二级近似分别为

$$\frac{\mathrm{d}y_0}{\mathrm{d}t}+\mu y_0=0,\quad y_0(0)=a_0; \tag{5.1.5}$$

$$\frac{\mathrm{d}y_1}{\mathrm{d}t}+\mu y_1=\beta_0 y_0^2,\quad y_1(0)=0 \tag{5.1.6}$$

和

$$\frac{\mathrm{d}y_2}{\mathrm{d}t}+\mu y_2=2\beta_0 y_0 y_1,\quad y_2(0)=0. \tag{5.1.7}$$

零级近似问题(5.1.5)的解很容易求得为

$$y_0=a_0\mathrm{e}^{-\mu t}. \tag{5.1.8}$$

式(5.1.8)代入一级近似问题(5.1.6)有

$$\frac{\mathrm{d}y_1}{\mathrm{d}t}+\mu y_1=\beta_0 a_0^2\mathrm{e}^{-2\mu t},\quad y_1(0)=0. \tag{5.1.9}$$

它的解不难求得为

$$y_1=\frac{\beta_0 a_0^2}{\mu}\mathrm{e}^{-\mu t}(1-\mathrm{e}^{-\mu t}). \tag{5.1.10}$$

式(5.1.8)和(5.1.10)代入二级近似问题(5.1.7)有

$$\frac{\mathrm{d}y_2}{\mathrm{d}t}+\mu y_2=\frac{2\beta_0^2 a_0^3}{\mu}\mathrm{e}^{-2\mu t}(1-\mathrm{e}^{-\mu t}),\quad y_2(0)=0. \tag{5.1.11}$$

它的解也不难求得为

$$y_2=\frac{\beta_0^2 a_0^3}{\mu^2}\mathrm{e}^{-\mu t}(1-\mathrm{e}^{-\mu t})^2. \tag{5.1.12}$$

这样,我们便用正则摄动法求得非线性方程初值问题(5.1.1)的解为

$$y=a_0\mathrm{e}^{-\mu t}\left[1+\varepsilon\frac{\beta_0 a_0}{\mu}(1-\mathrm{e}^{-\mu t})+\varepsilon^2\frac{\beta_0^2 a_0^2}{\mu^2}(1-\mathrm{e}^{-\mu t})^2+O(\varepsilon^3)\right]. \tag{5.1.13}$$

这个解与解析解(5.1.2)是一致的.因为令 $x=\varepsilon\dfrac{\beta_0 a_0}{\mu}(1-\mathrm{e}^{-\mu t})$,则式(5.1.2)关于 x 的幂级数展开就是式(5.1.13).解析解(5.1.2)对所有的 $t(0\leqslant t<+\infty)$都是有界的.同样,摄动解中的各级近似对所有的 t 也是有界的,且摄动解(5.1.13)中的后一项的数值比前一项的数值迅速地减小.因此,正则摄动法对本问题是有效的.

但摄动法给的是关于 ε 的幂级数解,最终只能将级数截断,取有限项作为问题的解.那么,这样做是否对所有自变量的取值都一致成立呢?为此,我们考察 $\mathrm{e}^{-\varepsilon(\mu t)}$ 这样一个非常简单的函数.因为

$$\mathrm{e}^{-\varepsilon(\mu t)}=1-\varepsilon(\mu t)+\frac{1}{2!}\varepsilon^2(\mu t)^2+\cdots \tag{5.1.14}$$

是在 $-\infty<t<+\infty$ 内对所有的 t 都一致收敛的一个级数,但若把级数(5.1.14)截断,取前有限项作为 $\mathrm{e}^{-\varepsilon(\mu t)}$ 的近似值,那么,它就并非对所有的 t 都一致有效了.如

取 $e^{-\varepsilon(\mu t)}$ 级数的头两项作为其近似值，则对于 $\mu t=O(1)$ 是有效的，但对于 $\mu t=O(\varepsilon^{-1})$ 就不再有效了，必须再增加级数的项数. 若 t 再增加达到 $\mu t=O(\varepsilon^{-2})$ 时，级数的项数还要大大增加，所以，摄动解通常并非对所有的自变量都有一致有效地用前有限项作为近似解. 之所以如此，是因为在摄动解中存在与 $t,t^2,\cdots$ 成正比的久期项(secular term)的缘故，也就是说，系统存在着不同的时间尺度. 要使摄动法成功，就要求摄动解中的各级近似解对所有的 t 都是有界的，也就是要考虑系统存在的多时间尺度. 正由于此，人们提出了许多所谓的奇异摄动法. 下面主要以 Duffing 方程为例分别介绍.

§5.2　多尺度方法

在§2.7 中已经分析过的无阻尼和无强迫的 Duffing 方程

$$\frac{d^2x}{dt^2}+\omega_0^2x=-\varepsilon\beta_0^2x^3. \tag{5.2.1}$$

当 $\varepsilon>0$ 时的准确解为

$$x=a\mathrm{cn}(\omega t,m). \tag{5.2.2}$$

它对任何 t 都是有界的，其中

$$\omega^2=\omega_0^2+\varepsilon\beta_0^2a^2,\quad m^2=\frac{\varepsilon\beta_0^2a^2}{2\omega^2}=\frac{1}{2}\left(1-\frac{\omega_0^2}{\omega^2}\right). \tag{5.2.3}$$

现在，我们在 $0<\varepsilon\ll1$ 的条件下用摄动法求解它.

设 Duffing 方程(5.2.1)的解为

$$x=x_0+\varepsilon x_1+\varepsilon^2x_2+\cdots, \tag{5.2.4}$$

其中 $x_0,x_1,x_2,\cdots$ 分别为 x 的零级近似、一级近似、二级近似、…….

式(5.2.4)代入方程(5.2.1)有

$$\frac{d^2}{dt^2}(x_0+\varepsilon x_1+\cdots)+\omega_0^2(x_0+\varepsilon x_1+\cdots)=-\varepsilon\beta_0^2(x_0+\varepsilon x_1+\cdots)^3, \tag{5.2.5}$$

由此得到其零级和一级近似分别为

$$\frac{d^2x_0}{dt^2}+\omega_0^2x_0=0 \tag{5.2.6}$$

和

$$\frac{d^2x_1}{dt^2}+\omega_0^2x_1=-\beta_0^2x_0^3. \tag{5.2.7}$$

显然，零级近似方程为一线性方程，其通解为

$$x_0=a\cos(\omega_0t+\theta_0). \tag{5.2.8}$$

它实际上就是 Duffing 方程(5.2.1)在 $\varepsilon=0$ 时的解,其中 a 和 θ_0 为两个任意常数,分别代表零级近似解的振幅和初相位.

式(5.2.8)代入一级近似方程(5.2.7)的右端,并注意 $\cos^3\alpha=\frac{1}{4}(\cos3\alpha+3\cos\alpha)$,则方程(5.2.7)化为

$$\frac{d^2x_1}{dt^2}+\omega_0^2x_1=-\frac{1}{4}\beta_0^2a^3[\cos3(\omega_0t+\theta_0)+3\cos(\omega_0t+\theta_0)]. \tag{5.2.9}$$

它也是一线性方程,考虑到其齐次方程的解形式与式(5.2.8)一样,因而只求方程(5.2.9)的特解.这个特解不难求得为

$$x_1=-\frac{3\beta_0^2}{8\omega_0}a^3t\sin(\omega_0t+\theta_0)+\frac{\beta_0^2}{32\omega_0^2}a^3\cos3(\omega_0t+\theta_0). \tag{5.2.10}$$

这样,Duffing 方程(5.2.1)的摄动解可以表为

$$x=a\cos(\omega_0t+\theta_0)+\varepsilon a^3\left[-\frac{3\beta_0^2}{8\omega_0}t\sin(\omega_0t+\theta_0)+\frac{\beta_0^2}{32\omega_0^2}\cos3(\omega_0t+\theta_0)\right]+O(\varepsilon^2). \tag{5.2.11}$$

由于在一级近似解中存在$-\frac{3\beta_0^2}{8\omega_0}a^3t\sin(\omega_0t+\theta_0)$形式的久期项,所以式(5.2.11)的截断解不能对所有的 t 一致有效.而这种久期项的产生是由于在一级近似方程(5.2.9)右端有 $\cos(\omega_0t+\theta_0)$一项,它的频率与齐次方程的基频 ω_0 相同,形成共振所致.

事实上,从准确解式(5.2.2)看到,它对所有的 t 都是有界的,由此说明应用正则摄动法不适于求解 Duffing 方程(5.2.1).

从 Duffing 方程(5.2.1)所反映的非线性振荡的物理意义来分析,由于它存在非线性恢复力,使得这种非线性振荡本身存在不同的时间尺度.通常,由于非线性形成的不同频率振荡的相互作用,使得振荡的振幅随时间是慢变的,同样,初相位也随时间是慢变的,但相位则随时间是快变的.而且从等效圆频率的表达式(2.7.11)看到,它一方面与线性振荡的圆频率 ω_0 有关,另一方面它又与振幅有关.正由于此,为了用摄动法来解 Duffing 方程(5.2.1),必须引入多种时间尺度,这就出现了多尺度方法(multiple scale methods).

多尺度方法的第一步是引进多时间尺度变量:

$$T_0=t,\quad T_1=\varepsilon t,\quad T_2=\varepsilon^2t,\quad \cdots,\quad T_n=\varepsilon^nt, \tag{5.2.12}$$

并认为它们彼此是互相独立的.由于 $0<\varepsilon\ll1$,$T_1=\varepsilon t$ 随 t 的变化比 $T_0=t$ 随 t 的变化要慢,$T_2,T_3,\cdots,T_n$ 就更慢了.因而 $T_1,T_2,\cdots,T_n$ 均称为慢时间尺度或慢变坐标,而 T_0 为快时间尺度或快变坐标.

多尺度方法的第二步是认为未知函数是 $T_0,T_1,\cdots,T_n$ 的函数.这样,x 的摄

动展开式应为

$$x = x_0(T_0, T_1, \cdots, T_n) + \varepsilon x_1(T_0, T_1, \cdots, T_n) + \cdots. \tag{5.2.13}$$

由于 x 的各级近似均依赖于 $T_0, T_1, \cdots, T_n$，因而在方程中出现的关于时间的导数应为

$$\frac{\mathrm{d}}{\mathrm{d}t} = \frac{\partial}{\partial T_0} + \varepsilon \frac{\partial}{\partial T_1} + \varepsilon^2 \frac{\partial}{\partial T_2} + \cdots + \varepsilon^n \frac{\partial}{\partial T_n}. \tag{5.2.14}$$

这可以认为是多尺度方法的第三步. 这一步意味着多尺度方法不仅将解按 ε 的幂级数展开，而且将 $\frac{\mathrm{d}}{\mathrm{d}t}$ 也按 ε 的幂级数的前 n 项作了展开，正由于此，多尺度方法又称为导数展开法(derivative expansion methods).

式(5.2.13)和(5.2.14)代入 Duffing 方程(5.2.1)有

$$\left(\frac{\partial}{\partial T_0} + \varepsilon \frac{\partial}{\partial T_1} + \cdots + \varepsilon^n \frac{\partial}{\partial T_n}\right)^2 (x_0 + \varepsilon x_1 + \cdots) + \omega_0^2 (x_0 + \varepsilon x_1 + \cdots)$$
$$= -\varepsilon \beta_0^2 (x_0 + \varepsilon x_1 + \cdots)^3. \tag{5.2.15}$$

由此得到其零级近似和一级近似分别为

$$\frac{\partial^2 x_0}{\partial T_0^2} + \omega_0^2 x_0 = 0 \tag{5.2.16}$$

和

$$\frac{\partial^2 x_1}{\partial T_0^2} + \omega_0^2 x_1 = -2 \frac{\partial^2 x_0}{\partial T_0 \partial T_1} - \beta_0^2 x_0^3. \tag{5.2.17}$$

显然，零级近似方程(5.2.16)的通解为

$$x_0 = a(T_1, T_2, \cdots, T_n)\cos(\omega_0 T_0 + \theta_0(T_1, T_2, \cdots, T_n)), \tag{5.2.18}$$

其中 x_0 的振幅 a 和初相位 θ_0 对 T_0 而言是积分常数，但实质上还随 $T_1, T_2, \cdots, T_n$ 变化，而相位可以随 T_0 变化，因此，a 和 θ_0 是慢变的，而相位是快变的.

将式(5.2.18)代入一级近似方程(5.2.17)的右端，则方程(5.2.17)化为

$$\frac{\partial^2 x_1}{\partial T_0^2} + \omega_0^2 x_1 = 2\omega_0 \frac{\partial a}{\partial T_1}\sin(\omega_0 T_0 + \theta_0) + \left(2\omega_0 a \frac{\partial \theta_0}{\partial T_1} - \frac{3}{4}\beta_0^2 a^3\right)\cos(\omega_0 T_0 + \theta_0)$$
$$- \frac{1}{4}\beta_0^2 a^3 \cos 3(\omega_0 T_0 + \theta_0). \tag{5.2.19}$$

比较方程(5.2.19)的右端与方程(5.2.9)的右端可以发现，在方程(5.2.9)的右端诱发久期项的 $\cos(\omega_0 t + \theta_0)$ 的前面是一个非零的系数，而在方程(5.2.19)的右端诱发久期项的 $\sin(\omega_0 T_0 + \theta_0)$ 和 $\cos(\omega_0 T_0 + \theta_0)$ 的前面分别是一个可以使其为零的系数. 所以，为了消除久期项，可令

$$\frac{\partial a}{\partial T_1} = 0, \quad 2\omega_0 a \frac{\partial \theta_0}{\partial T_1} - \frac{3}{4}\beta_0^2 a^3 = 0. \tag{5.2.20}$$

这称为非久期条件(conditions for nonsecularity). 它告诉我们：振幅 a 不仅与 T_0

无关，而且也与 T_1 无关，即是说，它仅与 $T_2,\cdots,T_n$ 有关，从而随时间更是慢变的. 同时，由式(5.2.20)中的第二式求得 θ_0 随时间慢变的具体形式为

$$\theta_0=\frac{3\beta_0^2a^2}{8\omega_0}T_1+\theta'(T_2,\cdots,T_n)=\frac{3\beta_0^2a^2}{8\omega_0}\varepsilon t+\theta'(T_2,\cdots,T_n),\qquad(5.2.21)$$

其中 $\theta'(T_2,\cdots,T_n)$ 对 T_1 而言是积分常数.

有了非久期条件(5.2.20)，一级近似方程(5.2.19)可以改写为

$$\frac{\partial^2x_1}{\partial T_0^2}+\omega_0^2x_1=-\frac{1}{4}\beta_0^2a^3\cos3(\omega_0t+\theta_0).\qquad(5.2.22)$$

它的特解为

$$x_1=\frac{\beta_0^2}{32\omega_0^2}a^3\cos3(\omega_0T_0+\theta_0).\qquad(5.2.23)$$

式(5.2.23)与(5.2.10)相比较，在这里消除了久期项. 这样，我们应用多尺度方法求得了 Duffing 方程(5.2.1)的摄动解为

$$x=a(T_2,\cdots,T_n)\cos\theta+\varepsilon\frac{\beta_0^2}{32\omega_0^2}a^3\cos3\theta+O(\varepsilon^2),\qquad(5.2.24)$$

其中相位函数为

$$\theta=\omega_0T_0+\theta_0=\left(\omega_0+\frac{3\beta_0^2a^2}{8\omega_0}\varepsilon\right)t+\theta'.\qquad(5.2.25)$$

这里，t 前的系数与式(2.7.11)表征的等效圆频率完全一样，我们注意到在多尺度方法中，实际上将圆频率也作了摄动展开，这就导致了下节将介绍的 PLK 方法.

下面，我们应用多尺度方法求 van der Pol 方程

$$\frac{\mathrm{d}^2x}{\mathrm{d}t^2}+2\mu\left(\frac{x^2}{a_c^2}-1\right)\frac{\mathrm{d}x}{\mathrm{d}t}+\omega_0^2x=0\qquad(5.2.26)$$

的摄动解和已在§2.6 和§4.2 分析过的它的极限环. 为此，在弱阻尼($\mu^2<\omega_0^2$)的条件下引入小参数

$$\varepsilon=\frac{2\mu}{\omega_0}.\qquad(5.2.27)$$

这样，van der Pol 方程(5.2.26)化为

$$\frac{\mathrm{d}^2x}{\mathrm{d}t^2}+\omega_0^2x=\varepsilon\left(1-\frac{x^2}{a_c^2}\right)\omega_0\frac{\mathrm{d}x}{\mathrm{d}t}.\qquad(5.2.28)$$

将式(5.2.13)和(5.2.14)代入方程(5.2.28)有

$$\begin{aligned}&\left(\frac{\partial}{\partial T_0}+\varepsilon\frac{\partial}{\partial T_1}+\cdots+\varepsilon^n\frac{\partial}{\partial T_n}\right)^2(x_0+\varepsilon x_1+\cdots)+\omega_0^2(x_0+\varepsilon x_1+\cdots)\\&\quad=\varepsilon\left[1-\frac{(x_0+\varepsilon x_1+\cdots)^2}{a_c^2}\right]\omega_0\left(\frac{\partial}{\partial T_0}+\varepsilon\frac{\partial}{\partial T_1}+\cdots+\varepsilon^n\frac{\partial}{\partial T_n}\right)(x_0+\varepsilon x_1+\cdots).\end{aligned}\qquad(5.2.29)$$

其零级近似和一级近似分别为

$$\frac{\partial^2 x_0}{\partial T_0^2}+\omega_0^2 x_0=0 \tag{5.2.30}$$

和

$$\frac{\partial^2 x_1}{\partial T_0^2}+\omega_0^2 x_1=-2\frac{\partial^2 x_0}{\partial T_0\partial T_1}+\left(1-\frac{x_0^2}{a_c^2}\right)\omega_0\frac{\partial x_0}{\partial T_0}. \tag{5.2.31}$$

显然,零级近似方程(5.2.30)的通解为

$$x_0=a(T_1,T_2,\cdots,T_n)\cos[\omega_0 T_0+\theta_0(T_1,T_2,\cdots,T_n)]. \tag{5.2.32}$$

将式(5.2.32)代入一级近似方程(5.2.31)的右端,则方程(5.2.31)化为

$$\begin{aligned}\frac{\partial^2 x_1}{\partial T_0^2}+\omega_0^2 x_1=&\left[2\omega_0\frac{\partial a}{\partial T_1}-\omega_0^2 a\left(1-\frac{a^2}{4a_c^2}\right)\right]\sin(\omega_0 T_0+\theta_0)+2\omega_0 a\frac{\partial\theta_0}{\partial T_1}\cos(\omega_0 T_0+\theta_0)\\&+\frac{\omega_0^3 a^3}{4a_c^2}\sin 3(\omega_0 T_0+\theta_0).\end{aligned} \tag{5.2.33}$$

从上式看到,这里的非久期条件为

$$2\omega_0\frac{\partial a}{\partial T_1}-\omega_0^2 a\left(1-\frac{a^2}{4a_c^2}\right)=0,\quad \frac{\partial\theta_0}{\partial T_1}=0. \tag{5.2.34}$$

式(5.2.34)中的后一式表明:θ_0 不仅与 T_0 无关,而且也与 T_1 无关.式(5.2.34)中的前一式给出了零级近似的振幅 a 随 T_1 的变化规律,即

$$\frac{\partial a^2}{\partial T_1}-\omega_0 a^2+\frac{\omega_0}{4a_c^2}a^4=0. \tag{5.2.35}$$

这是 a^2 关于 T_1 的 Riccati 方程[参见方程(3.2.34)],它满足初条件

$$a\big|_{t=0}=a_0 \tag{5.2.36}$$

的解为

$$a=\frac{2a_c}{\sqrt{1+\left(\frac{4a_c^2}{a_0^2}-1\right)e^{-2\mu t}}}=\frac{a_0 e^{\mu t}}{\sqrt{1+\frac{a_0^2}{4a_c^2}(e^{2\mu t}-1)}}. \tag{5.2.37}$$

这样,用多尺度方法求得 van der Pol 方程(5.2.26)的摄动解(详细求解见附录 D 5.1)为

$$x=a\cos(\omega_0 t+\theta_0)+O(\varepsilon), \tag{5.2.38}$$

而且从式(5.2.37)知

$$\lim_{t\to+\infty}a=2a_c. \tag{5.2.39}$$

并且,当 $a_0<2a_c$ 时,a 随着 t 的增加而增加;当 $a_0>2a_c$ 时,a 随着 t 的增加而减小,所以存在一个半径为 $2a_c$ 的稳定的极限环,这是只由 van der Pol 方程的低级近似得到的.

§5.3　PLK(Poincare-Lighthill-Kuo[①])方法[②]

对含小参数 ε 的非线性常微分方程,如 Duffing 方程

$$\frac{\mathrm{d}^2 x}{\mathrm{d}t^2}+\omega_0^2 x=-\varepsilon\beta_0^2 x^3 \tag{5.3.1}$$

的求解,PLK 方法的第一步是引入新变量

$$\tau=\omega t, \tag{5.3.2}$$

其中 ω 是 Duffing 方程非线性振荡的圆频率.这样,Duffing 方程(5.3.1)化为

$$\omega^2\frac{\mathrm{d}^2 x}{\mathrm{d}\tau^2}+\omega_0^2 x=-\varepsilon\beta_0^2 x^3. \tag{5.3.3}$$

第二步是不仅将 x 作摄动展开

$$x=x_0(\tau)+\varepsilon x_1(\tau)+\cdots, \tag{5.3.4}$$

而且将 ω 也作摄动展开

$$\omega=\omega_0+\varepsilon\omega_1+\cdots. \tag{5.3.5}$$

这样,将式(5.3.4)和(5.3.5)代入方程(5.3.3)有

$$\begin{aligned}&(\omega_0+\varepsilon\omega_1+\cdots)^2\frac{\mathrm{d}^2}{\mathrm{d}\tau^2}(x_0+\varepsilon x_1+\cdots)+\omega_0^2(x_0+\varepsilon x_1+\cdots)\\&=-\varepsilon\beta_0^2(x_0+\varepsilon x_1+\cdots)^3,\end{aligned} \tag{5.3.6}$$

由此求得其零级近似和一级近似分别为

$$\frac{\mathrm{d}^2 x_0}{\mathrm{d}\tau^2}+x_0=0 \tag{5.3.7}$$

和

$$\frac{\mathrm{d}^2 x_1}{\mathrm{d}\tau^2}+x_1=\frac{1}{\omega_0^2}(2\omega_0\omega_1 x_0-\beta_0^2 x_0^3), \tag{5.3.8}$$

其中式(5.3.8)已用到了式(5.3.7).

显然,零级近似方程(5.3.7)的通解为

$$x_0=a\cos\theta,\quad \theta=\tau+\theta_0=\omega t+\theta_0, \tag{5.3.9}$$

其中 a 和 θ_0 为任意常数.将式(5.3.9)代入方程(5.3.8)的右端,则方程(5.3.8)化为

$$\frac{\mathrm{d}^2 x_1}{\mathrm{d}\tau^2}+x_1=\frac{1}{\omega_0^2}\left[\left(2\omega_0\omega_1-\frac{3}{4}\beta_0^2 a^2\right)a\cos\theta-\frac{1}{4}\beta_0^2 a^3\cos3\theta\right]. \tag{5.3.10}$$

从上式看到,这里的非久期条件为

$$2\omega_0\omega_1-\frac{3}{4}\beta_0^2 a^2=0. \tag{5.3.11}$$

---

① Kuo 是指郭永怀.

② 此方法有人称为 LP(Lindstedt-Poincare)方法.

由此求得 ω 的一级近似为

$$\omega_1 = \frac{3\beta_0^2 a^2}{8\omega_0}, \tag{5.3.12}$$

而且方程(5.3.10)简化为

$$\frac{d^2 x_1}{d\tau^2} + x_1 = -\frac{\beta_0^2}{4\omega_0^2} a^3 \cos 3\theta, \tag{5.3.13}$$

它的特解为

$$x_1 = \frac{\beta_0^2}{32\omega_0^2} a^3 \cos 3\theta, \tag{5.3.14}$$

所以,用 PLK 方法求得的 Duffing 方程(5.3.1)的摄动解为

$$x = a\cos(\omega t + \theta_0) + \varepsilon \frac{\beta_0^2}{32\omega_0^2} a^3 \cos 3(\omega t + \theta_0) + O(\varepsilon^2), \tag{5.3.15}$$

其中

$$\omega = \omega_0 + \frac{3\beta_0^2 a^2}{8\omega_0}\varepsilon + O(\varepsilon^2). \tag{5.3.16}$$

解(5.3.15)实质上与用多尺度方法求得的解(5.2.24)是相同的,但 PLK 方法明确给出了 ω 的表达式.

PLK 方法也可以用来求解非线性偏微分方程.例如,在式(1.2.6)中已经标记过的浅水波的 KdV 方程

$$\frac{\partial h'}{\partial t} + c_0\left(1 + \frac{3h'}{2H}\right)\frac{\partial h'}{\partial x} + \beta\frac{\partial^3 h'}{\partial x^3} = 0 \quad \left(\beta = \frac{1}{6}c_0 H^2\right). \tag{5.3.17}$$

首先,我们令

$$\eta = h'/H, \tag{5.3.18}$$

使方程(5.3.17)化为

$$\frac{\partial \eta}{\partial t} + c_0\left(1 + \frac{3}{2}\eta\right)\frac{\partial \eta}{\partial x} + \beta\frac{\partial^3 \eta}{\partial x^3} = 0. \tag{5.3.19}$$

其次,引进相位函数

$$\theta = kx - \omega t, \tag{5.3.20}$$

这里 k 和 ω 分别为波数和圆频率.这样,非线性偏微分方程(5.3.19)就化成了下列非线性常微分方程:

$$(-\omega + kc_0)\frac{d\eta}{d\theta} + \frac{3}{2}kc_0\eta\frac{d\eta}{d\theta} + \beta k^3\frac{d^3\eta}{d\theta^3} = 0. \tag{5.3.21}$$

为了应用 PLK 方法求解,我们设 h' 的振幅为 a,而选小参数为

$$\varepsilon = a/H. \tag{5.3.22}$$

因为 η 是自由面的相对扰动高度,则 η 关于 ε 的摄动展开写为

$$\eta = \varepsilon\eta_1(\theta) + \varepsilon^2\eta_2(\theta) + \cdots, \tag{5.3.23}$$

同时,圆频率 ω 的摄动展开写为

$$\omega = \omega_0(k) + \varepsilon\omega_1(k) + \varepsilon^2\omega_2(k) + \cdots. \tag{5.3.24}$$

将式(5.3.23)和(5.3.24)代入方程(5.3.21)有

$$\begin{aligned}(-\omega_0 + kc_0 - \varepsilon\omega_1 - \varepsilon^2\omega_2 - \cdots)\frac{\mathrm{d}}{\mathrm{d}\theta}(\varepsilon\eta_1 + \varepsilon^2\eta_2 + \cdots)\\ + \frac{3}{2}kc_0(\varepsilon\eta_1 + \varepsilon^2\eta_2 + \cdots)\frac{\mathrm{d}}{\mathrm{d}\theta}(\varepsilon\eta_1 + \varepsilon^2\eta_2 + \cdots)\\ + \beta k^3\frac{\mathrm{d}^3}{\mathrm{d}\theta^3}(\varepsilon\eta_1 + \varepsilon^2\eta_2 + \cdots) = 0.\end{aligned} \tag{5.3.25}$$

其一级近似、二级近似和三级近似分别为

$$(-\omega_0 + kc_0)\frac{\mathrm{d}\eta_1}{\mathrm{d}\theta} + \beta k^3\frac{\mathrm{d}^3\eta_1}{\mathrm{d}\theta^3} = 0, \tag{5.3.26}$$

$$(-\omega_0 + kc_0)\frac{\mathrm{d}\eta_2}{\mathrm{d}\theta} + \beta k^3\frac{\mathrm{d}^3\eta_2}{\mathrm{d}\theta^3} = \omega_1\frac{\mathrm{d}\eta_1}{\mathrm{d}\theta} - \frac{3}{2}kc_0\eta_1\frac{\mathrm{d}\eta_1}{\mathrm{d}\theta} \tag{5.3.27}$$

和

$$(-\omega_0 + kc_0)\frac{\mathrm{d}\eta_3}{\mathrm{d}\theta} + \beta k^3\frac{\mathrm{d}^3\eta_3}{\mathrm{d}\theta^3} = \omega_1\frac{\mathrm{d}\eta_2}{\mathrm{d}\theta} + \omega_2\frac{\mathrm{d}\eta_1}{\mathrm{d}\theta} - \frac{3}{2}kc_0\left(\eta_1\frac{\mathrm{d}\eta_2}{\mathrm{d}\theta} + \eta_2\frac{\mathrm{d}\eta_1}{\mathrm{d}\theta}\right). \tag{5.3.28}$$

方程(5.3.26)是$\frac{\mathrm{d}\eta_1}{\mathrm{d}\theta}$关于 θ 的二阶振动方程.由于 θ 是无量纲的,因而振动要求

$$\frac{-\omega_0 + kc_0}{\beta k^3} = 1, \tag{5.3.29}$$

由此求得圆频率 ω 的零级近似为

$$\omega_0 = kc_0 - \beta k^3. \tag{5.3.30}$$

这是线性浅水波的色散关系,它表明圆频率只与波数有关.同时求得一级近似方程(5.3.26)的解为

$$\eta_1 = \cos\theta. \tag{5.3.31}$$

将式(5.3.30)和(5.3.31)代入二级近似方程(5.3.27)得到

$$\beta k^3\left(\frac{\mathrm{d}^3\eta_2}{\mathrm{d}\theta^3} + \frac{\mathrm{d}\eta_2}{\mathrm{d}\theta}\right) = -\omega_1\sin\theta + \frac{3}{4}kc_0\sin 2\theta. \tag{5.3.32}$$

从上式看到,这里的非久期条件为

$$\omega_1 = 0. \tag{5.3.33}$$

这样,方程(5.3.32)简化为

$$\frac{\mathrm{d}^3\eta_2}{\mathrm{d}\theta^3} + \frac{\mathrm{d}\eta_2}{\mathrm{d}\theta} = \frac{3c_0}{4\beta k^2}\sin 2\theta. \tag{5.3.34}$$

它的特解为

$$\eta_2 = \frac{c_0}{8\beta k^2}\cos 2\theta. \tag{5.3.35}$$

将式(5.3.30),(5.3.31),(5.3.33)和(5.3.35)代入三级近似方程(5.3.28)得到

$$\beta k^3\left(\frac{\mathrm{d}^3\eta_3}{\mathrm{d}\theta^3}+\frac{\mathrm{d}\eta_3}{\mathrm{d}\theta}\right)=-\left(\omega_2-\frac{3c_0^2}{32\beta k}\right)\sin\theta+\frac{9c_0^2}{32\beta k}\sin 3\theta. \tag{5.3.36}$$

从上式看到,这里的非久期条件为

$$\omega_2=\frac{3c_0^2}{32\beta k}, \tag{5.3.37}$$

且方程(5.3.36)化简为

$$\frac{\mathrm{d}^3\eta_3}{\mathrm{d}\theta^3}+\frac{\mathrm{d}\eta_3}{\mathrm{d}\theta}=\frac{9c_0^2}{32\beta^2k^4}\sin 3\theta. \tag{5.3.38}$$

它的特解为

$$\eta_3=\frac{3c_0^2}{256\beta^2k^4}\cos 3\theta. \tag{5.3.39}$$

这样,我们用 PLK 方法求得了浅水波 KdV 方程(5.3.17)的摄动解为

$$\frac{h'}{H}=\varepsilon\cos\theta+\frac{c_0}{8\beta k^2}\varepsilon^2\cos 2\theta+\frac{3c_0^2}{256\beta^2k^4}\varepsilon^3\cos 3\theta+O(\varepsilon^4). \tag{5.3.40}$$

注意 $\varepsilon=a/H$,$\beta=\frac{1}{6}c_0H^2$,则上式可改写为

$$h'=a\cos\theta+\frac{3}{4k^2H^3}a^2\cos 2\theta+\frac{27}{64k^4H^6}a^3\cos 3\theta+O(\varepsilon^4), \tag{5.3.41}$$

而圆频率为

$$\omega=kc_0-\beta k^3+\frac{3c_0^2}{32\beta k}\varepsilon^2+O(\varepsilon^3)=kc_0\left(1-\frac{1}{6}k^2H^2+\frac{9a^2}{16k^2H^4}\right)+O(\varepsilon^3). \tag{5.3.42}$$

这是非线性浅水波的色散关系.它表明:圆频率不仅依赖于波数,而且依赖于振幅.

§5.4　平均值方法

平均值方法(averaging methods)与多尺度方法及 PLK 方法不同,它在形式上并不把问题的解对小参数 ε 作摄动展开,而是采取求平均的方法获得慢变振幅和初相位的变化规律,我们仍以 Duffing 方程为例来说明.

平均值方法的第一步是令 $\frac{\mathrm{d}x}{\mathrm{d}t}=y$,而将 Duffing 方程(5.3.1)写为下列方程组的形式:

$$\begin{cases}\dfrac{\mathrm{d}x}{\mathrm{d}t}=y,\\[2mm] \dfrac{\mathrm{d}y}{\mathrm{d}t}=-\omega_0^2x-\varepsilon\beta_0^2x^3,\end{cases} \tag{5.4.1}$$

这是两变量的自治系统. 平均值方法的第二步是在 $\varepsilon=0$ 的条件下求出方程组的解. 对方程组(5.4.1)而言,它的解为

$$\begin{cases} x = a\cos(\omega_0 t + \theta_0), \\ y = -\omega_0 a\sin(\omega_0 t + \theta_0), \end{cases} \tag{5.4.2}$$

其中 a 和 θ_0 分别是振幅和初相位. 平均值方法的第三步是应用常数变易法,将 $\varepsilon=0$ 时解的两个任意常数 a 和 θ_0 都视为是时间 t 的慢变函数,而将 $\varepsilon\neq 0$ 时的解写为

$$\begin{cases} x = a(t)\cos[\omega_0 t + \theta_0(t)], \\ y = -\omega_0 a(t)\sin[\omega_0 t + \theta_0(t)]. \end{cases} \tag{5.4.3}$$

然后代入方程组并在一个周期内求平均去确定 $a(t)$ 和 $\theta_0(t)$.

将式(5.4.3)代入方程组(5.4.1)得到

$$\begin{cases} \dfrac{\mathrm{d}a}{\mathrm{d}t}\cos(\omega_0 t + \theta_0) - a\dfrac{\mathrm{d}\theta_0}{\mathrm{d}t}\sin(\omega_0 t + \theta_0) = 0, \\ -\dfrac{\mathrm{d}a}{\mathrm{d}t}\sin(\omega_0 t + \theta_0) - a\dfrac{\mathrm{d}\theta_0}{\mathrm{d}t}\cos(\omega_0 t + \theta_0) = -\varepsilon\dfrac{\beta_0^2 a^3}{\omega_0}\cos^3(\omega_0 t + \theta_0). \end{cases} \tag{5.4.4}$$

它可以视为是$\dfrac{\mathrm{d}a}{\mathrm{d}t}$和$\dfrac{\mathrm{d}\theta_0}{\mathrm{d}t}$的联立方程组. 联立可解得

$$\begin{cases} \dfrac{\mathrm{d}a}{\mathrm{d}t} = \varepsilon\dfrac{\beta_0^2 a^3}{\omega_0}\cos^3(\omega_0 t + \theta_0)\sin(\omega_0 t + \theta_0), \\ \dfrac{\mathrm{d}\theta_0}{\mathrm{d}t} = \varepsilon\dfrac{\beta_0^2 a^2}{\omega_0}\cos^3(\omega_0 t + \theta_0)\cos(\omega_0 t + \theta_0). \end{cases} \tag{5.4.5}$$

由此已明显看出:a 和 θ_0 都是 t 的慢变函数. 而且式(5.4.5)的右端是周期 $T=\dfrac{2\pi}{\omega_0}$ 的正余弦函数,这样,将式(5.4.5)在一个周期内求平均,其变化也是很小的,取平均时,右端的 a 和 θ_0 均视为常数,从而得到

$$\begin{cases} \dfrac{\mathrm{d}a}{\mathrm{d}t} = \dfrac{1}{T}\displaystyle\int_0^T \dfrac{\mathrm{d}a}{\mathrm{d}t}\mathrm{d}t = 0, \\ \dfrac{\mathrm{d}\theta_0}{\mathrm{d}t} = \dfrac{1}{T}\displaystyle\int_0^T \dfrac{\mathrm{d}\theta_0}{\mathrm{d}t}\mathrm{d}t = \varepsilon\dfrac{3\beta_0^2 a^2}{8\omega_0}, \end{cases} \tag{5.4.6}$$

由此有

$$a = \text{常数}, \quad \theta_0 = \frac{3\beta_0^2 a^2}{8\omega_0}\varepsilon t + \theta', \tag{5.4.7}$$

其中 θ' 为任意常数. 而 Duffing 方程的解[式(5.4.3)中的第一式]可以改写为

$$x = a\cos(\omega t + \theta'), \tag{5.4.8}$$

其中

$$\omega = \omega_0 + \varepsilon\frac{3\beta_0^2 a^2}{8\omega_0}. \tag{5.4.9}$$

这与多尺度方法和 PLK 方法的分析实际上是一致的.

§5.5 KBM(Krylov-Bogoliubov-Mitropolski)方法

平均值方法在形式上没有将 x 展为 ε 的幂级数,为了弥补这个缺陷,在平均值方法的基础上又建立了一个 KBM 方法.

我们仍以 Duffing 方程为例来说明. KBM 方法的第一步是将方程的解设为

$$x = a\cos\theta + \varepsilon x_1(a,\theta) + \varepsilon^2 x_2(a,\theta) + \cdots, \tag{5.5.1}$$

其中 $x_1(a,\theta), x_2(a,\theta), \cdots$ 都是关于 θ 的以 2π 为周期的周期函数. 其第二步是认为零级近似的振幅 a 和相位 θ 随时间的变化率 $\frac{\mathrm{d}a}{\mathrm{d}t}$ 和 $\frac{\mathrm{d}\theta}{\mathrm{d}t}$ 都是 a 的函数,且都可以展为 ε 的下列幂级数:

$$\frac{\mathrm{d}a}{\mathrm{d}t} = \varepsilon A_1(a) + \varepsilon^2 A_2(a) + \cdots, \tag{5.5.2}$$

$$\frac{\mathrm{d}\theta}{\mathrm{d}t} = \omega_0 + \varepsilon\omega_1(a) + \varepsilon^2\omega_2(a) + \cdots. \tag{5.5.3}$$

式(5.5.2)表明振幅 a 随时间 t 是慢变的;式(5.5.3)表明相位 θ 随时间 t 是快变的,而且 $\frac{\mathrm{d}\theta}{\mathrm{d}t}$ 的零级近似是线性振动的圆频率,一级以上近似的圆频率均与 a 有关.

根据式(5.5.2)和(5.5.3),我们很容易得到

$$\frac{\mathrm{d}^2 a}{\mathrm{d}t^2} = \left(\varepsilon\frac{\mathrm{d}A_1}{\mathrm{d}a} + \varepsilon^2\frac{\mathrm{d}A_2}{\mathrm{d}a} + \cdots\right)\frac{\mathrm{d}a}{\mathrm{d}t} = \varepsilon^2 A_1\frac{\mathrm{d}A_1}{\mathrm{d}a} + O(\varepsilon^3), \tag{5.5.4}$$

$$\frac{\mathrm{d}^2\theta}{\mathrm{d}t^2} = \left(\varepsilon\frac{\mathrm{d}\omega_1}{\mathrm{d}a} + \varepsilon^2\frac{\mathrm{d}\omega_2}{\mathrm{d}a} + \cdots\right)\frac{\mathrm{d}a}{\mathrm{d}t} = \varepsilon^2 A_1\frac{\mathrm{d}\omega_1}{\mathrm{d}a} + O(\varepsilon^3). \tag{5.5.5}$$

将式(5.5.1)代入 Duffing 方程(5.3.1)有

$$\begin{aligned}&\frac{\mathrm{d}^2}{\mathrm{d}t^2}[a\cos\theta + \varepsilon x_1(a,\theta) + \cdots] + \omega_0^2[a\cos\theta + \varepsilon x_1(a,\theta) + \cdots]\\ &\quad = -\varepsilon\beta_0^2[a\cos\theta + \varepsilon x_1(a,\theta) + \cdots]^3.\end{aligned} \tag{5.5.6}$$

应用复合函数求导的法则,对于任一关于 a 和 θ 的函数 $q(a,\theta)$ 有

$$\frac{\mathrm{d}q}{\mathrm{d}t} = \frac{\partial q}{\partial a}\frac{\mathrm{d}a}{\mathrm{d}t} + \frac{\partial q}{\partial\theta}\frac{\mathrm{d}\theta}{\mathrm{d}t}, \tag{5.5.7}$$

$$\frac{\mathrm{d}^2 q}{\mathrm{d}t^2} = \left(\frac{\mathrm{d}a}{\mathrm{d}t}\right)^2\frac{\partial^2 q}{\partial a^2} + 2\frac{\mathrm{d}a}{\mathrm{d}t}\frac{\mathrm{d}\theta}{\mathrm{d}t}\frac{\partial^2 q}{\partial a\partial\theta} + \left(\frac{\mathrm{d}\theta}{\mathrm{d}t}\right)^2\frac{\partial^2 q}{\partial\theta^2} + \frac{\mathrm{d}^2 a}{\mathrm{d}t^2}\frac{\partial q}{\partial a} + \frac{\mathrm{d}^2\theta}{\mathrm{d}t^2}\frac{\partial q}{\partial\theta}, \tag{5.5.8}$$

则利用式(5.5.2)到式(5.5.5)有

$$\frac{\mathrm{d}}{\mathrm{d}t}(a\cos\theta) = -\omega_0 a\sin\theta + \varepsilon(A_1\cos\theta - \omega_1 a\sin\theta) + O(\varepsilon^2), \tag{5.5.9}$$

$$\frac{\mathrm{d}^2}{\mathrm{d}t^2}(a\cos\theta) = -\omega_0^2 a\cos\theta - \varepsilon(2\omega_0\omega_1 a\cos\theta + 2\omega_0 A_1\sin\theta) + O(\varepsilon^2), \quad (5.5.10)$$

$$\frac{\mathrm{d}x_j}{\mathrm{d}t} = \omega_0\frac{\partial x_j}{\partial\theta} + \varepsilon\left(\omega_1\frac{\partial x_j}{\partial\theta} + A_1\frac{\partial x_j}{\partial a}\right) + O(\varepsilon^2) \quad (j = 1,2,\cdots), \quad (5.5.11)$$

$$\frac{\mathrm{d}^2 x_j}{\mathrm{d}t^2} = \omega_0^2\frac{\partial^2 x_j}{\partial\theta^2} + \varepsilon\left(2\omega_0\omega_1\frac{\partial^2 x_j}{\partial\theta^2} + 2\omega_0 A_1\frac{\partial^2 x_j}{\partial a\partial\theta}\right) + O(\varepsilon^2) \quad (j = 1,2,\cdots). \quad (5.5.12)$$

将式(5.5.10)和(5.5.12)代入(5.5.6)式,则得到一级近似方程为

$$\frac{\partial^2 x_1}{\partial\theta^2} + x_1 = \frac{1}{\omega_0^2}\left[\left(2\omega_0\omega_1 - \frac{3}{4}\beta_0^2 a^2\right)a\cos\theta + 2\omega_0 A_1\sin\theta - \frac{1}{4}\beta_0^2 a^3\cos3\theta\right]. \quad (5.5.13)$$

显然,这里的非久期条件为

$$A_1 = 0, \quad \omega_1 = \frac{3\beta_0^2}{8\omega_0}a^2. \quad (5.5.14)$$

这样,方程(5.5.13)简化为

$$\frac{\partial^2 x_1}{\partial\theta^2} + x_1 = -\frac{\beta_0^2 a^3}{4\omega_0^2}\cos3\theta. \quad (5.5.15)$$

它的特解为

$$x_1 = \frac{\beta_0^2 a^3}{32\omega_0^2}\cos3\theta. \quad (5.5.16)$$

所以,用 KBM 方法求得的 Duffing 方程(5.3.1)的摄动解为

$$x = a\cos\theta + \varepsilon\frac{\beta_0^2 a^3}{32\omega_0^2}\cos3\theta + O(\varepsilon^2), \quad (5.5.17)$$

其中 a 和 θ 的变化率满足

$$\frac{\mathrm{d}a}{\mathrm{d}t} = O(\varepsilon^2), \quad \frac{\mathrm{d}\theta}{\mathrm{d}t} = \omega_0 + \varepsilon\frac{3\beta_0^2 a^2}{8\omega_0} + O(\varepsilon^2), \quad (5.5.18)$$

因而近似有

$$a = 常数, \quad \theta = \left(\omega_0 + \varepsilon\frac{3\beta_0^2 a^2}{8\omega_0}\right)t + O(\varepsilon^2). \quad (5.5.19)$$

这与其他几种奇异摄动法的分析结果相似.

§5.6　约化摄动法

约化摄动法(reductive perturbation expansion methods)是在 PLK 方法的基础上发展起来的一种摄动方法.其目的是化复杂的非线性方程或方程组为比较简单的且可准确求解的非线性演化方程.这些方程包含 Burgers 方程、KdV 方程、

mKdV 方程和非线性 Schrödinger 方程等.这些方程的准确解将在第 6 章中给出.

约化摄动法常用于求解非线性波动,其应用条件是长波近似,而 x 方向上的波数 k 满足

$$k \ll 1, \tag{5.6.1}$$

这就是通常所说的弱非线性条件.

约化摄动法的第一步是所谓 GM(Gardner-Morikawa)变换,第二步再作摄动展开,然后再化复杂的非线性方程或方程组为简单的非线性方程.

1. GM 变换

在长波条件(5.6.1)下,非线性波的演变是慢变的.但不同的非线性波动受不同的物理规律控制,色散关系不同,因而慢变的空间、时间尺度也不同.设 ε 为一无量纲的小参数(它通常为无量纲振幅),则通常的 GM 变换的形式为

$$\xi = \varepsilon^{\alpha}(x - ct), \quad \tau = \varepsilon^{\beta} t, \tag{5.6.2}$$

其中 α,β 和 c 为常数.式(5.6.2)表明空间坐标变成了速度为 c 的移动坐标.

为了说明 GM 变换,我们以在式(1.2.4)中已标记过的 KdV 方程为例来说明.KdV 方程为

$$\frac{\partial u}{\partial t} + u\frac{\partial u}{\partial x} + \beta_1 \frac{\partial^3 u}{\partial x^3} = 0, \tag{5.6.3}$$

其中色散系数写为 β_1.在长波近似下,KdV 方程(5.6.3)的最低阶的近似为线性 KdV 方程,即

$$\frac{\partial u}{\partial t} + c\frac{\partial u}{\partial x} + \beta_1 \frac{\partial^3 u}{\partial x^3} = 0. \tag{5.6.4}$$

应用简正模方法,设

$$u = A\mathrm{e}^{\mathrm{i}\theta}, \quad \theta = kx - \omega t. \tag{5.6.5}$$

将上式代入方程(5.6.4)求得色散关系为

$$\omega = kc - \beta_1 k^3. \tag{5.6.6}$$

在长波条件下,波数 k 通常可以写为

$$k = \varepsilon^{\alpha} k_1, \tag{5.6.7}$$

其中 $k_1 = O(1)$,α 待定.这样,相位函数为

$$\theta \equiv kx - \omega t = k_1[\varepsilon^{\alpha}(x - ct)] + \beta_1 k_1^3(\varepsilon^{3\alpha} t). \tag{5.6.8}$$

由此便知,在长波近似下,慢变的空间尺度和时间尺度的合适关系为

$$\xi = \varepsilon^{\alpha}(x - ct), \quad \tau = \varepsilon^{3\alpha} t, \tag{5.6.9}$$

这里 α 还有待确定.因为式(5.6.6)是在线性条件下得到的,在弱非线性条件下,c 可以表示为

$$c = c_0 + \varepsilon c_1 + O(\varepsilon^2). \tag{5.6.10}$$

在这里已考虑了 KdV 方程波速与振幅成正比的事实[参见式(6.1.36)],因而式(5.6.6)可改写为

$$\omega = k_1\varepsilon^{\alpha}[c_0+\varepsilon(c_1-\beta_1 k_1^2\varepsilon^{2\alpha-1})+O(\varepsilon^2)]. \tag{5.6.11}$$

这样,只有取 $2\alpha-1=0$,即

$$\alpha = 1/2, \tag{5.6.12}$$

才能保证 c_1 与 $\beta_1 k_1^2$ 同量级. 因此,便确定了在长波近似下,KdV 方程的 GM 变换为

$$\xi = \varepsilon^{1/2}(x-ct), \quad \tau = \varepsilon^{3/2}t. \tag{5.6.13}$$

类似(参见附录 D 5.7 和附录 D 7.2),我们可以求得其他方程的 GM 变换,如

Burgers 方程: $\xi=\varepsilon(x-ct), \quad \tau=\varepsilon^2 t;$ (5.6.14)

mKdV 方程: $\xi=\varepsilon(x-ct), \quad \tau=\varepsilon^3 t;$ (5.6.15)

NLS 方程: $\xi=\varepsilon(x-c_g t), \quad \tau=\varepsilon^2 t$ (c_g 为群速度). (5.6.16)

2. 约化摄动法的应用

为了说明约化摄动法,我们举两个例子. 这里要说明的是,由于 GM 变换是根据一些非线性演化方程(如 KdV 方程)导得的,因此 GM 变换本身就意味着要导出的结果,所举二例将充分说明这一点. 当然,对复杂的非线性方程或非线性方程组应该作什么样的 GM 变换,需根据方程的性质和解决的问题来定.

例 1 浅水波的 Boussinesq 方程组

在式(1.2.42)中已经标记过的浅水波的 Boussinesq 方程组为

$$\begin{cases} \dfrac{\partial u}{\partial t}+u\dfrac{\partial u}{\partial x}+g\dfrac{\partial h}{\partial x}+\dfrac{1}{3}H\dfrac{\partial^3 h}{\partial t^2\partial x}=0, \\ \dfrac{\partial h}{\partial t}+u\dfrac{\partial h}{\partial x}+h\dfrac{\partial u}{\partial x}=0. \end{cases} \tag{5.6.17}$$

由于它包括非线性因子和色散因子,所以,我们应用约化摄动法将方程组(5.6.17)化为可以准确求解的浅水波的 KdV 方程(5.3.17)(详见 § 6.1).

第一步,作 GM 变换,即利用式(5.6.13),在此变换下必有

$$\frac{\partial}{\partial t}=\varepsilon^{3/2}\frac{\partial}{\partial \tau}-\varepsilon^{1/2}c\frac{\partial}{\partial \xi}, \quad \frac{\partial}{\partial x}=\varepsilon^{1/2}\frac{\partial}{\partial \xi}. \tag{5.6.18}$$

式(5.6.18)代入方程组(5.6.17)有

$$\begin{cases} \varepsilon\dfrac{\partial u}{\partial \tau}-c\dfrac{\partial u}{\partial \xi}+u\dfrac{\partial u}{\partial \xi}+g\dfrac{\partial h}{\partial \xi}+\dfrac{H}{3}\left(\varepsilon^3\dfrac{\partial^3 h}{\partial \tau^2\partial \xi}-2\varepsilon^2 c\dfrac{\partial^3 h}{\partial \tau\partial \xi^2}+\varepsilon c^2\dfrac{\partial^3 h}{\partial \xi^3}\right)=0, \\ \varepsilon\dfrac{\partial h}{\partial \tau}-c\dfrac{\partial h}{\partial \xi}+u\dfrac{\partial h}{\partial \xi}+h\dfrac{\partial u}{\partial \xi}=0. \end{cases} \tag{5.6.19}$$

第二步,对 u 和 h 作摄动展开. 因静止时($u=0$)流体深度为 H,因此,摄动展开应为

$$\begin{cases} h = H + \varepsilon h_1 + \varepsilon^2 h_2 + \cdots, \\ u = \varepsilon u_1 + \varepsilon^2 u_2 + \cdots. \end{cases} \tag{5.6.20}$$

式(5.6.20)代入方程组(5.6.19),得到其一级近似和二级近似分别为

$$\begin{cases} -c\dfrac{\partial u_1}{\partial \xi} + g\dfrac{\partial h_1}{\partial \xi} = 0, \\ -c\dfrac{\partial h_1}{\partial \xi} + H\dfrac{\partial u_1}{\partial \xi} = 0 \end{cases} \tag{5.6.21}$$

和

$$\begin{cases} \dfrac{\partial u_1}{\partial \tau} - c\dfrac{\partial u_2}{\partial \xi} + u_1\dfrac{\partial u_1}{\partial \xi} + g\dfrac{\partial h_2}{\partial \xi} + \dfrac{1}{3}c^2 H\dfrac{\partial^3 h_1}{\partial \xi^3} = 0, \\ \dfrac{\partial h_1}{\partial \tau} - c\dfrac{\partial h_2}{\partial \xi} + u_1\dfrac{\partial h_1}{\partial \xi} + h_1\dfrac{\partial u_1}{\partial \xi} + H\dfrac{\partial u_2}{\partial \xi} = 0. \end{cases} \tag{5.6.22}$$

一级近似方程组(5.6.21)的两个方程分别对 ξ 积分,并取积分常数为零,则得到

$$cu_1 = gh_1, \quad ch_1 = Hu_1, \tag{5.6.23}$$

由此有

$$c^2 = gH \equiv c_0^2 \quad (c_0 = \sqrt{gH}). \tag{5.6.24}$$

它表明浅水波以速度 $c=\pm c_0=\pm\sqrt{gH}$ 移动.

式(5.6.23)和(5.6.24)代入二级近似方程组(5.6.22),得到

$$\begin{cases} \dfrac{c_0}{H}\dfrac{\partial h_1}{\partial \tau} - c_0\dfrac{\partial u_2}{\partial \xi} + \dfrac{c_0^2}{H^2}h_1\dfrac{\partial h_1}{\partial \xi} + g\dfrac{\partial h_2}{\partial \xi} + \dfrac{1}{3}c_0^2 H\dfrac{\partial^3 h_1}{\partial \xi^3} = 0, \\ \dfrac{\partial h_1}{\partial \tau} - c_0\dfrac{\partial h_2}{\partial \xi} + \dfrac{c_0}{H}h_1\dfrac{\partial h_1}{\partial \xi} + \dfrac{c_0}{H}h_1\dfrac{\partial h_1}{\partial \xi} + H\dfrac{\partial u_2}{\partial \xi} = 0. \end{cases} \tag{5.6.25}$$

方程组(5.6.25)的第一式乘以 H/c_0(即乘以 c_0/g),并与第二式相加,则得

$$\frac{\partial h_1}{\partial \tau} + \frac{3c_0}{2H}h_1\frac{\partial h_1}{\partial \xi} + \frac{1}{6}c_0 H^2\frac{\partial^3 h_1}{\partial \xi^3} = 0. \tag{5.6.26}$$

这就是式(1.2.5)类型的 KdV 方程.

若利用式(5.6.18)将 τ,ξ 还原为 t,x,即利用

$$\frac{\partial}{\partial \tau} = \varepsilon^{-3/2}\left(\frac{\partial}{\partial t} + c\frac{\partial}{\partial x}\right), \quad \frac{\partial}{\partial \xi} = \varepsilon^{-1/2}\frac{\partial}{\partial x}, \tag{5.6.27}$$

则方程(5.6.26)化为

$$\frac{\partial h_1}{\partial t} + c_0\left(1 + \frac{3}{2H}\varepsilon h_1\right)\frac{\partial h_1}{\partial x} + \frac{1}{6}c_0 H^2\frac{\partial^3 h_1}{\partial x^3} = 0. \tag{5.6.28}$$

注意式(5.6.20),若令

$$\varepsilon h_1 = h - H = h', \tag{5.6.29}$$

则方程(5.6.28)又化为

$$\frac{\partial h'}{\partial t} + c_0\left(1 + \frac{3h'}{2H}\right)\frac{\partial h'}{\partial x} + \beta\frac{\partial^3 h'}{\partial x^3} = 0 \quad \left(\beta = \frac{1}{6}c_0 H^2\right). \tag{5.6.30}$$

这就是浅水波的 KdV 方程(5.3.17).

例 2 准地转位涡度方程

在式(1.2.38)中已经标记过的准地转位涡度方程,或 CO(Charney-Obukhov)方程为

$$\left(\frac{\partial}{\partial t}+u\frac{\partial}{\partial x}+v\frac{\partial}{\partial y}\right)q=0, \tag{5.6.31}$$

其中 u,v 和 q 分别参见式(1.2.39)和(1.2.40).若令

$$u=\bar{u}(y)+u',\quad v=v',\quad u'=-\frac{\partial\psi'}{\partial y},\quad v'=\frac{\partial\psi'}{\partial x}, \tag{5.6.32}$$

则方程(5.6.31)化为

$$\left(\frac{\partial}{\partial t}+\bar{u}\frac{\partial}{\partial x}\right)\nabla_2^2\psi'-\lambda_0^2\frac{\partial\psi'}{\partial t}+B_0\frac{\partial\psi'}{\partial x}=-\mathrm{J}(\psi',\nabla_2^2\psi'), \tag{5.6.33}$$

其中

$$B_0\equiv\beta_0-\frac{\partial^2\bar{u}}{\partial y^2}, \tag{5.6.34}$$

而

$$\mathrm{J}(A,B)\equiv\frac{\partial A}{\partial x}\frac{\partial B}{\partial y}-\frac{\partial A}{\partial y}\frac{\partial B}{\partial x} \tag{5.6.35}$$

为 A 和 B 的 Jacobi 算子.

设方程(5.6.33)在 y 方向上的边条件为

$$\psi'\big|_{y=y_1}=0,\quad \psi'\big|_{y=y_2}=0. \tag{5.6.36}$$

由于准地转位涡度方程(5.6.31)表征的是地球流体(大气和海洋)大尺度运动的 Rossby 波,B_0 是色散因子,因此,我们应用约化摄动法将方程(5.6.33)化为 KdV 方程.

第一步,作 GM 变换,即令

$$\xi=\varepsilon^{1/2}(x-ct),\quad \tau=\varepsilon^{3/2}t,\quad y=y. \tag{5.6.37}$$

在此变换下必有

$$\frac{\partial}{\partial t}=\varepsilon^{3/2}\frac{\partial}{\partial\tau}-\varepsilon^{1/2}c\frac{\partial}{\partial\xi},\quad \frac{\partial}{\partial x}=\varepsilon^{1/2}\frac{\partial}{\partial\xi},\quad \frac{\partial}{\partial y}=\frac{\partial}{\partial y}. \tag{5.6.38}$$

式(5.6.38)代入方程(5.6.33)有

$$\begin{aligned}&\left[\varepsilon\frac{\partial}{\partial t}+(\bar{u}-c)\frac{\partial}{\partial\xi}\right]\left(\varepsilon\frac{\partial^2\psi'}{\partial\xi^2}+\frac{\partial^2\psi'}{\partial y^2}\right)-\lambda_0^2\left(\varepsilon\frac{\partial}{\partial\tau}-c\frac{\partial}{\partial\xi}\right)\psi'+B_0\frac{\partial\psi'}{\partial\xi}\\&=-\left[\frac{\partial\psi'}{\partial\xi}\frac{\partial}{\partial y}\left(\varepsilon\frac{\partial^2\psi'}{\partial\xi^2}+\frac{\partial^2\psi'}{\partial y^2}\right)-\frac{\partial\psi'}{\partial y}\frac{\partial}{\partial\xi}\left(\varepsilon\frac{\partial^2\psi'}{\partial\xi^2}+\frac{\partial^2\psi'}{\partial y^2}\right)\right].\end{aligned} \tag{5.6.39}$$

按 ε 的幂次从低到高排列,它即是

$$\frac{\partial}{\partial\xi}\left[(\bar{u}-c)\frac{\partial^2\psi'}{\partial y^2}+(B_0+\lambda_0^2c)\psi'\right]+\varepsilon\left[\frac{\partial}{\partial\tau}\left(\frac{\partial^2\psi'}{\partial y^2}-\lambda_0^2\psi'\right)+(\bar{u}-c)\frac{\partial^3\psi'}{\partial\xi^3}\right]+\varepsilon^2\frac{\partial^3\psi'}{\partial\tau\partial\xi^2}$$

$$=-\left(\frac{\partial\psi'}{\partial\xi}\frac{\partial^3\psi'}{\partial y^3}-\frac{\partial\psi'}{\partial y}\frac{\partial^3\psi'}{\partial\xi\partial y^2}\right)-\varepsilon\left(\frac{\partial\psi'}{\partial\xi}\frac{\partial^3\psi'}{\partial\xi^2\partial y}-\frac{\partial\psi'}{\partial y}\frac{\partial^3\psi'}{\partial\xi^3}\right). \quad (5.6.40)$$

第二步,对 ψ' 作摄动展开,即令

$$\psi'=\varepsilon\psi_1+\varepsilon^2\psi_2+\cdots. \quad (5.6.41)$$

将式(5.6.41)代入方程(5.6.40),得到其一级近似和二级近似分别为

$$\frac{\partial}{\partial\xi}\left[(\bar{u}-c)\frac{\partial^2\psi_1}{\partial y^2}+(B_0+\lambda_0^2c)\psi_1\right]=0 \quad (5.6.42)$$

和

$$\frac{\partial}{\partial\xi}\left[(\bar{u}-c)\frac{\partial^2\psi_2}{\partial y^2}+(B_0+\lambda_0^2c)\psi_2\right]=-\left[\frac{\partial}{\partial\tau}\left(\frac{\partial^2\psi_1}{\partial y^2}-\lambda_0^2\psi_1\right)+(\bar{u}-c)\frac{\partial^3\psi_1}{\partial\xi^3}\right]$$
$$-\left(\frac{\partial\psi_1}{\partial\xi}\frac{\partial^3\psi_1}{\partial y^3}-\frac{\partial\psi_1}{\partial y}\frac{\partial^3\psi_1}{\partial\xi\partial y^2}\right). \quad (5.6.43)$$

对于一级近似方程(5.6.42),设解为

$$\psi_1=A(\xi,\tau)G(y), \quad (5.6.44)$$

其中 $G(y)$ 是实函数. 式(5.6.44)代入方程(5.6.42)有

$$\left[(\bar{u}-c)\frac{\mathrm{d}^2G}{\mathrm{d}y^2}+(B_0+\lambda_0^2c)G\right]\frac{\partial A}{\partial\xi}=0. \quad (5.6.45)$$

设 $\frac{\partial A}{\partial\xi}\neq0$,则式(5.6.45)化为

$$(\bar{u}-c)\frac{\mathrm{d}^2G}{\mathrm{d}y^2}+(B_0+\lambda_0^2c)G=0. \quad (5.6.46)$$

注意式(5.6.36)和(5.6.44)有

$$G\big|_{y=y_1}=0,\quad G\big|_{y=y_2}=0. \quad (5.6.47)$$

在 $\bar{u}\neq c$ 时,合并式(5.6.46)和(5.6.47),得到下列本征值问题:

$$\begin{cases}\dfrac{\mathrm{d}^2G}{\mathrm{d}y^2}+Q(y)G=0,\\ G\big|_{y=y_1}=0,\quad G\big|_{y=y_2}=0,\end{cases} \quad (5.6.48)$$

其中

$$Q(y)\equiv\frac{B_0+\lambda_0^2c}{\bar{u}-c}=\frac{\beta_0-\dfrac{\partial^2\bar{u}}{\partial y^2}+\lambda_0^2c}{\bar{u}-c}. \quad (5.6.49)$$

对于本征值问题(5.6.48),只要 $\bar{u}(y)$ 给定,则可确定本征值和本征函数. 例如,当 $\bar{u}(y)=$ 常数时, $Q(y)=\frac{\beta_0+\lambda_0^2c}{\bar{u}-c}=$ 常数,则由本征值问题(5.6.48)定得

$$c=\frac{\bar{u}-\beta_0/l^2}{1+\lambda_0^2/l^2},\quad G(y)=\sin l(y-y_1)\quad\left(l=\frac{n\pi}{y_2-y_1},n=1,2,\cdots\right). \quad (5.6.50)$$

c 的公式就是 $k\to0$ 时的正压 Rossby 波的波速公式 $\Big[$ 在式(6.1.217)中取 $c=\frac{\omega}{k}$ 后

再令 $k=0$ 即得$\Big]$.

在 $G(y)$ 被确定后，在式(5.6.44)中就只有 $A(\xi,\tau)$ 有待于确定了. 显然，它只有从二级近似方程(5.6.43)中被确定. 式(5.6.44)代入二级近似方程(5.6.43)，得到

$$\frac{\partial}{\partial\xi}\left[(\bar{u}-c)\frac{\partial^2\psi_2}{\partial y^2}+(B_0+\lambda_0^2c)\psi_2\right]=-\left[\left(\frac{\mathrm{d}^2G}{\mathrm{d}y^2}-\lambda_0^2G\right)\frac{\partial A}{\partial\tau}+(\bar{u}-c)G\frac{\partial^3A}{\partial\xi^3}\right]$$
$$-\left(G\frac{\mathrm{d}^3G}{\mathrm{d}y^3}-\frac{\mathrm{d}G}{\mathrm{d}y}\frac{\mathrm{d}^2G}{\mathrm{d}y^2}\right)A\frac{\partial A}{\partial\xi}.\tag{5.6.51}$$

式(5.6.51)式两边同除以 $\bar{u}-c$，并注意$\dfrac{\mathrm{d}^2G}{\mathrm{d}y^2}=-QG$，则有

$$\frac{\partial}{\partial\xi}\left(\frac{\partial^2\psi_2}{\partial y^2}+Q\psi_2\right)=\frac{Q+\lambda_0^2}{\bar{u}-c}G\frac{\partial A}{\partial\tau}+\frac{1}{\bar{u}-c}\left(\frac{\mathrm{d}G}{\mathrm{d}y}\frac{\mathrm{d}^2G}{\mathrm{d}y^2}-G\frac{\mathrm{d}^3G}{\mathrm{d}y^3}\right)A\frac{\partial A}{\partial\xi}-G\frac{\partial^3A}{\partial\xi^3}.\tag{5.6.52}$$

式(5.6.52)两边乘以 G，并对 y 从 y_1 到 y_2 积分得到

$$\frac{\partial}{\partial\xi}\int_{y_1}^{y_2}G\left(\frac{\partial^2\psi_2}{\partial y^2}+Q\psi_2\right)\mathrm{d}y=\left(\int_{y_1}^{y_2}-\frac{Q+\lambda_0^2}{\bar{u}-c}G^2\,\mathrm{d}y\right)\frac{\partial A}{\partial\tau}+\left[\int_{y_1}^{y_2}\frac{G}{\bar{u}-c}\left(\frac{\mathrm{d}G}{\mathrm{d}y}\frac{\mathrm{d}^2G}{\mathrm{d}y^2}\right.\right.$$
$$\left.\left.-G\frac{\mathrm{d}^3G}{\mathrm{d}y^3}\right)\mathrm{d}y\right]A\frac{\partial A}{\partial\xi}-\left(\int_{y_1}^{y_2}G^2\,\mathrm{d}y\right)\frac{\partial^3A}{\partial\xi^3}.\tag{5.6.53}$$

但式(5.6.53)左端利用式(5.6.36)和(5.6.48)有

$$\frac{\partial}{\partial\xi}\int_{y_1}^{y_2}G\left(\frac{\partial^2\psi_2}{\partial y^2}+Q\psi_2\right)\mathrm{d}y=\frac{\partial}{\partial\xi}\int_{y_1}^{y_2}\frac{\partial}{\partial y}\left(G\frac{\partial\psi_2}{\partial y}-\psi_2\frac{\mathrm{d}G}{\mathrm{d}y}\right)\mathrm{d}y$$
$$+\frac{\partial}{\partial\xi}\int_{y_1}^{y_2}\psi_2\left(\frac{\mathrm{d}^2G}{\mathrm{d}y^2}+QG\right)\mathrm{d}y=0.\tag{5.6.54}$$

这样，式(5.6.53)就化为下列 KdV 方程：

$$\frac{\partial A}{\partial\tau}+\alpha A\frac{\partial A}{\partial\xi}+\beta\frac{\partial^3A}{\partial\xi^3}=0,\tag{5.6.55}$$

其中

$$\alpha\equiv I_1/I_0,\quad\beta\equiv I_2/I_0,\tag{5.6.56}$$

而

$$\begin{cases}I_0\equiv\displaystyle\int_{y_1}^{y_2}\frac{Q+\lambda_0^2}{\bar{u}-c}G^2\,\mathrm{d}y,\\ I_1\equiv\displaystyle\int_{y_1}^{y_2}\frac{G}{\bar{u}-c}\left(\frac{\mathrm{d}G}{\mathrm{d}y}\frac{\mathrm{d}^2G}{\mathrm{d}y^2}-G\frac{\mathrm{d}^3G}{\mathrm{d}y^3}\right)\mathrm{d}y=-\int_{y_1}^{y_2}\frac{G^3}{\bar{u}-c}\frac{\mathrm{d}}{\mathrm{d}y}\left(\frac{1}{G}\frac{\mathrm{d}^2G}{\mathrm{d}y^2}\right)\mathrm{d}y=\int_{y_1}^{y_2}\frac{G^3}{\bar{u}-c}\frac{\mathrm{d}Q}{\mathrm{d}y}\mathrm{d}y,\\ I_2\equiv-\displaystyle\int_{y_1}^{y_2}G^2\,\mathrm{d}y.\end{cases}\tag{5.6.57}$$

§5.7 幂级数展开法

幂级数展开法(power series expansion methods)是我们在 20 世纪 70 年代创立并于本世纪初发展的求解弱非线性波动的一种方法,其效果类似于摄动法,但更为简洁.我们试举三例说明.

例 1 浅水波的 Boussinesq 方程组

即方程组(5.6.17).幂级数展开法的第一步是令

$$h=H+h',\quad u=u'\quad (h'\ll H),\tag{5.7.1}$$

其中 h' 和 u' 是扰动量.将式(5.7.1)代入方程组(5.6.17)得到

$$\begin{cases}\dfrac{\partial u'}{\partial t}+u'\dfrac{\partial u'}{\partial x}+g\dfrac{\partial h'}{\partial x}+\dfrac{1}{3}H\dfrac{\partial^3 h'}{\partial t^2\partial x}=0,\\[2ex]\dfrac{\partial h'}{\partial t}+u'\dfrac{\partial h'}{\partial x}+H\dfrac{\partial u'}{\partial x}+h'\dfrac{\partial u'}{\partial x}=0.\end{cases}\tag{5.7.2}$$

第二步是令

$$u'=u'(\xi),\quad h'=h'(\xi),\quad \xi=x-ct.\tag{5.7.3}$$

代入方程组(5.7.2)得到

$$\begin{cases}(u'-c)\dfrac{\mathrm{d}u'}{\mathrm{d}\xi}+g\dfrac{\mathrm{d}h'}{\mathrm{d}\xi}+\dfrac{1}{3}Hc^2\dfrac{\mathrm{d}^3h'}{\mathrm{d}\xi^3}=0,\\[2ex](u'-c)\dfrac{\mathrm{d}h'}{\mathrm{d}\xi}+(H+h')\dfrac{\mathrm{d}u'}{\mathrm{d}\xi}=0.\end{cases}\tag{5.7.4}$$

方程组(5.7.4)的第二式可以改写为

$$-c\frac{\mathrm{d}h'}{\mathrm{d}\xi}+H\frac{\mathrm{d}u'}{\mathrm{d}\xi}+\frac{\mathrm{d}h'u'}{\mathrm{d}\xi}=0.\tag{5.7.5}$$

把它对 ξ 积分一次,取积分常数为零,求得

$$u'=\frac{ch'}{H+h'}.\tag{5.7.6}$$

将式(5.7.6)代入方程组(5.7.4)的第一式,得到

$$\frac{\mathrm{d}^3h'}{\mathrm{d}\xi^3}+F(h')\frac{\mathrm{d}h'}{\mathrm{d}\xi}=0,\tag{5.7.7}$$

其中

$$F(h')\equiv\frac{3g}{Hc^2}\left[1-\frac{H^2c^2}{g(H+h')^3}\right]=\frac{3g}{Hc^2}\left[1-\frac{c^2}{c_0^2\left(1+\dfrac{h'}{H}\right)^3}\right]\quad (c_0^2=gH)\tag{5.7.8}$$

是 h' 的非线性函数.

第三步是考虑弱非线性情况($h'\ll H$),将 $F(h')$ 作幂级数展开有

$$F(h')=\frac{3g}{Hc^2}\left[1-\frac{c^2}{c_0^2}\left(1-3\frac{h'}{H}+6\frac{h'^2}{H^2}+\cdots\right)\right]$$

$$=\frac{3g}{Hc^2}\left[\left(1-\frac{c^2}{c_0^2}\right)+\frac{3c^2}{c_0^2}\frac{h'}{H}-\frac{6c^2}{c_0^2}\frac{h'^2}{H^2}+\cdots\right]. \tag{5.7.9}$$

若 $F(h')$ 的级数展开式(5.7.9)只取第一项,则方程(5.7.7)化为

$$\frac{\mathrm{d}^3h'}{\mathrm{d}\xi^3}+\frac{3g}{Hc^2}\left(1-\frac{c^2}{c_0^2}\right)\frac{\mathrm{d}h'}{\mathrm{d}\xi}=0. \tag{5.7.10}$$

显然,这是线性方程.若 $F(h')$ 的级数展开式(5.7.9)取到第二项,则方程(5.7.7)化为

$$\frac{\mathrm{d}^3h'}{\mathrm{d}\xi^3}+\frac{3g}{Hc^2}\left(1-\frac{c^2}{c_0^2}\right)\frac{\mathrm{d}h'}{\mathrm{d}\xi}+\frac{9}{H^3}h'\frac{\mathrm{d}h'}{\mathrm{d}\xi}=0. \tag{5.7.11}$$

这是 KdV 方程所对应的常微分方程.若利用式(5.7.3)有

$$\frac{\partial}{\partial t}=-c\frac{\mathrm{d}}{\mathrm{d}\xi},\quad \frac{\partial}{\partial x}=\frac{\mathrm{d}}{\mathrm{d}\xi}, \tag{5.7.12}$$

则 ξ 换回 t 和 x 后,方程(5.7.11)化为

$$\frac{\partial h'}{\partial t}+c_0\left(1+\frac{3h'}{2H}\right)\frac{\partial h'}{\partial x}+\frac{1}{6}c_0H^2\frac{\partial^3h'}{\partial x^3}=0. \tag{5.7.13}$$

这就是浅水波的 KdV 方程(5.3.17)或(5.6.30).若 $F(h')$ 的级数展开式(5.7.9)取到第三项,则方程(5.7.7)化为

$$\frac{\mathrm{d}^3h'}{\mathrm{d}\xi^3}+\frac{3g}{Hc^2}\left(1-\frac{c^2}{c_0^2}\right)\frac{\mathrm{d}h'}{\mathrm{d}\xi}+\frac{9}{H^3}h'\frac{\mathrm{d}h'}{\mathrm{d}\xi}-\frac{18}{H^4}h'^2\frac{\mathrm{d}h'}{\mathrm{d}\xi}=0. \tag{5.7.14}$$

这是 Gardner 方程(即混合的 KdV-mKdV 方程)所对应的常微分方程.利用式(5.7.12),方程(5.7.14)化为

$$\frac{\partial h'}{\partial t}+c_0\left(1+\frac{3h'}{2H}\right)\frac{\partial h'}{\partial x}-\frac{3c_0}{H^2}h'^2\frac{\partial h'}{\partial x}+\frac{1}{6}c_0H^2\frac{\partial^3h'}{\partial x^3}=0. \tag{5.7.15}$$

这就是式(1.2.10)类型的 Gardner 方程.

例 2 正压水平无辐散的 Rossby 波方程组

$$\begin{cases}\left(\dfrac{\partial}{\partial t}+u\dfrac{\partial}{\partial x}\right)\dfrac{\partial v}{\partial x}+\beta_0v=0,\\ \dfrac{\partial u}{\partial x}+\dfrac{\partial v}{\partial y}=0\end{cases}\quad(\beta_0>0). \tag{5.7.16}$$

首先我们要注意的是:若将方程组(5.7.16)的第一个方程(涡度方程)中的 u 取为 $\bar{u}$(常数),则得到线性无辐散的涡度方程

$$\left(\frac{\partial}{\partial t}+\bar{u}\frac{\partial}{\partial x}\right)\frac{\partial v}{\partial x}+\beta_0v=0. \tag{5.7.17}$$

应用简正模方法,若设方程(5.7.17)的平面波解为

$$v=A\mathrm{e}^{\mathrm{i}(kx-\omega t)}, \tag{5.7.18}$$

其中 A,k 和 ω 分别为振幅、波数和圆频率.式(5.7.18)代入方程(5.7.17)求得

$$\omega = k\bar{u} - \frac{\beta_0}{k}. \tag{5.7.19}$$

这是经典的线性正压 Rossby 波的色散关系[在式(6.1.217)中令 $l=0$ 和 $\lambda_0=0$ 即得].

现在我们用幂级数解法求解非线性方程组(5.7.16).第一步,令

$$u = \bar{u} + u', \quad v = v' \quad (u' \ll \bar{u}, v' \ll \bar{u}), \tag{5.7.20}$$

其中 u',v'为扰动量.将式(5.7.20)代入方程组(5.7.16)得到

$$\begin{cases} \left[\dfrac{\partial}{\partial t} + (\bar{u} + u')\dfrac{\partial}{\partial x}\right]\dfrac{\partial v'}{\partial x} + \beta_0 v' = 0, \\ \dfrac{\partial u'}{\partial x} + \dfrac{\partial v'}{\partial y} = 0. \end{cases} \tag{5.7.21}$$

第二步,令

$$u' = u'(\theta), \quad v' = v'(\theta), \quad \theta = kx + ly - \omega t. \tag{5.7.22}$$

代入方程组(5.7.21)得到

$$\begin{cases} k(-\omega + k\bar{u} + ku')\dfrac{\mathrm{d}^2 v'}{\mathrm{d}\theta^2} + \beta_0 v' = 0, \\ k\dfrac{\mathrm{d}u'}{\mathrm{d}\theta} + l\dfrac{\mathrm{d}v'}{\mathrm{d}\theta} = 0. \end{cases} \tag{5.7.23}$$

方程组(5.7.23)的第二式对 θ 积分一次,取积分常数为零,求得

$$ku' + lv' = 0. \tag{5.7.24}$$

将式(5.7.24)代入方程组(5.7.23)的第一式,得到

$$\frac{\mathrm{d}^2 v'}{\mathrm{d}\theta^2} + F(v')v' = 0, \tag{5.7.25}$$

其中

$$F(v') \equiv -\frac{\beta_0}{k(\omega - k\bar{u} + lv')} = -\frac{\beta_0}{k(\omega - k\bar{u})\left(1 + \dfrac{lv'}{\omega - k\bar{u}}\right)} \quad (\omega - k\bar{u} \neq 0) \tag{5.7.26}$$

是 v'的非线性函数.

第三步是考虑弱非线性情况($lv' \ll |\omega - k\bar{u}|$),将 $F(v')$作幂级数展开有

$$F(v') = -\frac{\beta_0}{k(\omega - k\bar{u})}\left[1 - \frac{lv'}{\omega - k\bar{u}} + \frac{l^2 v'^2}{(\omega - k\bar{u})^2} - \cdots\right]. \tag{5.7.27}$$

若 $F(v')$的幂级数展开式(5.7.27)只取第一项,则方程(5.7.25)化为

$$\frac{\mathrm{d}^2 v'}{\mathrm{d}\theta^2} + \left[-\frac{\beta_0}{k(\omega - k\bar{u})}\right]v' = 0. \tag{5.7.28}$$

这是线性方程.如令

$$-\frac{\beta_0}{k(\omega-k\bar{u})}=1, \tag{5.7.29}$$

则得到式(5.7.19). 若 $F(v')$ 的幂级数展开式(5.7.27)取到第二项,则方程(5.7.25)化为

$$\frac{d^2 v'}{d\theta^2}-\frac{\beta_0}{k(\omega-k\bar{u})}v'+\frac{\beta_0 l}{k(\omega-k\bar{u})^2}v'^2=0. \tag{5.7.30}$$

上式对 θ 微商一次,求得

$$\frac{d^3 v'}{d\theta^3}-\frac{\beta_0}{k(\omega-k\bar{u})}\frac{dv'}{d\theta}+\frac{2\beta_0 l}{k(\omega-k\bar{u})^2}v'\frac{dv'}{d\theta}=0. \tag{5.7.31}$$

这是 KdV 方程所对应的常微分方程,它与式(5.7.11)是相似的. 若 $F(v')$ 的幂级数展开式(5.7.27)取到第三项,则方程(5.7.25)化为

$$\frac{d^2 v'}{d\theta^2}-\frac{\beta_0}{k(\omega-k\bar{u})}v'+\frac{\beta_0 l}{k(\omega-k\bar{u})^2}v'^2-\frac{\beta_0 l^2}{k(\omega-k\bar{u})^3}v'^3=0. \tag{5.7.32}$$

上式对 θ 微商一次,求得

$$\frac{d^3 v'}{d\theta^3}-\frac{\beta_0}{k(\omega-k\bar{u})}\frac{dv'}{d\theta}+\frac{2\beta_0 l}{k(\omega-k\bar{u})^2}v'\frac{dv'}{d\theta}-\frac{3\beta_0 l^2}{k(\omega-k\bar{u})^3}v'^2\frac{dv'}{d\theta}=0. \tag{5.7.33}$$

与式(5.7.14)相似,这是 Gardner 方程所对应的常微分方程.

下面,我们求解方程(5.7.30),以获得更多的非线性正压 Rossby 波的信息.

以 $2\frac{dv'}{d\theta}$ 乘式(5.7.30),并对 θ 积分一次,得到

$$\left(\frac{dv'}{d\theta}\right)^2-\frac{\beta_0}{k(\omega-k\bar{u})}v'^2+\frac{2\beta_0 l}{3k(\omega-k\bar{u})^2}v'^3=A, \tag{5.7.34}$$

其中 A 为积分常数.

式(5.7.34)很容易改写为

$$\left(\frac{dv'}{d\theta}\right)^2=-\frac{2\beta_0 l}{3k(\omega-k\bar{u})^2}F(v'), \tag{5.7.35}$$

其中

$$F(v')\equiv v'^3-\frac{3(\omega-k\bar{u})}{2l}v'^2+B \quad \left(B=-\frac{3k(\omega-k\bar{u})^2}{2\beta_0 l}A\right) \tag{5.7.36}$$

是 v' 的三次多项式.

设 $F(v')$ 有三个实的零点 v_1, v_2 和 v_3,且设 $v_1>0$, $v_2<0$, $v_3<v_2<0$,显然有

$$\begin{cases} v_1+v_2+v_3=\dfrac{3(\omega-k\bar{u})}{2l}, \\ v_1v_2+v_2v_3+v_3v_1=0, \\ v_1v_2v_3=-B. \end{cases} \tag{5.7.37}$$

当 $k>0$, $l>0$ 时,方程(5.7.35)的形式同方程(3.3.170),则依式(3.3.173)求得

$$v' = v_2 + (v_1 - v_2)\mathrm{cn}^2 \sqrt{\frac{\beta_0 l(v_1 - v_3)}{6k(\omega - k\bar{u})^2}}\theta. \tag{5.7.38}$$

它称为正压 Rossby 波的椭圆余弦波解，其模数 m 满足

$$m^2 = \frac{v_1 - v_2}{v_1 - v_3}. \tag{5.7.39}$$

由式(5.7.38)知，椭圆余弦波的振幅和波长分别为

$$a = v_1 - v_2 \tag{5.7.40}$$

和

$$L = \frac{2}{k}\sqrt{\frac{6k(\omega - k\bar{u})^2}{\beta_0(v_1 - v_3)}}\mathrm{K}(m). \tag{5.7.41}$$

其中 $\mathrm{K}(m)$见式(2.4.27).

若取 $L=2\pi/k$，则式(5.7.41)化为

$$\sqrt{\frac{6k(\omega - k\bar{u})^2}{\beta_0 l(v_1 - v_3)}}\mathrm{K}(m) = \pi, \tag{5.7.42}$$

因而

$$(\omega - k\bar{u})^2 = \frac{\beta_0 l(v_1 - v_3)\pi^2}{6k\mathrm{K}^2(m)}. \tag{5.7.43}$$

将式(5.7.43)与式(5.7.37)中的第一式结合求得

$$\omega - k\bar{u} = \frac{\beta_0}{k}\cdot\frac{\pi^2}{4\mathrm{K}^2(m)}\cdot\left(\frac{v_1 - v_3}{v_1 + v_2 + v_3}\right). \tag{5.7.44}$$

这是普遍的非线性正压 Rossby 波的色散关系. 由此公式看到，非线性 Rossby 波的圆频率不仅与波数 k 有关，而且与振幅 $a=v_1-v_2$ 有关.

当 $m=0$ 时，$a=0$($v_1=v_2$，但 $v_1>0$，$v_2<0$，故 $v_1=v_2=0$)，$\mathrm{K}(m)=\pi/2$，则式(5.7.44)化为

$$\omega - k\bar{u} = -\beta_0/k. \tag{5.7.45}$$

这就是式(5.7.19).

当 $m=1$ 时，$v_2=v_3$，则式(5.7.38)化为

$$v' = v_2 + (v_1 - v_2)\mathrm{sech}^2 \sqrt{\frac{\beta_0 l(v_1 - v_2)}{6k(\omega - k\bar{u})^2}}\theta. \tag{5.7.46}$$

它称为 Rossby 孤立波. 但由式(5.7.37)

$$\begin{cases} v_1 + 2v_2 = \dfrac{3(\omega - k\bar{u})}{2l}, \\ v_2(2v_1 + v_2) = 0, \\ v_1 v_2^2 = -B. \end{cases} \tag{5.7.47}$$

因而

$$v_1 = -\frac{\omega - k\bar{u}}{2l}, \quad v_2 = v_3 = \frac{\omega - k\bar{u}}{l}, \quad B = \frac{1}{2}\left(\frac{\omega - k\bar{u}}{l}\right)^3. \tag{5.7.48}$$

这样,式(5.7.46)化为

$$v' = \frac{\omega - k\bar{u}}{l} - \frac{3(\omega - k\bar{u})}{2l}\operatorname{sech}^2\sqrt{-\frac{\beta_0}{4k(\omega - k\bar{u})}}\theta. \tag{5.7.49}$$

其振幅与波宽分别为

$$a = -\frac{3(\omega - k\bar{u})}{2l} \tag{5.7.50}$$

和

$$d = \frac{1}{k}\sqrt{\frac{-4k(\omega - k\bar{u})}{\beta_0}} = \sqrt{\frac{8la}{3\beta_0 k}}. \tag{5.7.51}$$

由式(5.7.50)求得 Rossby 孤立波的色散关系为

$$\omega = k\bar{u} - \frac{2la}{3}. \tag{5.7.52}$$

相应,Rossby 孤立波的速度为

$$c \equiv \omega/k = \bar{u} - \frac{2la}{3k}. \tag{5.7.53}$$

上式表明:振幅越大和波越宽的 Rossby 孤立波的速度越小,甚至为负值,这很像大气中的阻塞系统. 而且,此时式(5.7.46)可改写为

$$v' = -\frac{2a}{3} + a\operatorname{sech}^2\sqrt{\frac{3\beta_0}{8kla}}\theta. \tag{5.7.54}$$

例 3 电子-离子声波方程组

$$\begin{cases} \dfrac{\partial n_e}{\partial t} + \dfrac{\partial n_e v_i}{\partial x} - \dfrac{\partial}{\partial x}\left[\left(\dfrac{\partial}{\partial t} + v_i\dfrac{\partial}{\partial x}\right)\dfrac{\partial \ln n_e}{\partial x}\right] = 0, \\ \dfrac{\partial v_i}{\partial t} + v_i\dfrac{\partial v_i}{\partial x} + \dfrac{\partial}{\partial x}\ln n_e = 0, \end{cases} \tag{5.7.55}$$

其中 n_e 为电子数密度,v_i 为离子速度.

应用幂级数展开法,我们设

$$n_e = n_e(\xi), \quad v_i = v_i(\xi), \quad \xi = x - ct. \tag{5.7.56}$$

代入方程组(5.7.55),得到

$$\begin{cases} -c\dfrac{dn_e}{d\xi} + \dfrac{dn_e v_i}{d\xi} - \dfrac{d}{d\xi}\left[(v_i - c)\dfrac{d^2\ln n_e}{d\xi^2}\right] = 0, \\ -c\dfrac{dv_i}{d\xi} + v_i\dfrac{dv_i}{d\xi} + \dfrac{d}{d\xi}\ln n_e = 0. \end{cases} \tag{5.7.57}$$

方程组对 ξ 积分一次,考虑到电子-离子声波的最简单的平衡态是 $n_e^* = 1, v_i^* = 0$,则有

$$\begin{cases}-cn_{\mathrm{e}}+n_{\mathrm{e}}v_{\mathrm{i}}-(v_{\mathrm{i}}-c)\dfrac{\mathrm{d}^2\ln n_{\mathrm{e}}}{\mathrm{d}\xi^2}=-c,\\ -cv_{\mathrm{i}}+\dfrac{1}{2}v_{\mathrm{i}}^2+\ln n_{\mathrm{e}}=0.\end{cases} \tag{5.7.58}$$

若 $v_{\mathrm{i}}-c\neq0$，则由方程组(5.7.58)的第一个方程得到

$$\frac{\mathrm{d}^2\ln n_{\mathrm{e}}}{\mathrm{d}\xi^2}-n_{\mathrm{e}}=\frac{c}{v_{\mathrm{i}}-c}. \tag{5.7.59}$$

但由式(5.7.58)的第二个方程有

$$v_{\mathrm{i}}^2-2cv_{\mathrm{i}}+2\ln n_{\mathrm{e}}=0, \tag{5.7.60}$$

因而

$$v_{\mathrm{i}}-c=\pm\sqrt{c^2-2\ln n_{\mathrm{e}}}. \tag{5.7.61}$$

上式右端取负号，并代入方程(5.7.59)得到

$$\frac{\mathrm{d}^2\ln n_{\mathrm{e}}}{\mathrm{d}\xi^2}-n_{\mathrm{e}}=-\frac{1}{\sqrt{1-\dfrac{2\ln n_{\mathrm{e}}}{c^2}}}. \tag{5.7.62}$$

若令

$$w=\ln n_{\mathrm{e}}, \tag{5.7.63}$$

则方程(5.7.62)化为

$$\frac{\mathrm{d}^2w}{\mathrm{d}\xi^2}+F(w)w=0, \tag{5.7.64}$$

其中

$$F(w)=-\frac{1}{w}\left(\mathrm{e}^w-\frac{1}{\sqrt{1-2w/c^2}}\right) \tag{5.7.65}$$

是 w 的非线性函数. 将 $F(w)$ 作幂级数展开有

$$F(w)=-\frac{1}{w}\left[\left(1-\frac{1}{c^2}\right)w+\left(\frac{1}{2}-\frac{3}{2c^4}\right)w^2+\left(\frac{1}{6}-\frac{5}{2c^6}\right)w^3+\cdots\right]. \tag{5.7.66}$$

若 $F(w)$ 的幂级数展开式(5.7.66)只取第一项，则方程(5.7.64)化为

$$\frac{\mathrm{d}^2w}{\mathrm{d}\xi^2}-\left(1-\frac{1}{c^2}\right)w=0. \tag{5.7.67}$$

这是线性方程. 若 $F(w)$ 的幂级数展开式(5.7.66)取到第二项，则方程(5.7.64)化为

$$\frac{\mathrm{d}^2w}{\mathrm{d}\xi^2}-\left[\left(1-\frac{1}{c^2}\right)w+\left(\frac{1}{2}-\frac{3}{2c^4}\right)w^2\right]=0. \tag{5.7.68}$$

上式对 ξ 微商一次，求得

$$\frac{\mathrm{d}^3w}{\mathrm{d}\xi^3}-\left(1-\frac{1}{c^2}\right)\frac{\mathrm{d}w}{\mathrm{d}\xi}-\left(1-\frac{3}{c^4}\right)w\frac{\mathrm{d}w}{\mathrm{d}\xi}=0, \tag{5.7.69}$$

这是 KdV 方程所对应的常微分方程. 若 $F(w)$的幂级数展开式(5.7.66)取到第三项,则方程(5.7.64)化为

$$\frac{\mathrm{d}^2 w}{\mathrm{d}\xi^3}-\left[\left(1-\frac{1}{c^2}\right)w+\left(\frac{1}{2}-\frac{3}{2c^4}\right)w^2+\left(\frac{1}{6}-\frac{5}{2c^6}\right)w^3\right]=0. \quad (5.7.70)$$

上式对 ξ 微商一次,求得

$$\frac{\mathrm{d}^3 w}{\mathrm{d}\xi^3}-\left(1-\frac{1}{c^2}\right)\frac{\mathrm{d}w}{\mathrm{d}\xi}-\left(1-\frac{3}{c^4}\right)w\frac{\mathrm{d}w}{\mathrm{d}\xi}-\left(\frac{1}{2}-\frac{15}{2c^6}\right)w^2\frac{\mathrm{d}w}{\mathrm{d}\xi}=0, \quad (5.7.71)$$

这是 Gardner 方程所对应的常微分方程.

以上三例充分说明:对复杂的非线性方程或方程组,若应用幂级数展开法求解,则其最低阶的近似为线性方程,高一阶近似为 KdV 方程,再高一阶近似为 Gardner 方程.

第6章　行波解、双曲函数和Jacobi椭圆函数展开法

求行波解不但是求解线性偏微分方程的一种有效途径，而且也是求解非线性偏微分方程，特别是求解非线性波方程的一种重要途径.许多简单的但是重要的非线性波方程的解析解，主要是椭圆余弦波和孤立波解，就是通过这种做法获得的，并且通过求解获得了许多非线性波的重要性质.尽管在第3章到第5章我们已经给出了几个求行波解的例子，但本章对行波解会有更为详尽的论述.此外，本章还将介绍20世纪末到本纪初发展起来的非线性演化方程求解（包括求行波解）的双曲函数展开法（hyperbolic function expansion methods）和Jacobi椭圆函数展开法（Jacobi elliptic function expansion methods）.此外，还要介绍守恒律（conservation laws）、变系数的和带强迫的非线性演化方程扩展的行波解和扩展的Jacobi椭圆函数展开法，最后还将介绍非线性演化方程的多级（multi-order）行波解.

§6.1　行　波　解

1. Burgers方程

在式（1.2.3）中已经标记过的Burgers方程为

$$\frac{\partial u}{\partial t}+u\frac{\partial u}{\partial x}-\nu\frac{\partial^2 u}{\partial x^2}=0\quad(\nu>0).\tag{6.1.1}$$

其相应的线性方程为

$$\frac{\partial u}{\partial t}+c_0\frac{\partial u}{\partial x}-\nu\frac{\partial^2 u}{\partial x^2}-0\quad(c_0\text{ 为常数}).\tag{6.1.2}$$

以平面波解

$$u=A\mathrm{e}^{\mathrm{i}(kx-\omega t)}\tag{6.1.3}$$

代入方程（6.1.2）求得色散关系为

$$\omega=kc_0-\mathrm{i}\nu k^2.\tag{6.1.4}$$

因而平面波解（6.1.3）改写为

$$u=A\mathrm{e}^{-k^2\nu t}\mathrm{e}^{\mathrm{i}k(x-c_0t)}.\tag{6.1.5}$$

由此可见，在Burgers方程（6.1.1）中耗散项的作用使得波的振幅随时间呈指数衰

减,从而起着使波扩宽的作用,这就是所谓的耗散波(dissipative waves).

求非线性偏微分方程的行波解是将方程的解写为下列形式:

$$u = u(\xi),\quad \xi = x - ct, \tag{6.1.6}$$

其中 c 为常数,相当于波的移动速度,即相速度.

以行波解(6.1.6)代入Burgers方程(6.1.1)有

$$-c\frac{\mathrm{d}u}{\mathrm{d}\xi} + u\frac{\mathrm{d}u}{\mathrm{d}\xi} - \nu\frac{\mathrm{d}^2 u}{\mathrm{d}\xi^2} = 0. \tag{6.1.7}$$

上式两边对 ξ 积分一次得

$$-cu + \frac{1}{2}u^2 - \nu\frac{\mathrm{d}u}{\mathrm{d}\xi} = A, \tag{6.1.8}$$

其中 A 是积分常数. 虽然式(6.1.8)是 u 关于 ξ 的Riccati方程,但它可以化为可直接积分的形式. 由式(6.1.8)有

$$\frac{\mathrm{d}u}{\mathrm{d}\xi} = \frac{1}{2\nu}(u^2 - 2cu - 2A). \tag{6.1.9}$$

设方程(6.1.9)右端

$$u^2 - 2cu - 2A = 0, \tag{6.1.10}$$

有两个实根 u_1^* 和 u_2^*:

$$u_1^* = c + \sqrt{c^2 + 2A},\quad u_2^* = c - \sqrt{c^2 + 2A}\quad (c^2 + 2A > 0). \tag{6.1.11}$$

式(6.1.10)和(6.1.11)分别与式(4.3.64)和(4.3.65)相同. 这是在Burgers型(含耗散)的方程中常遇到的. 显然

$$u_1^* + u_2^* = 2c,\quad u_1^* - u_2^* = 2\sqrt{c^2 + 2A}. \tag{6.1.12}$$

这样,方程(6.1.9)可以改写为

$$\frac{\mathrm{d}u}{\mathrm{d}\xi} = \frac{1}{2\nu}(u - u_1^*)(u - u_2^*). \tag{6.1.13}$$

因而,在 $u=u_1^*$ 和 $u=u_2^*$ 处 $\frac{\mathrm{d}u}{\mathrm{d}\xi}=0$,而且方程(6.1.13)很容易积分[参见式(4.3.52)]求得

$$u = c - a\tanh k(\xi - \xi_0)\quad (\xi = x - ct), \tag{6.1.14}$$

其中

$$a = \frac{1}{2}(u_1^* - u_2^*),\quad k = \frac{1}{4\nu}(u_1^* - u_2^*) = \frac{a}{2\nu},\quad c = \frac{1}{2}(u_1^* + u_2^*). \tag{6.1.15}$$

显然有

$$u|_{\xi-\xi_0=0} = c,\quad u|_{\xi\to-\infty} = u_1^*,\quad u|_{\xi\to+\infty} = u_2^*. \tag{6.1.16}$$

式(6.1.14)的图像见图6-1,它就是Burgers方程(6.1.1)的冲击波解.

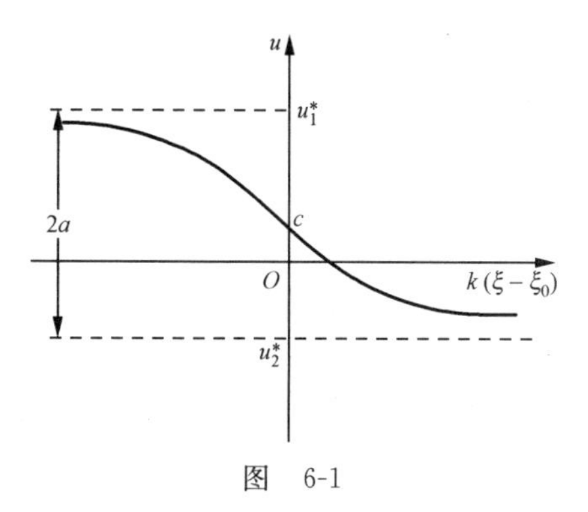

图 6-1

由此可见,Burgers 方程(6.1.1)通过一个连续变化的曲线将两个渐近状态 u_1^* 和 u_2^* 连接了起来.

若取积分常数 $A=0$,则 $u_1^*=2c, u_2^*=0, a=c, k=\dfrac{c}{2\nu}$,因而式(6.1.14)化为

$$u = c[1-\tanh k(\xi-\xi_0)] \quad (k=c/2\nu). \tag{6.1.17}$$

所以,冲击波的振幅与波速 c 成正比,波数 k 也与波速 c 成正比,这是非线性波动的特色.

式(6.1.14)对 ξ 微商,得到

$$\frac{\mathrm{d}u}{\mathrm{d}\xi} = -ka\,\mathrm{sech}^2 k(\xi-\xi_0) \quad (\xi = x-ct), \tag{6.1.18}$$

这是孤立波.显然,冲击波表征异宿轨道,孤立波表征同宿轨道.而且通常非线性项使波变陡(详见§8.1),而耗散项使波扩宽,两者的平衡便形成了 Burgers 方程的冲击波解.

2. KdV 方程

在式(1.2.4)中已经标记过的 KdV 方程为

$$\frac{\partial u}{\partial t} + u\frac{\partial u}{\partial x} + \beta\frac{\partial^3 u}{\partial x^3} = 0 \quad (\beta > 0). \tag{6.1.19}$$

其相应的线性方程为

$$\frac{\partial u}{\partial t} + c_0\frac{\partial u}{\partial x} + \beta\frac{\partial^3 u}{\partial x^3} = 0 \quad (\beta > 0, c_0 \text{ 为常数}). \tag{6.1.20}$$

若以平面波解(6.1.3)代入方程(6.1.20)求得色散关系为

$$\omega = kc_0 - \beta k^3, \tag{6.1.21}$$

因而相速度 c 和群速度 c_g 分别为

$$c \equiv \frac{\omega}{k} = c_0 - \beta k^2, \quad c_g \equiv \frac{\mathrm{d}\omega}{\mathrm{d}k} = c_0 - 3\beta k^2. \tag{6.1.22}$$

由此可见,$c_g \neq c$,它表明在 KdV 方程中色散项的作用使得波分散,形式上也起着

使波扩宽的作用，这就是所谓的色散波(dispersive waves).

以行波解(6.1.6)代入 KdV 方程(6.1.19)有

$$-c\frac{\mathrm{d}u}{\mathrm{d}\xi}+u\frac{\mathrm{d}u}{\mathrm{d}\xi}+\beta\frac{\mathrm{d}^3u}{\mathrm{d}\xi^3}=0. \tag{6.1.23}$$

上式两边对 ξ 积分一次得

$$-cu+\frac{u^2}{2}+\beta\frac{\mathrm{d}^2u}{\mathrm{d}\xi^2}=A, \tag{6.1.24}$$

其中 A 为积分常数. 方程(6.1.24)的两边乘以$\frac{\mathrm{d}u}{\mathrm{d}\xi}$，再对 ξ 积分一次得到

$$-\frac{1}{2}cu^2+\frac{1}{6}u^3+\frac{\beta}{2}\left(\frac{\mathrm{d}u}{\mathrm{d}\xi}\right)^2=Au+B, \tag{6.1.25}$$

其中 B 为积分常数. 由式(6.1.25)有

$$\left(\frac{\mathrm{d}u}{\mathrm{d}\xi}\right)^2=-\frac{1}{3\beta}(u^3-3cu^2-6Au-6B). \tag{6.1.26}$$

设

$$u^3-3cu^2-6Au-6B=0 \tag{6.1.27}$$

有三个实根 u_1，u_2 和 u_3. 不失一般性，设 $u_1\geqslant u_2\geqslant u_3$，显然有

$$\begin{cases}c=\frac{1}{3}(u_1+u_2+u_3),\\ A=-\frac{1}{6}(u_1u_2+u_2u_3+u_3u_1),\\ B=\frac{1}{6}u_1u_2u_3.\end{cases} \tag{6.1.28}$$

这样，方程(6.1.26)可以改写为

$$\left(\frac{\mathrm{d}u}{\mathrm{d}\xi}\right)^2=-\frac{1}{3\beta}(u-u_1)(u-u_2)(u-u_3)\quad(\beta>0). \tag{6.1.29}$$

方程(6.1.29)就是方程(3.3.170)的形式，则由式(3.3.173)求得方程(6.1.29)的解为

$$u=u_2+a\,\mathrm{cn}^2(k(\xi-\xi_0),m)\quad(u_2\leqslant u\leqslant u_1,\xi=x-ct), \tag{6.1.30}$$

其中 ξ_0 为积分常数，而振幅 a，波数 k 和模数 m 分别为

$$a=u_1-u_2,\quad k=\sqrt{\frac{u_1-u_3}{12\beta}},\quad m=\sqrt{\frac{u_1-u_2}{u_1-u_3}}. \tag{6.1.31}$$

式(6.1.30)的图像见图 6-2，它就是 KdV 方程(6.1.19)的椭圆余弦波解①，它的周

① 若方程(6.1.27)有一实根 u_1 和二共轭复根 $u_{2,3}=a\pm ib$，则方程(6.1.26)的解为 $u=u_1-\gamma\dfrac{1-\mathrm{cn}\left[\sqrt{\frac{\gamma}{3\beta}}(\xi-\xi_0),m\right]}{1+\mathrm{cn}\left[\sqrt{\frac{\gamma}{3\beta}}(\xi-\xi_0),m\right]}$，其中 $\gamma^2=(u_1-a)^2+b^2$，$m^2=\frac{1}{2}\left(1+\frac{u_1-a}{\gamma}\right)$.

期为 $2\mathrm{K}(m)$①.

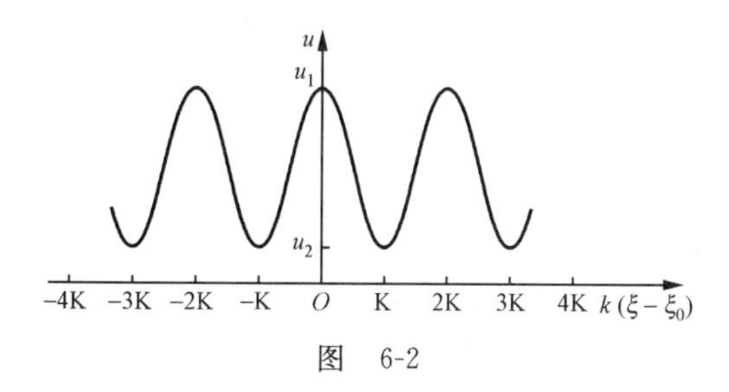

图 6-2

当 $u_2=u_3$ 时，$m=1$，则解(6.1.30)化为

$$u = u_2 + a\operatorname{sech}^2 k(\xi-\xi_0) \quad (\xi = x-ct), \tag{6.1.32}$$

其中

$$a = u_1 - u_2, \quad k = \sqrt{\frac{u_1-u_2}{12\beta}}. \tag{6.1.33}$$

显然有

$$u\,|_{\xi-\xi_0=0} = u_1, \quad u\,|_{\xi\to\pm\infty} = u_2. \tag{6.1.34}$$

式(6.1.32)的图像见图 6-3，它就是 KdV 方程(6.1.19)的孤立波解，$1/k$ 称为孤立波的宽度. 把图 6-2 中间一段图像两端分别拉向 $-\infty$ 和 $+\infty$，便成了图 6-3 中的图像，因而孤立波的周期为无穷大.

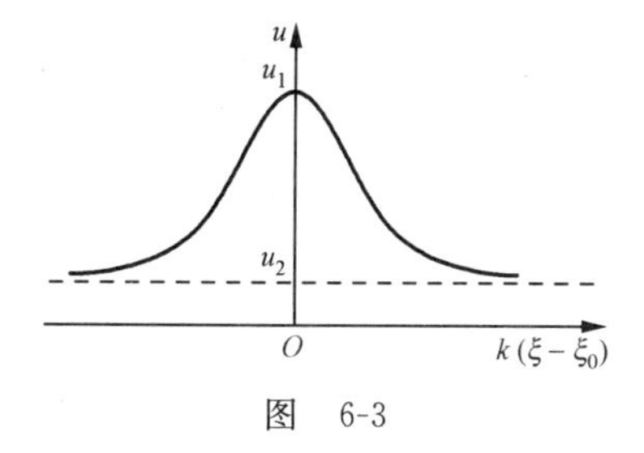

图 6-3

在式(6.1.32)中，若取 $u_2=0$，则必有 $u_3=0$，$A=B=0$，且

$$a = u_1 = 3c, \quad k = \sqrt{\frac{a}{12\beta}} = \sqrt{\frac{c}{4\beta}}. \tag{6.1.35}$$

则式(6.1.32)改写为

$$u = a\operatorname{sech}^2\sqrt{\frac{a}{12\beta}}(\xi-\xi_0) = 3c\operatorname{sech}^2\sqrt{\frac{c}{4\beta}}(\xi-\xi_0) \quad (\xi = x-ct). \tag{6.1.36}$$

① $\mathrm{K}(m)=\int_0^{\frac{\pi}{2}}\frac{1}{\sqrt{1-m^2\sin^2\varphi}}\mathrm{d}\varphi=\int_0^1\frac{1}{\sqrt{(1-x^2)(1-m^2x^2)}}\mathrm{d}x$ 为第一类 Legendre 完全椭圆积分.

此时孤立波的振幅 a 与波速 c 成正比，波数 k 与波速 c 的平方根成正比. 与Burgers方程的分析相似，这里的孤立波解是KdV方程中的非线性项与色散项相平衡的结果.

对于在式(1.2.5)中已经标记过的更一般形式的KdV方程

$$\frac{\partial u}{\partial t}+\alpha u\frac{\partial u}{\partial x}+\beta\frac{\partial^3 u}{\partial x^3}=0\quad(\alpha,\beta\text{为常数}),\tag{6.1.37}$$

我们可以令 $v=\alpha u$，使 v 的方程在形式上同方程(6.1.19)(见附录D 1.6)，也可以直接求解.

在 α 和 β 同号时，方程(6.1.37)的椭圆余弦波解为

$$u=u_2+(u_1-u_2)\mathrm{cn}^2\left(\sqrt{\frac{\alpha}{12\beta}(u_1-u_3)}(\xi-\xi_0),m\right)\quad\left(m=\sqrt{\frac{u_1-u_2}{u_1-u_3}}\right).\tag{6.1.38}$$

而在 α 和 β 异号时，方程(6.1.37)的椭圆余弦波解为

$$u=u_2-(u_2-u_3)\mathrm{cn}^2\left(\sqrt{-\frac{\alpha}{12\beta}(u_1-u_3)}(\xi-\xi_0),m\right)\quad\left(m=\sqrt{\frac{u_2-u_3}{u_1-u_3}}\right).\tag{6.1.39}$$

在式(6.1.38)和(6.1.39)中 u_1,u_2 和 u_3 是方程

$$u^3-\frac{3c}{\alpha}u^2-\frac{6A}{\alpha}u-\frac{6B}{\alpha}=0\tag{6.1.40}$$

的三个实根($u_1\geqslant u_2\geqslant u_3$)，$A,B$ 是任意常数. 由式(6.1.40)知

$$\begin{cases}u_1+u_2+u_3=\dfrac{3c}{\alpha},\\ u_1u_2+u_2u_3+u_3u_1=-\dfrac{6A}{\alpha},\\ u_1u_2u_3=\dfrac{6B}{\alpha}.\end{cases}\tag{6.1.41}$$

例如，$\alpha=6,\beta=1$ 的KdV方程

$$\frac{\partial u}{\partial t}+6u\frac{\partial u}{\partial x}+\frac{\partial^3 u}{\partial x^3}=0\tag{6.1.42}$$

的椭圆余弦波解可以由式(6.1.38)求得为

$$u=u_2+(u_1-u_2)\mathrm{cn}^2\left(\sqrt{\frac{1}{2}(u_1-u_3)}(\xi-\xi_0),m\right)\quad\left(m=\sqrt{\frac{u_1-u_2}{u_1-u_3}}\right),\tag{6.1.43}$$

而在 $u_2=u_3=0$ 时 $\left(A=B=0,u_1=\dfrac{c}{2},m=1\right)$ 的孤立波解为

$$u=\frac{c}{2}\mathrm{sech}^2\sqrt{\frac{c}{4}}(\xi-\xi_0)\quad(\xi=x-ct).\tag{6.1.44}$$

又例如，$\alpha=-6,\beta=1$ 的 KdV 方程

$$\frac{\partial u}{\partial t}-6u\frac{\partial u}{\partial x}+\frac{\partial^3 u}{\partial x^3}=0 \tag{6.1.45}$$

的椭圆余弦波解可以由式(6.1.39)求得为

$$u=u_2-(u_2-u_3)\mathrm{cn}^2\left(\sqrt{\frac{1}{2}(u_1-u_3)}(\xi-\xi_0),m\right)\quad\left(m=\sqrt{\frac{u_2-u_3}{u_1-u_3}}\right), \tag{6.1.46}$$

而在 $u_1=u_2=0$ 时$\left(A=B=0,u_3=-\frac{c}{2},m=1\right)$的孤立波解为

$$u=-\frac{c}{2}\mathrm{sech}^2\sqrt{\frac{c}{4}}(\xi-\xi_0)\quad(\xi=x-ct). \tag{6.1.47}$$

对于在式(1.2.6)中已经标记过的浅水波的 KdV 方程

$$\frac{\partial h'}{\partial t}+c_0\left(1+\frac{3}{2H}h'\right)\frac{\partial h'}{\partial x}+\beta\frac{\partial^3 h'}{\partial x^3}=0\quad\left(\beta=\frac{1}{6}c_0H^2\right). \tag{6.1.48}$$

我们可以令 $v=c_0\left(1+\frac{3}{2H}h'\right)$，使方程(6.1.48)化为标准的 KdV 方程(见附录 D 1.6)，但这里直接求解，为此设

$$h'/H=\eta(\xi),\quad \xi=x-ct, \tag{6.1.49}$$

代入方程(6.1.48)得到

$$\left(\frac{\mathrm{d}\eta}{\mathrm{d}\xi}\right)^2=-\frac{3}{H^2}F(\eta), \tag{6.1.50}$$

其中

$$F(\eta)\equiv\eta^3-2\left(\frac{c}{c_0}-1\right)\eta^2+4A\eta+B \tag{6.1.51}$$

是 η 的三次多项式，A 和 B 为积分常数.

不失一般性，我们取 $B=0$，从而选 $F(\eta)$ 的三个实零点为 $a,0,a-b(0<a<b)$，即

$$F(\eta)=\eta(\eta-a)(\eta-a+b)\quad(0<a<b). \tag{6.1.52}$$

比较式(6.1.51)和(6.1.52)可得

$$2a-b=2\left(\frac{c}{c_0}-1\right). \tag{6.1.53}$$

这样，可求得浅水波的 KdV 方程(6.1.48)的椭圆余弦波解为

$$h'=Ha\,\mathrm{cn}^2\left(\sqrt{\frac{3b}{4H^2}}(\xi-\xi_0),m\right)\quad(m=\sqrt{a/b}). \tag{6.1.54}$$

当 $a=b$ 时，式(6.1.54)退化为下列孤立波解：

$$h'=Ha\,\mathrm{sech}^2\sqrt{\frac{3a}{4H^2}}(\xi-\xi_0)\quad(\xi=x-ct). \tag{6.1.55}$$

其波速由式(6.1.53)定得为

$$c = c_0\left(1+\frac{a}{2}\right). \tag{6.1.56}$$

3. 正弦-Gordon方程

在式(1.2.15)中已经标记过的正弦-Gordon方程为

$$\frac{\partial^2 u}{\partial t^2} - c_0^2\frac{\partial^2 u}{\partial x^2} + f_0^2\sin u = 0 \quad (c_0 > 0). \tag{6.1.57}$$

其相应的线性方程就是Klein-Gordon方程,即

$$\frac{\partial^2 u}{\partial t^2} - c_0^2\frac{\partial^2 u}{\partial x^2} + f_0^2 u = 0. \tag{6.1.58}$$

若以平面波解(6.1.3)代入方程(6.1.58)求得色散关系为

$$\omega^2 = k^2 c_0^2 + f_0^2. \tag{6.1.59}$$

由此可见,Klein-Gordon方程(即小振幅的正弦-Gordon方程)描写的是一类色散波,表征了有色散的振动的传播,通常称为声子(phonons).

值得注意的是:KdV方程(6.1.19)中的非线性项和色散项是分开的,但在正弦-Gordon方程(6.1.57)中 $f_0^2\sin u$ 既是非线性项又是色散项.

以行波解(6.1.6)代入正弦-Gordon方程(6.1.57)有

$$\frac{\mathrm{d}^2 u}{\mathrm{d}\xi^2} + \frac{f_0^2}{c^2 - c_0^2}\sin u = 0 \quad (c^2 \neq c_0^2). \tag{6.1.60}$$

方程(6.1.60)的两边乘以$\frac{\mathrm{d}u}{\mathrm{d}\xi}$,再对$\xi$积分一次得到

$$\frac{1}{2}\left(\frac{\mathrm{d}u}{\mathrm{d}\xi}\right)^2 + \frac{f_0^2}{c^2 - c_0^2}(1-\cos u) \equiv H, \tag{6.1.61}$$

其中 H 为积分常数,即正弦-Gordon方程的Hamilton量. 注意 $1-\cos u = 2\sin^2\frac{u}{2}$,则式(6.1.61)化为

$$\left(\frac{\mathrm{d}u}{\mathrm{d}\xi}\right)^2 + \frac{4f_0^2}{c^2 - c_0^2}\sin^2\frac{u}{2} = 2H. \tag{6.1.62}$$

下面分 $c^2 > c_0^2$ 和 $c^2 < c_0^2$ 两种情况讨论.

(1) $c^2 > c_0^2$

此时若令

$$k^2 = \frac{f_0^2}{c^2 - c_0^2}, \quad H = 2k^2 m^2, \tag{6.1.63}$$

则方程(6.1.62)可改写为

$$\left(\frac{\mathrm{d}u}{\mathrm{d}\xi}\right)^2 = 4k^2\left(m^2 - \sin^2\frac{u}{2}\right). \tag{6.1.64}$$

其形式同方程(2.4.21)，这里 m 为模数. 故仿单摆运动方程，在 $0<m^2\equiv\frac{H}{2k^2}<1$ 的条件下，求得

$$\sin\frac{u}{2}=\pm m\,\mathrm{sn}(k(\xi-\xi_0),m)^{①}\quad\left(m=\sqrt{\frac{H}{2k^2}},\xi=x-ct\right).\tag{6.1.65}$$

这就是在 $c^2>c_0^2$ 时正弦-Gordon 方程(6.1.57)的周期解，它称为螺旋波(helical waves). $\sin\frac{u}{2}=m\,\mathrm{sn}(k(\xi-\xi_0),m)$的图像见图 6-4.

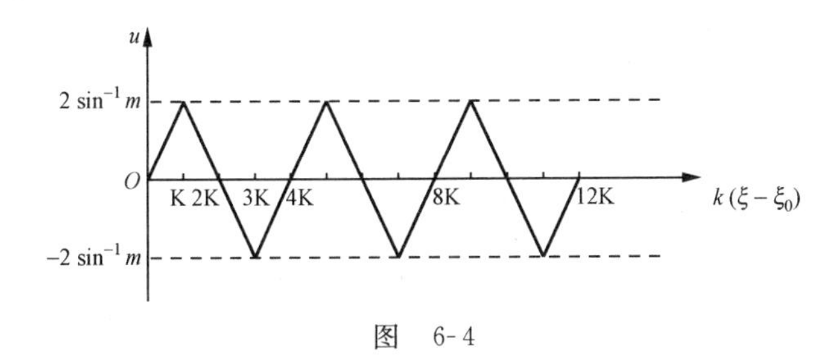

图 6-4

当 $m=1$ 时，$H=2k^2$，式(6.1.65)化为

$$\sin\frac{u}{2}=\tanh[\pm k(\xi-\xi_0)].\tag{6.1.66}$$

利用双曲正切函数的定义，式(6.1.66)很容易化为

$$\sqrt{\frac{1+\sin(u/2)}{1-\sin(u/2)}}=\mathrm{e}^{\pm k(\xi-\xi_0)}.\tag{6.1.67}$$

注意$\sqrt{\frac{1+\sin(u/2)}{1-\sin(u/2)}}=\frac{1+\tan(u/4)}{1-\tan(u/4)}=\tan(u/4+\pi/4)$，则式(6.1.67)可以改写为

$$u=-\pi+4\tan^{-1}[\mathrm{e}^{\pm k(\xi-\xi_0)}]\quad(k=f_0/\sqrt{c^2-c_0^2}).\tag{6.1.68}$$

它称为正弦-Gordon 方程(6.1.57)的孤立波②解或称为拓扑孤立子(topological solitons). 其中

$$u_+=-\pi+4\tan^{-1}[\mathrm{e}^{k(\xi-\xi_0)}]\tag{6.1.69}$$

也称为扭结波(kink waves)或孤立子，见图 6-5 中的 $c^2>c_0^2$ 的曲线；

$$u_-=-\pi+4\tan^{-1}[\mathrm{e}^{-k(\xi-\xi_0)}]\tag{6.1.70}$$

称为反扭结波(anti-kink waves)或反孤立子(anti-solitons)，见图 6-6 中的 $c^2>c_0^2$ 的曲线.

---

① 通常，称正弦-Gordon 方程的周期解为周期瞬子(periodic instantons).

② 这是广义孤立波，它包含冲击波，若 c_0 代表光速，则对于 $c>c_0$ 的情况，式(6.1.68)又称为超光速粒子(tachyons).

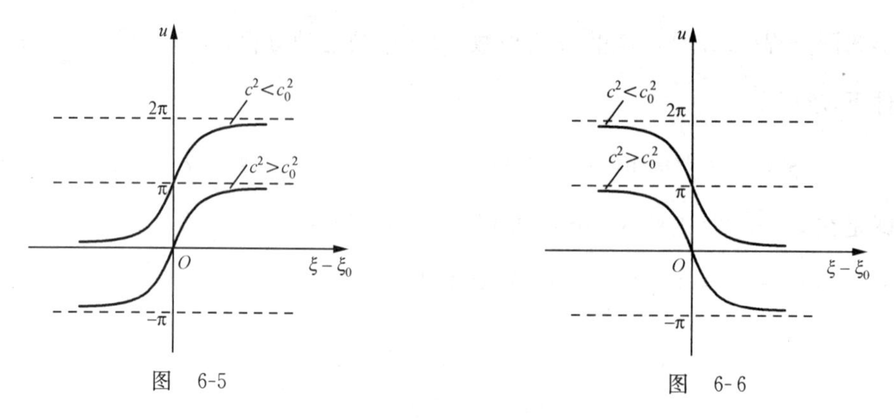

图　6-5　　　　　　图　6-6

(2) $c^2<c_0^2$

此时方程(6.1.64)仍适用，但改写为

$$\left(\frac{\mathrm{d}u}{\mathrm{d}\xi}\right)^2=4l^2\left(\sin^2\frac{u}{2}-m^2\right),\tag{6.1.71}$$

其中

$$l^2=\frac{f_0^2}{c_0^2-c^2}=\frac{f_0^2}{c_0^2}\frac{1}{(1-c^2/c_0^2)}.\tag{6.1.72}$$

注意余模数 $m'=\sqrt{1-m^2}$，则方程(6.1.71)还可以改写为

$$\left(\frac{\mathrm{d}u}{\mathrm{d}\xi}\right)^2=4l^2\left(m'^2-\cos^2\frac{u}{2}\right).\tag{6.1.73}$$

方程(6.1.73)与方程(6.1.64)比较知，这里用 l^2 代替了 k^2，用 m'^2 代替了 m^2，用 $\cos\frac{u}{2}$ 代替了 $\sin\frac{u}{2}$，所以，方程(6.1.73)的解为

$$\cos\frac{u}{2}=\pm m'\mathrm{sn}(l(\xi-\xi_0),m')①\quad(m'=\sqrt{1-m^2},\xi=x-ct).\tag{6.1.74}$$

当 $m'=1$ 时，$H=0$，式(6.1.74)化为

$$\cos\frac{u}{2}=\tanh[\pm(\xi-\xi_0)].\tag{6.1.75}$$

利用双曲正切函数的定义，式(6.1.75)很容易化为

$$\sqrt{\frac{1-\cos(u/2)}{1+\cos(u/2)}}=\mathrm{e}^{\pm l(\xi-\xi_0)}.\tag{6.1.76}$$

注意 $\sqrt{\frac{1-\cos(u/2)}{1+\cos(u/2)}}=\tan(u/4)$，则式(6.1.76)可以改写为

① 通常，称正弦-Gordon方程的周期解为周期瞬子.

$$u = 4\tan^{-1}\left[e^{\pm l(\xi-\xi_0)}\right] = 4\tan^{-1}\left[\exp\left(\pm\frac{f_0}{c_0}\frac{\xi-\xi_0}{\sqrt{1-c^2/c_0^2}}\right)\right]. \quad (6.1.77)$$

它也是正弦-Gordon 方程(6.1.57)的孤立波解.其中"+"号对应扭结波或孤立子,"−"号对应反扭结波或反孤立子,它们分别对应于图 6-5 和图 6-6 中的 $c^2<c_0^2$ 的曲线.

从解(6.1.77)我们还可以看出:通过 Lorentz 变换

$$x' = \frac{x-ct}{\sqrt{1-c^2/c_0^2}}, \quad t' = \frac{t-\dfrac{c}{c_0^2}}{\sqrt{1-c^2/c_0^2}}, \quad (6.1.78)$$

正弦-Gordon 方程具有形式不变的特征(见附录 D 1.13).

正弦-Gordon 方程除了声子解和扭结孤立子解外,还有一种呼吸孤立子(breather solitons 或 bions)解.为了求得这种解,我们首先对正弦-Gordon 方程(6.1.57)作变换(见附录 D 1.13)

$$t_1 = f_0 t, \quad x_1 = \lambda_0 x \quad (\lambda_0 \equiv f_0/c_0). \quad (6.1.79)$$

这样,正弦-Gordon 方程(6.1.57)就化为

$$\frac{\partial^2 u}{\partial x_1^2} - \frac{\partial^2 u}{\partial t_1^2} = \sin u. \quad (6.1.80)$$

受正弦-Gordon 方程(6.1.57)存在形如(6.1.77)式的扭结波的启发,Lamb 提出用分离变量的方法去求解非线性方程,他设方程(6.1.80)有下列分离变量形式的解:

$$u = 4\tan^{-1}\left[\frac{X(x_1)}{T(t_1)}\right], \quad (6.1.81)$$

其中 $X(x_1)$ 和 $T(t_1)$ 分别只是 x_1 和 t_1 的函数.注意

$$\begin{cases} \dfrac{\partial u}{\partial x_1} = \dfrac{4TX'}{X^2+T^2}, \\ \dfrac{\partial u}{\partial t_1} = -\dfrac{4XT'}{X^2+T^2}, \\ \dfrac{\partial^2 u}{\partial x_1^2} = \dfrac{4T}{(X^2+T^2)^2}\left[(X^2+T^2)X'' - 2XX'^2\right], \\ \dfrac{\partial^2 u}{\partial t_1^2} = -\dfrac{4X}{(X^2+T^2)^2}\left[(X^2+T^2)T'' - 2TT'^2\right], \\ \sin u = \dfrac{4\tan\dfrac{u}{4}\left(1-\tan^2\dfrac{u}{4}\right)}{\left(1+\tan^2\dfrac{u}{4}\right)^2} = \dfrac{4XT(T^2-X^2)}{(X^2+T^2)^2}, \end{cases} \quad (6.1.82)$$

则式(6.1.81)代入方程(6.1.80)并除以 $4XT$,得到

$$(X^2+T^2)\left(\frac{X''}{X}+\frac{T''}{T}\right) - 2\left[(X')^2+(T')^2\right] = T^2 - X^2. \quad (6.1.83)$$

将式(6.1.83)分别对 x_1 和 t_1 微商有

$$\begin{cases}2XX'\left(\frac{X''}{X}+\frac{T''}{T}\right)+(X^2+T^2)\left(\frac{X''}{X}\right)'-4X'X''=-2XX',\\2TT'\left(\frac{X''}{X}+\frac{T''}{T}\right)+(X^2+T^2)\left(\frac{T''}{T}\right)'-4T'T''=2TT'.\end{cases}\tag{6.1.84}$$

再将式(6.1.84)中的两式分别除以 XX' 和 TT'，得到

$$\begin{cases}2\left(-\frac{X''}{X}+\frac{T''}{T}\right)+\frac{X^2+T^2}{XX'}\left(\frac{X''}{X}\right)'=-2,\\2\left(\frac{X''}{X}-\frac{T''}{T}\right)+\frac{X^2+T^2}{TT'}\left(\frac{T''}{T}\right)'=2.\end{cases}\tag{6.1.85}$$

式(6.1.85)中的两式相加，得到

$$\frac{1}{XX'}\left(\frac{X''}{X}\right)'=-\frac{1}{TT'}\left(\frac{T''}{T}\right)'=4\alpha,\tag{6.1.86}$$

其中 4α 为分离变量常数.

将式(6.1.86)分为下列两个常微分方程：

$$\left(\frac{X''}{X}\right)'=4\alpha XX',\quad\left(\frac{T''}{T}\right)'=-4\alpha TT'.\tag{6.1.87}$$

它们分别积分一次得到

$$\frac{X''}{X}=2\alpha X^2+\beta_1,\quad\frac{T''}{T}=-2\alpha T^2+\beta_2,\tag{6.1.88}$$

其中 β_1 和 β_2 为积分常数.

式(6.1.88)的两个方程分别乘以 XX' 和 TT'，并再积分一次，得到

$$X'^2=\alpha X^4+\beta_1X^2+\gamma_1,\quad T'^2=-\alpha T^4+\beta_2T^2+\gamma_2,\tag{6.1.89}$$

其中 γ_1 和 γ_2 为积分常数.

式(6.1.88)和(6.1.89)代入方程(6.1.83)，得到

$$-[(\beta_1-\beta_2)-1](X^2-T^2)=2(\gamma_1+\gamma_2).\tag{6.1.90}$$

由于 X 和 T 分别是 x_1 和 t_1 的函数，因此，式(6.1.90)成立的要求为

$$\beta_1-\beta_2=1,\quad\gamma_1+\gamma_2=0.\tag{6.1.91}$$

取 $\beta_2=-\beta,\gamma_1=\gamma$，则 $\beta_1=1-\beta,\gamma_2=-\gamma$，因而方程(6.1.89)化为

$$X'^2=\alpha X^4+(1-\beta)X^2+\gamma,\quad T'^2=-\alpha T^4-\beta T^2-\gamma.\tag{6.1.92}$$

方程(6.1.92)的详细求解见第一种椭圆方程(3.3.5)或附录 D 6.10，下面仅在 $\alpha=-1$ 和 $\gamma=0$ 的条件下求解. 此时，方程(6.1.92)化为

$$X'^2=-X^4+(1-\beta)X^2,\quad T'^2=T^4-\beta T^2\quad\text{或}\quad\left(\frac{1}{T}\right)'^2=1-\beta\left(\frac{1}{T}\right)^2,\tag{6.1.93}$$

所以

$$X' = \pm X\sqrt{(1-\beta)-X^2}, \quad \left(\frac{1}{T}\right)' = \pm\sqrt{1-\beta\left(\frac{1}{T}\right)^2}. \qquad (6.1.94)$$

这是两个可以直接积分求解的方程.积分上述两个方程并取积分常数为零,求得

$$-\frac{1}{\sqrt{1-\beta}}\operatorname{sech}^{-1}\frac{X}{\sqrt{1-\beta}} = \pm x_1 = \pm\lambda_0 x, \quad \frac{1}{\sqrt{\beta}}\sin^{-1}\frac{\sqrt{\beta}}{T} = \pm t_1 = \pm f_0 t, \qquad (6.1.95)$$

因而

$$X = \sqrt{1-\beta}\operatorname{sech}\sqrt{1-\beta}\lambda_0 x, \quad \frac{1}{T} = \pm\frac{1}{\sqrt{\beta}}\sin\sqrt{\beta}f_0 t. \qquad (6.1.96)$$

式(6.1.96)代入式(6.1.81),求得

$$\tan\frac{u}{4} = \pm\sqrt{\frac{1-\beta}{\beta}}\frac{\sin\sqrt{\beta}f_0 t}{\cosh\sqrt{1-\beta}\lambda_0 x} \quad (0<\beta<1). \qquad (6.1.97)$$

这个解显示:它是一个频率为 $\omega_0=\sqrt{\beta}f_0$ 或周期为 $T_0=\dfrac{2\pi}{\sqrt{\beta}f_0}$ 的周期解,不断地在 x 轴的上方或下方交替地变化,很像不断呼吸的样子.同时,看起来又像是孤立子和反孤立子围绕 $x=0$ 的一对振荡.所以称它为正弦-Gordon 方程的呼吸孤立子解,简称为呼吸子,又称为对称振子(doublet),如图 6-7 所示.图中 Ⓢ 表示孤立子,Ⓐ 表示反孤立子.注意正弦-Gordon 方程的呼吸子解是不传播的.

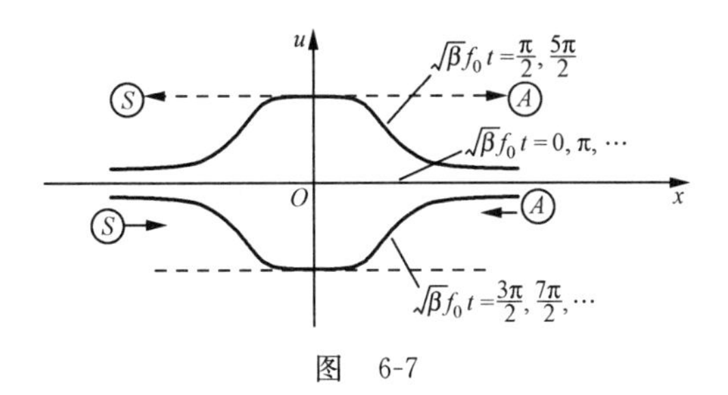

图 6-7

4. BDO(Benjamin-Davis-Ono)方程

在式(1.2.35)中已经标记过的 BDO 方程为

$$\frac{\partial u}{\partial t} + c_0\frac{\partial u}{\partial x} + u\frac{\partial u}{\partial x} + \beta\frac{\partial^2}{\partial x^2}\mathscr{H}\{u\} = 0, \qquad (6.1.98)$$

其中

$$\mathscr{H}\{u\} = \frac{1}{\pi}\int_{-\infty}^{+\infty}\frac{u(x',t)}{x'-x}\mathrm{d}x'. \qquad (6.1.99)$$

以行波解(6.1.6)代入方程(6.1.98)有

$$-(c-c_0)\frac{\mathrm{d}u}{\mathrm{d}\xi}+u\frac{\mathrm{d}u}{\mathrm{d}\xi}+\beta\frac{\mathrm{d}^2}{\mathrm{d}\xi^2}\mathscr{H}\{u\}=0. \tag{6.1.100}$$

上式两边对 ξ 积分一次，取积分常数为零，得

$$-(c-c_0)u+\frac{1}{2}u^2+\beta\frac{\mathrm{d}}{\mathrm{d}\xi}\mathscr{H}\{u\}=0. \tag{6.1.101}$$

此时式(6.1.99)化为

$$\mathscr{H}\{u\}=\frac{1}{\pi}\int_{-\infty}^{+\infty}\frac{u(\xi')}{\xi'-\xi}\mathrm{d}\xi', \tag{6.1.102}$$

因而

$$\frac{\mathrm{d}}{\mathrm{d}\xi}\mathscr{H}\{u\}=\frac{1}{\pi}\int_{-\infty}^{+\infty}\frac{u(\xi')}{(\xi'-\xi)^2}\mathrm{d}\xi'. \tag{6.1.103}$$

这样，方程(6.1.100)化为

$$-(c-c_0)u+\frac{1}{2}u^2+\frac{\beta}{\pi}\int_{-\infty}^{+\infty}\frac{u(\xi')}{(\xi'-\xi)^2}\mathrm{d}\xi'=0. \tag{6.1.104}$$

这是关于 $u(\xi)$ 的积分方程. 为此，我们设

$$u(\xi)=\frac{a}{\xi^2+b^2}, \tag{6.1.105}$$

其中 a 和 b 为待定常数.

式(6.1.105)代入方程(6.1.104)，得到

$$-(c-c_0)\frac{a}{\xi^2+b^2}+\frac{1}{2}\frac{a^2}{(\xi^2+b^2)^2}+\frac{\beta a}{\pi}\int_{-\infty}^{+\infty}\frac{1}{(\xi'-\xi)^2(\xi'^2+b^2)}\mathrm{d}\xi'=0. \tag{6.1.106}$$

但其中的无穷积分不难求得为

$$\frac{\beta a}{\pi}\int_{-\infty}^{+\infty}\frac{1}{(\xi'-\xi)^2(\xi'^2+b^2)}\mathrm{d}\xi'=\frac{2\beta a\xi^2}{b(\xi^2+b^2)^2}-\frac{\beta a}{b(\xi^2+b^2)}, \tag{6.1.107}$$

因而方程(6.1.106)化为

$$-(c-c_0)\frac{a}{\xi^2+b^2}+\frac{1}{2}\frac{a^2}{(\xi^2+b^2)^2}+\frac{2\beta a\xi^2}{b(\xi^2+b^2)^2}-\frac{\beta a}{b(\xi^2+b^2)}=0. \tag{6.1.108}$$

上式两边乘以 $(\xi^2+b^2)^2$ 后有

$$a\left[\frac{a}{2}-\beta b-(c-c_0)b^2\right]+a\xi^2\left[\frac{\beta}{b}-(c-c_0)\right]=0. \tag{6.1.109}$$

由此定得

$$b=\frac{\beta}{c-c_0},\quad a=\frac{4\beta^2}{c-c_0}, \tag{6.1.110}$$

所以，BDO 方程(6.1.98)的行波解为

$$u=\frac{\dfrac{4\beta^2}{c-c_0}}{\xi^2+\left(\dfrac{\beta}{c-c_0}\right)^2}\quad(\xi=x-ct). \tag{6.1.111}$$

它称为代数孤立波(algebraic solitary waves)或有理孤立波(rational solitary waves),其图像如图 6-8 所示.

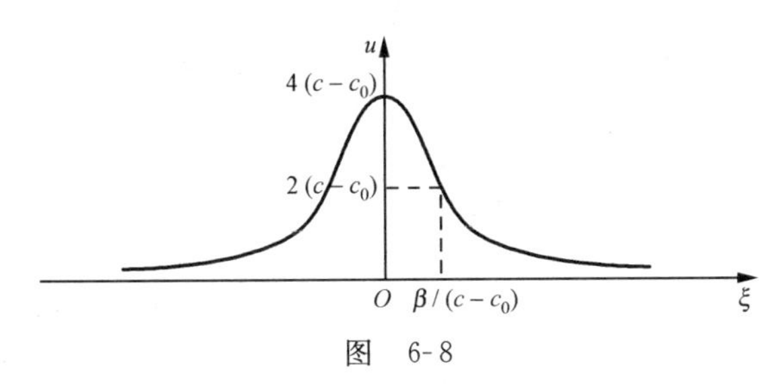

图 6-8

5. 离子声波方程组

在式(1.2.46)中已经标记过的离子声波的无量纲的方程组为

$$\begin{cases}\dfrac{\partial n}{\partial t}+\dfrac{\partial nv}{\partial x}=0,\\ \dfrac{\partial v}{\partial t}+v\dfrac{\partial v}{\partial x}=-\dfrac{\partial\phi}{\partial x},\\ \dfrac{\partial^2\phi}{\partial x^2}=\mathrm{e}^{\phi}-n.\end{cases} \tag{6.1.112}$$

由于在等离子体中,离子声波最简单的平衡态为

$$n^*=1,\quad v^*=0,\quad \phi^*=0. \tag{6.1.113}$$

考虑在此平衡态下叠加一个小扰动,即设

$$n=1+\Delta n,\quad v=\Delta v,\quad \phi=\Delta\phi\quad(|\Delta n|\ll 1,|\Delta v|\ll 1,|\Delta\phi|\ll 1), \tag{6.1.114}$$

则忽略小扰动的二次项后,方程组(6.1.112)化为

$$\begin{cases}\dfrac{\partial\Delta n}{\partial t}+\dfrac{\partial\Delta v}{\partial x}=0,\\ \dfrac{\partial\Delta v}{\partial t}+\dfrac{\partial\Delta\phi}{\partial x}=0,\\ \dfrac{\partial^2\Delta\phi}{\partial x^2}=\Delta\phi-\Delta n,\end{cases} \tag{6.1.115}$$

这是离子声波的线性方程组.通过消元,很容易得到

$$\frac{\partial^2\Delta v}{\partial t^2}-\frac{\partial^2\Delta v}{\partial x^2}=\frac{\partial^4\Delta v}{\partial t^2\partial x^2}. \tag{6.1.116}$$

以平面波解

$$\Delta v = A\mathrm{e}^{\mathrm{i}(kx-\omega t)} \tag{6.1.117}$$

代入方程(6.1.116)求得线性离子声波的色散关系为

$$\omega^2 = \frac{k^2}{1+k^2}. \tag{6.1.118}$$

由此可见,离子声波是色散波.

下面求方程组(6.1.112)的行波解.为此,令

$$n = n(\xi),\quad v = v(\xi),\quad \phi = \phi(\xi),\quad \xi = x - ct. \tag{6.1.119}$$

代入方程组(6.1.112),得到

$$\begin{cases} -c\dfrac{\mathrm{d}n}{\mathrm{d}\xi} + \dfrac{\mathrm{d}nv}{\mathrm{d}\xi} = 0, \\ -c\dfrac{\mathrm{d}v}{\mathrm{d}\xi} + v\dfrac{\mathrm{d}v}{\mathrm{d}\xi} = -\dfrac{\mathrm{d}\phi}{\mathrm{d}\xi}, \\ \dfrac{\mathrm{d}^2\phi}{\mathrm{d}\xi^2} = \mathrm{e}^{\phi} - n. \end{cases} \tag{6.1.120}$$

方程组(6.1.120)的头两个方程两边对 ξ 积分一次,并把式(6.1.113)视为 $\xi\to+\infty$ 时的条件,则得

$$\begin{cases} n(c-v) = c, \\ \dfrac{1}{2}(c-v)^2 = \dfrac{1}{2}c^2 - \phi, \\ \dfrac{\mathrm{d}^2\phi}{\mathrm{d}\xi^2} = \mathrm{e}^{\phi} - n. \end{cases} \tag{6.1.121}$$

由方程组(6.1.121)的头两式得到

$$n = \frac{c}{\sqrt{c^2-2\phi}}. \tag{6.1.122}$$

将式(6.1.122)代入方程组(6.1.121)的第三个方程,得到

$$\frac{\mathrm{d}^2\phi}{\mathrm{d}\xi^2} = F'(\phi), \tag{6.1.123}$$

其中

$$F(\phi) = \int\left(\mathrm{e}^{\phi} - \frac{c}{\sqrt{c^2-2\phi}}\right)\mathrm{d}\phi = \mathrm{e}^{\phi} + c\sqrt{c^2-2\phi} - (c^2+1). \tag{6.1.124}$$

这里的积分常数选取已考虑了式(6.1.113).

方程(6.1.123)的两边乘以 $2\dfrac{\mathrm{d}\phi}{\mathrm{d}\xi}$,并对 ξ 积分得到

$$\left(\frac{\mathrm{d}\phi}{\mathrm{d}\xi}\right)^2 = 2F(\phi). \tag{6.1.125}$$

在 $\phi\ll 1$ 时,令

$$\Delta c \equiv c-1 \quad (0<\Delta c \ll 1), \tag{6.1.126}$$

则方程(6.1.125)近似化为

$$\left(\frac{\mathrm{d}\phi}{\mathrm{d}\xi}\right)^2=\frac{2}{3}\phi^2(3\Delta c-\phi). \tag{6.1.127}$$

这是第二种椭圆方程(3.3.97)中 $a=0$ 的情况,考虑 $\phi>0$ 并参考式(3.3.110),求得方程(6.1.127)的行波解为

$$\phi=3\Delta c\operatorname{sech}^2\sqrt{\frac{\Delta c}{2}}(\xi-\xi_0) \quad (\xi=x-ct). \tag{6.1.128}$$

这是离子声波电势的孤立波解.将式(6.1.128)代入式(6.1.122)可求得 n,n 代入方程组(6.1.121)的第一式便求得 v.由式(6.1.128)看到,离子声波的波速与孤立子的振幅成正比.

6. 非线性 Schrödinger(NLS)方程

在式(1.2.33)中已经标记过的非线性 Schrödinger 方程为

$$\mathrm{i}\frac{\partial u}{\partial t}+\alpha\frac{\partial^2 u}{\partial x^2}+\beta|u|^2u=0 \quad (\alpha\neq 0,\beta\neq 0). \tag{6.1.129}$$

很有意思的是,非线性 Schrödinger 方程(6.1.129)也有通常只有线性方程才具有的形式为

$$u=A\mathrm{e}^{\mathrm{i}(kx-\omega t)} \tag{6.1.130}$$

的平面波解.

式(6.1.130)代入方程(6.1.129)很快得到非线性的色散关系为

$$\omega=\alpha k^2-\beta a^2 \quad (a^2=|A|^2). \tag{6.1.131}$$

它明确说明:非线性波的色散关系既与波数 k 有关,又与振幅 a 有关.由此求得相速度和群速度分别为

$$c\equiv\frac{\omega}{k}=\alpha k-\frac{\beta a^2}{k}, \quad c_{\mathrm{g}}\equiv\frac{\mathrm{d}\omega}{\mathrm{d}k}=2\alpha k, \tag{6.1.132}$$

所以,非线性 Schrödinger 方程表征的也是一类色散波.

因式(6.1.131)是根据式(6.1.130)得到的,所以,式(6.1.131)可视为非线性 Schrödinger 方程(6.1.129)的最低阶的近似,相应地式(6.1.130)是它的最低阶的解.

因非线性 Schrödinger 方程通常表征非线性的调制作用,所以,我们常求它的包络波(即波包,wave packet)解,即设解为

$$u=\phi(\xi)\mathrm{e}^{\mathrm{i}(kx-\omega t)}, \quad \xi=x-c_{\mathrm{g}}t, \tag{6.1.133}$$

其中 $\phi(\xi)$ 是待定的实函数.此式表明波相位以相速度传播,但波振幅以群速度传播.

将式(6.1.133)代入方程(6.1.129)，得到

$$\alpha \frac{\mathrm{d}^2\phi}{\mathrm{d}\xi^2} + \mathrm{i}(2\alpha k - c_g)\frac{\mathrm{d}\phi}{\mathrm{d}\xi} + (\omega - \alpha k^2)\phi + \beta\phi^3 = 0. \tag{6.1.134}$$

因 $\phi(\xi)$ 为实函数，故要求 $\frac{\mathrm{d}\phi}{\mathrm{d}\xi}$ 前的复系数为零，而这恰好是式(6.1.132)中的第二式.又考虑到式(6.1.131)，我们设方程(6.1.134)中 ϕ 前的系数

$$\omega - \alpha k^2 = -\gamma \quad (\gamma > 0). \tag{6.1.135}$$

这样，方程(6.1.134)就简化为

$$\frac{\mathrm{d}^2\phi}{\mathrm{d}\xi^2} = \frac{\gamma}{\alpha}\phi - \frac{\beta}{\alpha}\phi^3 \quad (\alpha \neq 0). \tag{6.1.136}$$

这是式(3.3.6)类型的方程，它的解我们分四种情况说明.

(1) $\alpha>0,\beta>0$ 的情况

此时，方程(6.1.136)形式同方程(3.3.20)，则依式(3.3.21)求得

$$\phi = \pm a\,\mathrm{dn}(p(\xi - \xi_0), m) \quad (\xi = x - c_g t), \tag{6.1.137}$$

其中包络波的波数 p 与振幅 a 分别满足

$$p = \sqrt{\frac{\gamma}{\alpha(2-m^2)}}, \quad a = \sqrt{\frac{2\alpha}{\beta}}p = \sqrt{\frac{2\gamma}{\beta(2-m^2)}}. \tag{6.1.138}$$

此时 $\gamma = \frac{2-m^2}{2}\beta a^2$，则式(6.1.135)化为

$$\omega = \alpha k^2 - \frac{2-m^2}{2}\beta a^2. \tag{6.1.139}$$

这是 $\alpha>0,\beta>0$ 的情况下，对色散关系(6.1.131)的修正.

当 $m=1$ 时，式(6.1.137)化为

$$\phi = \pm a\,\mathrm{sech}\,p(\xi - \xi_0) \quad \left(a = \sqrt{\frac{2\gamma}{\beta}}, p = \sqrt{\frac{\gamma}{\alpha}}\right). \tag{6.1.140}$$

而色散关系(6.1.139)化为

$$\omega = \alpha k^2 - \frac{1}{2}\beta a^2. \tag{6.1.141}$$

将式(6.1.137)和(6.1.140)分别代入式(6.1.133)得到

$$u = \pm a\,\mathrm{dn}(p(\xi - \xi_0), m)\mathrm{e}^{\mathrm{i}(kx - \omega t)} \quad \left(p = \sqrt{\frac{\gamma}{\alpha(2-m^2)}}, a = \sqrt{\frac{2\gamma}{\beta(2-m^2)}}\right), \tag{6.1.142}$$

$$u = \pm a\,\mathrm{sech}\,p(\xi - \xi_0)\mathrm{e}^{\mathrm{i}(kx - \omega t)} \quad \left(p = \sqrt{\frac{\gamma}{\alpha}}, a = \sqrt{\frac{2\gamma}{\beta}}\right). \tag{6.1.143}$$

它们分别称为非线性 Schrödinger 方程(6.1.129)的包络椭圆余弦波(envelope cnoidal waves)解和包络孤立波(envelope solitary waves)解，后者又称为包络孤立

子(envelope solitons). 因这里 $\alpha\beta>0$,所以又称为亮孤立子(bright solitons). 式(6.1.142)和(6.1.143)的图像分别见图 6-9 和图 6-10.

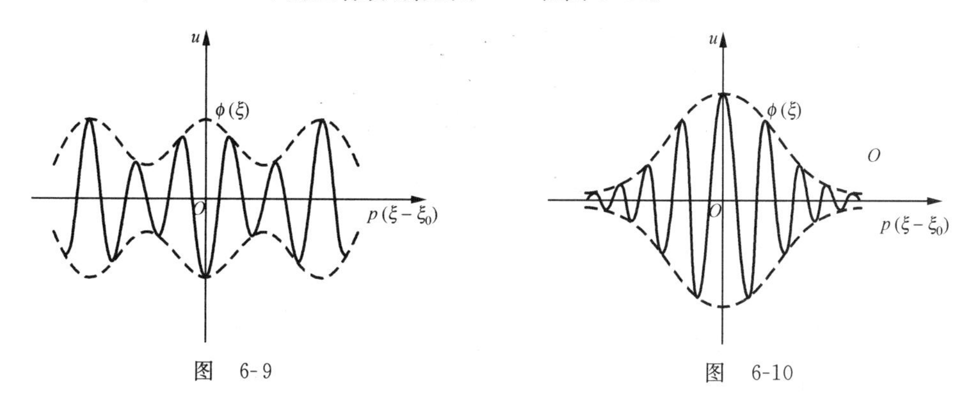

图 6-9　　图 6-10

(2) $\alpha<0,\beta>0$ 的情况

此时,方程(6.1.136)形式同方程(3.3.12),则依式(3.3.13)求得

$$\phi=\pm a\mathrm{sn}(p(\xi-\xi_0),m)\quad(\xi=x-c_g t),\tag{6.1.144}$$

其中包络波的波数 p 与振幅 a 分别满足

$$p=\sqrt{-\frac{\gamma}{\alpha(1+m^2)}},\quad a=\sqrt{-\frac{2\alpha}{\beta}}mp=\sqrt{\frac{2\gamma m^2}{\beta(1+m^2)}}.\tag{6.1.145}$$

此时 $\gamma=\dfrac{1+m^2}{2m^2}\beta a^2$,则式(6.1.135)化为

$$\omega=\alpha k^2-\frac{1+m^2}{2m^2}\beta a^2.\tag{6.1.146}$$

这是 $\alpha<0,\beta>0$ 的情况下,对色散关系(6.1.131)的修正.

当 $m=1$ 时,式(6.1.144)化为

$$\phi=\pm a\tanh p(\xi-\xi_0)\quad\left(a=\sqrt{\frac{\gamma}{\beta}},p=\sqrt{-\frac{\gamma}{2\alpha}}\right),\tag{6.1.147}$$

而色散关系(6.1.146)化为式(6.1.131),即

$$\omega=\alpha k^2-\beta a^2.\tag{6.1.148}$$

将式(6.1.144)和(6.1.147)分别代入式(6.1.133)得到

$$u=\pm a\mathrm{sn}(p(\xi-\xi_0),m)\mathrm{e}^{\mathrm{i}(kx-\omega t)}\quad\left(p=\sqrt{-\frac{\gamma}{\alpha(1+m^2)}},a=\sqrt{\frac{2\gamma m^2}{\beta(1+m^2)}}\right),\tag{6.1.149}$$

$$u=\pm a\tanh p(\xi-\xi_0)\mathrm{e}^{\mathrm{i}(kx-\omega t)}\quad\left(p=\sqrt{-\frac{\gamma}{2\alpha}},a=\sqrt{\frac{\gamma}{\beta}}\right).\tag{6.1.150}$$

它们分别是非线性 Schrödinger 方程(6.1.129)的另一类包络椭圆余弦波解和包络孤立波解(或包络孤立子). 因这里 $\alpha\beta<0$,所以又称为暗孤立子(dark solitons). 式

(6.1.150)的图像见图 6-11.

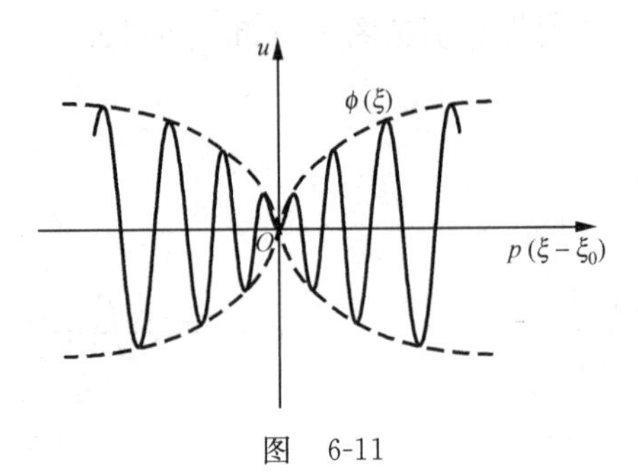

图　6-11

(3) $\alpha>0,\beta<0$ 的情况

此时,方程(6.1.136)的形式同方程(3.3.44),则依式(3.3.45)求得

$$\phi=\pm a\mathrm{cs}(p(\xi-\xi_0),m)\quad(\xi=x-c_g t),\tag{6.1.151}$$

其中包络波的波数 p 与振幅 a 分别满足

$$p=\sqrt{\frac{\gamma}{\alpha(2-m^2)}},\quad a=\sqrt{-\frac{2\alpha}{\beta}}p=\sqrt{-\frac{2\gamma}{\beta(2-m^2)}}.\tag{6.1.152}$$

此时 $\gamma=\frac{2-m^2}{2}(-\beta)a^2$,则式(6.1.135)化为

$$\omega=\alpha k^2-\frac{2-m^2}{2}(-\beta)a^2.\tag{6.1.153}$$

这是 $\alpha>0,\beta<0$ 的情况下,对色散关系(6.1.131)的修正.

当 $m=1$ 时,式(6.1.151)化为

$$\phi=\pm a\mathrm{csch}p(\xi-\xi_0)\quad\left(a=\sqrt{-\frac{2\gamma}{\beta}},p=\sqrt{\frac{\gamma}{\alpha}}\right).\tag{6.1.154}$$

而色散关系(6.1.153)化为

$$\omega=\alpha k^2-\frac{1}{2}(-\beta)a^2.\tag{6.1.155}$$

将式(6.1.151)和(6.1.154)分别代入式(6.1.133)得到

$$u=\pm a\mathrm{cs}(p(\xi-\xi_0),m)\mathrm{e}^{\mathrm{i}(kx-\omega t)}\quad\left(p=\sqrt{\frac{\gamma}{\alpha(2-m^2)}},a=\sqrt{-\frac{2\gamma}{\beta(2-m^2)}}\right),\tag{6.1.156}$$

$$u=\pm a\mathrm{csch}p(\xi-\xi_0)\mathrm{e}^{\mathrm{i}(kx-\omega t)}\quad\left(p=\sqrt{\frac{\gamma}{\alpha}},a=\sqrt{-\frac{2\gamma}{\beta}}\right).\tag{6.1.157}$$

它们分别是非线性 Schrödinger 方程(6.1.129)在 $\xi=\xi_0$ 时具有奇性的包络椭圆余弦波解和包络孤立波解.

(4) $\alpha<0,\beta<0$ 的情况

此时,方程(6.1.136)的形式同方程(3.3.16),则依式(3.3.17)求得

$$\phi=\pm a\mathrm{cn}(p(\xi-\xi_0),m)\quad(\xi=x-c_g t,0<m<1/\sqrt{2}),\tag{6.1.158}$$

其中包络波的波数 p 与振幅 a 分别满足

$$p=\sqrt{-\frac{\gamma}{\alpha(1-2m^2)}},\quad a=\sqrt{\frac{2\alpha}{\beta}}mp=\sqrt{-\frac{2\gamma m^2}{\beta(1-2m^2)}}\quad(0<m<1/\sqrt{2}).\tag{6.1.159}$$

此时 $\gamma=\frac{1-2m^2}{2m^2}(-\beta)a^2$,则式(6.1.135)化为

$$\omega=\alpha k^2-\frac{1-2m^2}{2m^2}(-\beta)a^2.\tag{6.1.160}$$

这是 $\alpha<0,\beta<0$ 的情况下,对色散关系(6.1.131)的修正.

因 $0<m<1/\sqrt{2}$,这里不存在 $m=1$ 的情况.

将式(6.1.158)代入式(6.1.133)得到

$$u=\pm a\mathrm{cn}(p(\xi-\xi_0),m)\mathrm{e}^{\mathrm{i}(kx-\omega t)}$$

$$\left(p=\sqrt{-\frac{\gamma}{\alpha(1-2m^2)}},a=\sqrt{-\frac{2\gamma m^2}{\beta(1-2m^2)}},0<m<1/\sqrt{2}\right).\tag{6.1.161}$$

式(6.161)也是非线性 Schrödinger 方程(6.1.129)的包络椭圆余弦波.

7. Zakharov 方程组

在式(1.2.45)中已经标记过的 Zakharov 方程组为

$$\begin{cases}\dfrac{\partial^2 u}{\partial t^2}-c_0^2\dfrac{\partial^2 u}{\partial x^2}=\beta\dfrac{\partial^2|v|^2}{\partial x^2},\\ \mathrm{i}\dfrac{\partial v}{\partial t}+\alpha\dfrac{\partial^2 v}{\partial x^2}-\delta uv=0\end{cases}\quad(\alpha>0,\beta>0).\tag{6.1.162}$$

考虑 v 是电场强度的慢变振幅,我们设它为包络波解,而离子数密度偏差 u 取为一般行波解.即令

$$u=u(\xi),\quad v=\phi(\xi)\mathrm{e}^{\mathrm{i}(kx-\omega t)},\quad \xi=x-c_g t,\tag{6.1.163}$$

其中 $\phi(\xi)$ 是实函数.将式(6.1.163)代入方程组(6.1.162)得到

$$\begin{cases}(c_g^2-c_0^2)\dfrac{\mathrm{d}^2 u}{\mathrm{d}\xi^2}=\beta\dfrac{\mathrm{d}^2\phi^2}{\mathrm{d}\xi^2},\\ \alpha\dfrac{\mathrm{d}^2\phi}{\mathrm{d}\xi^2}+\mathrm{i}(2\alpha k-c_g)\dfrac{\mathrm{d}\phi}{\mathrm{d}\xi}+(\omega-\alpha k^2)\phi-\delta u\phi=0.\end{cases}\tag{6.1.164}$$

式(6.1.164)的第一个方程对 ξ 积分两次,取积分常数为零,得到

$$(c_g^2-c_0^2)u=\beta\phi^2.\tag{6.1.165}$$

由此可见，上式成立要求 u 与 $c_g^2-c_0^2$ 有同样的符号，即 $0<c_g<c_0$（亚声速）时，u 取负号；$c_g>c_0>0$（超声速）时，u 取正号. 而且因 $u=\frac{\beta\phi^2}{c_g^2-c_0^2}=\frac{\beta|v|^2}{c_g^2-c_0^2}$，则式(6.1.162)的第二个方程化为

$$\mathrm{i}\frac{\partial v}{\partial t}+\alpha\frac{\partial^2 v}{\partial x^2}+\beta_1\mid v\mid^2 v=0. \tag{6.1.166}$$

这是非线性 Schrödinger 方程，其中

$$\beta_1=\frac{\delta}{c_0^2-c_g^2}\beta, \tag{6.1.167}$$

所以，v 的求解即是求解 NLS 方程. 事实上，式(6.1.165)代入式(6.1.164)的第二个方程有

$$\alpha\frac{\mathrm{d}^2\phi}{\mathrm{d}\xi^2}+\mathrm{i}(2\alpha k-c_g)\frac{\mathrm{d}\phi}{\mathrm{d}\xi}+(\omega-\alpha k^2)\phi+\beta_1\phi^3=0. \tag{6.1.168}$$

其形式完全同方程(6.1.134)，只是方程(6.1.134)中的 β 换成了 β_1. 类似地，若令

$$c_g=2\alpha k,\quad \omega-\alpha k^2=-\gamma\quad(\gamma>0), \tag{6.1.169}$$

则方程(6.1.168)就简化为

$$\frac{\mathrm{d}^2\phi}{\mathrm{d}\xi^2}=\frac{\gamma}{\alpha}\phi-\frac{\beta_1}{\alpha}\phi^3. \tag{6.1.170}$$

此方程的形式也同方程(6.1.136)，只是 β 换成了 β_1. 因这里 $\alpha>0$，我们只讨论 $\beta_1>0$ 的情况. 又因 $\beta>0$，则 $\beta_1>0$ 要求 δ 与 $c_0^2-c_g^2$ 有同样的符号，即 $0<c_g<c_0$（亚声速）时 $u<0$ 和 $\delta>0$；$c_g>c_0>0$（超声速）时，$u>0$ 和 $\delta<0$. 所以，依式(6.1.137)，方程(6.1.170)的解写为

$$\phi=\pm\sqrt{\frac{2\gamma(c_0^2-c_g^2)}{\delta\beta(2-m^2)}}\mathrm{dn}\left(\sqrt{\frac{\gamma}{\alpha(2-m^2)}}(\xi-\xi_0),m\right)\quad(\xi=x-c_g t). \tag{6.1.171}$$

上式代入到式(6.1.163)中的第二式和代入到式(6.1.165)，分别得到

$$v=\pm\sqrt{\frac{2\gamma(c_0^2-c_g^2)}{\delta\beta(2-m^2)}}\mathrm{dn}\left(\sqrt{\frac{\gamma}{\alpha(2-m^2)}}(\xi-\xi_0),m\right)\mathrm{e}^{\mathrm{i}(kx-\omega t)}, \tag{6.1.172}$$

$$u=-\frac{2\gamma}{\delta(2-m^2)}\mathrm{dn}^2\left(\sqrt{\frac{\gamma}{\alpha(2-m^2)}}(\xi-\xi_0),m\right). \tag{6.1.173}$$

它们表征 u 的椭圆余弦波解和 v 的包络椭圆余弦波解. 当 $m=1$ 时，上两式分别退化为

$$v=\pm\sqrt{\frac{2\gamma(c_0^2-c_g^2)}{\delta\beta}}\mathrm{sech}\sqrt{\frac{\gamma}{\alpha}}(\xi-\xi_0)\cdot\mathrm{e}^{\mathrm{i}(kx-\omega t)}, \tag{6.1.174}$$

$$u=-\frac{2\gamma}{\delta}\mathrm{sech}^2\sqrt{\frac{\gamma}{\alpha}}(\xi-\xi_0). \tag{6.1.175}$$

它们表明 u 是孤立波,v 是包络孤立波. 关于 v 的包络孤立子的图像与图 6-10 相似;关于 u 的孤立子移动,当 $\delta>0$ 时,它以亚声速($0<c_g<c_0$)移动,而且 $u<0$,它称为 Langmuir 坑孤立子(pit solitons);而当 $\delta<0$ 时,它以超声速($c_g>c_0>0$)移动,而且 $u>0$,它称为 Langmuir 哨孤立子(whistler solitons). 若它描写非线性光波,称为光孤立子(optical solitons).

8. Ginzburg-Landau 方程

在式(1.2.34)中已经标记过的 Ginzburg-Landau 方程为

$$\mathrm{i}\frac{\partial u}{\partial t}+\alpha\frac{\partial^2 u}{\partial x^2}+\beta\mid u\mid^2 u-\omega_0 u-\mathrm{i}\sigma u=0, \tag{6.1.176}$$

其中 ω_0,σ 为实数,α,β 通常为复数.

Ginzburg-Landau 方程应用很广,但求解复杂,我们分下列三种情况简单说明.

(1) $\alpha=\alpha_1+\mathrm{i}\alpha_2,\beta=\beta_1+\mathrm{i}\beta_2$

此时的 Ginzburg-Landau 方程为

$$\mathrm{i}\frac{\partial u}{\partial t}+(\alpha_1+\mathrm{i}\alpha_2)\frac{\partial^2 u}{\partial x^2}+(\beta_1+\mathrm{i}\beta_2)\mid u\mid^2 u-\omega_0 t-\mathrm{i}\sigma u=0. \tag{6.1.177}$$

与非线性 Schrödinger 方程(6.1.129)一样,它也有形式为式(6.1.130)的平面波解. 将式(6.1.130)代入方程(6.1.177),定得

$$\omega=\alpha_1 k^2-\beta_1 a^2+\omega_0,\quad \alpha_2 k^2=\beta_2 a^2-\sigma\quad (a^2=\mid A\mid^2). \tag{6.1.178}$$

它不但说明圆频率 ω 不仅与波数有关,也与波振幅有关;而且说明波数 k 也与波振幅有关.

(2) $\alpha=\alpha_1+\mathrm{i}\alpha_2,\beta=\beta_1+\mathrm{i}\beta_2,\omega_0=0$

此时的 Ginzburg-Landau 方程为

$$\mathrm{i}\frac{\partial u}{\partial t}+(\alpha_1+\mathrm{i}\alpha_2)\frac{\partial^2 u}{\partial x^2}+(\beta_1+\mathrm{i}\beta_2)\mid u\mid^2 u-\mathrm{i}\sigma u=0. \tag{6.1.179}$$

若设

$$u=\phi(t)\mathrm{e}^{\mathrm{i}kx}. \tag{6.1.180}$$

代入方程(6.1.179)得到

$$\frac{\mathrm{d}\phi}{\mathrm{d}t}=p\phi+q\phi^3, \tag{6.1.181}$$

其中

$$p=(k^2\alpha_2+\sigma)-\mathrm{i}k^2\alpha_1,\quad q=-\beta_2+\mathrm{i}\beta_1. \tag{6.1.182}$$

方程(6.1.181)是可分离变量的复系数的 Bernoulli 方程,积分得到

$$\frac{1}{p}\ln\phi-\frac{1}{2p}\ln(p+q\phi^2)=t-t_0, \tag{6.1.183}$$

其中 t_0 为积分常数. 由此求得

$$\phi(t)=\frac{\sqrt{p}\mathrm{e}^{p(t-t_0)}}{\sqrt{1-q\mathrm{e}^{2p(t-t_0)}}},\qquad(6.1.184)$$

所以

$$u=\frac{\sqrt{p}\mathrm{e}^{p(t-t_0)}}{\sqrt{1-q\mathrm{e}^{2p(t-t_0)}}}\mathrm{e}^{\mathrm{i}kx}.\qquad(6.1.185)$$

(3) α,β 为实数，$\sigma=0$

此时的 Ginzburg-Landau 方程为

$$\mathrm{i}\frac{\partial u}{\partial t}+\alpha\frac{\partial^2 u}{\partial x^2}+\beta|u|^2u-\omega_0 u=0.\qquad(6.1.186)$$

若设

$$u=v\mathrm{e}^{-\mathrm{i}\omega_0 t},\qquad(6.1.187)$$

则方程(6.1.186)化为

$$\mathrm{i}\frac{\partial v}{\partial t}+\alpha\frac{\partial^2 v}{\partial x^2}+\beta|v|^2v=0.\qquad(6.1.188)$$

这是关于 v 的非线性 Schrödinger 方程，它通常有包络椭圆余弦波解和包络孤立波解.

9. Landau-Lifshitz 方程组

在式(1.2.48)中已经标记过的 Landau-Lifshitz 方程组为

$$\begin{cases}\dfrac{\partial u}{\partial t}=\alpha\left(v\dfrac{\partial^2 w}{\partial x^2}-w\dfrac{\partial^2 v}{\partial x^2}\right)+\beta H_0 v,\\ \dfrac{\partial v}{\partial t}=\alpha\left(w\dfrac{\partial^2 u}{\partial x^2}-u\dfrac{\partial^2 w}{\partial x^2}\right)-\beta H_0 u,\\ \dfrac{\partial w}{\partial t}=\alpha\left(u\dfrac{\partial^2 v}{\partial x^2}-v\dfrac{\partial^2 u}{\partial x^2}\right).\end{cases}\qquad(6.1.189)$$

首先，方程组(6.1.189)存在一个守恒量

$$u^2+v^2+w^2=|\boldsymbol{S}|^2=S^2\quad(S\text{ 为常数}).\qquad(6.1.190)$$

若 $\boldsymbol{S}$ 代表磁化强度，则表明 Landau-Lifshitz 方程组中磁化强度为守恒量. 方程组(6.1.189)的三个方程分别乘以 u,v,w 然后相加即可得到这个结果；其次，为了求解方程组(6.1.189)，我们作球坐标变换，即令

$$u=S\sin\theta\cos\varphi,\quad v=S\sin\theta\sin\varphi,\quad w=S\cos\theta,\qquad(6.1.191)$$

其中 θ 和 φ 都是 x 和 t 的函数. 因为

$$
\begin{cases}
\dfrac{\partial u}{\partial t}=S\left(\cos\theta\cos\varphi\dfrac{\partial\theta}{\partial t}-\sin\theta\sin\varphi\dfrac{\partial\varphi}{\partial t}\right),\quad \dfrac{\partial u}{\partial x}=S\left(\cos\theta\cos\varphi\dfrac{\partial\theta}{\partial x}-\sin\theta\sin\varphi\dfrac{\partial\varphi}{\partial x}\right),\\
\dfrac{\partial^2 u}{\partial x^2}=S\left[-\sin\theta\cos\varphi\left(\dfrac{\partial\theta}{\partial x}\right)^2-2\cos\theta\sin\varphi\dfrac{\partial\theta}{\partial x}\dfrac{\partial\varphi}{\partial x}+\cos\theta\cos\varphi\dfrac{\partial^2\theta}{\partial x^2}\right.\\
\qquad\left.-\sin\theta\cos\varphi\left(\dfrac{\partial\varphi}{\partial x}\right)^2-\sin\theta\sin\varphi\dfrac{\partial^2\varphi}{\partial x^2}\right],\\
\dfrac{\partial v}{\partial t}=S\left(\cos\theta\sin\varphi\dfrac{\partial\theta}{\partial t}+\sin\theta\cos\varphi\dfrac{\partial\varphi}{\partial t}\right),\quad \dfrac{\partial v}{\partial x}=S\left(\cos\theta\sin\varphi\dfrac{\partial\theta}{\partial x}+\sin\theta\cos\varphi\dfrac{\partial\varphi}{\partial x}\right),\\
\dfrac{\partial^2 v}{\partial x^2}=S\left[-\sin\theta\sin\varphi\left(\dfrac{\partial\theta}{\partial x}\right)^2+2\cos\theta\cos\varphi\dfrac{\partial\theta}{\partial x}\dfrac{\partial\varphi}{\partial x}+\cos\theta\sin\varphi\dfrac{\partial^2\theta}{\partial x^2}\right.\\
\qquad\left.-\sin\theta\sin\varphi\left(\dfrac{\partial\varphi}{\partial x}\right)^2+\sin\theta\cos\varphi\dfrac{\partial^2\varphi}{\partial x^2}\right],\\
\dfrac{\partial w}{\partial t}=-S\sin\theta\dfrac{\partial\theta}{\partial t},\quad \dfrac{\partial w}{\partial x}=-S\sin\theta\dfrac{\partial\theta}{\partial x},\quad \dfrac{\partial^2 w}{\partial x^2}=-S\left[\cos\left(\dfrac{\partial\theta}{\partial x}\right)^2+\sin\theta\dfrac{\partial^2\theta}{\partial x^2}\right],
\end{cases}
\tag{6.1.192}
$$

则方程(6.1.189)化为

$$
\begin{cases}
\cos\theta\cos\varphi\dfrac{\partial\theta}{\partial t}-\sin\theta\sin\varphi\dfrac{\partial\varphi}{\partial t}=\alpha S\left[-\sin\varphi\dfrac{\partial^2\theta}{\partial x^2}-2\cos^2\theta\cos\varphi\dfrac{\partial\theta}{\partial x}\dfrac{\partial\varphi}{\partial x}+\sin\theta\cos\theta\sin\varphi\left(\dfrac{\partial\varphi}{\partial x}\right)^2\right.\\
\qquad\left.-\sin\theta\cos\theta\cos\varphi\dfrac{\partial^2\varphi}{\partial x^2}\right]+\beta H_0\sin\theta\sin\varphi,\\
\cos\theta\sin\varphi\dfrac{\partial\theta}{\partial t}+\sin\theta\cos\varphi\dfrac{\partial\varphi}{\partial t}=\alpha S\left[\cos\varphi\dfrac{\partial^2\theta}{\partial x^2}-2\cos^2\theta\sin\varphi\dfrac{\partial\theta}{\partial x}\dfrac{\partial\varphi}{\partial x}-\sin\theta\cos\theta\cos\varphi\left(\dfrac{\partial\varphi}{\partial x}\right)^2\right.\\
\qquad\left.-\sin\theta\cos\theta\sin\varphi\dfrac{\partial^2\varphi}{\partial x^2}\right]-\beta H_0\sin\theta\cos\varphi,\\
-\sin\theta\dfrac{\partial\theta}{\partial t}=\alpha S\left(2\sin\theta\cos\theta\dfrac{\partial\theta}{\partial x}\dfrac{\partial\varphi}{\partial x}+\sin^2\theta\dfrac{\partial^2\varphi}{\partial x^2}\right),
\end{cases}
\tag{6.1.193}
$$

方程组(6.1.193)的第三个方程除以 $\sin\theta$(或者第一个方程乘以 $\cos\varphi$,第二个方程乘以 $\sin\varphi$,然后相加)得到一个方程;方程组(6.1.193)的第一个方程乘以 $-\sin\varphi$,第二个方程乘以 $\cos\varphi$,然后相加得到另一个方程.这样,方程组(6.1.193)化为

$$
\begin{cases}
-\dfrac{\partial\theta}{\partial t}=\alpha S\left(2\cos\theta\dfrac{\partial\theta}{\partial x}\dfrac{\partial\varphi}{\partial x}+\sin\theta\dfrac{\partial^2\varphi}{\partial x^2}\right),\\
\sin\theta\dfrac{\partial\varphi}{\partial t}=\alpha S\left[\dfrac{\partial^2\theta}{\partial x^2}-\sin\theta\cos\theta\left(\dfrac{\partial\varphi}{\partial x}\right)^2\right]-\beta H_0\sin\theta.
\end{cases}
\tag{6.1.194}
$$

方程组(6.1.194)的第一式乘以 $\sin\theta$,第二式中的项适当调换位置,则方程组(6.1.194)化为

$$
\begin{cases}
\dfrac{\partial\cos\theta}{\partial t}=\alpha S\dfrac{\partial}{\partial x}\left(\sin^2\theta\dfrac{\partial\varphi}{\partial x}\right),\\
\alpha S\dfrac{\partial^2\theta}{\partial x^2}=\sin\theta\left[\dfrac{\partial\varphi}{\partial t}+\alpha S\cos\theta\left(\dfrac{\partial\varphi}{\partial x}\right)^2+\beta H_0\right].
\end{cases}
\tag{6.1.195}
$$

其次,我们求方程组(6.1.195)的行波解,即令

$$\theta=\theta(\xi),\quad \varphi=\varphi(\xi),\quad \xi=x-ct. \tag{6.1.196}$$

代入方程组(6.1.195),则它化为

$$\begin{cases}-c\dfrac{\mathrm{d}\cos\theta}{\mathrm{d}\xi}=\alpha S\dfrac{\mathrm{d}}{\mathrm{d}\xi}\left(\sin^2\theta\dfrac{\mathrm{d}\varphi}{\mathrm{d}\xi}\right),\\ \alpha S\dfrac{\mathrm{d}^2\theta}{\mathrm{d}\xi^2}=\sin\theta\left[-c\dfrac{\mathrm{d}\varphi}{\mathrm{d}\xi}+\alpha S\cos\theta\left(\dfrac{\mathrm{d}\varphi}{\mathrm{d}\xi}\right)^2+\beta H_0\right].\end{cases} \tag{6.1.197}$$

方程组(6.1.197)的第一个方程两边对 ξ 积分,考虑 $\theta=0$ 时,$\dfrac{\mathrm{d}\varphi}{\mathrm{d}\xi}$有界,则求得

$$\alpha S\sin^2\theta\frac{\mathrm{d}\varphi}{\mathrm{d}\xi}+c\cos\theta=c, \tag{6.1.198}$$

因而

$$\frac{\mathrm{d}\varphi}{\mathrm{d}\xi}=\frac{\gamma(1-\cos\theta)}{\sin^2\theta}=\frac{\gamma}{1+\cos\theta}, \tag{6.1.199}$$

其中

$$\gamma=\frac{c}{\alpha S}. \tag{6.1.200}$$

将式(6.1.199)代入方程组(6.1.197)的第二个方程,得到

$$\frac{\mathrm{d}^2\theta}{\mathrm{d}\xi^2}=\sin\theta\left[\delta^2-\frac{\gamma^2}{(1+\cos\theta)^2}\right], \tag{6.1.201}$$

其中

$$\delta^2=\frac{\beta H_0}{\alpha S}. \tag{6.1.202}$$

方程(6.1.201)的两边乘以 $2\dfrac{\mathrm{d}\theta}{\mathrm{d}\xi}$并对 ξ 积分,考虑 $\theta=0$ 时,$\dfrac{\mathrm{d}\theta}{\mathrm{d}\xi}=0$,则求得

$$\begin{aligned}\left(\frac{\mathrm{d}\theta}{\mathrm{d}\xi}\right)^2&=-2\left(\delta^2\cos\theta+\frac{\gamma^2}{1+\cos\theta}\right)+(2\delta^2+\gamma^2)\\&=4\delta^2\frac{1-\cos\theta}{1+\cos\theta}\left(\frac{1+\cos\theta}{2}-\frac{\gamma^2}{4\delta^2}\right).\end{aligned} \tag{6.1.203}$$

注意 $1+\cos\theta=2\cos^2\dfrac{\theta}{2}$,$1-\cos\theta=2\sin^2\dfrac{\theta}{2}$,方程(6.1.203)化为

$$\left(\frac{\mathrm{d}}{\mathrm{d}\xi}\sin\frac{\theta}{2}\right)^2=\delta^2\sin^2\frac{\theta}{2}\left(b^2-\sin^2\frac{\theta}{2}\right), \tag{6.1.204}$$

其中

$$0<b^2=1-\frac{\gamma^2}{4\delta^2}=1-\frac{c^2}{4\alpha\beta SH_0}<1\quad(0<\gamma^2<4\delta^2,0<c^2<4\alpha\beta SH_0). \tag{6.1.205}$$

方程(6.1.204)是关于 $\sin\frac{\theta}{2}$ 的方程,其形式即是方程(3.3.15)中 $m=1$ 的情况,则依式(3.3.18),方程(6.1.204)的解为

$$\sin\frac{\theta}{2}=\pm b\operatorname{sech}k(\xi-\xi_0),\tag{6.1.206}$$

其中 ξ_0 为积分常数,而

$$k=b\delta=\sqrt{\delta^2-\frac{\gamma^2}{4}}=\frac{\sqrt{4\alpha\beta SH_0-c^2}}{2\alpha S}.\tag{6.1.207}$$

由式(6.1.206)求得

$$\cos\theta=1-2b^2\operatorname{sech}^2k(\xi-\xi_0).\tag{6.1.208}$$

这是孤立子形式解.式(6.1.208)代入方程(6.1.199)有

$$\frac{\mathrm{d}\varphi}{\mathrm{d}\xi}=\frac{\gamma}{2}\left[1+\frac{b^2(1-\tanh k(\xi-\xi_0))}{(1-b^2)+b^2\tanh^2k(\xi-\xi_0)}\right].\tag{6.1.209}$$

积分上式求得

$$\varphi=\varphi_0+\frac{\gamma}{2}(\xi-\xi_0)+\tan^{-1}\left[\sqrt{\frac{b^2}{1-b^2}}\tanh k(\xi-\xi_0)\right],\tag{6.1.210}$$

其中 φ_0 为 $\xi=\xi_0$ 时 φ 的值.

根据式(6.1.208)和(6.1.210)可以求得磁化强度 $\boldsymbol{S}(u,v,w)$.为此,常称由式(6.1.208)表征的孤立子为磁孤立子(magnetic solitons),$2b^2$ $(0<2b^2<2)$称为磁孤立子的振幅.

应当指出:当 $\beta=0$ 时,方程组(6.1.189)没有孤立子解.

10. 准地转位涡度方程

在式(1.2.38)中已经标记过的正压准地转位涡度方程,又称为 CO(Charney-Obukhov)方程为

$$\left(\frac{\partial}{\partial t}+u\frac{\partial}{\partial x}+v\frac{\partial}{\partial y}\right)q=0,\tag{6.1.211}$$

其中

$$u=-\frac{\partial\psi}{\partial y},\quad v=\frac{\partial\psi}{\partial x},\quad q=f_0+\beta_0 y+\nabla_2^2\psi-\lambda_0^2\psi.\tag{6.1.212}$$

正压准地转位涡度方程表征地球流体(大气和海洋)运动中的 Rossby 波,其最简单的平衡态$\left(使\frac{\partial q}{\partial t}=0\right)$为

$$\psi^*=-\bar{u}y,\quad u^*=\bar{u}(\text{常数}),\quad v^*=0.\tag{6.1.213}$$

考虑在此平衡态下叠加一个小扰动,即设

$$\psi=-\bar{u}y+\psi',\quad u=\bar{u}+u',\quad v=v'\quad(u'\ll\bar{u},v'\ll\bar{u},\psi'\ll|-\bar{u}y|).\tag{6.1.214}$$

则忽略小扰动的二次项后，方程(6.1.211)化为下列线性正压准地转位涡度方程

$$\left(\frac{\partial}{\partial t}+\bar{u}\frac{\partial}{\partial x}\right)\nabla_2^2\psi'-\lambda_0^2\frac{\partial\psi'}{\partial t}+\beta_0\frac{\partial\psi'}{\partial x}=0. \tag{6.1.215}$$

以平面波解

$$\psi'=Ae^{i(kx+ly-\omega t)} \tag{6.1.216}$$

代入方程(6.1.215)求得线性 Rossby 波的色散关系为

$$\omega=\frac{k}{k^2+l^2+\lambda_0^2}[(k^2+l^2)\bar{u}-\beta_0]. \tag{6.1.217}$$

由此可见，Rossby 波是色散波. 当 $l^2=0,\lambda_0^2=0$ 时，式(6.1.217)化为式(5.7.19).

下面求方程(6.1.211)的行波解. 为此，令

$$\psi=\psi(\xi,y),\quad q=q(\xi,y),\quad \xi=x-ct. \tag{6.1.218}$$

将式(6.1.218)代入方程(6.1.211)有

$$(u-c)\frac{\partial q}{\partial\xi}+v\frac{\partial q}{\partial y}=0. \tag{6.1.219}$$

注意 $u-c=-\dfrac{\partial}{\partial y}(\psi+cy),v=\dfrac{\partial\psi}{\partial x}$，则方程(6.1.219)可化为

$$\mathrm{J}(\psi+cy,q)=0, \tag{6.1.220}$$

其中

$$\mathrm{J}(A,B)=\frac{\partial A}{\partial x}\frac{\partial B}{\partial y}-\frac{\partial A}{\partial y}\frac{\partial B}{\partial x}=\frac{\partial A}{\partial\xi}\frac{\partial B}{\partial y}-\frac{\partial A}{\partial y}\frac{\partial B}{\partial\xi} \tag{6.1.221}$$

为 A 和 B 的 Jacobi 算子. 若令

$$\Psi=\psi+cy,\quad Q=\nabla_2^2\Psi-\lambda_0^2\Psi+(\beta_0+\lambda_0^2c)y, \tag{6.1.222}$$

则方程(6.1.220)可以化为

$$\mathrm{J}(\Psi,Q)=0. \tag{6.1.223}$$

根据 Jacobi 算子的性质可知：式(6.1.223)成立要求 Q 是 Ψ 的任意函数(参见附录 D 3.24)，即

$$Q=F(\Psi). \tag{6.1.224}$$

上式表明 Q 的等值线与 Ψ 的等值线重合.

我们考虑一个以原点$(\xi,y)=(0,0)$为中心、半径为 a 的圆形涡旋. 因在 Q 的表达式中有形式为 $\nabla_0^2-\lambda_0^2$ 的 Helmholtz 算子，则引入平面极坐标

$$\xi=r\cos\theta,\quad y=r\sin\theta. \tag{6.1.225}$$

考虑流函数 ψ 应在 $r=0$ 有界，应在 $r\to+\infty$ 趋于零，我们取 $F(\Psi)$为 Ψ 的下列线性函数：

$$F(\Psi)=\begin{cases}-(k^2+\lambda_0^2)\Psi & (r<a),\\ (p^2-\lambda_0^2)\Psi & (r>a),\end{cases} \tag{6.1.226}$$

其中 k 和 p 为常数. 这样,方程(6.1.224)对于圆内外分别化为

$$\nabla_2^2\Psi_1 + k^2\Psi_1 = -(\beta_0 + \lambda_0^2 c)y \quad (r < a) \tag{6.1.227}$$

和

$$\nabla_2^2\Psi_2 - p^2\Psi_2 = -(\beta_0 + \lambda_0^2 c)y \quad (r > a), \tag{6.1.228}$$

因而,非线性的准地转位涡度方程化成了线性的非齐次的 Helmholtz 方程.

方程(6.1.227)满足 $\Psi_1|_{r=0}$ 有界(当然 $\psi|_{r=0}$ 有界)的解为

$$\Psi_1 = -\frac{(\beta_0 + \lambda_0^2 c)}{k^2} r\sin\theta + \sum_{m=0}^{+\infty} \mathrm{J}_m(kr)(A_m\cos m\theta + B_m\sin m\theta) \quad (r < a), \tag{6.1.229}$$

其中 $\mathrm{J}_m(x)$ 为 m 阶的 Bessel 函数. 若要求 $\Psi_1|_{r=a}=0$,则定得

$$A_m = 0 \quad (m = 0,1,2,\cdots), \quad B_1 = \frac{(\beta_0 + \lambda_0^2 c)a}{k^2 \mathrm{J}_1(ka)}, \quad B_m = 0 \quad (m = 0,2,\cdots), \tag{6.1.230}$$

因而解(6.1.229)简化为

$$\Psi_1 = -\left[r - a\frac{\mathrm{J}_1(kr)}{\mathrm{J}_1(ka)}\right]\frac{(\beta_0 + \lambda_0^2 c)}{k^2}\sin\theta \quad (r < a). \tag{6.1.231}$$

方程(6.1.228)满足 $\Psi_2|_{r\to+\infty} = cy = cr\sin\theta$(平直带状流,当然 $\psi|_{r\to+\infty}=0$)的解为

$$\Psi_2 = \frac{(\beta_0 + \lambda_0^2 c)}{p^2} r\sin\theta + \sum_{m=0}^{+\infty} \mathrm{K}_m(pr)(C_m\cos m\theta + D_m\sin m\theta) \quad (r > a), \tag{6.1.232}$$

其中 $\mathrm{K}_m(x)$ 为 m 阶的第二类变型 Bessel 函数,且因 $r\to+\infty$ 时,$\mathrm{K}_m(pr)=0$,则有

$$p^2 = \frac{\beta_0}{c} + \lambda_0^2. \tag{6.1.233}$$

因 $\Psi_1|_{r=a}=0$,若要求在 $r=a$ 处 Ψ 连续,则 $\Psi_2|_{r=a}=0$,则定得

$$C_m = 0 \quad (m = 0,1,2,\cdots), \quad D_1 = -\frac{(\beta_0 + \lambda_0^2 c)a}{p^2 \mathrm{K}_1(pa)}, \quad D_m = 0 \quad (m = 0,2,\cdots), \tag{6.1.234}$$

因而解(6.1.232)简化为

$$\Psi_2 = \left[r - a\frac{\mathrm{K}_1(pr)}{\mathrm{K}_1(pa)}\right]\frac{(\beta_0 + \lambda_0^2 c)}{p^2}\sin\theta \quad (r > a). \tag{6.1.235}$$

在式(6.1.231)和(6.1.235)中还有常数 k 需要确定. 我们除要求在 $r=a$ 处 Ψ 连续以外,还要求在 $r=a$ 处 $\frac{\partial\Psi}{\partial r}$ 连续$\left(即在 r=a 处\frac{\partial\Psi_1}{\partial r}=\frac{\partial\Psi_2}{\partial r}\right)$. 注意 $x\mathrm{J}_1'(x)-\mathrm{J}_1(x)=-x\mathrm{J}_2(x)$,$x\mathrm{K}_1'(x)-\mathrm{K}_1(x)=-x\mathrm{K}_2(x)$,则得到

$$-\frac{J_2(ka)}{kJ_1(ka)}=\frac{K_2(pa)}{pK_1(pa)}. \tag{6.1.236}$$

由此有

$$kJ_1(ka)K_2(pa)+pJ_2(ka)K_1(pa)=0. \tag{6.1.237}$$

这是确定 k 的超越方程. 这样,我们最终求得

$$\Psi=\begin{cases}-\left[\dfrac{r}{a}-\dfrac{J_1(kr)}{J_1(ka)}\right]\dfrac{p^2}{k^2}ca\sin\theta & (r<a),\\ \left[\dfrac{r}{a}-\dfrac{K_1(pr)}{K_1(pa)}\right]ca\sin\theta & (r>a).\end{cases} \tag{6.1.238}$$

因 $\psi=\Psi-cy$,则最终求得准地转流函数为

$$\psi=\begin{cases}ca\left[\dfrac{p^2J_1(kr)}{k^2J_1(ka)}-\left(1+\dfrac{p^2}{k^2}\right)\dfrac{r}{a}\right]\sin\theta & (r<a),\\ -ca\dfrac{K_1(pr)}{K_1(pa)}\sin\theta & (r>a).\end{cases} \tag{6.1.239}$$

在(ξ,y)坐标系中,由式(6.1.238)表征的 Ψ 的等值线图见图 6-12. 它是一个在移动过程中保持形态不变的南低北高的涡旋结构,称为正压准地转位涡度方程的偶极波(dipole waves),简称为偶极子(dipoles),大气中的阻塞系统与偶极子比较相似.

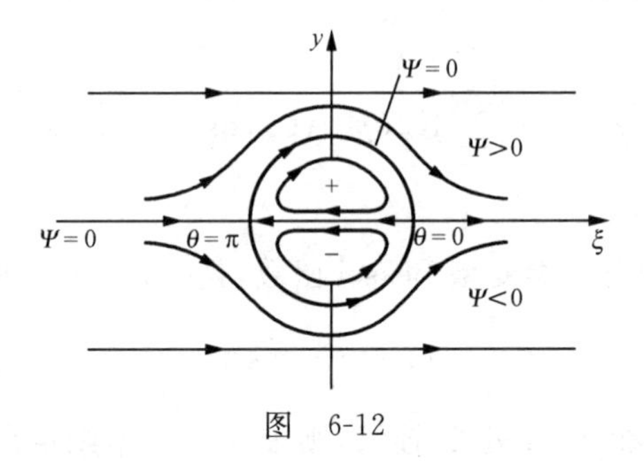

图　6-12

由式(6.1.239)求得相对涡度 $\zeta\equiv\nabla_2^2\psi=Q+\lambda_0^2\Psi-(\beta_0+\lambda_0^2c)y$ 和正压准地转位涡度 $q=f_0+Q$ 分别为

$$\zeta=\begin{cases}-cap^2\dfrac{J_1(kr)}{J_1(ka)}\sin\theta & (r<a),\\ -cap^2\dfrac{K_1(pr)}{K_1(pa)}\sin\theta & (r>a)\end{cases} \tag{6.1.240}$$

和

$$q=\begin{cases}f_0+(k^2+\lambda_0^2)\left[\dfrac{r}{a}-\dfrac{J_1(kr)}{J_1(ka)}\right]\dfrac{p^2}{k^2}ca\sin\theta & (r<a),\\ f_0+\beta_0\left[\dfrac{r}{a}-\dfrac{K_1(pr)}{K_1(pa)}\right]a\sin\theta & (r>a).\end{cases} \tag{6.1.241}$$

§6.2 双曲函数展开法

非线性常微分方程的求解和非线性偏微分方程求行波解，特别是孤立子和周期波的求解一直是人们关心的课题. 1990 年我国科学家兰慧彬等首先提出应用双曲正切函数展开求解某些非线性方程和方程组，2001 年我们首先创立了 Jacobi 椭圆函数展开法，使得非线性演化方程的求解向前大跨了一步. 这两种方法不受空间维数的限制. 本节将介绍双曲函数展开法，下节将介绍 Jacobi 椭圆函数展开法.

下面叙述双曲正切函数展开法，它分为四个步骤：第一步是引入新的自变量 θ，如 $\theta=kx, k\xi=k(x-ct), kx+ly, kx+ly-\omega t$ 等. 第二步是将未知函数(如 u)展为双曲正切函数 $T\equiv\tanh(\theta-\theta_0)$ 的有限级数，即设

$$u=\sum_{j=0}^{n}a_jT^j,\quad T\equiv\tanh(\theta-\theta_0),\tag{6.2.1}$$

其中 θ_0 为任意常数.

因为双曲正切函数的任意阶导数都可以用其自身表示，例如

$$\begin{cases}\dfrac{\mathrm{d}}{\mathrm{d}\theta}=(1-T^2)\dfrac{\mathrm{d}}{\mathrm{d}T},\quad \dfrac{\mathrm{d}^2}{\mathrm{d}\theta^2}=-2T(1-T^2)\dfrac{\mathrm{d}}{\mathrm{d}T}+(1-T^2)^2\dfrac{\mathrm{d}^2}{\mathrm{d}T^2},\\ \dfrac{\mathrm{d}^3}{\mathrm{d}\theta^3}=2(1-T^2)(3T^2-1)\dfrac{\mathrm{d}}{\mathrm{d}T}-6T(1-T^2)^2\dfrac{\mathrm{d}^2}{\mathrm{d}T^2}+(1-T^2)^3\dfrac{\mathrm{d}^3}{\mathrm{d}T^3},\end{cases}\tag{6.2.2}$$

所以，这种函数的展开有很大的优越性. 第三步是认定 u 的最高的阶数为 n，即

$$O(u)=n.\tag{6.2.3}$$

而且有

$$O(u^p)=pn,\quad O\left(\frac{\mathrm{d}^qu}{\mathrm{d}\theta^q}\right)=n+q,\quad O\left(u^p\frac{\mathrm{d}^qu}{\mathrm{d}\theta^q}\right)=(p+1)n+q,\tag{6.2.4}$$

并使方程中的最高阶的线性导数项与最高阶的非线性项相平衡以确定 n(见 §7.1 的分析). 第四步是将式(6.2.1)代入方程确定展开系数 $a_j(j=0,1,2,\cdots)$ 和解. 下面以几个方程为例来说明.

1. 二阶非线性常微分方程

$$y''+2\mu y'+\alpha y+\beta y^2=0.\tag{6.2.5}$$

第一步是引入新的自变量 $\theta=kx$，则方程(6.2.5)化为

$$k^2\frac{\mathrm{d}^2y}{\mathrm{d}\theta^2}+2\mu k\frac{\mathrm{d}y}{\mathrm{d}\theta}+\alpha y+\beta y^2=0.\tag{6.2.6}$$

第二步是令

$$y=\sum_{j=0}^{n}a_jT^j,\quad T\equiv\tanh(\theta-\theta_0)=\tanh k(x-x_0),\tag{6.2.7}$$

其中 x_0 为任意常数.

第三步是确定 n. 因 $O\left(\frac{\mathrm{d}^2y}{\mathrm{d}\theta^2}\right)=n+2, O(y^2)=2n$,两者平衡可确定

$$n=2,\tag{6.2.8}$$

则式(6.2.7)化为

$$y=a_0+a_1T+a_2T^2,\quad T\equiv\tanh(\theta-\theta_0)=\tanh k(x-x_0).\tag{6.2.9}$$

第四步是将式(6.2.9)代入方程(6.2.6),注意式(6.2.2)和 $\frac{\mathrm{d}y}{\mathrm{d}T}=a_1+2a_2T$, $\frac{\mathrm{d}^2y}{\mathrm{d}T^2}=2a_2$,则得

$$\begin{aligned}&k^2(1-T^2)[-2T(a_1+2a_2T)+2(1-T^2)a_2]+2\mu k(1-T^2)(a_1+2a_2T)\\&\quad+\alpha(a_0+a_1T+a_2T^2)+\beta(a_0+a_1T+a_2T^2)^2=0,\end{aligned}\tag{6.2.10}$$

即

$$\begin{aligned}&[(\alpha+\beta a_0)a_0+2k(\mu a_1+ka_2)]+[(\alpha-2k^2)a_1+4\mu ka_2+2\beta a_0a_1]T\\&\quad+[(\alpha-8k^2)a_2-2\mu ka_1+\beta(a_1^2+2a_0a_2)]T^2+2(k^2a_1-2\mu ka_2\\&\quad+\beta a_1a_2)T^3+(6k^2+\beta a_2)a_2T^4=0.\end{aligned}\tag{6.2.11}$$

令 T 的各个幂次的系数为零,得到

$$a_2=-\frac{6}{\beta}k^2,\quad a_1=\frac{12\mu}{5\beta}k,\quad a_0=-\frac{\alpha}{2\beta}+\frac{2\mu^2}{25\beta}+\frac{4}{\beta}k^2,\quad k^2=\frac{\mu^2}{25},\quad \alpha^2=\left(\frac{24}{25}\right)^2\mu^4,\tag{6.2.12}$$

因而

$$k=\pm\frac{\mu}{5},\quad a_0=-\frac{\alpha}{2\beta}+\frac{6\mu^2}{25\beta},\quad a_1=\pm\frac{12\mu^2}{25\beta},\quad a_2=-\frac{6\mu^2}{25\beta},\quad \alpha=\pm\frac{24}{25}\mu^2,\tag{6.2.13}$$

所以,二阶非线性常微分方程(6.2.5)的解为

$$y=a_0+a_1\tanh k(x-x_0)+a_2\tanh^2k(x-x_0),\tag{6.2.14}$$

其中 k 和 a_0,a_1,a_2 见式(6.2.13). 不过,这个解给出了一个约束条件是

$$\alpha=\pm\frac{24}{25}\mu^2.\tag{6.2.15}$$

2. Fisher 方程

$$\frac{\partial u}{\partial t}-D\frac{\partial^2u}{\partial x^2}-ru(1-u)=0\quad(D>0,r>0).\tag{6.2.16}$$

在§4.3 我们用试探函数法求得它的行波解,现在我们用双曲正切函数展开法求

解.若令

$$u=u(\theta),\quad \theta=k\xi=k(x-ct)\quad (\xi=x-ct),\tag{6.2.17}$$

代入方程(6.2.16)得到

$$k^2\frac{\mathrm{d}^2u}{\mathrm{d}\theta^2}+\frac{c}{D}k\frac{\mathrm{d}u}{\mathrm{d}\theta}+\frac{r}{D}u-\frac{r}{D}u^2=0.\tag{6.2.18}$$

方程(6.2.18)与方程(6.2.6)比较,y 换成了 u,y 的自变量 $\theta=kx$ 换成了 u 的自变量 $\theta=k(x-ct)$.还有 $\frac{c}{D}=2\mu$,$\frac{r}{D}=\alpha$,$-\frac{r}{D}=\beta$,因而式(6.2.13)改为

$$k=\pm\frac{c}{10D},\quad c^2=\frac{25}{6}rD,\quad a_0=\frac{1}{4},\quad a_1=\mp\frac{1}{2},\quad a_2=\frac{1}{4},\tag{6.2.19}$$

因而式(6.2.14)改为

$$\begin{aligned}u&=\frac{1}{4}\mp\frac{1}{2}\tanh\left(\pm\frac{c}{10D}(\xi-\xi_0)\right)+\frac{1}{4}\tanh^2\left(\pm\frac{c}{10D}(\xi-\xi_0)\right)\\&=\frac{1}{4}\left[1\mp\tanh\frac{c}{10D}(\xi-\xi_0)\right]^2\quad(\xi=x-ct),\end{aligned}\tag{6.2.20}$$

其中 ξ_0 为任意常数.式(6.2.20)与式(4.3.31)和式(4.3.36)完全相同.而约束条件(6.2.15)改写为

$$c^2=\frac{25}{6}rD>4rD.\tag{6.2.21}$$

3. Burgers 方程

$$\frac{\partial u}{\partial t}+u\frac{\partial u}{\partial x}-\nu\frac{\partial^2u}{\partial x^2}=0.\tag{6.2.22}$$

在6.1节,我们直接积分求得它的行波解,现在我们用双曲正切函数展开法求解.式(6.2.17)代入方程(6.2.22)得到

$$-c\frac{\mathrm{d}u}{\mathrm{d}\theta}+u\frac{\mathrm{d}u}{\mathrm{d}\theta}-\nu k\frac{\mathrm{d}^2u}{\mathrm{d}\theta^2}=0\quad(\theta=k\xi=k(x-ct)).\tag{6.2.23}$$

因 $O\left(u\frac{\mathrm{d}u}{\mathrm{d}\theta}\right)=2n+1$,$O\left(\frac{\mathrm{d}^2u}{\mathrm{d}\theta^2}\right)=n+2$,两者平衡便确定

$$n=1,\tag{6.2.24}$$

则双曲正切函数展开为

$$u=a_0+a_1T,\quad T\equiv\tanh(\theta-\theta_0)=\tanh k(\xi-\xi_0),\tag{6.2.25}$$

其中 ξ_0 为任意常数.将式(6.2.25)代入方程(6.2.23),注意式(6.2.2)和 $\frac{\mathrm{d}u}{\mathrm{d}T}=a_1$,$\frac{\mathrm{d}^2u}{\mathrm{d}T^2}=0$,则得

$$-c(1-T^2)a_1+(a_0+a_1T)(1-T^2)a_1-\nu k[-2T(1-T^2)]a_1=0,\tag{6.2.26}$$

则

$$(-c+a_0)a_1+(a_1+2\nu k)a_1T+(c-a_0)a_1T^2-(a_1+2\nu k)a_1T^3=0. \tag{6.2.27}$$

令 T 的各个幂次的系数为零,求得

$$a_0=c,\quad a_1=-2\nu k, \tag{6.2.28}$$

因而 Burgers 方程(6.2.22)的行波解为

$$u=c-2\nu k\tanh k(\xi-\xi_0)\quad(\xi=x-ct). \tag{6.2.29}$$

这与式(6.1.17)完全一致($c=2\nu k$). 若将式(6.2.23)对 θ 积分一次,取积分常数为零,再应用双曲正切函数展开,可直接得到 $c=2\nu k$(见附录 D 6.19).

4. KdV-Burgers 方程

$$\frac{\partial u}{\partial t}+u\frac{\partial u}{\partial x}-\nu\frac{\partial^2 u}{\partial x^2}+\beta\frac{\partial^3 u}{\partial x^3}=0. \tag{6.2.30}$$

在 4.3 节,我们用试探函数法求得它的行波解$\left(\nu^2=\frac{25}{6}\beta\sqrt{c^2+2A}>4\beta\sqrt{c^2+2A}\right)$,现在我们用双曲正切函数展开法求解. 式(6.2.17)代入方程(6.2.30)得到

$$-c\frac{\mathrm{d}u}{\mathrm{d}\theta}+u\frac{\mathrm{d}u}{\mathrm{d}\theta}-\nu k\frac{\mathrm{d}^2u}{\mathrm{d}\theta^2}+\beta k^2\frac{\mathrm{d}^3u}{\mathrm{d}\theta^3}=0\quad(\theta=k\xi=k(x-ct)). \tag{6.2.31}$$

因 $O\left(u\frac{\mathrm{d}u}{\mathrm{d}\theta}\right)=2n+1$,$O\left(\frac{\mathrm{d}^3u}{\mathrm{d}\theta^3}\right)=n+3$,两者平衡便确定

$$n=2, \tag{6.2.32}$$

则双曲正切函数展开为

$$u=a_0+a_1T+a_2T^2,\quad T\equiv\tanh(\theta-\theta_0)=\tanh k(\xi-\xi_0), \tag{6.2.33}$$

其中 ξ_0 为任意常数. 将式(6.2.33)代入方程(6.2.31),注意式(6.2.2)和 $\frac{\mathrm{d}u}{\mathrm{d}T}=a_1+2a_2T$,$\frac{\mathrm{d}^2u}{\mathrm{d}T^2}=2a_2$,$\frac{\mathrm{d}^3u}{\mathrm{d}T^3}=0$,则得

$$\begin{aligned}&-c(a_1+2a_2T)(1-T^2)+(a_0+a_1T+a_2T^2)(a_1+2a_2T)(1-T^2)\\&\quad-\nu k(1-T^2)[-2T(a_1+2a_2T)+2a_2(1-T^2)]+\beta k^2(1-T^2)\\&\quad\cdot[2(3T^2-1)(a_1+2a_2T)-6T(1-T^2)2a_2]=0,\end{aligned} \tag{6.2.34}$$

即

$$\begin{aligned}&[(-c+a_0-2\beta k^2)a_1-2\nu ka_2]+[a_1(a_1+2\nu k)+2a_2(-c+a_0-8\beta k^2)]T\\&\quad+[-a_1(-c+a_0-8\beta k^2)+3a_1a_2+8\nu ka_2]T^2+[-a_1(a_1+2\nu k)\\&\quad+2a_2(c-a_0+a_2+20\beta k^2)]T^3-3(2\beta k^2a_1+a_1a_2+2\nu ka_2)T^4\\&\quad-2(a_2+12\beta k^2)a_2T^5=0.\end{aligned} \tag{6.2.35}$$

令 T 的各个幂次的系数为零，求得

$$k=\pm\frac{\nu}{10\beta},\quad a_0=c+\frac{3\nu^2}{25\beta},\quad a_1=\mp\frac{6\nu^2}{25\beta},\quad a_2=-\frac{3\nu^2}{25\beta}.\qquad(6.2.36)$$

因而 KdV-Burgers 方程(6.2.30)的行波解为

$$u=\frac{9\nu^2}{25\beta}\mp\frac{6\nu^2}{25\beta}\tanh k(\xi-\xi_0)-\frac{3\nu^2}{25\beta}\tanh^2 k(\xi-\xi_0)\quad(\xi=x-ct).\qquad(6.2.37)$$

这与式(4.3.80)完全一致$\left(c=\dfrac{6\nu^2}{25\beta}\right)$. 若将式(6.2.31)对 θ 积分，取积分常数为零，再应用双曲正切函数展开，可直接得到 $c=\dfrac{6\nu^2}{25\beta}$(见附录 D 6.19). 注意，这里的约束条件是 $\nu^2=\dfrac{25}{6}\beta c>4\beta c$.

§6.3 Jacobi 椭圆函数展开法

Jacobi 椭圆函数展开法是我们在 2001 年提出的，它包括 Jacobi 椭圆正弦函数展开、Jacobi 椭圆余弦展开和第三类 Jacobi 椭圆函数展开等. 由于椭圆函数是周期函数，因此利用 Jacobi 椭圆函数展开法可以求得大量非线性演化方程的周期解. 又由于 Jacobi 椭圆函数在模数 $m=1$ 时退化为双曲函数，因而 Jacobi 椭圆函数展开法包含了双曲函数展开法. 不过，§6.2 给出的几个方程均没有椭圆函数解，而本节所给出的几个方程既有椭圆函数解也有双曲函数解.

我们主要论述 Jacobi 椭圆正弦函数展开法，它也分为四个步骤：第一步是引入新的自变量 θ，如 $\theta=kx, k\xi=k(x-ct), kx+ly, kx+ly-\omega t$ 等；第二步是将未知函数(如 u)展为 Jacobi 椭圆正弦函数 $S\equiv\mathrm{sn}(\theta-\theta_0,m)$ 的有限级数，即设

$$u=\sum_{j=0}^{n}a_jS^j,\quad S\equiv\mathrm{sn}(\theta-\theta_0,m),\qquad(6.3.1)$$

其中 θ_0 为任意常数. 若设

$$C\equiv\mathrm{cn}(\theta-\theta_0,m),\quad D\equiv\mathrm{dn}(\theta-\theta_0,m).\qquad(6.3.2)$$

因为 $C^2=1-S^2, D^2=1-m^2S^2, \dfrac{\mathrm{d}S}{\mathrm{d}\theta}=CD, \dfrac{\mathrm{d}C}{\mathrm{d}\theta}=-SD, \dfrac{\mathrm{d}D}{\mathrm{d}\theta}=-m^2SC$，则有

$$\begin{cases}\dfrac{\mathrm{d}}{\mathrm{d}\theta}=CD\dfrac{\mathrm{d}}{\mathrm{d}S},\quad \dfrac{\mathrm{d}^2}{\mathrm{d}\theta^2}=[-(1+m^2)S+2m^2S^3]\dfrac{\mathrm{d}}{\mathrm{d}S}+[1-(1+m^2)S^2+m^2S^4]\dfrac{\mathrm{d}^2}{\mathrm{d}S^2},\\ \dfrac{\mathrm{d}^3}{\mathrm{d}\theta^3}=CD\Big\{[-(1+m^2)+6m^2S^2]\dfrac{\mathrm{d}}{\mathrm{d}S}+3[-(1+m^2)S+2m^2S^3]\dfrac{\mathrm{d}^2}{\mathrm{d}S^2}\\ \qquad+[1-(1+m^2)S^2+m^2S^4]\dfrac{\mathrm{d}^3}{\mathrm{d}S^3}\Big\}.\end{cases}\qquad(6.3.3)$$

第三步是认定有关项的最高阶数

$$O(u)=n,\quad O(u^p)=pn,\quad O\left(\frac{\mathrm{d}^q u}{\mathrm{d}\theta^q}\right)=n+q,\quad O\left(u^p\frac{\mathrm{d}^q u}{\mathrm{d}\theta^q}\right)=(p+1)n+q,\tag{6.3.4}$$

并使方程中的最高阶的线性导数项与最高阶的非线性项相平衡以确定 n;第四步是将式(6.3.1)代入方程确定展开系数 $a_j(j=0,1,2,\cdots,n)$ 和解.

对于Jacobi椭圆余弦函数的展开,即设

$$u=\sum_{j=0}^{n}a_jC^j,\quad C\equiv \mathrm{cn}(\theta-\theta_0,m),\tag{6.3.5}$$

并且有

$$\begin{cases}\dfrac{\mathrm{d}}{\mathrm{d}\theta}=SD\left(-\dfrac{\mathrm{d}}{\mathrm{d}C}\right),\\ \dfrac{\mathrm{d}^2}{\mathrm{d}\theta^2}=[(2m^2-1)C-2m^2C^3]\dfrac{\mathrm{d}}{\mathrm{d}C}+[(1-m^2)+(2m^2-1)C^2-m^2C^4]\dfrac{\mathrm{d}^2}{\mathrm{d}C^2},\\ \dfrac{\mathrm{d}^3}{\mathrm{d}\theta^3}=SD\Big\{[-(2m^2-1)+6m^2C^2]\dfrac{\mathrm{d}}{\mathrm{d}C}+3[-(2m^2-1)C+2m^2C^3]\dfrac{\mathrm{d}^2}{\mathrm{d}C^2}\\ \qquad+[-(1-m^2)-(2m^2-1)C^2+m^2C^4]\dfrac{\mathrm{d}^3}{\mathrm{d}C^3}\Big\}.\end{cases}\tag{6.3.6}$$

当然,式(6.3.4)依然成立.

对于第三类Jacobi椭圆函数的展开,即设

$$u=\sum_{j=0}^{n}a_jD^j,\quad D\equiv \mathrm{dn}(\theta-\theta_0,m),\tag{6.3.7}$$

并且有

$$\begin{cases}\dfrac{\mathrm{d}}{\mathrm{d}\theta}=SC\left(-m^2\dfrac{\mathrm{d}}{\mathrm{d}D}\right),\\ \dfrac{\mathrm{d}^2}{\mathrm{d}\theta^2}=[(2-m^2)D-2D^3]\dfrac{\mathrm{d}}{\mathrm{d}D}+[-(1-m^2)+(2-m^2)D^2-D^4]\dfrac{\mathrm{d}^2}{\mathrm{d}D^2},\\ \dfrac{\mathrm{d}^3}{\mathrm{d}\theta^3}=SC\Big\{[-m^2(2-m^2)+6m^2D^2]\dfrac{\mathrm{d}}{\mathrm{d}D}+3[-m^2(2-m^2)D+2m^2D^3]\dfrac{\mathrm{d}^2}{\mathrm{d}D^2}\\ \qquad+[m^2(1-m^2)-m^2(2-m^2)D^2+m^2D^4]\dfrac{\mathrm{d}^3}{\mathrm{d}D^3}\Big\}.\end{cases}\tag{6.3.8}$$

当然,式(6.3.4)依然成立.

下面举例说明.

1. Flierl-Petviashvili 方程

在式(1.2.24)中已经标记过的 Flierl-Petviashvili(Ⅰ)方程为

$$\nabla_2^2 u = \alpha u - \beta u^2. \tag{6.3.9}$$

这是一类非线性 Poisson 方程. 若令

$$u = u(\theta), \quad \theta \equiv kx + ly, \tag{6.3.10}$$

则方程(6.3.9)化为

$$(k^2 + l^2)\frac{\mathrm{d}^2 u}{\mathrm{d}\theta^2} = \alpha u - \beta u^2. \tag{6.3.11}$$

我们应用 Jacobi 椭圆正弦函数展开法求解,即利用式(6.3.1),因为 $O\left(\frac{\mathrm{d}^2 u}{\mathrm{d}\theta^2}\right)=n+2$,$O(u^2)=2n$,两者平衡确定 $n=2$,即令

$$u = a_0 + a_1 S + a_2 S^2, \quad S \equiv \mathrm{sn}(\theta - \theta_0, m). \tag{6.3.12}$$

注意$\frac{\mathrm{d}u}{\mathrm{d}S}=a_1+2a_2 S$,$\frac{\mathrm{d}^2 u}{\mathrm{d}S^2}=2a_2$,则由式(6.3.3)有

$$\begin{cases} \dfrac{\mathrm{d}u}{\mathrm{d}\theta} = (a_1 + 2a_2 S)CD, \\ \dfrac{\mathrm{d}^2 u}{\mathrm{d}\theta^2} = 2a_2-(1+m^2)a_1 S-4(1+m^2)a_2 S^2+2m^2 a_1 S^3+6m^2 a_2 S^4. \end{cases} \tag{6.3.13}$$

将式(6.3.12)和(6.3.13)代入方程(6.3.11),则得

$$\begin{aligned}(k^2 + l^2)[2a_2 - (1 + m^2)a_1 S - 4(1 + m^2)a_2 S^2 + 2m^2 a_1 S^3 + 6m^2 a_2 S^4] \\ = \alpha(a_0 + a_1 S + a_2 S^2) - \beta(a_0 + a_1 S + a_2 S^2)^2,\end{aligned} \tag{6.3.14}$$

即

$$\begin{aligned}&[2(k^2 + l^2)a_2 - \alpha a_0 + \beta a_0^2] + [-(1 + m^2)(k^2 + l^2) - \alpha - 2\beta a_0]a_1 S \\ &\quad + [-4(1 + m^2)(k^2 + l^2)a_2 - \alpha a_2 + \beta(a_1^2 + 2a_0 a_2)]S^2 \\ &\quad + [2m^2(k^2 + l^2) + 2\beta a_2]a_1 S^3 + [6m^2(k^2 + l^2) + \beta a_2]a_2 S^4 = 0.\end{aligned} \tag{6.3.15}$$

令 S 的各个幂次的系数为零,求得

$$\begin{cases} a_2 =-\dfrac{6m^2(k^2 + l^2)}{\beta}, \quad a_1 = 0, \quad a_0 = \dfrac{\alpha}{2\beta} + \dfrac{2(1 + m^2)(k^2 + l^2)}{\beta}, \\ \alpha^2 = 16(1 - m^2 + m^4)(k^2 + l^2)^2, \end{cases} \tag{6.3.16}$$

其中已排除了 $a_0=\frac{\alpha}{\beta}$,$a_1=0$,$a_2=0$ 的常数解 $u=\frac{\alpha}{\beta}$. 因而 Flierl-Petviashvili(Ⅰ)方程的解为

$$u= \frac{\alpha}{2\beta} + \frac{2}{\beta}(1 + m^2)(k^2 + l^2) - \frac{6}{\beta}m^2(k^2 + l^2)\mathrm{sn}^2(\theta - \theta_0, m)$$

$$= \frac{\alpha}{2\beta} - \frac{2}{\beta}(2m^2-1)(k^2+l^2) + \frac{6}{\beta}m^2(k^2+l^2)\mathrm{cn}^2(\theta-\theta_0, m)$$
$$= \frac{\alpha}{2\beta} - \frac{2}{\beta}(2-m^2)(k^2+l^2) + \frac{6}{\beta}(k^2+l^2)\mathrm{dn}^2(\theta-\theta_0, m),$$
(6.3.17)

其中 $\theta=kx+ly$,式(6.3.16)中的最后一式为这个解的约束条件,就是波矢(k,l)应满足的条件.

当 $m=1$ 时,式(6.3.17)退化为

$$u = \frac{\alpha}{2\beta} + \frac{4}{\beta}(k^2+l^2) - \frac{6}{\beta}(k^2+l^2)\tanh^2(\theta-\theta_0)$$
$$= \frac{\alpha}{2\beta} - \frac{2}{\beta}(k^2+l^2) + \frac{6}{\beta}(k^2+l^2)\mathrm{sech}^2(\theta-\theta_0)$$
$$(\theta = kx+ly, \alpha^2 = 16(k^2+l^2)^2). \tag{6.3.18}$$

在式(1.2.25)中已经标记过的 Flierl-Petviashvili(Ⅱ)方程为

$$\nabla_2^2 u = \alpha u - \beta u^3, \tag{6.3.19}$$

这也是一类非线性 Poisson 方程.将式(6.3.10)代入方程(6.3.19),则得

$$(k^2+l^2)\frac{\mathrm{d}^2 u}{\mathrm{d}\theta^2} = \alpha u - \beta u^3. \tag{6.3.20}$$

因 $O\left(\frac{\mathrm{d}^2 u}{\mathrm{d}\theta^2}\right)=n+2, O(u^3)=3n$,两者平衡确定 $n=1$,则应用 Jacobi 椭圆正弦函数展开法,令

$$u = a_0 + a_1 S, \quad S \equiv \mathrm{sn}(\theta-\theta_0, m), \quad \theta = kx+ly. \tag{6.3.21}$$

此时式(6.3.13)仍可以应用,但其中 $a_2=0$.将式(6.3.21)代入方程(6.3.20),得到

$$(k^2+l^2)[-(1+m^2)S + 2m^2S^3]a_1 = \alpha(a_0+a_1S) - \beta(a_0+a_1S)^3, \tag{6.3.22}$$

即

$$-(\alpha-\beta a_0^2)a_0 + [-(1+m^2)(k^2+l^2) - \alpha + 3\beta a_0^2]a_1 S + 3\beta a_0 a_1^2 S^2$$
$$+ [2m^2(k^2+l^2) + \beta a_1^2]a_1 S^3 = 0. \tag{6.3.23}$$

由此定得

$$\begin{cases} a_0 = 0, \quad a_1 = \pm\sqrt{-\dfrac{2m^2(k^2+l^2)}{\beta}} \quad (\beta<0), \\ \alpha = -(1+m^2)(k^2+l^2) \quad (\alpha<0), \end{cases} \tag{6.3.24}$$

其中已排除了 $a_0=\pm\sqrt{\frac{\alpha}{\beta}}, a_1=0$ 的常数解 $u=\pm\sqrt{\frac{\alpha}{\beta}}$.因而 Flierl-Petviashvili(Ⅱ)方程的解为

$$u=\pm\sqrt{-\frac{2m^2(k^2+l^2)}{\beta}}\mathrm{sn}(\theta-\theta_0,m)=\pm\sqrt{\frac{2\alpha m^2}{\beta(1+m^2)}}\mathrm{sn}(\theta-\theta_0,m)$$

$$(\theta=kx+ly,\alpha=-(1+m^2)(k^2+l^2)<0,\beta<0).\tag{6.3.25}$$

类似地,应用 Jacobi 椭圆余弦函数展开法和第三类 Jacobi 椭圆函数展开法分别求得 Flierl-Petviashvili(Ⅱ)方程的另两个解为

$$u=\pm\sqrt{\frac{2m^2(k^2+l^2)}{\beta}}\mathrm{cn}(\theta-\theta_0,m)=\pm\sqrt{-\frac{2m^2\alpha}{\beta(1-2m^2)}}\mathrm{cn}(\theta-\theta_0,m)$$

$$(\theta=kx+ly,\alpha=-(1-2m^2)(k^2+l^2)<0,\beta>0,0<m<1/\sqrt{2})\tag{6.3.26}$$

和

$$u=\pm\sqrt{\frac{2(k^2+l^2)}{\beta}}\mathrm{dn}(\theta-\theta_0,m)=\pm\sqrt{\frac{2\alpha}{\beta(2-m^2)}}\mathrm{dn}(\theta-\theta_0,m)$$

$$(\theta=kx+ly,\alpha=(2-m^2)(k^2+l^2)>0,\beta>0).\tag{6.3.27}$$

当 $m=1$ 时,解(6.3.25)退化为

$$u=\pm\sqrt{-\frac{2(k^2+l^2)}{\beta}}\tanh(\theta-\theta_0)\quad(\theta=kx+ly,\beta<0,\alpha=-2(k^2+l^2)<0),\tag{6.3.28}$$

而解(6.3.27)退化为

$$u=\pm\sqrt{\frac{2(k^2+l^2)}{\beta}}\mathrm{sech}(\theta-\theta_0)\quad(\theta=kx+ly,\beta>0,\alpha=k^2+l^2>0).\tag{6.3.29}$$

2. KdV 方程

$$\frac{\partial u}{\partial t}+u\frac{\partial u}{\partial x}+\beta\frac{\partial^3u}{\partial x^3}=0.\tag{6.3.30}$$

若令

$$u=u(\theta),\quad\theta\equiv k\xi=k(x-ct),\tag{6.3.31}$$

则方程(6.3.30)化为

$$-c\frac{\mathrm{d}u}{\mathrm{d}\theta}+u\frac{\mathrm{d}u}{\mathrm{d}\theta}+\beta k^2\frac{\mathrm{d}^3u}{\mathrm{d}\theta^3}=0.\tag{6.3.32}$$

因 $O\left(\frac{\mathrm{d}^3u}{\mathrm{d}\theta^3}\right)=n+3,O\left(u\frac{\mathrm{d}u}{\mathrm{d}\theta}\right)=2n+1$,两者平衡确定 $n=2$,则应用 Jacobi 椭圆正弦函数展开法,令

$$u=a_0+a_1S+a_2S^2,\quad S\equiv\mathrm{sn}(\theta-\theta_0,m),\quad\theta=k(x-ct).\tag{6.3.33}$$

除注意式(6.3.13)中的$\frac{\mathrm{d}u}{\mathrm{d}\theta}$外,还要注意

$$u\frac{\mathrm{d}u}{\mathrm{d}\theta}=[a_0a_1+(a_1^2+2a_0a_2)S+3a_1a_2S^2+2a_2^2S^3]CD,$$

$$\frac{\mathrm{d}^3u}{\mathrm{d}\theta^3}=[-(1+m^2)a_1-8(1+m^2)a_2S+6m^2a_1S^2+24m^2a_2S^3]CD,$$

(6.3.34)

将式(6.3.34)代入方程(6.3.32),除去因子 CD 得到

$$[-c+a_0-(1+m^2)\beta k^2]a_1+\{a_1^2+2[-c+a_0-4(1+m^2)\beta k^2]\}S$$
$$+3(a_2+2m^2\beta k^2)a_1S^2+2(a_2+12m^2\beta k^2)a_2S^3=0. \tag{6.3.35}$$

由此定得

$$a_1=0,\quad a_2=-12m^2\beta k^2,\quad a_0=c+4(1+m^2)\beta k^2. \tag{6.3.36}$$

因而求得 KdV 方程(6.3.30)的椭圆余弦波解为

$$u=c+4(1+m^2)\beta k^2-12m^2\beta k^2\mathrm{sn}^2(k(\xi-\xi_0),m)$$
$$=c-4(2m^2-1)\beta k^2+12m^2\beta k^2\mathrm{cn}^2(k(\xi-\xi_0),m)\quad(\xi=x-ct).$$

(6.3.37)

乍看起来,这里的解(6.3.37)似乎与§6.1用直接积分求得的解(6.1.30)不太一样,但在解(6.1.30)中 $k=\sqrt{\frac{u_1-u_3}{12\beta}}$,因而

$$u_1-u_3=12\beta k^2. \tag{6.3.38}$$

再由 $m^2=\frac{u_1-u_2}{u_1-u_3}$,因而

$$a\equiv u_1-u_2=12m^2\beta k^2. \tag{6.3.39}$$

式(6.3.38)与(6.3.39)相加有

$$2u_1-(u_2+u_3)=12(1+m^2)\beta k^2. \tag{6.3.40}$$

但由式(6.1.28)的第一式 $u_2+u_3=3c-u_1$,代入式(6.3.40)便求得

$$u_1=c+4(1+m^2)\beta k^2. \tag{6.3.41}$$

式(6.3.41)代入式(6.3.38)和(6.3.39)分别求得

$$u_2=c-4(2m^2-1)\beta k^2,\quad u_3=c-4(2-m^2)\beta k^2, \tag{6.3.42}$$

所以,这里的解(6.3.37)与直接积分求得的解(6.1.30)是完全一致的,而且还能求出式(6.1.28)中的积分常数 A 和 B

$$\begin{cases}A=-\dfrac{c^2}{2}+8(1-m^2+m^4)\beta^2k^4,\\ B=\dfrac{c^3}{6}-8(1-m^2+m^4)\beta^2k^4c+\dfrac{32}{3}(1+m^2)(2m^2-1)(2-m^2)\beta^3k^6,\end{cases}$$

(6.3.43)

且由 $A=0$ 定出

$$c^2 = 16(1 - m^2 + m^4)\beta^2 k^4, \tag{6.3.44}$$

由 $m=1$ 定出

$$c = 4\beta k^2, \quad B = 0, \quad u_1 = 12\beta k^2, \quad u_2 = u_3 = 0. \tag{6.3.45}$$

3. Boussinesq 方程

在式(1.2.11)中已经标记过的 Boussinesq 方程为

$$\frac{\partial^2 u}{\partial t^2} - c_0^2 \frac{\partial^2 u}{\partial x^2} - \alpha \frac{\partial^2 u^2}{\partial x^2} - \beta \frac{\partial^4 u}{\partial x^4} = 0. \tag{6.3.46}$$

相应的线性方程为

$$\frac{\partial^2 u}{\partial t^2} - c_0^2 \frac{\partial^2 u}{\partial x^2} - \beta \frac{\partial^4 u}{\partial x^4} = 0. \tag{6.3.47}$$

以平面波解(6.1.3)代入,求得线性 Boussinesq 方程的色散关系为

$$\omega^2 = k^2 c_0^2 - \beta k^4. \tag{6.3.48}$$

显然,它是色散波.

下面,我们求 Boussinesq 方程的行波解. 式(6.3.31)代入方程(6.3.46),得到

$$(c^2 - c_0^2)\frac{\mathrm{d}^2 u}{\mathrm{d}\theta^2} - \alpha \frac{\mathrm{d}^2 u^2}{\mathrm{d}\theta^2} - \beta k^2 \frac{\mathrm{d}^4 u}{\mathrm{d}\theta^4} = 0. \tag{6.3.49}$$

因 $O\left(\frac{\mathrm{d}^2 u^2}{\mathrm{d}\theta^2}\right) = 2n+2, O\left(\frac{\mathrm{d}^4 u}{\mathrm{d}\theta^4}\right) = n+4$,两者平衡确定 $n=2$. 应用 Jacobi 椭圆正弦函数展开法,以式(6.3.33)代入方程(6.3.49),除注意式(6.3.13)中的 $\frac{\mathrm{d}^2 u}{\mathrm{d}\theta^2}$ 外,还要注意

$$\begin{cases} \frac{\mathrm{d}u^2}{\mathrm{d}\theta} = [2a_0a_1 + 2(a_1^2 + 2a_0a_2)S + 6a_1a_2S^2 + 4a_2^2S^3]CD, \\ \frac{\mathrm{d}^2u^2}{\mathrm{d}\theta^2} = 2(a_1^2 + 2a_0a_2) - 2[(1+m^2)a_0 - 6a_2]a_1S - 4[(1+m^2)a_1^2 + 2(1+m^2)a_0a_2 - 3a_2^2]S^2 \\ \qquad + 2[2m^2a_0 - 9(1+m^2)a_2]a_1S^3 + 2[3m^2a_1^2 + 6m^2a_0a_2 - 8(1+m^2)a_2^2]S^4 \\ \qquad + 24m^2a_1a_2S^5 + 20m^2a_2^2S^6, \\ \frac{\mathrm{d}^4u}{\mathrm{d}\theta^4} = -8(1+m^2)a_2 + [(1+m^2)^2 + 12m^2]a_1S + 8[2(1+m^2)^2 + 9m^2]a_2S^2 \\ \qquad - 20m^2(1+m^2)a_1S^3 - 120m^2(1+m^2)a_2S^4 + 24m^4a_1S^5 + 120m^4a_2S^6, \end{cases} \tag{6.3.50}$$

则得到

$$\begin{aligned} &2[(c^2-c_0^2)a_2 - \alpha(a_1^2+2a_0a_2) - 4(1+m^2)\beta k^2 a_2] - \{(1+m^2)(c^2-c_0^2) - 2\alpha[(1+m^2)a_0 \\ &\quad - 6a_2] + \beta k^2[(1+m^2)^2 + 12m^2]\}a_1S - 2\{2(1+m^2)(c^2-c_0^2)a_2 - 2\alpha[(1+m^2)a_1^2 \\ &\quad + 2(1+m^2)a_0a_2 - 3a_2^2] + 4\beta k^2[2(1+m^2)^2 + 9m^2]a_2\}S^2 + 2\{m^2(c^2-c_0^2) \end{aligned}$$

$$-\alpha[2m^2a_0-9(1+m^2)a_2]+10m^2(1+m^2)\beta k^2\}a_1S^3+2\{3m^2(c^2-c_0^2)a_2$$
$$-\alpha[3m^2a_1^2+6m^2a_0a_2-8(1+m^2)a_2^2]+60m^2(1+m^2)\beta k^2a_2\}S^4$$
$$-24m^2(\alpha a_2+m^2\beta k^2)a_1S^5-20m^2(\alpha a_2+6m^2\beta k^2)a_2S^6=0. \tag{6.3.51}$$

由此定得

$$a_1=0,\quad a_2=-\frac{6\beta}{\alpha}m^2k^2,\quad a_0=\frac{c^2-c_0^2}{2\alpha}+\frac{2\beta}{\alpha}(1+m^2)k^2, \tag{6.3.52}$$

因而求得Boussinesq方程(6.3.46)的椭圆余弦波解为

$$\begin{aligned}u&=\frac{c^2-c_0^2}{2\alpha}+\frac{2\beta}{\alpha}(1+m^2)k^2-\frac{6\beta}{\alpha}m^2k^2\operatorname{sn}^2(k(\xi-\xi_0),m)\\&=\frac{c^2-c_0^2}{2\alpha}-\frac{2\beta}{\alpha}(2m^2-1)k^2+\frac{6\beta}{\alpha}m^2k^2\operatorname{cn}^2(k(\xi-\xi_0),m)\quad(\xi=x-ct).\end{aligned} \tag{6.3.53}$$

当 $m=1$ 时,式(6.3.53)退化为

$$\begin{aligned}u&=\frac{c^2-c_0^2}{2\alpha}+\frac{4\beta}{\alpha}k^2-\frac{6\beta}{\alpha}k^2\tanh k(\xi-\xi_0)\\&=\frac{c^2-c_0^2}{2\alpha}-\frac{2\beta}{\alpha}k^2+\frac{6\beta}{\alpha}k^2\operatorname{sech}^2k(\xi-\xi_0)\quad(\xi=x-ct).\end{aligned} \tag{6.3.54}$$

这是Boussinesq方程的孤立波解.

4. u^3 和 u^4 势能的非线性 Klein-Gordon 方程

在式(1.2.18)中已经标记过的 u^3 势能的非线性Klein-Gordon方程为

$$\frac{\partial^2u}{\partial t^2}-c_0^2\frac{\partial^2u}{\partial x^2}+\alpha u-\beta u^2=0. \tag{6.3.55}$$

式(6.3.31)代入方程(6.3.55),得到

$$k^2(c^2-c_0^2)\frac{\mathrm{d}^2u}{\mathrm{d}\theta^2}+\alpha u-\beta u^2=0\quad(\theta=k\xi=k(x-ct)). \tag{6.3.56}$$

其形式同方程(6.3.11),只是方程(6.3.11)中的 (k^2+l^2) 在这里换成了 $-k^2(c^2-c_0^2)$, $\theta=kx+ly$ 在这里换成了 $\theta=k(x-ct)$,则依式(6.3.17), u^3 势能的非线性Klein-Gordon方程(6.3.55)的椭圆余弦波解为

$$\begin{aligned}u&=\frac{\alpha}{2\beta}-\frac{2(c^2-c_0^2)}{\beta}(1+m^2)k^2+\frac{6(c^2-c_0^2)}{\beta}m^2k^2\operatorname{sn}^2(k(\xi-\xi_0),m)\\&=\frac{\alpha}{2\beta}-\frac{2(c^2-c_0^2)}{\beta}(1-2m^2)k^2-\frac{6(c^2-c_0^2)}{\beta}m^2k^2\operatorname{cn}^2(k(\xi-\xi_0),m)\\&\qquad(\xi=x-ct,\alpha^2=16(1-m^2+m^4)k^4(c^2-c_0^2)^2).\end{aligned} \tag{6.3.57}$$

当 $m=1$ 时,式(6.3.57)退化为

$$u=\frac{\alpha}{2\beta}-\frac{4(c^2-c_0^2)}{\beta}k^2+\frac{6(c^2-c_0^2)}{\beta}k^2\tanh k(\xi-\xi_0)$$
$$=\frac{\alpha}{2\beta}+\frac{2(c^2-c_0^2)}{\beta}k^2-\frac{6(c^2-c_0^2)}{\beta}k^2\operatorname{sech}^2 k(\xi-\xi_0)$$
$$(\xi=x-ct,\alpha^2=16k^4(c^2-c_0^2)^2). \tag{6.3.58}$$

这是 u^3 势能的非线性 Klein-Gordon 方程的孤立波解.

在式(1.2.19)中已经标记过的 u^4 势能的非线性 Klein-Gordon 方程为

$$\frac{\partial^2 u}{\partial t^2}-c_0^2\frac{\partial^2 u}{\partial x^2}+\alpha u-\beta u^3=0. \tag{6.3.59}$$

式(6.3.31)代入方程(6.3.59),得到

$$k^2(c^2-c_0^2)\frac{\mathrm{d}^2 u}{\mathrm{d}\theta^2}+\alpha u-\beta u^3=0\quad(\theta=k\xi=k(x-ct)). \tag{6.3.60}$$

其形式同方程(6.3.20),只是方程(6.3.20)中的(k^2+l^2)在这里换成了$-k^2(c^2-c_0^2)$,$\theta=kx+ly$ 在这里换成了 $\theta=k(x-ct)$,则依式(6.3.25),(6.3.26)和(6.3.27)求得 u^4 势能的非线性 Klein-Gordon 方程(6.3.59)的周期波解分别为

$$u=\pm\sqrt{\frac{2m^2k^2(c^2-c_0^2)}{\beta}}\operatorname{sn}(k(\xi-\xi_0),m)=\pm\sqrt{\frac{2\alpha m^2}{\beta(1+m^2)}}\operatorname{sn}(k(\xi-\xi_0),m)^{①}$$
$$(\alpha\text{ 与 }\beta\text{ 同号},\alpha=(1+m^2)k^2(c^2-c_0^2),\xi=x-ct), \tag{6.3.61}$$

$$u=\pm\sqrt{-\frac{2m^2k^2(c^2-c_0^2)}{\beta}}\operatorname{cn}(k(\xi-\xi_0),m)=\pm\sqrt{-\frac{2\alpha m^2}{\beta(1-2m^2)}}\operatorname{cn}(k(\xi-\xi_0),m)^{①}$$
$$(\alpha\text{ 与 }\beta\text{ 异号},\alpha=(1-2m^2)k^2(c^2-c_0^2),0<m<1/\sqrt{2},\xi=x-ct), \tag{6.3.62}$$

$$u=\pm\sqrt{-\frac{2k^2(c^2-c_0^2)}{\beta}}\operatorname{dn}(k(\xi-\xi_0),m)=\pm\sqrt{\frac{2\alpha}{\beta(2-m^2)}}\operatorname{dn}(k(\xi-\xi_0),m)^{①}$$
$$(\alpha\text{ 与 }\beta\text{ 同号},\alpha=-(2-m^2)k^2(c^2-c_0^2),\xi=x-ct). \tag{6.3.63}$$

当 $m=1$ 时,式(6.3.61)和(6.3.63)分别退化为

$$u=\pm\sqrt{\frac{2k^2(c^2-c_0^2)}{\beta}}\tanh k(\xi-\xi_0)=\pm\sqrt{\frac{\alpha}{\beta}}\tanh k(\xi-\xi_0)$$
$$(\alpha\text{ 与 }\beta\text{ 同号},\alpha=2k^2(c^2-c_0^2),\xi=x-ct) \tag{6.3.64}$$

和

$$u=\pm\sqrt{-\frac{2k^2(c^2-c_0^2)}{\beta}}\operatorname{sech} k(\xi-\xi_0)=\pm\sqrt{\frac{2\alpha}{\beta}}\operatorname{sech} k(\xi-\xi_0)$$

① 通常,u^4 势能的非线性 Klein-Gordon 方程的周期解也称为周期瞬子.

$$(\alpha\text{ 与 }\beta\text{ 同号},\alpha=-k^2(c^2-c_0^2),\xi=x-ct). \tag{6.3.65}$$

5. mKdV 方程

在式(1.2.9)中已经标记过的 mKdV 方程为

$$\frac{\partial u}{\partial t}+\alpha u^2\frac{\partial u}{\partial x}+\beta\frac{\partial^3 u}{\partial x^3}=0. \tag{6.3.66}$$

其相应的线性方程和色散关系与 KdV 方程相同,见式(6.1.20)和(6.1.21).

下面,我们求 mKdV 方程(6.3.66)的行波解.式(6.3.31)代入方程(6.3.66),得到

$$-c\frac{\mathrm{d}u}{\mathrm{d}\theta}+\alpha u^2\frac{\mathrm{d}u}{\mathrm{d}\theta}+\beta k^2\frac{\mathrm{d}^3u}{\mathrm{d}\theta^3}=0\quad(\theta=k\xi=k(x-ct)). \tag{6.3.67}$$

因 $O\left(u^2\frac{\mathrm{d}u}{\mathrm{d}\theta}\right)=3n+1,O\left(\frac{\mathrm{d}^3u}{\mathrm{d}\theta^3}\right)=n+3$,两者平衡确定 $n=1$.应用 Jacobi 椭圆正弦函数展开法,令

$$u=a_0+a_1S,\quad S\equiv\mathrm{sn}(\theta-\theta_0,m),\quad\theta=k\xi=k(x-ct). \tag{6.3.68}$$

除注意式(6.3.13)中的$\frac{\mathrm{d}u}{\mathrm{d}\theta}$(其中 $a_2=0$)和式(6.3.34)中的$\frac{\mathrm{d}^3u}{\mathrm{d}\theta^3}$(其中 $a_2=0$)外,还要注意

$$u^2\frac{\mathrm{d}u}{\mathrm{d}\theta}=(a_0^2+2a_0a_1S+a_1^2S^2)a_1CD, \tag{6.3.69}$$

则式(6.3.68)代入方程(6.3.67),除去因子 CD 得到

$$[-c+\alpha a_0^2-(1+m^2)\beta k^2]+2\alpha a_0a_1S+(\alpha a_1^2+6m^2\beta k^2)S^2=0. \tag{6.3.70}$$

由此定得

$$a_0=0,\quad a_1=\pm\sqrt{-\frac{6\beta m^2k^2}{\alpha}},\quad c=-(1+m^2)\beta k^2, \tag{6.3.71}$$

因而 mKdV 方程(6.3.66)的一个周期波解为

$$u=\pm\sqrt{-\frac{6\beta m^2k^2}{\alpha}}\mathrm{sn}(k(\xi-\xi_0),m)=\pm\sqrt{\frac{6m^2c}{\alpha(1+m^2)}}\mathrm{sn}(k(\xi-\xi_0),m)$$

$$(\alpha\text{ 与 }\beta\text{ 异号},c=-(1+m^2)\beta k^2\text{ 与 }\beta\text{ 异号},\xi=x-ct). \tag{6.3.72}$$

类似地,应用 Jacobi 椭圆余弦函数展开法和第三类 Jacobi 椭圆函数展开法分别求得 mKdV 方程(6.3.66)的另两个周期波解分别为

$$u=\pm\sqrt{\frac{6\beta m^2k^2}{\alpha}}\mathrm{cn}(k(\xi-\xi_0),m)=\pm\sqrt{-\frac{6c}{\alpha(1-2m^2)}}\mathrm{dn}(k(\xi-\xi_0),m)$$

$$(\alpha\text{ 与 }\beta\text{ 同号},c=-(1-2m^2)\beta k^2\text{ 与 }\beta\text{ 异号},0<m<1/\sqrt{2},\xi=x-ct) \tag{6.3.73}$$

和

$$u=\pm\sqrt{\frac{6\beta k^2}{\alpha}}\mathrm{dn}(k(\xi-\xi_0),m)=\pm\sqrt{\frac{6c}{\alpha(2-m^2)}}\mathrm{dn}(k(\xi-\xi_0),m)$$

$$(\alpha\text{ 与 }\beta\text{ 同号},c=(2-m^2)\beta k^2\text{ 与 }\beta\text{ 同号},\xi=x-ct). \tag{6.3.74}$$

当 $m=1$ 时,式(6.3.72)和(6.3.74)分别退化为

$$u=\pm\sqrt{-\frac{6\beta k^2}{\alpha}}\tanh k(\xi-\xi_0)=\pm\sqrt{\frac{3c}{\alpha}}\tanh k(\xi-\xi_0)$$

$$(\alpha\text{ 与 }\beta\text{ 异号},c=-2\beta k^2\text{ 与 }\beta\text{ 异号},\xi=x-ct) \tag{6.3.75}$$

和

$$u=\pm\sqrt{\frac{6\beta k^2}{\alpha}}\mathrm{sech}k(\xi-\xi_0)=\pm\sqrt{\frac{6c}{\alpha}}\mathrm{sech}k(\xi-\xi_0)$$

$$(\alpha\text{ 与 }\beta\text{ 同号},c=\beta k^2\text{ 与 }\beta\text{ 同号},\xi=x-ct). \tag{6.3.76}$$

式(6.3.75)和(6.3.76)分别是 mKdV 方程(6.3.66)的冲击波解和孤立波解,它们的振幅都与$\sqrt{c}$成正比,或者说,波速 c 与振幅的平方成正比.

6. Gardner 方程

在式(1.2.10)中已经标记过的 Gardner 方程,又称为混合的 KdV-mKdV 方程

$$\frac{\partial u}{\partial t}+\alpha_1 u\frac{\partial u}{\partial x}+\alpha_2 u^2\frac{\partial u}{\partial x}+\beta\frac{\partial^3 u}{\partial x^3}=0. \tag{6.3.77}$$

式(6.3.31)代入方程(6.3.77),得到

$$-c\frac{\mathrm{d}u}{\mathrm{d}\theta}+\alpha_1 u\frac{\mathrm{d}u}{\mathrm{d}\theta}+\alpha_2 u^2\frac{\mathrm{d}u}{\mathrm{d}\theta}+\beta k^2\frac{\mathrm{d}^3 u}{\mathrm{d}\theta^3}=0\quad(\theta=k\xi=k(x-ct)). \tag{6.3.78}$$

因 $O\left(u^2\frac{\mathrm{d}u}{\mathrm{d}\theta}\right)=3n+1,O\left(\frac{\mathrm{d}^3u}{\mathrm{d}\theta^3}\right)=n+3$,两者平衡确定 $n=1$,则应用 Jacobi 椭圆正弦函数展开法,除注意式(6.3.13)中的$\frac{\mathrm{d}u}{\mathrm{d}\theta}$(其中 $a_2=0$)和式(6.3.34)中的 $u\frac{\mathrm{d}u}{\mathrm{d}\theta}$和$\frac{\mathrm{d}^3u}{\mathrm{d}\theta^3}$(其中 $a_2=0$)外,还要注意式(6.3.69),则式(6.3.68)代入方程(6.3.78),除去因子 CD 得到

$$[-c+\alpha_1 a_0+\alpha_2 a_0^2-(1+m^2)\beta k^2]a_1+(\alpha_1+2\alpha_2 a_0)a_1^2 S$$
$$+(\alpha_2 a_1^2+6m^2\beta k^2)a_1 S^2=0. \tag{6.3.79}$$

由此定得

$$a_1=\pm\sqrt{-\frac{6m^2\beta k^2}{\alpha_2}},\quad a_0=-\frac{\alpha_1}{2\alpha_2},\quad c=-\frac{\alpha_1^2}{4\alpha_2}-(1+m^2)\beta k^2. \tag{6.3.80}$$

因而 Gardner 方程(6.3.77)的一个周期波解为

$$u=-\frac{\alpha_1}{2\alpha_2}\pm\sqrt{-\frac{6m^2\beta k^2}{\alpha_2}}\operatorname{sn}(k(\xi-\xi_0),m)$$

$$\left(\alpha_2\text{ 与 }\beta\text{ 异号},c=-\frac{\alpha_1^2}{4\alpha_2}-(1+m^2)\beta k^2,\xi=x-ct\right).\tag{6.3.81}$$

类似地,应用Jacobi椭圆余弦函数展开法和第三类Jacobi椭圆函数展开法分别求得Gardner方程(6.3.77)的另两个周期波解分别为

$$u=-\frac{\alpha_1}{2\alpha_2}\pm\sqrt{\frac{6m^2\beta k^2}{\alpha_2}}\operatorname{cn}(k(\xi-\xi_0),m)$$

$$\left(\alpha_2\text{ 与 }\beta\text{ 同号},c=-\frac{\alpha_1^2}{4\alpha_2}+(2m^2-1)\beta k^2,\xi=x-ct\right)\tag{6.3.82}$$

和

$$u=-\frac{\alpha_1}{2\alpha_2}\pm\sqrt{\frac{6\beta k^2}{\alpha_2}}\operatorname{dn}(k(\xi-\xi_0),m)$$

$$\left(\alpha_2\text{ 与 }\beta\text{ 同号},c=-\frac{\alpha_1^2}{4\alpha_2}+(2-m^2)\beta k^2,\xi=x-ct\right).\tag{6.3.83}$$

当$m=1$时,式(6.3.81)退化为

$$u=-\frac{\alpha_1}{2\alpha_2}\pm\sqrt{-\frac{6\beta k^2}{\alpha_2}}\tanh k(\xi-\xi_0)$$

$$\left(\alpha_2\text{ 与 }\beta\text{ 异号},c=-\frac{\alpha_1^2}{4\alpha_2}-2\beta k^2,\xi=x-ct\right).\tag{6.3.84}$$

而式(6.3.82)和(6.3.83)退化为

$$u=-\frac{\alpha_1}{2\alpha_2}\pm\sqrt{\frac{6\beta k^2}{\alpha_2}}\operatorname{sech}k(\xi-\xi_0)$$

$$\left(\alpha_2\text{ 与 }\beta\text{ 同号},c=-\frac{\alpha_1^2}{4\alpha_2}+\beta k^2,\xi=x-ct\right).\tag{6.3.85}$$

当然,根据附录D 1.19,Gardner方程也可以化为mKdV方程去求解,与这里的结果相同.

7. KP(Kadomtsev-Petviashvili)方程

在式(1.2.12)中已经标记过的KP方程,即空间二维的KdV方程为

$$\frac{\partial}{\partial x}\left(\frac{\partial u}{\partial x}+u\frac{\partial u}{\partial x}+\beta\frac{\partial^3 u}{\partial x^3}\right)+\frac{c_0}{2}\frac{\partial^2 u}{\partial y^2}=0.\tag{6.3.86}$$

相应的线性方程为

$$\frac{\partial}{\partial x}\left(\frac{\partial u}{\partial t}+c_0\frac{\partial u}{\partial x}+\beta\frac{\partial^3 u}{\partial x^3}\right)+\frac{c_0}{2}\frac{\partial^2 u}{\partial y^2}=0.\tag{6.3.87}$$

若以平面波解

$$u = A\mathrm{e}^{\mathrm{i}(kx+ly-\omega t)} \tag{6.3.88}$$

代入方程(6.3.87),求得二维线性 KdV 方程的色散关系为

$$\omega = kc_0 - \beta k^3 + \frac{c_0 l^2}{2k}. \tag{6.3.89}$$

显然,它是色散波.

下面,我们求 KP 方程的行波解,即令

$$u = u(\theta), \quad \theta = kx + ly - \omega t. \tag{6.3.90}$$

代入方程(6.3.86),得到

$$\left(-k\omega + \frac{c_0 l^2}{2}\right)\frac{\mathrm{d}^2 u}{\mathrm{d}\theta^2} + k^2\frac{\mathrm{d}}{\mathrm{d}\theta}\left(u\frac{\mathrm{d}u}{\mathrm{d}\theta}\right) + \beta k^4\frac{\mathrm{d}^4 u}{\mathrm{d}\theta^4} = 0. \tag{6.3.91}$$

因 $O\left(\frac{\mathrm{d}}{\mathrm{d}\theta}\left(u\frac{\mathrm{d}u}{\mathrm{d}\theta}\right)\right)=2n+2$,$O\left(\frac{\mathrm{d}^4 u}{\mathrm{d}\theta^3}\right)=n+4$,两者平衡确定 $n=2$. 应用 Jacobi 椭圆正弦函数展开法,令

$$u = a_0 + a_1 S + a_2 S^2, \quad S = \mathrm{sn}(\theta - \theta_0), \quad \theta = kx + ly - \omega t. \tag{6.3.92}$$

代入方程(6.3.91),除注意式(6.3.13)中的$\frac{\mathrm{d}^2 u}{\mathrm{d}\theta^2}$和式(6.3.50)中的$\frac{\mathrm{d}^4 u}{\mathrm{d}\theta^4}$外,还要注意

$$\begin{aligned}\frac{\mathrm{d}}{\mathrm{d}\theta}\left(u\frac{\mathrm{d}u}{\mathrm{d}\theta}\right) =& (a_1^2+2a_0a_2)+[6a_2-(1+m^2)a_0]a_1S+[6a_2^2-2(1+m^2)(a_1^2+2a_0a_2)]S^2\\&+[2m^2a_0-9(1+m^2)a_2]a_1S^3+[3m^2(a_1^2+2a_0a_2)-8(1+m^2)a_2^2]S^4\\&+12m^2a_1a_2S^5+10m^2a_2^2S^6,\end{aligned} \tag{6.3.93}$$

则得到

$$\begin{aligned}&\left[-2\left(k\omega-\frac{c_0l^2}{2}\right)a_2+k^2(a_1^2+2a_0a_2)-8(1+m^2)\beta k^4a_2\right]+\left\{\left(k\omega-\frac{c_0l^2}{2}\right)(1+m^2)\right.\\&\left.\quad+k^2[6a_2-(1+m^2)a_0]+\beta k^4[(1+m^2)^2+12m^2]\right\}a_1S+\left\{4(1+m^2)\left(k\omega-\frac{c_0l^2}{2}\right)a_2\right.\\&\left.\quad+k^2[6a_2^2-2(1+m^2)(a_1^2+2a_0a_2)]+8\beta k^4[2(1+m^2)^2+9m^2]a_2\right\}S^2\\&\quad+\left\{-2m^2\left(k\omega-\frac{c_0l^2}{2}\right)+k^2[2m^2a_0-9(1+m^2)a_2]-20m^2(1+m^2)\beta k^4\right\}a_1S^3\\&\quad+\left\{-6m^2\left(k\omega-\frac{c_0l^2}{2}\right)a_2+k^2[3m^2(a_1^2+2a_0a_2)-8(1+m^2)a_2^2]\right.\\&\left.\quad-120m^2(1+m^2)\beta k^4a_2\right\}S^4+12k^2m^2(a_2+2\beta k^2m^2)a_1S^5\\&\quad+10k^2m^2(a_2+12\beta k^2m^2)a_2S^6=0.\end{aligned} \tag{6.3.94}$$

由此定得

$$a_2 = -12\beta m^2k^2, \quad a_1 = 0, \quad a_0 = \frac{\omega}{k} - \frac{c_0l^2}{2k^2} + 4(1+m^2)\beta k^2. \tag{6.3.95}$$

因而 KP 方程(6.3.86)的椭圆余弦波解为

$$
\begin{aligned}
u &= \frac{\omega}{k} - \frac{c_0 l^2}{2k^2} + 4(1+m^2)\beta k^2 - 12\beta m^2 k^2 \operatorname{sn}^2(\theta-\theta_0, m) \\
&= \frac{\omega}{k} - \frac{c_0 l^2}{2k^2} - 4(2m^2-1)\beta k^2 + 12\beta m^2 k^2 \operatorname{cn}^2(\theta-\theta_0, m) \\
&= \frac{\omega}{k} - \frac{c_0 l^2}{2k^2} - 4(2-m^2)\beta k^2 + 12\beta m^2 k^2 \operatorname{dn}^2(\theta-\theta, m) \quad (\theta = kx + ly - \omega t).
\end{aligned}
\tag{6.3.96}
$$

当 $m=1$ 时,式(6.3.96)退化为孤立波解为

$$
\begin{aligned}
u &= \frac{\omega}{k} - \frac{c_0 l^2}{2k^2} + 8\beta k^2 - 12\beta k^2 \tanh^2(\theta-\theta_0) \\
&= \frac{\omega}{k} - \frac{c_0 l^2}{2k^2} - 4\beta k^2 + 12\beta k^2 \operatorname{sech}^2(\theta-\theta_0) \quad (\theta = kx + ly - \omega t).
\end{aligned}
\tag{6.3.97}
$$

8. 含色散的长波方程组

在式(1.2.43)中已经标记过的含色散的长波方程组为

$$
\begin{cases}
\dfrac{\partial u}{\partial t} + u\dfrac{\partial u}{\partial x} + \dfrac{\partial v}{\partial x} = 0, \\
\dfrac{\partial v}{\partial t} + \dfrac{\partial (uv)}{\partial x} + \beta\dfrac{\partial^3 u}{\partial x^3} = 0.
\end{cases}
\tag{6.3.98}
$$

若令

$$
u = u(\theta), \quad v = v(\theta), \quad \theta \equiv k\xi = k(x-ct), \tag{6.3.99}
$$

则方程组(6.3.98)化为

$$
\begin{cases}
-c\dfrac{\mathrm{d}u}{\mathrm{d}\theta} + u\dfrac{\mathrm{d}u}{\mathrm{d}\theta} + \dfrac{\mathrm{d}v}{\mathrm{d}\theta} = 0, \\
-c\dfrac{\mathrm{d}v}{\mathrm{d}\theta} + \dfrac{\mathrm{d}(uv)}{\mathrm{d}\theta} + \beta k^2\dfrac{\mathrm{d}^3 u}{\mathrm{d}\theta^3} = 0.
\end{cases}
\tag{6.3.100}
$$

我们应用 Jacobi 椭圆正弦函数展开法求解方程组(6.3.100),即设

$$
u = \sum_{j=0}^{m} a_j S^j, \quad v = \sum_{j=0}^{n} b_j S^j, \quad S \equiv \operatorname{sn}(\theta-\theta_0, m). \tag{6.3.101}
$$

因在方程组(6.3.100)的第一个方程中 $O\left(u\dfrac{\mathrm{d}u}{\mathrm{d}\theta}\right)=2m+1$,$O\left(\dfrac{\mathrm{d}v}{\mathrm{d}\theta}\right)=n+1$,两者平衡有 $2m=n$;又在方程组(6.3.100)的第二个方程中 $O\left(\dfrac{\mathrm{d}(uv)}{\mathrm{d}\theta}\right)=m+n+1$,$O\left(\dfrac{\mathrm{d}^3 u}{\mathrm{d}\theta^3}\right)=m+3$,两者平衡有 $n=2$,结合两个方程便确定 $m=1,n=2$. 这样式

(6.3.101)化为

$$u = a_0 + a_1 S,\quad v = b_0 + b_1 S + b_2 S^2,\quad S \equiv \mathrm{sn}(\theta - \theta_0, m). \tag{6.3.102}$$

式(6.3.102)代入方程组(6.3.100),注意式(6.3.3)和 $uv = a_0 b_0 + (a_0 b_1 + a_1 b_0)S + (a_0 b_2 + a_1 b_1)S^2 + a_1 b_2 S^3$,则得

$$\begin{cases} [(-c + a_0)a_1 + b_1] + (a_1^2 + 2b_2)S = 0, \\ \{(-c + a_0)b_1 + [b_0 - (1 + m^2)\beta k^2]a_1\} + 2[(-c + a_0)b_2 + a_1 b_1]S \\ \qquad + 3(b_2 + 2m^2\beta k^2)a_1 S^2 = 0, \end{cases} \tag{6.3.103}$$

其中已去除了因子 CD,由此定得

$$b_2 = -2m^2\beta k^2,\quad a_1 = \pm 2m\sqrt{\beta}k,\quad b_1 = 0,\quad a_0 = c,\quad b_0 = (1 + m^2)\beta k^2 \quad (\beta > 0). \tag{6.3.104}$$

因而求得含色散的长波方程组(6.3.98)的解为

$$\begin{cases} u = c \pm 2m\sqrt{\beta}k\,\mathrm{sn}(k(\xi - \xi_0), m), \\ v = (1 + m^2)\beta k^2 - 2m^2\beta k^2 \mathrm{sn}^2(k(\xi - \xi_0), m) \end{cases} \quad (\beta > 0, \xi = x - ct). \tag{6.3.105}$$

类似地,应用 Jacobi 椭圆余弦函数展开法和第三类 Jacobi 椭圆函数展开法求得方程组(6.3.98)的另两组解分别是

$$\begin{cases} u = c \pm 2m\sqrt{-\beta}k\,\mathrm{cn}(k(\xi - \xi_0), m), \\ v = -(2m^2 - 1)\beta k^2 - 2m^2\beta k^2 \mathrm{cn}^2(k(\xi - \xi_0), m) \end{cases} \quad (\beta < 0, \xi = x - ct) \tag{6.3.106}$$

和

$$\begin{cases} u = c \pm 2\sqrt{-\beta}k\,\mathrm{dn}(k(\xi - \xi_0), m), \\ v = -(2 - m^2)\beta k^2 - 2\beta k^2 \mathrm{dn}^2(k(\xi - \xi_0), m) \end{cases} \quad (\beta < 0, \xi = x - ct). \tag{6.3.107}$$

当 $m=1$ 时,式(6.3.105)退化为

$$\begin{cases} u = c \pm 2\sqrt{\beta}k\tanh k(\xi - \xi_0), \\ v = 2\beta k^2[1 - \tanh^2 k(\xi - \xi_0)] = 2\beta k^2 \mathrm{sech}^2 k(\xi - \xi_0) \end{cases} \quad (\beta > 0, \xi = x - ct). \tag{6.3.108}$$

而式(6.3.106)和(6.3.107)退化为

$$\begin{cases} u = c \pm 2\sqrt{-\beta}\,\mathrm{sech}k(\xi - \xi_0), \\ v = -\beta k^2 - 2\beta k^2 \mathrm{sech}^2 k(\xi - \xi_0) \end{cases} \quad (\beta < 0, \xi = x - ct). \tag{6.3.109}$$

§6.4 守　恒　律

在物理学的诸多分支学科中，在一定条件下，不少物理规律都可表示为

$$\frac{\partial \rho}{\partial t} + \nabla \cdot \boldsymbol{F} = 0, \tag{6.4.1}$$

其中 ρ 称为某物理量的密度，$\boldsymbol{F}$ 称为它的通量矢量. 上式就称为守恒律. 例如，流体力学(包括地球流体力学)中的连续性方程

$$\frac{\partial \rho}{\partial t} + \nabla \cdot \rho \boldsymbol{V} = 0 \tag{6.4.2}$$

反映了流体密度 ρ 与速度 $\boldsymbol{V}$ 的通量矢量 $\rho\boldsymbol{V}$ 之间遵守质量守恒定律. 又例如，地球流体中的准地转位涡度方程(1.2.38)

$$\left(\frac{\partial}{\partial t} + u\frac{\partial}{\partial x} + v\frac{\partial}{\partial y}\right) q = 0. \tag{6.4.3}$$

因其中

$$u = -\frac{\partial \psi}{\partial y}, \quad v = \frac{\partial \psi}{\partial x}, \quad q = f_0 + \beta_0 y + \nabla_2^2 \psi - \lambda_0^2 \psi, \tag{6.4.4}$$

则它可以改写为下列守恒律的形式

$$\frac{\partial q}{\partial t} + \nabla_2 \cdot q\boldsymbol{V}_2 = 0 \quad (\boldsymbol{V}_2 = (u, v)). \tag{6.4.5}$$

所以，准地转位涡度方程又称为准地转位涡度守恒定律.

对于固定空间 V，设其包围的曲面为 S，若 S 上无净的通量矢量 $\boldsymbol{F}$，则依 Gauss 定理

$$\iiint\limits_V \nabla \cdot \boldsymbol{F} \mathrm{d}v = \oiint\limits_S \boldsymbol{F} \cdot \mathrm{d}\boldsymbol{S} = 0, \tag{6.4.6}$$

因而由式(6.4.1)有

$$\frac{\partial}{\partial t} \iiint\limits_V \rho \, \mathrm{d}v = 0. \tag{6.4.7}$$

它表示：在守恒律(6.4.1)中存在一个时间不变量(与时间无关的量，invariant in time)

$$I \equiv \iiint\limits_V \rho \, \mathrm{d}v. \tag{6.4.8}$$

在空间一维的情况，守恒律(6.4.1)写为

$$\frac{\partial \rho}{\partial t} + \frac{\partial F}{\partial x} = 0. \tag{6.4.9}$$

若 $x \to \pm\infty$ 时，$F \to 0$，则时间不变量(6.4.8)改写为

$$I=\int_{-\infty}^{+\infty}\rho\,\mathrm{d}x. \tag{6.4.10}$$

许多简单的非线性方程都具有守恒律，下面举例说明.

1. 非线性平流方程

$$\frac{\partial u}{\partial t}+u\frac{\partial u}{\partial x}=0. \tag{6.4.11}$$

它可以改写为

$$\frac{\partial u}{\partial t}+\frac{\partial}{\partial x}\left(\frac{1}{2}u^2\right)=0. \tag{6.4.12}$$

若 u 表示速度，则式(6.4.12)表征动量守恒定律，因而

$$\rho_1=u,\quad F_1=\frac{1}{2}u^2. \tag{6.4.13}$$

若 $x\to\pm\infty$，$u\to 0$，则时间不变量为

$$I_1=\int_{-\infty}^{+\infty}u\,\mathrm{d}x. \tag{6.4.14}$$

如用 u 去乘方程(6.4.11)，则得

$$\frac{\partial}{\partial t}\left(\frac{1}{2}u^2\right)+\frac{\partial}{\partial x}\left(\frac{1}{3}u^3\right)=0. \tag{6.4.15}$$

这是非线性平流方程(6.4.11)的第二个守恒律. 若 u 表示速度，则它表征动能守恒定律，且

$$\rho_2=\frac{1}{2}u^2,\quad F_2=\frac{1}{3}u^3. \tag{6.4.16}$$

时间不变量为

$$I_2=\int_{-\infty}^{+\infty}\frac{1}{2}u^2\,\mathrm{d}x. \tag{6.4.17}$$

可以证明非线性平流方程有无穷多个守恒律.

2. Burgers 方程

$$\frac{\partial u}{\partial t}+u\frac{\partial u}{\partial x}-\nu\frac{\partial^2 u}{\partial x^2}. \tag{6.4.18}$$

它可以改写为

$$\frac{\partial u}{\partial t}+\frac{\partial}{\partial x}\left(\frac{1}{2}u^2-\nu\frac{\partial u}{\partial x}\right)=0. \tag{6.4.19}$$

这就是 Burgers 方程的一个守恒律，其中

$$\rho=u,\quad F=\frac{1}{2}u^2-\nu\frac{\partial u}{\partial x}. \tag{6.4.20}$$

若 $x\to\pm\infty, u\to 0, \dfrac{\partial u}{\partial x}\to 0$，则 Burgers 方程(6.4.18)的时间不变量为

$$I=\int_{-\infty}^{+\infty} u\mathrm{d}x. \tag{6.4.21}$$

3. KdV 方程

$$\frac{\partial u}{\partial t}+\alpha u\frac{\partial u}{\partial x}+\beta\frac{\partial^3 u}{\partial x^3}=0. \tag{6.4.22}$$

它可以改写为

$$\frac{\partial u}{\partial t}+\frac{\partial}{\partial x}\left(\frac{\alpha}{2}u^2+\beta\frac{\partial^2 u}{\partial x^2}\right)=0. \tag{6.4.23}$$

这就是 KdV 方程(6.4.22)的第一个守恒律，其中

$$\rho_1=u,\quad F_1=\frac{\alpha}{2}u^2+\beta\frac{\partial^2 u}{\partial x^2}. \tag{6.4.24}$$

若 $x\to\pm\infty, u\to 0, \dfrac{\partial^2 u}{\partial x^2}\to 0$，则 KdV 方程(6.4.22)的第一个时间不变量为

$$I_1=\int_{-\infty}^{+\infty} u\mathrm{d}x. \tag{6.4.25}$$

如用 u 去乘方程(6.4.22)，则得

$$\frac{\partial}{\partial t}\left(\frac{1}{2}u^2\right)+\frac{\partial}{\partial x}\left\{\frac{\alpha}{3}u^3+\beta\left[u\frac{\partial^2 u}{\partial x^2}-\frac{1}{2}\left(\frac{\partial u}{\partial x}\right)^2\right]\right\}=0. \tag{6.4.26}$$

这是 KdV 方程(6.4.22)的第二个守恒律，其中

$$\rho_2=\frac{1}{2}u^2,\quad F_2=\frac{\alpha}{3}u^3+\beta\left[u\frac{\partial^2 u}{\partial x^2}-\frac{1}{2}\left(\frac{\partial u}{\partial x}\right)^2\right]. \tag{6.4.27}$$

若 $x\to\pm\infty, u\to 0, \dfrac{\partial u}{\partial x}\to 0, \dfrac{\partial^2 u}{\partial x^2}\to 0$，则 KdV 方程(6.4.22)的第二个时间不变量为

$$I_2=\int_{-\infty}^{+\infty}\frac{1}{2}u^2\mathrm{d}x. \tag{6.4.28}$$

可以证明 KdV 方程有无穷多个守恒律.

4. mKdV 方程

$$\frac{\partial u}{\partial t}+\alpha u^2\frac{\partial u}{\partial x}+\beta\frac{\partial^3 u}{\partial x^3}=0. \tag{6.4.29}$$

它可以改写为

$$\frac{\partial u}{\partial t}+\frac{\partial}{\partial x}\left(\frac{\alpha}{3}u^3+\beta\frac{\partial^2 u}{\partial x^2}\right)=0. \tag{6.4.30}$$

这就是 mKdV 方程(6.4.29)的第一个守恒律，其中

$$\rho_1 = u, \quad F_1 = \frac{\alpha}{3}u^3 + \beta\frac{\partial^2 u}{\partial x^2}. \tag{6.4.31}$$

若 $x \to \pm\infty, u \to 0, \frac{\partial^2 u}{\partial x^2} \to 0$，则 mKdV 方程(6.4.29)的第一个时间不变量为

$$I_1 = \int_{-\infty}^{+\infty} u \mathrm{d}x. \tag{6.4.32}$$

如用 u 去乘方程(6.4.29)，则得

$$\frac{\partial}{\partial t}\left(\frac{1}{2}u^2\right) + \frac{\partial}{\partial x}\left\{\frac{\alpha}{4}u^4 + \beta\left[u\frac{\partial^2 u}{\partial x^2} - \frac{1}{2}\left(\frac{\partial u}{\partial x}\right)^2\right]\right\} = 0. \tag{6.4.33}$$

这是 mKdV 方程(6.4.29)的第二个守恒律，其中

$$\rho_2 = \frac{1}{2}u^2, \quad F_2 = \frac{\alpha}{4}u^4 + \beta\left[u\frac{\partial^2 u}{\partial x^2} - \frac{1}{2}\left(\frac{\partial u}{\partial x}\right)^2\right]. \tag{6.4.34}$$

若 $x \to \pm\infty, u \to 0, \frac{\partial u}{\partial x} \to 0, \frac{\partial^2 u}{\partial x^2} \to 0$，则 mKdV 方程(6.4.29)的第二个时间不变量为

$$I_2 = \int_{-\infty}^{+\infty} \frac{1}{2}u^2 \mathrm{d}x. \tag{6.4.35}$$

5. KdV-Burgers 方程

$$\frac{\partial u}{\partial t} + u\frac{\partial u}{\partial x} - \nu\frac{\partial^2 u}{\partial x^2} + \beta\frac{\partial^3 u}{\partial x^3} = 0. \tag{6.4.36}$$

它可以改写为

$$\frac{\partial u}{\partial t} + \frac{\partial}{\partial x}\left(\frac{1}{2}u^2 - \nu\frac{\partial u}{\partial x} + \beta\frac{\partial^2 u}{\partial x^2}\right) = 0. \tag{6.4.37}$$

这就是 KdV-Burgers 方程的一个守恒律，其中

$$\rho = u, \quad F = \frac{1}{2}u^2 - \nu\frac{\partial u}{\partial x} + \beta\frac{\partial^2 u}{\partial x^2}. \tag{6.4.38}$$

若 $x \to \pm\infty, u \to 0, \frac{\partial u}{\partial x} \to 0, \frac{\partial^2 u}{\partial x^2} \to 0$，则 KdV-Burgers 方程(6.4.36)的时间不变量为

$$I = \int_{-\infty}^{+\infty} u \mathrm{d}x. \tag{6.4.39}$$

6. 非线性 Schrödinger 方程

$$\mathrm{i}\frac{\partial u}{\partial t} + \alpha\frac{\partial^2 u}{\partial x^2} + \beta|u|^2 u = 0. \tag{6.4.40}$$

设 u 及其共轭 $\bar{u}$ 分别为

$$u = u_r + \mathrm{i}u_i, \quad \bar{u} = u_r - \mathrm{i}u_i, \tag{6.4.41}$$

则方程(6.4.40)的共轭方程为

$$-\mathrm{i}\frac{\partial \bar{u}}{\partial t}+\alpha\frac{\partial^2\bar{u}}{\partial x^2}+\beta|u|^2\bar{u}=0. \tag{6.4.42}$$

以 $\bar{u}$ 乘方程(6.4.40)，以 u 乘方程(6.4.42)，然后相减得到

$$\mathrm{i}\frac{\partial}{\partial t}|u|^2+\alpha\frac{\partial}{\partial x}\left(\bar{u}\frac{\partial u}{\partial x}-u\frac{\partial \bar{u}}{\partial x}\right)=0. \tag{6.4.43}$$

这就是非线性 Schrödinger 方程(6.4.40)的第一个守恒律，其中

$$\rho_1=\mathrm{i}|u|^2,\quad F_1=\alpha\left(\bar{u}\frac{\partial u}{\partial x}-u\frac{\partial \bar{u}}{\partial x}\right). \tag{6.4.44}$$

若 $x\to\pm\infty$，$u\to 0$，$\dfrac{\partial u}{\partial x}\to 0$，则非线性 Schrödinger 方程(6.4.40)的第一个时间不变量为

$$I_1=\mathrm{i}\int_{-\infty}^{+\infty}|u|^2\mathrm{d}x. \tag{6.4.45}$$

若 u 为微观粒子状态的波函数，$|u|^2$ 可视为微观粒子的数密度，则式(6.4.45)中的 $\int_{-\infty}^{+\infty}|u|^2\mathrm{d}x$ 可视为它的质量.

如用 $\dfrac{\partial \bar{u}}{\partial x}$ 去乘方程(6.4.40)，用 $\dfrac{\partial u}{\partial x}$ 去乘方程(6.4.42)，然后相加得到

$$\mathrm{i}\left(\frac{\partial u}{\partial t}\frac{\partial \bar{u}}{\partial x}-\frac{\partial \bar{u}}{\partial t}\frac{\partial u}{\partial x}\right)+\alpha\left(\frac{\partial \bar{u}}{\partial x}\frac{\partial^2 u}{\partial x^2}+\frac{\partial u}{\partial x}\frac{\partial^2 \bar{u}}{\partial x^2}\right)+\beta|u|^2\left(u\frac{\partial \bar{u}}{\partial x}+\bar{u}\frac{\partial u}{\partial x}\right)=0. \tag{6.4.46}$$

但利用导数的性质以及式(6.4.40)和(6.4.42)有

$$\begin{aligned}
\mathrm{i}\left(\frac{\partial u}{\partial t}\frac{\partial \bar{u}}{\partial x}-\frac{\partial \bar{u}}{\partial t}\frac{\partial u}{\partial x}\right)&=\mathrm{i}\left[\frac{\partial}{\partial t}\left(u\frac{\partial \bar{u}}{\partial x}\right)-u\frac{\partial^2\bar{u}}{\partial x\partial t}\right]-\mathrm{i}\left[\frac{\partial}{\partial t}\left(\bar{u}\frac{\partial u}{\partial x}\right)-\bar{u}\frac{\partial^2 u}{\partial x\partial t}\right]\\
&=\mathrm{i}\frac{\partial}{\partial t}\left(u\frac{\partial \bar{u}}{\partial x}-\bar{u}\frac{\partial u}{\partial x}\right)-\mathrm{i}u\frac{\partial^2\bar{u}}{\partial x\partial t}+\mathrm{i}\bar{u}\frac{\partial^2 u}{\partial x\partial t}\\
&=\mathrm{i}\frac{\partial}{\partial t}\left(u\frac{\partial \bar{u}}{\partial x}-\bar{u}\frac{\partial u}{\partial x}\right)-\mathrm{i}\left[\frac{\partial}{\partial x}\left(u\frac{\partial \bar{u}}{\partial t}\right)-\frac{\partial u}{\partial x}\frac{\partial \bar{u}}{\partial t}\right]+\mathrm{i}\left[\frac{\partial}{\partial x}\left(\bar{u}\frac{\partial u}{\partial t}\right)-\frac{\partial \bar{u}}{\partial x}\frac{\partial u}{\partial t}\right]\\
&=\mathrm{i}\frac{\partial}{\partial t}\left(u\frac{\partial \bar{u}}{\partial x}-\bar{u}\frac{\partial u}{\partial x}\right)-\mathrm{i}\frac{\partial}{\partial x}\left(u\frac{\partial \bar{u}}{\partial t}-\bar{u}\frac{\partial u}{\partial t}\right)-\mathrm{i}\left(\frac{\partial u}{\partial t}\frac{\partial \bar{u}}{\partial x}-\frac{\partial \bar{u}}{\partial t}\frac{\partial u}{\partial x}\right)\\
&=\mathrm{i}\frac{\partial}{\partial t}\left(u\frac{\partial \bar{u}}{\partial x}-\bar{u}\frac{\partial u}{\partial x}\right)-\frac{\partial}{\partial x}\left[\alpha\left(u\frac{\partial^2\bar{u}}{\partial x^2}+\bar{u}\frac{\partial^2 u}{\partial x^2}\right)+2\beta|u|^4\right]\\
&\quad-\mathrm{i}\left(\frac{\partial u}{\partial t}\frac{\partial \bar{u}}{\partial x}-\frac{\partial \bar{u}}{\partial t}\frac{\partial u}{\partial x}\right),
\end{aligned} \tag{6.4.47}$$

因而

$$\begin{aligned}
\mathrm{i}\left(\frac{\partial u}{\partial t}\frac{\partial \bar{u}}{\partial x}-\frac{\partial \bar{u}}{\partial t}\frac{\partial u}{\partial x}\right)=&-\frac{\mathrm{i}}{2}\frac{\partial}{\partial t}\left(\bar{u}\frac{\partial u}{\partial x}-u\frac{\partial \bar{u}}{\partial x}\right)\\
&-\frac{1}{2}\frac{\partial}{\partial x}\left[\alpha\left(u\frac{\partial^2\bar{u}}{\partial x^2}+\bar{u}\frac{\partial^2 u}{\partial x^2}\right)+2\beta|u|^4\right].
\end{aligned} \tag{6.4.48}$$

又

$$\alpha\left(\frac{\partial\bar{u}}{\partial x}\frac{\partial^2 u}{\partial x^2}+\frac{\partial u}{\partial x}\frac{\partial^2\bar{u}}{\partial x^2}\right)=2\alpha\left(\frac{\partial u_r}{\partial x}\frac{\partial^2 u_r}{\partial x^2}+\frac{\partial u_i}{\partial x}\frac{\partial^2 u_i}{\partial x^2}\right)=\alpha\frac{\partial}{\partial x}\left[\left(\frac{\partial u_r}{\partial x}\right)^2+\left(\frac{\partial u_i}{\partial x}\right)^2\right]$$

$$=\alpha\frac{\partial}{\partial x}\left(\left|\frac{\partial u}{\partial x}\right|^2\right),\tag{6.4.49}$$

$$\beta|u|^2\left(u\frac{\partial\bar{u}}{\partial x}+\bar{u}\frac{\partial u}{\partial x}\right)=\beta|u|^2\frac{\partial|u|^2}{\partial x}=\frac{\beta}{2}\frac{\partial}{\partial x}(|u|^4),\tag{6.4.50}$$

将式(6.4.48),(6.4.49)和(6.4.50)代入方程(6.4.46),得到

$$\mathrm{i}\frac{\partial}{\partial t}\left(\bar{u}\frac{\partial u}{\partial x}-u\frac{\partial\bar{u}}{\partial x}\right)+\frac{\partial}{\partial x}\left[\alpha\left(u\frac{\partial^2\bar{u}}{\partial x^2}+\bar{u}\frac{\partial^2 u}{\partial x^2}\right)-2\alpha\left|\frac{\partial u}{\partial x}\right|^2+\beta|u|^4\right]=0.\tag{6.4.51}$$

这是非线性 Schrödinger 方程(6.4.40)的第二个守恒律,其中

$$\rho_2=\mathrm{i}\left(\bar{u}\frac{\partial u}{\partial x}-u\frac{\partial\bar{u}}{\partial x}\right),\quad F_2=\alpha\left(u\frac{\partial^2\bar{u}}{\partial x^2}+\bar{u}\frac{\partial^2 u}{\partial x^2}\right)-2\alpha\left|\frac{\partial u}{\partial x}\right|^2+\beta|u|^4.\tag{6.4.52}$$

若 $x\to\pm\infty, u\to 0, \dfrac{\partial u}{\partial x}\to 0$,则非线性 Schrödinger 方程(6.4.40)的第二个时间不变量为

$$I_2=\mathrm{i}\int_{-\infty}^{+\infty}\left(\bar{u}\frac{\partial u}{\partial x}-u\frac{\partial\bar{u}}{\partial x}\right)\mathrm{d}x,\tag{6.4.53}$$

其中的 $\int_{-\infty}^{+\infty}\left(\bar{u}\frac{\partial u}{\partial x}-u\frac{\partial\bar{u}}{\partial x}\right)\mathrm{d}x$ 可视为微观粒子的动量.

7. 正弦-Gordon 方程

我们采用下列形式的正弦-Gordon 方程(见附录 D 1.13):

$$\frac{\partial^2 u}{\partial t\partial x}=\sin u.\tag{6.4.54}$$

用$\dfrac{\partial u}{\partial t}$去乘方程(6.4.54),则得

$$\frac{\partial}{\partial t}(1-\cos u)+\frac{\partial}{\partial x}\left[-\frac{1}{2}\left(\frac{\partial u}{\partial t}\right)^2\right]=0.\tag{6.4.55}$$

这是正弦-Gordon 方程(6.4.54)的第一个守恒律,其中

$$\rho_1=1-\cos u,\quad F_1=-\frac{1}{2}\left(\frac{\partial u}{\partial t}\right)^2.\tag{6.4.56}$$

若 $x\to\pm\infty, \dfrac{\partial u}{\partial t}\to 0$,则正弦-Gordon 方程的第一个时间不变量为

$$I_1=\int_{-\infty}^{+\infty}(1-\cos u)\mathrm{d}x.\tag{6.4.57}$$

类似地，如用$\frac{\partial u}{\partial x}$去乘方程(6.4.54)，则得

$$\frac{\partial}{\partial t}\left[\frac{1}{2}\left(\frac{\partial u}{\partial x}\right)^2\right]+\frac{\partial}{\partial x}[-(1-\cos u)]=0. \tag{6.4.58}$$

这是正弦-Gordon方程(6.4.54)的第二个守恒律，其中

$$\rho_2=\frac{1}{2}\left(\frac{\partial u}{\partial x}\right)^2,\quad F_2=-(1-\cos u). \tag{6.4.59}$$

因$\cos u$是周期函数，若在$x=0$和在$x=2\pi$处的F_2相等，则正弦-Gordon方程(6.4.54)的第二个时间不变量为

$$I_2=\int_0^{2\pi}\frac{1}{2}\left(\frac{\partial u}{\partial x}\right)^2\mathrm{d}x. \tag{6.4.60}$$

§6.5　扩展的行波解和Jacobi椭圆函数展开法

§6.1至§6.3，我们讨论的都是常系数的或无强迫的非线性常微分方程或偏微分方程，而且重点求的是形为式(6.1.6)或(6.3.31)的行波解. 对于变系数的或有强迫的非线性偏微分方程，这样的行波解已不再适用；类似，形为式(6.2.1)或(6.3.1)的双曲正切函数展开法和Jacobi椭圆正弦函数展开法也不再适用，它们都必须扩展.

本节主要论述与时间t有关的变系数的KdV方程或带有时间强迫的KdV方程的求解. 它们的行波解扩展为

$$u=u(\theta),\quad \theta=p(t)x-q(t), \tag{6.5.1}$$

其中$p(t)$和$q(t)$是待定的随时间t变化的函数. 若利用Jacobi椭圆函数展开法求行波解，则扩展的Jacobi椭圆正弦函数展开写为

$$u=\sum_{j=0}^{n}a_j(t)S^j,\quad S\equiv \mathrm{sn}(\theta,m), \tag{6.5.2}$$

其中$a_j(t)(j=0,1,2,\cdots)$是t的待定函数. 下面以3个方程为例说明.

1. 变系数的KdV方程

变系数的KdV方程通常写为

$$\frac{\partial u}{\partial t}+\alpha(t)u\frac{\partial u}{\partial x}+\beta(t)\frac{\partial^3 u}{\partial x^3}=0, \tag{6.5.3}$$

其中$\alpha(t)$和$\beta(t)$是时间t的已知函数.

将式(6.5.1)和(6.5.2)代入方程(6.5.3)，使方程中的非线性项和最高阶导数项平衡，确定$n=2$，则方程(6.5.3)的Jacobi椭圆正弦函数展开解写为

$$u=a_0(t)+a_1(t)S+a_2(t)S^2, \tag{6.5.4}$$

注意

$$\begin{cases}\dfrac{\partial u}{\partial t}=a_0'+a_1'S+a_2'S^2+(a_1+2a_2S)(p'x+q')CD,\\ \dfrac{\partial u}{\partial x}=p(a_1+2a_2S)CD,\\ u\dfrac{\partial u}{\partial x}=p[a_0a_1+(a_1^2+2a_0a_2)S+3a_1a_2S^2+2a_2^2S^3]CD,\\ \dfrac{\partial^2 u}{\partial x^2}=p^2[2a_2-(1+m^2)a_1S-4(1+m^2)a_2S^2+2m^2a_1S^3+6m^2a_2S^4],\\ \dfrac{\partial^3 u}{\partial x^3}=p^3[-(1+m^2)a_1-8(1+m^2)a_2S+6m^2a_1S^2+24m^2a_2S^3]CD,\end{cases} \tag{6.5.5}$$

其中 $C\equiv\mathrm{cn}(\theta,m)$, $D\equiv\mathrm{dn}(\theta,m)$. 这样,把式(6.5.5)代入方程(6.5.3),得到

$$\begin{aligned}&a_0'+a_1'S+a_2'S^2+a_1[p'x+q'+\alpha pa_0-(1+m^2)\beta p^3]CD+[2a_2(p'x+q')\\&\quad+\alpha p(a_1^2+2a_0a_2)-8(1+m^2)\beta p^3a_2]SCD+3a_1p(\alpha a_2+2m^2\beta p^2)S^2CD\\&\quad+2a_2p(\alpha a_2+12m^2\beta p^2)S^3CD=0.\end{aligned} \tag{6.5.6}$$

由此得到

$$a_0'(t)=a_1'(t)=a_2'(t)=0, \tag{6.5.7}$$

$$a_1[p'x+q'+\alpha pa_0-(1+m^2)\beta p^3]=0, \tag{6.5.8}$$

$$2a_2(p'x+q')+\alpha p(a_1^2+2a_0a_2)-8(1+m^2)\beta p^3a_2=0, \tag{6.5.9}$$

$$a_1p(\alpha a_2+2m^2\beta p^2)=0, \tag{6.5.10}$$

$$a_2p(\alpha a_2+12m^2\beta p^2)=0. \tag{6.5.11}$$

由式(6.5.7)定得 $a_0(t)$, $a_1(t)$ 和 $a_2(t)$ 都为常数,即

$$a_0(t)=c_0,\quad a_1(t)=c_1,\quad a_2(t)=c_2\quad (c_0,c_1\text{ 和 }c_2\text{ 为常数}). \tag{6.5.12}$$

由式(6.5.8)和(6.5.9)定得

$$p'(t)=0, \tag{6.5.13}$$

因而

$$p(t)=k\quad (k\text{ 为常数}). \tag{6.5.14}$$

由式(6.5.11)定得

$$a_2(t)=c_2=-12m^2k^2\frac{\beta(t)}{\alpha(t)}, \tag{6.5.15}$$

因而

$$\frac{\beta(t)}{\alpha(t)}=\gamma\quad (\gamma\neq 0,\text{为常数}). \tag{6.5.16}$$

这是变系数 KdV 方程(6.5.3)求解的限制条件,即要求 KdV 方程(6.5.3)中的变系数是线性相关的. 这样,式(6.5.15)化为

$$a_2(t) = c_2 = -12m^2\gamma k^2. \tag{6.5.17}$$

再由式(6.5.10)定得

$$a_1(t) = c_1 = 0. \tag{6.5.18}$$

由式(6.5.9),(6.5.14)和(6.5.16)得到

$$a_0(t) = c_0 = -\frac{q'(t)}{k\alpha(t)} + 4(1+m^2)\gamma k^2, \tag{6.5.19}$$

因而

$$-\frac{q'(t)}{k\alpha(t)} = c \quad (c\text{ 为常数}), \tag{6.5.20}$$

所以

$$q(t) = -kc\int\alpha(t)\mathrm{d}t, \tag{6.5.21}$$

且式(6.5.19)化为

$$a_0(t) = c_0 = c + 4(1+m^2)\gamma k^2, \tag{6.5.22}$$

所以,变系数 KdV 方程(6.5.3)的椭圆余弦波解为

$$\begin{aligned} u &= c + 4(1+m^2)\gamma k^2 - 12m^2\gamma k^2\mathrm{sn}^2(\theta,m) \\ &= c + 4(1-2m^2)\gamma k^2 + 12m^2\gamma k^2\mathrm{cn}^2(\theta,m), \end{aligned} \tag{6.5.23}$$

其中 γ 见式(6.5.16),c 见式(6.5.20),而

$$\theta = k\left[x - c\int\alpha(t)\mathrm{d}t\right]. \tag{6.5.24}$$

当 $m=1$ 时,式(6.5.23)退化为

$$u = c + 8\gamma k^2 - 12\gamma k^2\tanh^2\theta = c - 4\gamma k^2 + 12\gamma k^2\mathrm{sech}^2\theta. \tag{6.5.25}$$

这是变系数 KdV 方程(6.5.3)的孤立波或孤立子解.

2. 球或柱的 KdV 方程

球或柱的 KdV 方程通常写为

$$\frac{\partial u}{\partial t} + \alpha u\frac{\partial u}{\partial x} + \beta\frac{\partial^3 u}{\partial x^3} + \frac{\delta}{t}u = 0, \tag{6.5.26}$$

其中 α 和 β 为常数,$\delta=1$ 时,方程(6.5.26)称为球 KdV 方程;$\delta=1/2$ 时,方程(6.5.26)称为柱 KdV 方程.方程(6.5.26)比一般的 KdV 方程多了一项 $\frac{\delta}{t}u$,它应属于变系数方程.下面我们通过因变量和自变量的变换将它化为变系数的 KdV 方程(6.5.3)(详见附录 D 1.24).

首先,令

$$v = t^\delta u, \tag{6.5.27}$$

则方程(6.5.26)化为

$$\frac{\partial v}{\partial t}+\alpha t^{-\delta}v\frac{\partial v}{\partial x}+\beta\frac{\partial^3 v}{\partial x^3}=0. \tag{6.5.28}$$

其次,再令

$$\xi=t^{-\delta/2}x, \tag{6.5.29}$$

则方程(6.5.28)化为

$$\frac{\partial v}{\partial t}+\alpha(t)v\frac{\partial v}{\partial \xi}+\beta(t)\frac{\partial^3 v}{\partial \xi^3}=0. \tag{6.5.30}$$

这是关于 $v(\xi,t)$ 的形式为(6.5.3)的变系数的 KdV 方程,其中

$$\alpha(t)=\alpha t^{-3\delta/2},\quad \beta(t)=\beta t^{-3\delta/2}. \tag{6.5.31}$$

显然,$\gamma=\dfrac{\beta(t)}{\alpha(t)}=\dfrac{\beta}{\alpha}=$常数. 则依式(6.5.23)求得球或柱的 KdV 方程的随时间衰减的椭圆余弦波解为

$$\begin{aligned}u&=t^{-\delta}[c+4(1+m^2)\gamma k^2-12m^2\gamma k^2\mathrm{sn}^2(\theta,m)]\\&=t^{-\delta}[c+4(1-2m^2)\gamma k^2+12m^2\gamma k^2\mathrm{cn}^2(\theta,m)],\end{aligned} \tag{6.5.32}$$

其中

$$\gamma=\frac{\beta}{\alpha},\quad \theta=k\left(t^{-\delta/2}x+\frac{2\alpha c}{3\delta-2}t^{-\frac{3\delta-2}{2}}\right)-\theta_0. \tag{6.5.33}$$

这里 k,c 和 θ_0 都是常数.

当 $m=1$ 时,式(6.5.32)退化为

$$u=t^{-\delta}(c+8\gamma k^2-12\gamma k^2\tanh^2\theta)=t^{-\delta}(c-4\gamma k^2+12\gamma k^2\mathrm{sech}^2\theta). \tag{6.5.34}$$

这是球或柱的 KdV 方程的随时间衰减的孤立波或孤立子解.

3. 带时间强迫的 KdV 方程

带时间强迫的 KdV 方程通常写为

$$\frac{\partial u}{\partial t}+\alpha u\frac{\partial u}{\partial x}+\beta\frac{\partial^3 u}{\partial x^3}=f(t), \tag{6.5.35}$$

其中强迫项 $f(t)$ 是 t 的已知函数. 显然,方程(6.5.35)是一类非齐次的 KdV 方程.

若作因变量变换(详见附录 D 1.25)

$$u=v+F(t),\quad F(t)=\int f(t)\mathrm{d}t, \tag{6.5.36}$$

则方程(6.5.35)化为

$$\frac{\partial v}{\partial t}+\alpha[v+F(t)]\frac{\partial v}{\partial x}+\beta\frac{\partial^3 v}{\partial x^3}=0. \tag{6.5.37}$$

应用扩展的 Jacobi 椭圆函数展开法,令

$$v=a_0(t)+a_1(t)S+a_2(t)S^2,\quad S\equiv\mathrm{sn}(\theta,m),\quad \theta=p(t)x-q(t). \tag{6.5.38}$$

代入方程(6.5.37),得到

$$a_0' + a_1' S + a_2' S^2 + a_1[p'x + q' + \alpha p a_0 + \alpha p F a_1 - (1+m^2)\beta p^3]CD$$
$$+ [2a_2(p'x + q' + \alpha p F) + \alpha p(a_1^2 + 2a_0 a_2) - 8(1+m^2)\beta p^3 a_2]SCD$$
$$+ 3a_1 p(\alpha a_2 + 2m^2\beta p^2)S^2 CD + 2a_2 p(\alpha a_2 + 12m^2\beta p^2)S^3 CD = 0. \quad (6.5.39)$$

由此求得

$$p(t) = k, \quad q(t) = -kct - k\alpha\int F(t)\mathrm{d}t \quad (k,c \text{ 为常数}) \quad (6.5.40)$$

和

$$a_0 = \frac{c}{\alpha} + 4(1+m^2)\gamma k^2, \quad a_1 = 0, \quad a_2 = -12m^2\gamma k^2 \quad (\gamma \equiv \beta/\alpha), \quad (6.5.41)$$

所以,带时间强迫的 KdV 方程(6.5.35)的椭圆余弦波解为

$$u = \frac{c}{\alpha} + 4(1+m^2)\gamma k^2 - 12m^2\gamma k^2 \mathrm{sn}^2(\theta,m) + \int f(t)\mathrm{d}t$$
$$= \frac{c}{\alpha} + 4(1-2m^2)\gamma k^2 + 12m^2\gamma k^2 \mathrm{cn}^2(\theta,m) + \int f(t)\mathrm{d}t, \quad (6.5.42)$$

其中

$$\gamma \equiv \beta/\alpha. \quad (6.5.43)$$

而

$$\theta = k\left\{x - ct - \alpha\int\left[\int f(t)\mathrm{d}t\right]\mathrm{d}t\right\}. \quad (6.5.44)$$

当 $m=1$ 时,式(6.5.42)退化为

$$u = \frac{c}{\alpha} + 8\gamma k^2 - 12\gamma k^2\tanh^2\theta + \int f(t)\mathrm{d}t = \frac{c}{\alpha} - 4\gamma k^2 + 12\gamma k^2\mathrm{sech}^2\theta + \int f(t)\mathrm{d}t. \quad (6.5.45)$$

这是带时间强迫的 KdV 方程的孤立波或孤立子解.

§6.6　Lamé 函数和多级行波解

本章我们重点讨论了非线性演化方程的椭圆函数形式的行波解和孤立子解,为了讨论这些解的稳定性,必须在这些解的基础上叠加一个小扰动,并分析小扰动的演化.这种做法实质上就是将非线性演化方程的解展为小参数 ε 的幂级数,并求它的各级准确解.分析表明,非线性演化方程的各级解与 Lamé 函数有关.

函数 $y(x)$ 的 Lamé 方程通常写为

$$y'' + [\lambda - n(n+1)m^2\mathrm{sn}^2 x]y = 0, \quad (6.6.1)$$

其中 λ 为本征值,$\mathrm{sn}x$ 为 Jacobi 椭圆正弦函数,m 为模数($0<m<1$),n 通常为正

整数.

为了求解 Lamé 方程,可作自变量变换

$$\xi = \mathrm{sn}^2 x, \tag{6.6.2}$$

则 Lamé 方程(6.6.1)化为

$$\frac{\mathrm{d}^2 y}{\mathrm{d}\xi^2} + \frac{1}{2}\left(\frac{1}{\xi} + \frac{1}{\xi-1} + \frac{1}{\xi-h}\right)\frac{\mathrm{d}y}{\mathrm{d}\xi} - \frac{\mu + n(n+1)\xi}{4\xi(\xi-1)(\xi-h)}y = 0, \tag{6.6.3}$$

其中

$$h = m^{-2} > 1, \quad \mu = -h\lambda. \tag{6.6.4}$$

方程(6.6.3)是包含四个正则奇点 $\xi=0,1,h$ 和∞的 Fuchs 型方程,它的解称为 Lamé 函数.

例如,当 $n=2$ 时,Lamé 方程(6.6.1)写为

$$y'' + (\lambda - 6m^2 \mathrm{sn}^2 x)y = 0. \tag{6.6.5}$$

方程(6.6.5)的下列三种情况经常出现,它们分别是

$$\lambda = 1 + m^2, \quad y = L_2^{(1)}(x) = (1-\xi)^{1/2}(1-h^{-1}\xi)^{1/2} = \mathrm{cn}x\mathrm{dn}x, \tag{6.6.6}$$

$$\lambda = 1 + 4m^2, \quad y = L_2^{(2)}(x) = \xi^{1/2}(1-h^{-1}\xi)^{1/2} = \mathrm{sn}x\mathrm{dn}x, \tag{6.6.7}$$

$$\lambda = 4 + m^2, \quad y = L_2^{(3)}(x) = \xi^{1/2}(1-\xi)^{1/2} = \mathrm{sn}x\mathrm{cn}x. \tag{6.6.8}$$

$L_2^{(1)}(x)$,$L_2^{(2)}(x)$,$L_2^{(3)}(x)$都是 $n=2$ 时的 Lamé 函数.

又例如,当 $n=3$ 时,Lamé 方程(6.6.1)写为

$$y'' + (\lambda - 12m^2 \mathrm{sn}^2 x)y = 0. \tag{6.6.9}$$

它常用到的一种情况是

$$\lambda = 4(1+m^2), \quad y = L_3(x) = \xi^{1/2}(1-\xi)^{1/2}(1-h^{-1}\xi)^{1/2} = \mathrm{sn}x\mathrm{cn}x\mathrm{dn}x. \tag{6.6.10}$$

$L_3(x)$即是 $n=3$ 时的一种 Lamé 函数.

下面举例说明这些 Lamé 函数在求非线性演化方程多级行波解中的应用. 这些都是我们在 2003 年开创的工作.

1. KdV 方程的多级行波解

KdV 方程为

$$\frac{\partial u}{\partial t} + u\frac{\partial u}{\partial x} + \beta\frac{\partial^3 u}{\partial x^3} = 0. \tag{6.6.11}$$

设它的行波解为

$$u = u(\theta), \quad \theta = k(x - ct), \tag{6.6.12}$$

其中 k 和 c 分别为波数和波速.

将式(6.6.12)代入 KdV 方程(6.6.11),得到

$$\beta k^2 \frac{d^3 u}{d\theta^3} + u \frac{du}{d\theta} - c \frac{du}{d\theta} = 0. \tag{6.6.13}$$

式(6.6.13)对 θ 积分一次，取积分常数为零，得到

$$\beta k^2 \frac{d^2 u}{d\theta^2} + \frac{1}{2}u^2 - cu = 0. \tag{6.6.14}$$

设

$$u = u_0 + \varepsilon u_1 + \varepsilon^2 u_2 + \cdots, \tag{6.6.15}$$

其中 ε 为小参数($0<\varepsilon\ll1$). $u_0, u_1, u_2, \cdots$,分别代表 u 的零级、一级、二级……行波解.

式(6.6.15)代入方程(6.6.14)，求得它的零级方程、一级方程和二级方程分别为

$$\varepsilon^0: \beta k^2 \frac{d^2 u_0}{d\theta^2} + \frac{1}{2}u_0^2 - cu_0 = 0, \tag{6.6.16}$$

$$\varepsilon^1: \beta k^2 \frac{d^2 u_1}{d\theta^2} + (u_0 - c)u_1 = 0, \tag{6.6.17}$$

$$\varepsilon^2: \beta k^2 \frac{d^2 u_2}{d\theta^2} + (u_0 - c)u_2 = -\frac{1}{2}u_1^2. \tag{6.6.18}$$

对于零级方程(6.6.16)，应用Jacobi椭圆正弦函数展开法，令

$$u_0 = a_0 + a_1 \mathrm{sn}\theta + a_2 \mathrm{sn}^2\theta. \tag{6.6.19}$$

这里为了方便，把 $\theta-\theta_0$ 写成了 θ. 式(6.6.19)代入方程(6.6.16)，很容易定得

$$a_0 = c + 4(1+m^2)\beta k^2, \quad a_1 = 0, \quad a_2 = -12m^2\beta k^2, \quad c^2 = 16(1-m^2+m^4)\beta^2 k^4, \tag{6.6.20}$$

因而KdV方程(6.6.11)的零级行波解为

$$u_0 = c + 4(1+m^2)\beta k^2 - 12m^2\beta k^2 \mathrm{sn}^2\theta. \tag{6.6.21}$$

这与式(6.3.37)完全相同. 不同的是因为方程(6.6.13)对 θ 积分了一次，因而(6.6.20)式中出现了 c^2 的表达式，即色散关系.

对于一级方程(6.6.17)，将式(6.6.21)代入得到

$$\frac{d^2 u_1}{d\theta^2} + [4(1+m^2) - 12m^2 \mathrm{sn}^2\theta]u_1 = 0. \tag{6.6.22}$$

这正是 $n=3, \lambda=4(1+m^2)$ 时的Lamé方程(6.6.9)，则依式(6.6.10)知，KdV方程(6.6.11)的一级行波解为

$$u_1 = AL_3(\theta) = A\mathrm{sn}\theta\mathrm{cn}\theta\mathrm{dn}\theta, \tag{6.6.23}$$

其中A为任意常数. 式(6.6.23)是一个新型的周期行波解，其实周期为 $2\mathrm{K}(m)$，但在 $\theta=\pm n\mathrm{K}(m)(n=0,1,2,\cdots)$ 处，数值均为零.

当 $m=1$ 时，式(6.6.23)退化为

$$u_1 = A\tanh\theta\,\mathrm{sech}^2\theta. \tag{6.6.24}$$

它称为带状孤立子(band solitons，在 $\theta=0, \pm\infty$ 处，$u_1=0$).

对于二级方程(6.6.18),将式(6.6.21)和(6.6.23)代入得到

$$\frac{\mathrm{d}^2 u_2}{\mathrm{d}\theta^2}+[4(1+m^2)-12m^2\mathrm{sn}^2\theta]u_2=-\frac{A^2}{2\beta k^2}\mathrm{sn}^2\theta\mathrm{cn}^2\theta\mathrm{dn}^2\theta. \tag{6.6.25}$$

利用 $\mathrm{cn}^2\theta=1-\mathrm{sn}^2\theta,\mathrm{dn}^2\theta=1-m^2\mathrm{sn}^2\theta$,则二级方程(6.6.25)可以改写为

$$\frac{\mathrm{d}^2 u_2}{\mathrm{d}\theta^2}+[4(1+m^2)-12m^2\mathrm{sn}^2\theta]u_2=-\frac{A^2}{2\beta k^2}[\mathrm{sn}^2\theta-(1+m^2)\mathrm{sn}^4\theta+m^2\mathrm{sn}^6\theta]. \tag{6.6.26}$$

这是非齐次的 Lamé 方程. 考虑到其齐次方程的解与式(6.6.23)形式一样,因而只求方程(6.6.26)的特解,又考虑到方程(6.6.26)中非齐次项的形式,设特解为

$$u_2=b_0+b_2\mathrm{sn}^2\theta+b_4\mathrm{sn}^4\theta. \tag{6.6.27}$$

将式(6.6.27)代入方程(6.6.26),定得

$$b_0=-\frac{A^2}{48m^2\beta k^2},\quad b_2=\frac{(1+m^2)A^2}{24m^2\beta k^2},\quad b_4=-\frac{A^2}{16\beta k^2}. \tag{6.6.28}$$

因而 KdV 方程(6.6.11)的二级行波解为

$$u_2=-\frac{A^2}{48m^2\beta k^2}[1-2(1+m^2)\mathrm{sn}^2\theta+3m^2\mathrm{sn}^4\theta]. \tag{6.6.29}$$

2. u^3 势能的非线性 Klein-Gordon 方程

此方程为

$$\frac{\partial^2 u}{\partial t^2}-c_0^2\frac{\partial^2 u}{\partial x^2}+\alpha u-\beta u^2=0. \tag{6.6.30}$$

以行波解(6.6.12)代入,得到

$$k^2(c^2-c_0^2)\frac{\mathrm{d}^2 u}{\mathrm{d}\theta^2}+\alpha u-\beta u^2=0. \tag{6.6.31}$$

将摄动解(6.6.15)代入方程(6.6.31),求得它的零级、一级和二级方程分别为

$$\varepsilon^0: k^2(c^2-c_0^2)\frac{\mathrm{d}^2 u_0}{\mathrm{d}\theta^2}+\alpha u_0-\beta u_0^2=0, \tag{6.6.32}$$

$$\varepsilon^1: k^2(c^2-c_0^2)\frac{\mathrm{d}^2 u_1}{\mathrm{d}\theta^2}+(\alpha-2\beta u_0)u_1=0, \tag{6.6.33}$$

$$\varepsilon^2: k^2(c^2-c_0^2)\frac{\mathrm{d}^2 u_2}{\mathrm{d}\theta^2}+(\alpha-2\beta u_0)u_2=\beta u_1^2. \tag{6.6.34}$$

对于零级方程(6.6.32),以式(6.6.19)代入,很容易定得

$$\begin{cases}a_0=\dfrac{\alpha}{2\beta}-\dfrac{2(c^2-c_0^2)}{\beta}(1+m^2)k^2,\quad a_1=0,\quad a_2=\dfrac{6(c^2-c_0^2)}{\beta}m^2k^2,\\ \alpha^2=16(1-m^2+m^4)k^4(c^2-c_0^2)^2,\end{cases} \tag{6.6.35}$$

因而 u^3 势能的非线性 Klein-Gordon 方程(6.6.30)的零级行波解为

$$u_0 = \frac{\alpha}{2\beta} - \frac{2(c^2 - c_0^2)}{\beta}(1 + m^2)k^2 + \frac{6(c^2 - c_0^2)}{\beta}m^2 k^2 \mathrm{sn}^2\theta. \tag{6.6.36}$$

这与式(6.3.57)完全相同.

式(6.6.36)代入一级方程(6.6.33),同样得到形式为式(6.6.22)的 Lamé 方程,因而同样也有形式为式(6.6.23)的 Lamé 函数解.而二级方程(6.6.34)化为

$$\frac{\mathrm{d}^2 u_2}{\mathrm{d}\theta^2} + [4(1 + m^2) - 12m^2 \mathrm{sn}^2\theta]u_2 = \frac{\beta A^2}{k^2(c^2 - c_0^2)}[\mathrm{sn}^2\theta - (1 + m^2)\mathrm{sn}^4\theta + m^2 \mathrm{sn}^6\theta]. \tag{6.6.37}$$

它与 KdV 方程的二级方程(6.6.26)形式也相同,只是方程右端方括号外的系数稍有不同,因而,u^3 势能的非线性 Klein-Gordon 方程(6.6.30)的二级行波解为

$$u_2 = \frac{\beta A^2}{24m^2 k^2(c^2 - c_0^2)}[1 - 2(1 + m^2)\mathrm{sn}^2\theta + 3m^2 \mathrm{sn}^4\theta]. \tag{6.6.38}$$

其形式也与 KdV 方程的二级行波解(6.6.29)相同,只是右端方括号外的系数稍有不同.

3. mKdV 方程

此方程为

$$\frac{\partial u}{\partial t} + \alpha u^2 \frac{\partial u}{\partial x} + \beta \frac{\partial^3 u}{\partial x^3} = 0. \tag{6.6.39}$$

以行波解(6.6.12)代入,得到

$$\beta k^2 \frac{\mathrm{d}^3 u}{\mathrm{d}\theta^3} + \alpha u^2 \frac{\mathrm{d}u}{\mathrm{d}\theta} - c\frac{\mathrm{d}u}{\mathrm{d}\theta} = 0. \tag{6.6.40}$$

上式对 θ 积分一次,取积分常数为零,得到

$$\beta k^2 \frac{\mathrm{d}^2 u}{\mathrm{d}\theta^2} + \frac{\alpha}{3}u^3 - cu = 0. \tag{6.6.41}$$

将摄动解(6.6.15)代入方程(6.6.41),求得它的零级、一级和二级方程分别为

$$\varepsilon^0: \beta k^2 \frac{\mathrm{d}^2 u_0}{\mathrm{d}\theta^2} + \frac{\alpha}{3}u_0^3 - cu_0 = 0, \tag{6.6.42}$$

$$\varepsilon^1: \beta k^2 \frac{\mathrm{d}^2 u_1}{\mathrm{d}\theta^2} + (\alpha u_0^2 - c)u_1 = 0, \tag{6.6.43}$$

$$\varepsilon^2: \beta k^2 \frac{\mathrm{d}^2 u_2}{\mathrm{d}\theta^2} + (\alpha u_0^2 - c)u_2 = -\alpha u_0 u_1^2. \tag{6.6.44}$$

对于零级方程(6.6.42),应用 Jacobi 椭圆正弦函数展开法,令

$$u_0 = a_0 + a_1 \mathrm{sn}\theta, \tag{6.6.45}$$

这里 θ 可视为 $\theta - \theta_0$,式(6.6.45)代入方程(6.6.42),很容易定得

$$a_0 = 0, \quad a_1 = \pm\sqrt{-\frac{6\beta m^2 k^2}{\alpha}}, \quad c = -(1 + m^2)\beta k^2, \tag{6.6.46}$$

因而 mKdV 方程(6.6.39)的零级行波解为

$$u_0 = \pm\sqrt{-\frac{6\beta m^2 k^2}{\alpha}}\operatorname{sn}\theta. \tag{6.6.47}$$

这与式(6.3.72)完全相同.

对于一级方程(6.6.43),将式(6.6.47)代入得到

$$\frac{\mathrm{d}^2 u_1}{\mathrm{d}\theta^2} + [(1+m^2) - 6m^2\operatorname{sn}^2\theta]u_1 = 0. \tag{6.6.48}$$

这正是 $n=2,\lambda=1+m^2$ 时的 Lamé 方程(6.6.5),则依(6.6.6)式知,mKdV 方程(6.6.39)的一级行波解为

$$u_1 = AL_2^{(1)}(\theta) = A\operatorname{cn}\theta\operatorname{dn}\theta, \tag{6.6.49}$$

其中 A 为任意常数.式(6.6.49)也是一种新型的周期行波解,其实周期为 2K(m).

对于二级方程(6.6.44),将式(6.6.47)和(6.6.49)代入得到

$$\frac{\mathrm{d}^2 u_2}{\mathrm{d}\theta^2} + [(1+m^2) - 6m^2\operatorname{sn}^2\theta]u_2 = \pm\sqrt{-\frac{6\alpha m^2}{\beta k^2}}A^2\operatorname{sn}\theta\operatorname{cn}^2\theta\operatorname{dn}^2\theta \tag{6.6.50}$$

或

$$\frac{\mathrm{d}^2 u_2}{\mathrm{d}\theta^2} + [(1+m^2) - 6m^2\operatorname{sn}^2\theta]u_2 = \pm\sqrt{-\frac{6\alpha m^2}{\beta k^2}}A^2[\operatorname{sn}\theta - (1+m^2)\operatorname{sn}^3\theta + m^2\operatorname{sn}^5\theta]. \tag{6.6.51}$$

这是非齐次的 Lamé 方程,其特解设为

$$u_2 = b_1\operatorname{sn}\theta + b_3\operatorname{sn}^3\theta. \tag{6.6.52}$$

式(6.6.52)代入方程(6.6.51),定得

$$b_1 = \mp\frac{1+m^2}{12}\sqrt{-\frac{6\alpha}{\beta m^2 k^2}}A^2, \quad b_3 = \pm\frac{1}{6}\sqrt{-\frac{6\alpha m^2}{\beta k^2}}A^2. \tag{6.6.53}$$

因而 mKdV 方程(6.6.39)的二级行波解为

$$u_2 = \mp\frac{1+m^2}{12}\sqrt{-\frac{6\alpha}{\beta m^2 k^2}}A^2\operatorname{sn}\theta\left(1 - \frac{2m^2}{1+m^2}\operatorname{sn}^2\theta\right). \tag{6.6.54}$$

事实上,对于零级方程(6.6.42),也可以应用 Jacobi 椭圆余弦函数展开法,令

$$u_0 = a_0 + a_1\operatorname{cn}\theta. \tag{6.6.55}$$

代入方程(6.6.42),很容易定得

$$a_0 = 0, \quad a_1 = \pm\sqrt{\frac{6\beta m^2 k^2}{\alpha}}, \quad c = -(1-2m^2)\beta k^2, \tag{6.6.56}$$

因而 mKdV 方程(6.6.39)的另一个零级行波解为

$$u_0 = \pm\sqrt{\frac{6\beta m^2 k^2}{\alpha}}\operatorname{cn}\theta. \tag{6.6.57}$$

这与式(6.3.73)完全相同.

对于一级方程(6.6.43)，将式(6.6.57)代入得到

$$\frac{d^2u_1}{d\theta^2}+[(1+4m^2)-6m^2\mathrm{sn}^2\theta]u_1=0. \tag{6.6.58}$$

这正是 $n=2,\lambda=1+4m^2$ 时的 Lamé 方程(6.6.5)，则依(6.6.7)式知，mKdV 方程(6.6.39)的另一个一级行波解为

$$u_1=AL_2^{(2)}(\theta)=A\mathrm{sn}\theta\mathrm{dn}\theta, \tag{6.6.59}$$

其中 A 为任意常数. 式(6.6.59)也是一种新型的周期行波解，其实周期为 $2\mathrm{K}(m)$，但在 $\theta=\pm n\mathrm{K}(m)(n=0,1,2,\cdots)$ 处，数值均为零.

当 $m=1$ 时，式(6.6.59)退化为

$$u_1=A\tanh\theta\mathrm{sech}\theta. \tag{6.6.60}$$

它也称为带状孤立子(在 $\theta=0,\pm\infty$ 处，$u_1=0$).

对于二级方程(6.6.44)，将式(6.6.57)和(6.6.59)代入得到

$$\frac{d^2u_2}{d\theta^2}+[(1+4m^2)-6m^2\mathrm{sn}^2\theta]u_2=\mp\sqrt{\frac{6\alpha m^2}{\beta k^2}}A^2\mathrm{cn}\theta\mathrm{sn}^2\theta\mathrm{dn}^2\theta \tag{6.6.61}$$

或

$$\frac{d^2u_2}{d\theta^2}+[(1+4m^2)-6m^2\mathrm{sn}^2\theta]u_2=\mp\sqrt{\frac{6\alpha m^2}{\beta k^2}}A^2[(1-m^2)\mathrm{cn}\theta-(1-2m^2)\mathrm{cn}^3\theta-m^2\mathrm{cn}^5\theta]. \tag{6.6.62}$$

这也是非齐次的 Lamé 方程. 其特解设为

$$u_2=b_1\mathrm{cn}\theta+b_3\mathrm{cn}^3\theta. \tag{6.6.63}$$

式(6.6.63)代入方程(6.6.62)，定得

$$b_1=\mp\frac{1-2m^2}{2}\sqrt{\frac{\alpha}{6\beta m^2k^2}}A^2,\quad b_3=\pm\sqrt{\frac{\alpha m^2}{6\beta k^2}}A^2. \tag{6.6.64}$$

因而 mKdV 方程(6.6.39)的另一个二级行波解为

$$u_2=\mp\frac{1-2m^2}{2}\sqrt{\frac{\alpha}{6\beta m^2k^2}}A^2\mathrm{cn}\theta\left(1-\frac{2m^2}{1-2m^2}\mathrm{cn}^2\theta\right). \tag{6.6.65}$$

当然，对于零级近似方程(6.6.42)，还可以应用第三类 Jacobi 椭圆函数展开法，令

$$u_0=a_0+a_1\mathrm{dn}\theta. \tag{6.6.66}$$

代入方程(6.6.42)，很容易定得

$$a_0=0,\quad a_1=\pm\sqrt{\frac{6\beta k^2}{\alpha}},\quad c=(2-m^2)\beta k^2. \tag{6.6.67}$$

因而 mKdV 方程(6.6.39)的又一个零级行波解为

$$u_0=\pm\sqrt{\frac{6\beta k^2}{\alpha}}\mathrm{dn}\theta. \tag{6.6.68}$$

这与式(6.3.74)完全相同.

对于一级方程(6.6.43),将式(6.6.68)代入得到

$$\frac{\mathrm{d}^2 u_1}{\mathrm{d}\theta^2} + [(4+m^2) - 6m^2 \mathrm{sn}^2\theta]u_1 = 0. \tag{6.6.69}$$

这正是 $n=2,\lambda=4+m^2$ 时的 Lamé 方程(6.6.5),则依式(6.6.8)知,mKdV 方程(6.6.39)的又一个一级行波解为

$$u_1 = AL_2^{(3)}(\theta) = A\mathrm{sn}\theta\mathrm{cn}\theta, \tag{6.6.70}$$

其中 A 为任意常数.式(6.6.70)也是一种新型的周期行波解,其实周期为 $2\mathrm{K}(m)$,但在 $\theta=\pm n\mathrm{K}(m)(n=0,1,2,\cdots)$处,数值均为零.

当 $m=1$ 时,式(6.6.70)退化为式(6.6.60).

对于二级方程(6.6.44),将式(6.6.68)和(6.6.70)代入得到

$$\frac{\mathrm{d}^2 u_2}{\mathrm{d}\theta^2} + [(4+m^2) - 6m^2 \mathrm{sn}^2\theta]u_2 = \mp\sqrt{\frac{6\alpha}{\beta k^2}}A^2 \mathrm{dn}\theta\mathrm{sn}^2\theta\mathrm{cn}^2\theta \tag{6.6.71}$$

或

$$\frac{\mathrm{d}^2 u_2}{\mathrm{d}\theta} + [(4+m^2) - 6m^2 \mathrm{sn}^2\theta]u_2 = \pm\sqrt{\frac{6\alpha}{\beta k^2}}\frac{A^2}{m^4}[(1-m^2)\mathrm{dn}\theta - (2-m^2)\mathrm{dn}^3\theta + \mathrm{dn}^5\theta]. \tag{6.6.72}$$

这也是非齐次的 Lamé 方程,其特解设为

$$u_2 = b_1 \mathrm{dn}\theta + b_3 \mathrm{dn}^3\theta. \tag{6.6.73}$$

式(6.6.73)代入方程(6.6.72),定得

$$b_1 = \pm\frac{2-m^2}{2m^4}\sqrt{\frac{\alpha}{6\beta k^2}}A^2, \quad b_3 = \mp\frac{1}{m^4}\sqrt{\frac{\alpha}{6\beta k^2}}A^2. \tag{6.6.74}$$

因而 mKdV 方程(6.6.39)的又一个二级行波解为

$$u_2 = \pm\frac{2-m^2}{2m^4}\sqrt{\frac{\alpha}{6\beta k^2}}A^2\mathrm{dn}\theta\left(1 - \frac{2}{2-m^2}\mathrm{dn}^2\theta\right). \tag{6.6.75}$$

4. u^4 势能的非线性 Klein-Gordon 方程

此方程为

$$\frac{\partial^2 u}{\partial t^2} - c_0^2\frac{\partial^2 u}{\partial x^2} + \alpha u - \beta u^3 = 0. \tag{6.6.76}$$

以行波解(6.6.12)代入,得到

$$k^2(c^2 - c_0^2)\frac{\mathrm{d}^2 u}{\mathrm{d}\theta^2} + \alpha u - \beta u^3 = 0. \tag{6.6.77}$$

将摄动解(6.6.15)代入方程(6.6.77),求得它的零级、一级和二级方程分别为

$$\varepsilon^0: k^2(c^2-c_0^2)\frac{\mathrm{d}^2 u_0}{\mathrm{d}\theta^2}+\alpha u_0-\beta u_0^3=0, \tag{6.6.78}$$

$$\varepsilon^1: k^2(c^2-c_0^2)\frac{\mathrm{d}^2 u_1}{\mathrm{d}\theta^2}+(\alpha-3\beta u_0^2)u_1=0, \tag{6.6.79}$$

$$\varepsilon^2: k^2(c^2-c_0^2)\frac{\mathrm{d}^2 u_2}{\mathrm{d}\theta^2}+(\alpha-3\beta u_0^2)u_2=3\beta u_0 u_1^2. \tag{6.6.80}$$

对于零级方程(6.6.78),若应用 Jacobi 椭圆正弦函数展开法,即以式(6.6.45)代入;若应用 Jacobi 椭圆余弦函数展开法,即以式(6.6.55)代入;若应用第三类 Jacobi 椭圆函数展开法,即以式(6.6.66)代入;从而求得三种零级行波解,分别是

$$u_0=\pm\sqrt{\frac{2m^2k^2(c^2-c_0^2)}{\beta}}\operatorname{sn}\theta \quad (\alpha=(1+m^2)k^2(c^2-c_0^2)), \tag{6.6.81}$$

$$u_0=\pm\sqrt{-\frac{2m^2k^2(c^2-c_0^2)}{\beta}}\operatorname{cn}\theta \quad (\alpha=(1-2m^2)k^2(c^2-c_0^2)), \tag{6.6.82}$$

$$u_0=\pm\sqrt{-\frac{2k^2(c^2-c_0^2)}{\beta}}\operatorname{dn}\theta \quad (\alpha=-(2-m^2)k^2(c^2-c_0^2)). \tag{6.6.83}$$

它们分别与式(6.3.61),(6.3.62)和(6.3.63)完全相同.

对于一级方程(6.6.79),以 u_0 代入,则 u_1 分别满足 Lamé 方程(6.6.48),(6.6.58)和(6.6.69).因而 u^4 势能的非线性 Klein-Gordon 方程(6.6.76)的三种一级行波解分别是式(6.6.49),(6.6.59)和(6.6.70).

对于二级方程(6.6.80),以 u_0 和 u_1 代入,分别得到

$$\frac{\mathrm{d}^2 u_2}{\mathrm{d}\theta^2}+[(1+m^2)-6m^2\operatorname{sn}^2\theta]u_2=\pm 3\sqrt{\frac{2\beta m^2}{k^2(c^2-c_0^2)}}A^2[\operatorname{sn}\theta-(1+m^2)\operatorname{sn}^3\theta+m^2\operatorname{sn}^5\theta], \tag{6.6.84}$$

$$\begin{aligned}\frac{\mathrm{d}^2 u_2}{\mathrm{d}\theta^2}+[(1+4m^2)-6m^2\operatorname{sn}^2\theta]u_2=\mp 3\sqrt{\frac{2\beta m^2}{k^2(c^2-c_0^2)}}A^2[&(1-m^2)\operatorname{cn}\theta\\&-(1-2m^2)\operatorname{cn}^3\theta-m^2\operatorname{cn}^5\theta],\end{aligned} \tag{6.6.85}$$

$$\begin{aligned}\frac{\mathrm{d}^2 u_2}{\mathrm{d}\theta^2}+[(4+m^2)-6m^2\operatorname{sn}^2\theta]u_3=\pm\sqrt{\frac{2\beta}{k^2(c^2-c_0^2)}}\frac{A^2}{m^4}[&(1-m^2)\operatorname{dn}\theta\\&-(2-m^2)\operatorname{dn}^3\theta+\operatorname{dn}^5\theta].\end{aligned} \tag{6.6.86}$$

由此求得 u^4 势能的非线性 Klein-Gordon 方程(6.6.76)的三种二级行波解分别是

$$u_2=\mp\frac{1+m^2}{4}\sqrt{\frac{2\beta m^2}{k^2(c^2-c_0^2)}}A^2\operatorname{sn}\theta\left(1-\frac{2m^2}{1+m^2}\operatorname{sn}^2\theta\right), \tag{6.6.87}$$

$$u_2=\mp\frac{1-2m^2}{2}\sqrt{-\frac{\beta}{2m^2k^2(c^2-c_0^2)}}A^2\operatorname{cn}\theta\left(1-\frac{2m^2}{1-2m^2}\operatorname{cn}^2\theta\right), \tag{6.6.88}$$

$$u_2 = \pm \frac{2-m^2}{2m^4}\sqrt{-\frac{\beta}{2k^2(c^2-c_0^2)}}A^2\,\mathrm{dn}\theta\left(1-\frac{2}{2-m^2}\mathrm{dn}^2\theta\right). \qquad (6.6.89)$$

从上述 4 个例子的分析中不难发现,非线性演化方程的多级行波解存在不变性或守恒形式,即它们的一级行波解均满足 Lamé 方程,而二级行波解均满足非齐次的 Lamé 方程.

第 7 章　相似变换和自相似解

尽管我们从第 2 章开始，已经求得了不少非线性方程的准确解. 但应该说，我们求得准确解的那些方程相对于大量的非线性方程来讲还是很少的，而且求解方法也是很有限的. 所以，更多的非线性方程只能求近似解或确定解的渐近形态.

一个非线性偏微分方程可以通过相似变换(similarity transformation)化为一个常微分方程去求解. 而且，如果这样的常微分方程具有 Painleve 性质(Painleve property，见 §7.1)，那么，这样的非线性偏微分方程应是可积的，至少应能通过相似变换求渐近解.

§7.1　活动奇点和 Painleve 性质

非线性方程与线性方程有很大的不同. 从解的角度去分析，线性方程的解存在叠加原理，而且它的解若有奇点的话，也只有固定奇点，且这种固定奇点完全由方程的系数所确定，与方程的初条件或边条件无关. 但非线性方程的解不存在叠加原理，而且它的解有更丰富的奇异性，除可能存在固定奇点外，还可能存在活动奇点(movable singular points). 这种活动奇点除依赖于方程的系数外，还依赖于方程的初条件或边条件. 下面举二例说明.

例 1　线性方程

$$y' = \frac{y}{1-x} \tag{7.1.1}$$

很容易直接积分求得通解为

$$y = \frac{A}{1-x}, \tag{7.1.2}$$

其中 A 为积分常数. 显然，$x=1$ 是解 y 的一个极点. 而且，方程(7.1.1)如给出条件

$$y\,|_{x=x_0} = y_0, \tag{7.1.3}$$

则由式(7.1.2)定得 $A=y_0(1-x_0)$，因而式(7.1.2)改写为

$$y = y_0\left(\frac{1-x_0}{1-x}\right). \tag{7.1.4}$$

它也只有一个奇点 $x=1$. 因此条件(7.1.3)并不影响线性方程解的奇异性. 所以，

$x=1$ 称为固有奇点.

例 2　非线性方程

$$y' = y^2 \tag{7.1.5}$$

也很容易直接求得其解为

$$y = \frac{1}{A-x}, \tag{7.1.6}$$

其中 A 为积分常数.显然,$x=A$ 是解 y 的一个极点.同样,若方程(7.1.5)给了条件(7.1.3),则定得 $A=x_0+\frac{1}{y_0}$,因而式(7.1.6)可改写为

$$y = \frac{y_0}{1-y_0(x-x_0)}. \tag{7.1.7}$$

它存在一个简单极点 $x=\frac{1+x_0y_0}{y_0}$,但这个奇点依赖于方程所给的条件,它称为活动奇点.

非线性方程的活动奇点也可能是支点或本性奇点,现举二例说明.

例 3　非线性方程

$$y' = e^{-y}, \tag{7.1.8}$$

我们很容易求得它的通解为

$$y = \ln(x-x_0), \tag{7.1.9}$$

其中 x_0 为任意常数,但它是一个活动奇点且是对数分支点.

例 4　非线性方程

$$y' = -y(\ln y)^2, \tag{7.1.10}$$

它的通解也很容易求得为

$$y = e^{\frac{1}{x-x_0}}, \tag{7.1.11}$$

其中 x_0 为任意常数,但它是一个活动奇点且是本性奇点.

活动奇点中的支点和本性奇点统称为活动临界点(movable critical points).

许多非线性方程的活动奇点如果是简单极点,则可以根据方程确定极点的阶数.现也举二例说明.

例 5　Riccati 方程

$$y' = y^2 + y. \tag{7.1.12}$$

设 $x=a$ 是它的极点型活动奇点,则当 $x\to a$ 时,其主要表现为 $y\to\frac{A}{(x-a)^n}$,其中 A 为非零常数,$n>0$ 是极点的阶数.从方程(7.1.12)看到,它的左端为 y 的一阶导数项,右端包含 y 的一次项和 y 的二次项.但 $y'=y$(其解为 $y=e^x$)不会产生极点,只有 $y'=y^2$(见例 2)才能形成极点,因此,方程(7.1.12)极点的阶数,由方程中 y' 和

y^2 两项去确定.为此,我们设

$$y = A(x-a)^{-n} \quad (n > 0, A \text{ 为非零常数}). \tag{7.1.13}$$

它称为主项分析(leading term analysis 或 leading order analysis),注意,式(7.1.13)不是方程(7.1.12)的解.

(7.1.13)式代入方程(7.1.12)中的 y'项和 y^2 项,并使两者相等,得到

$$-nA(x-a)^{-(n+1)} = A^2(x-a)^{-2n}. \tag{7.1.14}$$

比较上式两边有 $n=1, A=-1$.由此可知,非线性方程(7.1.12)中的活动奇点为一阶极点,其主项为

$$y = -\frac{1}{x-a}, \tag{7.1.15}$$

其中 $n=1$ 实际上是方程(7.1.12)中的最高阶导数项与非线性项两者平衡得到的.

例 6　Painleve 方程 P_{I} 为

$$y'' = 6y^2 + x. \tag{7.1.16}$$

类似于例 5,设 $x=a$ 是它的极点型活动奇点,应用主项分析,以式(7.1.13)代入方程(7.1.16)中的 y''项和 $6y^2$ 项,并使两者相等有

$$An(n+1)(x-a)^{-(n+2)} = 6A^2(x-a)^{-2n}. \tag{7.1.17}$$

比较上式两边有 $n=2, A=1$.因而,非线性方程(7.1.16)的活动奇点为二阶极点,其主项为

$$y = \frac{1}{(x-a)^2}, \tag{7.1.18}$$

其中 $n=2$ 实际上也是方程(7.1.16)中的最高阶导数项与非线性项两者平衡得到的.

所以,对于非线性方程的极点型活动奇点,其主项分析为

$$y = v^{-n} y_0, \tag{7.1.19}$$

其中 y_0 为非零常数,而 $n>0$,n 由非线性方程中的最高阶导数项与最高阶的非线性项平衡确定.在式(7.1.19)中 $v=x-a$,$v^{-n}(n>0)$表征非线性方程的奇异性,称为奇异结构(singular structures)或奇异流形(singular manifolds).

主项分析(7.1.19)的扩展,即是在奇点附近的有限负幂的 Laurent 展开,即

$$y = v^{-n}\sum_{j=0}^{+\infty} y_j v^j \quad (n > 0, y_0 \neq 0). \tag{7.1.20}$$

它构成了非线性方程的解,详见§8.5.

可以证明:由 Painleve 所设定的形式为式(1.1.9)的 Painleve 方程的所有活动奇点不包含任何活动临界点,全都是简单极点.如果一个非线性常微分方程的所有活动奇点都是简单极点,则称此方程具有 Painleve 性质.

也可以证明:如果一个非线性偏微分方程能用散射反演法(inverse scattering methods,见第 9 章)或相似变换去求解,那么唯一只有由这类方法化成的非线性常

微分方程具有 Painleve 性质. 而且,这样的一类非线性偏微分方程也是可积的.

§7.2 相似变换和自相似解

设 $u(x,t)$是偏微分方程

$$P(u)=0 \tag{7.2.1}$$

的解. 我们考虑新的自变量 x'和 t'分别代替 x 和 t,新的因变量 u'代替 u,并要求 $u'(x',t')$也满足方程(7.2.1),它称为不变变换(invariant transformations).

为了实现这种变换,我们选取小参数 ε,并将 x',t'和 u'均按小参数 ε 展开,即

$$\begin{cases} x'=x+\varepsilon X(x,t,u)+O(\varepsilon^2), \\ t'=t+\varepsilon T(x,t,u)+O(\varepsilon^2), \\ u'=u+\varepsilon U(x,t,u)+O(\varepsilon^2), \end{cases} \tag{7.2.2}$$

其中 X,T 和 U 分别为 x',t'和 u'的展开式中一阶小项的系数. 式(7.2.2)称为无穷小变换(infinitesimal transformations). 因为

$$u'=u+\frac{\partial u}{\partial x}(x'-x)+\frac{\partial u}{\partial t}(t'-t)+\cdots=u+\varepsilon\left(X\frac{\partial u}{\partial x}+T\frac{\partial u}{\partial t}\right)+O(\varepsilon^2), \tag{7.2.3}$$

因而将式(7.2.2)的第三式与式(7.2.3)相比较并利用式(7.2.2)的第一式和第二式有

$$X\frac{\partial u}{\partial x}+T\frac{\partial u}{\partial t}=U. \tag{7.2.4}$$

它称为不变变换条件. 方程(7.2.4)是关于 u 的一阶偏微分方程,其特征方程为

$$\frac{\mathrm{d}x}{X}=\frac{\mathrm{d}t}{T}=\frac{\mathrm{d}u}{U}. \tag{7.2.5}$$

由于 X,T 和 U 通过不变变换条件(7.2.4)联系在一起,因而 X,T 和 U 三者中只有两个是独立的,不失一般性,可设 $T=1$,则不变变换条件(7.2.4)可以改写为

$$\frac{\partial u}{\partial t}=U-X\frac{\partial u}{\partial x}. \tag{7.2.6}$$

而特征方程(7.2.5)可以改写为

$$\frac{\mathrm{d}x}{X}=\frac{\mathrm{d}t}{1}=\frac{\mathrm{d}u}{U}. \tag{7.2.7}$$

方程(7.2.6)的解可以由其特征方程(7.2.7)求得,而 X 和 U 可以由方程(7.2.1)求得.

由方程(7.2.7)的第一个等式

$$\frac{\mathrm{d}x}{\mathrm{d}t}=X \tag{7.2.8}$$

积分可求得

$$f(x,t) = 常数. \tag{7.2.9}$$

而由方程(7.2.7)的第二个等式

$$\frac{\mathrm{d}u}{\mathrm{d}t} = U \tag{7.2.10}$$

积分可求得

$$g(x,t,u) = 常数. \tag{7.2.11}$$

根据式(7.2.9)和(7.2.11)可引入下列两个变量:

$$\xi = f(x,t), \quad v = g(x,t,u). \tag{7.2.12}$$

ξ 和 v 称为相似变量(similarity variables). 式(7.2.12)称为相似变换.

式(7.2.12)代入方程(7.2.1)得到 v 关于 ξ 的常微分方程通常具有 Painleve 性质,由它解出 v,再由 $v=g(x,t,u)$ 求出的 u 通常称为方程(7.2.1)的自相似解,我们在 3.8 节曾经简述过.

相似变换(7.2.12)的通常形式为

$$\xi = a(t)x, \quad v(\xi) = \frac{1}{b(t)}u, \tag{7.2.13}$$

其中 $a(t)$ 和 $b(t)$ 是 t 的待定函数. 这意味着,在相似变换中要求 $a(t)x$ 和 $\frac{u}{b(t)}$ 分别保持不变. 所以,自相似解的通常形式为

$$u(x,t) = b(t)v(\xi) = b(t)v(a(t)x). \tag{7.2.14}$$

最常见的 $a(t)$ 和 $b(t)$ 是 t 的幂函数形式,如

$$a(t) = t^{m}, \quad b(t) = t^{-n}, \tag{7.2.15}$$

其中 m 和 n 为待定常数. 这样,相似变换(7.2.13)化为

$$\xi = xt^{m}, \quad v(\xi) = ut^{n}. \tag{7.2.16}$$

这是最常见的相似变换,在变换中要求 xt^m 和 ut^n 分别保持不变. 下面举二例说明.

例 1　空间一维的线性热传导方程

$$\frac{\partial u}{\partial t} = \kappa \frac{\partial^2 u}{\partial x^2}. \tag{7.2.17}$$

若作下列形式的变换:

$$x' = \lambda^{\alpha}x, \quad t' = \lambda^{\beta}t, \quad u' = \lambda^{\gamma}u, \tag{7.2.18}$$

其中 λ 是变换参数 α,β,γ 是常数,称为标度. 式(7.2.18)形式的变换称为标度变换(scaling transformations).

式(7.2.18)代入方程(7.2.17),得到

$$\lambda^{\beta-\gamma}\left(\frac{\partial u'}{\partial t'}\right) = \lambda^{2\alpha-\gamma}\left(\kappa \frac{\partial^2 u'}{\partial x'^2}\right), \tag{7.2.19}$$

因而要使 u'关于 x',t'的方程与原方程一样,只有

$$\beta-\gamma=2\alpha-\gamma. \tag{7.2.20}$$

此式给出了标度 α,β,γ 之间的关系,称为标度律(scaling law),由此得到

$$\beta=2\alpha. \tag{7.2.21}$$

但此时 α,β 与 γ 无关.特别的一种情况是式(7.2.20)的两端均为零,则有

$$\alpha=\frac{1}{2}\gamma,\quad \beta=\gamma. \tag{7.2.22}$$

由此可见,热传导方程(7.2.17)在标度变换

$$x'=\lambda^{\frac{1}{2}\gamma}x,\quad t'=\lambda^{\gamma}t,\quad u'=\lambda^{\gamma}u \tag{7.2.23}$$

下保持不变.式(7.2.23)就是热传导方程(7.2.17)的一种不变变换群或相似变换群,实质上就是所谓李群(Lie group).

若取 $\gamma=1$,则 $\alpha=1/2$,$\beta=1$,因而式(7.2.23)化为

$$x'=\lambda^{\frac{1}{2}}x,\quad t'=\lambda t,\quad u'=\lambda u. \tag{7.2.24}$$

但要获得式(7.2.16)形式的相似变换,还应要求

$$xt^{m}=x't'^{m},\quad ut^{n}=u't'^{n}, \tag{7.2.25}$$

这里 m 和 n 待定.式(7.2.23)代入式(7.2.25)得到

$$m=-\frac{1}{2},\quad n=-1. \tag{7.2.26}$$

由此可见,在标度变换中 $xt^{-1/2}$ 和 ut^{-1} 分别保持不变,所以,热传导方程(7.2.17)的一种相似变换为

$$\xi=x/\sqrt{t},\quad v(\xi)=u/t. \tag{7.2.27}$$

相应的自相似解为

$$u=tv(\xi)=tv\left(\frac{x}{\sqrt{t}}\right). \tag{7.2.28}$$

式(7.2.28)代入热传导方程(7.2.17)得到 $v(\xi)$满足的常微分方程是

$$\kappa\frac{\mathrm{d}^2v}{\mathrm{d}\xi^2}+\frac{1}{2}\xi\frac{\mathrm{d}v}{\mathrm{d}\xi}-v=0. \tag{7.2.29}$$

这是不难求解的线性常微分方程(可化为 Hermite 方程或 Bessel 方程或 Kummer 方程等).

例 2 空间一维的非线性平流方程

$$\frac{\partial u}{\partial t}+u\frac{\partial u}{\partial x}=0 \tag{7.2.30}$$

以标度变换(7.2.18)代入方程(7.2.30),得到

$$\lambda^{\beta-\gamma}\left(\frac{\partial u'}{\partial t'}\right)+\lambda^{\alpha-2\gamma}\left(u'\frac{\partial u'}{\partial x}\right)=0. \tag{7.2.31}$$

因而要使方程(7.2.31)与方程(7.2.30)一样,只有满足下列标度律:

$$\beta-\gamma=\alpha-2\gamma. \tag{7.2.32}$$

若取 $\gamma=0$,则 $\alpha=\beta$,因而式(7.2.18)化为

$$x'=\lambda^{\alpha}x,\quad t'=\lambda^{\alpha}t,\quad u'=u. \tag{7.2.33}$$

要获得式(7.2.16)的相似变换,必须满足式(7.2.25),由此得到

$$m=-1,\quad n=0, \tag{7.2.34}$$

因而,xt^{-1} 和 ut^{0} 分别保持不变. 所以,非线性平流方程(7.2.30)的一种相似变换为

$$\xi=x/t,\quad v(\xi)=u. \tag{7.2.35}$$

相应的自相似解为

$$u=v(\xi)=v\left(\frac{x}{t}\right). \tag{7.2.36}$$

式(7.2.36)代入非线性平流方程(7.2.30),得到 $v(\xi)$满足的常微分方程是

$$(-\xi+v)\frac{\mathrm{d}v}{\mathrm{d}\xi}=0. \tag{7.2.37}$$

设$\frac{\mathrm{d}v}{\mathrm{d}\xi}\neq 0$,则由此求得

$$u=v(\xi)=\xi=\frac{x}{t}. \tag{7.2.38}$$

这是非线性平流方程(7.2.30)的一种自相似解. 实际上,它就是非线性平流方程的一个有理解(见附录 D 6.3).

§7.3　Burgers 方程

Burgers 方程为

$$\frac{\partial u}{\partial t}+u\frac{\partial u}{\partial x}-\nu\frac{\partial^2 u}{\partial x^2}=0\quad(\nu>0). \tag{7.3.1}$$

同样作式(7.2.18)的标度变换,则方程(7.3.1)化为

$$\lambda^{\beta-\gamma}\left(\frac{\partial u'}{\partial t'}\right)+\lambda^{\alpha-2\gamma}\left(u'\frac{\partial u'}{\partial x'}\right)+\lambda^{2\alpha-\gamma}\left(-\nu\frac{\partial^2 u'}{\partial x'^2}\right)=0. \tag{7.3.2}$$

由此有下列标度律:

$$\beta-\gamma=\alpha-2\gamma=2\alpha-\gamma, \tag{7.3.3}$$

因而

$$\alpha=-\gamma,\quad \beta=2\alpha=-2\gamma. \tag{7.3.4}$$

这样,Burgers 方程的形式不变. 此时式(7.2.18)化为

$$x'=\lambda^{-\gamma}x,\quad t'=\lambda^{-2\gamma}t,\quad u'=\lambda^{\gamma}u. \tag{7.3.5}$$

取 $\gamma=1$，则标度变换(7.3.5)化为

$$x'=\lambda^{-1}x,\quad t'=\lambda^{-2}t,\quad u'=\lambda u. \tag{7.3.6}$$

(7.3.5)式代入(7.2.25)式得到

$$m=-\frac{1}{2},\quad n=\frac{1}{2}. \tag{7.3.7}$$

由此可见，在标度变换(7.3.5)的条件下，$xt^{-1/2}$ 和 $ut^{1/2}$ 分别保持不变，所以，Burgers 方程(7.3.1)的相似变换为

$$\xi=t^{-1/2}x,\quad v(\xi)=t^{1/2}u. \tag{7.3.8}$$

它也可以视为在(7.3.6)式中取 $\lambda=t^{1/2}$（使 $t'=1$），x' 换为 ξ，u' 换为 v 得到的.

为了使 ξ 是无量纲的，我们常采用下列形式的相似变换：

$$\xi=(4\nu t)^{-1/2}x,\quad u=t^{-1/2}v(\xi). \tag{7.3.9}$$

容易验证：在上述相似变换下，与方程(7.2.8)和方程(7.2.10)相应的 X 和 U 为

$$X=\frac{x}{2t},\quad U=-\frac{u}{2t}. \tag{7.3.10}$$

以相似变换(7.3.9)代入 Burgers 方程(7.3.1)得到

$$\frac{\mathrm{d}^2v}{\mathrm{d}\xi^2}+2\xi\frac{\mathrm{d}v}{\mathrm{d}\xi}+2v-4(4\nu)^{-1/2}v\frac{\mathrm{d}v}{\mathrm{d}\xi}=0. \tag{7.3.11}$$

若再作变换

$$w=(2\nu)^{1/2}v^{-1}, \tag{7.3.12}$$

则方程(7.3.11)化为

$$w\frac{\mathrm{d}^2w}{\mathrm{d}\xi^2}-2\left(\frac{\mathrm{d}w}{\mathrm{d}\xi}\right)^2+2\xi w\frac{\mathrm{d}w}{\mathrm{d}\xi}-2w^2-2^{2/3}\frac{\mathrm{d}w}{\mathrm{d}\xi}=0. \tag{7.3.13}$$

方程(7.3.13)是下列具有 Painleve 性质的所谓 Euler-Painleve 方程的一类方程：

$$yy''+ay'^2+f(x)yy'+g(x)y^2+by'+c=0, \tag{7.3.14}$$

而且可以验证：方程(7.3.13)有一个解为

$$w(\xi)=\frac{\sqrt{2\pi}}{\mathrm{e}^{Re}-1}\mathrm{e}^{\xi^2}+\sqrt{\frac{\pi}{2}}\mathrm{e}^{\xi^2}\operatorname{erfc}\xi, \tag{7.3.15}$$

其中 $\operatorname{erfc}\xi\equiv\frac{2}{\sqrt{\pi}}\int_\xi^{+\infty}\mathrm{e}^{-\eta^2}\mathrm{d}\eta=1-\operatorname{erf}\xi\left(\operatorname{erf}\xi=\frac{2}{\sqrt{\pi}}\int_0^\xi\mathrm{e}^{-\eta^2}\mathrm{d}\eta\text{ 为误差函数}\right)$为余误差函数，且

$$Re\equiv\frac{\int_{-\infty}^{+\infty}u\mathrm{d}x}{2\nu}=\frac{1}{\sqrt{\nu}}\int_{-\infty}^{+\infty}v\mathrm{d}\xi=\sqrt{2}\int_{-\infty}^{+\infty}\frac{1}{w}\mathrm{d}\xi \tag{7.3.16}$$

为 Reynolds 数.

这样，我们求得 Burgers 方程(7.3.1)的自相似解为

$$u = t^{-1/2} v(\xi) = \sqrt{\frac{2\nu}{t}} w^{-1}(\xi). \tag{7.3.17}$$

§7.4 KdV 方程

KdV 方程(色散系数写为 β_1)为

$$\frac{\partial u}{\partial t} + u\frac{\partial u}{\partial x} + \beta_1 \frac{\partial^3 u}{\partial x^3} = 0 \quad (\beta_1 > 0). \tag{7.4.1}$$

与 Burgers 方程相似,对 KdV 方程(7.4.1),若作标度变换(7.2.18),则方程(7.4.1)化为

$$\lambda^{\beta-\gamma}\left(\frac{\partial u'}{\partial t'}\right) + \lambda^{\alpha-2\gamma}\left(u'\frac{\partial u'}{\partial x'}\right) + \lambda^{3\alpha-\gamma}\left(\beta_1 \frac{\partial^3 u'}{\partial x'^3}\right) = 0. \tag{7.4.2}$$

由此有下列标度律:

$$\beta - \gamma = \alpha - 2\gamma = 3\alpha - \gamma, \tag{7.4.3}$$

因而

$$\alpha = -\frac{1}{2}\gamma, \quad \beta = 3\alpha = -\frac{3}{2}\gamma. \tag{7.4.4}$$

这样,KdV 方程的形式不变. 此时式(7.2.18)化为

$$x' = \lambda^{-\frac{1}{2}\gamma} x, \quad t' = \lambda^{-\frac{3}{2}\gamma} t, \quad u' = \lambda^{\gamma} u. \tag{7.4.5}$$

取 $\gamma=1$,则标度变换(7.4.5)化为

$$x' = \lambda^{-\frac{1}{2}} x, \quad t' = \lambda^{-\frac{3}{2}} t, \quad u' = \lambda u. \tag{7.4.6}$$

式(7.4.5)代入(7.2.25)式得到

$$m = -\frac{1}{3}, \quad n = \frac{2}{3}. \tag{7.4.7}$$

由此可见,在标度变换(7.4.5)的条件下,$xt^{-1/3}$ 和 $ut^{2/3}$ 分别保持不变. 所以,KdV 方程(7.4.1)的相似变换为

$$\xi = t^{-1/3} x, \quad v(\xi) = t^{2/3} u. \tag{7.4.8}$$

它也可以视为在式(7.4.6)中取 $\lambda = t^{2/3}$(使 $t'=1$),x' 换为 ξ,u' 换为 v 得到的.

为了使 ξ 是无量纲的,我们常采用下列形式的相似变换:

$$\xi = (3\beta_1 t)^{-1/3} x, \quad u = 2(3\beta_1)^{1/3} t^{-2/3} v(\xi). \tag{7.4.9}$$

容易验证:在上述相似变换下,与方程(7.2.8)和方程(7.2.10)相应的 X 和 U 为

$$X = \frac{x}{3t}, \quad U = -\frac{2u}{3t}. \tag{7.4.10}$$

以相似变换(7.4.9)代入 KdV 方程(7.4.1)得到

$$\frac{d^3 v}{d\xi^3} + 6v\frac{dv}{d\xi} - 2v - \xi\frac{dv}{d\xi} = 0. \tag{7.4.11}$$

这是一个可化为 Painleve 方程 P_{II} 的方程.

首先,我们看到,在方程(7.4.11)中若忽略非线性项,则它化为下列线性方程:

$$\frac{\mathrm{d}^3 v}{\mathrm{d}\xi^3}-\xi\frac{\mathrm{d}v}{\mathrm{d}\xi}-2v=0. \tag{7.4.12}$$

而且它有一个特解为

$$v(\xi)=a\frac{\mathrm{dAi}}{\mathrm{d}\xi}, \tag{7.4.13}$$

其中 a 为任意常数,而 $\mathrm{Ai}(\xi)$ 是 Airy 函数,它满足 Airy 方程

$$\frac{\mathrm{d}^2\mathrm{Ai}}{\mathrm{d}\xi^2}-\xi\mathrm{Ai}=0. \tag{7.4.14}$$

这样,KdV 方程(7.4.1)的自相似解为

$$u=2(3\beta_1)^{1/3}t^{-2/3}a\frac{\mathrm{dAi}(\xi)}{\mathrm{d}\xi}. \tag{7.4.15}$$

实际上,线性 KdV 方程

$$\frac{\partial u}{\partial t}+c_0\frac{\partial u}{\partial x}+\beta_1\frac{\partial^3 u}{\partial x^3}=0 \tag{7.4.16}$$

就存在一个包含 Airy 函数的特解(见附录 D 1.10)为

$$u=(3\beta_1 t)^{-1/3}\mathrm{Ai}((3\beta_1 t)^{-1/3}(x-c_0 t)). \tag{7.4.17}$$

其次,我们直接考虑非线性方程(7.4.11),作变换

$$v=\frac{\mathrm{d}w}{\mathrm{d}\xi}-w^2. \tag{7.4.18}$$

则方程(7.4.11)化为

$$\frac{\mathrm{d}^2}{\mathrm{d}\xi^2}\left(\frac{\mathrm{d}^2 w}{\mathrm{d}\xi^2}-\xi w-2w^3\right)-2w\frac{\mathrm{d}}{\mathrm{d}\xi}\left(\frac{\mathrm{d}^2 w}{\mathrm{d}\xi^2}-\xi w-2w^3\right)=0. \tag{7.4.19}$$

方程(7.4.19)对 ξ 积分一次,求得

$$\frac{\mathrm{d}}{\mathrm{d}\xi}\left(\frac{\mathrm{d}^2 w}{\mathrm{d}\xi^2}-\xi w-2w^3\right)=C\mathrm{e}^{-2\int_{\xi}^{+\infty}w(\eta)\mathrm{d}\eta}, \tag{7.4.20}$$

其中 C 为积分常数. 若我们要求 $\xi\to+\infty$ 时,w 呈指数衰减,则选 $C=0$,且再对 ξ 积分一次,同样选积分常数为零,则方程(7.4.20)化为

$$\frac{\mathrm{d}^2 w}{\mathrm{d}\xi^2}-\xi w-2w^3=0. \tag{7.4.21}$$

这是 Painleve 方程 $P_{\mathrm{II}}(\alpha=0)$. 由于考虑随 ξ 的增大,w 急剧减小,从而使我们可以忽略方程(7.4.21)中的非线性项,使它化为

$$\frac{\mathrm{d}^2 w}{\mathrm{d}\xi^2}-\xi w=0. \tag{7.4.22}$$

这在§3.5 我们已经阐述过. 方程(7.4.22)是式(7.4.14)所表征的 Airy 方程,所以

$$w = a\mathrm{Ai}(\xi) \quad (a \text{ 为任意常数}), \tag{7.4.23}$$

因而

$$v(\xi) = a\frac{\mathrm{dAi}(\xi)}{\mathrm{d}\xi} - a^2\mathrm{Ai}^2(\xi). \tag{7.4.24}$$

所以,KdV 方程(7.4.1)的自相似解为

$$u = 2(3\beta_1)^{1/3}t^{-2/3}\left(a\frac{\mathrm{dAi}}{\mathrm{d}\xi} - a^2\mathrm{Ai}^2\right). \tag{7.4.25}$$

§7.5 mKdV 方程

mKdV 方程(方程的系数写为 α_1 和 β_1)为

$$\frac{\partial u}{\partial t} + \alpha_1 u^2\frac{\partial u}{\partial x} + \beta_1\frac{\partial^3 u}{\partial x^3} = 0. \tag{7.5.1}$$

若作标度变换(7.2.18),则方程(7.5.1)化为

$$\lambda^{\beta-\gamma}\left(\frac{\partial u'}{\partial t'}\right) + \lambda^{\alpha-3\gamma}\left(\alpha_1 u'^2\frac{\partial u'}{\partial x'}\right) + \lambda^{3\alpha-\gamma}\left(\beta_1\frac{\partial^3 u'}{\partial x'^3}\right) = 0. \tag{7.5.2}$$

由此有下列标度律:

$$\beta - \gamma = \alpha - 3\gamma = 3\alpha - \gamma, \tag{7.5.3}$$

因而

$$\alpha = -\gamma, \quad \beta = 3\alpha = -3\gamma. \tag{7.5.4}$$

这样,mKdV 方程的形式不变.此时式(7.2.18)化为

$$x' = \lambda^{-\gamma}x, \quad t' = \lambda^{-3\gamma}t, \quad u' = \lambda^{\gamma}u. \tag{7.5.5}$$

取 $\gamma=1$,则标度变换(7.5.5)化为

$$x' = \lambda^{-1}x, \quad t' = \lambda^{-3}t, \quad u' = \lambda u. \tag{7.5.6}$$

式(7.5.5)代入式(7.2.25)得到

$$m = -\frac{1}{3}, \quad n = \frac{1}{3}. \tag{7.5.7}$$

由此可见,在标度变换(7.5.5)的条件下,$xt^{-1/3}$ 和 $ut^{1/3}$ 分别保持不变.所以,mKdV 方程(7.5.1)的相似变换为

$$\xi = t^{-1/3}x, \quad v(\xi) = t^{1/3}u. \tag{7.5.8}$$

它也可以视为在式(7.5.6)中取 $\lambda=t^{1/3}$(使 $t'=1$),x' 换为 ξ,u' 换为 v 得到的.

为了使 ξ 是无量纲的,在 $\beta_1>0$ 和 $\alpha_1<0$ 时,将式(7.5.8)改写为

$$\xi = (3\beta_1 t)^{-1/3}x, \quad u = \sqrt{-\frac{6}{\alpha_1}}\beta_1^{1/6}(3t)^{-1/3}v(\xi). \tag{7.5.9}$$

容易验证:在上述相似变换下,与方程(7.2.8)和方程(7.2.10)相应的 X 和 U 为

$$X = \frac{x}{3t}, \quad U = -\frac{u}{3t}. \tag{7.5.10}$$

以相似变换(7.5.9)代入 mKdV 方程(7.5.1)得到

$$\frac{\mathrm{d}^3 v}{\mathrm{d}\xi^3} - 6v^2 \frac{\mathrm{d}v}{\mathrm{d}\xi} - \frac{\mathrm{d}}{\mathrm{d}\xi}(\xi v) = 0. \tag{7.5.11}$$

方程(7.5.11)对 ξ 积分一次有

$$\frac{\mathrm{d}^2 v}{\mathrm{d}\xi^2} = 2v^3 + \xi v + \alpha, \tag{7.5.12}$$

其中 α 为积分常数. 方程(7.5.12)是 Painleve 方程 P_{II}，我们在 §3.5 和上一节都讨论过它的渐近解. 在 $\alpha=0$ 时，若 $v(\xi)$ 随 $\xi \to +\infty$ 急剧地减小，方程(7.5.12)的渐近解为

$$v = a\mathrm{Ai}(\xi). \tag{7.5.13}$$

所以，mKdV 方程(7.5.1)的自相似解可以写为

$$u = \sqrt{-\frac{6}{\alpha_1}}\beta_1^{1/6}(3t)^{-1/3} a\mathrm{Ai}(\xi) \quad (\xi = (3\beta_1 t)^{-1/3} x, \alpha_1 < 0, \beta_1 > 0). \tag{7.5.14}$$

§7.6 正弦-Gordon 方程

正弦-Gordon 方程为

$$\frac{\partial^2 u}{\partial t^2} - c_0^2 \frac{\partial^2 u}{\partial x^2} + f_0^2 \sin u = 0. \tag{7.6.1}$$

此方程若作式(7.2.18)的标度变换，只能 $\alpha=\beta=\gamma=0$ 才能保持形式不变. 这意味着方程(7.6.1)的不变变换为

$$x' = x + \alpha, \quad t' = t + \beta, \quad u' = u, \tag{7.6.2}$$

其中 α 和 β 为常数. 但先作变换(见附录 D 1.13)

$$\xi = \frac{\lambda_0}{2}(x - c_0 t), \quad \eta = \frac{\lambda_0}{2}(x + c_0 t) \quad (\lambda_0 = f_0/c_0), \tag{7.6.3}$$

使正弦-Gordon 方程(7.6.1)化为下列形式：

$$\frac{\partial^2 u}{\partial \xi \partial \eta} = \sin u. \tag{7.6.4}$$

那么，式(7.2.18)类型的标度变换就能实现了.

方程(7.6.4)也称为正弦-Gordon 方程，对它可作下列标度变换：

$$\xi' = \lambda^\alpha \xi, \quad \eta' = \lambda^\beta \eta, \quad u' = \lambda^\gamma u, \tag{7.6.5}$$

则方程(7.6.4)化为

$$\lambda^{\alpha+\beta-\gamma}\left(\frac{\partial^2 u'}{\partial \xi' \partial \eta'}\right) = \sin(\lambda^{-\gamma} u'). \tag{7.6.6}$$

由此有下列标度律：

$$\gamma = 0, \quad \alpha = -\beta. \tag{7.6.7}$$

这样，正弦-Gordon方程(7.6.4)的形式不变. 此时(7.6.5)式化为

$$\xi' = \lambda^{\alpha}\xi, \quad \eta' = \lambda^{-\alpha}\eta, \quad u' = u. \tag{7.6.8}$$

类似于式(7.2.25)，这里的相似变换还要求

$$\xi\eta^{m} = \xi'\eta'^{m}, \quad u\eta^{n} = u'\eta'^{n}. \tag{7.6.9}$$

将式(7.6.8)代入式(7.6.9)得到

$$m = 1, \quad n = 0. \tag{7.6.10}$$

由此可见，在标度变换(7.6.8)的条件下，$\xi\eta$ 和 u 分别保持不变. 所以，正弦-Gordon方程(7.6.4)的相似变换为

$$\zeta = \xi\eta, \quad v(\zeta) = u. \tag{7.6.11}$$

式(7.6.11)代入正弦-Gordon方程(7.6.4)得到

$$\zeta\frac{\mathrm{d}^2 v}{\mathrm{d}\zeta^2} + \frac{\mathrm{d}v}{\mathrm{d}\zeta} = \sin v = \frac{1}{2\mathrm{i}}(\mathrm{e}^{\mathrm{i}v} - \mathrm{e}^{-\mathrm{i}v}). \tag{7.6.12}$$

若再令

$$w(\zeta) = \mathrm{e}^{\mathrm{i}v(\zeta)}, \tag{7.6.13}$$

则方程(7.6.12)化为

$$\frac{\mathrm{d}^2 w}{\mathrm{d}\zeta^2} = \frac{1}{w}\left(\frac{\mathrm{d}w}{\mathrm{d}\zeta}\right)^2 - \frac{1}{\zeta}\frac{\mathrm{d}w}{\mathrm{d}\zeta} + \frac{1}{2\zeta}(w^2 - 1). \tag{7.6.14}$$

这是Painleve方程 P_{III}，我们在§3.5在一定条件下讨论过它的解. 可以肯定方程(7.6.14)具有Painleve性质.

§7.7 浅水方程组

在式(1.2.41)中已经标记过的空间一维的浅水方程组为

$$\begin{cases} \dfrac{\partial u}{\partial t} + u\dfrac{\partial u}{\partial x} + g\dfrac{\partial h}{\partial x} = 0, \\ \dfrac{\partial h}{\partial t} + u\dfrac{\partial h}{\partial x} + h\dfrac{\partial u}{\partial x} = 0. \end{cases} \tag{7.7.1}$$

对它作标度变换

$$x' = \lambda^{\alpha}x, \quad t' = \lambda^{\beta}t, \quad u' = \lambda^{\gamma}u, \quad h' = \lambda^{\delta}h, \tag{7.7.2}$$

则方程组(7.7.1)化为

$$\begin{cases} \lambda^{\beta-\gamma}\left(\dfrac{\partial u'}{\partial t'}\right) + \lambda^{\alpha-2\gamma}\left(u'\dfrac{\partial u'}{\partial x'}\right) + \lambda^{\alpha-\delta}\left(g\dfrac{\partial h'}{\partial x'}\right) = 0, \\ \lambda^{\beta-\delta}\left(\dfrac{\partial h'}{\partial t'}\right) + \lambda^{\alpha-\gamma-\delta}\left(u'\dfrac{\partial h'}{\partial x'} + h'\dfrac{\partial u'}{\partial x'}\right) = 0. \end{cases} \tag{7.7.3}$$

由此有下列标度律：

$$\beta-\gamma=\alpha-2\gamma=\alpha-\delta,\quad \beta-\delta=\alpha-\gamma-\delta, \tag{7.7.4}$$

因而

$$\beta=\alpha-\gamma,\quad \delta=2\gamma. \tag{7.7.5}$$

如取 $\gamma=0$,则

$$\delta=2\gamma=0,\quad \alpha=\beta. \tag{7.7.6}$$

这样,标度变换(7.7.2)化为

$$x'=\lambda^{\alpha}x,\quad t'=\lambda^{\alpha}t,\quad u'=u,\quad h'=h. \tag{7.7.7}$$

对于方程组(7.7.1),相似变换要求

$$xt^{m}=x't'^{m},\quad ut^{n}=u't'^{n},\quad ht^{n}=h't'^{n}. \tag{7.7.8}$$

式(7.7.7)代入式(7.7.8)得到

$$m=-1,\quad n=0. \tag{7.7.9}$$

由此可见,在标度变换(7.7.7)的条件下,xt^{-1} 和 u,h 分别保持不变. 所以,空间一维浅水方程组(7.7.1)的相似变换为

$$\xi=x/t,\quad v(\xi)=u,\quad w(\xi)=h. \tag{7.7.10}$$

式(7.7.10)代入方程组(7.7.1)得到

$$\begin{cases}(v-\xi)\dfrac{\mathrm{d}v}{\mathrm{d}\xi}+g\dfrac{\mathrm{d}w}{\mathrm{d}\xi}=0,\\ w\dfrac{\mathrm{d}v}{\mathrm{d}\xi}+(v-\xi)\dfrac{\mathrm{d}w}{\mathrm{d}\xi}=0.\end{cases} \tag{7.7.11}$$

这是$\dfrac{\mathrm{d}v}{\mathrm{d}\xi}$和$\dfrac{\mathrm{d}w}{\mathrm{d}\xi}$的齐次代数方程组,要求$\dfrac{\mathrm{d}v}{\mathrm{d}\xi}$和$\dfrac{\mathrm{d}w}{\mathrm{d}\xi}$有非零解,只有

$$\begin{vmatrix}v-\xi & g\\ w & v-\xi\end{vmatrix}=0, \tag{7.7.12}$$

因而

$$(v-\xi)^2-gw=0. \tag{7.7.13}$$

注意 $v(\xi)=u,w(\xi)=h$,则式(7.7.13)化为

$$u-\xi=\pm c\quad (c=\sqrt{gh}). \tag{7.7.14}$$

下面就 $u-\xi=c$ 和 $u-\xi=-c$ 分别说明.

1. $u-\xi=c$

将它两端对 ξ 微商有

$$\frac{\mathrm{d}u}{\mathrm{d}\xi}-1=\frac{1}{2}\sqrt{\frac{g}{h}}\frac{\mathrm{d}h}{\mathrm{d}\xi}. \tag{7.7.15}$$

同时,式(7.7.11)化为

$$\sqrt{h}\frac{\mathrm{d}u}{\mathrm{d}\xi}+\sqrt{g}\frac{\mathrm{d}h}{\mathrm{d}\xi}=0. \tag{7.7.16}$$

式(7.7.15)和(7.7.16)联立消去$\frac{\mathrm{d}u}{\mathrm{d}\xi}$,得到

$$\frac{\mathrm{d}h}{\mathrm{d}\xi}+\frac{2}{3\sqrt{g}}\sqrt{h}=0 \tag{7.7.17}$$

或

$$\frac{\mathrm{d}c^2}{\mathrm{d}\xi}+\frac{2}{3}c=0 \quad \left(\frac{\mathrm{d}c}{\mathrm{d}\xi}+\frac{1}{3}=0\right). \tag{7.7.18}$$

由此求得

$$c\equiv\sqrt{gh}=-\frac{1}{3}\xi+A, \tag{7.7.19}$$

其中A为积分常数.考虑$u=0$时$c=c_0=\sqrt{gH}$(H为静止时的自由面高度),则静止时$u-\xi=c$化为$-\xi=c_0$,而式(7.7.19)化为$c_0=\frac{1}{3}c_0+A$,因而$A=\frac{2}{3}c_0$,所以式(7.7.19)改写为

$$c\equiv\sqrt{gh}=-\frac{1}{3}(\xi-2c_0) \quad (\xi<2c_0=2\sqrt{gH}). \tag{7.7.20}$$

由此求得浅水方程组(7.7.1)关于h的自相似解为

$$h=\frac{1}{9g}(\xi-2c_0)^2 \quad \left(\xi=\frac{x}{t},\xi<2c_0\right). \tag{7.7.21}$$

而关于u的自相似解则为

$$u=\xi+c=\frac{2}{3}(\xi+c_0) \quad \left(\xi=\frac{x}{t},\xi<2c_0\right). \tag{7.7.22}$$

2. $u-\xi=-c$

将它两端对ξ微商有

$$\frac{\mathrm{d}u}{\mathrm{d}\xi}-1=-\frac{1}{2}\sqrt{\frac{g}{h}}\frac{\mathrm{d}h}{\mathrm{d}\xi}. \tag{7.7.23}$$

同时,式(7.7.11)化为

$$-\sqrt{h}\frac{\mathrm{d}u}{\mathrm{d}\xi}+\sqrt{g}\frac{\mathrm{d}h}{\mathrm{d}\xi}=0. \tag{7.7.24}$$

式(7.7.23)和(7.7.24)联立消去$\frac{\mathrm{d}u}{\mathrm{d}\xi}$,得到

$$\frac{\mathrm{d}h}{\mathrm{d}\xi}-\frac{2}{3\sqrt{g}}\sqrt{h}=0 \tag{7.7.25}$$

或

$$\frac{\mathrm{d}c^2}{\mathrm{d}\xi}-\frac{2}{3}c=0 \quad \left(\frac{\mathrm{d}c}{\mathrm{d}\xi}-\frac{1}{3}=0\right). \tag{7.7.26}$$

由此求得

$$c \equiv \sqrt{gh} = \frac{1}{3}\xi + B, \tag{7.7.27}$$

其中 B 为积分常数. 考虑 $u=0$ 时 $c=c_0$,则静止时 $u-\xi=-c$ 化为 $\xi=c_0$,而式(7.7.27)化为 $c_0=\frac{1}{3}\xi+B$,因而 $B=\frac{2}{3}c_0$,所以,式(7.7.27)改写为

$$c \equiv \sqrt{gh} = \frac{1}{3}(\xi + 2c_0) \quad (\xi > -2c_0 = -2\sqrt{gH}). \tag{7.7.28}$$

由此求得浅水方程组(7.7.1)关于 h 的自相似解为

$$h = \frac{1}{9g}(\xi + 2c_0)^2 \quad \left(\xi = \frac{x}{t}, \xi > -2c_0\right). \tag{7.7.29}$$

而关于 u 的自相似解则为

$$u = \xi - c = \frac{2}{3}(\xi - c_0) \quad \left(\xi = \frac{x}{t}, \xi > -2c_0\right). \tag{7.7.30}$$

综上所述,浅水方程组(7.7.1)的自相似解为

$$u = \begin{cases} \frac{2}{3}(\xi + c_0) & (\xi < 2c_0), \\ \frac{2}{3}(\xi - c_0) & (\xi > -2c_0) \end{cases} \quad (\xi = x/t) \tag{7.7.31}$$

和

$$h = \begin{cases} \frac{1}{9g}(\xi - 2c_0)^2 & (\xi < 2c_0), \\ \frac{1}{9g}(\xi + 2c_0)^2 & (\xi > -2c_0) \end{cases} \quad (\xi = x/t). \tag{7.7.32}$$

最后我们要指出的是:标度变换和自相似解一方面说明了非线性方程通常具有 Painleve 性质,另一方面也反映了物理学中的标度不变性和自相似结构. 在相变中就表现为重整化群(renormalization group)方程,在湍流运动中就表现为 Kolmogorov 关于结构函数和功率谱的标度律,在大气科学和生命科学中就分别表现为台风的螺旋斑图(spiral patterns)和脱氧核糖核酸(deoxyribo nucleic acid,即 DNA)的双螺旋结构(double helix structures),在湍流和基本粒子的运动中就表现为层次结构(hierachial structures).

第 8 章　特殊变换法

从第 3 章到第 7 章，我们所介绍的求解非线性演化方程的基本方法都是变换的方法. 本章要介绍的所谓特殊变换法包括特征线方法和根据非线性方程的某些特征所作的特别的因变量或(和)自变量变换，如 Legendre 变换. 此外，本章还要介绍 Cole-Hopf 变换和推广的 Cole-Hopf 变换，这一类变换都是化非线性方程为线性方程求解，它们存在某些基本原理和基本规律，即所谓的 WTC(Weiss-Tabor-Carnevale)方法和 Hirota 方法.

§8.1　特征线方法

描写线性波或非线性波的偏微分方程有什么特征呢? 我们按照线性方程和非线性方程的顺序分别说明.

1. 线性方程

例 1　空间一维的线性平流方程

$$\frac{\partial u}{\partial t}+c_0\frac{\partial u}{\partial x}=0\quad (c_0>0 \text{ 为常数}). \tag{8.1.1}$$

若作自变量变换

$$\xi=x-c_0t,\quad \eta=x+c_0t, \tag{8.1.2}$$

则因

$$\frac{\partial u}{\partial t}=-c_0\left(\frac{\partial u}{\partial \xi}-\frac{\partial u}{\partial \eta}\right),\quad \frac{\partial u}{\partial x}=\frac{\partial u}{\partial \xi}+\frac{\partial u}{\partial \eta}, \tag{8.1.3}$$

方程(8.1.1)化为

$$\frac{\partial u}{\partial \eta}=0. \tag{8.1.4}$$

它表明 u 与 η 无关，只与 ξ 有关，它的通解为

$$u=F(\xi)=F(x-c_0t), \tag{8.1.5}$$

其中 $F(\xi)$是 ξ 的任意函数. 设方程(8.1.1)的初条件为

$$u\mid_{t=0}=u_0(x), \tag{8.1.6}$$

则 $F(x)=u_0(x)$，因而通解(8.1.5)改写为

$$u = u_0(x - c_0 t). \tag{8.1.7}$$

它表示一个以常速度 c_0 沿 x 正方向传播的行波，而且 $u(x,t)$ 是初始扰动 $u_0(x)$ 沿 x 正方向移动一段距离 $c_0 t$ 后形成的. 若令

$$\frac{\mathrm{d}x}{\mathrm{d}t} = c_0, \tag{8.1.8}$$

则空间一维的线性平流方程(8.1.1)化为

$$\frac{\mathrm{d}u}{\mathrm{d}t} = 0, \tag{8.1.9}$$

所以，线性平流方程(8.1.1)的物理意义是：第一，它表征 u 的初始扰动不变形地以速度 c_0 向 x 正方向传播；第二，它表征在非均匀的 u 场中，以速度 c_0 运行的质点在运行的过程中保持自身的 u 不变，这就是通常所说的波粒二象性(wave-particle duality).

我们称式(8.1.8)为方程(8.1.1)的特征方程，其中$\frac{\mathrm{d}x}{\mathrm{d}t}$称为特征方向，特征方程(8.1.8)的解

$$\xi \equiv x - c_0 t = \text{常数} \tag{8.1.10}$$

称为方程(8.1.1)的特征线，在特征线上 u 保持不变，u 就称为方程(8.1.1)的 Riemann 不变量(Riemann invariant). 有了特征线和 Riemann 不变量的概念，我们可以把偏微分方程(8.1.1)的研究转化为两个常微分方程(8.1.8)和(8.1.9)的研究，而且后两者可以改写为

$$\frac{\mathrm{d}x}{c_0} = \frac{\mathrm{d}t}{1} = \frac{\mathrm{d}u}{0}. \tag{8.1.11}$$

这就是形为式(7.2.7)的方程.

由此可见，对于波动方程，沿特征方向

$$\lambda \equiv \frac{\mathrm{d}x}{\mathrm{d}t} \tag{8.1.12}$$

的 Riemann 不变量 r 满足方程

$$\frac{\partial r}{\partial t} + \lambda \frac{\partial r}{\partial x} = 0^{①}. \tag{8.1.13}$$

例 2 空间一维的线性波动方程为

$$\frac{\partial^2 \psi}{\partial t^2} - c_0^2 \frac{\partial^2 \psi}{\partial x^2} = 0 \quad (c_0 > 0 \text{ 为常数}). \tag{8.1.14}$$

与例 1 相同，若作式(8.1.2)的自变量变换，则方程(8.1.14)化为线性波的

---

① 在数学上，比式(8.1.13)更一般的 Riemann 不变量 r 满足$\frac{\partial r}{\partial t}+\lambda\frac{\partial r}{\partial x}=f$，但 λ 与 f 无关.

d′Alembert 方程

$$\frac{\partial^2 \psi}{\partial \xi \partial \eta} = 0, \tag{8.1.15}$$

所以,方程(8.1.14)的通解为

$$\psi = F(\xi) + G(\eta) = F(x - c_0 t) + G(x + c_0 t), \tag{8.1.16}$$

其中 $F(\xi)$和 $F(\eta)$分别是 ξ 和 η 的任意函数.式(8.1.16)表明:解 ψ 是以速度 c_0 沿 x 正方向传播的右行波 $F(\xi)$和以速度 c_0 沿 x 反方向传播的左行波 $G(\eta)$的叠加.

显然,方程(8.1.14)有两组特征线

$$\xi = x - c_0 t = \text{常数}, \quad \eta \equiv x + c_0 t = \text{常数}. \tag{8.1.17}$$

它们分别满足

$$\frac{\mathrm{d}x}{\mathrm{d}t} = c_0, \quad \frac{\mathrm{d}x}{\mathrm{d}t} = - c_0. \tag{8.1.18}$$

对于方程(8.1.14),我们如何把它化为式(8.1.13)的标准形式并获得特征线和 Riemann 不变量呢?如果我们令

$$u = \frac{\partial \psi}{\partial t}, \quad v = c_0 \frac{\partial \psi}{\partial x}, \tag{8.1.19}$$

则方程(8.1.14)可以化为下列 u 和 v 的对称方程组:

$$\begin{cases} \dfrac{\partial u}{\partial t} - c_0 \dfrac{\partial v}{\partial x} = 0, \\ \dfrac{\partial v}{\partial t} - c_0 \dfrac{\partial u}{\partial x} = 0. \end{cases} \tag{8.1.20}$$

若令

$$\boldsymbol{w} = \begin{bmatrix} u \\ v \end{bmatrix}, \quad \boldsymbol{A} = \begin{bmatrix} 0 & -c_0 \\ -c_0 & 0 \end{bmatrix}, \tag{8.1.21}$$

则方程组(8.1.20)可以改写为

$$\frac{\partial \boldsymbol{w}}{\partial t} + \boldsymbol{A} \frac{\partial \boldsymbol{w}}{\partial x} = 0^{①}. \tag{8.1.22}$$

这就是式(8.1.13)的形式.矩阵 **A** 的特征方程为

$$\begin{vmatrix} -\lambda & -c_0 \\ -c_0 & -\lambda \end{vmatrix} = 0. \tag{8.1.23}$$

由此求得特征值为

$$\lambda = \pm c_0. \tag{8.1.24}$$

对于 $\lambda = c_0$,很容易求得特征向量为$\begin{bmatrix} 1 \\ -1 \end{bmatrix}$,以 1 和 −1 分别去乘方程组(8.1.20)的

① 在数学上,比式(8.1.22)更一般的方程写为$\frac{\partial \boldsymbol{w}}{\partial t} + \boldsymbol{A} \frac{\partial \boldsymbol{w}}{\partial x} + \boldsymbol{B} = 0$,但特征值与 **B** 无关.

第一个方程和第二个方程,然后相加得到

$$\left(\frac{\partial}{\partial t}+c_0\frac{\partial}{\partial x}\right)(u-v)=0. \tag{8.1.25}$$

对于 $\lambda=-c_0$,也很容易求得特征向量为 $\begin{bmatrix}1\\1\end{bmatrix}$,以 1 和 1 分别去乘方程组(8.1.20)的第一个方程和第二个方程,然后相加得到

$$\left(\frac{\partial}{\partial t}-c_0\frac{\partial}{\partial x}\right)(u+v)=0, \tag{8.1.26}$$

所以,空间一维的线性波动方程(8.1.14)有两个特征方向和两个 Riemann 不变量:

$$\begin{cases}\dfrac{\mathrm{d}x}{\mathrm{d}t}=c_0, \quad r_1=u-v=\dfrac{\partial\psi}{\partial t}-c_0\dfrac{\partial\psi}{\partial x},\\[2mm] \dfrac{\mathrm{d}x}{\mathrm{d}t}=-c_0, \quad r_2=u+v=\dfrac{\partial\psi}{\partial t}+c_0\dfrac{\partial\psi}{\partial x}.\end{cases} \tag{8.1.27}$$

如果方程(8.1.22)中的 $\boldsymbol{A}$ 可以是 x,t 和 $\boldsymbol{w}$ 的函数,但与 $\dfrac{\partial \boldsymbol{w}}{\partial t}$ 和 $\dfrac{\partial \boldsymbol{w}}{\partial x}$ 无关,则方程(8.1.22)关于 $\dfrac{\partial \boldsymbol{w}}{\partial t}$ 和 $\dfrac{\partial \boldsymbol{w}}{\partial x}$ 是线性的,但关于 $\boldsymbol{w}$ 是非线性的,这样的方程称为拟线性方程(quasi-linear equation). 由矩阵 $\boldsymbol{A}$ 的特征方程可以确定特征值(即特征方向)和特征向量,用类似于获得式(8.1.25)和(8.1.26)的过程去确定 Riemann 不变量.

2. 非线性方程

例 3 空间一维的非线性平流方程为

$$\frac{\partial u}{\partial t}+u\frac{\partial u}{\partial x}=0. \tag{8.1.28}$$

这是最简单的一个拟线性方程.

显然,方程(8.1.28)的特征线满足

$$\lambda\equiv\frac{\mathrm{d}x}{\mathrm{d}t}=u(x,t). \tag{8.1.29}$$

与式(8.1.8)比较即知:这里 λ 不是常数. 式(8.1.29)代入方程(8.1.28),得到

$$\frac{\mathrm{d}u}{\mathrm{d}t}=0. \tag{8.1.30}$$

它表示沿特征方向 $\dfrac{\mathrm{d}x}{\mathrm{d}t}=u(x,t)$ 的任一条特征线($x-ut=$常数),u 是不变的,即它是 Riemann 不变量,不过,非线性平流方程(8.1.28)与线性平流方程(8.1.1)不同,在 (x,t) 平面上,线性平流方程的特征线是一组平行的直线,但非线性平流方程因 u 与 x 和 t 有关,其特征线尽管仍是直线,但彼此是不平行的.

类似于式(8.1.2),我们若令

$$\xi = x - u(x,t)t, \quad \eta = x + u(x,t)t. \tag{8.1.31}$$

因

$$\frac{\partial u}{\partial t} = \frac{u\left(-\dfrac{\partial u}{\partial \xi}+\dfrac{\partial u}{\partial \eta}\right)}{1-t\left(-\dfrac{\partial u}{\partial \xi}+\dfrac{\partial u}{\partial \eta}\right)}, \quad \frac{\partial u}{\partial x} = \frac{\dfrac{\partial u}{\partial \xi}+\dfrac{\partial u}{\partial \eta}}{1-t\left(-\dfrac{\partial u}{\partial \xi}+\dfrac{\partial u}{\partial \eta}\right)}, \tag{8.1.32}$$

则非线性平流方程(8.1.28)化为下列简单的一阶线性偏微分方程:

$$\frac{\partial u}{\partial \eta} = 0, \tag{8.1.33}$$

所以,通解为

$$u = F(\xi) = F(x-ut), \tag{8.1.34}$$

其中 $F(\xi)$是 ξ 的任意函数.在式(8.1.6)的初条件下解(8.1.34)化为

$$u = u_0(x-ut). \tag{8.1.35}$$

它表示一个以变速度 $u(x,t)$ 在 x 方向传播的行波.但因为 u 是变量,初始扰动 $u_0(x)$上的每一点经一定时刻移动的距离是不同的,因而随着波的传播,初始扰动的形状将发生变化,初始扰动的变形主要表现为变陡.在足够长的时间以后,同一个 x 处会出现多个 u 值,即 u 成为多值函数,从而出现不连续,初始扰动被破坏,见图 8-1.

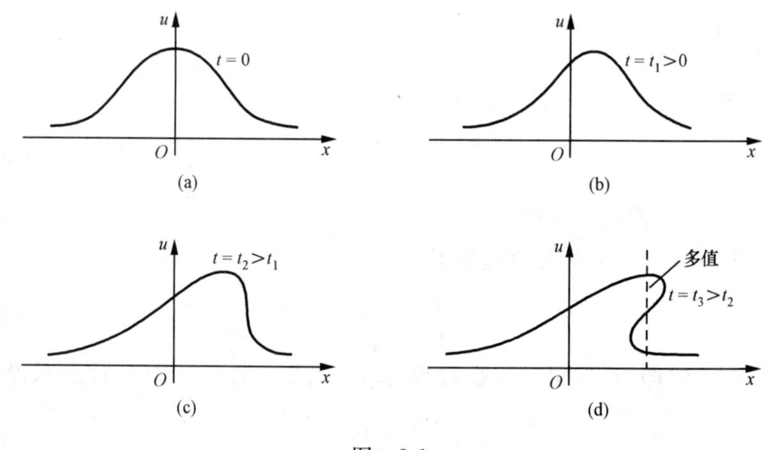

图　8-1

所以,在这样的情况下,不论初始 $u_0(x)$如何光滑,非线性平流方程(8.1.28)初值问题的连续光滑解,只能在局部范围中存在,而在某些点上,特别是 t 充分大时,解是不连续的,这种解称为弱解或广义解.它允许解存在不连续地跳跃,在流体力学中称为激波.因为 Burgers 方程(6.1.1)在 $\nu=0$ 时就退化为非线性平流方程

(8.1.28),因此,Burgers 方程的冲击波包含了激波的内涵;相反,非线性方程初值问题的连续光滑解称为强解.

非线性平流方程初值问题除出现激波现象外,还会出现别的现象.例如,我们令

$$u = X(x)T(t). \tag{8.1.36}$$

代入非线性平流方程(8.1.28)得到

$$\frac{1}{T^2}T' = -X' = -\lambda_0(\text{常数}). \tag{8.1.37}$$

由此求得

$$T = \frac{T(0)}{1+\lambda_0 T(0)t}. \tag{8.1.38}$$

注意 $u|_{t=0} = u_0(x) = T(0)X(x)$,则式(8.1.38)代入式(8.1.36)求得

$$u = \frac{u_0(x)}{1+\lambda_0 T(0)t} = \frac{u_0(x)}{1-t/t_c}, \tag{8.1.39}$$

其中

$$t_c = -\frac{1}{\lambda_0 T(0)}. \tag{8.1.40}$$

由此可见,只要 $t_c>0$,则当 $t\to t_c$ 时,$u\to\pm\infty$,它称为破裂或崩溃(blow up).而且,当 $t<t_c$ 时,在 x 的任一点上 u 与 u_0 同号;但当 $t>t_c$ 时,在 x 的任一点上 u 与 u_0 反号,从而出现了反向转变.

将非线性平流方程(8.1.28)扩展,有下列非线性方程(称为 Riemann 方程):

$$\frac{\partial u}{\partial t} + c(u)\frac{\partial u}{\partial x} = 0, \tag{8.1.41}$$

其中 $c(u)$是 u 的任意函数.显然,它满足初条件(8.1.6)的解为

$$u = u_0(x - c(u)t). \tag{8.1.42}$$

例 4 空间一维的浅水方程组为

$$\begin{cases} \dfrac{\partial u}{\partial t} + u\dfrac{\partial u}{\partial x} + g\dfrac{\partial h}{\partial x} = 0, \\ \dfrac{\partial h}{\partial t} + u\dfrac{\partial h}{\partial x} + h\dfrac{\partial u}{\partial x} = 0, \end{cases} \tag{8.1.43}$$

其中 u 和 h 分别为速度和自由面高度,g 为重力加速度.若令

$$\boldsymbol{w} = \begin{bmatrix} u \\ h \end{bmatrix}, \quad \boldsymbol{A} = \begin{bmatrix} u & g \\ h & u \end{bmatrix}, \tag{8.1.44}$$

则方程组(8.1.43)可以改写为

$$\frac{\partial \boldsymbol{w}}{\partial t} + \boldsymbol{A}\frac{\partial \boldsymbol{w}}{\partial x} = 0. \tag{8.1.45}$$

矩阵 $\mathbf{A}$ 的特征方程为

$$\begin{vmatrix} u-\lambda & g \\ h & u-\lambda \end{vmatrix} = 0. \tag{8.1.46}$$

由此求得特征值为

$$\lambda = u \pm c \quad (c = \sqrt{gh}). \tag{8.1.47}$$

对于 $\lambda=u+c$，很容易求得特征向量为$\begin{bmatrix} 1 \\ \sqrt{g/h} \end{bmatrix}$，以 1 和 $\sqrt{g/h}$ 分别去乘方程组(8.1.43)的第一个方程和第二个方程，然后相加得到

$$\left[\frac{\partial}{\partial t} + (u+c)\frac{\partial}{\partial x}\right](u+2c) = 0 \quad (c = \sqrt{gh}). \tag{8.1.48}$$

对于 $\lambda=u-c$，也很容易求得特征向量为$\begin{bmatrix} 1 \\ -\sqrt{g/h} \end{bmatrix}$，以 1 和 $-\sqrt{g/h}$ 分别去乘方程(8.1.43)的第一个方程和第一个方程，然后相加得到

$$\left[\frac{\partial}{\partial t} + (u-c)\frac{\partial}{\partial x}\right](u-2c) = 0 \quad (c = \sqrt{gh}). \tag{8.1.49}$$

所以，空间一维的浅水方程组有两个特征方向和两个 Riemann 不变量，它们分别是

$$\begin{cases} \dfrac{\mathrm{d}x}{\mathrm{d}t} = u+c, \quad r_1 = u+2c, \\ \dfrac{\mathrm{d}x}{\mathrm{d}t} = u-c, \quad r_2 = u-2c \end{cases} \quad (c = \sqrt{gh}). \tag{8.1.50}$$

对浅水波而言，初始是静止的($u=0$)，深度为 H(常数)，即

$$u\,|_{t=0} = 0, \quad h\,|_{t=0} = H. \tag{8.1.51}$$

图 8-2 给出了在(x,t)平面上浅水方程组的特征线，注意：x 轴上($t=0$)为 $u=0$，$c=c_0\equiv\sqrt{gH}$.

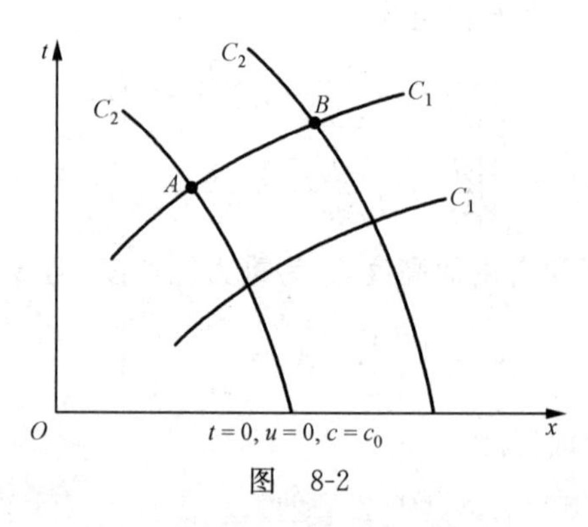

图 8-2

对于图 8-2 中的特征线 $C_1:\dfrac{\mathrm{d}x}{\mathrm{d}t}=u+c(u+c>0)$，它表征向右传播的浅水波，由式(8.1.50)知，在 C_1 上

$$u+2c=\text{常数}\quad(c=\sqrt{gh}),\tag{8.1.52}$$

则对 C_1 上的任意两点 A 和 B 有

$$u_A+2c_A=u_B+2c_B.\tag{8.1.53}$$

但通过 A 和 B 各有一条特征线 $C_2:\dfrac{\mathrm{d}x}{\mathrm{d}t}=u-c(u-c<0)$，它表征向左传播的浅水波. 因 C_2 线必然从 x 轴出发，由式(8.1.50)知，在 C_2 上

$$u-2c=\text{常数}=-2c_0\quad(c_0=\sqrt{gH}),\tag{8.1.54}$$

因而有

$$u_A-2c_A=-2c_0=u_B-2c_B.\tag{8.1.55}$$

式(8.1.53)和(8.1.55)联立有

$$u_A=u_B,\quad c_A=c_B.\tag{8.1.56}$$

它表示，在向右传播的浅水波的特征线 C_1 上，u 和 c 均保持不变，而且由式(8.1.54)知 u 与 c 之间的关系为

$$u=2(c-c_0)\quad(c=\sqrt{gh},c_0=\sqrt{gH}).\tag{8.1.57}$$

这是向右移动的浅水波中流体的速度. 式(8.1.57)代入浅水方程组(8.1.43)的第二式，得到

$$\frac{\partial h}{\partial t}+(3c-2c_0)\frac{\partial h}{\partial x}=0,\tag{8.1.58}$$

其形式同方程(8.1.41). 由此求得

$$h=h(\xi),\quad \xi=x-(3c-2c_0)t.\tag{8.1.59}$$

这是向右传播的浅水波自由面高度的隐式解. 式(8.1.59)代入式(8.1.57)即求得向右传播的浅水波速度的隐式解.

例 5 含阻尼的空间一维的非线性平流方程为

$$\frac{\partial u}{\partial t}+u\frac{\partial u}{\partial x}+\mu u=0\quad(\mu>0).\tag{8.1.60}$$

它是非线性平流方程(8.1.28)加上阻尼项 μu 得到的. 应用(8.1.29)式，即令 $u=\dfrac{\mathrm{d}x}{\mathrm{d}t}$，则方程(8.1.60)化为

$$\frac{\mathrm{d}u}{\mathrm{d}t}+\mu u=0.\tag{8.1.61}$$

设初条件仍为式(8.1.6)，则方程(8.1.61)满足初条件(8.1.6)的解可以写为

$$u=\mathrm{e}^{-\mu t}u_0(\xi),\tag{8.1.62}$$

其中

$$\xi = x - uF(t), \quad F(0) = 0. \tag{8.1.63}$$

式(8.1.62)代入方程(8.1.61)得到

$$\frac{\mathrm{d}F}{\mathrm{d}t} - \mu F = 1. \tag{6.1.64}$$

利用 $F(0)=0$ 求得

$$F(t) = \frac{1}{\mu}(\mathrm{e}^{\mu t} - 1). \tag{8.1.65}$$

例 6　二维的程函方程(eikonal equation)为

$$\left(\frac{\partial u}{\partial x}\right)^2 + \left(\frac{\partial u}{\partial y}\right)^2 = K^2 \quad (K\text{ 为常数}). \tag{8.1.66}$$

若令

$$p = \frac{\partial u}{\partial x}, \quad q = \frac{\partial u}{\partial y}, \tag{8.1.67}$$

则程函方程(8.1.66)改写为

$$p^2 + q^2 = K^2. \tag{8.1.68}$$

式(8.1.68)两边分别对 x 和 y 微商,得到

$$\begin{cases} p\dfrac{\partial p}{\partial x} + q\dfrac{\partial q}{\partial x} = 0, \\ p\dfrac{\partial p}{\partial y} + \dfrac{\partial q}{\partial y} = 0. \end{cases} \tag{8.1.69}$$

因$\dfrac{\partial p}{\partial y}=\dfrac{\partial q}{\partial x}$,则方程组(8.1.69)化为

$$\begin{cases} \dfrac{\partial p}{\partial x} + \left(\dfrac{q}{p}\right)\dfrac{\partial p}{\partial y} = 0, \\ \dfrac{\partial q}{\partial x} + \left(\dfrac{q}{p}\right)\dfrac{\partial q}{\partial y} = 0. \end{cases} \tag{8.1.70}$$

显然,方程组(8.1.70)的特征线满足

$$\lambda \equiv \frac{\mathrm{d}y}{\mathrm{d}x} = \frac{q}{p}. \tag{8.1.71}$$

而且,式(8.1.71)代入方程组(8.1.70),得到

$$\mathrm{d}p = 0, \quad \mathrm{d}q = 0. \tag{8.1.72}$$

它表示沿特征方向$\dfrac{\mathrm{d}y}{\mathrm{d}x}=q/p$ 的任一条特征线$\left(y-\dfrac{q}{p}x=\text{常数}\right)$,$p$ 和 q 是不变的,即 p 和 q 是 Riemann 不变量. 并且,方程组(8.1.70)的解可以写为

$$p = F(\xi), \quad q = G(\xi), \quad \xi = y - \frac{q}{p}x, \tag{8.1.73}$$

其中 $F(\xi)$和 $G(\xi)$是 ξ 的任意函数.

§8.2 因变量或自变量变换

本节所包含的非线性方程较多.我们按如下顺序叙述.

1. 因变量变换

例 1 空间二维的非线性 Laplace 方程为

$$\nabla_2 \cdot [k(u)\nabla_2 u] = 0. \tag{8.2.1}$$

这个方程在式(1.2.26)中已经标记过,这里 ∇_2 是关于 x 和 y 的二维 Hamilton 算子.若令

$$v = F(u), \tag{8.2.2}$$

使 v 满足线性 Laplace 方程:

$$\nabla_2^2 v = 0. \tag{8.2.3}$$

因为 $\nabla_2 v = \frac{\mathrm{d}F}{\mathrm{d}u}\nabla_2 u$,则代入方程(8.2.3)得到

$$\nabla_2 \cdot \left(\frac{\mathrm{d}F}{\mathrm{d}u}\nabla_2 u\right) = 0. \tag{8.2.4}$$

方程(8.2.4)与方程(8.2.1)相比较得

$$k(u) = \frac{\mathrm{d}F}{\mathrm{d}u}. \tag{8.2.5}$$

因而

$$v = F(u) = \int_{u_0}^{u} k(u)\mathrm{d}u, \tag{8.2.6}$$

其中 u_0 是一任意参照常数.式(8.2.6)称为 Kirchhoff 变换,它表示:只要作 Kirchhoff 变换,关于 u 的非线性 Laplace 方程(8.2.1)的求解就化成了关于 v 的线性 Laplace 方程(8.2.3)的求解.

比如 $k(u)=u^\alpha(\alpha\neq 0,-1)$,而且求解下列第一边值问题:

$$\begin{cases}\nabla_2 \cdot (u^\alpha \nabla_2 u) = 0 \quad (\alpha \neq 0, -1), \\ u|_\Sigma = f,\end{cases} \tag{8.2.7}$$

则先由式(8.2.6)求得

$$v = \frac{1}{\alpha+1}(u^{\alpha+1} - u_0^{\alpha+1}). \tag{8.2.8}$$

然后再求解

$$\begin{cases}\nabla_2^2 v = 0, \\ v|_\Sigma = \frac{1}{\alpha+1}(f^{\alpha+1} - u_0^{\alpha+1}).\end{cases} \tag{8.2.9}$$

由此解出 v 后代回式(8.2.8)即可确定 u.

例 2　Monge-Ampere 方程为

$$\frac{\partial^2 u}{\partial x^2}\frac{\partial^2 u}{\partial y^2}-\left(\frac{\partial^2 u}{\partial x\partial y}\right)^2=0. \tag{8.2.10}$$

这个方程在式(1.2.28)中已经标记过,它是普遍的 Monge-Ampere 方程(1.2.27)中最简单的情况.

首先,Monge-Ampere 方程(8.2.10)有形式为

$$u=F(\theta),\quad \theta=kx+ly \tag{8.2.11}$$

的解,这里 $F(\theta)$是 θ 的任意函数. 其次,若令

$$p=\frac{\partial u}{\partial x},\quad q=\frac{\partial u}{\partial y}. \tag{8.2.12}$$

因为$\dfrac{\partial p}{\partial y}=\dfrac{\partial q}{\partial x}$,则方程(8.2.10)化为

$$\mathrm{J}(p,q)=0, \tag{8.2.13}$$

这里 $\mathrm{J}(p,q)$是 p 和 q 的 Jacobi 算子. 式(8.2.13)成立只有(见附录 D 3.24)

$$q=F(p), \tag{8.2.14}$$

即

$$\frac{\partial u}{\partial y}=F\left(\frac{\partial u}{\partial x}\right). \tag{8.2.15}$$

这样,Monge-Ampere 方程(8.2.10)的求解就化成了方程(8.2.15)的求解. 这类似于§6.1关于准地转位涡度方程的处理方式. 而方程(8.2.15)在一定的物理背景下,选择适当的 F,通常是比较容易求解的. 比如,选

$$F\left(\frac{\partial u}{\partial x}\right)=-a\frac{\partial u}{\partial x}\quad (a\ 为常数), \tag{8.2.16}$$

则方程(8.2.15)化为

$$\frac{\partial u}{\partial y}+a\frac{\partial u}{\partial x}=0. \tag{8.2.17}$$

它有通解

$$u=F(\xi),\quad \xi=x-ay. \tag{8.2.18}$$

这与式(8.2.11)实质上是一致的.

例 3　非线性方程

$$u\frac{\partial^2 u}{\partial x\partial y}-\frac{\partial u}{\partial x}\frac{\partial u}{\partial y}=0. \tag{8.2.19}$$

若令

$$u=\mathrm{e}^v. \tag{8.2.20}$$

因为

$$\frac{\partial u}{\partial x}=\mathrm{e}^{v}\frac{\partial v}{\partial x},\quad \frac{\partial u}{\partial y}=\mathrm{e}^{v}\frac{\partial v}{\partial y},\quad \frac{\partial^2 u}{\partial x\partial y}=\mathrm{e}^{v}\left(\frac{\partial^2 v}{\partial x\partial y}+\frac{\partial v}{\partial x}\frac{\partial v}{\partial y}\right),\tag{8.2.21}$$

则方程(8.2.19)化为线性波的 d'Alembert 方程

$$\frac{\partial^2 v}{\partial x\partial y}=0.\tag{8.2.22}$$

其通解为

$$v=F(x)+G(y).\tag{8.2.23}$$

所以,非线性方程(8.2.19)的解为

$$u=\mathrm{e}^{F(x)}\cdot\mathrm{e}^{G(y)}=f(x)g(y).\tag{8.2.24}$$

例 4　FYR(Fokas-Yortson-Rosen)方程为

$$\frac{\partial u}{\partial t}=D\frac{\partial}{\partial x}\left(\frac{\partial u}{\partial x}-u^2\right)\quad (D>0\text{ 为常数}).\tag{8.2.25}$$

它可以写为守恒律的形式:

$$\frac{\partial u}{\partial t}+\frac{\partial}{\partial x}\left(Du^2-D\frac{\partial u}{\partial x}\right)=0.\tag{8.2.26}$$

上式成立,可引入 v,使得

$$u=-\frac{\partial \ln v}{\partial x},\tag{8.2.27}$$

则 $Du^2-D\frac{\partial u}{\partial x}=\frac{\partial \ln v}{\partial t}$,即

$$\frac{\partial \ln v}{\partial t}=D\left[\frac{\partial^2 \ln v}{\partial x^2}+\left(\frac{\partial \ln v}{\partial x}\right)^2\right].\tag{8.2.28}$$

注意$\frac{\partial \ln v}{\partial t}=\frac{1}{v}\frac{\partial v}{\partial t}$,$\frac{\partial \ln v}{\partial x}=\frac{1}{v}\frac{\partial v}{\partial x}$,$\frac{\partial^2 \ln v}{\partial x^2}=\frac{1}{v}\frac{\partial^2 v}{\partial x^2}-\left(\frac{1}{v}\frac{\partial v}{\partial x}\right)^2$,则方程(8.2.28)化为

$$\frac{\partial v}{\partial t}=D\frac{\partial^2 v}{\partial x^2}.\tag{8.2.29}$$

这是线性热传导方程,它是很容易求解的.

例 5　行星的轨道方程(Kepler 定律)

$$\begin{cases}\dfrac{\mathrm{d}^2 r}{\mathrm{d}t^2}-r\left(\dfrac{\mathrm{d}\theta}{\mathrm{d}t}\right)^2=-\dfrac{\mu}{r^2}\quad (\mu\text{ 为引力常数}),\\[2ex] \dfrac{1}{r}\dfrac{\mathrm{d}}{\mathrm{d}t}\left(r^2\dfrac{\mathrm{d}\theta}{\mathrm{d}t}\right)=0.\end{cases}\tag{8.2.30}$$

由方程组(8.2.30)的第二个方程有

$$r^2\frac{\mathrm{d}\theta}{\mathrm{d}t}=h,\tag{8.2.31}$$

其中 h 为积分常数,表征角动量.式(8.2.31)代入方程组(8.2.30)的第一个方程,得到

$$\frac{\mathrm{d}^2 r}{\mathrm{d}t^2}-\frac{h^2}{r^3}=-\frac{\mu}{r^2}. \tag{8.2.32}$$

这是二阶非线性方程.若令

$$u=1/r. \tag{8.2.33}$$

利用式(8.2.31),因为

$$\frac{\mathrm{d}r}{\mathrm{d}t}=-h\frac{\mathrm{d}u}{\mathrm{d}\theta},\quad \frac{\mathrm{d}^2 r}{\mathrm{d}t^2}=-h^2u^2\frac{\mathrm{d}^2u}{\mathrm{d}\theta^2}, \tag{8.2.34}$$

则方程(8.2.32)化为

$$\frac{\mathrm{d}^2u}{\mathrm{d}\theta^2}+u=\frac{\mu}{h^2}. \tag{8.2.35}$$

这是u关于θ的二阶非齐次的线性方程,称为Binet方程,其通解为

$$u=\frac{\mu}{h^2}+A\cos(\theta-\alpha), \tag{8.2.36}$$

其中A和α为二任意常数.令

$$A=\frac{\mu}{h^2}e,\quad p=\frac{h^2}{\mu}, \tag{8.2.37}$$

其中e为任意常数,则求得行星的转道为

$$r=\frac{p}{1+e\cos(\theta-\alpha)}. \tag{8.2.38}$$

这是标准的二次曲线的极坐标形式.当$0<e<1$时,它代表椭圆;当$e=1$时,它代表抛物线;当$e>1$时,它代表双曲线.

2. 因变量和自变量的混合变换

例6 两波相互作用方程组

$$\begin{cases}\dfrac{\partial u_1}{\partial t}+c_1\dfrac{\partial u_1}{\partial x}=-\beta u_1u_2,\\[2mm] \dfrac{\partial u_2}{\partial t}+c_2\dfrac{\partial u_2}{\partial x}=\beta u_1u_2\end{cases}\quad(\beta>0,c_1\neq c_2). \tag{8.2.39}$$

这个方程组在式(1.2.44)中已经标记过.首先,作自变量变换:

$$\xi=\frac{\beta}{c_1-c_2}(x-c_2t),\quad \eta=-\frac{\beta}{c_1-c_2}(x-c_1t). \tag{8.2.40}$$

因为

$$\frac{\partial}{\partial t}=-\frac{\beta}{c_1-c_2}\left(c_2\frac{\partial}{\partial\xi}-c_1\frac{\partial}{\partial\eta}\right),\quad \frac{\partial}{\partial x}=\frac{\beta}{c_1-c_2}\left(\frac{\partial}{\partial\xi}-\frac{\partial}{\partial\eta}\right), \tag{8.2.41}$$

则方程组(8.2.39)化为

$$\frac{\partial u_1}{\partial\xi}=-u_1u_2,\quad \frac{\partial u_2}{\partial\eta}=u_1u_2. \tag{8.2.42}$$

由此得到

$$\frac{\partial u_1}{\partial \xi}+\frac{\partial u_2}{\partial \eta}=0. \tag{8.2.43}$$

其次,正是由于式(8.2.43),我们有下列因变量变换

$$u_1=-\frac{\partial \ln v}{\partial \eta},\quad u_2=\frac{\partial \ln v}{\partial \xi}. \tag{8.2.44}$$

这样,方程组(8.2.42)的任何一个方程均化为

$$\frac{\partial^2 v}{\partial \xi \partial \eta}=0. \tag{8.2.45}$$

这是线性波的 d'Alembert 方程,其通解为

$$v=F(\xi)+G(\eta). \tag{8.2.46}$$

式(8.2.46)代入式(8.2.44)求得两波相互作用方程组(8.2.39)的解为

$$u_1=-\frac{G'(\eta)}{F(\xi)+G(\eta)},\quad u_2=\frac{F'(\xi)}{F(\xi)+G(\eta)}, \tag{8.2.47}$$

其中 ξ 和 η 见式(8.2.40).

例 7 非线性方程

$$\frac{\partial u}{\partial y}\frac{\partial^2 u}{\partial x \partial y}-\frac{\partial u}{\partial x}\frac{\partial^2 u}{\partial y^2}=0. \tag{8.2.48}$$

首先,方程(8.2.48)可以改写为

$$\mathrm{J}\left(u,\frac{\partial u}{\partial y}\right)=0, \tag{8.2.49}$$

这里 $\mathrm{J}(u,v)$ 为 u 和 v 的 Jacobi 算子,则上式成立只有(见附录 D 3.24)

$$\frac{\partial u}{\partial y}=F(u). \tag{8.2.50}$$

其次,若作下列因变量和自变量的变换

$$u=G(\eta),\quad \eta=y+H(x), \tag{8.2.51}$$

则方程(8.2.48)成为一个恒等式. 所以,式(8.2.51)就是非线性方程(8.2.48)的通解. 式(8.2.51)实质上与式(8.2.50)是一致的,因为式(8.2.50)改写为 $\mathrm{d}u/F(u)=\mathrm{d}y$ 后积分实际上就是式(8.2.51).

例 8 不可压缩流体的边界层方程组为

$$\begin{cases} u\dfrac{\partial u}{\partial x}+v\dfrac{\partial u}{\partial y}=\nu\dfrac{\partial^2 u}{\partial y^2}, \\ \dfrac{\partial u}{\partial x}+\dfrac{\partial v}{\partial y}=0, \end{cases} \tag{8.2.52}$$

其中第一个方程为运动方程,u 和 v 分别是 x 和 y 方向上的速度,ν 为黏性系数;第二个方程为连续性方程. 由连续性方程可以引进流函数 ψ:

$$u=-\frac{\partial \psi}{\partial y},\quad v=\frac{\partial \psi}{\partial x}. \tag{8.2.53}$$

这样,运动方程便化为

$$\frac{\partial\psi}{\partial y}\frac{\partial^2\psi}{\partial x\partial y}-\frac{\partial\psi}{\partial x}\frac{\partial^2\psi}{\partial y^2}=-\nu\frac{\partial^3\psi}{\partial y^3}. \tag{8.2.54}$$

它的左端与方程(8.2.48)的左端形式相同.这样,我们可以选式(8.2.51)类型的解作为方程(8.2.54)的解,即

$$\psi=G(\eta),\quad \eta=y+H(x). \tag{8.2.55}$$

但要求$\frac{\partial^3\psi}{\partial y^3}=0$,即可以选择

$$G(\eta)=a\eta^2+b\eta+c, \tag{8.2.56}$$

其中 a,b 和 c 为常数.

例 9　非线性方程

$$\frac{\partial u}{\partial x}\frac{\partial^2 u}{\partial x\partial y}-\frac{\partial u}{\partial y}\frac{\partial^2 u}{\partial x^2}=0. \tag{8.2.57}$$

这是方程(8.2.48)中的 x 与 y 对换形成的.所以,方程(8.2.57)的通解可以写为

$$u=G(\xi),\quad \xi=x+H(y). \tag{8.2.58}$$

3. Legendre 变换

例 10　Born-Infeld 方程为

$$\left[c_0^2-\left(\frac{\partial u}{\partial t}\right)^2\right]\frac{\partial^2 u}{\partial x^2}+2\frac{\partial u}{\partial x}\frac{\partial u}{\partial t}\frac{\partial^2 u}{\partial x\partial t}-\left[1+\left(\frac{\partial u}{\partial x}\right)^2\right]\frac{\partial^2 u}{\partial t^2}=0. \tag{8.2.59}$$

这个方程在式(1.2.37)中已经标记过.若作式(8.1.2)的自变量变换,即令

$$\xi=x-c_0t,\quad \eta=x+c_0t. \tag{8.2.60}$$

注意

$$\begin{cases}\dfrac{\partial u}{\partial t}=-c_0\left(\dfrac{\partial u}{\partial\xi}-\dfrac{\partial u}{\partial\eta}\right),\quad \dfrac{\partial u}{\partial x}=\dfrac{\partial u}{\partial\xi}+\dfrac{\partial u}{\partial\eta},\quad \dfrac{\partial^2 u}{\partial x\partial t}=-c_0\left(\dfrac{\partial^2 u}{\partial\xi^2}-\dfrac{\partial^2 u}{\partial\eta^2}\right),\\ \dfrac{\partial^2 u}{\partial t^2}=c_0^2\left(\dfrac{\partial^2 u}{\partial\xi^2}-2\dfrac{\partial^2 u}{\partial\xi\partial\eta}+\dfrac{\partial^2 u}{\partial\eta^2}\right),\quad \dfrac{\partial^2 u}{\partial x^2}=\dfrac{\partial^2 u}{\partial\xi^2}+2\dfrac{\partial^2 u}{\partial\xi\partial\eta}+\dfrac{\partial^2 u}{\partial\eta^2},\end{cases} \tag{8.2.61}$$

则 Born-Infeld 方程(8.2.59)化为

$$\left(\frac{\partial u}{\partial\eta}\right)^2\frac{\partial^2 u}{\partial\xi^2}-\left(1+2\frac{\partial u}{\partial\xi}\frac{\partial u}{\partial\eta}\right)\frac{\partial^2 u}{\partial\xi\partial\eta}+\left(\frac{\partial u}{\partial\xi}\right)^2\frac{\partial^2 u}{\partial\eta^2}=0. \tag{8.2.62}$$

显然

$$\frac{\partial u}{\partial\eta}=0 \tag{8.2.63}$$

或

$$\frac{\partial u}{\partial\xi}=0 \tag{8.2.64}$$

均满足方程(8.2.62),所以,Born-Infeld 方程(8.2.59)有通解

$$u = F(\xi) = F(x - c_0 t) \tag{8.2.65}$$

或

$$u = G(\eta) = G(x + c_0 t). \tag{8.2.66}$$

Born-Infeld 方程(8.2.59)若作 Legendre 变换,可使它化为线性方程. 所谓 Legendre 变换也是一类因变量和自变量的混合变换,即令

$$v(\xi,\eta) + u(x,t) = \xi x + \eta t, \tag{8.2.67}$$

其中 ξ 和 η 是新的自变量,$v(\xi,\eta)$是新的因变量,即使(x,t,u)转化为(ξ,η,v). 因为

$$\frac{\partial u}{\partial x} = \xi, \quad \frac{\partial u}{\partial t} = \eta, \quad \frac{\partial v}{\partial \xi} = x, \quad \frac{\partial v}{\partial \eta} = t, \tag{8.2.68}$$

则将$\dfrac{\partial u}{\partial x}=\xi$的两端分别对 ξ 和 η 微商得

$$\begin{cases} \dfrac{\partial^2 u}{\partial x^2}\dfrac{\partial^2 v}{\partial \xi^2} + \dfrac{\partial^2 u}{\partial x \partial t}\dfrac{\partial^2 v}{\partial \xi \partial \eta} = 1, \\ \dfrac{\partial^2 u}{\partial x^2}\dfrac{\partial^2 v}{\partial \xi \partial \eta} + \dfrac{\partial^2 u}{\partial x \partial t}\dfrac{\partial^2 v}{\partial \eta^2} = 0. \end{cases} \tag{8.2.69}$$

这是关于$\dfrac{\partial^2 u}{\partial x^2}$和$\dfrac{\partial^2 u}{\partial x \partial t}$的代数方程组,很容易求得

$$\frac{\partial^2 u}{\partial x^2} = J\frac{\partial^2 v}{\partial \eta^2}, \quad \frac{\partial^2 u}{\partial x \partial t} = -J\frac{\partial^2 v}{\partial \xi \partial \eta}, \tag{8.2.70}$$

其中 J 满足

$$J^{-1} = \begin{vmatrix} \dfrac{\partial^2 v}{\partial \xi^2} & \dfrac{\partial^2 v}{\partial \xi \partial \eta} \\ \dfrac{\partial^2 v}{\partial \xi \partial \eta} & \dfrac{\partial^2 v}{\partial \eta^2} \end{vmatrix} = \frac{\partial^2 v}{\partial \xi^2}\frac{\partial^2 v}{\partial \eta^2} - \left(\frac{\partial^2 v}{\partial \xi \partial \eta}\right)^2. \tag{8.2.71}$$

不难证明(见附录 D 8.13)

$$J = \begin{vmatrix} \dfrac{\partial^2 u}{\partial x^2} & \dfrac{\partial^2 u}{\partial x \partial t} \\ \dfrac{\partial^2 u}{\partial x \partial t} & \dfrac{\partial^2 u}{\partial t^2} \end{vmatrix} = \frac{\partial^2 u}{\partial x^2}\frac{\partial^2 u}{\partial t^2} - \left(\frac{\partial^2 u}{\partial x \partial t}\right)^2. \tag{8.2.72}$$

类似,将$\dfrac{\partial u}{\partial t}=\eta$两端分别对 ξ 和 η 微商得

$$\begin{cases} \dfrac{\partial^2 u}{\partial x \partial t}\dfrac{\partial^2 v}{\partial \xi^2} + \dfrac{\partial^2 u}{\partial t^2}\dfrac{\partial^2 v}{\partial \xi \partial \eta} = 0, \\ \dfrac{\partial^2 u}{\partial x \partial t}\dfrac{\partial^2 v}{\partial \xi \partial \eta} + \dfrac{\partial^2 u}{\partial t^2}\dfrac{\partial^2 v}{\partial \eta^2} = 1. \end{cases} \tag{8.2.73}$$

这是关于$\dfrac{\partial^2 u}{\partial x \partial t}$和$\dfrac{\partial^2 u}{\partial t^2}$的代数方程组,很容易求得

$$\frac{\partial^2 u}{\partial x \partial t} = -J \frac{\partial^2 v}{\partial \xi \partial \eta}, \quad \frac{\partial^2 u}{\partial t^2} = J \frac{\partial^2 v}{\partial \xi^2}, \tag{8.2.74}$$

其中的第一式与式(8.2.70)的第二式是相同的.

式(8.2.68),(8.2.70)和(8.2.74)代入方程(8.2.59),得到

$$(c_0^2 - \eta^2) \frac{\partial^2 v}{\partial \eta^2} - 2\xi\eta \frac{\partial^2 v}{\partial \xi \partial \eta} - (1 + \xi^2) \frac{\partial^2 v}{\partial \xi^2} = 0. \tag{8.2.75}$$

这是 $v(\xi,\eta)$ 的线性方程,是不难求解的.这样,Born-Infeld 方程(8.2.59)的求解就化成了线性方程(8.2.75)的求解.

例 11　定常无旋运动速度势 ϕ 的非线性方程为

$$\left[c_0^2 - \left(\frac{\partial \phi}{\partial x}\right)^2\right]\frac{\partial^2 \phi}{\partial x^2} - 2\frac{\partial \phi}{\partial x}\frac{\partial \phi}{\partial y}\frac{\partial^2 \phi}{\partial x \partial y} + \left[c_0^2 - \left(\frac{\partial \phi}{\partial y}\right)^2\right]\frac{\partial^2 \phi}{\partial y^2} = 0. \tag{8.2.76}$$

通过类似于式(8.2.67)的 Legendre 变换:

$$\psi(\xi,\eta) + \phi(x,y) = \xi x + \eta y, \tag{8.2.77}$$

则化为下列关于 $\psi(\xi,\eta)$ 的线性方程:

$$(c_0^2 - \xi^2) \frac{\partial^2 \psi}{\partial \eta^2} + 2\xi\eta \frac{\partial^2 \psi}{\partial \xi \partial \eta} + (c_0^2 - \eta^2) \frac{\partial^2 \psi}{\partial \xi^2} = 0. \tag{8.2.78}$$

4. Liouville 方程的变换

例 12　Liouville 方程为

$$\frac{\partial^2 u}{\partial x \partial y} = \alpha \mathrm{e}^{\beta u}. \tag{8.2.79}$$

这个方程在式(1.2.20)中已经标记过,而且它可以视为非线性的 Liouville 常微分方程(3.5.8)的扩展.类似于式(3.5.9)的变换,我们令

$$\beta u = \ln w^{-2} = -2\ln w. \tag{8.2.80}$$

代入方程(8.2.79)使它化为

$$w \frac{\partial^2 w}{\partial x \partial y} - \frac{\partial w}{\partial x}\frac{\partial w}{\partial y} = -\frac{\alpha\beta}{2}. \tag{8.2.81}$$

将式(8.2.81)的两边对 x 微商得到

$$w \frac{\partial^3 w}{\partial x^2 \partial y} - \frac{\partial^2 w}{\partial x^2}\frac{\partial w}{\partial y} = 0 \quad 或 \quad \frac{\partial}{\partial y}\left(\frac{1}{w}\frac{\partial^2 w}{\partial x^2}\right) = 0. \tag{8.2.82}$$

因而有

$$\frac{\partial^2 w}{\partial x^2} = R(x) w, \tag{8.2.83}$$

其中 $R(x)$ 是 x 的任意函数.方程(8.2.83)是 w 关于 x 的二阶线性方程.设 $w_1(x)$ 和 $w_2(x)$ 是方程(8.2.83)的两个线性无关的解,则方程(8.2.83)的通解可以写为

$$w = C_1(y) w_1(x) + C_2(y) w_2(x), \tag{8.2.84}$$

其中 $C_1(y)$ 和 $C_2(y)$ 是 y 的任意函数. 式(8.2.84)可以改写为

$$w = X(x)Y(y)v(x,y), \quad v(x,y) = f(x) + g(y), \tag{8.2.85}$$

其中 $X(x)$, $Y(y)$, $f(x)$ 和 $g(y)$ 是任意函数.

将式(8.2.85)代入方程(8.2.81), 得到

$$(XY)^2 f'(x)g'(y) = \frac{\alpha\beta}{2}. \tag{8.2.86}$$

因而求得

$$XY = \pm\sqrt{\frac{\alpha\beta}{2f'(x)g'(y)}} = \pm\sqrt{\frac{\alpha\beta}{2\dfrac{\partial v}{\partial x}\dfrac{\partial v}{\partial y}}}. \tag{8.2.87}$$

再将式(8.2.87)代入式(8.2.85)求得

$$w = \pm\sqrt{\frac{\alpha\beta}{2\dfrac{\partial v}{\partial x}\dfrac{\partial v}{\partial y}}}v = \pm\sqrt{\frac{\alpha\beta}{2f'(x)g'(y)}}[f(x)+g(y)], \tag{8.2.88}$$

所以, Liouville 方程(8.2.79)的解为

$$u = \frac{1}{\beta}\ln\left\{\frac{2f'(x)g'(y)}{\alpha\beta[f(x)+g(y)]^2}\right\}. \tag{8.2.89}$$

若取 $f(x)=\cot p(x)$, $g(y)=-\tan q(y)$, 则 $f'(x)=-p'(x)/\sin^2 p(x)$, $g'(y)=-q'(y)/\cos^2 q(y)$, $f(x)+g(y)=\cos[p(x)+q(y)]/\sin p(x)\cos q(y)$, 则解(8.2.89)写为

$$u = \frac{1}{\beta}\ln\left\{\frac{2p'(x)q'(y)}{\alpha\beta\cos^2[p(x)+q(y)]}\right\}. \tag{8.2.90}$$

这是 Liouville 方程(8.2.79)的另一类解.

例 13 另一类 Liouville 方程

$$\frac{\partial^2 u}{\partial x^2} - \frac{\partial^2 u}{\partial y^2} = \alpha e^{-\beta u} \tag{8.2.91}$$

可以通过变换

$$\xi = x - y, \quad \eta = x + y \tag{8.2.92}$$

化为

$$\frac{\partial^2 u}{\partial\xi\partial\eta} = \frac{\alpha}{4}e^{\beta u}. \tag{8.2.93}$$

这是式(8.2.79)型的 Liouville 方程. 所以, 依式(8.2.89)和(8.2.90), 另一类 Liouville 方程(8.2.91)的解写为

$$u = \frac{1}{\beta}\ln\left\{\frac{8f'(\xi)g'(\eta)}{\alpha\beta[f(\xi)+g(\eta)]^2}\right\} \quad (\xi = x - y, \eta = x + y) \tag{8.2.94}$$

和

$$u=\frac{1}{\beta}\ln\left\{\frac{8p'(\xi)q'(\eta)}{\alpha\beta\cos^2[p(\xi)+q(\eta)]}\right\}\quad(\xi=x-y,\eta=x+y).\tag{8.2.95}$$

例 14　非线性 Poisson 方程

$$\frac{\partial^2 u}{\partial x^2}+\frac{\partial^2 u}{\partial y^2}=\alpha\mathrm{e}^{-\beta u}.\tag{8.2.96}$$

这个方程在式(1.2.23)中已经标记过,它也可以称为 Liouville 方程.

首先,若作自变量变换,令

$$\theta=kx+ly,\tag{8.2.97}$$

则方程(8.2.96)化为

$$\frac{\mathrm{d}^2 u}{\mathrm{d}\theta^2}=\frac{\alpha}{k^2+l^2}\mathrm{e}^{-\beta u}.\tag{8.2.98}$$

这是 Liouville 常微分方程(3.5.8),其中的 x 和 y 分别换成了 θ 和 u,而 α 和 β 分别换成了 $\frac{\alpha}{k^2+l^2}$ 和 $-\beta$. 则在式(8.2.98)中 $\alpha>0,\beta>0$ 的情况下,依式(3.5.15)的最后一式,求得方程(8.2.98)的解为

$$u=\frac{1}{\beta}\ln\left[\frac{\alpha\beta\cosh^2(\theta-\theta_0)}{2(k^2+l^2)}\right]\quad(\alpha>0,\beta>0,\theta=kx+ly).\tag{8.2.99}$$

这是非线性 Poisson 方程(8.2.96)的一类解,其中 θ_0 为任意常数.

其次,我们令

$$\xi=x+\mathrm{i}y,\quad \eta=x-\mathrm{i}y=\bar{\xi},\tag{8.2.100}$$

其中 $\bar{\xi}$ 是 ξ 的复共轭,这样,方程(8.2.96)便化为

$$\frac{\partial^2 u}{\partial\xi\partial\bar{\xi}}=\frac{\alpha}{4}\mathrm{e}^{-\beta u},\tag{8.2.101}$$

从而求方程(8.2.98)的另一类解.

方程(8.2.101)的形式同方程(8.2.79),则作变换

$$-\beta u=\ln w^{-2}=-2\ln w\tag{8.2.102}$$

后,方程(8.2.101)化为

$$w\frac{\partial^2 u}{\partial\xi\partial\bar{\xi}}-\frac{\partial w}{\partial\xi}\frac{\partial w}{\partial\bar{\xi}}=\frac{\alpha\beta}{8}.\tag{8.2.103}$$

将式(8.2.103)的两边对 ξ 微商得到

$$w\frac{\partial^3 w}{\partial\xi^2\partial\bar{\xi}}-\frac{\partial^2 w}{\partial\xi^2}\frac{\partial w}{\partial\bar{\xi}}=0\quad\text{或}\quad\frac{\partial}{\partial\bar{\xi}}\left(\frac{1}{w}\frac{\partial^2 w}{\partial\xi^2}\right)=0.\tag{8.2.104}$$

因而有

$$\frac{\partial^2 w}{\partial\xi^2}=R(\xi)w,\tag{8.2.105}$$

其中 $R(\xi)$ 是 ξ 的任意函数. 设 $w_1(\xi)$ 和 $w_2(\xi)$ 是方程(8.2.105)的两个线性无关的解,则方程(8.2.105)的通解可以写为

$$w = C_1(\bar{\xi})w_1(\xi) + C_2(\bar{\xi})w_2(\xi), \tag{8.2.106}$$

其中 $C_1(\bar{\xi})$和 $C_2(\bar{\xi})$是 $\bar{\xi}$ 的任意函数. 注意

$$\begin{cases} \dfrac{\partial w}{\partial \xi} = C_1(\bar{\xi})w_1'(\xi) + C_2(\bar{\xi})w_2'(\xi), \quad \dfrac{\partial w}{\partial \bar{\xi}} = C_1'(\bar{\xi})w_1(\xi) + C_2'(\bar{\xi})w_2(\xi), \\ \dfrac{\partial^2 w}{\partial \xi \partial \bar{\xi}} = C_1'(\bar{\xi})w_1'(\xi) + C_2'(\bar{\xi})w_2'(\xi), \end{cases} \tag{8.2.107}$$

则将式(8.2.106)代入式(8.2.103)得到

$$[w_1(\xi)w_2'(\xi) - w_1'(\xi)w_2(\xi)][C_1(\bar{\xi})C_2'(\bar{\xi}) - C_1'(\bar{\xi})C_2(\bar{\xi})] = \frac{\alpha\beta}{8}. \tag{8.2.108}$$

上式左端是复数,而右端是实数,要成立只有

$$C_1(\bar{\xi}) = \overline{w}_1(\bar{\xi}), \quad C_2(\bar{\xi}) = \overline{w}_2(\bar{\xi}), \tag{8.2.109}$$

其中 $\overline{w}_1$ 和 $\overline{w}_2$ 分别为 w_1 和 w_2 的复共轭,且式(8.2.108)化为

$$|w_1(\xi)w_2'(\xi) - w_1'(\xi)w_2(\xi)|^2 = \frac{\alpha\beta}{8} \quad (\alpha \text{ 与 } \beta \text{ 同号}). \tag{8.2.110}$$

而式(8.2.106)化为

$$w = w_1(\xi)\overline{w}_1(\bar{\xi}) + w_2(\xi)\overline{w}_2(\bar{\xi}). \tag{8.2.111}$$

为了求 $w_1(\xi)$和 $w_2(\xi)$,我们取 $\alpha>0,\beta>0,R(\xi)=-\frac{\alpha\beta}{8}$,则方程(8.2.105)化为

$$\frac{\partial^2 w}{\partial \xi^2} + \frac{\alpha\beta}{8}w = 0. \tag{8.2.112}$$

它的解则取为

$$w_1(\xi) = a_1\cos\sqrt{\frac{\alpha\beta}{8}}\xi, \quad w_2(\xi) = a_2\sin\sqrt{\frac{\alpha\beta}{8}}\xi, \tag{8.2.113}$$

其中 a_1 和 a_2 为实的常数. 因为

$$w_1'(\xi) = -\sqrt{\frac{\alpha\beta}{8}}a_1\sin\sqrt{\frac{\alpha\beta}{8}}\xi, \quad w_2' = \sqrt{\frac{\alpha\beta}{8}}a_2\cos\sqrt{\frac{\alpha\beta}{8}}\xi, \tag{8.2.114}$$

则将式(8.2.113)和(8.2.114)代入式(8.2.110)得到

$$a_1^2a_2^2 = 1. \tag{8.2.115}$$

使此式成立,我们取二实数 A 和 B 满足

$$a_1 = \sqrt{A+B}, \quad a_2 = \sqrt{A-B}, \quad A^2 - B^2 = 1 \quad (A > B). \tag{8.2.116}$$

这样,式(8.2.113)改写为

$$w_1(\xi) = \sqrt{A+B}\cos\sqrt{\frac{\alpha\beta}{8}}\xi, \quad w_2(\xi) = \sqrt{A-B}\sin\sqrt{\frac{\alpha\beta}{8}}\xi. \tag{8.2.117}$$

注意 $\overline{w}_1(\bar{\xi}) = \sqrt{A+B}\cos\sqrt{\frac{\alpha\beta}{8}}\bar{\xi}, \overline{w}_2(\bar{\xi}) = \sqrt{A-B}\sin\sqrt{\frac{\alpha\beta}{8}}\bar{\xi}$,所以,非线性 Poisson 方程(8.2.96)的另一类解为

$$u=\frac{2}{\beta}\ln\left[(A+B)\left(\cos\sqrt{\frac{\alpha\beta}{8}}\xi\right)\left(\cos\sqrt{\frac{\alpha\beta}{8}}\bar{\xi}\right)\right]+(A-B)\left(\sin\sqrt{\frac{\alpha\beta}{8}}\xi\right)\left(\sin\sqrt{\frac{\alpha\beta}{8}}\bar{\xi}\right).$$

(8.2.118)

例 15　Kelvin-Stuart 的猫眼流(cat's eye flow)流函数 ψ 满足

$$\frac{\partial^2\psi}{\partial x^2}+\frac{\partial^2\psi}{\partial y^2}=-\mathrm{e}^{-2\psi}. \tag{8.2.119}$$

这是方程(8.2.96)中 u 换为 $-\psi$ 且 $\alpha=1,\beta=2$ 的情况. 则依式(8.2.118)有

$$\psi=-\ln\left[(A+B)\left(\cos\frac{\xi}{2}\right)\left(\cos\frac{\bar{\xi}}{2}\right)+(A-B)\left(\sin\frac{\xi}{2}\right)\left(\sin\frac{\bar{\xi}}{2}\right)\right]. \tag{8.2.120}$$

但利用三角公式和 $\cos\mathrm{i}\alpha=\cosh\alpha$，有

$$\begin{cases}\left(\cos\frac{\xi}{2}\right)\left(\cos\frac{\bar{\xi}}{2}\right)=\left(\cos^2\frac{x}{2}\right)\left(\cos^2\frac{\mathrm{i}y}{2}\right)-\left(\sin^2\frac{x}{2}\right)\left(\sin^2\frac{\mathrm{i}y}{2}\right)\\ \qquad=\frac{1}{2}(\cos x+\cos\mathrm{i}y)=\frac{1}{2}(\cos x+\cosh y),\\ \left(\sin\frac{\xi}{2}\right)\left(\sin\frac{\bar{\xi}}{2}\right)=\left(\sin^2\frac{x}{2}\right)\left(\cos^2\frac{\mathrm{i}y}{2}\right)-\left(\cos^2\frac{x}{2}\right)\left(\sin^2\frac{\mathrm{i}y}{2}\right)\\ \qquad=-\frac{1}{2}(\cos x-\cos\mathrm{i}y)=-\frac{1}{2}(\cos x-\cosh y).\end{cases} \tag{8.2.121}$$

这样，解(8.2.120)改写为

$$\begin{aligned}\psi&=-\ln\left[\frac{A+B}{2}(\cos x+\cosh y)-\frac{A-B}{2}(\cos x-\cosh y)\right]\\&=-\ln(A\cosh y+\sqrt{A^2-1}\cos x)\quad(A\geqslant 1).\end{aligned} \tag{8.2.122}$$

$\psi=$常数的流线图见图 8-3. 由式(8.2.122)我们可以求得猫眼流的速度为

$$u\equiv-\frac{\partial\psi}{\partial y}=\frac{A\sinh y}{A\cosh y+\sqrt{A^2-1}\cos x},\quad v\equiv\frac{\partial\psi}{\partial x}=\frac{\sqrt{A^2-1}\sin x}{A\cosh y+\sqrt{A^2-1}\cos x}.$$

(8.2.123)

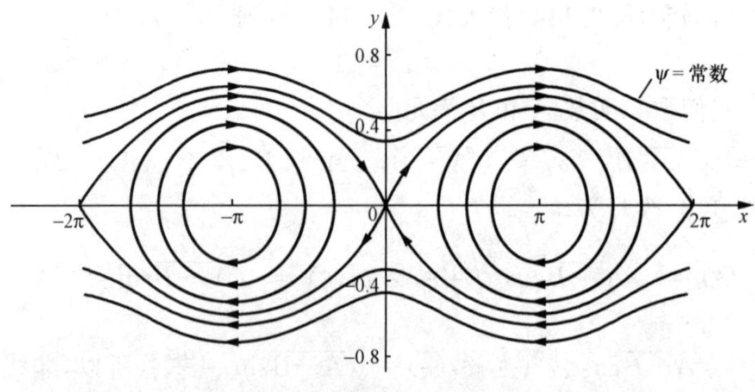

图　8-3

5. 定常轴对称涡旋方程组中的变换

应用柱坐标系(r,θ,z),设v_r,v_θ和w分别为径向速度、切向速度和垂直速度,p和ρ分别为压强和密度,则运动方程和连续性方程构成的方程组可以写为

$$\begin{cases} v_r\dfrac{\partial v_r}{\partial r}-\dfrac{v_\theta^2}{r}+w\dfrac{\partial v_r}{\partial z}=-\dfrac{1}{\rho}\dfrac{\partial p}{\partial r}+K\left(\dfrac{\partial^2 v_r}{\partial r^2}+\dfrac{1}{r}\dfrac{\partial v_r}{\partial r}-\dfrac{v_r}{r^2}+\dfrac{\partial^2 v_r}{\partial z^2}\right), \\ v_r\dfrac{\partial v_\theta}{\partial r}+\dfrac{v_r v_\theta}{r}+w\dfrac{\partial v_\theta}{\partial z}=K\left(\dfrac{\partial^2 v_\theta}{\partial r^2}+\dfrac{1}{r}\dfrac{\partial v_\theta}{\partial r}-\dfrac{v_\theta}{r^2}+\dfrac{\partial^2 v_\theta}{\partial z^2}\right), \\ v_r\dfrac{\partial w}{\partial r}+w\dfrac{\partial w}{\partial z}=-\dfrac{1}{\rho}\dfrac{\partial p}{\partial z}+K\left(\dfrac{\partial^2 w}{\partial r^2}+\dfrac{1}{r}\dfrac{\partial w}{\partial r}+\dfrac{\partial^2 w}{\partial z^2}\right), \\ \dfrac{1}{r}\dfrac{\partial}{\partial r}(rv_r)+\dfrac{\partial w}{\partial z}=0, \end{cases} \tag{8.2.124}$$

其中K为湍流系数,设为常数.

例 16 Burgers 单圈涡旋

Burgers 假定:v_r和v_θ只与r有关,w只与z有关,则方程组(8.2.124)可以化为

$$\begin{cases} v_r\dfrac{\partial v_r}{\partial r}-\dfrac{v_\theta^2}{r}=-\dfrac{1}{\rho}\dfrac{\partial p}{\partial r}+K\dfrac{\partial}{\partial r}\left[\dfrac{1}{r}\dfrac{\partial}{\partial r}(rv_r)\right], \\ v_r\dfrac{1}{r}\dfrac{\partial}{\partial r}(rv_\theta)=K\dfrac{\partial}{\partial r}\left[\dfrac{1}{r}\dfrac{\partial}{\partial r}(rv_\theta)\right], \\ w\dfrac{\partial w}{\partial z}=-\dfrac{1}{\rho}\dfrac{\partial p}{\partial z}+K\dfrac{\partial^2 w}{\partial z^2}, \\ \dfrac{\partial}{\partial r}(rv_r)+\dfrac{\partial}{\partial z}(rw)=0. \end{cases} \tag{8.2.125}$$

Burgers 进一步假定w是z的下列线性函数:

$$w=2az \quad (a>0\text{ 为常数}), \tag{8.2.126}$$

则由方程组(8.2.125)的第三式求得

$$\frac{\partial p}{\partial z}=-4a^2\rho z. \tag{8.2.127}$$

而由方程组(8.2.125)的第四式求得

$$v_r=-ar. \tag{8.2.128}$$

方程组(8.2.125)的第二个方程可以写为

$$K\mathrm{d}\left\{\ln\left[\frac{1}{r}\frac{\mathrm{d}}{\mathrm{d}r}(rv_\theta)\right]\right\}=v_r\mathrm{d}r. \tag{8.2.129}$$

将式(8.2.128)代入式(8.2.129),注意$r=0$时,v_θ应有界,则积分求得

$$v_\theta = \frac{\Gamma}{2\pi r}(1 - e^{-\frac{ar^2}{2K}}) \quad (\Gamma \text{ 为常数}). \tag{8.2.130}$$

而由方程组(8.2.125)的第一个方程求得

$$p = p_0 - \frac{\rho}{2}(a^2 r^2 + 4a^2 z^2) + \rho\int_0^r \frac{v_\theta^2}{r}\mathrm{d}r \quad (p_0 \text{ 为常数}). \tag{8.2.131}$$

若由方程组(8.2.125)的第四个方程引入流函数,则如此求得的流线为一个单圈,故称为 Burgers 单圈涡旋.

例 17 Sullivan 两圈涡旋

Sullivan 对 Burgers 的涡旋模式作了改进.他假定 v_r 和 v_θ 仍只与 r 有关,但 w 也与 r 有关,且

$$v_r = F(r), \quad w = 2azG(r), \tag{8.2.132}$$

则方程组(8.2.124)可以化为

$$\begin{cases} v_r \dfrac{\partial v_r}{\partial r} - \dfrac{v_\theta^2}{r} = -\dfrac{1}{\rho}\dfrac{\partial p}{\partial r} + K\dfrac{\partial}{\partial r}\left[\dfrac{1}{r}\dfrac{\partial}{\partial r}(rv_r)\right], \\ v_r \dfrac{1}{r}\dfrac{\partial}{\partial r}(rv_\theta) = K\dfrac{\partial}{\partial r}\left[\dfrac{1}{r}\dfrac{\partial}{\partial r}(rv_\theta)\right], \\ v_r \dfrac{\partial w}{\partial r} + w\dfrac{\partial w}{\partial z} = -\dfrac{1}{\rho}\dfrac{\partial p}{\partial z} + K\left[\dfrac{1}{r}\dfrac{\partial}{\partial r}\left(r\dfrac{\partial w}{\partial r}\right) + \dfrac{\partial^2 w}{\partial z^2}\right], \\ \dfrac{\partial}{\partial r}(rv_r) + \dfrac{\partial}{\partial z}(rw) = 0. \end{cases} \tag{8.2.133}$$

Sullivan 又假设,在现在的情况下式(8.2.127)依然成立,这样,将式(8.2.127)和(8.2.132)代入方程组(8.2.133)的第三个方程和第四个方程,得到

$$\begin{cases} F\dfrac{\mathrm{d}G}{\mathrm{d}r} + 2aG^2 = 2a + K\dfrac{1}{r}\dfrac{\mathrm{d}}{\mathrm{d}r}\left(r\dfrac{\mathrm{d}G}{\mathrm{d}r}\right), \\ \dfrac{\mathrm{d}}{\mathrm{d}r}(rF) + 2arG = 0. \end{cases} \tag{8.2.134}$$

这是包含 F 和 G 的非线性方程组,考虑到 Burgers 单圈涡旋解的基本特征,Sullivan 设

$$\begin{cases} rF(r) = A_0 + A_1 r + A_2 r^2 + A_3 e^{-ar^2/2K}, \\ G(r) = B_0 + B_1 r + B_2 r^2 + B_3 e^{-ar^2/2K}, \end{cases} \tag{8.2.135}$$

代入方程组(8.2.134)定得

$$\begin{cases} A_0 = 6K, \quad A_1 = 0, \quad A_2 = -a, \quad A_3 = -6K; \\ B_0 = 1, \quad B_1 = 0, \quad B_2 = 0, \quad B_3 = -3. \end{cases} \tag{8.2.136}$$

因而求得

$$v_r = -ar + \frac{6K}{r}(1 - e^{-ar^2/2K}), \quad w = 2az(1 - 3e^{-ar^2/2K}). \tag{8.2.137}$$

再由方程组(8.2.133)的第一个方程和第二个方程求得

$$\begin{cases} v_\theta = \dfrac{\Gamma}{2\pi r}\left[H\left(\dfrac{ar^2}{2K}\right) \middle/ H(+\infty) \right] \quad (\Gamma\text{ 为常数}), \\ p = p_0 - \dfrac{\rho}{2}\left[a^2r^2 + 4a^2z^2 + \dfrac{36K^2}{r^2}(1 - \mathrm{e}^{-ar^2/2K})^2 \right] + \rho\displaystyle\int_0^r \dfrac{v_\theta^2}{r}\mathrm{d}r \quad (p_0\text{ 为常数}), \end{cases} \tag{8.2.138}$$

其中

$$H(x) = \int_0^x \exp\left(-\xi + 3\int_0^\xi \frac{1-\mathrm{e}^{-\tau}}{\tau}\mathrm{d}\tau\right)\mathrm{d}\xi. \tag{8.2.139}$$

引入流函数后，如此求得的流线为双圈，故称为 Sullivan 两圈涡旋.

6. 自治系统中的坐标变换

我们现分析大气运动，设 $u \equiv \dfrac{\mathrm{d}x}{\mathrm{d}t} \equiv \dot{x}$，$v \equiv \dfrac{\mathrm{d}y}{\mathrm{d}t} \equiv \dot{y}$ 和 $w \equiv \dfrac{\mathrm{d}z}{\mathrm{d}t} \equiv \dot{z}$ 分别为向东、向北的速度和垂直向上的速度，则 $\dot{x}, \dot{y}, \dot{z}$ 就构成一个三维自治系统.

例 18 台风(Typhoon)的螺旋斑图

$$\begin{cases} \dot{x} = (ax - by)\cos nz, \\ \dot{y} = (bx + ay)\cos nz, \\ \dot{z} = -\dfrac{2a}{n}\sin nz \end{cases} \quad \left(a < 0, b > 0, n = \frac{\pi}{H}\right). \tag{8.2.140}$$

该自治系统是经过简化的大气运动的 Navier-Stokes 方程组求得的，比较符合台风运动的主要结构. $z=0$ 和 $z=H$ 分别代表大气的下界和上界；$H/2$ 可代表大气的中层. 比如，在 $z=0$ 和 $z=H$ 处 $w=0$，但在 $z=H/2$ 处，w 达到最大值. 又比如，水平速度散度 $D \equiv \dfrac{\partial u}{\partial x} + \dfrac{\partial v}{\partial y} = 2a\cos nz$，在大气下部($0 \leqslant z < H/2$)，水平速度辐合($D < 0$)；在大气上部($H/2 < z \leqslant H$)，水平速度辐散($D > 0$)；在大气中层($z = H/2$)，无水平速度散度($D=0$). 再比如，垂直涡度 $\zeta \equiv \dfrac{\partial v}{\partial x} - \dfrac{\partial u}{\partial y} = 2b\cos nz$，在大气下部($0 \leqslant z < H/2$)，垂直涡度为正($\zeta > 0$)；在大气上部($H/2 < z \leqslant H$)，垂直涡度为负($\zeta < 0$)，但在大气中层($z = H/2$)，垂直涡度为零($\zeta = 0$).

引入柱坐标系(r, θ, z)：

$$x = r\cos\theta, \quad y = r\sin\theta, \quad z = z \quad (x^2 + y^2 = r^2). \tag{8.2.141}$$

因为

$$r\dot{r} = x\dot{x} + y\dot{y}, \quad r^2\dot{\theta} = x\dot{y} - y\dot{x}, \tag{8.2.142}$$

则自治系统(8.2.140)化为

$$\begin{cases}\dot{r} = ar\cos nz, \\ r\dot{\theta} = br\cos nz, \\ \dot{z} = -\dfrac{2a}{n}\sin nz\end{cases} \quad \left(a < 0, b > 0, n = \frac{\pi}{H}\right), \tag{8.2.143}$$

其中 $\dot{r} \equiv \dfrac{\mathrm{d}r}{\mathrm{d}t}, r\dot{\theta} = r\dfrac{\mathrm{d}\theta}{\mathrm{d}t}, \dot{z} \equiv \dfrac{\mathrm{d}z}{\mathrm{d}t}$分别代表径向速度、切向速度和垂直速度.

自治系统(8.2.143)的头两式相除,得到

$$\frac{\mathrm{d}r}{r\mathrm{d}\theta} = \frac{a}{b}. \tag{8.2.144}$$

积分求得

$$r = C\mathrm{e}^{\frac{a}{b}\theta} \quad \left(\frac{a}{b} < 0, C\text{ 为常数}\right). \tag{8.2.145}$$

式(8.2.145)表明:在台风所在的水平面上是一族对数螺线,这比较符合实际.

类似地,自治系统(8.2.143)的第一式与第三式相除,得到

$$\frac{\mathrm{d}r}{\mathrm{d}z} = -\frac{nr\cos nz}{2\sin nz}. \tag{8.2.146}$$

同样积分求得

$$r^2\sin nz = C \quad (C\text{ 为常数}). \tag{8.2.147}$$

在 z 不太大时,$\sin nz \approx nz$,式(8.2.147)简化为

$$r^2 z = C_1 \quad (C_1\text{ 为常数}). \tag{8.2.148}$$

它表明:在台风所在的(r,z)平面上近似是一组双曲线,它以 r 轴和 z 轴作为渐近线,是一个倒置的漏斗形状,这也比较符合实际.

例 19 龙卷风(Tornado)的螺旋斑图

与台风类似,龙卷风的自治系统可简化为

$$\begin{cases}\dot{x} = ax - by, \\ \dot{y} = bx + ay, \\ \dot{z} = -2a(z - z_c)\end{cases} \quad (a < 0, b > 0), \tag{8.2.149}$$

其中 $z_c > 0$ 表示龙卷风云底所在的高度.作式(8.2.141)的坐标变换,则自治系统(8.2.149)化为

$$\begin{cases}\dot{r} = ar, \\ r\dot{\theta} = br, \\ \dot{z} = -2a(z - z_c)\end{cases} \quad (a < 0, b > 0). \tag{8.2.150}$$

它的头两式相除就得到式(8.2.144),同样也有式(8.2.145),所以,在龙卷风所在的水平面上也是一族对数螺线.而自治系统的第一式与第三式相除,得到

$$\frac{\mathrm{d}r}{\mathrm{d}z} = -\frac{r}{2(z - z_c)}. \tag{8.2.151}$$

积分求得

$$r^2(z-z_c)=C\quad (C\text{ 为常数}).\tag{8.2.152}$$

在云底以下($z<z_c$),这是一个正漏斗形状的双曲线.这些都比较符合实际.

§8.3　Cole-Hopf 变换

上一节,我们通过因变量或自变量的变换以及自变量和因变量的混合变换,使一些非线性方程或方程组化成了线性方程.本节我们介绍所谓 Cole-Hopf 变换,它使得 Burgers 方程化成了线性耗散方程.

Burgers 方程为

$$\frac{\partial u}{\partial t}+u\frac{\partial u}{\partial x}-\nu\frac{\partial^2 u}{\partial x^2}=0.\tag{8.3.1}$$

它可以写为守恒律的形式[参见式(6.4.19)]:

$$\frac{\partial u}{\partial t}+\frac{\partial}{\partial x}\left(\frac{u^2}{2}-\nu\frac{\partial u}{\partial x}\right)=0.\tag{8.3.2}$$

上式成立,可引入 w 使得

$$u=\frac{\partial w}{\partial x},\tag{8.3.3}$$

则$\dfrac{u^2}{2}-\nu\dfrac{\partial u}{\partial x}=-\dfrac{\partial w}{\partial t}$,即

$$\frac{\partial w}{\partial t}+\frac{1}{2}\left(\frac{\partial w}{\partial x}\right)^2-\nu\frac{\partial^2 w}{\partial x^2}=0.\tag{8.3.4}$$

它也称为 Burgers 方程.对于方程(8.2.25),(8.2.43)和方程组(8.2.52),我们采用过类似的做法.

下面,我们建立 Burgers 方程(8.3.4)与线性耗散方程

$$\frac{\partial v}{\partial t}=\nu\frac{\partial^2 v}{\partial x^2}\tag{8.3.5}$$

之间的联系.为此,令

$$v=F(w).\tag{8.3.6}$$

这种变换在第 3 章和本章§8.2 多处用过.因为

$$\frac{\partial v}{\partial t}=F'(w)\frac{\partial w}{\partial t},\quad \frac{\partial v}{\partial x}=F'(w)\frac{\partial w}{\partial x},\quad \frac{\partial^2 v}{\partial x^2}=F''(w)\left(\frac{\partial w}{\partial x}\right)^2+F'(w)\frac{\partial^2 w}{\partial x^2},\tag{8.3.7}$$

则线性耗散方程(8.3.5)化为

$$\frac{\partial w}{\partial t}-\frac{\nu F''}{F'}\left(\frac{\partial w}{\partial x}\right)^2-\nu\frac{\partial^2 w}{\partial x^2}=0.\tag{8.3.8}$$

方程(8.3.8)与方程(8.3.4)比较得

$$\frac{\nu F''}{F'}=-\frac{1}{2}\quad 或\quad F''+\frac{1}{2\nu}F'=0. \tag{8.3.9}$$

因而

$$v=F(w)=A+B\mathrm{e}^{-\frac{1}{2\nu}w}, \tag{8.3.10}$$

其中 A 和 B 为积分常数. 如取 $A=0,B=1$，则

$$v=F(w)=\mathrm{e}^{-\frac{1}{2\nu}w}. \tag{8.3.11}$$

因而

$$w=-2\nu\ln v. \tag{8.3.12}$$

这样，式(8.3.3)改写为

$$u=-2\nu\frac{\partial \ln v}{\partial x}. \tag{8.3.13}$$

它称为 Cole-Hopf 变换. 上述分析告诉我们，Burgers 方程(8.3.1)可以通过 Cole-Hopf 变换化为线性耗散方程求解. 例如，线性耗散方程(8.3.5)显然有一个解为

$$v=1+\mathrm{e}^{-2(kx-\omega t)}\quad \left(\omega=2\nu k^2,c\equiv\frac{\omega}{k}=2\nu k\right). \tag{8.3.14}$$

(8.3.14)式代入(8.3.13)式求得

$$u=-2\nu\frac{\partial}{\partial x}\ln[1+\mathrm{e}^{-\frac{c}{\nu}(x-ct)}]=c\left(1-\tanh\frac{c}{2\nu}\xi\right)\quad (\xi=x-ct). \tag{8.3.15}$$

这就是 Burgers 方程(8.3.1)的冲击波解. 它就是式(6.1.17)中 $\xi_0=0$ 的结果.

又例如，线性耗散方程(8.3.5)有解

$$v(x,t)=1+\frac{1}{2\sqrt{\pi\nu t}}\mathrm{e}^{-x^2/4\nu t}. \tag{8.3.16}$$

把它代入式(8.3.13)求得

$$u=\frac{\frac{x}{t}\cdot\frac{1}{2\sqrt{\pi\nu t}}\mathrm{e}^{-x^2/4\nu t}}{1+\frac{1}{2\sqrt{\pi\nu t}}\mathrm{e}^{-x^2/4\nu t}}=\frac{x/t}{1+2\sqrt{\pi\nu t}\,\mathrm{e}^{x^2/4\nu t}}. \tag{8.3.17}$$

再例如，Burgers 方程的初值问题：

$$\begin{cases}\dfrac{\partial u}{\partial t}+u\dfrac{\partial u}{\partial x}-\nu\dfrac{\partial^2 u}{\partial x^2}=0 & (-\infty<x<+\infty,t>0),\\ u|_{t=0}=u_0(x) & (-\infty<x<+\infty).\end{cases} \tag{8.3.18}$$

可以通过 Cole-Hopf 变换(8.3.13)化为下列线性耗散方程的初值问题：

$$\begin{cases}\dfrac{\partial v}{\partial t}-\nu\dfrac{\partial^2 v}{\partial x^2}=0 & (-\infty<x<+\infty,t>0),\\ v|_{t=0}=v_0(x)\equiv \mathrm{e}^{-\frac{1}{2\nu}\int_0^x u_0(\xi)\mathrm{d}\xi} & (-\infty<x<+\infty).\end{cases}\tag{8.3.19}$$

因初值问题(8.3.19)的解为

$$v(x,t)=\frac{1}{2\sqrt{\pi\nu t}}\int_{-\infty}^{+\infty}v_0(\xi)\mathrm{e}^{-(x-\xi)^2/4\nu t}\mathrm{d}\xi.\tag{8.3.20}$$

则 Burgers 方程初值问题(8.3.18)的解为

$$u(x,t)=\left[\int_{-\infty}^{+\infty}\frac{x-\xi}{t}\mathrm{e}^{-G(\xi;x,t)/2\nu}\mathrm{d}\xi\right]\bigg/\int_{-\infty}^{+\infty}\mathrm{e}^{-G(\xi;x,t)/2\nu}\mathrm{d}\xi,\tag{8.3.21}$$

其中

$$G(\xi;x,t)=\int_0^{\xi}u_0(\xi')\mathrm{d}\xi'+\frac{(x-\xi)^2}{2t}.\tag{8.3.22}$$

此外,Burgers 方程(8.3.4)还可以推广为

$$\frac{\partial w}{\partial t}+G(w)\left(\frac{\partial w}{\partial x}\right)^2-\nu\frac{\partial^2 w}{\partial x^2}=0.\tag{8.3.23}$$

它也可以通过式(8.3.6)的变换化为方程(8.3.5).此时,将式(8.3.23)与式(8.3.8)比较有

$$\frac{\nu F''}{F'}=-G(w).\tag{8.3.24}$$

由此求得 F,即可求得 w,如 $G(w)=\alpha$(常数),则由式(8.3.24)可求得

$$w=-\frac{\nu}{\alpha}\ln v.\tag{8.3.25}$$

§ 8.4 推广的 Cole-Hopf 变换

我们就 KdV 方程和 KdV-Burgers 方程分别说明.

1. KdV 方程

$$\frac{\partial u}{\partial t}+u\frac{\partial u}{\partial x}+\beta\frac{\partial^3 u}{\partial x^3}=0.\tag{8.4.1}$$

既然 Burgers 方程(8.3.1)可以通过 Cole-Hopf 变换(8.3.13)化为非线性方程,而 KdV 方程的最高阶导数为三阶,比 Burgers 方程的最高阶导数多一阶,人们会自然地想到,对 KdV 方程也应可作类似的变换.

仿 Burgers 方程,首先,我们把 KdV 方程写为守恒律的形式[参见式(6.4.23)]:

$$\frac{\partial u}{\partial t}+\frac{\partial}{\partial x}\left(\frac{u^2}{2}+\beta\frac{\partial^2 u}{\partial x^2}\right)=0.\tag{8.4.2}$$

上式成立,可引入 w 使得

$$u=\frac{\partial w}{\partial x}, \tag{8.4.3}$$

则 $\frac{u^2}{2}+\beta\frac{\partial^2 u}{\partial x^2}=-\frac{\partial w}{\partial t}$,即

$$\frac{\partial w}{\partial t}+\frac{1}{2}\left(\frac{\partial w}{\partial x}\right)^2+\beta\frac{\partial^3 w}{\partial x^3}=0. \tag{8.4.4}$$

它也称为 KdV 方程. 其次,令

$$w=12\beta\frac{\partial \ln v}{\partial x}. \tag{8.4.5}$$

代入方程(8.4.4)得到

$$\frac{\partial^2 \ln v}{\partial x\partial t}+6\beta\left(\frac{\partial^2 \ln v}{\partial x^2}\right)^2+\beta\frac{\partial^4 \ln v}{\partial x^4}=0. \tag{8.4.6}$$

注意

$$\begin{cases}\dfrac{\partial^2 \ln v}{\partial x\partial t}=-v^{-2}\dfrac{\partial v}{\partial x}\dfrac{\partial v}{\partial t}+v^{-1}\dfrac{\partial^2 v}{\partial x\partial t}, \quad \dfrac{\partial^2 \ln v}{\partial x^2}=-v^{-2}\left(\dfrac{\partial v}{\partial x}\right)^2+v^{-1}\dfrac{\partial^2 v}{\partial x^2},\\ \dfrac{\partial^3 \ln v}{\partial x^3}=2v^{-3}\left(\dfrac{\partial v}{\partial x}\right)^3-3v^{-2}\dfrac{\partial v}{\partial x}\dfrac{\partial^2 v}{\partial x^2}+v^{-1}\dfrac{\partial^3 v}{\partial x^3},\\ \dfrac{\partial^4 \ln v}{\partial x^4}=-6v^{-4}\left(\dfrac{\partial v}{\partial x}\right)^4+12v^{-3}\left(\dfrac{\partial v}{\partial x}\right)^2\dfrac{\partial^2 v}{\partial x^2}-v^{-2}\left[3\left(\dfrac{\partial^2 v}{\partial x^2}\right)^2+4\dfrac{\partial v}{\partial x}\dfrac{\partial^3 v}{\partial x^3}\right]+v^{-1}\dfrac{\partial^4 v}{\partial x^4},\end{cases} \tag{8.4.7}$$

则式(8.4.6)化为

$$v\frac{\partial^2 v}{\partial x\partial t}-\frac{\partial v}{\partial x}\frac{\partial v}{\partial t}+3\beta\left(\frac{\partial^2 v}{\partial x^2}\right)^2-4\beta\frac{\partial v}{\partial x}\frac{\partial^3 v}{\partial x^3}+\beta v\frac{\partial^4 v}{\partial x^4}=0. \tag{8.4.8}$$

它可以改写为

$$v\frac{\partial}{\partial x}\left(\frac{\partial v}{\partial t}+\beta\frac{\partial^3 v}{\partial x^3}\right)-\frac{\partial v}{\partial x}\left(\frac{\partial v}{\partial t}+\beta\frac{\partial^3 v}{\partial x^3}\right)+3\beta\left[\left(\frac{\partial^2 v}{\partial x^2}\right)^2-\frac{\partial v}{\partial x}\frac{\partial^3 v}{\partial x^3}\right]=0. \tag{8.4.9}$$

尽管这个方程仍旧是非线性方程,但我们可以取

$$\frac{\partial v}{\partial t}+\beta\frac{\partial^3 v}{\partial x^3}=0, \quad \left(\frac{\partial^2 v}{\partial x^2}\right)^2-\frac{\partial v}{\partial x}\frac{\partial^3 v}{\partial x^3}=0, \tag{8.4.10}$$

则方程(8.4.9)成立. 注意方程(8.4.10)的第二式可以改写为

$$\frac{\partial}{\partial x}\left(\frac{\partial^2 v}{\partial x^2}\Big/\frac{\partial v}{\partial x}\right)=0. \tag{8.4.11}$$

这样,方程(8.4.10)可以改写为

$$\frac{\partial v}{\partial t}+\beta\frac{\partial^3 v}{\partial x^3}=0, \quad \frac{\partial^2 v}{\partial x^2}=\alpha\frac{\partial v}{\partial x} \quad (\alpha\text{ 为常数}). \tag{8.4.12}$$

式(8.4.12)的两个方程都是线性方程,称为双线性方程(bilinear equation). 要同时

满足这两个方程的解很多,比如

$$v = 1 + e^{2(kx-\omega t)} \quad (\omega = 4\beta k^3, \alpha = 2k). \tag{8.4.13}$$

将式(8.4.13)代入式(8.4.5)求得

$$w = 12\beta k\, e^{kx-\omega t}\,\mathrm{sech}(kx - \omega t). \tag{8.4.14}$$

再将 w 代入式(8.4.3)求得

$$u = 12\beta k^2 \mathrm{sech}^2(kx - \omega t) \quad \left(\omega = 4\beta k^3, c \equiv \frac{\omega}{k} = 4\beta k^2\right). \tag{8.4.15}$$

这就是 KdV 方程(8.4.1)的孤立子解,它就是式(6.1.36)中 $\xi_0 = 0$ 的结果.

上述分析告诉我们,对于 KdV 方程(8.4.1),我们可以通过推广的 Cole-Hopf 变换

$$u = 12\beta \frac{\partial^2 \ln v}{\partial x^2} \quad \left(u = \frac{\partial w}{\partial x}, w = 12\beta \frac{\partial \ln v}{\partial x}\right), \tag{8.4.16}$$

使它化为线性方程.

对于形如式(6.1.45)的 KdV 方程

$$\frac{\partial u}{\partial t} - 6u\frac{\partial u}{\partial x} + \frac{\partial^3 u}{\partial x^3} = 0. \tag{8.4.17}$$

可以通过推广的 Cole-Hopf 变换

$$u = -2\frac{\partial^2 \ln v}{\partial x^2} \quad \left(u = \frac{\partial w}{\partial x}, w = -2\frac{\partial \ln v}{\partial x}\right), \tag{8.4.18}$$

使它化为

$$v\frac{\partial}{\partial x}\left(\frac{\partial v}{\partial t} + \frac{\partial^3 v}{\partial x^3}\right) - \frac{\partial v}{\partial x}\left(\frac{\partial v}{\partial t} + \frac{\partial^3 v}{\partial x^3}\right) + 3\left[\left(\frac{\partial^2 v}{\partial x^2}\right)^2 - \frac{\partial v}{\partial x}\frac{\partial^3 v}{\partial x^3}\right] = 0. \tag{8.4.19}$$

这正好是式(8.4.9)中 $\beta = 1$ 的情况. 此时,将式(8.4.13)(其中 $\beta = 1$)代入式(8.4.18)求得

$$w = -2k e^{kx-\omega t}\,\mathrm{sech}(kx - \omega t) \quad (\omega = 4k^3) \tag{8.4.20}$$

和

$$u = -2k^2 \mathrm{sech}^2 k(x - 4k^2 t) \quad \left(c \equiv \frac{\omega}{k} = 4k^2\right). \tag{8.4.21}$$

这就是 KdV 方程(8.4.17)的孤立子解,它就是式(6.1.47)中 $\xi_0 = 0$ 的结果.

与 Cole-Hopf 变换类似,由于在推广的 Cole-Hopf 变换(8.4.16)和(8.4.18)中 v 满足的是线性方程,它的解可以很多. 因此,这种特殊变换法可以使我们获得 KdV 方程更多的解.

2. KdV-Burgers 方程

$$\frac{\partial u}{\partial t}+u\frac{\partial u}{\partial x}-\nu\frac{\partial^2 u}{\partial x^2}+\beta\frac{\partial^3 u}{\partial x^3}=0. \tag{8.4.22}$$

首先,我们把 KdV-Burgers 方程写为守恒律的形式[参见式(6.4.37)]:

$$\frac{\partial u}{\partial t}+\frac{\partial}{\partial x}\left(\frac{u^2}{2}-\nu\frac{\partial u}{\partial x}+\beta\frac{\partial^2 u}{\partial x^2}\right)=0. \tag{8.4.23}$$

引入 w 使得

$$u=\frac{\partial w}{\partial x}, \tag{8.4.24}$$

则 $\frac{u^2}{2}-\nu\frac{\partial u}{\partial x}+\beta\frac{\partial^2 u}{\partial x^2}=-\frac{\partial w}{\partial t}$,即

$$\frac{\partial w}{\partial t}+\frac{1}{2}\left(\frac{\partial w}{\partial x}\right)^2-\nu\frac{\partial^2 w}{\partial x^2}+\beta\frac{\partial^3 w}{\partial x^3}=0. \tag{8.4.25}$$

它也称为 KdV-Burgers 方程. 其次,令

$$w=-\frac{12}{5}\nu\ln v+12\beta\frac{\partial\ln v}{\partial x}. \tag{8.4.26}$$

代入方程(8.4.25),经过整理得到

$$-\frac{1}{5}\nu v\left(\frac{\partial v}{\partial t}-\nu\frac{\partial^2 v}{\partial x^2}+\beta\frac{\partial^3 v}{\partial x^3}\right)+\beta v\frac{\partial}{\partial x}\left(\frac{\partial v}{\partial t}-\nu\frac{\partial^2 v}{\partial x^2}+\beta\frac{\partial^3 v}{\partial x^3}\right)-\beta\frac{\partial v}{\partial x}\left(\frac{\partial v}{\partial t}-\nu\frac{\partial^2 v}{\partial x^2}+\beta\frac{\partial^3 v}{\partial x^3}\right)$$
$$+3\beta^2\left[\left(\frac{\partial^2 v}{\partial x^2}\right)^2-\frac{\partial v}{\partial x}\frac{\partial^3 v}{\partial x^3}\right]-\frac{1}{5}\nu\left[-\frac{1}{5}\nu\left(\frac{\partial v}{\partial x}\right)^2-\beta\frac{\partial v}{\partial x}\frac{\partial^2 v}{\partial x^2}\right]=0. \tag{8.4.27}$$

它实际上是方程(8.4.9)的推广,$\nu=0$ 时,方程(8.4.27)就化为方程(8.4.9).

方程(8.4.27)成立,我们可以取

$$\frac{\partial v}{\partial t}-\nu\frac{\partial^2 v}{\partial x^2}+\beta\frac{\partial^3 v}{\partial x^3}=0,\quad \left(\frac{\partial^2 v}{\partial x^2}\right)^2-\frac{\partial v}{\partial x}\frac{\partial^3 v}{\partial x^3}=0,\quad -\frac{1}{5}\nu\left(\frac{\partial v}{\partial x}\right)^2-\beta\frac{\partial v}{\partial x}\frac{\partial^2 v}{\partial x^2}=0, \tag{8.4.28}$$

其中的第二式与方程(8.4.10)的第二式相同,可以改写为式(8.4.11),而方程(8.4.28)的第三式可以消去$\frac{\partial v}{\partial x}$,这样,式(8.4.28)化为

$$\frac{\partial v}{\partial t}-\nu\frac{\partial^2 v}{\partial x^2}+\beta\frac{\partial^3 v}{\partial x^3}=0,\quad \frac{\partial^2 v}{\partial x^2}=\alpha\frac{\partial v}{\partial x},\quad \frac{\partial^2 v}{\partial x^2}=-\frac{\nu}{5\beta}\frac{\partial v}{\partial x}\quad (\alpha\text{ 为常数}). \tag{8.4.29}$$

比较式(8.4.29)的后两个方程可知 $\alpha=-\frac{\nu}{5\beta}$,因此式(8.4.29)化为

$$\frac{\partial v}{\partial t}-\nu\frac{\partial^2 v}{\partial x^2}+\beta\frac{\partial^3 v}{\partial x^3}=0,\quad \frac{\partial^2 v}{\partial x^2}=-\frac{\nu}{5\beta}\frac{\partial v}{\partial x}. \tag{8.4.30}$$

它仍然是双线性方程.要同时满足这两个方程的解也很多,比如

$$v = 1 + e^{kx-\omega t} \quad \left(\omega = -\nu k^2 + \beta k^3, k = -\frac{\nu}{5\beta}\right). \tag{8.4.31}$$

式(8.4.31)代入式(8.4.26)求得

$$w = -\frac{12}{5}\nu\ln[1 + e^{kx-\omega t}] + 6\beta k e^{\frac{1}{2}(kx-\omega t)} \operatorname{sech} \frac{1}{2}(kx - \omega t). \tag{8.4.32}$$

再将 w 代入式(8.4.24),求得

$$u = 2c - \frac{3\nu^2}{25\beta}\left(1 + \tanh \frac{\nu}{10\beta}\xi\right)^2 \quad \left(\xi = x - ct, c \equiv \frac{\omega}{k} = -\nu k + \beta k^2 = \frac{6\nu^2}{25\beta}\right). \tag{8.4.33}$$

这就是式(4.3.80)中 $\xi_0 = 0$ 的结果之一.

上述分析告诉我们,KdV-Burgers 方程可以通过推广的 Cole-Hopf 变换

$$u = -\frac{12}{5}\nu \frac{\partial \ln v}{\partial x} + 12\beta \frac{\partial^2 \ln v}{\partial x^2} \quad \left(u = \frac{\partial w}{\partial x}, w = -\frac{12}{5}\nu\ln v + 12\beta \frac{\partial \ln v}{\partial x}\right) \tag{8.4.34}$$

化为线性方程.

§ 8.5 WTC(Weiss-Tabor-Carnevale)方法

很多非线性方程通过适当的变换可化为线性方程.比如第 3 章的 Riccati 方程(3.2.34),即 $y' + ay + by^2 = 0$,通过变换 $y = \frac{1}{b}(\ln v)'$ 化成了线性方程 $v'' + av' = 0$;又如 Burgers 方程 $\frac{\partial u}{\partial t} + u\frac{\partial u}{\partial x} - \nu\frac{\partial^2 u}{\partial x^2} = 0$,通过 Cole-Hopf 变换 $u = -2\nu\frac{\partial \ln v}{\partial x}$ 化成了线性方程 $\frac{\partial v}{\partial t} = \nu\frac{\partial^2 v}{\partial x^2}$,再如 KdV 方程 $\frac{\partial u}{\partial t} + u\frac{\partial u}{\partial x} + \beta\frac{\partial^3 u}{\partial x^3} = 0$,通过推广的 Cole-Hopf 变换 $u = 12\beta\frac{\partial^2 \ln v}{\partial x^2}$ 化成了双线性方程 $\frac{\partial v}{\partial t} + \beta\frac{\partial^3 v}{\partial x^3} = 0$ 和 $\frac{\partial^2 v}{\partial x^2} = \alpha\frac{\partial v}{\partial x}$($\alpha$ 为常数).我们会问:这类化非线性方程为线性方程的特殊变换有没有一定的普适性呢?Weiss,Tabor 和 Carnevale 作了肯定的回答.下面举例说明他们的方法.

1. Riccati 方程[参见式(3.2.34)]

$$y' + ay + by^2 = 0. \tag{8.5.1}$$

首先,依 § 7.1,我们对方程(8.5.1)作主项分析,即令

$$y = v^{-n}(x)y_0 \quad (y_0 \text{ 为常数}). \tag{8.5.2}$$

因 $y' \sim v^{-(n+1)}$,$y^2 \sim v^{-2n}$,两者平衡有 $n = 1$,因而式(8.5.2)化为

$$y = v^{-1}(x) y_0 \quad (y_0 \text{ 为常数}). \tag{8.5.3}$$

其次,设 Riccati 方程(8.5.1)的解为下列有限负幂的 Laurent 级数:

$$y = v^{-1}(x) \sum_{j=0}^{+\infty} y_j(x) v^j(x) = v^{-1} y_0 + v^0 y_1 + v y_2 + v^2 y_3 + \cdots \quad (y_0 \neq 0). \tag{8.5.4}$$

注意,这里 $y_j(j=0,1,2,\cdots)$ 是 x 的函数. 因为

$$\begin{cases} y' = v^{-2}(-v' y_0) + v^{-1} y_0' + v^0(y_1' + v' y_2) + v(y_2' + 2v' y_3) + v^2(y_3' + \cdots) + \cdots, \\ y^2 = v^{-2} y_0^2 + v^{-1}(2y_0 y_1) + v^0(y_1^2 + 2y_0 y_2) + v(2y_1 y_2 + 2y_0 y_3) \\ \qquad + v^2(y_2^2 + 2y_1 y_3 + \cdots) + \cdots, \end{cases} \tag{8.5.5}$$

则式(8.5.4)和(8.5.5)代入方程(8.5.1)有

$$v^{-2} y_0(-v' + by_0) + v^{-1}(y_0' + ay_0 + 2by_0 y_1) + v^0(y_1' + v' y_2 + ay_1 + by_1^2 + 2by_0 y_2) \\ + v(y_2' + 2v' y_3 + ay_2 + 2by_1 y_2 + 2by_0 y_3) + \cdots = 0. \tag{8.5.6}$$

式(8.5.6)成立要求 v 的各个幂次的系数为零,则有

$$\begin{cases} v^{-2}: & -v' + by_0 = 0, \\ v^{-1}: & y_0' + ay_0 + 2by_0 y_1 = 0, \\ v^0: & y_1' + v' y_2 + ay_1 + by_1^2 + 2by_0 y_2 = 0, \\ v: & y_2' + 2v' y_3 + ay_2 + 2by_1 y_2 + 2by_0 y_3 = 0, \\ \vdots & \cdots \end{cases} \tag{8.5.7}$$

由此可见,$y_j(j=0,1,2,\cdots)$有无穷多的递推关系. 若要求

$$y_j = 0 \quad (j = 1,2,\cdots), \tag{8.5.8}$$

则方程组(8.5.7)的头两式化为

$$y_0 = \frac{1}{b} v', \quad y_0' + ay_0 = 0, \tag{8.5.9}$$

因而

$$v'' + av' = 0. \tag{8.5.10}$$

而方程组(8.5.7)的其余诸式成为恒等式.

由于 Riccati 方程(8.5.1)存在一阶极点型的活动奇点,所以,我们可以设解为

$$y = v^{-1}(x) y_0(x). \tag{8.5.11}$$

利用(8.5.9)的第一式才有了变换[参见式(3.2.35)]

$$y = \frac{1}{b} \frac{v'(x)}{v(x)} = \frac{1}{b}(\ln v)', \tag{8.5.12}$$

使得 Riccati 方程(8.5.1)化成了线性方程(8.5.10).

2. Burgers 方程

$$\frac{\partial u}{\partial t}+u\frac{\partial u}{\partial x}-\nu\frac{\partial^2 u}{\partial x^2}=0. \tag{8.5.13}$$

首先,我们对 Burgers 方程作主项分析,令

$$u=v^{-n}(x,t)u_0 \quad (u_0\text{ 为常数}). \tag{8.5.14}$$

因$\frac{\partial^2 u}{\partial x^2}\sim v^{-(n+2)}$,$u\frac{\partial u}{\partial x}\sim v^{-(2n+1)}$,两者平衡有 $n=1$,因而式(8.5.14)化为

$$u=v^{-1}(x,t)u_0 \quad (u_0\text{ 为常数}). \tag{8.5.15}$$

其次,设 Burgers 方程(8.5.13)的解为下列有限负幂的 Laurent 级数:

$$u=v^{-1}(x,t)\sum_{j=0}^{+\infty}u_j(x,t)v^j(x,t)=v^{-1}u_0+v^0u_1+vu_2+v^2u_3+\cdots \quad (u_0\neq 0). \tag{8.5.16}$$

根据 Riccati 方程(8.5.1)的做法,我们选

$$u_j=0 \quad (j=1,2,\cdots), \tag{8.5.17}$$

而令

$$u=v^{-1}(x,t)u_0(x,t). \tag{8.5.18}$$

因为

$$\begin{cases}\dfrac{\partial u}{\partial t}=v^{-2}\left(-u_0\dfrac{\partial v}{\partial t}\right)+v^{-1}\left(\dfrac{\partial u_0}{\partial t}\right), \quad u\dfrac{\partial u}{\partial x}=v^{-3}\left(-u_0^2\dfrac{\partial v}{\partial x}\right)+v^{-2}\left(u_0\dfrac{\partial u_0}{\partial x}\right),\\ \dfrac{\partial^2 u}{\partial x^2}=v^{-3}\left[2u_0\left(\dfrac{\partial v}{\partial x}\right)^2\right]+v^{-2}\left(-2\dfrac{\partial u_0}{\partial x}\dfrac{\partial v}{\partial x}-u_0\dfrac{\partial^2 v}{\partial x^2}\right)+v^{-1}\left(\dfrac{\partial^2 u_0}{\partial x^2}\right),\end{cases} \tag{8.5.19}$$

则式(8.5.18)和(8.5.19)代入方程(8.5.13)有

$$v^{-3}\left[-u_0\frac{\partial v}{\partial x}\left(u_0+2\nu\frac{\partial v}{\partial x}\right)\right]+v^{-2}\left[-u_0\left(\frac{\partial v}{\partial t}-\nu\frac{\partial^2 v}{\partial x^2}\right)+\frac{\partial u_0}{\partial x}\left(u_0+2\nu\frac{\partial v}{\partial x}\right)\right]$$
$$+v^{-1}\left(\frac{\partial u_0}{\partial t}-\nu\frac{\partial^2 u_0}{\partial x^2}\right)=0. \tag{8.5.20}$$

式(8.5.20)成立要求 v 的各个幂次的系数为零,则有

$$\begin{cases}v^{-3}:-u_0\dfrac{\partial v}{\partial x}\left(u_0+2\nu\dfrac{\partial v}{\partial x}\right)=0,\\ v^{-2}:-u_0\left(\dfrac{\partial v}{\partial t}-\nu\dfrac{\partial^2 v}{\partial x^2}\right)+\dfrac{\partial u_0}{\partial x}\left(u_0+2\nu\dfrac{\partial v}{\partial x}\right)=0,\\ v^{-1}:\dfrac{\partial u_0}{\partial t}-\nu\dfrac{\partial^2 u_0}{\partial x^2}=0.\end{cases} \tag{8.5.21}$$

由方程组(8.5.21)的第一式和第三式有

$$u_0 = -2\nu\frac{\partial v}{\partial x}, \quad \frac{\partial u_0}{\partial t} - \nu\frac{\partial^2 u_0}{\partial x^2} = 0. \tag{8.5.22}$$

而方程组(8.5.21)的第二式化为

$$\frac{\partial v}{\partial t} - \nu\frac{\partial^2 v}{\partial x^2} = 0. \tag{8.5.23}$$

方程组(8.5.22)的第一式代入式(8.5.18)有

$$u = -2\nu\frac{1}{v}\frac{\partial v}{\partial x} = -2\nu\frac{\partial \ln v}{\partial x}. \tag{8.5.24}$$

正是由于 Burgers 方程(8.5.13)存在一阶极点型的活动奇点,所以,我们可以设解为式(8.5.18),从而才有了式(8.5.24)的变换,使 Burgers 方程(8.5.13)化成了线性耗散方程(8.5.23),而且为 Burgers 方程的 Bäcklund 变换(详见第10章)奠定了基础.

3. KdV 方程

$$\frac{\partial u}{\partial t} + u\frac{\partial u}{\partial x} + \beta\frac{\partial^3 u}{\partial x^3} = 0. \tag{8.5.25}$$

首先,我们对 KdV 方程作主项分析,应用式(8.5.14),因$\dfrac{\partial^3 u}{\partial x^3} \sim v^{-(n+3)}$,$u\dfrac{\partial u}{\partial x} \sim v^{-(2n+1)}$,两者平衡有 $n=2$,因而式(8.5.14)化为

$$u = v^{-2}(x,t)u_0 \quad (u_0 \text{ 为常数}). \tag{8.5.26}$$

其次,设 KdV 方程(8.5.25)的解为下列有限负幂的 Laurent 级数:

$$u = v^{-2}(x,t)\sum_{j=0}^{+\infty} u_j(x,t)v^j(x,t) = v^{-2}u_0 + v^{-1}u_1 + v^0 u_2 + vu_3 + \cdots \quad (u_0 \neq 0). \tag{8.5.27}$$

考虑到这里 $n=2$,我们选

$$u_j = 0 \quad (j = 2,3,\cdots), \tag{8.5.28}$$

而令

$$u = v^{-2}(x,t)u_0(x,t) + v^{-1}(x,t)u_1(x,t). \tag{8.5.29}$$

因为

$$
\begin{cases}
\dfrac{\partial u}{\partial t}=v^{-3}\left(-2u_0\dfrac{\partial v}{\partial t}\right)+v^{-2}\left(\dfrac{\partial u_0}{\partial t}-u_1\dfrac{\partial v}{\partial t}\right)+v^{-1}\dfrac{\partial u_1}{\partial t},\\
\dfrac{\partial u}{\partial x}=v^{-3}\left(-2u_0\dfrac{\partial v}{\partial x}\right)+v^{-2}\left(\dfrac{\partial u_0}{\partial x}-u_1\dfrac{\partial v}{\partial x}\right)+v^{-1}\dfrac{\partial u_1}{\partial x},\\
\dfrac{\partial^2 u}{\partial x^2}=v^{-4}\left[6u_0\left(\dfrac{\partial v}{\partial x}\right)^2\right]+v^{-3}\left[-4\dfrac{\partial u_0}{\partial x}\dfrac{\partial v}{\partial x}-2u_0\dfrac{\partial^2 v}{\partial x^2}+2u_1\left(\dfrac{\partial v}{\partial x}\right)^2\right]\\
\qquad+v^{-2}\left(\dfrac{\partial^2 u_0}{\partial x^2}-2\dfrac{\partial u_1}{\partial x}\dfrac{\partial v}{\partial x}-u_1\dfrac{\partial^2 v}{\partial x^2}\right)+v^{-1}\dfrac{\partial^2 u_1}{\partial x^2},\\
\dfrac{\partial^3 u}{\partial x^3}=v^{-5}\left[-24u_0\left(\dfrac{\partial v}{\partial x}\right)^3\right]+v^{-4}\left[18\dfrac{\partial u_0}{\partial x}\left(\dfrac{\partial v}{\partial x}\right)^2+18u_0\dfrac{\partial v}{\partial x}\dfrac{\partial^2 v}{\partial x^2}-6u_1\left(\dfrac{\partial v}{\partial x}\right)^3\right]\\
\qquad+v^{-3}\left[-6\dfrac{\partial^2 u_0}{\partial x^2}\dfrac{\partial v}{\partial x}-6\dfrac{\partial u_0}{\partial x}\dfrac{\partial^2 v}{\partial x^2}-2u_0\dfrac{\partial^3 v}{\partial x^3}+6\dfrac{\partial u_1}{\partial x}\left(\dfrac{\partial v}{\partial x}\right)^2+6u_1\dfrac{\partial v}{\partial x}\dfrac{\partial^2 v}{\partial x^2}\right]\\
\qquad+v^{-2}\left(\dfrac{\partial^3 u_0}{\partial x^3}-3\dfrac{\partial^2 u_1}{\partial x^2}\dfrac{\partial v}{\partial x}-3\dfrac{\partial u_1}{\partial x}\dfrac{\partial^2 v}{\partial x^2}-u_1\dfrac{\partial^3 v}{\partial x^3}\right)+v^{-1}\dfrac{\partial^3 u_1}{\partial x^3},\\
u\dfrac{\partial u}{\partial x}=v^{-5}\left(-2u_0^2\dfrac{\partial v}{\partial x}\right)+v^{-4}\left(u_0\dfrac{\partial u_0}{\partial x}-3u_0u_1\dfrac{\partial v}{\partial x}\right)+v^{-3}\left(u_0\dfrac{\partial u_1}{\partial x}+u_1\dfrac{\partial u_0}{\partial x}-u_1^2\dfrac{\partial v}{\partial x}\right)
\end{cases}
$$

$$
+v^{-2}\left(u_1\frac{\partial u_1}{\partial x}\right),
\tag{8.5.30}
$$

则式(8.5.29)代入方程(8.5.25)有

$$
\begin{aligned}
&v^{-5}\left\{-2u_0\frac{\partial v}{\partial x}\left[u_0+12\beta\left(\frac{\partial v}{\partial x}\right)^2\right]\right\}+v^{-4}\left\{u_0\frac{\partial u_0}{\partial x}+18\beta u_0\frac{\partial v}{\partial x}\frac{\partial^2 v}{\partial x^2}+18\beta\frac{\partial u_0}{\partial x}\left(\frac{\partial v}{\partial x}\right)^2\right.\\
&\quad\left.-3u_1\frac{\partial v}{\partial x}\left[u_0+2\beta\left(\frac{\partial v}{\partial x}\right)^2\right]\right\}+v^{-3}\left\{-2u_0\left(\frac{\partial v}{\partial t}+\beta\frac{\partial^3 v}{\partial x^3}\right)+\frac{\partial u_1}{\partial x}\left[u_0+6\beta\left(\frac{\partial v}{\partial x}\right)^2\right]\right.\\
&\quad\left.+\frac{\partial u_0}{\partial x}\left(u_1-6\beta\frac{\partial^2 v}{\partial x^2}\right)-\frac{\partial v}{\partial x}\left(u_1^2+6\beta\frac{\partial^2 u_0}{\partial x^2}-6\beta u_1\frac{\partial^2 v}{\partial x^2}\right)\right\}\\
&\quad+v^{-2}\left[\frac{\partial u_0}{\partial t}+u_1\frac{\partial u_1}{\partial x}+\beta\frac{\partial^3 u_0}{\partial x^3}-3\beta\frac{\partial^2 u_1}{\partial x^2}\frac{\partial v}{\partial x}\right.\\
&\quad\left.-3\beta\frac{\partial u_1}{\partial x}\frac{\partial^2 v}{\partial x^2}-u_1\left(\frac{\partial v}{\partial t}+\beta\frac{\partial^3 v}{\partial x^3}\right)\right]+v^{-1}\left(\frac{\partial u_1}{\partial t}+\beta\frac{\partial^3 u_1}{\partial x^3}\right)=0.
\end{aligned}
\tag{8.5.31}
$$

式(8.5.31)成立要求 v 的各个幂次的系数为零.首先,由 v^{-5} 和 v^{-1} 的系数为零,得到

$$
u_0=-12\beta\left(\frac{\partial v}{\partial x}\right)^2,\quad \frac{\partial u_1}{\partial t}+\beta\frac{\partial^3 u_1}{\partial x^3}=0.
\tag{8.5.32}
$$

其次,把式(8.5.32)中的 u_0 代入到式(8.5.31)中 v^{-4} 的系数,使它为零,得到

$$
u_1=12\beta\frac{\partial^2 v}{\partial x^2}.
\tag{8.5.33}
$$

式(8.5.32)的第一式和式(8.5.33)代入式(8.5.29)有

$$u=v^{-2}\left[-12\beta\left(\frac{\partial v}{\partial x}\right)\right]^2+v^{-1}\left(12\beta\frac{\partial^2 v}{\partial x^2}\right)=12\beta\frac{\partial^2\ln v}{\partial x^2}. \tag{8.5.34}$$

而式(8.5.32)中的 u_0 和式(8.5.33)代入到式(8.5.31)中 v^{-3} 和 v^{-2} 的系数,使它们为零,得到

$$\begin{cases}-2u_0\left(\dfrac{\partial v}{\partial t}+\beta\dfrac{\partial^3 v}{\partial x^3}\right)+72\beta^2\left(\dfrac{\partial v}{\partial x}\right)^3\dfrac{\partial}{\partial x}\left(\dfrac{\partial^2 v}{\partial x^2}\Big/\dfrac{\partial v}{\partial x}\right)=0,\\ \dfrac{\partial^2 v}{\partial x^2}\left(\dfrac{\partial v}{\partial t}+\beta\dfrac{\partial^3 v}{\partial x^3}\right)+2\dfrac{\partial v}{\partial x}\dfrac{\partial}{\partial x}\left(\dfrac{\partial v}{\partial t}+\beta\dfrac{\partial^3 v}{\partial x^3}\right)+3\beta\left(\dfrac{\partial v}{\partial x}\right)^2\dfrac{\partial}{\partial x}\left(\dfrac{\partial^2 v}{\partial x^2}\Big/\dfrac{\partial v}{\partial x}\right)=0,\end{cases} \tag{8.5.35}$$

因而有

$$\frac{\partial v}{\partial t}+\beta\frac{\partial^3 v}{\partial x^3}=0,\quad \frac{\partial^2 v}{\partial x^2}=\alpha\frac{\partial v}{\partial x}. \tag{8.5.36}$$

所以,正是由于 KdV 方程(8.5.25)存在二阶极点型的活动奇点,我们才可设它的解为式(8.5.29),从而才有了式(8.5.34)的变换,使 KdV 方程(8.5.25)化成了双线性方程(8.5.36).式(8.5.29)若扩展至 $v^0(x,t)u_2(x,t)$,则可获得包括 KdV 方程的 Bäcklund 变换在内的更多的信息.但由于演绎繁琐,这里不再赘述.

§8.6 Hirota 方法

1. Hirota 双线性算子(bilinear operator)

在§8.4中对于 KdV 方程

$$\frac{\partial u}{\partial t}+u\frac{\partial u}{\partial x}+\beta\frac{\partial^3 u}{\partial x^3}=0, \tag{8.6.1}$$

应用推广的 Cole-Hopf 变换

$$u=12\beta\frac{\partial^2\ln v}{\partial x^2}\quad\left(u=\frac{\partial w}{\partial x},w=12\beta\frac{\partial \ln v}{\partial x}\right), \tag{8.6.2}$$

使 KdV 方程(8.6.1)化为式(8.4.8),也就是

$$\left(v\frac{\partial^2 v}{\partial x\partial t}-\frac{\partial v}{\partial x}\frac{\partial v}{\partial t}\right)+\beta\left[v\frac{\partial^4 v}{\partial x^4}-4\frac{\partial v}{\partial x}\frac{\partial^3 v}{\partial x^3}+3\left(\frac{\partial^2 v}{\partial x^2}\right)^2\right]=0. \tag{8.6.3}$$

这个方程在形式上比 KdV 方程复杂得多.尽管在§8.4我们作了双线性方程的处理,而且在§8.5给出了化非线性方程为线性方程求解的背景,但人们还是要问:经过这类变换化成的形如式(8.6.3)的双线性形式有没有规律可循呢?为此 Hirota 引进了双线性算子:

$$D_t^m D_x^n(f\cdot g)\equiv\left(\frac{\partial}{\partial t}-\frac{\partial}{\partial t'}\right)^m\left(\frac{\partial}{\partial x}-\frac{\partial}{\partial x'}\right)^n f(x,t)g(x',t')\Big|_{\substack{t'=t\\x'=x}}, \tag{8.6.4}$$

其中 m 和 n 为非负整数.例如

$$D_t(f\cdot g)\equiv\left(\frac{\partial}{\partial t}-\frac{\partial}{\partial t'}\right)f(x,t)g(x',t')\mid_{\substack{t'=t\\x'=x}}=g\frac{\partial f}{\partial t}-f\frac{\partial g}{\partial t},\quad(8.6.5)$$

$$D_x(f\cdot g)\equiv\left(\frac{\partial}{\partial x}-\frac{\partial}{\partial x'}\right)f(x,t)g(x',t')\mid_{\substack{t'=t\\x'=x}}=g\frac{\partial f}{\partial x}-f\frac{\partial g}{\partial x},\quad(8.6.6)$$

$$D_x^2(f\cdot g)\equiv\left(\frac{\partial}{\partial x}-\frac{\partial}{\partial x'}\right)^2 f(x,t)g(x',t')\mid_{\substack{t'=t\\x'=x}}=g\frac{\partial^2 f}{\partial x^2}-2\frac{\partial f}{\partial x}\frac{\partial g}{\partial x}+f\frac{\partial^2 g}{\partial x^2},\quad(8.6.7)$$

$$\begin{aligned}D_x^3(f\cdot g)&\equiv\left(\frac{\partial}{\partial x}-\frac{\partial}{\partial x'}\right)^3 f(x,t)g(x',t')\mid_{\substack{t'=t\\x'=x}}\\&=g\frac{\partial^3 f}{\partial x^3}-3\frac{\partial g}{\partial x}\frac{\partial^2 f}{\partial x^2}+3\frac{\partial^2 g}{\partial x^2}\frac{\partial f}{\partial x}-f\frac{\partial^3 g}{\partial x^3},\end{aligned}\quad(8.6.8)$$

$$\begin{aligned}D_x^4(f\cdot g)&\equiv\left(\frac{\partial}{\partial x}-\frac{\partial}{\partial x'}\right)^4 f(x,t)g(x',t')\mid_{\substack{t'=t\\x'=x}}\\&=g\frac{\partial^4 f}{\partial x^4}-4\frac{\partial g}{\partial x}\frac{\partial^3 f}{\partial x^3}+6\frac{\partial^2 g}{\partial x^2}\frac{\partial^2 f}{\partial x^2}-4\frac{\partial^3 g}{\partial x^3}\frac{\partial f}{\partial x}+f\frac{\partial^4 g}{\partial x^4},\end{aligned}\quad(8.6.9)$$

$$\begin{aligned}D_tD_x(f\cdot g)&\equiv\left(\frac{\partial}{\partial t}-\frac{\partial}{\partial t'}\right)\left(\frac{\partial}{\partial x}-\frac{\partial}{\partial x'}\right)f(x,t)g(x',t')\mid_{\substack{t'=t\\x'=x}}\\&=g\frac{\partial^2 f}{\partial t\partial x}-\frac{\partial f}{\partial t}\frac{\partial g}{\partial x}-\frac{\partial f}{\partial x}\frac{\partial g}{\partial t}+f\frac{\partial^2 g}{\partial t\partial x}.\end{aligned}\quad(8.6.10)$$

这样就有

$$D_t(f\cdot f)=0,\quad D_x(f\cdot f)=0,\quad D_x^3(f\cdot f)=0,\quad(8.6.11)$$

$$D_x^2(f\cdot f)=2\left[f\frac{\partial^2 f}{\partial x^2}-\left(\frac{\partial f}{\partial x}\right)^2\right],\quad(8.6.12)$$

$$D_x^4(f\cdot f)=2\left[f\frac{\partial^4 f}{\partial x^4}-4\frac{\partial f}{\partial x}\frac{\partial^3 f}{\partial x^3}+3\left(\frac{\partial^2 f}{\partial x^2}\right)^2\right],\quad(8.6.13)$$

$$D_tD_x(f\cdot f)=2\left(f\frac{\partial^2 f}{\partial t\partial x}-\frac{\partial f}{\partial t}\frac{\partial f}{\partial x}\right).\quad(8.6.14)$$

将式(8.6.13)和(8.6.14)代入式(8.6.3),则它能简单写为

$$D_x(D_t+\beta D_x^3)(v\cdot v)=0.\quad(8.6.15)$$

它是 KdV 方程(8.6.1)的双线性形式.非常有意思的是:如果我们把 D_t 和 D_x 分别看成为$\frac{\partial}{\partial t}$和$\frac{\partial}{\partial x}$的话,$D_t+\beta D_x^3$ 就是 KdV 方程(8.6.1)的线性化的算子,而且式(8.6.15)在形式上看起来比式(8.6.3)要简单得多.

显然,对于形如式(8.4.17)的 KdV 方程

$$\frac{\partial u}{\partial t}-6u\frac{\partial u}{\partial x}+\frac{\partial^3 u}{\partial x^3}=0,\quad(8.6.16)$$

合适的因变量变换应是式(8.4.18),即

$$u=-2\frac{\partial^2\ln v}{\partial x^2}. \tag{8.6.17}$$

而相应的双线性方程(8.4.19)应改写为

$$D_x(D_t+D_x^3)(v\cdot v)=0. \tag{8.6.18}$$

迄今为止,Hirota 方法已经用于很多非线性方程,显示出它的生命力,我们举几例说明,详细证明见附录 D 第 8 章.

例 1 Boussinesq 方程

$$\frac{\partial^2 u}{\partial t^2}-\frac{\partial^2 u}{\partial x^2}-3\frac{\partial^2 u^2}{\partial x^2}-\frac{\partial^4 u}{\partial x^4}=0 \tag{8.6.19}$$

(此种形式见附录 D 1.15).

经过因变量变换(8.6.17),Boussinesq 方程(8.6.19)的双线性形式为

$$(D_t^2-D_x^2-D_x^4)(v\cdot v)=0. \tag{8.6.20}$$

例 2 KP 方程

$$\frac{\partial}{\partial x}\left(\frac{\partial u}{\partial t}-6u\frac{\partial u}{\partial x}+\frac{\partial^3 u}{\partial x^3}\right)+3\frac{\partial^2 u}{\partial y^2}=0 \tag{8.6.21}$$

(此种形式见附录 D 1.16).

经过因变量变换(8.6.17),KP 方程(8.6.21)的双线性形式为

$$(D_tD_x+D_x^4+3D_y^2)(v\cdot v)=0. \tag{8.6.22}$$

例 3 mKdV 方程

$$\frac{\partial u}{\partial t}-6u^2\frac{\partial u}{\partial x}+\frac{\partial^3 u}{\partial x^3}=0 \tag{8.6.23}$$

(此种形式见附录 D 1.12).

该方程需作下列因变量变换

$$u=\frac{G}{F}, \tag{8.6.24}$$

其中 F 和 G 都是实函数.这样,mKdV 方程(8.6.23)的双线性形式为

$$\begin{cases}(D_t+D_x^3)(G\cdot F)=0,\\ D_x^2(G\cdot G+F\cdot F)=0.\end{cases} \tag{8.6.25}$$

例 4 NLS 方程

$$\mathrm{i}\frac{\partial u}{\partial t}+\frac{\partial^2 u}{\partial x^2}+2|u|^2u=0 \tag{8.6.26}$$

(此种形式见附录 D 1.17).

该方程需作因变量变换(8.6.24)(其中 F 是实函数,G 是复函数),这样,NLS 方程(8.6.26)的双线性形式为

$$\begin{cases}(\mathrm{i}D_t+D_x^2)(G\cdot F)=0,\\ D_x^2(F\cdot F)-2|G|^2=0.\end{cases} \tag{8.6.27}$$

2. 应用

应用 Hirota 方法获得的双线性方程的求解，我们以 KdV 方程的双线性方程(8.6.15)为例来说明. 为此，引进小参数 ε，而设方程(8.6.15)的解为

$$v = 1 + \varepsilon v_1 + \varepsilon^2 v_2 + \varepsilon^3 v_3 + \cdots, \tag{8.6.28}$$

其中 v_1，v_2 和 v_3 分别表示 v 的一级、二级和三级近似.

将式(8.6.28)代入方程(8.6.15)，求得它的一级近似、二级近似和三级近似分别为

$$2\frac{\partial}{\partial x}\left(\frac{\partial}{\partial t} + \beta\frac{\partial^3}{\partial x^3}\right)v_1 = 0, \tag{8.6.29}$$

$$2\frac{\partial}{\partial x}\left(\frac{\partial}{\partial t} + \beta\frac{\partial^3}{\partial x^3}\right)v_2 = -D_x(D_t + \beta D_x^3)(v_1 \cdot v_1), \tag{8.6.30}$$

$$2\frac{\partial}{\partial x}\left(\frac{\partial}{\partial t} + \beta\frac{\partial^3}{\partial x^3}\right)v_3 = -D_x(D_t + \beta D_x^3)(v_2 \cdot v_1 + v_1 \cdot v_2). \tag{8.6.31}$$

对于方程(8.6.29)，若取

$$v_1 = e^{2(kx-\omega t)} \quad \left(\omega = 4\beta k^3, c \equiv \frac{\omega}{k} = 4\beta k^2\right), \tag{8.6.32}$$

则它自动满足方程(8.6.29)，且以式(8.6.32)代入方程(8.6.30)，得到

$$2\frac{\partial}{\partial x}\left(\frac{\partial}{\partial t} + \beta\frac{\partial^3}{\partial x^3}\right)v_2 = 0. \tag{8.6.33}$$

因为方程(8.6.33)的左端形式上与方程(8.6.29)的左端一样，因而取

$$v_2 = 0. \tag{8.6.34}$$

同理，由方程(8.6.31)有

$$v_3 = 0. \tag{8.6.35}$$

接着有

$$v_j = 0 \quad (j = 4, 5, \cdots). \tag{8.6.36}$$

这样，在式(8.6.28)中取 $\varepsilon=1$ 有

$$v = 1 + v_1 = 1 + e^{2(kx-\omega t)} \quad \left(\omega = 4\beta k^3, c \equiv \frac{\omega}{k} = 4\beta k^2\right). \tag{8.6.37}$$

将式(8.6.37)代入(8.6.2)式求得

$$u = 12\beta k^2 \operatorname{sech}^2(kx - \omega t) \quad \left(\omega = 4\beta k^3, c \equiv \frac{\omega}{k} = 4\beta k^2\right). \tag{8.6.38}$$

其形式同式(8.4.15)，这就是 KdV 方程(8.6.1)的单孤立子(one-soliton)解.

类似地，对于方程(8.6.29)，若取

$$v_1 = e^{2(k_1 x - \omega_1 t - \delta_1)} + e^{2(k_2 x - \omega_2 t - \delta_2)} \quad (\omega_1 = 4\beta k_1^3, \omega_2 = 4\beta k_2^3), \tag{8.6.39}$$

则代入方程(8.6.30)求得

$$v_2=\left(\frac{k_1-k_2}{k_1+k_2}\right)^2 e^{2[(k_1+k_2)x-(\omega_1+\omega_2)t-(\delta_1+\delta_2)]}\quad (\omega_1=4\beta k_1^3,\omega_2=4\beta k_2^3). \tag{8.6.40}$$

以后有

$$v_j=0\quad (j=3,4,\cdots). \tag{8.6.41}$$

这样,取

$$v=1+v_1+v_2=1+a_1e^{2\theta_1}+a_2e^{2\theta_2}+a_3e^{2(\theta_1+\theta_2)}, \tag{8.6.42}$$

其中

$$a_1=e^{-2\delta_1},\quad a_2=e^{-2\delta_2},\quad a_3=\left(\frac{k_1-k_2}{k_1+k_2}\right)^2 a_1a_2,$$

$$\theta_1=k_1x-\omega_1t,\quad \theta_2=k_2x-\omega_2t. \tag{8.6.43}$$

将式(8.6.42)代入式(8.6.2),最后可求得 KdV 方程(8.6.1)的双孤立子(two-solitons)解. 详见§9.5.

第 9 章　散射反演法

本章主要介绍利用量子力学中的散射反演法去求解非线性演化方程的初值问题. 散射反演法最初用来求解 KdV 方程初值问题获得了成功,后来人们把它扩展去解其他非线性方程的初值问题就形成了 Lax 理论和 AKNS(Ablowitz-Kaup-Newell-Segur)方法.

§9.1　GGKM(Gardner-Greene-Kruskal-Miura)变换

本章采用下列形式的 KdV 方程:

$$\frac{\partial u}{\partial t} - 6u\frac{\partial u}{\partial x} + \frac{\partial^3 u}{\partial x^3} = 0 \tag{9.1.1}$$

[参见方程(8.4.17)或方程(6.1.45)]和下列形式的 mKdV 方程:

$$\frac{\partial v}{\partial t} - 6v^2\frac{\partial v}{\partial x} + \frac{\partial^3 v}{\partial x^3} = 0 \tag{9.1.2}$$

(见附录 D 1.9). 对 KdV 方程(9.1.1)而言,首先,它具有对称性(symmetry),即将 t 换为 $-t$, x 换为 $-x$,方程的形式不变,因而

$$u(-x, -t) = u(x, t). \tag{9.1.3}$$

其次,在下列 Galileo 变换

$$x' = x - ct,\quad t' = t,\quad u' = u + \frac{c}{6} \tag{9.1.4}$$

下方程的形式也不变;第三,若作 Miura 变换

$$u = \frac{\partial v}{\partial x} + v^2, \tag{9.1.5}$$

则 KdV 方程(9.1.1)化为

$$\left(\frac{\partial}{\partial x} + 2v\right)\left(\frac{\partial v}{\partial t} - 6v^2\frac{\partial v}{\partial x} + \frac{\partial^3 v}{\partial x^3}\right) = 0. \tag{9.1.6}$$

因而 v 满足 mKdV 方程(9.1.2)(见附录 D 1.12).

受 Galileo 变换和 Miura 变换的启发,Gardner,Greene,Krystal 和 Miura 对 KdV 方程(9.1.1)作变换

$$u=\frac{\partial v}{\partial x}+v^{2}+\lambda(t),\quad v=\frac{\partial\ln\psi}{\partial x}.\tag{9.1.7}$$

它称为 GGKM 变换. 这个变换也可以写为

$$u=\frac{1}{\psi}\frac{\partial^{2}\psi}{\partial x^{2}}+\lambda(t).\tag{9.1.8}$$

由此可知,GGKM 变换实际上把 KdV 方程化成了量子力学中定态波函数 ψ 满足的 Schrödinger 方程

$$\frac{\partial^{2}\psi}{\partial x^{2}}+(\lambda-u)\psi=0,\tag{9.1.9}$$

而 KdV 方程中的未知函数 u 成了 Schrödinger 方程中的势场,λ 成了本征值.

所以,通过 GGKM 变换可以建立一个非线性演化方程(如 KdV 方程)和 Schrödinger 方程(9.1.9)之间的联系,而且通过散射反演法求出势场,此势场就是非线性演化方程的解. 不过,求解一般的(非特定势场)Schrödinger 方程的本征值问题,特别是把 u 作为 KdV 方程的孤立子解,要求

$$\lim_{x\to\pm\infty}u=0.\tag{9.1.10}$$

因此,通常由散射反演法求得的是某个非线性方程的孤立子解. 当然,Schrödinger 方程对波函数的要求是平方可积,即

$$\int_{-\infty}^{+\infty}\psi^{2}\,\mathrm{d}x=\text{有限值}.\tag{9.1.11}$$

§9.2　Schrödinger 方程势场的孤立子解

GGKM 变换使得人们通过散射反演求非线性演化方程的孤立子解成为可能,而且事实上,Schrödinger 方程的势场就有孤立子解.

令 $\lambda=k^{2}$,则 Schrödinger 方程(9.1.9)写为

$$\frac{\partial^{2}\psi}{\partial x^{2}}+(k^{2}-u)\psi=0.\tag{9.2.1}$$

为了求得 u,Bargmann 假设方程(9.2.1)的解为

$$\psi=\mathrm{e}^{ikx}F(k,x),\tag{9.2.2}$$

其中 $F(k,x)$是 k 的多项式,与 x 有关的量是系数. 由此可求得 u 的孤立子解,这种方法称为 Bargmann 势场方法.

将式(9.2.2)代入方程(9.2.1)得到

$$\frac{\partial^{2}F}{\partial x^{2}}+2ik\frac{\partial F}{\partial x}-uF=0.\tag{9.2.3}$$

下面我们设 F 为 k 的一次多项式和二次多项式,可分别求得 u 的单孤立子解和双孤立子解.

1. 单孤立子解

设 $F(k,x)$ 为 k 的一次多项式，即令

$$F(k,x) = \mathrm{i}a(x) + 2k, \tag{9.2.4}$$

其中 $a(x)$ 为待定的实函数.

将式(9.2.4)代入方程(9.2.3)有

$$\mathrm{i}\left(\frac{\mathrm{d}^2 a}{\mathrm{d}x^2} - au\right) - 2k\left(\frac{\mathrm{d}a}{\mathrm{d}x} + u\right) = 0, \tag{9.2.5}$$

因而

$$\frac{\mathrm{d}^2 a}{\mathrm{d}x^2} = au, \quad \frac{\mathrm{d}a}{\mathrm{d}x} = - u. \tag{9.2.6}$$

这是确定 $a(x)$ 和 $u(x)$ 的两个方程. 将方程组(9.2.6)的两个方程消去 u 得到

$$\frac{\mathrm{d}^2 a}{\mathrm{d}x^2} + a\frac{\mathrm{d}a}{\mathrm{d}x} = 0. \tag{9.2.7}$$

上式对 x 积分一次得到

$$\frac{\mathrm{d}a}{\mathrm{d}x} + \frac{1}{2}a^2 = 2k^2, \tag{9.2.8}$$

其中 $2k^2$ 为积分常数. 方程(9.2.8)是 Riccati 方程，形式同方程(3.2.39)(这里 $b=1/2, c=-2k^2$)，因而方程(9.2.8)的解为

$$a(x) = 2k\tanh(kx - \delta), \tag{9.2.9}$$

其中 δ 为积分常数.

将式(9.2.9)代入方程组(9.2.6)的第二个方程求得

$$u = - \frac{\mathrm{d}a}{\mathrm{d}x} = - 2k^2\operatorname{sech}^2(kx - \delta). \tag{9.2.10}$$

这就是 Schrödinger 方程势场的单孤立子解.

若取 $k=1, \delta=0$，则式(9.2.10)

$$u = - 2\operatorname{sech}^2 x. \tag{9.2.11}$$

这个解常视为用散射反演法求 KdV 方程(9.1.1)单孤立子解的初条件.

2. 双孤立子解

设 $F(k,x)$ 是 k 的二次多项式，即令

$$F(k,x) = b(x) + 2\mathrm{i}ka(x) + 4k^2, \tag{9.2.12}$$

其中 $a(x)$ 和 $b(x)$ 为待定的实函数.

将式(9.2.12)代入方程(9.2.3)有

$$\left(\frac{\mathrm{d}^2 b}{\mathrm{d}x^2} - bu\right) + 2\mathrm{i}k\left(\frac{\mathrm{d}^2 a}{\mathrm{d}x^2} + \frac{\mathrm{d}b}{\mathrm{d}x} - au\right) - 4k^2\left(\frac{\mathrm{d}a}{\mathrm{d}x} + u\right) = 0, \tag{9.2.13}$$

因而

$$\frac{d^2 b}{dx^2} - bu = 0, \quad \frac{d^2 a}{dx^2} + \frac{db}{dx} - au = 0, \quad \frac{da}{dx} + u = 0. \tag{9.2.14}$$

这是确定 $a(x)$,$b(x)$和 $u(x)$的三个方程. 方程组(9.2.14)的头两个方程和后两个方程消去 u,分别得

$$b\frac{db}{dx} + \frac{d}{dx}\left(b\frac{da}{dx} - a\frac{db}{dx}\right) = 0, \quad \frac{d^2 a}{dx^2} + a\frac{da}{dx} + \frac{db}{dx} = 0. \tag{9.2.15}$$

将方程组(9.2.15)的两个方程分别对 x 积分一次有

$$\frac{1}{2}b^2 + b\frac{da}{dx} - a\frac{db}{dx} = 2k_2^4, \quad \frac{da}{dx} + \frac{1}{2}a^2 + b = 2k_1^2, \tag{9.2.16}$$

其中 $2k_2^4$ 和 $2k_1^2$ 为积分常数. 方程组(9.2.16)的第二个方程是关于 $a(x)$的 Riccati 方程,若令

$$a = \frac{2}{v}\frac{dv}{dx} = 2\frac{d\ln v}{dx}, \tag{9.2.17}$$

则它化为

$$b = 2\left(k_1^2 - \frac{1}{v}\frac{d^2 v}{dx^2}\right). \tag{9.2.18}$$

将式(9.2.17)和(9.2.18)代入方程组(9.2.16)的第一个方程,得到

$$2\frac{dv}{dx}\frac{d^3 v}{dx^3} - \left(\frac{d^2 v}{dx^2}\right)^2 - 2k_1^2\left(\frac{dv}{dx}\right)^2 + (k_1^4 - k_2^4)v^2 = 0. \tag{9.2.19}$$

上式两边对 x 微商,消去因子 $2\dfrac{dv}{dx}$,得到下列 v 的四阶线性方程:

$$\frac{d^4 v}{dx^4} - 2k_1^2\frac{d^2 v}{dx^2} + (k_1^4 - k_2^4)v = 0. \tag{9.2.20}$$

它的通解为

$$v = C_1 e^{\mu_1 x} + C_2 e^{-\mu_1 x} + C_3 e^{\mu_2 x} + C_4 e^{-\mu_2 x}, \tag{9.2.21}$$

其中 C_1,C_2,C_3 和 C_4 为任意常数,而

$$\mu_1 = \sqrt{k_1^2 + k_2^2}, \quad \mu_2 = \sqrt{k_1^2 - k_2^2} \quad (k_1^2 > k_2^2). \tag{9.2.22}$$

将式(9.2.21)代入方程(9.2.19),不难得到(见附录 D 9.1)

$$C_1 C_2 \mu_1^2 = C_3 C_4 \mu_2^2. \tag{9.2.23}$$

这样可令

$$C_1 = \mu_2 \alpha, \quad C_2 = \frac{\mu_2}{\alpha}, \quad C_3 = \mu_1 \beta, \quad C_4 = \frac{\mu_1}{\beta}, \tag{9.2.24}$$

其中 α 和 β 为任意非零常数. 将式(9.2.24)代入式(9.2.21),得到

$$\begin{aligned} v &= \mu_2(\alpha e^{\mu_1 x} + \alpha^{-1} e^{-\mu_1 x}) + \mu_1(\beta e^{\mu_2 x} + \beta^{-1} e^{-\mu_2 x}) \\ &= 2\mu_2 \cosh(\mu_1 x - \theta_1) + 2\mu_1 \cosh(\mu_2 x - \theta_2), \end{aligned} \tag{9.2.25}$$

其中

$$e^{-\theta_1}=\alpha,\quad e^{-\theta_2}=\beta. \tag{9.2.26}$$

将式(9.2.25)代入(9.2.17)式求得

$$a(x)=2\mu_1\mu_2\cdot\frac{\sinh(\mu_1x-\theta_1)+\sinh(\mu_2x-\theta_2)}{\mu_2\cosh(\mu_1x-\theta_1)+\mu_1\cosh(\mu_2x-\theta_2)}. \tag{9.2.27}$$

将式(9.2.27)代入(9.2.14)的第三式,得到

$$u(x)=-2\mu_1\mu_2\left\{\frac{(\mu_1^2+\mu_2^2)\cosh(\mu_1x-\theta_1)\cosh(\mu_2x-\theta_2)}{[\mu_2\cosh(\mu_1x-\theta_1)+\mu_1\cosh(\mu_2x-\theta_2)]^2}\right.$$
$$\left.+\frac{2\mu_1\mu_2[1-\sinh(\mu_1x-\theta_1)\sinh(\mu_2x-\theta_2)]}{[\mu_2\cosh(\mu_1x-\theta_1)+\mu_1\cosh(\mu_2x-\theta_2)]^2}\right\}. \tag{9.2.28}$$

若令

$$\mu_1=p+q,\quad \mu_2=p-q,\quad \theta_1=\gamma+\delta,\quad \theta_2=\gamma-\delta, \tag{9.2.29}$$

则式(9.2.27)和(9.2.28)分别化为

$$a(x)=2(p^2-q^2)\frac{1}{p\coth(px-\gamma)-q\tanh(qx-\delta)}, \tag{9.2.30}$$

$$u(x)=-2(p^2-q^2)\frac{p^2\operatorname{csch}^2(px-\gamma)+q^2\operatorname{sech}^2(qx-\delta)}{[p\coth(px-\gamma)-q\tanh(qx-\delta)]^2}. \tag{9.2.31}$$

式(9.2.31)表征 Schrödinger 方程势场的双孤立子解.

若取 $p=2,q=1(\mu_1=3,\mu_2=1),\gamma=\delta=0(\theta_1=\theta_2=0)$,则(9.2.31)式化为(见附录 D 9.2)

$$u=-6\operatorname{sech}^2x. \tag{9.2.32}$$

这个解常视为用散射反演法求 KdV 方程(9.1.1)双孤立子解的初条件.

§ 9.3　散射反演法

本章前两节,我们指出了某个非线性演化方程与 Schrödinger 方程联系的可能性,本节将指出这种联系的现实性. 为了方便,我们就以 KdV 方程为例,具体说明如何用散射反演法去求解下列 KdV 方程的初值问题:

$$\begin{cases}\dfrac{\partial u}{\partial t}-6u\dfrac{\partial u}{\partial x}+\dfrac{\partial^3u}{\partial x^3}=0 & (-\infty<x<+\infty,t>0),\\ u\big|_{t=0}=u_0(x) & (-\infty<x<+\infty),\end{cases} \tag{9.3.1}$$

其中 $u_0(x)$为已知函数,且任何时刻 u 都满足式(9.1.10). 具体求解初值问题(9.3.1)分三步.

(1) 以 $u_0(x)$为势场,解下列 Schrödinger 方程的本征值问题,求出与 $u_0(x)$相应的 λ(记为 λ_0)和 ψ(记为 ψ_0),即求解

$$\begin{cases}\dfrac{\partial^2 \psi_0}{\partial x^2}+(\lambda_0-u_0)\psi_0=0 \quad (-\infty<x<+\infty),\\ \psi_0\mid_{x\to-\infty}\ \text{有界}, \quad \psi_0\mid_{x\to+\infty}\ \text{有界}.\end{cases} \tag{9.3.2}$$

根据量子力学的分析，上述问题的本征值 λ_0 称为谱参数(spectral parameters)，它包含分立谱(束缚态)和连续谱(非束缚态). 对束缚态有

$$\lambda_0=-k_n^2<0 \quad (k_n>0, n=1,2,\cdots,N). \tag{9.3.3}$$

相应的本征函数有下列渐近式：

$$\psi_0 \sim c_n(k_n,0)\mathrm{e}^{k_n x}(x\to-\infty), \quad \psi_0 \sim c_n(k_n,0)\mathrm{e}^{-k_n x}(x\to+\infty), \tag{9.3.4}$$

其中 $c_n(k_n,0)$为常数. 由此知

$$\psi_0\mid_{x\to\pm\infty}=0, \quad \left.\frac{\partial\psi_0}{\partial x}\right|_{x\to\pm\infty}=0, \tag{9.3.5}$$

而且要求 ψ_0 满足正交归一化(orthonormality)条件：

$$\int_{-\infty}^{+\infty}\psi_0^2\,\mathrm{d}x=1. \tag{9.3.6}$$

而对非束缚态有

$$\lambda_0=k^2>0, \tag{9.3.7}$$

这时的本征函数与波的传输方式有关. 通常，设 t 时刻有一振幅为 1 的定常平面波 $\mathrm{e}^{-\mathrm{i}kx}$(称为入射波)从 $x=+\infty$进入，遇到势场后，一部分以 $a(k,t)\mathrm{e}^{-\mathrm{i}kx}$[称为透射波，$a(k,t)$称为透射系数]进入 $x=-\infty$，另一部分以 $b(k,t)\mathrm{e}^{\mathrm{i}kx}$[称为反射波，$b(k,t)$称为反向系数]被反射回 $x=+\infty$，且

$$|a|^2+|b|^2=1. \tag{9.3.8}$$

对初始时刻而言，这时的本征函数的渐近式为

$$\psi_0 \sim a(k,0)\mathrm{e}^{-\mathrm{i}kx}(x\to-\infty), \quad \psi_0 \sim \mathrm{e}^{-\mathrm{i}kx}+b(k,0)\mathrm{e}^{\mathrm{i}kx}(x\to+\infty). \tag{9.3.9}$$

在上面诸式中，λ_0，$c_n(k_n,0)$，$a(k,0)$和 $b(k,0)$统一称为初始时刻的散射量.

实际上，对任意时刻 t，上述本征值问题的结论都成立，只是波函数 ψ_0 改为 ψ，相应的散射量由 λ_0，$c_n(k_n,0)$，$a(k,0)$和 $b(k,0)$分别改为 $\lambda(t)$，$c_n(k_n,t)$，$a(k,t)$和 $b(k,t)$，例如，式(9.3.4)和(9.3.9)在任意时刻 t 应为

$$\psi_n \sim c_n(k_n,t)\mathrm{e}^{k_n x}(x\to-\infty), \quad \psi_n \sim c_n(k_n,t)\mathrm{e}^{-k_n x}(x\to+\infty); \tag{9.3.10}$$

$$\psi \sim a(k,t)\mathrm{e}^{-\mathrm{i}kx}(x\to-\infty), \quad \psi \sim \mathrm{e}^{-\mathrm{i}kx}+b(k,t)\mathrm{e}^{\mathrm{i}kx}(x\to+\infty). \tag{9.3.11}$$

(2) 以 GGKM 变换(9.1.8)代入 KdV 方程，确定散射量和波函数的演变规律，这些规律是

$$\frac{\mathrm{d}\lambda}{\mathrm{d}t}=0, \tag{9.3.12}$$

$$c_n(k_n,t)=c_n(k_n,0)\mathrm{e}^{4k_n^3 t}, \tag{9.3.13}$$

$$a(k,t)=a(k,0),\tag{9.3.14}$$

$$b(k,t)=b(k,0)\mathrm{e}^{8ik^3t},\tag{9.3.15}$$

$$Q\equiv\frac{\partial\psi}{\partial t}+\frac{\partial^3\psi}{\partial x^3}-3(\lambda+u)\frac{\partial\psi}{\partial x}=0,\quad\text{（分立谱）}\tag{9.3.16}$$

$$Q\equiv\frac{\partial\psi}{\partial t}+\frac{\partial^3\psi}{\partial x^3}-3(\lambda+u)\frac{\partial\psi}{\partial x}=4\mathrm{i}k^3\psi.\quad\text{（连续谱）}\tag{9.3.17}$$

下面我们依次说明.

以 ψ^2 去乘 KdV 方程[方程(9.3.1)的第一式]得

$$\psi^2\frac{\partial u}{\partial t}+\psi^2\frac{\partial}{\partial x}\left(-3u^2+\frac{\partial^2 u}{\partial x^2}\right)=0.\tag{9.3.18}$$

但利用 GGKM 变换(9.1.8)有

$$\psi^2\frac{\partial u}{\partial t}=\psi^2\frac{\partial}{\partial t}\left(\frac{1}{\psi}\frac{\partial^2\psi}{\partial x^2}+\lambda\right)=\psi^2\frac{\mathrm{d}\lambda}{\mathrm{d}t}+\frac{\partial}{\partial x}\left(\psi\frac{\partial^2\psi}{\partial x\partial t}-\frac{\partial\psi}{\partial t}\frac{\partial\psi}{\partial x}\right),\tag{9.3.19}$$

$$\begin{aligned}\psi^2\frac{\partial}{\partial x}\left(-3u^2+\frac{\partial^2 u}{\partial x^2}\right)&=\psi^2\frac{\partial}{\partial x}\left[-3\left(\frac{1}{\psi}\frac{\partial^2\psi}{\partial x^2}+\lambda\right)^2+\frac{\partial^2}{\partial x^2}\left(\frac{1}{\psi}\frac{\partial^2\psi}{\partial x^2}+\lambda\right)\right]\\&=\frac{\partial}{\partial x}\left(\psi\frac{\partial S}{\partial x}-S\frac{\partial\psi}{\partial x}\right),\end{aligned}\tag{9.3.20}$$

其中

$$S\equiv\frac{\partial^3\psi}{\partial x^3}-6\lambda\frac{\partial\psi}{\partial x}-\frac{3}{\psi}\frac{\partial\psi}{\partial x}\frac{\partial^2\psi}{\partial x^2}=\frac{\partial^3\psi}{\partial x^3}-3(u+\lambda)\frac{\partial\psi}{\partial x}.\tag{9.3.21}$$

这样,式(9.3.18)化为

$$\psi^2\frac{\mathrm{d}\lambda}{\mathrm{d}t}+\frac{\partial}{\partial x}\left(\psi\frac{\partial Q}{\partial x}-Q\frac{\partial\psi}{\partial x}\right)=0,\tag{9.3.22}$$

其中

$$Q\equiv\frac{\partial\psi}{\partial t}+S=\frac{\partial\psi}{\partial t}+\frac{\partial^3\psi}{\partial x^3}-3(u+\lambda)\frac{\partial\psi}{\partial x}.\tag{9.3.23}$$

对分立谱,将方程(9.3.22)的两边对 x 从 $-\infty$ 到 $+\infty$ 积分,注意 $\int_{-\infty}^{+\infty}\psi^2\mathrm{d}x$ 为有限值,而在 $x\to\pm\infty$ 时,$\psi\to 0$, $\frac{\partial\psi}{\partial x}\to 0$,则得到式(9.3.12). 式(9.3.12)表明,λ 不随时间变化,它称为等谱条件(isospectral condition),相应 k_n 也不随时间变化. 正由于此,以后 λ_0 均写为 λ.

式(9.3.12)代入方程(9.3.22),得到

$$\frac{\partial}{\partial x}\left(\psi\frac{\partial Q}{\partial x}-Q\frac{\partial\psi}{\partial x}\right)=0\quad\text{或}\quad\frac{\partial}{\partial x}\left[\psi^2\frac{\partial}{\partial x}\left(\frac{Q}{\psi}\right)\right]=0.\tag{9.3.24}$$

但利用 GGKM 变换(9.1.8)

$$\frac{\partial}{\partial x}\left(\psi\frac{\partial Q}{\partial x}-Q\frac{\partial\psi}{\partial x}\right)=\psi\frac{\partial^2 Q}{\partial x^2}-Q\frac{\partial^2\psi}{\partial x^2}=\psi\left[\frac{\partial^2 Q}{\partial x^2}+(\lambda-u)Q\right]=0,\tag{9.3.25}$$

因而

$$\frac{\partial^2 Q}{\partial x^2}+(\lambda-u)Q=0, \tag{9.3.26}$$

即 Q 也满足 Schrödinger 方程.

方程(9.3.24)两边对 x 积分一次,得到

$$\psi^2\frac{\partial}{\partial x}\left(\frac{Q}{\psi}\right)=D(t), \tag{9.3.27}$$

其中 $D(t)$ 为 t 的任意函数.式(9.3.27)除以 ψ^2,再对 x 积分一次,得到

$$Q=D(t)\psi\int\frac{1}{\psi^2}\mathrm{d}x+E(t)\psi, \tag{9.3.28}$$

其中 $E(t)$ 也是 t 的任意函数.但由式(9.3.10)知,在 $x\to\pm\infty$ 时,ψ 是有界的,但 $\int\frac{1}{\psi^2}\mathrm{d}x$ 却是无界的,$\psi\int\frac{1}{\psi^2}\mathrm{d}x$ 也是无界的,因而只有 $D(t)=0$,式(9.3.28)化为

$$Q=E(t)\psi. \tag{9.3.29}$$

方程(9.3.29)两边乘以 ψ,注意式(9.1.8)和(9.3.23),则得

$$E(t)\psi^2=\frac{\partial}{\partial t}\left(\frac{1}{2}\psi^2\right)+\frac{\partial}{\partial x}\left[\psi\frac{\partial^2\psi}{\partial x^2}-2\left(\frac{\partial\psi}{\partial x}\right)^2-3\lambda\psi^2\right]. \tag{9.3.30}$$

上式两边对 x 从 $-\infty$ 到 $+\infty$ 积分,必然有 $E(t)=0$,则式(9.3.29)化为 $Q=0$,即得到式(9.3.16).

根据式(9.3.16),因 $x\to+\infty$时,$u\to0$,$\psi\sim c_n(k_n,t)\mathrm{e}^{-k_nx}$,则得到

$$\frac{\mathrm{d}c_n}{\mathrm{d}t}=4k_n^3c_n. \tag{9.3.31}$$

这个微分方程的解就是式(9.3.13).

对连续谱,式(9.3.12),(9.3.24),(9.3.26),(9.3.27)和(9.3.28)均成立(见附录D 9.4).它说明 k 也不随时间变化,Q 也满足 Schrödinger 方程.对式(9.3.28),因 $x\to-\infty$时,$u\to0$,$\psi\sim a(k,t)\mathrm{e}^{-\mathrm{i}kx}$.再利用式(9.3.23)有

$$\psi\int\frac{1}{\psi^2}\mathrm{d}x\sim\frac{1}{a}\mathrm{e}^{-\mathrm{i}kx}\int\mathrm{e}^{2\mathrm{i}kx}\mathrm{d}x,\quad Q\sim\left(\frac{\partial a}{\partial t}+4\mathrm{i}k^3a\right)\mathrm{e}^{-\mathrm{i}kx}\quad(x\to-\infty), \tag{9.3.32}$$

使得式(9.3.28)化为

$$\frac{\partial a}{\partial t}+[4\mathrm{i}k^3-E(t)]a=\frac{D(t)}{a}\int\mathrm{e}^{2\mathrm{i}kx}\mathrm{d}x. \tag{9.3.33}$$

上式左端只与 t 和 k 有关,而右端含有一个与 x 有关的项 $\int\mathrm{e}^{2\mathrm{i}kx}\mathrm{d}x$,因而要使式(9.3.33)成立也只有 $D(t)=0$,这样,式(9.3.33)化为

$$\frac{\partial a}{\partial t}+[4\mathrm{i}k^3-E(t)]a=0. \tag{9.3.34}$$

同样,对式(9.3.28),因 $x \to +\infty$ 时 $u \to 0, \psi \sim e^{-ikx} + b(k,t)e^{ikx}$,利用式(9.3.23)有

$$Q \sim \left(\frac{\partial b}{\partial t} - 4ik^3 b\right)e^{ikx} + 4ik^3 e^{-ikx} \quad (x \to +\infty). \tag{9.3.35}$$

注意 $D(t)=0$,使得式(9.3.28)化为

$$\left[\frac{\partial b}{\partial t} - 4ik^3 b - E(t)b\right]e^{ikx} + [4ik^3 - E(t)]e^{-ikx} = 0, \tag{9.3.36}$$

由此得到

$$E(t) = 4ik^3, \tag{9.3.37}$$

且

$$\frac{\partial b}{\partial t} = 8ik^3 b, \tag{9.3.38}$$

$D(t)=0$ 和 $E(t)=4ik^3$ 使得式(9.3.28)化为式(9.3.17),而方程(9.3.38)的解就是式(9.3.15).

式(9.3.37)代入方程(9.3.34),得到

$$\frac{\partial a}{\partial t} = 0. \tag{9.3.39}$$

它的解就是式(9.3.14).

(3) 已知 λ 和 ψ,求解 Schrödinger 方程的下列散射反演问题:

$$\begin{cases} \dfrac{\partial^2 \psi}{\partial x^2} + (\lambda - u)\psi = 0 \quad (-\infty < x < +\infty), \\ \psi|_{x\to-\infty} \text{ 有界}, \quad \psi|_{x\to+\infty} \text{ 有界} \end{cases} \tag{9.3.40}$$

去确定 u,这个 u 就是 KdV 方程初值问题(9.3.1)的解,解的公式为

$$u(x,t) = -2\frac{\partial}{\partial x}K(x,x,t), \tag{9.3.41}$$

其中 $K(x,x,t)$ 是 GLM(Gelfand-Levitan-Marchenko)积分方程

$$K(x,y,t) + B(x+y,t) + \int_x^{+\infty} B(y+z,t)K(x,z,t)dz = 0 \quad (y \geqslant x) \tag{9.3.42}$$

的解.而积分方程的核为

$$B(x,t) = \sum_{n=1}^{N} c_n^2(k_n,t)e^{-k_n x} + \frac{1}{2\pi}\int_{-\infty}^{+\infty} b(k,t)e^{ikx}dx. \tag{9.3.43}$$

它包含分立谱和连续谱的共同贡献.

下面证明式(9.3.43),(9.3.42)和(9.3.41).首先,令 $\lambda = k^2$(分立谱时取 $k = ik_n$),把 Schrödinger 方程写为

$$\frac{\partial^2 \psi}{\partial x^2} + (k^2 - u)\psi = 0. \tag{9.3.44}$$

其次,设 Schrödinger 方程(9.3.44)的解为

$$\psi(x,t,k)=\mathrm{e}^{\mathrm{i}kx}+\int_x^{+\infty}K(x,y,t)\mathrm{e}^{\mathrm{i}ky}\mathrm{d}y,\tag{9.3.45}$$

$\psi(x,t,k)$称为 Jost 函数. 在式(9.3.45)中 $K(x,y,t)$是待定函数，且要求

$$K(x,y,t)\begin{cases}=0, & y<x,\\ \neq 0, & y\geqslant x.\end{cases}\tag{9.3.46}$$

由式(9.3.45)显然有

$$\psi(x,t,k)\sim \mathrm{e}^{\mathrm{i}kx}\quad (x\to+\infty),\quad \psi(x,t,\mathrm{i}k_n)\sim \mathrm{e}^{-k_nx}\quad (x\to+\infty).\tag{9.3.47}$$

它表征了 Jost 函数在 $x\to+\infty$时的渐近形态. 因为 Schrödinger 方程(9.3.44)中的 k 换为$-k$，方程不变，因而

$$\psi(x,t,-k)=\mathrm{e}^{-\mathrm{i}kx}+\int_x^{+\infty}K(x,y,t)\mathrm{e}^{-\mathrm{i}ky}\mathrm{d}y\tag{9.3.48}$$

也必然是 Schrödinger 方程(9.3.44)的解. $\psi(x,t,-k)$也称为 Jost 函数，而且有

$$\psi(x,t,-k)\sim \mathrm{e}^{-\mathrm{i}kx}\quad (x\to+\infty),\quad \psi(x,t,-\mathrm{i}k_n)\sim \mathrm{e}^{k_nx}\quad (x\to+\infty).\tag{9.3.49}$$

这是 Jost 函数 $\psi(x,t,-k)$和 $\psi(x,t,-\mathrm{i}k_n)$在 $x\to+\infty$时的渐近形态.

由于假设 Jost 函数 $\psi(x,t,k)$和 $\psi(x,t,-k)$是 Schrödinger 方程(9.3.44)的解，所以，它们都满足 Schrödinger 方程(9.3.44)，即

$$\begin{cases}\dfrac{\partial^2\psi(x,t,k)}{\partial x^2}+k^2\psi(x,t,k)=u\psi(x,t,k),\\[2mm] \dfrac{\partial^2\psi(x,t,-k)}{\partial x^2}+k^2\psi(x,t,-k)=u\psi(x,t,-k).\end{cases}\tag{9.3.50}$$

下面说明这两个 Jost 函数是线性无关的. 以 $\psi(x,t,-k)$乘式(9.3.50)的第一式，以 $\psi(x,t,k)$乘式(9.3.50)的第二式，然后相减有

$$\psi(x,t,-k)\frac{\partial^2}{\partial x^2}\psi(x,t,k)-\psi(x,t,k)\frac{\partial^2}{\partial x^2}\psi(x,t,-k)=0.\tag{9.3.51}$$

而 $\psi(x,t,k)$和 $\psi(x,t,-k)$的 Wronski 行列式为

$$W[\psi(x,t,k),\psi(x,t,-k)]=\psi(x,t,k)\frac{\partial}{\partial x}\psi(x,t,-k)-\psi(x,t,-k)\frac{\partial}{\partial x}\psi(x,t,k).\tag{9.3.52}$$

上式两边对 x 微商，并利用式(9.3.51)有

$$\frac{\partial}{\partial x}W[\psi(x,t,k),\psi(x,t,-k)]=0.\tag{9.3.53}$$

它说明 $W[\psi(x,t,k),\psi(x,t,-k)]$与 x 无关. 但由式(9.3.47)的第一式和式(9.3.49)的第一式有

$$\lim_{x\to+\infty}W[\psi(x,t,k),\psi(x,t,-k)]=-2\mathrm{i}k\neq 0,\tag{9.3.54}$$

这样,我们论证了 $W[\psi(x,t,k),\psi(x,t,-k)]\neq 0$,因而 $\psi(x,t,k)$ 和 $\psi(x,t,-k)$ 线性无关. 正由于此,由 $\psi(x,t,k)$ 和 $\psi(x,t,-k)$ 线性组合构成的

$$\phi(x,t,k)=\alpha(k,t)\psi(x,t,-k)+\beta(k,t)\psi(x,t,k) \tag{9.3.55}$$

也必然是 Schrödinger 方程(9.3.44)的解. 其中 $\alpha(k,t)$ 和 $\beta(k,t)$ 是 k,t 的任意函数. 由式(9.3.55)有

$$\frac{\phi(x,t,k)}{\alpha(k,t)}=\psi(x,t,-k)+\frac{\beta(k,t)}{\alpha(k,t)}\psi(x,t,k). \tag{9.3.56}$$

上式令 $x\to+\infty$,利用式(9.3.47)的第一式和(9.3.49)的第一式有

$$\lim_{x\to+\infty}\frac{\phi(x,t,k)}{\alpha(k,t)}=\mathrm{e}^{-\mathrm{i}kx}+\frac{\beta(k,t)}{\alpha(k,t)}\mathrm{e}^{\mathrm{i}kx}. \tag{9.3.57}$$

此式与式(9.3.11)的第二式比较有

$$b(k,t)=\frac{\beta(k,t)}{\alpha(k,t)}. \tag{9.3.58}$$

这样,式(9.3.56)可改写为

$$\frac{\phi(x,t,k)}{\alpha(k,t)}=\psi(x,t,-k)+b(k,t)\psi(x,t,k). \tag{9.3.59}$$

下面,我们设法确定 $K(x,y,t)$ 满足的方程,即证明式(9.3.42). 首先,由式(9.3.46),$y<x$ 时 $K(x,y,t)=0$,则在 Jost 函数的表达式(9.3.45)中的积分

$$\int_x^{+\infty}K(x,y,t)\mathrm{e}^{\mathrm{i}ky}\mathrm{d}y=\int_{-\infty}^{+\infty}K(x,y,t)\mathrm{e}^{\mathrm{i}ky}\mathrm{d}y. \tag{9.3.60}$$

这样,式(9.3.45)可以改写为

$$\psi(x,t,k)-\mathrm{e}^{\mathrm{i}kx}=\int_{-\infty}^{+\infty}K(x,y,t)\mathrm{e}^{\mathrm{i}ky}\mathrm{d}y. \tag{9.3.61}$$

此式可以视为函数 $K(x,y,t)$ 关于 y 的 Fourier 变换是 $\psi(x,t,k)-\mathrm{e}^{\mathrm{i}kx}$,因而 $\psi(x,t,k)-\mathrm{e}^{\mathrm{i}kx}$ 关于 y 的 Fourier 逆变换便是 $K(x,y,t)$,即

$$K(x,y,t)=\frac{1}{2\pi}\int_{-\infty}^{+\infty}[\psi(x,t,k)-\mathrm{e}^{\mathrm{i}kx}]\mathrm{e}^{-\mathrm{i}ky}\mathrm{d}k. \tag{9.3.62}$$

其次,将式(9.3.59)的两边乘以 $\mathrm{e}^{\mathrm{i}ky}$ 并对 k 从 $-\infty$ 到 $+\infty$ 积分有

$$\int_{-\infty}^{+\infty}\frac{\phi(x,t,k)}{\alpha(k,t)}\mathrm{e}^{\mathrm{i}ky}\mathrm{d}k=\int_{-\infty}^{+\infty}\psi(x,t,-k)\mathrm{e}^{\mathrm{i}ky}\mathrm{d}k+\int_{-\infty}^{+\infty}b(k,t)\psi(x,t,k)\mathrm{e}^{\mathrm{i}ky}\mathrm{d}k. \tag{9.3.63}$$

将式(9.3.45)和(9.3.48)代入方程(9.3.63),并注意 δ 函数有:

$$\begin{cases}\delta(x)=\dfrac{1}{2\pi}\displaystyle\int_{-\infty}^{+\infty}\mathrm{e}^{\mathrm{i}kx}\mathrm{d}k, \quad \dfrac{1}{2\pi}\displaystyle\int_{-\infty}^{+\infty}\mathrm{e}^{\mathrm{i}k(x-y)}\mathrm{d}k\equiv\delta(x-y)=0 \quad (x\neq y),\\ \displaystyle\int_{-\infty}^{+\infty}f(z)\delta(y-z)\mathrm{d}z=f(y),\\ \displaystyle\int_x^{+\infty}\left(\int_{-\infty}^{+\infty}\mathrm{e}^{\mathrm{i}k(y-z)}\mathrm{d}k\right)K(x,z,t)\mathrm{d}z=\int_x^{+\infty}2\pi\delta(y-z)K(x,z,t)\mathrm{d}z=2\pi K(x,y,t),\end{cases} \tag{9.3.64}$$

则得到

$$\int_{-\infty}^{+\infty} \frac{\phi(x,t,k)}{\alpha(k,t)} e^{iky} dk = 2\pi K(x,y,t) + 2\pi B_c(x+y,t) + 2\pi\int_x^{+\infty} K(x,z,t) B_c(y+z,t) dz \quad (y \geqslant x), \tag{9.3.65}$$

其中

$$B_c(x,t) = \frac{1}{2\pi}\int_{-\infty}^{+\infty} b(k,t) e^{ikx} dk. \tag{9.3.66}$$

下面,我们计算在式(9.3.65)左端的积分,根据留数定理有

$$\int_{-\infty}^{+\infty} \frac{\phi(x,t,k)}{\alpha(x,t)} e^{iky} dk = 2\pi i \sum_{n=1}^{N} a_{-1}^{(n)}, \tag{9.3.67}$$

其中 $a_{-1}^{(n)}$ 是函数 $\frac{\phi(x,t,k)}{\alpha(k,t)} e^{iky}$ 在关于 k 的极点[即 $\alpha(k,t)$ 关于 k 的零点]处的留数. 现在我们说明 $\alpha(k,t)$ 关于 k 的零点就是分立的本征值 ik_n,而且它是一阶零点. 也就是说 $\frac{\phi(x,t,k)}{\alpha(k,t)} e^{iky}$ 以 ik_n 为一阶极点.

将式(9.3.59)的两端对 x 微商有

$$\frac{1}{\alpha(k,t)} \frac{\partial}{\partial x}\phi(x,t,k) - b(k,t) \frac{\partial}{\partial x}\psi(x,t,k) = \frac{\partial}{\partial x}\psi(x,t,-k). \tag{9.3.68}$$

再与式(9.3.59)联立消去 $b(k,t)$,得到

$$\frac{1}{\alpha(k,t)} = -\frac{W[\psi(x,t,k),\psi(x,t,-k)]}{W[\phi(x,t,k),\psi(x,t,k)]}. \tag{9.3.69}$$

上式左边与 x 无关,右边的分子依式(9.3.53)也与 x 无关,因而 $W[\phi(x,t,k),\psi(x,t,k)]$ 也与 x 无关,而且由式(9.3.54),式(9.3.69)化为

$$\frac{1}{\alpha(k,t)} = \frac{2ik}{W[\phi(x,t,k),\psi(x,t,k)]}. \tag{9.3.70}$$

由此可见,$\alpha(k,t)$ 与 $W[\phi(x,t,k),\psi(x,t,k)]$ 有相同的零点. 这样,我们可根据

$$W[\phi(x,t,k),\psi(x,t,k)] = 0 \tag{9.3.71}$$

求出 $\alpha(k,t)$ 的零点. 取 $k=ik_n$,式(9.3.71)化为

$$W[\phi(x,t,ik_n),\psi(x,t,ik_n)] = 0. \tag{9.3.72}$$

它表明 $\phi(x,t,ik_n)$ 与 $\psi(x,t,ik_n)$ 线性相关. 考虑到式(9.3.47)的第二式,在 $x\to+\infty$ 时,$\psi(x,t,ik_n)\sim e^{-k_n x}$,又考虑到式(9.3.10)的第二式,在 $x\to+\infty$ 时,$\psi_n \sim c_n(k_n,t)e^{-k_n x}$,则我们选择使式(9.3.72)成立的线性相关系数即是 $c_n(k_n,t)$,即

$$\phi(x,t,ik_n) = c_n(k_n,t)\psi(x,t,ik_n), \tag{9.3.73}$$

而且有

$$\lim_{x\to+\infty} \phi(x,t,ik_n) = c_n(k_n,t)e^{-k_n x}. \tag{9.3.74}$$

而取 $k=\mathrm{i}k_n$ 时,(9.3.55)式化为

$$\phi(x,t,\mathrm{i}k_n)=\alpha(\mathrm{i}k_n,t)\psi(x,t,-\mathrm{i}k_n)+\beta(\mathrm{i}k_n,t)\psi(x,t,\mathrm{i}k_n). \tag{9.3.75}$$

但由式(9.3.47)的第二式和(9.3.49)的第二式有

$$\lim_{x\to+\infty}\phi(x,t,\mathrm{i}k_n)=\alpha(\mathrm{i}k_n,t)\mathrm{e}^{k_n x}+\beta(\mathrm{i}k_n,t)\mathrm{e}^{-k_n x}. \tag{9.3.76}$$

比较式(9.3.74)和(9.3.76),得到

$$\alpha(\mathrm{i}k_n,t)=0,\quad \beta(\mathrm{i}k_n,t)=c_n(k_n,t). \tag{9.3.77}$$

这就说明了 $\mathrm{i}k_n$ 就是 $\alpha(k,t)$ 关于 k 的零点.现在还要说明,这个零点是一阶的.由式(9.3.70)有

$$2\mathrm{i}k\alpha(k,t)=W[\phi(x,t,k),\psi(x,t,k)]. \tag{9.3.78}$$

上式两边对 k 微商,得到

$$2\mathrm{i}k\frac{\partial\alpha}{\partial k}+2\mathrm{i}\alpha(k,t)=W\left[\frac{\partial}{\partial k}\phi(x,t,k),\psi(x,t,k)\right]+W\left[\phi(x,t,k),\frac{\partial}{\partial k}\psi(x,t,k)\right]. \tag{9.3.79}$$

取 $k=\mathrm{i}k_n$,因 $\alpha(\mathrm{i}k_n,t)=0$,则式(9.3.79)化为

$$\begin{aligned}-2k_n\left(\frac{\partial\alpha}{\partial k}\right)_{k=\mathrm{i}k_n}=&W\left[\left(\frac{\partial\phi(x,t,k)}{\partial k}\right)_{k=\mathrm{i}k_n},\psi(x,t,\mathrm{i}k_n)\right]\\&+W\left[\phi(x,t,\mathrm{i}k_n),\left(\frac{\partial\psi(x,t,k)}{\partial k}\right)_{k=\mathrm{i}k_n}\right].\end{aligned} \tag{9.3.80}$$

但 $\psi(x,t,k)$ 和 $\phi(x,t,k)$ 均满足 Schrödinger 方程(9.3.44),即

$$\begin{cases}\dfrac{\partial^2\psi(x,t,k)}{\partial x^2}+k^2\psi(x,t,k)=u\psi(x,t,k),\\[2mm]\dfrac{\partial^2\phi(x,t,k)}{\partial x^2}+k^2\phi(x,t,k)=u\phi(x,t,k).\end{cases} \tag{9.3.81}$$

上式的两个方程分别对 k 微商,得到

$$\begin{cases}\dfrac{\partial^2}{\partial x^2}\left[\dfrac{\partial\psi(x,t,k)}{\partial k}\right]+k^2\dfrac{\partial\psi(x,t,k)}{\partial k}=u\dfrac{\partial\psi(x,t,k)}{\partial k}-2k\psi(x,t,k),\\[2mm]\dfrac{\partial^2}{\partial x^2}\left[\dfrac{\partial\phi(x,t,k)}{\partial k}\right]+k^2\dfrac{\partial\phi(x,t,k)}{\partial k}=u\dfrac{\partial\phi(x,t,k)}{\partial k}-2k\phi(x,t,k).\end{cases} \tag{9.3.82}$$

以 $\dfrac{\partial\phi(x,t,k)}{\partial k}$ 乘式(9.3.81)的第一式,以 $\psi(x,t,k)$ 乘式(9.3.82)的第二式,然后相减得到

$$\frac{\partial}{\partial x}W\left[\frac{\partial\phi(x,t,k)}{\partial k},\psi(x,t,k)\right]=2k\phi(x,t,k)\psi(x,t,k). \tag{9.3.83}$$

类似地,以 $\dfrac{\partial\psi(x,t,k)}{\partial k}$ 乘式(9.3.81)的第二式,以 $\phi(x,t,k)$ 乘式(9.3.82)的第一

式,然后相减得到

$$-\frac{\partial}{\partial x}W\left[\phi(x,t,k),\frac{\partial\psi(x,t,k)}{\partial k}\right]=2k\phi(x,t,k)\psi(x,t,k). \qquad (9.3.84)$$

将式(9.3.83)对 x 从 $-\infty$ 到 x 积分,将式(9.3.84)对 x 从 x 到 $+\infty$ 积分,分别得到

$$2k\int_{-\infty}^{x}\phi(x,t,k)\psi(x,t,k)\mathrm{d}x=\left\{W\left[\frac{\partial\phi(x,t,k)}{\partial k},\psi(x,t,k)\right]\right\}_{-\infty}^{x}, \qquad (9.3.85)$$

$$2k\int_{x}^{+\infty}\phi(x,t,k)\psi(x,t,k)\mathrm{d}x=-\left\{W\left[\phi(x,t,k),\frac{\partial\psi(x,t,k)}{\partial k}\right]\right\}_{x}^{+\infty}. \qquad (9.3.86)$$

将式(9.3.85)与(9.3.86)相加,并以 $k=\mathrm{i}k_n$ 代入,注意 $\psi(x,t,\mathrm{i}k_n)$ 和 $\phi(x,t,\mathrm{i}k_n)$ 以及它们对 k 的微商都在 $|x|\to+\infty$ 时,以 $\mathrm{e}^{-k_n|x|}$ 的方式趋于零,则得

$$2\mathrm{i}k_n\int_{-\infty}^{+\infty}\phi(x,t,\mathrm{i}k_n)\psi(x,t,\mathrm{i}k_n)\mathrm{d}x=W\left[\left(\frac{\partial\phi(x,t,k)}{\partial k}\right)_{k=\mathrm{i}k_n},\psi(x,t,\mathrm{i}k_n)\right]+W\left[\phi(x,t,\mathrm{i}k_n),\left(\frac{\partial\psi(x,t,k)}{\partial k}\right)_{k=\mathrm{i}k_n}\right]. \qquad (9.3.87)$$

利用式(9.3.73),并注意 $\phi(x,t,\mathrm{i}k_n)$ 满足 $\lambda=-k_n^2$ 的 Schrödinger 方程要求 $\int_{-\infty}^{+\infty}\phi^2(x,t,\mathrm{i}k_n)\mathrm{d}x=1$,则有

$$\int_{-\infty}^{+\infty}\phi(x,t,\mathrm{i}k_n)\psi(x,t,\mathrm{i}k_n)\mathrm{d}x=\frac{1}{c_n(k,t)}. \qquad (9.3.88)$$

这样,式(9.3.87)就化为

$$\frac{2\mathrm{i}k_n}{c_n(k_n,t)}=W\left[\left(\frac{\partial\phi(x,t,k)}{\partial k}\right)_{k=\mathrm{i}k_n},\psi(x,t,\mathrm{i}k_n)\right]+W\left[\phi(x,t,\mathrm{i}k_n),\left(\frac{\partial\psi(x,t,k)}{\partial k}\right)_{k=\mathrm{i}k_n}\right]. \qquad (9.3.89)$$

将式(9.3.89)代入式(9.3.80),得到

$$\left(\frac{\partial\alpha}{\partial k}\right)_{k=\mathrm{i}k_n}=-\frac{\mathrm{i}}{c_n(k_n,t)}\neq 0. \qquad (9.3.90)$$

由此可见,$k=\mathrm{i}k_n$ 是 $\alpha(k,t)$ 关于 k 的一阶零点.这样,在式(9.3.67)中

$$a_{-1}^{(n)}=\frac{\phi(x,t,\mathrm{i}k_n)}{(\partial\alpha/\partial k)_{k=\mathrm{i}k_n}}\mathrm{e}^{-k_n y}=\mathrm{i}c_n^2(k_n,t)\psi(x,t,\mathrm{i}k_n)\mathrm{e}^{-k_n y}, \qquad (9.3.91)$$

所以,式(9.3.67)化为

$$\int_{-\infty}^{+\infty}\frac{\phi(x,t,k)}{\alpha(k,t)}\mathrm{e}^{\mathrm{i}ky}\mathrm{d}k=-2\pi\sum_{n=1}^{N}c_n^2(k_n,t)\psi(x,t,\mathrm{i}k_n)\mathrm{e}^{-k_n y}. \qquad (9.3.92)$$

将式(9.3.92)代入式(9.3.65),得到

$$-\sum_{n=1}^{N}c_n^2(k_n,t)\psi(x,t,\mathrm{i}k_n)\mathrm{e}^{-k_n y}=K(x,y,t)+B_c(x+y,t)$$

$$+\int_x^{+\infty} K(x,z,t)B_c(y+z,t)\mathrm{d}z \quad (y \geqslant x). \tag{9.3.93}$$

在式(9.3.45)中取 $k=\mathrm{i}k_n$，并代入式(9.3.93)的左端，再稍作整理后便得到式(9.3.42)，其中的 $B(x,t)$ 即为式(9.3.43)．剩下便是证明式(9.3.41)．

首先，Fourier 变换式(9.3.61)要求

$$y \to +\infty \text{ 时}, \quad K(x,y,t) \to 0, \quad \frac{\partial}{\partial y}K(x,y,t) \to 0. \tag{9.3.94}$$

其次，将式(9.3.45)两边对 x 微商有

$$\frac{\partial}{\partial x}\psi(x,t,k) = \mathrm{i}k\mathrm{e}^{\mathrm{i}kx} - K(x,x,t)\mathrm{e}^{\mathrm{i}kx} + \int_x^{+\infty} \frac{\partial}{\partial x}K(x,y,t)\mathrm{e}^{\mathrm{i}ky}\mathrm{d}y. \tag{9.3.95}$$

上式对 x 再微商有

$$\frac{\partial^2}{\partial x^2}\psi(x,t,k) = -k^2\mathrm{e}^{\mathrm{i}kx} - \mathrm{i}kK(x,x,t)\mathrm{e}^{\mathrm{i}kx} - \frac{\partial K(x,x,t)}{\partial x}\mathrm{e}^{\mathrm{i}kx} - \left[\frac{\partial K(x,y,t)}{\partial x}\right]_{y=x}\mathrm{e}^{\mathrm{i}kx}$$
$$+ \int_x^{+\infty} \frac{\partial^2}{\partial x^2}K(x,y,t)\mathrm{e}^{\mathrm{i}ky}\mathrm{d}y. \tag{9.3.96}$$

同时，将式(9.3.45)中的积分分部积分一次，并利用式(9.3.94)有

$$\psi(x,t,k) = \mathrm{e}^{\mathrm{i}kx} - \frac{1}{\mathrm{i}k}K(x,x,t)\mathrm{e}^{\mathrm{i}kx} - \frac{1}{\mathrm{i}k}\int_x^{+\infty} \frac{\partial K(x,y,t)}{\partial y}\mathrm{e}^{\mathrm{i}ky}\mathrm{d}y. \tag{9.3.97}$$

上式中的积分再分部积分一次，也利用式(9.3.94)有

$$\psi(x,t,k) = \mathrm{e}^{\mathrm{i}kx} - \frac{1}{\mathrm{i}k}K(x,x,t)\mathrm{e}^{\mathrm{i}kx} - \frac{1}{k^2}\left[\frac{\partial K(x,y,t)}{\partial y}\right]_{y=x}\mathrm{e}^{\mathrm{i}kx}$$
$$- \frac{1}{k^2}\int_x^{+\infty} \frac{\partial^2 K(x,y,t)}{\partial y^2}\mathrm{e}^{\mathrm{i}ky}\mathrm{d}y. \tag{9.3.98}$$

由式(9.3.96)和(9.3.98)有

$$\frac{\partial^2\psi(x,t,k)}{\partial x^2} + k^2\psi(x,t,k) = -\frac{\partial K(x,x,t)}{\partial x}\mathrm{e}^{\mathrm{i}kx} - \left[\frac{\partial K(x,y,t)}{\partial x} + \frac{\partial K(x,y,t)}{\partial y}\right]_{y=x}\mathrm{e}^{\mathrm{i}kx}$$
$$+ \int_x^{+\infty}\left[\frac{\partial^2 K(x,y,t)}{\partial x^2} - \frac{\partial^2 K(x,y,t)}{\partial y^2}\right]\mathrm{e}^{\mathrm{i}ky}\mathrm{d}y. \tag{9.3.99}$$

注意，对于复合函数 $K[x,y(x),t]$ 有

$$\frac{\partial K(x,x,t)}{\partial x} = \left[\frac{\partial K(x,y,t)}{\partial x} + \frac{\partial K(x,y,t)}{\partial y}\frac{\mathrm{d}y}{\mathrm{d}x}\right]_{y=x}$$
$$= \left[\frac{\partial K(x,y,t)}{\partial x} + \frac{\partial K(x,y,t)}{\partial y}\right]_{y=x}, \tag{9.3.100}$$

则式(9.3.99)化为

$$\frac{\partial^2\psi(x,t,k)}{\partial x^2} + k^2\psi(x,t,k) = \left[-2\frac{\partial K(x,x,t)}{\partial x}\right]\mathrm{e}^{\mathrm{i}kx}$$
$$+ \int_x^{+\infty}\left[\frac{\partial^2 K(x,y,t)}{\partial x^2} - \frac{\partial^2 K(x,y,t)}{\partial y^2}\right]\mathrm{e}^{\mathrm{i}ky}\mathrm{d}y. \tag{9.3.101}$$

这样，比较方程(9.3.101)与式(9.3.50)的第一个方程，并利用式(9.3.45)得到

$$u\left[e^{ikx}+\int_x^{+\infty}K(x,y,t)e^{iky}dy\right]=\left[-2\frac{\partial K(x,x,t)}{\partial x}\right]e^{ikx}+\int_x^{+\infty}\left[\frac{\partial^2 K(x,y,t)}{\partial x^2}-\frac{\partial^2 K(x,y,t)}{\partial y^2}\right]e^{iky}dy. \tag{9.3.102}$$

比较上式两端则得

$$u=-2\frac{\partial K(x,x,t)}{\partial x},\quad \frac{\partial^2 K(x,y,t)}{\partial x^2}-\frac{\partial^2 K(x,y,t)}{\partial y^2}=uK(x,y,t), \tag{9.3.103}$$

其中的第一式即是式(9.3.41)，第二式则是 $K(x,y,t)$满足的偏微分方程.

上面论述的应用散射反演法求解 KdV 方程初值问题的三步与用积分变换法求解线性偏微分方程初值问题是十分相似的. 第一步根据 $u_0(x)$求 λ_0 和 ψ_0 相当于对线性偏微分方程及其初条件作 Fourier 积分变换，使 u 变为 $\bar{u}=F[u]$，相应 u 的初条件也变换为 $\bar{u}$ 的初条件；其第二步求散射量和 ψ 的演变规律相当于求解 $\bar{u}$ 的常微分方程初值问题；其第三步由 λ 和 ψ 散射反演求 u 相当于作 Fourier 逆变换，使 $\bar{u}$ 变回 u.

下面，我们用散射反演法求 KdV 方程的单孤立子解和双孤立子解. 研究表明，当势场是纯粹的孤立子解时，平面波经常是无反射的状态，即 $b(k,t)=0$，此时，式(9.3.43)简化为

$$B(x,t)=\sum_{n=1}^{N}c_n^2(k_n,t)e^{-k_n x}. \tag{9.3.104}$$

它说明此时只有分立谱的贡献.

§9.4 KdV 方程的单孤立子解

在§6.1我们应用求行波解的方法求得了 KdV 方程的单孤立子解；在§8.4和§8.6我们又分别应用推广的 Cole-Hopf 变换和 Hirota 方法主要求得 KdV 方程的单孤立子解. 这里，我们用散射反演法求 KdV 方程的单孤立子解，下一节求双孤立子解.

这里所述的 KdV 方程的单孤立子解，就是用散射反演法求解下列 KdV 方程的初值问题：

$$\begin{cases}\dfrac{\partial u}{\partial t}-6u\dfrac{\partial u}{\partial x}+\dfrac{\partial^3 u}{\partial x^3}=0 & (-\infty<x<+\infty,t>0),\\ u|_{t=0}=-2\operatorname{sech}^2 x & (-\infty<x<+\infty),\end{cases} \tag{9.4.1}$$

其中的初值见式(9.2.11)，显然，$x\to\pm\infty$时，$u|_{t=0}\to 0$.

1. 解下列 Schrödinger 方程的本征值问题

$$\begin{cases}\dfrac{\partial^2\psi_0}{\partial x^2}+(\lambda+2\mathrm{sech}^2x)\psi_0=0 \quad (-\infty<x+\infty),\\ \psi_0\mid_{x\to-\infty}\text{有界},\quad \psi_0\mid_{x\to+\infty}\text{有界}.\end{cases}\tag{9.4.2}$$

对于分立谱,$\lambda=-k_n^2<0$,经过自变量变换

$$\eta=\tanh x.\tag{9.4.3}$$

问题(9.4.2)化为

$$\begin{cases}\dfrac{\partial}{\partial\eta}\left[(1-\eta^2)\dfrac{\partial\psi_0}{\partial\eta}\right]+\left(2-\dfrac{k_n^2}{1-\eta^2}\right)\psi_0=0 \quad (-1<\eta<1),\\ \psi_0\mid_{\eta=-1}\text{有界},\quad \psi_0\mid_{\eta=1}\text{有界}.\end{cases}\tag{9.4.4}$$

这是连带 Legendre 方程的本征值问题,其本征值和本征函数分别为

$$l(l+1)=2,\quad \psi_0=AP_l^{k_n}(\eta)\quad (k_n\leqslant l).\tag{9.4.5}$$

注意 $k_n\neq0$,则由式(9.4.5)求得

$$l=1,\quad k_n=k_1=1\quad (n=1),\quad \psi_0=AP_1^1(\eta)=A\sqrt{1-\eta^2}=A\mathrm{sech}x.\tag{9.4.6}$$

在式(9.4.5)和(9.4.6)中,A 为任意常数,而且由式(9.4.6)中的最后一式有

$$\psi_0\sim2Ae^{-x}\quad (x\to+\infty).\tag{9.4.7}$$

式(9.4.7)与式(9.3.4)中的第二式比较有

$$c_1(k_1,0)=2A,\tag{9.4.8}$$

A 可由正交归一化条件(9.3.6)得到,即

$$\int_{-\infty}^{+\infty}\psi_0^2\mathrm{d}x=\int_{-\infty}^{+\infty}A^2\mathrm{sech}^2x\mathrm{d}x=\int_{-1}^{1}A^2\mathrm{d}\eta=2A^2=1.\tag{9.4.9}$$

由此求得

$$A=\frac{1}{\sqrt2}.\tag{9.4.10}$$

因而

$$c_1(k_1,0)=\sqrt2,\quad \psi_0=\frac{1}{\sqrt2}\mathrm{sech}x,\quad \psi_0\sim\sqrt2e^{-x}\quad (x\to+\infty).\tag{9.4.11}$$

对于连续谱,因平面波无反射,则

$$a(k,0)=1,\quad b(k,0)=0.\tag{9.4.12}$$

2. 确定散射量和波函数的演变规律

由式(9.3.13),(9.3.14),(9.3.15),(9.3.10)和(9.3.11)有

$$c_1(k_1,t)=\sqrt2e^{4t},\quad a(k,t)=1,\quad b(k,t)=0,\tag{9.4.13}$$

$$\psi_1 \sim \begin{cases} \sqrt{2}e^{x+4t} & (x \to -\infty), \\ \sqrt{2}e^{-(x-4t)} & (x \to +\infty), \end{cases} \quad \psi \sim e^{-ikx} \quad (x \to \pm\infty). \tag{9.4.14}$$

3. 散射反演求 u

由式(9.3.43)或(9.3.104)求得

$$B(x,t) = c_1^2(k_1,t)e^{-x} = 2e^{-(x-8t)}, \tag{9.4.15}$$

而 GLM 积分方程(9.3.42)化为

$$K(x,y,t) + 2e^{-y} \cdot e^{-(x-8t)} + 2e^{-(y-8t)}\int_x^{+\infty} e^{-z}K(x,z,t)dz = 0 \quad (y \geqslant x). \tag{9.4.16}$$

为了求解积分方程(9.4.16)，我们设

$$K(x,y,t) = I(x,t)e^{-y}. \tag{9.4.17}$$

代入方程(9.4.16)很容易求得

$$I(x,t) = -e^{4t}\operatorname{sech}(x-4t). \tag{9.4.18}$$

因而

$$K(x,y,t) = -e^{-(y-4t)}\operatorname{sech}(x-4t). \tag{9.4.19}$$

最后由式(9.3.41)求得 KdV 方程初值问题(9.4.1)的解为

$$u = -2\operatorname{sech}^2(x-4t). \tag{9.4.20}$$

这就是 KdV 方程的单孤立子解，它就是式(8.4.21)中 $k=1$ 的情况.

§9.5　KdV 方程的双孤立子解

这里所述的 KdV 方程的双孤立子解，就是用散射反演法求解下列 KdV 方程的初值问题：

$$\begin{cases} \dfrac{\partial u}{\partial t} - 6u\dfrac{\partial u}{\partial x} + \dfrac{\partial^3 u}{\partial x^3} = 0 & (-\infty < x < +\infty, t > 0), \\ u|_{t=0} = -6\operatorname{sech}^2 x & (-\infty < x < +\infty), \end{cases} \tag{9.5.1}$$

其中的初值见式(9.2.32)，它是双孤立子的初条件. 显然，$x \to \pm\infty$时，$u|_{t=0} \to 0$.

1. 解下列 Schrödinger 方程的本征值问题

$$\begin{cases} \dfrac{\partial^2 \psi_0}{\partial x^2} + (\lambda + 6\operatorname{sech}^2 x)\psi_0 = 0 \quad (-\infty < x < +\infty), \\ \psi_0|_{x\to-\infty} \text{ 有界}, \quad \psi_0|_{x\to+\infty} \text{ 有界}. \end{cases} \tag{9.5.2}$$

对于分立谱，$\lambda = -k_n^2 < 0$，同样作式(9.4.3)的变换，则问题(9.5.2)化为

$$\begin{cases}\dfrac{\partial}{\partial\eta}\left[(1-\eta^2)\dfrac{\partial\psi_0}{\partial\eta}\right]+\left(6-\dfrac{k_n^2}{1-\eta^2}\right)\psi_0=0 \quad (-1<\eta<1),\\ \psi_0\mid_{\eta=-1}\ 有界, \quad \psi_0\mid_{\eta=1}\ 有界.\end{cases} \tag{9.5.3}$$

这也是连带 Legendre 方程的本征值问题,其本征值和本征函数分别为

$$l(1+1)=6, \quad \psi_0=AP_l^{k_n}(\eta) \quad (k_n\leqslant l). \tag{9.5.4}$$

注意 $k_n\neq 0$,则由式(9.5.4)求得

$$l=2, \quad k_n\leqslant 2:\begin{cases}k_1=1, \quad \psi_0^{(1)}=A_1P_2^1(\eta)=A_1\cdot 3\eta\sqrt{1-\eta^2}=3A_1\tanh x\operatorname{sech}x,\\ k_2=2, \quad \psi_0^{(2)}=A_2P_2^2(\eta)=A_2\cdot 3(1-\eta^2)=3A_2\operatorname{sech}^2x.\end{cases} \tag{9.5.5}$$

相应

$$\psi_1^{(0)}\sim 6A_1e^{-x} \quad (x\to+\infty), \quad \psi_0^{(2)}\sim 12A_2e^{-2x} \quad (x\to+\infty). \tag{9.5.6}$$

式(9.5.6)与式(9.3.4)中的第二式比较有

$$c_1(k_1,0)=6A_1, \quad c_2(k_2,0)=12A_2. \tag{9.5.7}$$

再利用正交归一化条件(9.3.6),定得

$$A_1=\frac{1}{\sqrt{6}} \quad (c_1(k_1,0)=\sqrt{6}), \quad A_2=\frac{1}{2\sqrt{3}} \quad (c_2(k_2,0)=2\sqrt{3}). \tag{9.5.8}$$

因而

$$\begin{cases}\psi_0^{(1)}=\sqrt{\dfrac{3}{2}}\tanh x\cdot\operatorname{sech}x=\sqrt{\dfrac{3}{2}}\sinh x\cdot\operatorname{sech}^2x, \quad \psi_0^{(1)}\sim\sqrt{6}e^{-x} \quad (x\to+\infty),\\ \psi_0^{(2)}=\dfrac{\sqrt{3}}{2}\operatorname{sech}^2x, \quad \psi_0^{(2)}\sim 2\sqrt{3}e^{-2x} \quad (x\to+\infty).\end{cases} \tag{9.5.9}$$

对于连续谱,因平面波无反射,则

$$a(k,0)=1, \quad b(k,0)=0. \tag{9.5.10}$$

2. 确定散射量和波函数的演变规律

由式(9.3.13),(9.3.14),(9.3.15),(9.3.10)和(9.3.11)有

$$c_1(k_1,t)=\sqrt{6}e^{4t}, \quad c_2(k_2,t)=2\sqrt{3}e^{32t}, \quad a(k,t)=1, \quad b(k,t)=0, \tag{9.5.11}$$

$$\psi_1\sim\begin{cases}\sqrt{6}e^{x+4t} & (x\to-\infty),\\ \sqrt{6}e^{-(x-4t)} & (x\to+\infty),\end{cases} \quad \psi_2\sim\begin{cases}2\sqrt{3}e^{2(x+16t)} & (x\to-\infty),\\ 2\sqrt{3}e^{-2(x-16t)} & (x\to+\infty),\end{cases}$$

$$\psi\sim e^{-ikx} \quad (x\to\pm\infty). \tag{9.5.12}$$

3. 散射反演求 u

由式(9.3.43)或(9.3.104)式求得

$$B(x,t)=c_1^2(k_1,t)\mathrm{e}^{-x}+c_2^2(k_2,t)\mathrm{e}^{-2x}=6\mathrm{e}^{-(x-8t)}+12\mathrm{e}^{-2(x-32t)}. \tag{9.5.13}$$

而 GLM 积分方程(9.3.42)化为

$$K(x,y,t)+6\mathrm{e}^{-y}\cdot\mathrm{e}^{-(x-8t)}+12\mathrm{e}^{-2y}\cdot\mathrm{e}^{-2(x-32t)}+\int_x^{+\infty}[6\mathrm{e}^{-(y+z-8t)}+12\mathrm{e}^{-2(y+z-32t)}]K(x,z,t)\mathrm{d}z=0\quad(y\geqslant x). \tag{9.5.14}$$

为了求解积分方程(9.5.14),我们设

$$K(x,y,t)=I_1(x,t)\mathrm{e}^{-y}+I_2(x,t)\mathrm{e}^{-2y}. \tag{9.5.15}$$

代入方程(9.5.14),得到

$$\begin{cases}[1+3\mathrm{e}^{-2(x-4t)}]I_1+2\mathrm{e}^{-(3x-8t)}I_2=-6\mathrm{e}^{-(x-8t)},\\ 4\mathrm{e}^{-(3x-64t)}I_1+[1+3\mathrm{e}^{-4(x-16t)}]I_2=-12\mathrm{e}^{-2(x-32t)}.\end{cases} \tag{9.5.16}$$

方程组(9.5.16)的第一式和第二式分别乘以 e^{-x} 和 e^{-2x},并引入

$$\xi_1=x-4t,\quad \xi_2=x-16t \tag{9.5.17}$$

和

$$J_1(x,t)=\mathrm{e}^{-x}I_1(x,t),\quad J_2(x,t)=\mathrm{e}^{-2x}I_2(x,t), \tag{9.5.18}$$

则方程组(9.5.16)化为

$$\begin{cases}(1+3\mathrm{e}^{-2\xi_1})J_1+2\mathrm{e}^{-2\xi_1}J_2=-6\mathrm{e}^{2\xi_1},\\ 4\mathrm{e}^{-4\xi_2}J_1+(1+3\mathrm{e}^{-4\xi_2})J_2=-12\mathrm{e}^{-2\xi_2}.\end{cases} \tag{9.5.19}$$

由此求得

$$J_1(x,t)=\frac{D_1}{D},\quad J_2(x,t)=\frac{D_2}{D}, \tag{9.5.20}$$

其中

$$D_1=-6\mathrm{e}^{-2\xi_1}(1-\mathrm{e}^{-4\xi_2}),\quad D_2=-12\mathrm{e}^{-4\xi_2}(1+\mathrm{e}^{-2\xi_1}),$$
$$D=1+3\mathrm{e}^{-2\xi_1}+3\mathrm{e}^{-4\xi_2}+\mathrm{e}^{-2\xi_1-4\xi_2}. \tag{9.5.21}$$

因而由式(9.5.15)求得

$$K(x,y,t)=[\mathrm{e}^{x}J_1(x,t)]\mathrm{e}^{-y}+[\mathrm{e}^{2x}J_2(x,t)]\mathrm{e}^{-2y}, \tag{9.5.22}$$

所以

$$\begin{aligned}K(x,x,t)&=J_1(x,t)+J_2(x,t)=-6\frac{\mathrm{e}^{-2\xi_1}+2\mathrm{e}^{-4\xi_2}+\mathrm{e}^{-2\xi_1-4\xi_2}}{1+3\mathrm{e}^{-2\xi_1}+3\mathrm{e}^{-4\xi_2}+\mathrm{e}^{-2\xi_1-4\xi_2}}\\&=-6\frac{\mathrm{e}^{-2(x-4t)}+2\mathrm{e}^{-4(x-16t)}+\mathrm{e}^{-6(x-12t)}}{1+3\mathrm{e}^{-2(x-4t)}+3\mathrm{e}^{-4(x-16t)}+\mathrm{e}^{-6(x-12t)}}.\end{aligned} \tag{9.5.23}$$

最后由式(9.3.41)求得 KdV 方程初值问题(9.5.1)的解为

$$u=-12\frac{3+4\cosh 2(x-4t)+\cosh 4(x-16t)}{[3\cosh(x-28t)+\cosh 3(x-12t)]^2}$$

$$= -6\,\frac{4\mathrm{csch}^2 2(x-16t)+\mathrm{sech}^2(x-4t)}{[2\coth 2(x-16t)-\tanh(x-4t)]^2}. \tag{9.5.24}$$

这就是 KdV 方程的双孤立子解. 见图 9-1,其中 t 取负值是根据 KdV 方程关于 x 和 t 的对称性,以便考察 $t\to\pm\infty$ 时双孤立子的形态,而且因为 $u<0$,所以,图中的纵坐标写的是 $-u$.

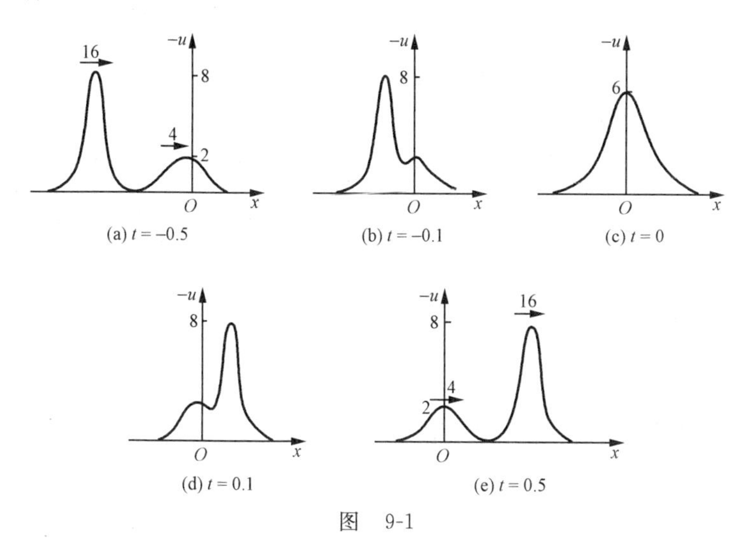

图 9-1

下面说明:当 $t\to\pm\infty$ 时,式(9.5.24)明显地表征两个单孤立子的形态.

首先,固定 $\xi_1=x-4t$,因 $\xi_2=\xi_1-12t$,则当 $t\to-\infty$ 时,$\mathrm{e}^{-4\xi_2}\to 0$;$t\to+\infty$ 时,$\mathrm{e}^{4\xi_2}\to 0$. 因而由式(9.5.23)有

$$\lim_{\substack{t\to-\infty\\(\xi_1\text{固定})}} K(x,x,t) = -\frac{6\mathrm{e}^{-2\xi_1}}{1+3\mathrm{e}^{-2\xi_1}},\qquad \lim_{\substack{t\to+\infty\\(\xi_1\text{固定})}} K(x,x,t) = -\frac{6(1+2\mathrm{e}^{2\xi_1})}{1+3\mathrm{e}^{2\xi_1}}, \tag{9.5.25}$$

所以有

$$\begin{cases} \lim\limits_{\substack{t\to-\infty\\(\xi_1\text{固定})}} u = 12 \lim\limits_{\substack{t\to-\infty\\(\xi_1\text{固定})}} \dfrac{\partial}{\partial x}\left(\dfrac{\mathrm{e}^{-2\xi_1}}{1+3\mathrm{e}^{-2\xi_1}}\right) = -2\mathrm{sech}^2(x-4t-\delta_1), \\ \lim\limits_{\substack{t\to+\infty\\(\xi_1\text{固定})}} u = 12 \lim\limits_{\substack{t\to+\infty\\(\xi_1\text{固定})}} \dfrac{\partial}{\partial x}\left(\dfrac{1+2\mathrm{e}^{2\xi_1}}{1+3\mathrm{e}^{2\xi_1}}\right) = -2\mathrm{sech}^2(x-4t-\delta_1'). \end{cases} \tag{9.5.26}$$

它表征以振幅 $a=-2$,波速 $c=4$ 前进的孤立波,其中 $\delta_1=\dfrac{1}{2}\ln 3$,$\delta_1'=-\dfrac{1}{2}\ln 3$.

其次,固定 $\xi_2=x-16t$,因 $\xi_1=\xi_2+12t$,则当 $t\to-\infty$ 时,$\mathrm{e}^{2\xi_1}\to 0$;$t\to+\infty$ 时,$\mathrm{e}^{-2\xi_1}\to 0$. 因而由式(9.5.23)有

$$\lim_{\substack{t\to-\infty \\ (\xi_2\text{固定})}} K(x,x,t) = -\frac{6(1+e^{4\xi_2})}{1+3e^{4\xi_2}}, \quad \lim_{\substack{t\to+\infty \\ (\xi_2\text{固定})}} K(x,x,t) = -\frac{12e^{-4\xi_2}}{1+3e^{-4\xi_2}}. \tag{9.5.27}$$

所以有

$$\begin{cases} \lim\limits_{\substack{t\to-\infty \\ (\xi_2\text{固定})}} u = 12 \lim\limits_{\substack{t\to-\infty \\ (\xi_2\text{固定})}} \dfrac{\partial}{\partial x}\left(\dfrac{1+e^{4\xi_2}}{1+3e^{4\xi_2}}\right) = -8\operatorname{sech}^2[2(x-16t-\delta_2)], \\ \lim\limits_{\substack{t\to+\infty \\ (\xi_2\text{固定})}} u = 24 \lim\limits_{\substack{t\to+\infty \\ (\xi_2\text{固定})}} \dfrac{\partial}{\partial x}\left(\dfrac{e^{-4\xi_2}}{1+3e^{-4\xi_2}}\right) = -8\operatorname{sech}^2[2(x-16t-\delta_2')]. \end{cases} \tag{9.5.28}$$

它表征以振幅 $a=-8$，波速 $c=16$ 前进的孤立波，其中 $\delta_2=-\dfrac{1}{4}\ln 3$，$\delta_2'=\dfrac{1}{4}\ln 3$.

上述分析表明：两个孤立波在相互碰撞后就像经典粒子相互碰撞一样，能保持原有形状向前运动. 所以，它具有波粒二象性，这就是孤立波又称为孤立子的缘故.

§9.6　Lax 方程

从 KdV 方程的散射反演法知，对于 KdV 方程

$$\frac{\partial u}{\partial t} - 6u\frac{\partial u}{\partial x} + \frac{\partial^3 u}{\partial x^3} = 0 \tag{9.6.1}$$

的求解实际上化成了下列关于 ψ 和 u 的方程

$$\begin{cases} \dfrac{\partial^2 \psi}{\partial x^2} + (\lambda - u)\psi = 0, \\ \dfrac{\partial \psi}{\partial t} + \dfrac{\partial^3 \psi}{\partial x^3} - 3(u+\lambda)\dfrac{\partial \psi}{\partial x} = E(t)\psi \end{cases} \tag{9.6.2}$$

的求解. 其中的第一个方程就是 GGKM 变换(9.1.9)，也就是定态 Schrödinger 方程，其中的第二个方程就是式(9.3.29)，方程的左端就是 Q，它还可以利用第一个方程改写为

$$\begin{aligned} Q &= \frac{\partial \psi}{\partial t} + \frac{\partial^3 \psi}{\partial x^3} - 3(u+\lambda)\frac{\partial \psi}{\partial x} = \frac{\partial \psi}{\partial t} + 4\frac{\partial^3 \psi}{\partial x^3} - 6u\frac{\partial \psi}{\partial x} - 3\psi\frac{\partial u}{\partial x} \\ &= \frac{\partial \psi}{\partial t} - 2(u+2\lambda)\frac{\partial \psi}{\partial x} + \psi\frac{\partial u}{\partial x}. \end{aligned} \tag{9.6.3}$$

在方程组(9.6.2)中 λ 满足 $\dfrac{d\lambda}{dt}=0$，而 $E(t)=0$(分立谱)或 $E(t)=4ik^3$(连续谱).

Lax 把 KdV 方程的散射反演法加以推广，他认为求解非线性演化方程

$$\frac{\partial u}{\partial t} = N\left(u, \frac{\partial u}{\partial x}, \frac{\partial^2 u}{\partial x^2}, \cdots\right) \tag{9.6.4}$$

首先需要找到一个合适的本征值问题

$$L\psi = -\lambda\psi, \tag{9.6.5}$$

其中 L 是与 u 有关的线性算子. 例如,方程组(9.6.2)的第一个方程 L 为

$$L \equiv \frac{\partial^2}{\partial x^2} - u. \tag{9.6.6}$$

其次,本征值 λ 要与 t 无关,即满足等谱条件:

$$\frac{\mathrm{d}\lambda}{\mathrm{d}t} = 0. \tag{9.6.7}$$

最后,需要找到一个合适的线性算子 M,使得

$$\frac{\partial \psi}{\partial t} = M\psi. \tag{9.6.8}$$

M 也与 u 有关. 例如,方程组(9.6.2)的第二个方程 M 为

$$\begin{aligned} M &\equiv -\frac{\partial^3}{\partial x^3} + 3(u+\lambda)\frac{\partial}{\partial x} + E(t) = -4\frac{\partial^3}{\partial x^3} + 6u\frac{\partial}{\partial x} + 3\frac{\partial u}{\partial x} + E(t) \\ &= 2(u+2\lambda)\frac{\partial}{\partial x} - \frac{\partial u}{\partial x} + E(t). \end{aligned} \tag{9.6.9}$$

根据上述想法,Lax 得到了散射反演法的一般规律. 将式(9.6.5)两边对时间 t 微商,并利用式(9.6.8)得到

$$\frac{\partial L}{\partial t}\psi + L\frac{\partial \psi}{\partial t} = -\lambda M\psi. \tag{9.6.10}$$

上式左端第二项利用式(9.6.8)换为 $LM\psi$,右端利用(9.6.5)式换为 $ML\psi$,则式(9.6.10)化为

$$\frac{\partial L}{\partial t} = [M, L]. \tag{9.6.11}$$

它称为 Lax 方程,其中

$$[M, L] = ML - LM \tag{9.6.12}$$

称为 Poisson 括号或换位算子. 由此可见,L 和 M 是自伴的线性算子,称为算子偶(operator pair). 方程(9.6.5)和(9.6.8)称为 Lax 对(Lax pair).

这样,求解非线性演化方程(9.6.4)的初值问题

$$\begin{cases} \dfrac{\partial u}{\partial t} = N\left(u, \dfrac{\partial u}{\partial x}, \dfrac{\partial^2 u}{\partial x^2}, \cdots\right) & (-\infty < x < +\infty, t > 0), \\ u\mid_{t=0} = u_0(x) & (-\infty < x < +\infty) \end{cases} \tag{9.6.13}$$

可以分为三步.

第一步是正问题,根据 $u_0(x)$ 求解本征值问题(9.6.5),并求初始的散射量;

第二步是确定散射量的时间演变,它根据方程(9.6.8)和 $x \to \pm\infty$ 时 M 的渐近式去计算;

第三步是反问题,根据散射量的时间演变由方程(9.6.5)去求 $u(x,t)$.

虽然,Lax 给出了用散射反演法求解非线性演化方程的一般规律,但 L 和 M

是很难找到的.在下一节,将Lax方程加以推广,给出L和M,并给出mKdV方程、非线性Schrödinger方程和正弦-Gordon方程的Lax对.

§9.7 AKNS(Ablowitz-Kaup-Newell-Segur)方法

Ablowitz,Kaup,Newell和Segur进一步把散射反演法加以推广.他们的出发方程组仍旧是式(9.6.2),只是其中的第二个方程利用(9.6.3)式换了一个形式,即采用方程组

$$\begin{cases}\dfrac{\partial^2\psi}{\partial x^2}+(\lambda-u)\psi=0,\\[2mm] \dfrac{\partial\psi}{\partial t}+\psi\dfrac{\partial u}{\partial x}-(2u+4\lambda)\dfrac{\partial\psi}{\partial x}=0\quad(E(t)=0).\end{cases}\tag{9.7.1}$$

非常有意思的是,其中的每一个方程都可以化为一个方程组,分别对应于方程(9.6.5)和(9.6.8),即形成Lax对.

对于方程组(9.7.1)的第一个方程,若取$\lambda=k^2,\psi=\psi_1$,则它写为

$$\frac{\partial^2\psi_1}{\partial x^2}+(k^2-u)\psi_1=0,\tag{9.7.2}$$

而且它很容易化为下列方程组:

$$\begin{cases}\dfrac{\partial\psi_1}{\partial x}+\mathrm{i}k\psi_1=\psi_2,\\[2mm] \dfrac{\partial\psi_2}{\partial x}-\mathrm{i}k\psi_2=u\psi_1.\end{cases}\tag{9.7.3}$$

此方程组还可以改写为

$$\begin{cases}-\mathrm{i}\dfrac{\partial\psi_1}{\partial x}+\mathrm{i}\psi_2=-k\psi_1,\\[2mm] -\mathrm{i}u\psi_1+\mathrm{i}\dfrac{\partial\psi_2}{\partial x}=-k\psi_2.\end{cases}\tag{9.7.4}$$

注意ψ_2满足$\dfrac{\partial^2\psi_2}{\partial x^2}+(k^2-u)\psi_2=\psi_1\dfrac{\partial u}{\partial x}$.这样,若令

$$\boldsymbol{\psi}\equiv\begin{bmatrix}\psi_1\\ \psi_2\end{bmatrix},\quad \boldsymbol{L}\equiv\begin{bmatrix}-\mathrm{i}\dfrac{\partial}{\partial x} & \mathrm{i}\\ -\mathrm{i}u & \mathrm{i}\dfrac{\partial}{\partial x}\end{bmatrix},\tag{9.7.5}$$

则方程组(9.7.4)可以改写为

$$\boldsymbol{L}\boldsymbol{\psi}=-k\boldsymbol{\psi}.\tag{9.7.6}$$

这是Lax对的一个方程,它对应于式(9.6.5).

对于方程组(9.7.1)的第二个方程,若取 $\lambda=k^2,\psi=\psi_1$,则它写为

$$\frac{\partial\psi_1}{\partial t}+\psi_1\frac{\partial u}{\partial x}-(2u+4k^2)\frac{\partial\psi_1}{\partial x}=0, \tag{9.7.7}$$

其中的 $\dfrac{\partial\psi_1}{\partial x}$ 用方程组(9.7.3)的第一个方程代入后化为

$$\frac{\partial\psi_1}{\partial t}=\left(-4\mathrm{i}k^3-2\mathrm{i}ku-\frac{\partial u}{\partial x}\right)\psi_1+(4k^2+2u)\psi_2. \tag{9.7.8}$$

而将方程组(9.7.3)的第一个方程两边对时间 t 微商,并再利用方程组(9.7.3)和式(9.7.8),不难求得

$$\frac{\partial\psi_2}{\partial t}=\left(-2\mathrm{i}k\frac{\partial u}{\partial x}+4k^2u+2u^2-\frac{\partial^2 u}{\partial x^2}\right)\psi_1+\left(4\mathrm{i}k^3+2\mathrm{i}ku+\frac{\partial u}{\partial x}\right)\psi_2. \tag{9.7.9}$$

这样,式(9.7.7)化为下列方程组

$$\begin{cases}\dfrac{\partial\psi_1}{\partial t}=A\psi_1+B\psi_2,\\[2mm] \dfrac{\partial\psi_2}{\partial t}=C\psi_1-A\psi_2,\end{cases} \tag{9.7.10}$$

其中

$$A=-4\mathrm{i}k^3-2\mathrm{i}ku-\frac{\partial u}{\partial x},\quad B=4k^2+2u,\quad C=-2\mathrm{i}k\frac{\partial u}{\partial x}+4k^2u+2u^2-\frac{\partial^2 u}{\partial x^2}. \tag{9.7.11}$$

而且,若令

$$\boldsymbol{\psi}\equiv\begin{bmatrix}\psi_1\\ \psi_2\end{bmatrix},\quad \boldsymbol{M}=\begin{bmatrix}A & B\\ C & -A\end{bmatrix}, \tag{9.7.12}$$

则方程组(9.7.10)可以改写为

$$\frac{\partial\boldsymbol{\psi}}{\partial t}=\boldsymbol{M}\boldsymbol{\psi}. \tag{9.7.13}$$

这是 Lax 对的另一个方程.方程(9.7.6)和方程(9.7.13)构成 Lax 对,$\boldsymbol{L}$ 和 $\boldsymbol{M}$ 成为算子偶.

根据方程组(9.7.3)和方程组(9.7.10),应有

$$\frac{\partial}{\partial t}\left(\frac{\partial\psi_1}{\partial x}\right)=\frac{\partial}{\partial x}\left(\frac{\partial\psi_1}{\partial t}\right),\quad \frac{\partial}{\partial t}\left(\frac{\partial\psi_2}{\partial x}\right)=\frac{\partial}{\partial x}\left(\frac{\partial\psi_2}{\partial t}\right). \tag{9.7.14}$$

它称为相容性条件(compatibility conditions 或 consistency conditions).

方程组(9.7.3)和(9.7.10)代入式(9.7.14)应有

$$\begin{cases}\dfrac{\partial}{\partial t}(\psi_2 - \mathrm{i}k\psi_1) = \dfrac{\partial}{\partial x}(A\psi_1 + B\psi_2),\\ \dfrac{\partial}{\partial t}(u\psi_1 + \mathrm{i}k\psi_2) = \dfrac{\partial}{\partial x}(C\psi_1 - A\psi_2).\end{cases}\tag{9.7.15}$$

由此得到

$$\begin{cases}\left(\dfrac{\partial A}{\partial x} - C + uB\right)\psi_1 + \left(\dfrac{\partial B}{\partial x} + 2A + 2\mathrm{i}kB\right)\psi_2 = 0,\\ \left(\dfrac{\partial C}{\partial x} - \dfrac{\partial u}{\partial t} - 2uA - 2\mathrm{i}kC\right)\psi_1 + \left(-\dfrac{\partial A}{\partial x} + C - uB\right)\psi_2 = 0.\end{cases}\tag{9.7.16}$$

因 ψ_1 和 ψ_2 是独立的函数，则方程组(9.7.16)的所有关于 ψ_1 和 ψ_2 的系数应为零，所以

$$\frac{\partial A}{\partial x} = C - uB,\quad \frac{\partial B}{\partial x} = -2A - 2\mathrm{i}kB,\quad \frac{\partial C}{\partial x} = \frac{\partial u}{\partial t} + 2uA + 2\mathrm{i}kC.\tag{9.7.17}$$

式(9.7.11)显然满足式(9.7.17).

上述的讨论实际上都是在 KdV 方程和 GGKM 变换的基础上进行的. 最大的作用是构造了具体的 Lax 对和算子偶.

上述处理可以加以推广. 首先，将方程组(9.7.3)推广为

$$\begin{cases}\dfrac{\partial \psi_1}{\partial x} + \mathrm{i}\lambda\psi_1 = q\psi_2,\\ \dfrac{\partial \psi_2}{\partial x} - \mathrm{i}\lambda\psi_2 = r\psi_1,\end{cases}\tag{9.7.18}$$

其中 λ 为本征值，$q(x,t)$ 和 $r(x,t)$ 为势场，它们都是有待确定的某个非线性演化方程的解. 其次，若令

$$\boldsymbol{\psi} \equiv \begin{bmatrix}\psi_1\\ \psi_2\end{bmatrix},\quad \boldsymbol{L} \equiv \begin{bmatrix}-\mathrm{i}\dfrac{\partial}{\partial x} & \mathrm{i}q\\ -\mathrm{i}r & \mathrm{i}\dfrac{\partial}{\partial x}\end{bmatrix},\quad \boldsymbol{N} \equiv \begin{bmatrix}-\mathrm{i}\lambda & q\\ r & \mathrm{i}\lambda\end{bmatrix},\tag{9.7.19}$$

则方程组(9.7.18)也可表述为

$$\boldsymbol{L}\boldsymbol{\psi} = -\lambda\boldsymbol{\psi}\tag{9.7.20}$$

或

$$\frac{\partial \boldsymbol{\psi}}{\partial x} = \boldsymbol{N}\boldsymbol{\psi}\tag{9.7.21}$$

的形式.

同时，保留式(9.7.13)，即

$$\frac{\partial \boldsymbol{\psi}}{\partial t} = \boldsymbol{M}\boldsymbol{\psi},\quad \boldsymbol{M} \equiv \begin{bmatrix}A & B\\ C & -A\end{bmatrix}\tag{9.7.22}$$

或

$$\begin{cases}\dfrac{\partial \psi_1}{\partial t}=A\psi_1+B\psi_2,\\ \dfrac{\partial \psi_2}{\partial t}=C\psi_1-A\psi_2,\end{cases} \tag{9.7.23}$$

则由相容性条件(9.7.14)有

$$\begin{cases}\dfrac{\partial}{\partial t}(q\psi_2-\mathrm{i}\lambda\psi_1)=\dfrac{\partial}{\partial x}(A\psi_1+B\psi_2),\\ \dfrac{\partial}{\partial t}(r\psi_1+\mathrm{i}\lambda\psi_2)=\dfrac{\partial}{\partial x}(C\psi_1-A\psi_2).\end{cases} \tag{9.7.24}$$

注意$\dfrac{\mathrm{d}\lambda}{\mathrm{d}t}=0$,则由方程组(9.7.24)得到

$$\begin{cases}\left(\dfrac{\partial A}{\partial x}-qC+rB\right)\psi_1+\left(\dfrac{\partial B}{\partial x}-\dfrac{\partial q}{\partial t}+2qA+2\mathrm{i}\lambda B\right)\psi_2=0,\\ \left(\dfrac{\partial C}{\partial x}-\dfrac{\partial r}{\partial t}-2rA-2\mathrm{i}\lambda C\right)\psi_1-\left(\dfrac{\partial A}{\partial x}-qC+rB\right)\psi_2=0.\end{cases} \tag{9.7.25}$$

因 ψ_1 和 ψ_2 是独立的函数,则方程组(9.7.25)的所有 ψ_1 和 ψ_2 的系数应为零,所以

$$\begin{cases}\dfrac{\partial A}{\partial x}=-rB+qC,\\ \dfrac{\partial B}{\partial x}=\dfrac{\partial q}{\partial t}-2qA-2\mathrm{i}\lambda B,\\ \dfrac{\partial C}{\partial x}=\dfrac{\partial r}{\partial t}+2rA+2\mathrm{i}\lambda C.\end{cases} \tag{9.7.26}$$

方程组(9.7.26)称为 AKNS 方程组.如假设 $A(x,t,\lambda)$,$B(x,t,\lambda)$和 $C(x,t,\lambda)$是 λ 或λ^{-1}的多项式,则通过 AKNS 方程组并比较 λ 的幂次,则可获得关于 q 和 r 的非线性演化方程以及关于 ψ_1 和 ψ_2 的 Lax 对.下面分三种情况说明.

(1) 假设 A,B,C 是 λ 的三次多项式,即

$$\begin{cases}A=A_0+A_1\lambda+A_2\lambda^2+A_3\lambda^3,\\ B=B_0+B_1\lambda+B_2\lambda^2+B_3\lambda^3,\\ C=C_0+C_1\lambda+C_2\lambda^2+C_3\lambda^3,\end{cases} \tag{9.7.27}$$

其中 A_j,B_j 和 C_j($j=0,1,2,3$)是 x 和 t 的待定函数.将它代入 AKNS 方程组(9.7.26),并比较每个方程两边 λ 的幂次,则分别得到:

$$\lambda^0:\frac{\partial A_0}{\partial x}=-rB_0+qC_0,\quad \frac{\partial B_0}{\partial x}=\frac{\partial q}{\partial t}-2qA_0,\quad \frac{\partial C_0}{\partial x}=\frac{\partial r}{\partial t}+2rA_0; \tag{9.7.28}$$

$$\lambda^1:\frac{\partial A_1}{\partial x}=-rB_1+qC_1,\quad \frac{\partial B_1}{\partial x}=-2qA_1-2\mathrm{i}B_0,\quad \frac{\partial C_1}{\partial x}=2rA_1+2\mathrm{i}C_0; \tag{9.7.29}$$

$$\lambda^2: \frac{\partial A_2}{\partial x} = -rB_2 + qC_2, \quad \frac{\partial B_2}{\partial x} = -2qA_2 - 2iB_1, \quad \frac{\partial C_2}{\partial x} = 2rA_2 + 2iC_1; \tag{9.7.30}$$

$$\lambda^3: \frac{\partial A_3}{\partial x} = -rB_3 + qC_3, \quad \frac{\partial B_3}{\partial x} = -2qA_3 - 2iB_2, \quad \frac{\partial C_3}{\partial x} = 2rA_3 + 2iC_2; \tag{9.7.31}$$

$$\lambda^4: B_3 = 0, \quad C_3 = 0. \tag{9.7.32}$$

将式(9.7.32)代入式(9.7.31),得到

$$\frac{\partial A_3}{\partial x} = 0, \quad B_2 = iqA_3, \quad C_2 = irA_3. \tag{9.7.33}$$

因而

$$A_3 = \hat{A}_3(t), \quad B_2 = iq\hat{A}_3(t), \quad C_2 = ir\hat{A}_3(t), \tag{9.7.34}$$

其中 $\hat{A}_3(t)$是 t 的任意函数.将式(9.7.34)代入式(9.7.30),得到

$$\frac{\partial A_2}{\partial x} = 0, \quad i\hat{A}_3(t)\frac{\partial q}{\partial x} = -2qA_2 - 2iB_1, \quad i\hat{A}_3(t)\frac{\partial r}{\partial x} = 2rA_2 + 2iC_1. \tag{9.7.35}$$

因而

$$A_2 = \hat{A}_2(t), \quad B_1 = iq\hat{A}_2(t) - \frac{1}{2}\hat{A}_3(t)\frac{\partial q}{\partial x}, \quad C_1 = ir\hat{A}_2(t) + \frac{1}{2}\hat{A}_3(t)\frac{\partial r}{\partial x}, \tag{9.7.36}$$

其中 $\hat{A}_2(t)$是 t 的任意函数.将式(9.7.36)代入式(9.7.29),得到

$$\begin{cases} \dfrac{\partial A_1}{\partial x} = \dfrac{1}{2}\hat{A}_3(t)\dfrac{\partial qr}{\partial x}, \quad i\hat{A}_2(t)\dfrac{\partial q}{\partial x} - \dfrac{1}{2}\hat{A}_3(t)\dfrac{\partial^2 q}{\partial x^2} = -2qA_1 - 2iB_0, \\ i\hat{A}_2(t)\dfrac{\partial r}{\partial x} + \dfrac{1}{2}\hat{A}_3(t)\dfrac{\partial^2 r}{\partial x^2} = 2rA_1 + 2iC_0. \end{cases} \tag{9.7.37}$$

因而

$$\begin{cases} A_1 = \dfrac{1}{2}\hat{A}_3(t)qr + \hat{A}_1(t), \\ B_0 = -\dfrac{1}{2}\hat{A}_2(t)\dfrac{\partial q}{\partial x} - \dfrac{i}{4}\hat{A}_3(t)\dfrac{\partial^2 q}{\partial x^2} + \dfrac{i}{2}\hat{A}_3(t)q^2 r + i\hat{A}_1(t)q, \\ C_0 = \dfrac{1}{2}\hat{A}_2(t)\dfrac{\partial r}{\partial x} - \dfrac{i}{4}\hat{A}_3(t)\dfrac{\partial^2 r}{\partial x^2} + \dfrac{i}{2}\hat{A}_3(t)qr^2 + i\hat{A}_1(t)r, \end{cases} \tag{9.7.38}$$

其中 $\hat{A}_1(t)$是 t 的任意函数.将式(9.7.38)代入式(9.7.28)中的第一式,得到

$$\frac{\partial A_0}{\partial x} = \frac{1}{2}\hat{A}_2(t)\frac{\partial qr}{\partial x} + \frac{i}{4}\hat{A}_3(t)\frac{\partial}{\partial x}\left(r\frac{\partial q}{\partial x} - q\frac{\partial r}{\partial x}\right), \tag{9.7.39}$$

所以

$$A_0 = \frac{1}{2}\hat{A}_2(t)qr + \frac{\mathrm{i}}{4}\hat{A}_3(t)\left(r\frac{\partial q}{\partial x} - q\frac{\partial r}{\partial x}\right) + \hat{A}_0(t), \tag{9.7.40}$$

其中 $\hat{A}_0(t)$是 t 的任意函数.

若取 $\hat{A}_0(t)=0,\hat{A}_1(t)=0,\hat{A}_2(t)=0,\hat{A}_3(t)=-4\mathrm{i}$,则由式(9.7.40),(9.7.38),(9.7.36),(9.7.34)和(9.7.32),有

$$\begin{cases} A_0 = r\dfrac{\partial q}{\partial x} - q\dfrac{\partial r}{\partial x}, \quad A_1 = -2\mathrm{i}qr, \quad A_2 = 0, \quad A_3 = 0; \\ B_0 = 2q^2r - \dfrac{\partial^2 q}{\partial x^2}, \quad B_1 = 2\mathrm{i}\dfrac{\partial q}{\partial x}, \quad B_2 = 4q, \quad B_3 = 0; \\ C_0 = 2qr^2 - \dfrac{\partial^2 r}{\partial x^2}, \quad C_1 = -2\mathrm{i}\dfrac{\partial r}{\partial x}, \quad C_2 = 4r, \quad C_3 = 0. \end{cases} \tag{9.7.41}$$

这样,式(9.7.27)化为

$$\begin{cases} A = -4\mathrm{i}\lambda^3 - 2\mathrm{i}qr\lambda + \left(r\dfrac{\partial q}{\partial x} - q\dfrac{\partial r}{\partial x}\right), \\ B = 4q\lambda^2 + 2\mathrm{i}\dfrac{\partial q}{\partial x}\lambda + \left(2q^2r - \dfrac{\partial^2 q}{\partial x^2}\right), \\ C = 4r\lambda^2 - 2\mathrm{i}\dfrac{\partial r}{\partial x}\lambda + \left(2qr^2 - \dfrac{\partial^2 r}{\partial x^2}\right). \end{cases} \tag{9.7.42}$$

而以式(9.7.41)中的 A_0,B_0,C_0 代入式(9.7.28)中的第二式和第三式,求得

$$\frac{\partial q}{\partial t} - 6qr\frac{\partial q}{\partial x} + \frac{\partial^3 q}{\partial x^3} = 0, \quad \frac{\partial r}{\partial t} - 6qr\frac{\partial r}{\partial x} + \frac{\partial^3 r}{\partial x^3} = 0. \tag{9.7.43}$$

在式(9.7.43)中若取 $q=1,r=u$(或 $q=u,r=1$),则它化为 KdV 方程

$$\frac{\partial u}{\partial t} - 6u\frac{\partial u}{\partial x} + \frac{\partial^3 u}{\partial x^3} = 0. \tag{9.7.44}$$

相应,由式(9.7.18)和(9.7.23),求得它的 Lax 对为

$$\frac{\partial \psi_1}{\partial x} + \mathrm{i}\lambda\psi_1 = \psi_2, \quad \frac{\partial \psi_2}{\partial x} - \mathrm{i}\lambda\psi_2 = u\psi_1 \tag{9.7.45}$$

和

$$\begin{cases} \dfrac{\partial \psi_1}{\partial t} = \left(-4\mathrm{i}\lambda^3 - 2\mathrm{i}\lambda u - \dfrac{\partial u}{\partial x}\right)\psi_1 + (4\lambda^2 + 2u)\psi_2, \\ \dfrac{\partial \psi_2}{\partial t} = \left(4\lambda^2 u - 2\mathrm{i}\lambda\dfrac{\partial u}{\partial x} + 2u^2 - \dfrac{\partial^2 u}{\partial x^2}\right)\psi_1 + \left(4\mathrm{i}\lambda^3 + 2\mathrm{i}\lambda u + \dfrac{\partial u}{\partial x}\right)\psi_2. \end{cases} \tag{9.7.46}$$

式(9.7.45)形式同式(9.7.3),式(9.7.46)形式同式(9.7.10)(k 换为 λ).

在式(9.7.43)中,若取 $q=r=u$,则它化为 mKdV 方程

$$\frac{\partial u}{\partial t} - 6u^2\frac{\partial u}{\partial x} + \frac{\partial^3 u}{\partial x^3} = 0. \tag{9.7.47}$$

相应地，由式(9.7.18)和(9.7.23)，求得它的 Lax 对为

$$\frac{\partial \psi_1}{\partial x} + \mathrm{i}\lambda\psi_1 = u\psi_2, \quad \frac{\partial \psi_2}{\partial x} - \mathrm{i}\lambda\psi_2 = u\psi_1 \tag{9.7.48}$$

和

$$\begin{cases} \dfrac{\partial \psi_1}{\partial t} = (-4\mathrm{i}\lambda^3 - 2\mathrm{i}\lambda u^2)\psi_1 + \left(4\lambda^2 u + 2\mathrm{i}\lambda \dfrac{\partial u}{\partial x} + 2u^3 - \dfrac{\partial^2 u}{\partial x^2}\right)\psi_2, \\ \dfrac{\partial \psi_2}{\partial t} = \left(4\lambda^2 u - 2\mathrm{i}\lambda \dfrac{\partial u}{\partial x} + 2u^3 - \dfrac{\partial^2 u}{\partial x^2}\right)\psi_1 + (4\mathrm{i}\lambda^3 + 2\mathrm{i}\lambda u^2)\psi_2. \end{cases} \tag{9.7.49}$$

由此可见，AKNS 方法将 Lax 方程加以推广，可以获得 mKdV 方程的 Lax 对和算子偶.

(2) 假设 A,B,C 是 λ 的二次多项式，即式(9.7.27)中 $A_3=B_3=C_3=0$ 的情况

这样，以式(9.7.27)代入 AKNS 方程组(9.7.26)后，式(9.7.28)，(9.7.29)和(9.7.30)依然成立，而式(9.7.31)化为

$$B_2 = 0, \quad C_2 = 0. \tag{9.7.50}$$

类似地，很容易求得

$$A_2 = \hat{A}_2(t), \quad B_1 = \mathrm{i}q\hat{A}_2(t), \quad C_1 = \mathrm{i}r\hat{A}_2(t); \tag{9.7.51}$$

$$A_1 = \hat{A}_1(t), \quad B_0 = \mathrm{i}q\hat{A}_1(t) - \frac{1}{2}\hat{A}_2(t)\frac{\partial q}{\partial x}, \quad C_0 = \mathrm{i}r\hat{A}_1(t) + \frac{1}{2}\hat{A}_2(t)\frac{\partial r}{\partial x}; \tag{9.7.52}$$

$$A_0 = \frac{1}{2}\hat{A}_2(t)qr + \hat{A}_0(t). \tag{9.7.53}$$

若取 $\hat{A}_0(t)=0, \hat{A}_1(t)=0, \hat{A}_2(t)=-2\mathrm{i}$，则由式(9.7.53)，(9.7.52)和(9.7.51)，有

$$\begin{cases} A_0 = -\mathrm{i}qr, \quad A_1 = 0, \quad A_2 = -2\mathrm{i}, \\ B_0 = \mathrm{i}\dfrac{\partial q}{\partial x}, \quad B_1 = 2q, \quad B_2 = 0, \\ C_0 = -\mathrm{i}\dfrac{\partial r}{\partial x}, \quad C_1 = 2r, \quad C_2 = 0. \end{cases} \tag{9.7.54}$$

这样，式(9.7.27)化为

$$\begin{cases} A = -2\mathrm{i}\lambda^2 - \mathrm{i}qr, \\ B = 2q\lambda + \mathrm{i}\dfrac{\partial q}{\partial x}, \\ C = 2r\lambda - \mathrm{i}\dfrac{\partial r}{\partial x}. \end{cases} \tag{9.7.55}$$

而以式(9.7.54)中的 A_0, B_0, C_0 代入式(9.7.28)中的第二式和第三式，求得

$$\mathrm{i}\frac{\partial q}{\partial t} + \frac{\partial^2 q}{\partial x^2} - 2q^2 r = 0, \quad \mathrm{i}\frac{\partial r}{\partial t} - \frac{\partial^2 r}{\partial x^2} + 2qr^2 = 0. \tag{9.7.56}$$

在式(9.7.56)中,若取 $q=u,r=-\bar{u}$($\bar{u}$ 为 u 的复共轭),则它化为非线性 Schrödinger 方程

$$\mathrm{i}\frac{\partial u}{\partial t}+\frac{\partial^2 u}{\partial x^2}+2|u|^2 u=0. \tag{9.7.57}$$

此形式的非线性 Schrödinger 方程见附录 D 1.17. 相应,由式(9.7.18)和(9.7.23)求得它的 Lax 对为

$$\frac{\partial \psi_1}{\partial x}+\mathrm{i}\lambda\psi_1=u\psi_2,\quad \frac{\partial \psi_2}{\partial x}-\mathrm{i}\lambda\psi_2=-\bar{u}\psi_1 \tag{9.7.58}$$

和

$$\begin{cases}\dfrac{\partial \psi_1}{\partial t}=(-2\mathrm{i}\lambda^2+\mathrm{i}|u|^2)\psi_1+\left(2\lambda u+\mathrm{i}\dfrac{\partial u}{\partial x}\right)\psi_2,\\[2mm] \dfrac{\partial \psi_2}{\partial t}=\left(-2\lambda\bar{u}+\mathrm{i}\dfrac{\partial \bar{u}}{\partial x}\right)\psi_1+(2\mathrm{i}\lambda^2-\mathrm{i}|u|^2)\psi_2.\end{cases} \tag{9.7.59}$$

方程组(9.7.58)称为 Zakharov-Shabat 方程组. 式(9.7.58)和(9.7.59)还可以分别改写为

$$\frac{\partial \boldsymbol{\psi}}{\partial x}=\boldsymbol{V}\boldsymbol{\psi}\quad 和 \quad \frac{\partial \boldsymbol{\psi}}{\partial t}=\boldsymbol{M}\boldsymbol{\psi}, \tag{9.7.60}$$

其中

$$\boldsymbol{\psi}=\begin{bmatrix}\psi_1\\ \psi_2\end{bmatrix},\quad \boldsymbol{V}=\begin{bmatrix}-\mathrm{i}\lambda & u\\ -\bar{u} & \mathrm{i}\lambda\end{bmatrix},\quad \boldsymbol{M}=\begin{bmatrix}-2\mathrm{i}\lambda^2+\mathrm{i}|u|^2 & 2\lambda u+\mathrm{i}\dfrac{\partial u}{\partial x}\\ -2\lambda\bar{u}+\mathrm{i}\dfrac{\partial \bar{u}}{\partial x} & 2\mathrm{i}\lambda^2-\mathrm{i}|u|^2\end{bmatrix}. \tag{9.7.61}$$

由此可见,AKNS 方法将 Lax 方程加以推广,也可以获得 NLS 方程的 Lax 对和算子偶.

(3) 假设 A,B,C 是 λ^{-1} 的多项式,其中最简单的是与 λ^{-1} 成正比的情况,即

$$A=l\lambda^{-1},\quad B=m\lambda^{-1},\quad C=n\lambda^{-1}, \tag{9.7.62}$$

其中 l,m 和 n 是 x 和 t 的待定函数. 将它代入 AKNS 方程组(9.7.26),并比较每个方程两边 λ 的幂次,则得到

$$\lambda^{-1}:\frac{\partial l}{\partial x}=-rm+qn,\quad \frac{\partial m}{\partial x}=-2ql,\quad \frac{\partial n}{\partial x}=2rl, \tag{9.7.63}$$

$$\lambda^0:\frac{\partial q}{\partial t}-2\mathrm{i}m=0,\quad \frac{\partial r}{\partial t}+2\mathrm{i}n=0. \tag{9.7.64}$$

式(9.7.63)与(9.7.64)结合,得到

$$2\mathrm{i}\frac{\partial l}{\partial x}=-\frac{\partial qr}{\partial t},\quad \frac{\partial^2 q}{\partial x\partial t}=-4\mathrm{i}lq,\quad \frac{\partial^2 r}{\partial x\partial t}=-4\mathrm{i}lr. \tag{9.7.65}$$

若取 $l=\frac{\mathrm{i}}{4}\cos u, m=n=\frac{\mathrm{i}}{4}\sin u$,则式(9.7.62)化为

$$A=\frac{\mathrm{i}}{4\lambda}\cos u,\quad B=\frac{\mathrm{i}}{4\lambda}\sin u,\quad C=\frac{\mathrm{i}}{4\lambda}\sin u. \tag{9.7.66}$$

注意式(9.7.64)和(9.7.65),式(9.7.66)可改写为

$$A=\frac{\mathrm{i}}{4\lambda}\frac{1}{q}\frac{\partial^2 q}{\partial x\partial t}=\frac{\mathrm{i}}{4\lambda}\frac{1}{r}\frac{\partial^2 r}{\partial x\partial t},\quad B=-\frac{\mathrm{i}}{2\lambda}\frac{\partial q}{\partial t},\quad C=\frac{\mathrm{i}}{2\lambda}\frac{\partial r}{\partial t}. \tag{9.7.67}$$

相应地,式(9.7.65)化为

$$2\frac{\partial qr}{\partial t}=\frac{\partial}{\partial x}(\cos u),\quad \frac{\partial^2 q}{\partial x\partial t}=q\cos u,\quad \frac{\partial^2 r}{\partial x\partial t}=r\cos u. \tag{9.7.68}$$

在式(9.7.68)中,若取 $q=-r=-\frac{1}{2}\frac{\partial u}{\partial x}$,并对 x 积分,则它化为正弦-Gordon 方程

$$\frac{\partial^2 u}{\partial x\partial t}=\sin u. \tag{9.7.69}$$

相应地,由式(9.7.18)和(9.7.23)求得它的 Lax 对为

$$\frac{\partial\psi_1}{\partial x}+\mathrm{i}\lambda\psi_1=-\left(\frac{1}{2}\frac{\partial u}{\partial x}\right)\psi_2,\quad \frac{\partial\psi_2}{\partial x}-\mathrm{i}\lambda\psi_2=\left(\frac{1}{2}\frac{\partial u}{\partial x}\right)\psi_1 \tag{9.7.70}$$

和

$$\begin{cases}\dfrac{\partial\psi_1}{\partial t}=\left(\dfrac{\mathrm{i}}{4\lambda}\cos u\right)\psi_1+\left(\dfrac{\mathrm{i}}{4\lambda}\sin u\right)\psi_2,\\[2ex] \dfrac{\partial\psi_2}{\partial t}=\left(\dfrac{\mathrm{i}}{4\lambda}\sin u\right)\psi_1+\left(-\dfrac{\mathrm{i}}{4\lambda}\cos u\right)\psi_2.\end{cases} \tag{9.7.71}$$

由此可见,AKNS 方法将 Lax 方程加以推广,也可以获得正弦-Gordon 方程的 Lax 对和算子偶.

总之,AKNS 方法是广义的散射反演法,由此方法可以获得不少非线性演化方程的 Lax 对和算子偶. 剩下的问题是求解方程组(9.7.18)的散射反演问题. 不过,这类散射反演问题叙述复杂,这里不再论述了.

第 10 章　Bäcklund 变换

非线性方程找到一个解是很困难的，找到更多的解更是难上加难. Bäcklund 变换是建立一个非线性偏微分方程的解与另一个已知的线性偏微分方程解之间的关系，或者是建立一个非线性偏微分方程两个不同解之间的联系. 前者称为异(hetero-)Bäcklund 变换，后者称为自(auto-)Bäcklund 变换. 这样，我们就可以根据已知线性偏微分方程的解去求非线性偏微分方程的解或者根据非线性偏微分方程的一个解去找它的别的解.

§10.1　Bäcklund 变换

我们分两种情况来说明.

1. 异 Bäcklund 变换

即不同方程之间的 Bäcklund 变换. 设 $u(x,t)$ 是一个待求的非线性偏微分方程

$$N(u)=0 \tag{10.1.1}$$

的解，又设 $v(x,t)$ 是一个已知的简单的线性偏微分方程

$$L(v)=0 \tag{10.1.2}$$

的解. 那么，u 和 v 之间的 Bäcklund 变换是下列一阶偏微分方程组：

$$\begin{cases}\dfrac{\partial u}{\partial x}=P\left(u,v,\dfrac{\partial v}{\partial x},\dfrac{\partial v}{\partial t},x,t\right),\\[2mm] \dfrac{\partial u}{\partial t}=Q\left(u,v,\dfrac{\partial v}{\partial x},\dfrac{\partial v}{\partial t},x,t\right).\end{cases} \tag{10.1.3}$$

如果上述关系能够找到，则可以由 v 去求 u. 注意(10.1.3)式中的 u 与 v 可以互换. 我们举两例说明.

例 1　Burgers 方程

$$\frac{\partial u}{\partial t}+u\frac{\partial u}{\partial x}-\nu\frac{\partial^2 u}{\partial x^2}=0. \tag{10.1.4}$$

我们在 §8.3，通过 Cole-Hopf 变换

$$u=-2\nu\frac{\partial\ln v}{\partial x}=-2\nu\frac{1}{v}\frac{\partial v}{\partial x}\tag{10.1.5}$$

使 Burgers 方程(10.1.4)化为下列线性耗散方程：

$$\frac{\partial v}{\partial t}-\nu\frac{\partial^2 v}{\partial x^2}=0.\tag{10.1.6}$$

由式(10.1.5)有

$$\frac{\partial v}{\partial x}=-\frac{1}{2\nu}uv.\tag{10.1.7}$$

这就是我们找到的 Burgers 方程与线性耗散方程之间 Bäcklund 变换(10.1.3)的一个方程.

式(10.1.7)两边对 x 微商，再利用式(10.1.7)，得到

$$\frac{\partial^2 v}{\partial x^2}=-\frac{1}{2\nu}v\frac{\partial u}{\partial x}+\frac{1}{4\nu^2}u^2v.\tag{10.1.8}$$

式(10.1.8)两边乘以 ν，并利用式(10.1.6)，得到

$$\frac{\partial v}{\partial t}=-\frac{1}{2}v\frac{\partial u}{\partial x}+\frac{1}{4\nu}u^2v.\tag{10.1.9}$$

这就是我们找到的 Burgers 方程与线性耗散方程之间 Bäcklund 变换(10.1.3)的另一个方程.

所以，Burgers 方程(10.1.4)与线性耗散方程(10.1.6)之间的 Bäcklund 变换为

$$\begin{cases}\dfrac{\partial v}{\partial x}=-\dfrac{1}{2\nu}uv,\\[2mm]\dfrac{\partial v}{\partial t}=-\dfrac{1}{2}v\dfrac{\partial u}{\partial x}+\dfrac{1}{4\nu}u^2v.\end{cases}\tag{10.1.10}$$

显然，它们满足

$$\frac{\partial}{\partial t}\left(\frac{\partial v}{\partial x}\right)=\frac{\partial}{\partial x}\left(\frac{\partial v}{\partial t}\right).\tag{10.1.11}$$

它称为可积性条件(integrability conditions)，也就是第 9 章的相容性条件. 这样，我们可以由线性耗散方程(10.1.6)的解去求 Burgers 方程(10.1.4)的解. 我们在§8.3 已经举了几个例子，这里不再列举了.

例 2 Liouville 方程

$$\frac{\partial^2 u}{\partial x\partial y}=\alpha e^{\beta u}.\tag{10.1.12}$$

我们要建立它与线性波的 d'Alembert 方程

$$\frac{\partial^2 v}{\partial x\partial y}=0\tag{10.1.13}$$

之间的 Bäcklund 变换. 显然，它们之间的 Bäcklund 变换可以写为

$$\begin{cases}\dfrac{\partial u}{\partial x}=\dfrac{\partial v}{\partial x}+\dfrac{\alpha\lambda}{\beta}\mathrm{e}^{\frac{\beta}{2}(u+v)},\\ \dfrac{\partial u}{\partial y}=-\dfrac{\partial v}{\partial y}+\dfrac{2}{\lambda}\mathrm{e}^{\frac{\beta}{2}(u-v)},\end{cases}\tag{10.1.14}$$

其中 λ 为任意非零常数.

若将 Bäcklund 变换(10.1.14)的第一式两边对 y 微商,并利用 Bäcklund 变换(10.1.14)的第二式和式(10.1.13)有

$$\frac{\partial}{\partial y}\left(\frac{\partial u}{\partial x}\right)=\frac{\partial^2 v}{\partial x\partial y}+\frac{\alpha\lambda}{2}\left(\frac{\partial u}{\partial y}+\frac{\partial v}{\partial y}\right)\mathrm{e}^{\frac{\beta}{2}(u+v)}=\alpha\,\mathrm{e}^{\beta u}.\tag{10.1.15}$$

类似,若将 Bäcklund 变换(10.1.14)的第二式两边对 x 微商,并利用 Bäcklund 变换(10.1.14)的第一式和式(10.1.13)有

$$\frac{\partial}{\partial x}\left(\frac{\partial u}{\partial y}\right)=-\frac{\partial^2 v}{\partial x\partial y}+\frac{\beta}{\lambda}\left(\frac{\partial u}{\partial x}-\frac{\partial v}{\partial x}\right)\mathrm{e}^{\frac{\beta}{2}(u-v)}=\alpha\,\mathrm{e}^{\beta u}.\tag{10.1.16}$$

因此,Bäcklund 变换(10.1.14)满足可积性条件

$$\frac{\partial}{\partial y}\left(\frac{\partial u}{\partial x}\right)=\frac{\partial}{\partial x}\left(\frac{\partial u}{\partial y}\right).\tag{10.1.17}$$

有了 Bäcklund 变换(10.1.14),我们就可以由线性波的 d′Alembert 方程(10.1.13)的解去求 Liouville 方程(10.1.12)的解.

我们首先将 Bäcklund 变换(10.1.14)改写为

$$\begin{cases}\dfrac{\partial}{\partial x}(u-v)=\dfrac{\alpha\lambda}{\beta}\mathrm{e}^{\frac{\beta}{2}(u-v)}\cdot\mathrm{e}^{\beta v},\\ \dfrac{\partial}{\partial y}(u+v)=\dfrac{2}{\lambda}\mathrm{e}^{\frac{\beta}{2}(u+v)}\cdot\mathrm{e}^{-\beta v},\end{cases}\tag{10.1.18}$$

因而

$$\begin{cases}\dfrac{\partial}{\partial x}\left[\mathrm{e}^{-\frac{\beta}{2}(u-v)}\right]=-\dfrac{\alpha\lambda}{2}\mathrm{e}^{\beta v},\\ \dfrac{\partial}{\partial y}\left[\mathrm{e}^{-\frac{\beta}{2}(u+v)}\right]=-\dfrac{\beta}{\lambda}\mathrm{e}^{-\beta v}.\end{cases}\tag{10.1.19}$$

因为 d′Alembert 方程(10.1.13)的通解为

$$v=F(x)+G(y),\tag{10.1.20}$$

则式(10.1.20)代入方程组(10.1.19),得到

$$\begin{cases}\dfrac{\partial}{\partial x}\left\{\mathrm{e}^{-\frac{\beta}{2}[u-v+2G(y)]}\right\}=-\dfrac{\alpha\lambda}{2}\mathrm{e}^{\beta F(x)},\\ \dfrac{\partial}{\partial y}\left\{\mathrm{e}^{-\frac{\beta}{2}[u+v-2F(x)]}\right\}=-\dfrac{\beta}{\lambda}\mathrm{e}^{-\beta G(y)}.\end{cases}\tag{10.1.21}$$

注意利用式(10.1.20)有

$$u-v+2G(y)=u+v-2F(x)=u-F(x)+G(y).\tag{10.1.22}$$

这样,式(10.1.21)的两个方程分别对 x 和对 y 积分,得到

$$\begin{cases} e^{-\frac{\beta}{2}[u-F(x)+G(y)]} = -\dfrac{\alpha\lambda}{2}\displaystyle\int e^{\beta F(x)}\,dx + S(y), \\ e^{-\frac{\beta}{2}[u-F(x)+G(y)]} = -\dfrac{\beta}{\lambda}\displaystyle\int e^{-\beta G(y)}\,dy + R(x), \end{cases} \tag{10.1.23}$$

其中 $R(x)$ 和 $S(y)$ 是任意函数.(10.1.23)的两式左边相等,右边也应相等,则得

$$R(x) + \frac{\alpha\lambda}{2}\int e^{\beta F(x)}\,dx = S(y) + \frac{\beta}{\lambda}\int e^{-\beta G(y)}\,dy. \tag{10.1.24}$$

上式左边只是 x 的函数,右边只是 y 的函数,两边相等只有为一常数,取此常数为零,则求得

$$R(x) = -\frac{\alpha\lambda}{2}\int e^{\beta F(x)}\,dx, \quad S(y) = -\frac{\beta}{\lambda}\int e^{-\beta G(y)}\,dy. \tag{10.1.25}$$

这样,(10.1.23)的两式均化为

$$e^{-\frac{\beta}{2}[u-F(x)+G(y)]} = -\frac{\alpha\lambda}{2}\int e^{\beta F(x)}\,dx - \frac{\beta}{\lambda}\int e^{-\beta G(y)}\,dy. \tag{10.1.26}$$

上式两边取对数,求得

$$u = [F(x) - G(y)] - \frac{2}{\beta}\ln\left[-\frac{\alpha\lambda}{2}\int e^{\beta F(x)}\,dx - \frac{\beta}{\lambda}\int e^{-\beta G(y)}\,dy\right]. \tag{10.1.27}$$

这就是根据线性波的 d′Alembert 方程(10.1.13)的通解(10.1.20)按 Bäcklund 变换求得的 Liouville 方程(10.1.12)的通解公式.

在式(10.1.27)中,若取 $\lambda=-1$,$F(x)=\dfrac{1}{\beta}\ln\dfrac{2f'(x)}{\alpha}$,$-G(y)=\dfrac{1}{\beta}\ln\dfrac{g'(y)}{\beta}$,则得到

$$u = \frac{1}{\beta}\ln\left\{\frac{2f'(x)g'(y)}{\alpha\beta[f(x)+g(y)]^2}\right\}. \tag{10.1.28}$$

这就是我们在§8.2求得的 Liouville 方程的解(8.2.89).

2. 自 Bäcklund 变换

即同一个方程两个不同解之间的 Bäcklund 变换.设 $u(x,t)$ 和 $u_0(x,t)$ 是非线性偏微分方程(10.1.1)的两个解,那么,u 和 u_0 之间的 Bäcklund 变换为

$$\begin{cases} \dfrac{\partial u}{\partial x} = P\left(u, u_0, \dfrac{\partial u_0}{\partial x}, \dfrac{\partial u_0}{\partial t}, x, t\right), \\ \dfrac{\partial u}{\partial t} = Q\left(u, u_0, \dfrac{\partial u_0}{\partial x}, \dfrac{\partial u_0}{\partial t}, x, t\right). \end{cases} \tag{10.1.29}$$

如果上述关系能够找到,那么,我们就可以由非线性偏微分方程的一个解 u_0 去找它的另一个解 u,而且可以反复运用,从而可找到非线性偏微分方程更多的解.

这方面的例子我们将在后面几节说明.

§10.2　正弦-Gordon 方程

正弦-Gordon 方程可以表为

$$\frac{\partial^2 u}{\partial\xi\partial\eta}=\sin u. \tag{10.2.1}$$

我们在第 6 章、第 7 章和第 9 章都用过此形式. 设 $u(\xi,\eta)$ 和 $u_0(\xi,\eta)$ 都是正弦-Gordon 方程(10.2.1)的解,即 u 和 u_0 分别满足

$$\frac{\partial^2 u}{\partial\xi\partial\eta}=\sin u,\quad \frac{\partial^2 u_0}{\partial\xi\partial\eta}=\sin u_0. \tag{10.2.2}$$

把这两个方程相加和相减,分别得到

$$\begin{cases}\dfrac{\partial^2}{\partial\xi\partial\eta}(u+u_0)=\sin u+\sin u_0=2\sin\dfrac{u+u_0}{2}\cos\dfrac{u-u_0}{2},\\[2mm] \dfrac{\partial^2}{\partial\xi\partial\eta}(u-u_0)=\sin u-\sin u_0=2\cos\dfrac{u+u_0}{2}\sin\dfrac{u-u_0}{2}.\end{cases} \tag{10.2.3}$$

由此我们求得正弦-Gordon 方程(10.2.1)的 Bäcklund 变换为

$$\begin{cases}\dfrac{\partial u}{\partial\xi}=\dfrac{\partial u_0}{\partial\xi}+2a\sin\dfrac{u+u_0}{2},\\[2mm] \dfrac{\partial u}{\partial\eta}=-\dfrac{\partial u_0}{\partial\eta}+\dfrac{2}{a}\sin\dfrac{u-u_0}{2},\end{cases} \tag{10.2.4}$$

其中 a 为任意非零常数.

式(10.2.4)的两个方程分别对 η 和 ξ 微商,并再利用式(10.2.4),有

$$\begin{cases}\dfrac{\partial}{\partial\eta}\left(\dfrac{\partial u}{\partial\xi}\right)=\dfrac{\partial^2 u_0}{\partial\xi\partial\eta}+a\left(\dfrac{\partial u}{\partial\eta}+\dfrac{\partial u_0}{\partial\eta}\right)\cos\dfrac{u+u_0}{2}=\dfrac{\partial^2 u_0}{\partial\xi\partial\eta}+2\cos\dfrac{u+u_0}{2}\sin\dfrac{u-u_0}{2},\\[2mm] \dfrac{\partial}{\partial\xi}\left(\dfrac{\partial u}{\partial\eta}\right)=-\dfrac{\partial^2 u_0}{\partial\xi\partial\eta}+\dfrac{1}{a}\left(\dfrac{\partial u}{\partial\xi}-\dfrac{\partial u_0}{\partial\eta}\right)\cos\dfrac{u-u_0}{2}=-\dfrac{\partial^2 u_0}{\partial\xi\partial\eta}+2\sin\dfrac{u+u_0}{2}\cos\dfrac{u-u_0}{2}.\end{cases} \tag{10.2.5}$$

这就是方程组(10.2.3),而且满足相容性条件

$$\frac{\partial}{\partial\eta}\left(\frac{\partial u}{\partial\xi}\right)=\frac{\partial}{\partial\xi}\left(\frac{\partial u}{\partial\eta}\right). \tag{10.2.6}$$

有了 Bäcklund 变换(10.2.4),我们就可以根据正弦-Gordon 方程的一个解去找它的另一个解.

例如 $u_0=0$ 是正弦-Gordon 方程(10.2.1)的一个解,则由 Bäcklund 变换(10.2.4),得到

$$\frac{\partial u}{\partial\xi}=2a\sin\frac{u}{2},\quad \frac{\partial u}{\partial\eta}=\frac{2}{a}\sin\frac{u}{2}. \tag{10.2.7}$$

式(10.2.7)中的两式分别对 ξ 和 η 积分,则得

$$\ln\tan\frac{u}{4}=a\xi+G(\eta),\quad \ln\tan\frac{u}{4}=\frac{1}{a}\eta+F(\xi),\tag{10.2.8}$$

其中 $F(\xi)$和 $G(\eta)$是任意函数. 式(10.2.8)中的两式左边相等,右边也应相等,则得

$$F(\xi)-a\xi=G(\eta)-\frac{1}{a}\eta.\tag{10.2.9}$$

上式左边只是 ξ 的函数,右边只是 η 的函数,两边相等只有为一常数,取此常数为 δ,则求得

$$F(\xi)=a\xi+\delta,\quad G(\eta)=\frac{1}{a}\eta+\delta.\tag{10.2.10}$$

这样,式(10.2.8)化为

$$\ln\tan\frac{u}{4}=a\xi+\frac{1}{a}\eta+\delta,\tag{10.2.11}$$

因而

$$\tan\frac{u}{4}=\mathrm{e}^{a\xi+\frac{1}{a}\eta+\delta}.\tag{10.2.12}$$

注意式(7.6.3),即 $\xi=\frac{\lambda_0}{2}(x-c_0t)$,$\eta=\frac{\lambda_0}{2}(x+c_0t)$ $(\lambda_0\equiv f_0/c_0)$. 则式(10.2.12)化为

$$\tan\frac{u}{4}=\exp\left[\frac{a^2+1}{2a}\lambda_0\left(x-\frac{a^2-1}{a^2+1}c_0t\right)+\delta\right].\tag{10.2.13}$$

当 $0<c<c_0$ 时,可取

$$a^2=\frac{c_0+c}{c_0-c},\tag{10.2.14}$$

因而

$$\frac{a^2-1}{a^2+1}c_0=c,\quad \frac{a^2+1}{2a}\lambda_0=\pm l\quad (l\equiv f_0/\sqrt{c_0^2-c^2}),\tag{10.2.15}$$

则式(10.2.13)化为

$$\tan\frac{u}{4}=\mathrm{e}^{\pm l(x-ct)+\delta}\quad (0<c<c_0).\tag{10.2.16}$$

这就是我们在§6.1求得的 $c^2<c_0^2$ 情况下正弦-Gordon 方程的扭结或反扭结孤立子解[参见式(6.1.77),$\xi=x-ct$,$\delta=\pm l\xi_0$].

又例如 $u_0=\pi$ 是正弦-Gordon 方程(10.2.1)的一个解,则由 Bäcklund 变换(10.2.4),得到

$$\frac{\partial u}{\partial\xi}=2a\cos\frac{u}{2},\quad \frac{\partial u}{\partial\eta}=-\frac{2}{a}\cos\frac{u}{2}.\tag{10.2.17}$$

式(10.2.17)中的两式分别对 ξ 和 η 积分,则得

$$\ln\tan\left(\frac{u}{4}+\frac{\pi}{4}\right)=a\xi+S(\eta),\quad \ln\tan\left(\frac{u}{4}+\frac{\pi}{4}\right)=-\frac{1}{a}\eta+R(\xi),\tag{10.2.18}$$

其中 $R(\xi)$和 $S(\eta)$是任意函数.类似式(10.2.8)的处理,我们有

$$R(\xi)-a\xi=S(\eta)+\frac{1}{a}\eta=\delta,\tag{10.2.19}$$

因而

$$R(\xi)=a\xi+\delta,\quad S(\eta)=-\frac{1}{a}\eta+\delta.\tag{10.2.20}$$

这样,式(10.2.18)化为

$$\ln\tan\left(\frac{u}{4}+\frac{\pi}{4}\right)=a\xi-\frac{1}{a}\eta+\delta,\tag{10.2.21}$$

所以

$$\tan\left(\frac{u}{4}+\frac{\pi}{4}\right)=\mathrm{e}^{a\xi-\frac{1}{a}\eta+\delta}.\tag{10.2.22}$$

注意式(7.6.3),则式(10.2.22)化为

$$\tan\left(\frac{u}{4}+\frac{\pi}{4}\right)=\exp\left[\frac{a^2-1}{2a}\lambda_0\left(x-\frac{a^2+1}{a^2-1}c_0t\right)+\delta\right].\tag{10.2.23}$$

当 $c>c_0>0$ 时,可取

$$a^2=\frac{c+c_0}{c-c_0},\tag{10.2.24}$$

因而

$$\frac{a^2+1}{a^2-1}c_0=c,\quad \frac{a^2-1}{2a}\lambda_0=\pm k\quad (k=f_0/\sqrt{c^2-c_0^2}),\tag{10.2.25}$$

则式(10.2.23)化为

$$\tan\left(\frac{u}{4}+\frac{\pi}{4}\right)=\mathrm{e}^{\pm k(x-ct)+\delta}\quad (c>c_0>0).\tag{10.2.26}$$

这就是我们在§6.1求得的 $c^2>c_0^2$ 情况下正弦-Gordon 方程的扭结或反扭结孤立子解[参见式(6.1.68),$\xi=x-ct$,$\delta=\pm k\xi_0$].

下面应用 Bäcklund 变换(10.2.4)给出正弦-Gordon 方程的非线性叠加公式,并根据此叠加公式求出正弦-Gordon 方程的双扭结孤立子解.

1. 非线性叠加公式

利用 Bäcklund 变换,我们可以根据非线性方程的一个解 u_0 求出它的另一个解 u.同样,我们还可以根据这个 u 求出新的解.我们设想,由 u_0 分别选择参数 a_1 和 a_2 可分别求得 u_1 和 u_2,再由这个 u_1 和 u_2 分别选出参数 a_2 和 a_1 可以求得 u_3 和 u_4,并选择合适的积分常数使 $u_3=u_4$,其构想见图 10-1.

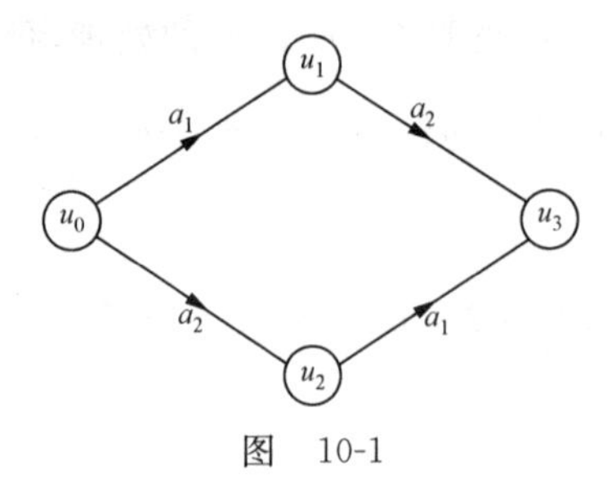

图 10-1

按照上述设想，则由 Bäcklund 变换(10.2.4)的第一式(也可以用第二式)，得到

$$\begin{cases}\dfrac{\partial u_1}{\partial \xi}=\dfrac{\partial u_0}{\partial \xi}+2a_1\sin\dfrac{u_1+u_0}{2},\\[2mm] \dfrac{\partial u_2}{\partial \xi}=\dfrac{\partial u_0}{\partial \xi}+2a_2\sin\dfrac{u_2+u_0}{2},\\[2mm] \dfrac{\partial u_3}{\partial \xi}=\dfrac{\partial u_1}{\partial \xi}+2a_2\sin\dfrac{u_3+u_1}{2},\\[2mm] \dfrac{\partial u_3}{\partial \xi}=\dfrac{\partial u_2}{\partial \xi}+2a_1\sin\dfrac{u_3+u_2}{2}.\end{cases}\tag{10.2.27}$$

它称为 Bäcklund 变换的可交换性(exchangeability 或 permutability).

将方程组(10.2.27)的第一式和第三式相加，第二式和第四式相加，分别得到

$$\begin{cases}\dfrac{\partial}{\partial \xi}(u_3-u_0)=2\left(a_1\sin\dfrac{u_1+u_2}{2}+a_2\sin\dfrac{u_3+u_1}{2}\right),\\[2mm] \dfrac{\partial}{\partial \xi}(u_3-u_0)=2\left(a_1\sin\dfrac{u_3+u_2}{2}+a_2\sin\dfrac{u_2+u_0}{2}\right).\end{cases}\tag{10.2.28}$$

式(10.2.28)的两式左边相等，右边也应相等，则得

$$a_1\left(\sin\frac{u_3+u_2}{2}-\sin\frac{u_1+u_0}{2}\right)=a_2\left(\sin\frac{u_3+u_1}{2}-\sin\frac{u_2+u_0}{2}\right).\tag{10.2.29}$$

利用 $\sin\alpha-\sin\beta=2\cos\dfrac{\alpha+\beta}{2}\sin\dfrac{\alpha-\beta}{2}$，式(10.2.29)化为

$$a_1\sin\left(\frac{u_3-u_0}{4}-\frac{u_1-u_2}{4}\right)=a_2\sin\left(\frac{u_3-u_0}{4}+\frac{u_1-u_2}{4}\right).\tag{10.2.30}$$

由此求得

$$\tan\frac{u_3-u_0}{4}=\frac{a_1+a_2}{a_1-a_2}\tan\frac{u_1-u_2}{4}.\tag{10.2.31}$$

它称为正弦-Gordon 方程解的非线性叠加公式，由这个叠加公式，我们可以只应用纯代数的运算就可以根据 u_0，u_1 和 u_2 找到正弦-Gordon 方程的一个新解 u_3.

2. 双扭结孤立子解

下面，我们应用正弦-Gordon 方程解的非线性叠加公式(10.2.31)求正弦-Gordon 方程的双扭结孤立子解，这里我们只说明 $0<c<c_0$ 的情况.

在 $0<c<c_0$ 的情况，若我们取

$$u_0 = 0, \quad \tan\frac{u_1}{4} = e^{l(x-ct)}, \quad \tan\frac{u_2}{4} = e^{l(x+ct)}, \tag{10.2.32}$$

其中 u_1 代表以速度 c 向 x 正方向前进的扭结孤立子，u_2 代表以速度 c 向 x 反方向前进的扭结孤立子. 在式(10.2.31)中取

$$a_1 = \sqrt{\frac{c_0+c}{c_0-c}}, \quad a_2 = \frac{1}{a_1} = \sqrt{\frac{c_0-c}{c_0+c}} \quad (c<c_0). \tag{10.2.33}$$

这样，将式(10.2.32)和(10.2.33)代入式(10.2.31)，便求得

$$\tan\frac{u_3}{4} = -\frac{c_0}{c}\cdot\frac{\sinh lct}{\cosh lx}. \tag{10.2.34}$$

它表征两个不同方向前进的扭结孤立子的相互作用，称为正弦-Gordon 方程的双扭结孤立子解.

由式(10.2.34)不难求得

$$\begin{cases} \lim\limits_{t\to-\infty}\tan\dfrac{u_3}{4} = \dfrac{c_0}{2c\sinh 2lx}\left[e^{l(x-ct)} - e^{-l(x+ct)}\right], \\ \lim\limits_{t\to+\infty}\tan\dfrac{u_3}{4} = -\dfrac{c_0}{2c\sinh 2lx}\left[e^{l(x+ct)} - e^{-l(x-ct)}\right]. \end{cases} \tag{10.2.35}$$

它表明在 $t\to\pm\infty$ 时，式(10.2.34)确实表征两个单扭结孤立子的形态.

同样，在 $0<c<c_0$ 的情况，若我们取

$$u_0 = 0, \quad \tan\frac{u_1}{4} = e^{l(x-ct)}, \quad \tan\frac{u_2}{4} = e^{-l(x+ct)}. \tag{10.2.36}$$

显然，u_1 代表以速度 c 向 x 正方向前进的扭结孤立子，u_2 代表以速度 c 向 x 反方向前进的反扭结孤立子. 同时，在式(10.2.31)中取

$$a_1 = \sqrt{\frac{c_0+c}{c_0-c}}, \quad a_2 = -\frac{1}{a_1} = -\sqrt{\frac{c_0-c}{c_0+c}} \quad (c<c_0). \tag{10.2.37}$$

这样，将式(10.2.36)和(10.2.37)代入式(10.2.31)，便求得

$$\tan\frac{u_3}{4} = \frac{c}{c_0}\cdot\frac{\sinh lx}{\cosh lct}. \tag{10.2.38}$$

它表征两个不同方向前进的正、反扭结孤立子的相互作用，也称为正弦-Gordon 方程的双扭结孤立子解.

由式(10.2.38)不难求得

$$
\begin{cases}\lim\limits_{t\to-\infty}\tan\dfrac{u_3}{4}=\dfrac{c}{c_0}\left[\mathrm{e}^{l(x+ct)}-\mathrm{e}^{-l(x-ct)}\right],\\ \lim\limits_{t\to+\infty}\tan\dfrac{u_3}{4}=\dfrac{c}{c_0}\left[\mathrm{e}^{l(x-ct)}-\mathrm{e}^{-l(x+ct)}\right].\end{cases} \tag{10.2.39}
$$

它也表明，在 $t\to\pm\infty$ 时，式(10.2.38)表征的分别是一个正、反扭结孤立子的形态.

§10.3 KdV 方程

对于 KdV 方程

$$
\frac{\partial u}{\partial t}-6u\frac{\partial u}{\partial x}+\frac{\partial^3 u}{\partial x^3}=0, \tag{10.3.1}
$$

它可以写为下列守恒律的形式：

$$
\frac{\partial u}{\partial t}+\frac{\partial}{\partial x}\left(-3u^2+\frac{\partial^2 u}{\partial x^2}\right)=0. \tag{10.3.2}
$$

上式成立，可引入 w 使得

$$
u=\frac{\partial w}{\partial x}, \tag{10.3.3}
$$

则 $-3u^2+\dfrac{\partial^2 u}{\partial x^2}=-\dfrac{\partial w}{\partial t}$，即

$$
\frac{\partial w}{\partial t}-3\left(\frac{\partial w}{\partial x}\right)^2+\frac{\partial^3 w}{\partial x^3}=0. \tag{10.3.4}
$$

它也称为 KdV 方程. 设 $w(x,t)$ 和 $w_0(x,t)$ 都是 KdV 方程(10.3.4)的解，即 w 和 w_0 分别满足

$$
\begin{cases}\dfrac{\partial w}{\partial t}=3u^2-\dfrac{\partial^2 u}{\partial x^2}, \quad u=\dfrac{\partial w}{\partial x},\\ \dfrac{\partial w_0}{\partial t}=3u_0^2-\dfrac{\partial^2 u_0}{\partial x^2}, \quad u_0=\dfrac{\partial w_0}{\partial x}.\end{cases} \tag{10.3.5}
$$

我们通过散射反演法导出 KdV 方程的 Bäcklund 变换. 由散射反演法知，u 和 u_0 分别满足 Schrödinger 方程，即

$$
\begin{cases}\dfrac{\partial^2\psi}{\partial x^2}+(\lambda-u)\psi=0,\\ \dfrac{\partial^2\psi_0}{\partial x^2}+(\lambda-u_0)\psi_0=0.\end{cases} \tag{10.3.6}
$$

为了找到 KdV 方程的 Bäcklund 变换，我们要通过 ψ 与 ψ_0 之间的联系建立 u 与 u_0 之间的联系. 在 $u_0=0$，$u=-2\operatorname{sech}^2 x$ 时，ψ 与 ψ_0 之间的联系容易找到. 因为此时式(10.3.6)化为

$$\begin{cases} \dfrac{\partial^2 \psi}{\partial x^2} + (\lambda + 2\operatorname{sech}^2 x)\psi = 0, \\ \dfrac{\partial^2 \psi_0}{\partial x^2} + \lambda \psi_0 = 0. \end{cases} \tag{10.3.7}$$

而式(10.3.7)的第一个方程可以改写为

$$\left(\frac{\partial}{\partial x} - \tanh x\right)\left(\frac{\partial}{\partial x} + \tanh x\right)\psi = -(\lambda + 1)\psi. \tag{10.3.8}$$

这样,很容易证明:若令

$$\psi = \left(\frac{\partial}{\partial x} - \tanh x\right)\psi_0, \tag{10.3.9}$$

则只要 ψ_0 满足式(10.3.7)的第二个方程,ψ 就满足式(10.3.7)的第一个方程;反之亦然.

这个特例给我们一个启发,当 u_0 和 u 都不为零时,能否找到一个连续函数 $v(x)$ 使得

$$\psi = \frac{\partial \psi_0}{\partial x} - v(x)\psi_0, \tag{10.3.10}$$

来建立 u 与 u_0 之间的联系.式(10.3.10)是 Darboux 提出的设想.

将式(10.3.10)代入式(10.3.6)的第一个方程,并利用式(10.3.6)的第二个方程,得到

$$\left(u_0 - u - 2\frac{\partial v}{\partial x}\right)\frac{\partial \psi_0}{\partial x} + \left[\frac{\partial u_0}{\partial x} - \frac{\partial^2 v}{\partial x^2} - (u_0 - u)v\right]\psi_0 = 0. \tag{10.3.11}$$

由此使我们选择 $v(x)$ 满足

$$\begin{cases} u_0 - u - 2\dfrac{\partial v}{\partial x} = 0, \\ \dfrac{\partial u_0}{\partial x} - \dfrac{\partial^2 v}{\partial x^2} - (u_0 - u)v = 0. \end{cases} \tag{10.3.12}$$

方程组(10.3.12)的两式结合有

$$\frac{\partial u_0}{\partial x} - \frac{\partial^2 v}{\partial x^2} - 2v\frac{\partial v}{\partial x} = 0. \tag{10.3.13}$$

式(10.3.13)对 x 积分一次,并与 GGKM 变换(9.1.7)比较有

$$u_0 = \frac{\partial v}{\partial x} + v^2 + \lambda. \tag{10.3.14}$$

同时,以 $u_0 = \dfrac{\partial w_0}{\partial x}$ 和 $u = \dfrac{\partial w}{\partial x}$ 代入方程组(10.3.12)的第一个方程,得到

$$\frac{\partial w_0}{\partial x} - \frac{\partial w}{\partial x} - 2\frac{\partial v}{\partial x} = 0. \tag{10.3.15}$$

上式对 x 积分并取积分常数为零,则得

$$v(x)=\frac{1}{2}(w_0-w). \tag{10.3.16}$$

这就是 Darboux 找到的 $v(x)$. 在式(10.3.7)的例子中, $w_0=0$, $w=-2\tanh x$ $\left(u=\frac{\partial w}{\partial x}=-2\mathrm{sech}^2 x\right)$, 则由式(10.3.16)有 $v(x)=\tanh x$, 这就出现式(10.3.9)的结果.

式(10.3.16)代入式(10.3.14)得到

$$\frac{\partial w_0}{\partial x}=\frac{1}{2}\left(\frac{\partial w_0}{\partial x}-\frac{\partial w}{\partial x}\right)+\frac{1}{4}(w_0-w)^2+\lambda, \tag{10.3.17}$$

因而

$$\frac{\partial w}{\partial x}=-\frac{\partial w_0}{\partial x}+2\lambda+\frac{1}{2}(w-w_0)^2. \tag{10.3.18}$$

这是 KdV 方程(10.3.4)的 Bäcklund 变换的一个表达式, 另一个表达式可由式(10.3.5)和(10.3.18)获得.

把式(10.3.5)的两个方程相加, 得到

$$\frac{\partial w}{\partial t}=-\frac{\partial w_0}{\partial t}+3u^2+3u_0^2-\frac{\partial^2}{\partial x^2}(u+u_0). \tag{10.3.19}$$

但式(10.3.18)给出

$$u+u_0=2\lambda+\frac{1}{2}(w-w_0)^2, \tag{10.3.20}$$

这样就有

$$\frac{\partial}{\partial x}(u+u_0)=(w-w_0)\frac{\partial}{\partial x}(w-w_0)=(w-w_0)(u-u_0), \tag{10.3.21}$$

$$\begin{aligned}\frac{\partial^2}{\partial x^2}(u+u_0)&=\left(\frac{\partial w}{\partial x}-\frac{\partial w_0}{\partial x}\right)(u-u_0)+(w-w_0)\left(\frac{\partial u}{\partial x}-\frac{\partial u_0}{\partial x}\right)\\&=(u-u_0)^2+(w-w_0)\frac{\partial}{\partial x}(u+u_0)-2(w-w_0)\frac{\partial u_0}{\partial x}.\end{aligned} \tag{10.3.22}$$

将式(10.3.21)代入式(10.3.22), 得到

$$\frac{\partial^2}{\partial x^2}(u+u_0)=(u-u_0)^2+(w-w_0)^2(u-u_0)-2(w-w_0)\frac{\partial u_0}{\partial x}. \tag{10.3.23}$$

将式(10.3.23)代入式(10.3.19), 得到

$$\begin{aligned}\frac{\partial w}{\partial t}&=-\frac{\partial w_0}{\partial t}+3u^2+3u_0^2-(u-u_0)^2-(u-u_0)(w-w_0)^2+2(w-w_0)\frac{\partial u_0}{\partial x}\\&=-\frac{\partial w_0}{\partial t}+2u\left[(u+u_0)-\frac{1}{2}(w-w_0)^2\right]+2u_0^2+u_0(w-w_0)^2+2(w-w_0)\frac{\partial u_0}{\partial x}.\end{aligned} \tag{10.3.24}$$

将式(10.3.20)代入式(10.3.24),得到

$$\frac{\partial w}{\partial t}=-\frac{\partial w_0}{\partial t}+4\lambda u+2u_0^2+u_0(w-w_0)^2+2(w-w_0)\frac{\partial u_0}{\partial x}. \quad (10.3.25)$$

这是 KdV 方程(10.3.4)的 Bäcklund 变换的另一个表达式.

结合式(10.3.18)和(10.3.25),我们获得 KdV 方程(10.3.4)的 Bäcklund 变换为

$$\begin{cases}\dfrac{\partial w}{\partial x}=-\dfrac{\partial w_0}{\partial x}+2\lambda+\dfrac{1}{2}(w-w_0)^2,\\[2ex] \dfrac{\partial w}{\partial t}=-\dfrac{\partial w_0}{\partial t}+4\lambda\dfrac{\partial w}{\partial x}+2\left(\dfrac{\partial w_0}{\partial x}\right)^2+(w-w_0)^2\dfrac{\partial w_0}{\partial x}+2(w-w_0)\dfrac{\partial u_0}{\partial x},\end{cases} \quad (10.3.26)$$

其中的第二个方程可以通过第一个方程消去 λ 还可以表述为

$$\frac{\partial w}{\partial t}=-\frac{\partial w_0}{\partial t}+2\left[\left(\frac{\partial w}{\partial x}\right)^2+\frac{\partial w}{\partial x}\frac{\partial w_0}{\partial x}+\left(\frac{\partial w_0}{\partial x}\right)^2\right]-(w-w_0)\left(\frac{\partial^2 w}{\partial x^2}-\frac{\partial^2 w_0}{\partial x^2}\right). \quad (10.3.27)$$

有了式(10.3.26),我们就可以根据 KdV 方程的一个解去找它的另一个解.

例如,$w_0=0$ 是 KdV 方程(10.3.4)的一个解,则由式(10.3.26)有

$$\begin{cases}\dfrac{\partial w}{\partial x}=2\lambda+\dfrac{1}{2}w^2,\\[2ex] \dfrac{\partial w}{\partial t}=4\lambda\dfrac{\partial w}{\partial x},\end{cases} \quad (10.3.28)$$

其中的第二个方程就是线性平流方程,依式(8.1.5),其通解为

$$w=F(x+4\lambda t). \quad (10.3.29)$$

若取

$$\lambda=-k^2,\quad w\,|_{t=0}=F(x)=-2k\tanh kx, \quad (10.3.30)$$

则

$$w=F(x-4k^2t)=-2k\tanh k(x-4k^2t), \quad (10.3.31)$$

因而

$$u\equiv\frac{\partial w}{\partial x}=-2k^2\operatorname{sech}^2 k(x-4k^2t). \quad (10.3.32)$$

这是 KdV 方程(10.3.4)的孤立子解[参见式(8.4.21)],而且这里的 u 和 w 也满足式(10.3.28)的第一个方程,事实上,式(10.3.28)的第一个方程是 w 关于 x 的 Riccati 方程,与方程(3.2.39)比较知,它的解为

$$w=-2k\tanh[kx-\delta(t)]. \quad (10.3.33)$$

只要取 $\delta(t)=4k^3t$,式(10.3.33)与(10.3.31)也是一致的.

类似于正弦-Gordon 方程的非线性叠加公式,我们可以建立 KdV 方程的非线

性叠加公式.

利用图 10-1 的构想到 Bäcklund 变换(10.3.26)的第一式(a_1 和 a_2 分别为 λ_1 和 λ_2,u 写为 w),则得

$$\begin{cases}\dfrac{\partial w_1}{\partial x}=-\dfrac{\partial w_0}{\partial x}+2\lambda_1+\dfrac{1}{2}(w_1-w_0)^2,\\ \dfrac{\partial w_2}{\partial x}=-\dfrac{\partial w_0}{\partial x}+2\lambda_2+\dfrac{1}{2}(w_2-w_0)^2,\\ \dfrac{\partial w_3}{\partial x}=-\dfrac{\partial w_1}{\partial x}+2\lambda_2+\dfrac{1}{2}(w_3-w_1)^2,\\ \dfrac{\partial w_3}{\partial x}=-\dfrac{\partial w_2}{\partial x}+2\lambda_1+\dfrac{1}{2}(w_3-w_2)^2,\end{cases} \tag{10.3.34}$$

其中的第三个方程减去第一个方程,第四个方程减去第二个方程,分别得到

$$\begin{cases}\dfrac{\partial w_3}{\partial x}-\dfrac{\partial w_0}{\partial x}=\dfrac{1}{2}(w_3-w_1)^2-\dfrac{1}{2}(w_1-w_0)^2+2\lambda_2-2\lambda_1,\\ \dfrac{\partial w_3}{\partial x}-\dfrac{\partial w_0}{\partial x}=\dfrac{1}{2}(w_3-w_2)^2-\dfrac{1}{2}(w_2-w_0)^2+2\lambda_1-2\lambda_2.\end{cases} \tag{10.3.35}$$

式(10.3.35)的两式左边相等,右边也应相等,则得

$$\begin{aligned}&\frac{1}{2}(w_3-w_0)(w_3-2w_1+w_0)+2\lambda_2-2\lambda_1\\ &\quad=\frac{1}{2}(w_3-w_0)(w_3-2w_2+w_0)+2\lambda_1-2\lambda_2,\end{aligned} \tag{10.3.36}$$

因而

$$(w_3-w_0)(w_2-w_1)=4(\lambda_1-\lambda_2), \tag{10.3.37}$$

由此求得

$$w_3=w_0-\frac{4(\lambda_1-\lambda_2)}{w_1-w_2}. \tag{10.3.38}$$

这是 KdV 方程(10.3.4)的非线性叠加公式.注意 $u=\dfrac{\partial w}{\partial x}$,则把式(10.3.38)两边对 x 微商,就得到 KdV 方程(10.3.1)的非线性叠加公式(见附录 D 10.6)为

$$u_3=u_0+\frac{4(\lambda_1-\lambda_2)}{(w_1-w_2)^2}(u_1-u_2). \tag{10.3.39}$$

应用这个叠加公式,我们可以求得 KdV 方程更多的解,例如 KdV 方程的双孤立子解,但双孤立子解我们已在第 9 章中作了详细阐述,这里不再重复.

§10.4 Darboux 变换

第 9 章应用散射反演法求解 KdV 方程

$$\frac{\partial u}{\partial t}-6u\frac{\partial u}{\partial x}+\frac{\partial^3 u}{\partial x^3}=0 \tag{10.4.1}$$

实际上化成了它的 Lax 对[参见式(9.6.2)或(9.7.1)]

$$\begin{cases}\dfrac{\partial^2\psi}{\partial x^2}+(\lambda-u)\psi=0,\\[2mm] \dfrac{\partial\psi}{\partial t}+4\dfrac{\partial^3\psi}{\partial x^3}-6u\dfrac{\partial\psi}{\partial x}-3\psi\dfrac{\partial u}{\partial x}=0\end{cases} \tag{10.4.2}$$

的求解问题. 其中的第二个方程已利用式(9.6.3)换写了一种形式. 但 Lax 对方程组(10.4.2)的求解是相当困难的,上一节 Darboux 引入一个连续函数 $v(x)$来建立 ψ 与 ψ_0, u 与 u_0 之间的联系,即

$$\begin{cases}\psi=\dfrac{\partial\psi_0}{\partial x}-v(x)\psi_0,\\[2mm] u=u_0-2\dfrac{\partial v}{\partial x}.\end{cases} \tag{10.4.3}$$

它称为 Darboux 变换,其中的第一个方程参见式(10.3.10),第二个方程参见方程组(10.3.12)的第一式. 式(10.4.3)中的 $v(x)$满足式(10.3.14),即

$$\frac{\partial v}{\partial x}+v^2+(\lambda-u_0)=0. \tag{10.4.4}$$

这是关于 v 的 Riccati 方程. 若令

$$v=\frac{1}{\psi_0}\frac{\partial\psi_0}{\partial x}=\frac{\partial\ln\psi_0}{\partial x}, \tag{10.4.5}$$

则方程(10.4.4)化为

$$\frac{\partial^2\psi_0}{\partial x^2}+(\lambda-u_0)\psi_0=0. \tag{10.4.6}$$

它表示 ψ_0 满足势场为 u_0 的 Schrödinger 方程.

设 ψ_0^* 是当 $\lambda=\lambda_0$ 时,方程(10.4.6)的一个特解,即 ψ_0^* 满足

$$\frac{\partial^2\psi_0^*}{\partial x^2}+(\lambda_0-u_0)\psi_0^*=0. \tag{10.4.7}$$

相应,式(10.4.5)化为

$$v^*=\frac{\partial\ln\psi_0^*}{\partial x}. \tag{10.4.8}$$

在式(10.4.3)中,我们就选取 $v(x)$为 v^*,则 Darboux 变换(10.4.3)化为

$$\begin{cases}\psi = \dfrac{\partial \psi_0}{\partial x} - \left(\dfrac{\partial \ln \psi_0^*}{\partial x}\right)\psi_0, \\ u = u_0 - 2\dfrac{\partial^2 \ln \psi_0^*}{\partial x^2}.\end{cases} \tag{10.4.9}$$

它给出了 ψ 与 ψ_0, u 与 u_0 之间的确切联系,从而使我们有可能根据 ψ_0, ψ_0^*, u_0 找到 KdV 方程的新解.例如,取 $u_0=0$,则方程(10.4.6)和方程(10.4.7)分别化为

$$\frac{\partial^2 \psi_0}{\partial x^2} + \lambda \psi_0 = 0 \tag{10.4.10}$$

和

$$\frac{\partial^2 \psi_0^*}{\partial x^2} + \lambda_0 \psi_0^* = 0. \tag{10.4.11}$$

取 $\lambda_0=-1$,则由方程(10.4.11)求得特解为

$$\psi_0^* = \cosh x. \tag{10.4.12}$$

而在 $\lambda<0$ 时,方程(10.4.10)的通解写为

$$\psi_0 = A\cosh\sqrt{-\lambda}x + B\sinh\sqrt{-\lambda}x. \tag{10.4.13}$$

将式(10.4.12)和(10.4.13)一并代入式(10.4.9),求得

$$\begin{cases}\psi = (A\sqrt{-\lambda} - B\tanh x)\sinh\sqrt{-\lambda}x + (B\sqrt{-\lambda} - A\tanh x)\cosh\sqrt{-\lambda}x, \\ u = -2\operatorname{sech}^2 x.\end{cases} \tag{10.4.14}$$

这是由 $u_0=0$, $\psi_0^*=\cosh x$ 代入 Darboux 变换(10.4.9)所得到的 ψ 和 u 的解.这比直接求解 Lax 对(10.4.2)要相对容易.

李翊神提出一种新的 Darboux 变换:

$$\begin{cases}\psi = \psi_0 + \dfrac{G}{F}, \\ u = u_0 - 2\dfrac{\partial^2 \ln F}{\partial x^2} = u_0 - \dfrac{2}{F}\dfrac{\partial^2 F}{\partial x^2} + \dfrac{2}{F^2}\left(\dfrac{\partial F}{\partial x}\right)^2,\end{cases} \tag{10.4.15}$$

其中 ψ 与 u 满足式(10.4.2),ψ_0 与 u_0 满足式(10.4.6),而 F 和 G 待定.

式(10.4.15)代入方程组(10.4.2)的第一式有

$$\left[\frac{\partial^2 \psi_0}{\partial x^2} + (\lambda - u_0)\psi_0\right] + \frac{1}{F}\left[\frac{\partial^2 G}{\partial x^2} + (\lambda - u_0)G + 2\psi_0\frac{\partial^2 F}{\partial x^2}\right] + \frac{1}{F^2}\left[-2\frac{\partial F}{\partial x}\frac{\partial G}{\partial x} + \frac{\partial^2 F}{\partial x^2}G - 2\left(\frac{\partial F}{\partial x}\right)^2\psi_0\right] = 0. \tag{10.4.16}$$

式(10.4.16)左端第一项为零,则第二项和第三项为零分别得到

$$\begin{cases} \dfrac{\partial^2 G}{\partial x^2}+(\lambda-u_0)G+2\psi_0\dfrac{\partial^2 F}{\partial x^2}=0, \\ -2\dfrac{\partial F}{\partial x}\dfrac{\partial G}{\partial x}+\dfrac{\partial^2 F}{\partial x^2}G-2\left(\dfrac{\partial F}{\partial x}\right)^2\psi_0=0. \end{cases} \tag{10.4.17}$$

方程组(10.4.17)的第二式对 G 而言是一阶线性常微分方程,很易求得

$$G=f(x)[C-g(x)], \tag{10.4.18}$$

其中 C 为积分常数,且

$$f(x)\equiv\left(\frac{\partial F}{\partial x}\right)^{1/2},\quad g(x)=\int\psi_0 f(x)\mathrm{d}x. \tag{10.4.19}$$

式(10.4.18)代入方程组(10.4.17)的第一个方程,得到

$$\begin{aligned}&-g\left[\frac{\partial^2 f}{\partial x^2}+(\lambda_0-u_0)f\right]+f\left[-(\lambda-\lambda_0)g+\psi_0\frac{\partial f}{\partial x}-f\frac{\partial\psi_0}{\partial x}\right]\\ &\quad+C\left[\frac{\partial^2 f}{\partial x^2}+(\lambda-u_0)f\right]=0.\end{aligned} \tag{10.4.20}$$

我们选择 f 满足方程(10.4.7),即

$$\frac{\partial^2 f}{\partial x^2}+(\lambda_0-u_0)f=0. \tag{10.4.21}$$

也就是说,f 是当 $\lambda=\lambda_0$ 时方程(10.4.6)的一个特解.

式(10.4.21)代入式(10.4.20),得到

$$\psi_0\frac{\partial f}{\partial x}-f\frac{\partial\psi_0}{\partial x}=(\lambda-\lambda_0)g-(\lambda-\lambda_0)C. \tag{10.4.22}$$

但式(10.4.21)乘 ψ_0,式(10.4.6)乘 f,然后相减有

$$\frac{\partial}{\partial x}\left(\psi_0\frac{\partial f}{\partial x}-f\frac{\partial\psi_0}{\partial x}\right)=(\lambda-\lambda_0)\psi_0 f. \tag{10.4.23}$$

上式对 x 积分一次有

$$\psi_0\frac{\partial f}{\partial x}-f\frac{\partial\psi_0}{\partial x}=(\lambda-\lambda_0)g+C_1, \tag{10.4.24}$$

其中 C_1 为积分常数. 比较式(10.4.24)和(10.4.22),取 $C_1=-(\lambda-\lambda_0)C$,两式一致. 因此式(10.4.18)也满足方程组(10.4.17)的第一个方程,只要 f 满足方程(10.4.21).

利用式(10.4.18)和(10.4.19),新的 Darboux 变换(10.4.15)改写为

$$\begin{cases} \psi=\psi_0+\dfrac{f}{F}\left(C-\displaystyle\int f\psi_0\,\mathrm{d}x\right), \\ u=u_0-2\dfrac{\partial^2\ln F}{\partial x^2},\quad \dfrac{\partial F}{\partial x}=f^2. \end{cases} \tag{10.4.25}$$

§ 10.5 Boussinesq 方程

Boussinesq 方程可以写为

$$\frac{\partial^2 u}{\partial t^2}-\frac{\partial^2 u}{\partial x^2}-3\frac{\partial^2 u^2}{\partial x^2}-\frac{\partial^4 u}{\partial x^4}=0. \tag{10.5.1}$$

(见附录 D 1.15)把它写为守恒律的形式,即

$$\frac{\partial}{\partial t}\left(\frac{\partial u}{\partial t}\right)+\frac{\partial}{\partial x}\left(-\frac{\partial u}{\partial x}-3\frac{\partial u^2}{\partial x}-\frac{\partial^3 u}{\partial x^3}\right)=0, \tag{10.5.2}$$

则可引入 w 使得

$$u=\frac{\partial w}{\partial x}. \tag{10.5.3}$$

则 $-\frac{\partial u}{\partial x}-3\frac{\partial u^2}{\partial x}-\frac{\partial^3 u}{\partial x^3}=-\frac{\partial^2 w}{\partial t^2}$,即

$$\frac{\partial^2 w}{\partial t^2}-\frac{\partial^2 w}{\partial x^2}-6\frac{\partial w}{\partial x}\frac{\partial^2 w}{\partial x^2}-\frac{\partial^4 w}{\partial x^4}=0. \tag{10.5.4}$$

它也称为 Boussinesq 方程. 设 $w(x,t)$ 和 $w_0(x,t)$ 都是 Boussinesq 方程(10.5.4)的解,即 w 和 w_0 分别满足

$$\begin{cases}\dfrac{\partial^2 w}{\partial t^2}-\dfrac{\partial^2 w}{\partial x^2}-6\dfrac{\partial w}{\partial x}\dfrac{\partial^2 w}{\partial x^2}-\dfrac{\partial^4 w}{\partial x^4}=0,\\ \dfrac{\partial^2 w_0}{\partial t^2}-\dfrac{\partial^2 w_0}{\partial x^2}-6\dfrac{\partial w_0}{\partial x}\dfrac{\partial^2 w_0}{\partial x^2}-\dfrac{\partial^4 w_0}{\partial x^4}=0.\end{cases} \tag{10.5.5}$$

把(10.5.5)的两个方程分别相加和相减,注意

$$\begin{cases}\dfrac{\partial w}{\partial x}\dfrac{\partial^2 w}{\partial x^2}+\dfrac{\partial w_0}{\partial x}\dfrac{\partial^2 w_0}{\partial x^2}=\dfrac{1}{2}\left[\left(\dfrac{\partial w}{\partial x}+\dfrac{\partial w_0}{\partial x}\right)\left(\dfrac{\partial^2 w}{\partial x^2}+\dfrac{\partial^2 w_0}{\partial x^2}\right)+\left(\dfrac{\partial w}{\partial x}-\dfrac{\partial w_0}{\partial x}\right)\left(\dfrac{\partial^2 w}{\partial x^2}-\dfrac{\partial^2 w_0}{\partial x^2}\right)\right],\\ \dfrac{\partial w}{\partial x}\dfrac{\partial^2 w}{\partial x^2}-\dfrac{\partial w_0}{\partial x}\dfrac{\partial^2 w_0}{\partial x^2}=\dfrac{1}{2}\left[\left(\dfrac{\partial w}{\partial x}-\dfrac{\partial w_0}{\partial x}\right)\left(\dfrac{\partial^2 w}{\partial x^2}+\dfrac{\partial^2 w_0}{\partial x^2}\right)+\left(\dfrac{\partial w}{\partial x}+\dfrac{\partial w_0}{\partial x}\right)\left(\dfrac{\partial^2 w}{\partial x^2}-\dfrac{\partial^2 w_0}{\partial x^2}\right)\right],\end{cases} \tag{10.5.6}$$

则得到

$$\begin{cases}\dfrac{\partial^2(w+w_0)}{\partial t^2}-\dfrac{\partial^2(w+w_0)}{\partial x^2}-3\Big[\dfrac{\partial(w+w_0)}{\partial x}\dfrac{\partial^2(w+w_0)}{\partial x^2}\\ \qquad+\dfrac{\partial(w-w_0)}{\partial x}\dfrac{\partial^2(w-w_0)}{\partial x^2}\Big]-\dfrac{\partial^4(w+w_0)}{\partial x^4}=0,\\ \dfrac{\partial^2(w-w_0)}{\partial t^2}-\dfrac{\partial^2(w-w_0)}{\partial x^2}-3\Big[\dfrac{\partial(w-w_0)}{\partial x}\dfrac{\partial^2(w+w_0)}{\partial x^2}\\ \qquad+\dfrac{\partial(w+w_0)}{\partial x}\dfrac{\partial^2(w-w_0)}{\partial x^2}\Big]-\dfrac{\partial^4(w-w_0)}{\partial x^4}=0.\end{cases} \tag{10.5.7}$$

若令

$$v=w+w_0,\quad v_0=w-w_0, \tag{10.5.8}$$

则方程组(10.5.7)化为

$$
\begin{cases}
\dfrac{\partial^2 v}{\partial t^2}=\dfrac{\partial^2 v}{\partial x^2}+3\dfrac{\partial v}{\partial x}\dfrac{\partial^2 v}{\partial x^2}+3\dfrac{\partial v_0}{\partial x}\dfrac{\partial^2 v_0}{\partial x^2}+\dfrac{\partial^4 v}{\partial x^4},\\
\dfrac{\partial^2 v_0}{\partial t^2}=\dfrac{\partial^2 v_0}{\partial x^2}+3\dfrac{\partial v_0}{\partial x}\dfrac{\partial^2 v}{\partial x^2}+3\dfrac{\partial v}{\partial x}\dfrac{\partial^2 v_0}{\partial x^2}+\dfrac{\partial^4 v_0}{\partial x^4}.
\end{cases}
\tag{10.5.9}
$$

若由式(10.5.9)求得 v 和 v_0，则由式(10.5.8)可求得 w 和 w_0

$$
w=\frac{1}{2}(v+v_0),\quad w_0=\frac{1}{2}(v-v_0).
\tag{10.5.10}
$$

下面，我们寻求 v 和 v_0 之间的 Bäcklund 变换，为简单起见，我们选择 Bäcklund 变换为下列形式：

$$
\begin{cases}
\dfrac{\partial v}{\partial t}=a\dfrac{\partial^2 v_0}{\partial x^2}+f\left(v,v_0,\dfrac{\partial v}{\partial x}\right),\\
\dfrac{\partial v_0}{\partial t}=b\dfrac{\partial^2 v}{\partial x^2}+g\left(v_0,v,\dfrac{\partial v_0}{\partial x}\right),
\end{cases}
\tag{10.5.11}
$$

其中 a 和 b 为待定常数，f 和 g 为待定函数. 将 Bäcklund 变换(10.5.11)的第一式对 t 微商并利用第二式，将第二式对 t 微商并利用第一式，则分别有

$$
\begin{cases}
\dfrac{\partial^2 v}{\partial t^2}=ab\dfrac{\partial^4 v}{\partial x^4}+a\left(\dfrac{\partial f}{\partial v_x}+\dfrac{\partial g}{\partial v_{0x}}\right)\dfrac{\partial^3 v_0}{\partial x^3}+a\dfrac{\partial^2 g}{\partial v_{0x}^2}\left(\dfrac{\partial^2 v_0}{\partial x^2}\right)^2+a\Big(\dfrac{\partial f}{\partial v}+\dfrac{\partial g}{\partial v_0}\\
\qquad+2\dfrac{\partial^2 g}{\partial v\partial v_{0x}}\dfrac{\partial v}{\partial x}+2\dfrac{\partial^2 g}{\partial v_0\partial v_{0x}}\dfrac{\partial v_0}{\partial x}\Big)\dfrac{\partial^2 v_0}{\partial x^2}+\left[a\dfrac{\partial g}{\partial v}+b\dfrac{\partial f}{\partial v_0}+\left(\dfrac{\partial f}{\partial v_x}\right)^2\right]\dfrac{\partial^2 v}{\partial x^2}\\
\qquad+\Big[f\dfrac{\partial f}{\partial v}+g\dfrac{\partial f}{\partial v_0}+\dfrac{\partial f}{\partial v}\dfrac{\partial f}{\partial v_x}\dfrac{\partial v}{\partial x}+\dfrac{\partial f}{\partial v_0}\dfrac{\partial f}{\partial v_x}\dfrac{\partial v_0}{\partial x}+a\dfrac{\partial^2 g}{\partial v^2}\left(\dfrac{\partial v}{\partial x}\right)^2\\
\qquad+a\dfrac{\partial^2 g}{\partial v_0^2}\left(\dfrac{\partial v_0}{\partial x}\right)^2+2a\dfrac{\partial^2 g}{\partial v\partial v_0}\dfrac{\partial v}{\partial x}\dfrac{\partial v_0}{\partial x}\Big],\\
\dfrac{\partial^2 v_0}{\partial t^2}=ab\dfrac{\partial^4 v_0}{\partial x^4}+b\left(\dfrac{\partial f}{\partial v_x}+\dfrac{\partial g}{\partial v_{0x}}\right)\dfrac{\partial^3 v_0}{\partial x^3}+b\dfrac{\partial^2 f}{\partial v_x^2}\left(\dfrac{\partial^2 v_0}{\partial x^2}\right)^2+b\Big(\dfrac{\partial f}{\partial v}+\dfrac{\partial g}{\partial v_0}\\
\qquad+2\dfrac{\partial^2 f}{\partial v_0\partial v_x}\dfrac{\partial v_0}{\partial x}+2\dfrac{\partial^2 f}{\partial v\partial v_x}\dfrac{\partial v}{\partial x}\Big)\dfrac{\partial^2 v}{\partial x^2}+\left[a\dfrac{\partial g}{\partial v}+b\dfrac{\partial f}{\partial v_0}+\left(\dfrac{\partial g}{\partial v_{0x}}\right)^2\right]\dfrac{\partial^2 v_0}{\partial x^2}\\
\qquad+\Big[g\dfrac{\partial g}{\partial v_0}+f\dfrac{\partial g}{\partial v}+\dfrac{\partial g}{\partial v_0}\dfrac{\partial g}{\partial v_{0x}}\dfrac{\partial v_0}{\partial x}+\dfrac{\partial g}{\partial v}\dfrac{\partial g}{\partial v_{0x}}\dfrac{\partial v}{\partial x}+b\dfrac{\partial^2 f}{\partial v_0^2}\left(\dfrac{\partial v_0}{\partial x}\right)^2\\
\qquad+b\dfrac{\partial^2 f}{\partial v^2}\left(\dfrac{\partial v}{\partial x}\right)^2+2b\dfrac{\partial^2 f}{\partial v\partial v_0}\dfrac{\partial v}{\partial x}\dfrac{\partial v_0}{\partial x}\Big]
\end{cases}
\tag{10.5.12}
$$

其中

$$
v_x\equiv\frac{\partial v}{\partial x},\quad v_{0x}\equiv\frac{\partial v_0}{\partial x}.
\tag{10.5.13}
$$

将方程组(10.5.12)的第一式与方程组(10.5.9)的第一式比较，(10.5.12)的第二式与(10.5.9)的第二式比较，得到

$$
\left\{
\begin{aligned}
& ab = 1, \quad a\left(\frac{\partial f}{\partial v_x} + \frac{\partial g}{\partial v_{0x}}\right) = 0, \quad a\frac{\partial^2 g}{\partial v_{0x}^2} = 0, \\
& a\left(\frac{\partial f}{\partial v} + \frac{\partial g}{\partial v_0} + 2\frac{\partial^2 g}{\partial v \partial v_{0x}}\frac{\partial v}{\partial x} + 2\frac{\partial^2 g}{\partial v_0 \partial v_{0x}}\frac{\partial v_0}{\partial x}\right) = 3\frac{\partial v_0}{\partial x}, \\
& a\frac{\partial g}{\partial v} + b\frac{\partial f}{\partial v_0} + \left(\frac{\partial f}{\partial v_x}\right)^2 = 1 + 3\frac{\partial v}{\partial x}, \\
& f\frac{\partial f}{\partial v} + g\frac{\partial f}{\partial v_0} + \frac{\partial f}{\partial v}\frac{\partial f}{\partial v_x}\frac{\partial v}{\partial x} + \frac{\partial f}{\partial v_0}\frac{\partial f}{\partial v_x}\frac{\partial v_0}{\partial x} + a\frac{\partial^2 g}{\partial v^2}\left(\frac{\partial v}{\partial x}\right)^2 \\
& \qquad + a\frac{\partial^2 g}{\partial v_0^2}\left(\frac{\partial v_0}{\partial x}\right)^2 + 2a\frac{\partial^2 g}{\partial v \partial v_0}\frac{\partial v}{\partial x}\frac{\partial v_0}{\partial x} = 0; \\
& ab = 1, \quad b\left(\frac{\partial f}{\partial v_x} + \frac{\partial g}{\partial v_{0x}}\right) = 0, \quad b\frac{\partial^2 f}{\partial v_x^2} = 0, \\
& b\left(\frac{\partial f}{\partial v} + \frac{\partial g}{\partial v_0} + 2\frac{\partial^2 f}{\partial v \partial v_x}\frac{\partial v}{\partial x} + 2\frac{\partial^2 f}{\partial v_0 \partial v_x}\frac{\partial v_0}{\partial x}\right) = 3\frac{\partial v_0}{\partial x}, \\
& a\frac{\partial g}{\partial v} + b\frac{\partial f}{\partial v_0} + \left(\frac{\partial g}{\partial v_{0x}}\right)^2 = 1 + 3\frac{\partial v}{\partial x}, \\
& f\frac{\partial g}{\partial v} + g\frac{\partial g}{\partial v_0} + \frac{\partial g}{\partial v_0}\frac{\partial g}{\partial v_{0x}}\frac{\partial v_0}{\partial x} + \frac{\partial g}{\partial v}\frac{\partial g}{\partial v_{0x}}\frac{\partial v}{\partial x} + b\frac{\partial^2 f}{\partial v_0^2}\left(\frac{\partial v_0}{\partial x}\right)^2 \\
& \qquad + b\frac{\partial^2 f}{\partial v^2}\left(\frac{\partial v}{\partial x}\right)^2 + 2b\frac{\partial^2 f}{\partial v \partial v_0}\frac{\partial v}{\partial x}\frac{\partial v_0}{\partial x} = 0.
\end{aligned}
\right.
\tag{10.5.14}
$$

这是确定 a,b,f 和 g 的方程组. 由方程组(10.5.14)的最简单的几个方程有

$$
b = \frac{1}{a}, \tag{10.5.15}
$$

$$
\frac{\partial f}{\partial v_x} = -\frac{\partial g}{\partial v_{0x}}, \tag{10.5.16}
$$

$$
\frac{\partial^2 f}{\partial v_x^2} = \frac{\partial^2 g}{\partial v_{0x}^2} = 0. \tag{10.5.17}
$$

这样,我们可以把式(10.5.11)中的 f 和 g 改写为

$$
\left\{
\begin{aligned}
& f\left(v, v_0, \frac{\partial v}{\partial x}\right) = F(v, v_0) + H(v, v_0) v_x, \\
& g\left(v_0, v, \frac{\partial v_0}{\partial x}\right) = G(v, v_0) - H(v, v_0) v_{0x},
\end{aligned}
\right.
\tag{10.5.18}
$$

其中 F,G 和 H 待定. 式(10.5.18)自动满足式(10.5.16)和(10.5.17).

将式(10.5.18)代入方程组(10.5.14)的较复杂的几个方程有

$$
\left\{\begin{aligned}
&a\left(\frac{\partial F}{\partial v}+\frac{\partial G}{\partial v_0}\right)-a\frac{\partial H}{\partial v}\frac{\partial v}{\partial x}-3a\frac{\partial H}{\partial v_0}\frac{\partial v_0}{\partial x}=3\frac{\partial v_0}{\partial x},\\
&\left(a\frac{\partial G}{\partial v}+b\frac{\partial F}{\partial v_0}+H^2\right)+b\frac{\partial H}{\partial v_0}\frac{\partial v}{\partial x}-a\frac{\partial H}{\partial v}\frac{\partial v_0}{\partial x}=1+3\frac{\partial v}{\partial x},\\
&F\frac{\partial F}{\partial v}+G\frac{\partial F}{\partial v_0}+\left(F\frac{\partial H}{\partial v}+G\frac{\partial H}{\partial v_0}+2H\frac{\partial F}{\partial v}\right)\frac{\partial v}{\partial x}+\left(2H\frac{\partial H}{\partial v}+a\frac{\partial^2 G}{\partial v^2}\right)\left(\frac{\partial v}{\partial x}\right)^2\\
&\quad+a\frac{\partial^2 G}{\partial v_0^2}\left(\frac{\partial v_0}{\partial x}\right)^2+2a\frac{\partial^2 G}{\partial v\partial v_0}\frac{\partial v_0}{\partial x}\frac{\partial v}{\partial x}-a\frac{\partial^2 H}{\partial v^2}\frac{\partial v_0}{\partial x}\left(\frac{\partial v}{\partial x}\right)^2\\
&\quad-2a\frac{\partial^2 H}{\partial v\partial v_0}\left(\frac{\partial v_0}{\partial x}\right)^2\frac{\partial v}{\partial x}-a\frac{\partial^2 H}{\partial v_0^2}\left(\frac{\partial v_0}{\partial x}\right)^3=0;\\
&b\left(\frac{\partial F}{\partial v}+\frac{\partial G}{\partial v_0}\right)+3b\frac{\partial H}{\partial v}\frac{\partial v}{\partial x}+b\frac{\partial H}{\partial v_0}\frac{\partial v_0}{\partial x}=3\frac{\partial v_0}{\partial x},\\
&\left(a\frac{\partial G}{\partial v}+b\frac{\partial F}{\partial v_0}+H^2\right)+b\frac{\partial H}{\partial v_0}\frac{\partial v}{\partial x}-a\frac{\partial H}{\partial v}\frac{\partial v_0}{\partial x}=1+3\frac{\partial v}{\partial x},\\
&F\frac{\partial G}{\partial v}+G\frac{\partial G}{\partial v_0}-\left(F\frac{\partial H}{\partial v}+G\frac{\partial H}{\partial v_0}+2H\frac{\partial G}{\partial v_0}\right)\frac{\partial v_0}{\partial x}+\left(2H\frac{\partial H}{\partial v_0}+b\frac{\partial^2 F}{\partial v_0^2}\right)\left(\frac{\partial v_0}{\partial x}\right)^2\\
&\quad+b\frac{\partial^2 F}{\partial v^2}\left(\frac{\partial v}{\partial x}\right)^2+2b\frac{\partial^2 F}{\partial v\partial v_0}\frac{\partial v_0}{\partial x}\frac{\partial v}{\partial x}+b\frac{\partial^2 H}{\partial v_0^2}\left(\frac{\partial v_0}{\partial x}\right)^2\frac{\partial v}{\partial x}\\
&\quad+2b\frac{\partial^2 H}{\partial v\partial v_0}\left(\frac{\partial v}{\partial x}\right)^2\frac{\partial v_0}{\partial x}+b\frac{\partial^2 H}{\partial v^2}\left(\frac{\partial v}{\partial x}\right)^3=0.
\end{aligned}\right.
\tag{10.5.19}
$$

由此得到

$$
\left\{\begin{aligned}
&\frac{\partial F}{\partial v}+\frac{\partial G}{\partial v_0}=0,\quad \frac{\partial H}{\partial v}=0,\quad -a\frac{\partial H}{\partial v_0}=1,\quad b\frac{\partial H}{\partial v_0}=3,\\
&a\frac{\partial G}{\partial v}+b\frac{\partial F}{\partial v_0}+H^2=1,\quad F\frac{\partial F}{\partial v}+G\frac{\partial F}{\partial v_0}=0,\quad F\frac{\partial G}{\partial v}+G\frac{\partial G}{\partial v_0}=0,\\
&F\frac{\partial H}{\partial v}+G\frac{\partial H}{\partial v_0}+2H\frac{\partial F}{\partial v}=0,\quad F\frac{\partial H}{\partial v}+G\frac{\partial H}{\partial v_0}+2H\frac{\partial G}{\partial v_0}=0,\\
&\frac{\partial^2 G}{\partial v_0^2}=0,\quad \frac{\partial^2 G}{\partial v\partial v_0}=0,\quad \frac{\partial^2 H}{\partial v^2}=0,\quad \frac{\partial^2 H}{\partial v\partial v_0}=0,\quad \frac{\partial^2 H}{\partial v_0^2}=0,\\
&\frac{\partial^2 F}{\partial v^2}=0,\quad \frac{\partial^2 F}{\partial v\partial v_0}=0,\quad 2H\frac{\partial H}{\partial v}+a\frac{\partial^2 G}{\partial v^2}=0,\quad 2H\frac{\partial H}{\partial v_0}+b\frac{\partial^2 F}{\partial v_0^2}=0.
\end{aligned}\right.
\tag{10.5.20}
$$

因而

$$
\frac{a}{b}=-\frac{1}{3}. \tag{10.5.21}
$$

结合式(10.5.15)有

$$a^2=-\frac{1}{3},\quad b^2=-3. \tag{10.5.22}$$

同时，由式(10.5.20)定出

$$\begin{cases}F=A_0+A_1v_0+A_2v_0^2+A_3v_0^3,\\ G=0,\\ H=B_0+B_1v_0,\end{cases} \tag{10.5.23}$$

其中 A_0,A_1,A_2,A_3,B_0 和 B_1 为常数，满足

$$\begin{cases}B_1=3a=\dfrac{3}{b},\quad A_2=B_0,\quad A_3=a,\\ bA_1+A_2^2=1\quad (A_1=a(1-A_2^2)=a(1-B_0^2)).\end{cases} \tag{10.5.24}$$

将式(10.5.23)和(10.5.24)代入式(10.5.18)求得

$$\begin{cases}f\left(v,v_0,\dfrac{\partial v}{\partial x}\right)=A_0+a(1-A_2^2)v_0+A_2v_0^2+av_0^3+(3av_0+A_2)\dfrac{\partial v}{\partial x},\\ g\left(v_0,v,\dfrac{\partial v_0}{\partial x}\right)=-(3av_0+A_2)\dfrac{\partial v_0}{\partial x}.\end{cases} \tag{10.5.25}$$

将式(10.5.25)代入式(10.5.11)，记 $A_0=\lambda,A_2=\mu$，则求得 v 和 v_0 之间的 Bäcklund 变换为

$$\begin{cases}\dfrac{\partial v}{\partial t}=a\dfrac{\partial^2 v_0}{\partial x^2}+(3av_0+\mu)\dfrac{\partial v_0}{\partial x}+\lambda+a(1-\mu^2)v_0+\mu v_0^2+av_0^3,\\ \dfrac{\partial v_0}{\partial t}=\dfrac{1}{a}\dfrac{\partial^2 v}{\partial x^2}-(3av_0+\mu)\dfrac{\partial v_0}{\partial x}.\end{cases} \tag{10.5.26}$$

注意 $a^2=-1/3$，则 Bäcklund 变换(10.5.26)的第二式可以写为

$$a\frac{\partial v_0}{\partial t}=\frac{\partial}{\partial x}\left(\frac{\partial v}{\partial x}+\frac{1}{2}v_0^2-a\mu v_0\right). \tag{10.5.27}$$

有了 Bäcklund 变换，我们就可以根据 Boussinesq 方程的一个解去找它的另一个解.

例如，$w_0=0$ 是 Boussinesq 方程(10.5.4)的一个解，则由式(10.5.10)

$$v=v_0=w, \tag{10.5.28}$$

则 Bäcklund 变换(10.5.26)化为

$$\begin{cases}\dfrac{\partial w}{\partial t}=a\dfrac{\partial^2 w}{\partial x^2}+(3aw+\mu)\dfrac{\partial w}{\partial x}+\lambda+a(1-\mu^2)w+\mu w^2+aw^3,\\ \dfrac{\partial w}{\partial t}=\dfrac{1}{a}\dfrac{\partial^2 w}{\partial x^2}-(3aw+\mu)\dfrac{\partial w}{\partial x}.\end{cases} \tag{10.5.29}$$

尽管此形式似乎不同于式(10.1.29)，但因为已取 $w_0=0$，Bäcklund 变换(10.5.29)

可以直接求解 w. 为此,求它的行波解,令

$$w = w(\theta), \quad \theta = a(x-ct). \tag{10.5.30}$$

代入 Bäcklund 变换(10.5.29)的第二式有

$$-ac\frac{\mathrm{d}w}{\mathrm{d}\theta} = a\frac{\mathrm{d}^2 w}{\mathrm{d}\theta^2} - 3a^2 w\frac{\mathrm{d}w}{\mathrm{d}\theta} - a\mu\frac{\mathrm{d}w}{\mathrm{d}\theta}. \tag{10.5.31}$$

上式取 $\mu=c$,并注意 $3a^2=-1$,则化为

$$a\frac{\mathrm{d}^2 w}{\mathrm{d}\theta^2} + w\frac{\mathrm{d}w}{\mathrm{d}\theta} = 0. \tag{10.5.32}$$

方程(10.5.32)两边对 θ 积分一次,取积分常数为 $2a^2$,则得

$$a\frac{\mathrm{d}w}{\mathrm{d}\theta} + \frac{1}{2}w^2 = 2a^2. \tag{10.5.33}$$

这是 Riccati 方程,利用方程(3.2.39)的解(3.2.42),求得

$$w = 2a\tanh\theta = 2a\tanh a(x-ct). \tag{10.5.34}$$

将上式代入 Bäcklund 变换(10.5.29)的第一个方程,定得

$$c^2 = 1+4a^2, \quad \lambda = 4a^2 c. \tag{10.5.35}$$

式(10.5.34)代入式(10.5.3),求得 Boussinesq 方程(10.5.1)的解为

$$u = 2a^2\operatorname{sech}^2\theta = 2a^2\operatorname{sech}^2 a(x-ct). \tag{10.5.36}$$

这是孤立子解. 这是式(6.3.54)中 $k=a$,$c_0^2=1$,$\alpha=3$,$\beta=1$ 的情况,也可参见附录 D 6.4.

类似地,利用图 10-1 的构思可得到 Boussinesq 方程解的非线性叠加公式. 由式(10.5.27)有

$$\begin{cases} a\dfrac{\partial(w_1-w_0)}{\partial t} = \dfrac{\partial}{\partial x}\left[\dfrac{\partial(w_1+w_0)}{\partial x} + \dfrac{1}{2}(w_1-w_0)^2 - a\mu_1(w_1-w_0)\right], \\ a\dfrac{\partial(w_2-w_0)}{\partial t} = \dfrac{\partial}{\partial x}\left[\dfrac{\partial(w_2+w_0)}{\partial x} + \dfrac{1}{2}(w_2-w_0)^2 - a\mu_2(w_2-w_0)\right], \\ a\dfrac{\partial(w_3-w_1)}{\partial t} = \dfrac{\partial}{\partial x}\left[\dfrac{\partial(w_3+w_1)}{\partial x} + \dfrac{1}{2}(w_3-w_1)^2 - a\mu_2(w_3-w_1)\right], \\ a\dfrac{\partial(w_3-w_2)}{\partial t} = \dfrac{\partial}{\partial x}\left[\dfrac{\partial(w_3+w_2)}{\partial x} + \dfrac{1}{2}(w_3-w_2)^2 - a\mu_1(w_3-w_2)\right], \end{cases} \tag{10.5.37}$$

其中的第二式减去第一式,第四式减去第三式,分别得到

$$\begin{cases} a\dfrac{\partial}{\partial t}(w_2 - w_1) = \dfrac{\partial}{\partial x}\Big[\dfrac{\partial}{\partial x}(w_2 - w_1) + \dfrac{1}{2}(w_2 - w_1)(w_2 - 2w_0 + w_1) \\ \qquad - a\mu_2(w_2 - w_0) + a\mu_1(w_1 - w_0)\Big], \\ a\dfrac{\partial}{\partial t}(w_1 - w_2) = \dfrac{\partial}{\partial x}\Big[\dfrac{\partial}{\partial x}(w_2 - w_1) + \dfrac{1}{2}(w_1 - w_2)(2w_3 - w_1 - w_2) \\ \qquad - a\mu_1(w_3 - w_2) + a\mu_2(w_3 - w_1)\Big]. \end{cases} \tag{10.5.38}$$

再把式(10.5.38)的两式相加，则得

$$\frac{\partial}{\partial x}\Big[2\frac{\partial(w_2 - w_1)}{\partial x} + (w_2^2 - w_1^2) - (w_2 - w_1)(w_0 + w_3) + a\mu_1(w_1 + w_2) - a\mu_2(w_1 + w_2) + a(\mu_2 - \mu_1)(w_0 + w_3)\Big] = 0. \tag{10.5.39}$$

上式两边对 x 积分，取积分常数为 λ，则求得 Boussinesq 方程(10.5.1)解的非线性叠加公式为

$$w_3 = -w_0 + \frac{1}{\sigma_1 - \sigma_2 + w_2 - w_1}\Big[\lambda + 2\frac{\partial}{\partial x}(w_2 - w_1) + (w_2^2 - w_1^2) + (\sigma_1 - \sigma_2)(w_1 + w_2)\Big], \tag{10.5.40}$$

其中

$$\sigma_1 = \mu a_1, \quad \sigma_2 = \mu a_2. \tag{10.5.41}$$

利用叠加公式(10.5.40)可由 w_0，w_1 和 w_2 去求 w_3.

附录 A　线性常微分方程

1. 一阶线性常微分方程

$$y' + p(x)y + q(x) = 0, \tag{A.1}$$

其通解为

$$y = \mathrm{e}^{-\int p(x)\mathrm{d}x}\left[C - \int q(x)\mathrm{e}^{\int p(x)\mathrm{d}x}\mathrm{d}x\right], \tag{A.2}$$

其中 C 为任意常数.

2. 二阶齐次线性常微分方程

$$y'' + p(x)y' + q(x)y = 0, \tag{A.3}$$

其通解为

$$y = C_1 y_1 + C_2 y_2, \tag{A.4}$$

其中 C_1 和 C_2 为二任意常数. y_1 和 y_2 为方程(A.3)的两个线性无关的基本解,它们的 Wronski 行列式为

$$W(y_1, y_2) \equiv \begin{vmatrix} y_1 & y_1' \\ y_2 & y_2' \end{vmatrix} \neq 0. \tag{A.5}$$

y_1 与 y_2 之间存在 Liouville 公式

$$y_2 = y_1 \int \frac{1}{y_1^2}\mathrm{e}^{-\int p(x)\mathrm{d}x}\mathrm{d}x. \tag{A.6}$$

已知 y_1 可以由式(A.6)求 y_2.

方程(A.3)作变换

$$y = z\mathrm{e}^{-\frac{1}{2}\int p(x)\mathrm{d}x} \tag{A.7}$$

可消去方程(A.3)的一阶导数项,而使方程(A.3)化为

$$z'' + r(x)z = 0, \tag{A.8}$$

其中

$$r(x) = q(x) - \frac{1}{2}p'(x) - \frac{1}{4}p^2(x). \tag{A.9}$$

3. 二阶齐次线性常系数方程

$$y'' + ay' + by = 0 \quad (a \text{ 和 } b \text{ 为常数}), \tag{A.10}$$

其特征方程为

$$\lambda^2 + a\lambda + b = 0. \tag{A.11}$$

相应的特征根为

$$\begin{cases} \lambda_1 \neq \lambda_2, & a^2 - 4b > 0, \\ \lambda_1 = \lambda_2, & a^2 - 4b = 0, \\ \lambda_{1,2} = \alpha \pm \mathrm{i}\beta, & a^2 - 4b < 0. \end{cases} \tag{A.12}$$

方程(A.10)的通解为

$$y = \begin{cases} C_1 \mathrm{e}^{\lambda_1 x} + C_2 \mathrm{e}^{\lambda_2 x}, & a^2 - 4b > 0, \\ (C_1 + C_2 x)\mathrm{e}^{\lambda_1 x}, & a^2 - 4b = 0, \\ \mathrm{e}^{\alpha x}(C_1 \cos\beta x + C_2 \sin\beta x), & a^2 - 4b < 0, \end{cases} \tag{A.13}$$

其中 C_1 和 C_2 为任意常数.

4. Euler 方程

$$x^2 y'' + axy' + by = 0 \quad (a \text{ 和 } b \text{ 为常数}), \tag{A.14}$$

作变换

$$x = \mathrm{e}^t \quad \left(x\frac{\mathrm{d}}{\mathrm{d}x} = \frac{\mathrm{d}}{\mathrm{d}t}, x^2 \frac{\mathrm{d}^2}{\mathrm{d}x^2} = \frac{\mathrm{d}^2}{\mathrm{d}t^2} - \frac{\mathrm{d}}{\mathrm{d}t} \right) \tag{A.15}$$

化为下列常系数方程:

$$\frac{\mathrm{d}^2 y}{\mathrm{d}t^2} + (a-1)\frac{\mathrm{d}y}{\mathrm{d}t} + by = 0. \tag{A.16}$$

5. Legendre 方程的本征值问题

$$\begin{cases} (1-x^2)y'' - 2xy' + \mu y = 0 \quad (-1 < x < 1), \\ y|_{x=-1} \text{ 有界}, \quad y|_{x=1} \text{ 有界}, \end{cases} \tag{A.17}$$

$$\begin{cases} \text{本征值}: \mu = l(l+1) \quad (l = 0,1,2,\cdots), \\ \text{本征函数}: y = \mathrm{P}_l(x) \quad (l = 0,1,2,\cdots), \end{cases} \tag{A.18}$$

其中 $\mathrm{P}_l(x)(l=0,1,2,\cdots)$ 为 Legendre 多项式.

6. 连带 Legendre 方程的本征值问题

$$\begin{cases} (1-x^2)z'' - 2xz' + \left(\mu - \dfrac{m^2}{1-x^2}\right)z = 0 \quad (-1 < x < 1), \\ z|_{x=-1} \text{ 有界}, \quad z|_{x=1} \text{ 有界}, \end{cases} \tag{A.19}$$

$$\begin{cases}\text{本征值}:\mu = l(l+1) \quad (l = m, m+1, \cdots), \\ \text{本征函数}:z = \mathrm{P}_l^m(x) = (1-x^2)^{m/2}\dfrac{\mathrm{d}^m \mathrm{P}_l(x)}{\mathrm{d}x^m},\end{cases} \tag{A.20}$$

其中 $\mathrm{P}_l^m(x)(m \leqslant l)$为连带 Legendre 函数.

7. Weber 方程的本征值问题

$$\begin{cases}z'' + \left(\dfrac{1}{2}\mu - \dfrac{1}{4}x^2\right)z = 0 \quad (-\infty < x < +\infty), \\ z\big|_{x\to-\infty} \text{ 有界}, \quad z\big|_{x\to+\infty} \text{ 有界},\end{cases} \tag{A.21}$$

$$\begin{cases}\text{本征值}:\mu = 2n+1 \quad (n = 0,1,2,\cdots), \\ \text{本征函数}:z = \mathrm{D}_n(x) \quad (n = 0,1,2,\cdots),\end{cases} \tag{A.22}$$

其中 $\mathrm{D}_n(x)(n=0,1,2,\cdots)$是 Weber 函数或抛物线柱函数.

8. Bessel 方程

$$x^2y'' + xy' + (x^2 - \nu^2)y = 0 \quad (\nu \text{ 为常数}), \tag{A.23}$$

其通解为

$$y = A\mathrm{J}_\nu(x) + B\mathrm{Y}_\nu(x), \tag{A.24}$$

其中 $\mathrm{J}_\nu(x)$和 $\mathrm{Y}_\nu(x)$分别为 Bessel 函数和 Neumann 函数.

9. 带参数 λ 的 Bessel 方程的本征值问题

$$\begin{cases}x^2y'' + xy' + (\lambda x^2 - m^2)y = 0 \quad (0 < x < a, m \text{ 为常数}), \\ y\big|_{x=0} \text{ 有界}, \quad y\big|_{x=a} = 0,\end{cases} \tag{A.25}$$

$$\begin{cases}\text{本征值}:\lambda = \left(\dfrac{\mu_n}{a}\right)^2, \quad \mu_n \text{ 是 } \mathrm{J}_m(\mu_n) = 0 \text{ 的零点}(n = 1,2,\cdots), \\ \text{本征函数}:y = \mathrm{J}_m\left(\dfrac{\mu_n}{a}x\right), \quad (n = 1,2,\cdots).\end{cases} \tag{A.26}$$

10. 变形 Bessel 方程

$$x^2y'' + xy' - (x^2 + \nu^2)y = 0 \quad (\nu \text{ 为常数}), \tag{A.27}$$

其通解为

$$y = A\mathrm{I}_\nu(x) + B\mathrm{K}_\nu(x), \tag{A.28}$$

其中 $\mathrm{I}_\nu(x)$和 $\mathrm{K}_\nu(x)$分别为变形 Bessel 函数和 McDonald 函数.

11. Airy 方程

$$y'' - xy = 0, \tag{A.29}$$

其通解为

$$y = A\mathrm{Ai}(x) + B\mathrm{Bi}(x), \tag{A.30}$$

其中 $\mathrm{Ai}(x)$和 $\mathrm{Bi}(x)$分别为第一类和第二类 Airy 函数.

12. 合流超比(超几何)方程(Kummer 方程)的本征值问题

$$\begin{cases} xy'' + (\gamma - x)y' - \alpha y = 0 \quad (0 < x < +\infty, \gamma \text{ 为常数}), \\ y|_{x=0} \text{ 有界}, \quad y|_{x\to+\infty} \sim x^n, \end{cases} \tag{A.31}$$

$$\begin{cases} \text{本征值}: \alpha = -n \quad (n = 0,1,2,\cdots), \\ \text{本征函数}: y = \mathrm{F}(-n,\gamma,x) \quad (n = 0,1,2,\cdots). \end{cases} \tag{A.32}$$

这里

$$\mathrm{F}(\alpha,\gamma,x) = \sum_{k=0}^{+\infty} \frac{(\alpha)_k}{k!(\gamma)_k} x^k \quad (\gamma \neq 0 \text{ 和负整数}) \tag{A.33}$$

是合流超比(超几何)函数(Kummer 函数),其中

$$(\alpha)_k = \alpha(\alpha+1)(\alpha+2)\cdots(\alpha+k-1), \quad (\alpha)_0 = 1. \tag{A.34}$$

13. 超比(超几何)方程(Gauss 方程)的本征值问题

$$\begin{cases} x(1-x)y'' + [\gamma - (1+\alpha+\beta)x]y' - \alpha\beta y = 0 \quad (0 < x < 1, \beta \text{ 为常数}), \\ y|_{x=0} \text{ 有界}, \quad y|_{x=1} \text{ 有界}, \end{cases} \tag{A.35}$$

$$\begin{cases} \text{本征值}: \alpha = -n \quad (n = 0,1,2,\cdots), \\ \text{本征函数}: y = \mathrm{F}(-n,\beta,\gamma,x) \quad (n = 0,1,2,\cdots), \end{cases} \tag{A.36}$$

这里

$$\mathrm{F}(\alpha,\beta,\gamma,x) = \sum_{k=0}^{+\infty} \frac{(\alpha)_k(\beta)_k}{k!(\gamma)_k} x^k \quad (\gamma \neq 0 \text{ 和负整数}) \tag{A.37}$$

是超比(超几何)函数(Gauss 函数).

14. Fuchs 型方程

所有奇点都是正则奇点的二阶常微分方程

$$y'' + p(x)y' + q(x)y = 0 \tag{A.38}$$

称为 Fuchs 型方程.其中,对于三个正则奇点 $x=a,b,\infty$的 Fuchs 型方程有

$$\begin{cases} p(x) = \dfrac{A_1}{x-a} + \dfrac{A_2}{x-b}, \\ q(x) = \dfrac{B_1}{(x-a)^2} + \dfrac{B_2}{(x-b)^2} + \dfrac{C_1}{x-a} + \dfrac{C_2}{x-b} \quad (C_1 + C_2 = 0), \end{cases} \tag{A.39}$$

其中 A_1, A_2, B_1, B_2, C_1 和 C_2 为常数.设正则奇点 $x=a,b,\infty$的指标分别是

$(\alpha_1,\beta_1),(\alpha_2,\beta_2),(\alpha_3,\beta_3)$，则

$$\begin{cases}\alpha_1+\beta_1=1-A_1, & \alpha_1\beta_1=B_1,\\ \alpha_2+\beta_2=1-A_2, & \alpha_2\beta_2=B_2,\\ \alpha_3+\beta_3=A_1+A_2-1, & \alpha_3\beta_3=B_1+B_2+aC_1+bC_2\end{cases}$$

$$(\alpha_1+\beta_1+\alpha_2+\beta_2+\alpha_3+\beta_3=1). \tag{A.40}$$

方程(A.38)的全部解用下列 Riemann P 符号表示：

$$y=\mathrm{P}\begin{Bmatrix}a & b & \infty & \\ \alpha_1 & \alpha_2 & \alpha_3, & x\\ \beta_1 & \beta_2 & \beta_3 & \end{Bmatrix}. \tag{A.41}$$

它可以通过自变量和因变量的变换化为超比方程求解. 超比方程[式(A.35)中方程]的 Riemann P 符号为

$$y=\mathrm{P}\begin{Bmatrix}0 & 1 & \infty & \\ 0 & 0 & \alpha, & x\\ 1-\gamma & \gamma-\alpha-\beta & \beta & \end{Bmatrix}. \tag{A.42}$$

15. Lamé 方程

$$y''+[\lambda-n(n+1)m^2\mathrm{sn}^2x]y=0, \tag{A.43}$$

其中 n 为正整数，$m(0<m<1)$为模数. 作变换

$$\xi=\mathrm{sn}^2x \tag{A.44}$$

Lamé 方程(A.43)化为下列有四个正则奇点($\xi=0,1,h=m^{-2},\infty$)的 Fuchs 型方程：

$$\frac{\mathrm{d}^2y}{\mathrm{d}\xi^2}+\frac{1}{2}\left(\frac{1}{\xi}+\frac{1}{\xi-1}+\frac{1}{\xi-h}\right)\frac{\mathrm{d}y}{\mathrm{d}\xi}-\frac{\mu+n(n+1)\xi}{4\xi(\xi-1)(\xi-h)}y=0$$

$$(h=m^{-2}>1,\mu=-h\lambda). \tag{A.45}$$

Lamé 方程(A.43)满足周期性条件的本征值为 λ，相应的本征函数称为 Lamé 函数. 如 $n=1$ 时，Lamé 方程(A.43)为

$$y''+(\lambda-2m^2\mathrm{sn}^2x)y=0. \tag{A.46}$$

其本征值和本征函数分别为

$$\lambda=1+m^2,\quad y=\mathrm{L}_1^{(1)}(x)=\xi^{1/2}=\mathrm{sn}x, \tag{A.47}$$

$$\lambda=1,\quad y=\mathrm{L}_1^{(2)}(x)=(1-\xi)^{1/2}=\mathrm{cn}x, \tag{A.48}$$

$$\lambda=m^2,\quad y=\mathrm{L}_1^{(3)}(x)=m\sqrt{h-\xi}=\mathrm{dn}x. \tag{A.49}$$

又如 $n=2$ 时，Lamé 方程(A.43)为

$$y''+(\lambda-6m^2\mathrm{sn}^2x)y=0. \tag{A.50}$$

其本征值和本征函数分别为

$$\lambda = 1 + m^2, \quad y = \mathrm{L}_2^{(1)}(x) = (1-\xi)^{1/2}(1-h^{-1}\xi)^{1/2} = \mathrm{cn}x\mathrm{dn}x, \tag{A.51}$$

$$\lambda = 1 + 4m^2, \quad y = \mathrm{L}_2^{(2)}(x) = \xi^{1/2}(1-h^{-1}\xi)^{1/2} = \mathrm{sn}x\mathrm{dn}x, \tag{A.52}$$

$$\lambda = 4 + m^2, \quad y = \mathrm{L}_2^{(3)}(x) = \xi^{1/2}(1-\xi)^{1/2} = \mathrm{sn}x\mathrm{cn}x, \tag{A.53}$$

$$\lambda = 2(1+m^2 \pm \sqrt{1-m^2+m^4}),$$

$$y = \mathrm{L}_2^{(4)}(x) = \xi - \frac{1}{3m^2}(1+m^2 \mp \sqrt{1-m^2+m^4})$$

$$= \mathrm{sn}^2 x - \frac{1}{3m^2}(1+m^2 \mp \sqrt{1-m^2+m^4}). \tag{A.54}$$

再如 $n=3$ 时,Lamé 方程(A. 43)为

$$y'' + (\lambda - 12m^2\mathrm{sn}^2 x)y = 0. \tag{A.55}$$

其本征值和本征函数分别为

$$\lambda = 4(1+m^2), \quad y = \mathrm{L}_3^{(1)}(x) = \mathrm{sn}x\mathrm{cn}x\mathrm{dn}x, \tag{A.56}$$

$$\lambda = 5(1+m^2) \pm 2\sqrt{4-7m^2+4m^4},$$

$$y = \mathrm{L}_3^{(2)}(x) = \mathrm{sn}x\left[1 - \frac{2(1+m^2) \pm \sqrt{4-7m^2+4m^4}}{3}\mathrm{sn}^2 x\right], \tag{A.57}$$

$$\lambda = 2m^2 + 5 \pm 2\sqrt{4-m^2+m^4},$$

$$y = \mathrm{L}_3^{(3)}(x) = \mathrm{cn}x[1-(m^2+2 \pm \sqrt{4-m^2+m^4})\mathrm{sn}^2 x], \tag{A.58}$$

$$\lambda = 5m^2 + 2 \pm 2\sqrt{1-m^2+4m^4},$$

$$y = \mathrm{L}_3^{(4)}(x) = \mathrm{dn}x[1-(1+2m^2 \pm \sqrt{1-m^2+4m^4})\mathrm{sn}^2 x]. \tag{A.59}$$

16. 二阶非齐次线性常微分方程

$$y'' + p(x)y' + q(x)y = f(x), \tag{A.60}$$

其通解为

$$y = Ay_1 + By_2 + y_2\int \frac{y_1}{W(y_1, y_2)}f(x)\mathrm{d}x - y_1\int \frac{y_2}{W(y_1, y_2)}f(x)\mathrm{d}x, \tag{A.61}$$

其中 A 和 B 为任意常数,y_1 和 y_2 是方程(A. 60)的齐次方程的两个基本解,$W(y_1, y_2)$是它们的 Wronski 行列式[参见式(A. 5)].

若 y_1 是方程(A. 60)的齐次方程的一个解,则方程(A. 60)的通解写为

$$y = Ay_1 + By_1\int \frac{1}{y_1^2}\mathrm{e}^{-\int p(x)\mathrm{d}x}\mathrm{d}x + y_1\int \frac{1}{y_1^2}\mathrm{e}^{-\int p(x)\mathrm{d}x}\left[\int y_1 f(x)\mathrm{e}^{\int p(x)\mathrm{d}x}\mathrm{d}x\right]\mathrm{d}x, \tag{A.62}$$

其中 A 和 B 为任意常数.

附录B　自治系统

不明显含自变量(通常为时间 t)的常微分方程或常微分方程组称为自治系统.它是一类动力系统,简称为系统.

1. 一维的自治系统

$$\dot{x} = P(x), \tag{B.1}$$

其中 $\dot{x} \equiv \frac{dx}{dt}$.其平衡态(定常解、平衡点或不动点)$x=x^*$ 满足

$$P(x^*) = 0, \tag{B.2}$$

平衡态的性质决定于

$$\lambda \equiv \left(\frac{dP}{dx}\right)_{x^*}. \tag{B.3}$$

$\lambda \neq 0$,平衡态称为结点,其中 $\lambda < 0$ 时,轨道 $x=x(t)$ 随时间 t 的增加而接近平衡态,平衡态是稳定的,称为稳定结点;$\lambda > 0$ 时,轨道 $x=x(t)$ 随时间 t 的增加而远离平衡态,平衡态是不稳定的,称为不稳定结点;$\lambda = 0$ 时,轨道 $x=x(t)$ 随时间 t 的增加从一侧接近平衡态,而在另一侧远离平衡态,平衡态称为鞍点.

2. 二维的自治系统

$$\begin{cases} \dot{x} = P(x,y), \\ \dot{y} = Q(x,y), \end{cases} \tag{B.4}$$

其中 $\dot{x} \equiv \frac{dx}{dt}$,$\dot{y} \equiv \frac{dy}{dt}$.其平衡态 $(x,y)=(x^*,y^*)$ 满足

$$\begin{cases} P(x^*,y^*) = 0, \\ Q(x^*,y^*) = 0. \end{cases} \tag{B.5}$$

平衡态的性质决定于该点的 Jacobi 矩阵

$$\boldsymbol{J} \equiv \begin{bmatrix} \frac{\partial P}{\partial x} & \frac{\partial P}{\partial y} \\ \frac{\partial Q}{\partial x} & \frac{\partial Q}{\partial y} \end{bmatrix}_{(x^*,y^*)} \tag{B.6}$$

的特征值 λ，它满足特征方程

$$\lambda^2+p\lambda+q=0, \tag{B.7}$$

其中

$$p\equiv-\left(\frac{\partial P}{\partial x}+\frac{\partial Q}{\partial y}\right)_{(x^*,y^*)}=-(\lambda_1+\lambda_2),\quad q\equiv\left(\frac{\partial P}{\partial x}\frac{\partial Q}{\partial y}-\frac{\partial P}{\partial y}\frac{\partial Q}{\partial x}\right)_{(x^*,y^*)}=\lambda_1\lambda_2. \tag{B.8}$$

特征方程(B.7)的特征根为

$$\lambda=\frac{1}{2}(-p\pm\sqrt{\Delta}),\quad \Delta\equiv p^2-4q. \tag{B.9}$$

它有两个根 λ_1 和 λ_2.

显然，当 $p=0,q>0$ 时，$\Delta<0$，λ 为二共轭纯虚根，平衡态称为中心，在相平面 (x,y) 上的相轨是围绕平衡态的闭合轨道. 当 $p\neq0,\Delta<0,q>0$ 时，λ 为二共轭复根，平衡态称为焦点，其中 $p>0$，实部为负，称为稳定焦点，相平面 (x,y) 上的相轨随时间 t 的增加螺旋式地接近平衡态；$p<0$，实部为正，称为不稳定焦点，相平面 (x,y) 上的相轨随时间 t 的增加螺旋式地远离平衡态. 当 $q>0,\Delta\geqslant0$ 时 λ 为二不等实根(同符号)或相等实根，平衡态称为结点，$p>0$，二根皆负，称为稳定结点，相平面 (x,y) 上的相轨随时间 t 的增加而接近平衡态；$p<0$，二根皆正，称为不稳定结点，相平面 (x,y) 上的相轨随时间 t 的增加而远离平衡态. 当 $q<0,\Delta>0$ 时，λ 为二不等实根，但符号相反，平衡态称为鞍点，在相平面 (x,y) 上的相轨，从一些方向接近平衡态，而从另一些方向远离平衡态.

在参数平面 (p,q) 上，二维的自治系统的不同形态如图 B-1 所示，其中虚线为 $\Delta=0$，即 $p^2=4q$ 的抛物线. 稳定的平衡态都位于参数平面 (p,q) 的第一象限以及位

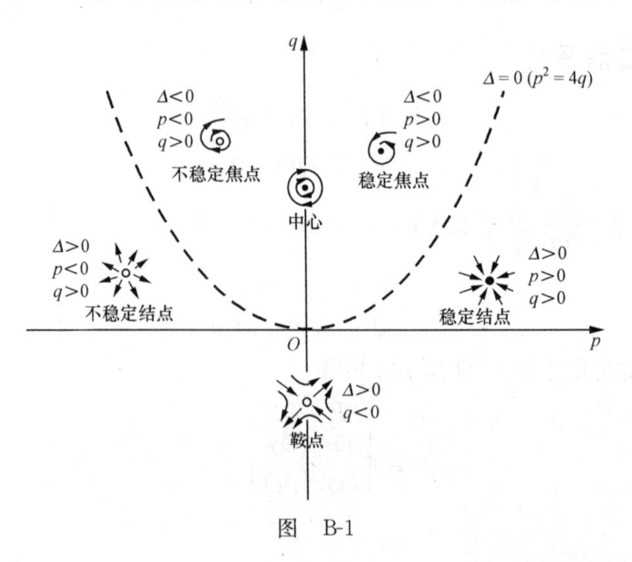

图 B-1

于 q 轴上的中心，其他象限的平衡态都是不稳定的. 图中实心圆点表稳定的平衡态，空心圆点表不稳定的平衡态.

二维的自治系统(B. 4)若是 Hamilton 系统，则它是保守系统；若是有阻尼的非 Hamilton 系统，则它是耗散系统. 在相平面(x,y)上，系统(B. 4)的面积的相对变化率为

$$\nabla_2 \cdot \boldsymbol{F} \equiv \frac{\partial P}{\partial x} + \frac{\partial Q}{\partial y}. \tag{B. 10}$$

若 $\nabla_2 \cdot \boldsymbol{F}=0$，则二维的自治系统(B. 4)是保守系统；若 $\nabla_2 \cdot \boldsymbol{F}<0$，则二维的自治系统(B. 4)是耗散系统. 若(B. 4)为保守系统，则它可以改写为

$$\dot{x} = \frac{\partial H}{\partial y}, \quad \dot{y} = -\frac{\partial H}{\partial x}, \tag{B. 11}$$

其中 $H(x,y)$为系统的 Hamilton 量，它满足

$$P = \partial H/\partial y, \quad Q = -\partial H/\partial x, \quad H = \int (P\mathrm{d}y - Q\mathrm{d}x). \tag{B. 12}$$

3. 三维的自治系统

$$\begin{cases} \dot{x} = P(x,y,z), \\ \dot{y} = Q(x,y,z), \\ \dot{z} = R(x,y,z), \end{cases} \tag{B. 13}$$

其中 $\dot{x} \equiv \frac{\mathrm{d}x}{\mathrm{d}t}, \dot{y} \equiv \frac{\mathrm{d}y}{\mathrm{d}t}, \dot{z} \equiv \frac{\mathrm{d}z}{\mathrm{d}t}$. 其平衡态$(x,y,z)=(x^*,y^*,z^*)$满足

$$\begin{cases} P(x^*,y^*,z^*) = 0, \\ Q(x^*,y^*,z^*) = 0, \\ R(x^*,y^*,z^*) = 0. \end{cases} \tag{B. 14}$$

平衡态的性质决定于该点的 Jacobi 矩阵

$$\boldsymbol{J} \equiv \begin{bmatrix} \frac{\partial P}{\partial x} & \frac{\partial P}{\partial y} & \frac{\partial P}{\partial z} \\ \frac{\partial Q}{\partial x} & \frac{\partial Q}{\partial y} & \frac{\partial Q}{\partial z} \\ \frac{\partial R}{\partial x} & \frac{\partial R}{\partial y} & \frac{\partial R}{\partial z} \end{bmatrix}_{(x^*,y^*,z^*)} \tag{B. 15}$$

的特征值 λ，它应是 λ 的三次代数方程. 在 $\left(\frac{\partial P}{\partial x}+\frac{\partial Q}{\partial y}+\frac{\partial R}{\partial z}\right)_{(x^*,y^*,z^*)}=0$ 时，或者通过变换消去 λ 的二次方项，这样，特征方程可以写为

$$\lambda^3 + p\lambda + q = 0. \tag{B. 16}$$

它的三个根 $\lambda_1,\lambda_2,\lambda_3$ 满足

$$\lambda_1+\lambda_2+\lambda_3=0,\quad p=\lambda_1\lambda_2+\lambda_2\lambda_3+\lambda_3\lambda_1,\quad q=-\lambda_1\lambda_2\lambda_3. \tag{B.17}$$

根的性质决定于判别式

$$\Delta\equiv\frac{p^3}{27}+\frac{q^2}{4}=\frac{1}{108}(4p^3+27q^2), \tag{B.18}$$

即

$$\begin{cases}\Delta>0, & \lambda_1(\text{实根}), \quad \lambda_{2,3}=\alpha+\mathrm{i}\beta(\text{共轭复根}),\\ \Delta<0, & \lambda_1(\text{实根}), \quad \lambda_2(\text{实根}), \quad \lambda_3(\text{实根}).\end{cases} \tag{B.19}$$

具体讲,当 $\Delta>0$ 时,三个特征根为

$$\lambda_1=\gamma,\quad \lambda_2=\alpha+\mathrm{i}\beta,\quad \lambda_3=\alpha-\mathrm{i}\beta \quad (\Delta>0), \tag{B.20}$$

其中

$$\gamma=A+B,\quad \alpha=-\frac{1}{2}(A+B),\quad \beta=\frac{\sqrt{3}}{2}(A-B),\quad A=\left(-\frac{q}{2}+\sqrt{\Delta}\right)^{1/3},$$
$$B=\left(-\frac{q}{2}-\sqrt{\Delta}\right)^{1/3}. \tag{B.21}$$

此时的平衡态称为鞍-焦点.而且实根的符号与共轭复根的实部符号相反.即 $q<0$ 时,$\lambda_1>0$,$\lambda_{2,3}$ 有负的实部($\alpha<0$);$q>0$ 时,$\lambda_1<0$,$\lambda_{2,3}$ 有正的实部($\alpha>0$).

当 $\Delta<0$ 时,必然有 $p<0$,且 $\frac{q^2}{4}<-\frac{p^3}{27}$,此时的三个实根为

$$\lambda_1=\mu\cos\delta,\quad \lambda_2=\mu\cos\left(\delta+\frac{2\pi}{3}\right),\quad \lambda_3=\mu\cos\left(\delta+\frac{4\pi}{3}\right), \tag{B.22}$$

其中

$$\mu=2\sqrt{-p/3},\quad \delta=-\frac{1}{3}\cos^{-1}\left(3q/2p\sqrt{-\frac{p}{3}}\right). \tag{B.23}$$

此时的平衡态统称为鞍-结点,其中三个根同符号的平衡态称为结点.

当 $q=0$ 时,方程(B.16)化为

$$\lambda(\lambda^2+p)=0. \tag{B.24}$$

在 $p>0$ 时,有一实根 $\lambda_1=0$,$\lambda_{2,3}$ 为二共轭纯虚根,此时的平衡态称为中心.

在上述分析中,除中心外,特征根都有正的实根或正的实部,因此,鞍-焦点和鞍-结点都是不稳定的,在相空间(x,y,z)中的轨线最终要远离平衡态.

在参数平面(p,q)上,三维的自治系统的不同形态如图 B-2 所示,其中虚线为 $\Delta=0$,即 $\frac{p^3}{27}+\frac{q^2}{4}$ 的曲线,它将鞍-焦点和鞍-结点分开.其中给出了相空间(x,y,z)的相轨示意图.

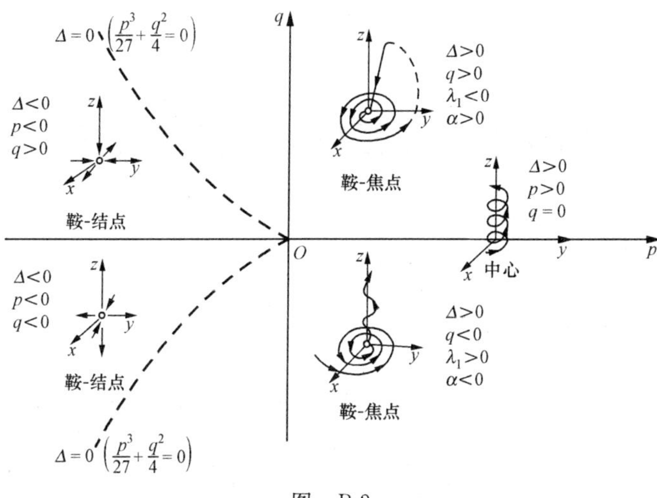

图 B-2

在相空间(x,y,z)，系统(B.13)的体积的相对变化率为

$$\nabla\cdot\boldsymbol{F}\equiv\frac{\partial F}{\partial x}+\frac{\partial Q}{\partial y}+\frac{\partial R}{\partial z}. \tag{B.25}$$

若 $\nabla\cdot\boldsymbol{F}=0$，则称三维的自治系统(B.13)是保守系统；若 $\nabla\cdot\boldsymbol{F}<0$，则称三维的自治系统(B.13)是耗散系统.

附录C　椭圆积分和椭圆函数

1. Legendre 椭圆积分

第一类 Legendre 椭圆积分和第二类 Legendre 椭圆积分分别为

$$u(t,m)=\int_0^{\phi}\frac{1}{\sqrt{1-m^2\sin^2\varphi}}\mathrm{d}\varphi=\int_0^{t=\sin\varphi}\frac{1}{\sqrt{(1-x^2)(1-m^2x^2)}}\mathrm{d}x,\tag{C.1}$$

$$v(t,m)=\int_0^{\phi}\sqrt{1-m^2\sin^2\varphi}\,\mathrm{d}\varphi=\int_0^{t=\sin\phi}\sqrt{\frac{1-m^2x^2}{1-x^2}}\mathrm{d}x,\tag{C.2}$$

其中 $0<m<1$ 称为模数. $u(t,m)$ 也常写为 $\mathrm{F}(m,\phi)$, $v(t,m)$ 也常写为 $\mathrm{E}(m,\phi)$ 或 $\mathrm{E}(u)$.

当 $\phi=\frac{\pi}{2}$, $t=1$ 时,式(C.1)和(C.2)分别写为

$$\mathrm{K}(m)\equiv u(1,m)=\int_0^{\pi/2}\frac{1}{\sqrt{1-m^2\sin^2\varphi}}\mathrm{d}\varphi=\int_0^1\frac{1}{\sqrt{(1-x^2)(1-m^2x^2)}}\mathrm{d}x,\tag{C.3}$$

$$\mathrm{E}(m)\equiv v(1,m)=\int_0^{\pi/2}\sqrt{1-m^2\sin^2\varphi}\,\mathrm{d}\varphi=\int_0^1\sqrt{\frac{1-m^2x^2}{1-x^2}}\mathrm{d}x,\tag{C.4}$$

$\mathrm{K}(m)$ 和 $\mathrm{E}(m)$ 分别称为第一类 Legendre 完全椭圆积分和第二类 Legendre 完全椭圆积分.

2. Jacobi 椭圆函数

从式(C.1)知, u 是 t 和 m 的函数,反过来也可以认为 t 是 u 和 m 的函数,即

$$t=\mathrm{sn}(u,m)=\sin\phi\tag{C.5}$$

称为 Jacobi 椭圆正弦函数,简记为 $\mathrm{sn}u$.

$$\sqrt{1-t^2}=\mathrm{cn}(u,m)=\cos\phi\tag{C.6}$$

称为 Jacobi 椭圆余弦函数,简记为 $\mathrm{cn}u$.

$$\sqrt{1-m^2t^2}=\mathrm{dn}(u,m)=\sqrt{1-m^2\sin^2\phi}\tag{C.7}$$

称为第三类 Jacobi 椭圆函数,简记为 $\mathrm{dn}u$.

由此立即可以得到

$$u = \mathrm{sn}^{-1} t = \mathrm{F}(m,\phi), \tag{C.8}$$

$$v = \int_0^u \mathrm{dn}^2\theta \mathrm{d}\theta = \mathrm{E}(u),\quad \int_0^{K(m)} \mathrm{dn}^2\theta \mathrm{d}\theta = \mathrm{E}(m). \tag{C.9}$$

(1) 特殊点上的值

$$\mathrm{sn}(0,m) = 0,\quad \mathrm{cn}(0,m) = 1,\quad \mathrm{dn}(0,m) = 1, \tag{C.10}$$

$$\mathrm{sn}(\mathrm{K},m) = 1,\quad \mathrm{cn}(\mathrm{K},m) = 0,\quad \mathrm{dn}(\mathrm{K},m) = m'$$

$$(m' = \sqrt{1-m^2}\ \text{称为余模数}). \tag{C.11}$$

若令

$$\mathrm{K}'(m') = \int_0^1 \frac{1}{\sqrt{(1-x^2)(1-m'^2x^2)}}\mathrm{d}x, \tag{C.12}$$

则有

$$\mathrm{sn}(\mathrm{K}',m') = 1,\quad \mathrm{cn}(\mathrm{K}',m') = 0,\quad \mathrm{dn}(\mathrm{K}',m') = m. \tag{C.13}$$

(2) 恒等式

$$\mathrm{sn}^2 u + \mathrm{cn}^2 u = 1, \tag{C.14}$$

$$1 - m^2 \mathrm{sn}^2 u = \mathrm{dn}^2 u, \tag{C.15}$$

$$m^2 \mathrm{cn}^2 u + m'^2 = \mathrm{dn}^2 u, \tag{C.16}$$

$$\mathrm{cn}^2 u + m'^2 \mathrm{sn}^2 u = \mathrm{dn}^2 u. \tag{C.17}$$

(3) 奇偶性

$$\mathrm{sn}(-u) = -\mathrm{sn}u,\quad \mathrm{cn}(-u) = \mathrm{cn}u,\quad \mathrm{dn}(-u) = \mathrm{dn}u. \tag{C.18}$$

(4) 微商公式

$$\frac{\mathrm{d}(\mathrm{sn}u)}{\mathrm{d}u} = (\mathrm{cn}u)(\mathrm{dn}u) = \sqrt{1-\mathrm{sn}^2 u}\cdot\sqrt{1-m^2\mathrm{sn}^2 u}, \tag{C.19}$$

$$\frac{\mathrm{d}(\mathrm{cn}u)}{\mathrm{d}u} = -(\mathrm{sn}u)(\mathrm{dn}u) = -\sqrt{1-\mathrm{cn}^2 u}\cdot\sqrt{m'^2+m^2\mathrm{cn}^2 u}, \tag{C.20}$$

$$\frac{\mathrm{d}(\mathrm{dn}u)}{\mathrm{d}u} = -m^2(\mathrm{sn}u)(\mathrm{cn}u) = -\sqrt{1-\mathrm{dn}^2 u}\cdot\sqrt{\mathrm{dn}^2 u - m'^2}. \tag{C.21}$$

(5) 退化

$$m = 0\ \text{时},\quad m' = 1,\quad \mathrm{K}(m) = \frac{\pi}{2},\quad \mathrm{K}'(m') \to +\infty,\quad \mathrm{E}(m) = \frac{\pi}{2}, \tag{C.22}$$

$$m = 0\ \text{时}\quad \mathrm{sn}u = \sin u,\quad \mathrm{cn}u = \cos u,\quad \mathrm{dn}u = 1, \tag{C.23}$$

$$m = 1\ \text{时},\quad m' = 0,\quad \mathrm{K}(m) \to +\infty,\quad \mathrm{K}'(m') = \frac{\pi}{2},\quad \mathrm{E}(m) = 1, \tag{C.24}$$

$$m = 1\ \text{时}\quad \mathrm{sn}u = \tanh u,\quad \mathrm{cn}u = \mathrm{sech}u,\quad \mathrm{dn}u = \mathrm{sech}u. \tag{C.25}$$

(6) 周期性(实周期)

$$\mathrm{sn}(u+4\mathrm{K})=\mathrm{sn}u, \tag{C.26}$$

$$\mathrm{cn}(u+4\mathrm{K})=\mathrm{cn}u, \tag{C.27}$$

$$\mathrm{dn}(u+2\mathrm{K})=\mathrm{dn}u. \tag{C.28}$$

(7) 加法公式

$$\mathrm{sn}(u\pm v)=\frac{\mathrm{sn}u\mathrm{cn}v\mathrm{dn}v\pm\mathrm{sn}v\mathrm{cn}u\mathrm{dn}u}{1-m^2\mathrm{sn}^2u\mathrm{sn}^2v}, \tag{C.29}$$

$$\mathrm{cn}(u\pm v)=\frac{\mathrm{cn}u\mathrm{cn}v\mp\mathrm{sn}u\mathrm{sn}v\mathrm{dn}u\mathrm{dn}v}{1-m^2\mathrm{sn}^2u\mathrm{sn}^2v}, \tag{C.30}$$

$$\mathrm{dn}(u\pm v)=\frac{\mathrm{dn}u\mathrm{dn}v\mp m^2\mathrm{sn}u\mathrm{sn}v\mathrm{cn}u\mathrm{cn}v}{1-m^2\mathrm{sn}^2u\mathrm{sn}^2v}. \tag{C.31}$$

(8) 二倍公式

$$\mathrm{sn}2u=\frac{2\mathrm{sn}u\mathrm{cn}u\mathrm{dn}u}{1-m^2\mathrm{sn}^4u}, \tag{C.32}$$

$$\mathrm{cn}2u=\frac{1-2\mathrm{sn}^2u+m^2\mathrm{sn}^4u}{1-m^2\mathrm{sn}^4u}=\frac{\mathrm{cn}^2u-\mathrm{sn}^2u\mathrm{dn}^2u}{1-m^2\mathrm{sn}^4u}, \tag{C.33}$$

$$\mathrm{dn}2u=\frac{1-2m^2\mathrm{sn}^2u+m^2\mathrm{sn}^4u}{1-m^2\mathrm{sn}^4u}=\frac{\mathrm{dn}^2u-m^2\mathrm{sn}^2u\mathrm{cn}^2u}{1-m^2\mathrm{sn}^4u}. \tag{C.34}$$

(9) 几个公式

$$\begin{aligned}\mathrm{dn}^2(u+v)-\mathrm{dn}^2(u-v)&=-\frac{4m^2\mathrm{sn}u\mathrm{sn}v\mathrm{cn}u\mathrm{cn}v\mathrm{dn}u\mathrm{dn}v}{(1-m^2\mathrm{sn}^2u\mathrm{sn}^2v)^2}\\&=-\frac{\mathrm{d}}{\mathrm{d}v}\left(\frac{2m^2\mathrm{sn}u\mathrm{cn}u\mathrm{dn}u\mathrm{sn}^2v}{1-m^2\mathrm{sn}^2u\mathrm{sn}^2v}\right)\\&=-\frac{\mathrm{d}}{\mathrm{d}v}\left(\frac{2m^2\mathrm{sn}u\mathrm{cn}u\mathrm{dn}u}{\mathrm{ns}^2v-1+\mathrm{dn}^2u}\right).\end{aligned} \tag{C.35}$$

式(C.35)左边对 v 积分有

$$\begin{aligned}\int_0^v[\mathrm{dn}^2(u+v)-\mathrm{dn}^2(u-v)]\mathrm{d}v&=\int_u^{u+v}\mathrm{dn}^2u\mathrm{d}u+\int_u^{u-v}\mathrm{dn}^2u\mathrm{d}u\\&=\int_0^{u+v}\mathrm{dn}^2u\mathrm{d}u+\int_0^{u-v}\mathrm{dn}^2u\mathrm{d}u-2\int_0^u\mathrm{dn}^2u\mathrm{d}u,\end{aligned} \tag{C.36}$$

则式(C.35)两边对 v 积分得到

$$\mathrm{E}(u+v)+\mathrm{E}(u-v)-2\mathrm{E}(u)=-\frac{2m\mathrm{sn}u\mathrm{cn}u\mathrm{dn}u}{\mathrm{ns}^2v-1+\mathrm{dn}^2u}=\frac{\mathrm{d}}{\mathrm{d}u}\ln\frac{1}{A}(\mathrm{ns}^2v-1+\mathrm{dn}^2u), \tag{C.37}$$

其中 A 为任意常数. 在式(C.35)和(C.37)中, $\mathrm{ns}v\equiv\frac{1}{\mathrm{sn}v}$.

式(C.37)对 u 微商得到

$$\mathrm{dn}^2(u+v)+\mathrm{dn}^2(u-v)-2\mathrm{dn}^2u=\frac{\mathrm{d}^2}{\mathrm{d}u^2}\ln\frac{1}{A}(\mathrm{ns}^2v-1+\mathrm{dn}^2u). \tag{C.38}$$

（10）定义的开拓

$$\operatorname{sn}\left(mu,\frac{1}{m}\right)=m\operatorname{sn}(u,m), \tag{C.39}$$

$$\operatorname{dn}\left(mu,\frac{1}{m}\right)=\operatorname{dn}(u,m), \tag{C.40}$$

$$\operatorname{dn}\left(mu,\frac{1}{m}\right)=\operatorname{cn}(u,m). \tag{C.41}$$

（11）$y=\operatorname{sn}x,\operatorname{cn}x,\operatorname{dn}x$ 满足的微分方程

$y=\operatorname{sn}x$：

$$y'^2=(1-y^2)(1-m^2y^2)\quad 或\quad y''+(1+m^2)y=2m^2y^3. \tag{C.42}$$

$y=\operatorname{cn}x$：

$$y'^2=(1-y^2)(m'^2+m^2y^2)\quad 或\quad y''+(1-2m^2)y=-2m^2y^3. \tag{C.43}$$

$y=\operatorname{dn}x$：

$$y'^2=(1-y^2)(y^2-m'^2)\quad 或\quad y''-(2-m^2)y=-2y^3. \tag{C.44}$$

（12）$y=\operatorname{sn}^2x,\operatorname{cn}^2x,\operatorname{dn}^2x$ 满足的微分方程

$y=\operatorname{sn}^2x$：

$$y'^2=4y(1-y)(1-m^2y)\quad 或\quad y''+4(1+m^2)y-2=6m^2y^2. \tag{C.45}$$

$y=\operatorname{cn}^2x$：

$$y'^2=4y(1-y)(m'^2+m^2y)\quad 或\quad y''+4(1-2m^2)y-2m'^2=-6m^2y^2. \tag{C.46}$$

$y=\operatorname{dn}^2x$：

$$y'^2=4y(1-y)(y-m'^2)\quad 或\quad y''-4(2-m^2)y+2m'^2=-6y^2. \tag{C.47}$$

3. Weierstrass 椭圆积分

第一类 Weierstrass 椭圆积分为

$$z(\eta;g_2,g_3)=-\int_\eta^{+\infty}\frac{1}{\sqrt{4x^3-g_2x-g_3}}\mathrm{d}x, \tag{C.48}$$

其中 g_1 和 g_2 是常数.

4. Weierstrass 椭圆函数

从式(C.48)知，z 是 η,g_2 和 g_3 的函数，反过来也可以认为 η 是 z,g_2 和 g_3 的函数，即

$$\eta=\wp(z;g_2,g_3) \tag{C.49}$$

称为 Weierstrass 椭圆函数. 显然有

$$\left(\frac{\mathrm{d}\eta}{\mathrm{d}z}\right)^2 = 4\eta^3 - g_2\eta - g_3, \tag{C.50}$$

所以，Weierstrass 椭圆函数 $y=\wp(x;g_2,g_3)$满足的微分方程为

$$y'^2 = 4y^3 - g_2y - g_3 \quad 或 \quad y'' = 6y^2 - \frac{g_2}{2}. \tag{C.51}$$

5. Weierstrass 椭圆函数与 Jacobi 椭圆函数之间的关系

（1）当 $\Delta \equiv g_2^3 - 27g_3^2 > 0$ 时，三次代数方程

$$4x^3 - g_2x - g_3 = 0 \tag{C.52}$$

有三个实根 e_1, e_2 和 e_3（设 $e_1 \geqslant e_2 \geqslant e_3$），显然

$$e_1 + e_2 + e_3 = 0, \quad g_2 = -4(e_1e_2 + e_2e_3 + e_3e_1), \quad g_3 = 4e_1e_2e_3, \tag{C.53}$$

则有

$$\begin{aligned}\wp(x;g_2,g_3) &= e_3 + (e_2 - e_3)\mathrm{sn}^2(\sqrt{e_2 - e_3}\,x, m) \\ &= e_2 - (e_2 - e_3)\mathrm{cn}^2(\sqrt{e_1 - e_3}\,x, m),\end{aligned} \tag{C.54}$$

其中模数 m 满足

$$m^2 = \frac{e_2 - e_3}{e_1 - e_3}. \tag{C.55}$$

（2）若 $\Delta \equiv g_2^3 - 27g_3^2 < 0$ 时，三次代数方程(C.52)有一实根，二共轭复根. 设此三根为

$$e_1 = -2\alpha, \quad e_2 = \alpha + \mathrm{i}\beta, \quad e_3 = \alpha - \mathrm{i}\beta. \tag{C.56}$$

它们满足式(C.53). 若令

$$\gamma = \sqrt{9\alpha^2 + \beta^2}, \tag{C.57}$$

则有

$$\wp(x;g_2,g_3) = (2\alpha + \gamma)\frac{1 + \mathrm{cn}(2\sqrt{\gamma}x, m)}{1 - \mathrm{cn}(2\sqrt{\gamma}x, m)}, \tag{C.58}$$

其中模数 m 满足

$$m^2 = \frac{1}{2} + \frac{3\alpha}{2\gamma}. \tag{C.59}$$

附录 D　问题与思考

第 1 章

1.1　说明下列方程的类型(如 Bernoulli 方程，Riccati 方程，Abel 方程或椭圆方程)：

(1) $y'+\frac{1}{x}y=xy^3$；

(2) $y'=\sqrt{(1-x^2)(1-m^2x^2)}$　$(0<m<1)$；

(3) $y'=x^2y+x^5y^{-1}$；

(4) $y'^2=4y^3+2y^2-5$；

(5) $x(1-x^3)y'=x^2+y-2xy^2$.

1.2　证明 Painleve 方程 P_{I}[参见式(1.1.10)]和 P_{II}[参见式(1.1.11)]可以化为下列 Hamilton 系统：

$$q'=\frac{\partial H_j}{\partial p},\quad p'=-\frac{\partial H_j}{\partial q}\quad (j=\mathrm{I},\mathrm{II}),$$

其中 $q=y, p=y', H_{\mathrm{I}}=\frac{1}{2}p^2-2q^3-xq, H_{\mathrm{II}}=\frac{1}{2}p^2-\frac{1}{2}q^4-\frac{1}{2}xq^2-\alpha q$.

1.3　证明 Lotka-Volterra 方程[参见式(1.1.26)]可以化为下列 Hamilton 系统：

$$\dot{q}=\frac{\partial H}{\partial p},\quad \dot{p}=-\frac{\partial H}{\partial q},$$

其中 $q=\ln N_1, p=\ln N_2, H=\alpha_1 p+\alpha_2 q-\beta_1\mathrm{e}^p-\beta_2\mathrm{e}^q$.

1.4　对于 Rayleigh 方程

$$\ddot{x}-2\mu\left(\dot{x}-\frac{1}{3}\dot{x}^3\right)+\omega_0^2x=0,$$

证明 $y=\dot{x}$ 满足 van der Pol 方程.

1.5　对 Lorenz 方程组[参见式(1.1.33)]，若设 $\varepsilon\equiv1/\sqrt{r\sigma}, x=u/\varepsilon, y=v/\varepsilon^2\sigma, r-z=w/\varepsilon^2\sigma, t=\varepsilon\tau$，则它化为

$$\begin{cases}\dfrac{\mathrm{d}u}{\mathrm{d}\tau}=v-\varepsilon\sigma u,\\[2mm]\dfrac{\mathrm{d}v}{\mathrm{d}\tau}=uw-\varepsilon v,\\[2mm]\dfrac{\mathrm{d}w}{\mathrm{d}\tau}=-uv+\varepsilon b(1-w).\end{cases}$$

1.6 证明下列 KdV 方程可以通过变换化为标准的 KdV 方程

$$\frac{\partial v}{\partial t}+v\frac{\partial v}{\partial \xi}+\beta\frac{\partial^3 v}{\partial \xi^3}=0 \quad (\beta>0),$$

(1) $\frac{\partial u}{\partial t}+u\frac{\partial u}{\partial x}+\beta\frac{\partial^3 u}{\partial x^3}=0(\beta<0)$，提示：$v=-u,\xi=-x$；

(2) $\frac{\partial u}{\partial t}+\alpha u\frac{\partial u}{\partial x}+\beta\frac{\partial^3 u}{\partial x^3}=0(\beta>0)$，提示：$v=\alpha u,\xi=x$；

(3) $\frac{\partial h'}{\partial t}+c_0\left(1+\frac{3}{2H}h'\right)\frac{\partial h'}{\partial x}+\beta\frac{\partial^3 h'}{\partial x^3}=0\left(\beta=\frac{1}{6}c_0H^2>0\right)$，提示：$v=c_0\left(1+\frac{3}{2H}h'\right),\xi=x$.

1.7 证明 KdV 方程

$$\frac{\partial u}{\partial t}+u\frac{\partial u}{\partial x}+\beta\frac{\partial^3 u}{\partial x^3}=0 \quad (\beta>0)$$

通过变换 $\xi=\beta^{-1/3}x,v=\pm\frac{1}{6}\beta^{-1/3}u$ 可以化为

$$\frac{\partial v}{\partial t}\pm 6v\frac{\partial v}{\partial \xi}+\frac{\partial^3 u}{\partial \xi^3}=0.$$

1.8 证明 KdV 方程

$$\frac{\partial u}{\partial t}-6u\frac{\partial u}{\partial x}+\frac{\partial^3 u}{\partial x^3}=0$$

作变换 $\xi=(3t)^{-1/3}x,u=-(3t)^{-2/3}U(\xi)$ 可以化为

$$U'''+(6U-\xi)U'-2U=0.$$

1.9 证明 mKdV 方程

$$\frac{\partial u}{\partial t}\pm\alpha u^2\frac{\partial u}{\partial x}+\beta\frac{\partial^3 u}{\partial x^3}=0 \quad (\alpha>0,\beta>0)$$

通过变换 $\xi=\beta^{-1/3}x,v=\sqrt{\frac{\alpha}{6}}\beta^{-1/6}u$ 可以化为

$$\frac{\partial v}{\partial t}\pm 6v^2\frac{\partial v}{\partial \xi}+\frac{\partial^3 v}{\partial \xi^3}=0.$$

1.10 证明线性 KdV 方程

$$\frac{\partial u}{\partial t}+c_0\frac{\partial u}{\partial x}+\beta\frac{\partial^3 u}{\partial x^3}=0 \quad (c_0>0,\beta>0)$$

作变换 $\xi=(3\beta t)^{-1/3}(x-c_0t),u=(3\beta t)^{-1/3}U(\xi)$，可以化为下列 Airy 方程的导数方程

$$U'''-(\xi U'+U)=0.$$

由此证明线性 KdV 方程有一个解为

$$u=(3\beta t)^{-1/3}\mathrm{Ai}(\xi),$$

其中 $\mathrm{Ai}(\xi)$是 Airy 函数[$U=\mathrm{Ai}(\xi)$满足 $U''-\xi U=0$ 或 $U'''-(\xi U'+U)=0$].

1.11　上题若令

$$u=\int_{\xi}^{+\infty}U(s)\mathrm{d}s,\quad \xi=(3\beta t)^{-1/3}(x-c_0t),$$

证明 $U(\xi)$满足 Airy 方程，并证明 $u=\int_{\xi}^{+\infty}\mathrm{Ai}(s)\mathrm{d}s$.

1.12　证明 KdV 方程

$$\frac{\partial u}{\partial t}-6u\frac{\partial u}{\partial x}+\frac{\partial^3 u}{\partial x^3}=0$$

通过所谓 Miura 变换 $u=\frac{\partial v}{\partial x}+v^2$ 可以化为 mKdV 方程

$$\frac{\partial v}{\partial t}-6v^2\frac{\partial v}{\partial x}+\frac{\partial^3 v}{\partial x^3}=0.$$

1.13　证明正弦-Gordon 方程

$$\frac{\partial^2 u}{\partial t^2}-c_0^2\frac{\partial^2 u}{\partial x^2}+f_0^2\sin u=0,$$

(1) 通过变换 $\tau=f_0t,\xi=\frac{f_0}{c_0}x$ 可以化为

$$\frac{\partial^2 u}{\partial t^2}-\frac{\partial^2 u}{\partial \xi^2}+\sin u=0;$$

(2) 通过变换 $\xi=\frac{\lambda_0}{2}(x-c_0t),\eta=\frac{\lambda_0}{2}(x+c_0t)(\lambda_0=f_0/c_0)$可以化为

$$\frac{\partial^2 u}{\partial \xi\partial \eta}=\sin u,$$

它也称为正弦-Gordon 方程.

(3) 通过 Lorentz 变换

$$x'=\frac{x-ct}{\sqrt{1-\left(\frac{c}{c_0}\right)^2}},\quad t'=\frac{t-\frac{c}{c_0^2}x}{\sqrt{1-\left(\frac{c}{c_0}\right)^2}},$$

其形式保持不变.

1.14　证明正弦-Gordon 方程$\frac{\partial^2 u}{\partial \xi\partial \eta}=\sin u$ 通过变换 $\phi=\frac{\partial u}{\partial \xi},\psi=\cos u-1$ 化为

$$\begin{cases}\dfrac{\partial^2 \phi}{\partial \xi\partial \eta}-\phi-\phi\psi=0,\\[2mm] \left(\dfrac{\partial \phi}{\partial \eta}\right)^2+2\psi+\psi^2=0.\end{cases}$$

1.15 证明 Boussinesq 方程

$$\frac{\partial^2 u}{\partial t^2}-c_0^2\frac{\partial^2 u}{\partial x^2}-\alpha\frac{\partial^2 u^2}{\partial x^2}-\beta\frac{\partial^4 u}{\partial x^4}=0\quad(\alpha>0,\beta>0)$$

通过变换 $\tau=\frac{c_0^2}{\sqrt{\beta}}t,\xi=\frac{c_0}{\sqrt{\beta}}x,v=\frac{\alpha}{3c_0^2}u$ 可以化为

$$\frac{\partial^2 v}{\partial \tau^2}-\frac{\partial^2 v}{\partial \xi^2}-3\frac{\partial^2 v^2}{\partial \xi^2}-\frac{\partial^4 v}{\partial \xi^4}=\sigma.$$

1.16 证明 KP 方程

$$\frac{\partial}{\partial x}\left(\frac{\partial u}{\partial t}+u\frac{\partial u}{\partial x}+\beta\frac{\partial^3 u}{\partial x^3}\right)+\frac{c_0}{2}\frac{\partial^2 u}{\partial y^2}=0\quad(\beta>0,c_0>0),$$

(1) 通过变换 $\xi=\beta^{-1/3}x,v=-\frac{1}{6}\beta^{-1/3}u,\eta=\sqrt{\frac{6}{c_0}}\beta^{-1/6}y$ 可以化为

$$\frac{\partial}{\partial \xi}\left(\frac{\partial v}{\partial t}-6v\frac{\partial v}{\partial \xi}+\frac{\partial^3 v}{\partial \xi^3}\right)+3\frac{\partial^2 v}{\partial \eta^2}=0;$$

(2) 通过变换 $\xi=x+y-c_0t,\tau=\frac{1}{c_0}y-t$ 可以化为下列 Boussinesq 方程：

$$\frac{\partial^2 u}{\partial \tau^2}-c_0^2\frac{\partial^2 u}{\partial \xi^2}+c_0\frac{\partial^2 u^2}{\partial \xi^2}+2\beta c_0\frac{\partial^4 u}{\partial \xi^4}=0.$$

1.17 证明 NLS 方程

$$\mathrm{i}\frac{\partial u}{\partial t}+\alpha\frac{\partial^2 u}{\partial x^2}+\beta|u|^2u=0\quad(\alpha>0,\beta>0),$$

(1) 通过变换 $\xi=\frac{x}{\sqrt{\alpha}},v=\sqrt{\frac{\beta}{2}}u$ 可以化为

$$\mathrm{i}\frac{\partial u}{\partial t}+\frac{\partial^2 v}{\partial \xi^2}+2|v|^2v=0;$$

(2) 通过变换 $\xi=\frac{x}{\sqrt{2\alpha}},v=\sqrt{\beta}u$ 可以化为

$$\mathrm{i}\frac{\partial v}{\partial t}+\frac{1}{2}\frac{\partial^2 v}{\partial \xi^2}+|v|^2v=0.$$

1.18 证明 Fisher 方程

$$\frac{\partial u}{\partial t}-D\frac{\partial^2 u}{\partial x^2}=ru(1-u)\quad(D>0,r>0)$$

通过变换 $\tau=rt,\xi=\sqrt{\frac{r}{D}}x$ 可以化为

$$\frac{\partial u}{\partial \tau}-\frac{\partial^2 u}{\partial \xi^2}=u(1-u).$$

1.19 证明 Gardner 方程

$$\frac{\partial u}{\partial t}+\alpha_1 u\frac{\partial u}{\partial x}+\alpha_2 u^2\frac{\partial u}{\partial x}+\beta\frac{\partial^3 u}{\partial x^3}=0$$

通过变换 $v=u+\frac{\alpha_1}{2\alpha_2},\xi=x+\frac{\alpha_1^2}{4\alpha_2}t$ 可以化为 $v(\xi,t)$ 的 mKdV 方程

$$\frac{\partial v}{\partial t}+\alpha_2 v^2\frac{\partial v}{\partial \xi}+\beta\frac{\partial^3 v}{\partial \xi^3}=0.$$

1.20　证明 Liouville 方程

$$\frac{\partial^2 u}{\partial x\partial y}=\alpha e^{\beta u}$$

通过变换 $v=\beta u,\xi=\alpha x,\eta=\beta y$ 可以化为

$$\frac{\partial^2 v}{\partial \xi\partial \eta}=e^v.$$

1.21　证明柱的 Burgers 方程

$$\frac{\partial u}{\partial t}+u\frac{\partial u}{\partial x}-\nu\frac{\partial^2 u}{\partial x^2}+\frac{1}{2t}u=0$$

通过变换 $\xi=\frac{x}{\sqrt{2\nu t}},\tau=\frac{1}{2\nu}\ln t,u=\frac{x}{2t}+\frac{1}{\sqrt{2\nu t}}v(\xi,\tau)$ 可以化为

$$\frac{\partial v}{\partial \tau}+v\frac{\partial v}{\partial \xi}-\nu\frac{\partial^2 v}{\partial \xi^2}+\nu v=0.$$

1.22　证明柱的 KdV 方程

$$\frac{\partial u}{\partial t}+\alpha u\frac{\partial u}{\partial x}+\beta\frac{\partial^3 u}{\partial x^3}+\frac{1}{2t}u=0$$

通过变换 $\xi=-xt^{-1/2},\tau=t^{-1/2},v(\xi,\tau)=2\alpha\tau^{-2}u+\tau^{-1}\xi$(此变换称为 Lugovtsov 变换)可以化为关于 $v(\xi,\tau)$ 的 KdV 方程

$$\frac{\partial v}{\partial \tau}+v\frac{\partial v}{\partial \xi}+2\beta\frac{\partial^3 v}{\partial \xi^3}=0.$$

1.23　证明柱的 KP 方程

$$\frac{\partial}{\partial x}\left(\frac{\partial u}{\partial t}+\alpha u\frac{\partial u}{\partial x}+\beta\frac{\partial^3 u}{\partial x^3}\right)+\frac{\gamma}{t^2}\frac{\partial^2 u}{\partial y^2}=0$$

通过变换 $\xi=x-\frac{1}{4\gamma}y^2 t,u(x,y,t)=v(\xi,t)$ 可以化为关于 $v(\xi,t)$ 的 KdV 方程

$$\frac{\partial v}{\partial t}+\alpha v\frac{\partial v}{\partial \xi}+\beta\frac{\partial^3 v}{\partial \xi^3}=0.$$

1.24　证明球或柱的 KdV 方程

$$\frac{\partial u}{\partial t}+\alpha u\frac{\partial u}{\partial x}+\beta\frac{\partial^3 u}{\partial x^3}+\frac{\delta}{t}u=0\quad(\delta=1\ \text{球};\delta=1/2\ \text{柱})$$

通过变换 $v=t^{\delta}u,\xi=t^{-\delta/2}$ 可以化为关于 $v(\xi,t)$ 的变系数 KdV 方程

$$\frac{\partial v}{\partial t}+\alpha(t)v\frac{\partial v}{\partial \xi}+\beta(t)\frac{\partial^3 v}{\partial \xi^3}=0,$$

其中

$$\alpha(t)=\alpha t^{-3\delta/2},\quad \beta(t)=\beta t^{-3\delta/2}.$$

1.25　证明带有时间强迫的 KdV 方程

$$\frac{\partial u}{\partial t}+\alpha u\frac{\partial u}{\partial x}+\beta\frac{\partial^3 u}{\partial x^3}=f(t)$$

通过变换 $v=u-F(t)$，$F(t)=\int f(t)\mathrm{d}t$ 化为关于 v 的变系数 KdV 方程

$$\frac{\partial v}{\partial t}+\alpha v\frac{\partial v}{\partial x}+\alpha F(t)\frac{\partial v}{\partial x}+\beta\frac{\partial^3 v}{\partial x^3}=0.$$

1.26　证明 Fibonacci 数列 $u_n=1,2,3,5,8,13,21,34,55,89,\cdots(n=1,2,\cdots)$满足下列差分方程

$$u_1=u_2=1,\quad u_{n+2}=u_{n+1}+u_n\quad(n=1,2,\cdots).$$

若设 $F_n\equiv\frac{u_{n+1}}{u_{n+2}}=\frac{u_{n+1}}{u_{n+1}+u_n}=\frac{1}{1+\frac{u_n}{u_{n+1}}}$，并令 $\lim\limits_{n\to+\infty}F_n=q$($q$ 为相邻两个 Fibonacci 数之比的极限)，证明 q 满足黄金分割(golden section)方程

$$q^2+q=1,$$

它的两个根为 $q_1=\frac{1}{2}(-1+\sqrt{5})=\alpha\,(\alpha\approx 0.618)$，$q_2=\frac{1}{2}(-1-\sqrt{5})=\beta$ $(\beta\approx -1.618)$，$\alpha+\beta=-1$，$\alpha\beta=-1$.

1.27　证明上题所述 Fibonacci 数列也满足下列函数方程：

$$u(1)=u(2)=1,\quad u(x+2)=u(x+1)+u(x),$$

(1) 设 $u(x)=A(-q)^x(A\neq 0,q\neq 0)$，证明 $q^2+q=1$.

(2) 设 $u(x)=A(-\alpha)^x+B(-\beta)^x\left(\alpha=\frac{1}{2}(-1+\sqrt{5}),\beta=\frac{1}{2}(-1-\sqrt{5}),\alpha+\beta=-1,\alpha\beta=-1,\alpha-\beta=\sqrt{5}\right)$，证明：

$$A=-\frac{1}{\sqrt{5}},\quad B=\frac{1}{\sqrt{5}},\quad u(x)=\frac{1}{\sqrt{5}}\left[\left(\frac{1+\sqrt{5}}{2}\right)^x-\left(\frac{1-\sqrt{5}}{2}\right)^x\right].$$

第 2 章

2.1　若令 $N_1=\frac{\alpha_2}{\beta_2}M_1$，$N_2=\frac{\alpha_1}{\beta_1}M_2$，证明此时的 Lotka-Volterra 方程组可以化为

$$\begin{cases}\dfrac{\mathrm{d}M_1}{\mathrm{d}t}=\alpha_1 M_1(1-M_2),\\[2mm]\dfrac{\mathrm{d}M_2}{\mathrm{d}t}=-\alpha_2 M_2(1-M_1).\end{cases}$$

分析平衡态及其稳定性,并求解.

2.2 证明线性化的 Lotka-Volterra 方程周期解的相轨为一椭圆,即

$$\frac{n_1^2}{A^2}+\frac{n_2^2}{\left(A\dfrac{\beta_2}{\beta_1}\sqrt{\dfrac{\alpha_1}{\alpha_2}}\right)^2}=1.$$

2.3 分析下列自治系统的平衡态及其稳定性:

(1) $\dot{x}=x(\mu-x^2)$; (2) $\ddot{x}+x-x^3=0$; (3) $\ddot{x}-x+x^3=0$.

2.4 求下列自治系统的平衡态,并应用平面极坐标($x=r\cos\theta, y=r\sin\theta, r\dot{r}=x\dot{x}+y\dot{y}, r^2\dot{\theta}=x\dot{y}-y\dot{x}$)分析极限环:

(1) $\begin{cases}\dot{x}=-y+x[\mu-(x^2+y^2)],\\ \dot{y}=x+y[\mu-(x^2+y^2)];\end{cases}$ $(\mu>0)$

(2) $\begin{cases}\dot{x}=-y+x(\sqrt{\mu}-\sqrt{x^2+y^2})^2,\\ \dot{y}=x+y(\sqrt{\mu}-\sqrt{x^2+y^2})^2.\end{cases}$ $(\mu>0)$

2.5 对下列含 x^2 项的非线性振动方程作定性分析并求解(分 $\varepsilon>0$ 和 $\varepsilon<0$ 两种情况):

$$\ddot{x}+\omega_0^2 x=-\varepsilon\alpha_0^2 x^2,$$

其中 $\omega_0^2>0,\alpha_0^2>0$[参见方程(3.3.180)].

2.6 分析下列可激发系统(excitable system)的弛豫振荡:

$$\begin{cases}\dfrac{\partial u}{\partial t}=F(u)-v,\quad F(u)=u(1-u)(u-s),\quad 0<s<1;\\[2mm]\dfrac{\partial v}{\partial t}=\varepsilon(u-v),\quad 0<\varepsilon\ll 1.\end{cases}$$

2.7 应用空间柱坐标系,求解下列曲面上的螺旋曲线:

(1) 柱面:$\dot{x}=-y,\dot{y}=x,\dot{z}=b$;

(2) 锥面:$\dot{x}=-y-ax,\dot{y}=x-ay,\dot{z}=2az$;

(3) 圆锥面:$\dot{x}=-y+\dfrac{ax}{\sqrt{x^2+y^2}},\dot{y}=x+\dfrac{ay}{\sqrt{x^2+y^2}},\dot{z}=a$;

(4) 旋转抛物面:$\dot{x}=-y+\dfrac{ax}{\sqrt{x^2+y^2}},\dot{y}=x+\dfrac{ay}{\sqrt{x^2+y^2}},\dot{z}=\dfrac{a}{b}\sqrt{x^2+y^2}$;

(5) 旋转双曲面:

$$\dot{x} = -y + \frac{x\sqrt{x^2+y^2-1}}{\sqrt{x^2+y^2}}, \quad \dot{y} = x + \frac{y\sqrt{x^2+y^2-1}}{\sqrt{x^2+y^2}}, \quad \dot{z} = \sqrt{1+\dot{z}};$$

(6) 环面：$\dot{z} = -ay + \dfrac{bxz}{\sqrt{x^2+y^2}}, \dot{y} = ax + \dfrac{byz}{\sqrt{x^2+y^2}}, \dot{z} = -b\sqrt{c^2-z^2}$；

(7) 球面：$\dot{x} = -ay - \dfrac{xz}{\sqrt{x^2+y^2}}, \dot{y} = ax - \dfrac{yz}{\sqrt{x^2+y^2}}, \dot{z} = \sqrt{1-z^2}$.

2.8 分析生态系统的延迟模型

$$\frac{dN(t)}{dt} = rN(t)\left[1 - \frac{N(t-T)}{K}\right] \quad (r > 0, K > 0, T > 0).$$

(1) 令 $N_1 = N/K, t_1 = rt, T_1 = rT$，并省略下标，证明延迟模型化为$\dfrac{dN(t)}{dt} = N(t)[1-N(t-T)]$；

(2) 周期解要求 $N(t) = N(t-T)$，说明系统的平衡态；

(3) 在平衡态 $N^*(t) = N^*(t-T) = 0$ 附近，证明$\dfrac{dN(t)}{dt} = N(t)$，并说明平衡态的稳定性；

(4) 在平衡态 $N^*(t) = N^*(t-T) = 1$ 附近，设 $N(t) = 1 + n(t), N(t-T) = 1 + n(t-T)$，证明$\dfrac{dn(t)}{dt} = -n(t-T)[1+n(t)]$，并求解线性的延迟方程$\dfrac{dn(t)}{dt} = -n(t-T)$. 提示：令 $n(t) = n_0 e^{\lambda t}$ 有 $\lambda = -e^{\lambda T}$，再令 $\lambda = \mu + i\omega$，写出 μ 和 ω 的表达式.

2.9 分析下列三维的 Toomre 自治系统

$$\dot{x} = yz, \quad \dot{y} = -2xz, \quad \dot{z} = xy.$$

(1) 证明 $x^2 + y^2 + z^2 = A^2$（A 为常数）；

(2) 分析平衡态及其稳定性.

第 3 章

3.1 求解下列等尺度方程或尺度不变方程：

(1) $x^2 y'' = y' y'''$；

(2) $x^2 y'' + 3xy' + 2y = x^{-4} y^{-3}$；

(3) $y'^2 + yy'' + x = 0$；

(4) $(y^2+1) y'' = (2y-1) y'^2$.

3.2 求解下列 Bernoulli 方程：

(1) $y' + \dfrac{1}{x} y = x^2 y^6$；

(2) $y'+\frac{2}{x}y=3x^2y^{4/3}$;

(3) $y'-3xy-xy^2=0$.

3.3 求解下列 Riccati 方程:

(1) $y'=a^2x^{-4}-y^2$;

(2) $y'+ay^2=bx^{-2}$;

(3) $m\frac{\mathrm{d}v}{\mathrm{d}t}=mg-\mu v^2 \quad (\mu>0)$;

(4) $y'=x^2+y^2$.

提示:令 $y=-\frac{z'}{z}$,方程化为 $z''+x^2z=0$;再令 $z=x^{\frac{1}{2}}w,\xi=\frac{1}{2}x^2$,则方程化为 Bessel 方程

$$\xi^2\frac{\mathrm{d}^2w}{\mathrm{d}\xi^2}+\xi\frac{\mathrm{d}w}{\mathrm{d}\xi}+\left(\xi^2-\frac{1}{4}\right)w=0.$$

3.4 求解下列 Chrystal 方程:

(1) $y'^2+3xy'-4x^2=0$;

(2) $y'^2+xy'-3y+\frac{1}{2}x^2=0$.

3.5 求解下列椭圆方程:

(1) $y'^2=(1-y^2)\left(1-\frac{1}{4}y^2\right)$;

(2) $y'^2=(1-y^2)\left(\frac{1}{4}+\frac{3}{4}y^2\right)$;

(3) $y'^2=A(y-\alpha)(y-\beta)$;

(4) $y''=2-5y+\frac{3}{2}y^2$.

3.6 求解下列 Lambert 方程:

(1) $yy''+ay'^2+by^2=0 \quad (a\neq-1)$;

(2) $yy''-2y'^2+ay^2+by^3=0$.

3.7 求解下列 Liouville 常微分方程:

(1) $y''=A\mathrm{e}^y$;

(2) $y''=A\mathrm{e}^{-y}$.

3.8 化下列方程组为 Bernoulli 方程求解:

$$\begin{cases}\dot{x}=-\alpha x-\beta xy,\\ \dot{y}=-\alpha y+\beta xy.\end{cases}$$

3.9 化下列方程组为 Riccati 方程求解:

(1) $\begin{cases} \dot{u} = -\alpha uv, \\ \dot{v} = \beta u^2; \end{cases}$

(2) $\begin{cases} \dot{x} = a_1 x + b_1 y - \dfrac{1}{n} x(\alpha x + \beta y), \\ \dot{y} = a_2 x + b_2 y - \dfrac{1}{n} y(\alpha x + \beta y) \end{cases}$ $(x+y=n=$常数$)$.

3.10 证明 Blasins 方程

$$y''' + yy'' + k[(1 - y'^2) - c(1 + y')] = 0 \quad (c \neq 1)$$

在 $k=-1$ 时(方程化为$(y''+yy')'=1+c(y'-1)$)可积分两次化为下列 Riccati 方程

$$y' + \frac{1-c}{2} y^2 = \frac{1-c}{2} x^2 + ax + b.$$

3.11 证明第一种椭圆方程 $y'^2 = a + by^2 + cy^4$，令 $z = \dfrac{1}{A} y^2$ 后可化为关于 z 的第二种椭圆方程.

3.12 写出 $m=0$ 的条件下，第一种和第二种椭圆方程各 12 种情况下的解.

3.13 证明对第一种椭圆方程：

(1) 在第(1),(4),(10),(12)4 种情况下

$$m^2 = \frac{1}{2ac}[(b^2 - 2ac) \pm \sqrt{b^2(b^2 - 4ac)}];$$

(2) 在第(2),(5),(8),(11)4 种情况下

$$m^2 = \frac{1}{2}\left(1 \pm \sqrt{\frac{b^2}{b^2 - 4ac}}\right);$$

(3) 在第(3),(6),(7),(9)4 种情况下

$$m^2 = \frac{1}{2ac}[-(b^2 - 4ac) \pm \sqrt{b^2(b^2 - 4ac)}].$$

3.14 求解蘑菇(mushroom)方程

$$xy'' + y' + y'^3 = 0.$$

提示：$(xy'/\sqrt{1+y'^2})' = (xy'' + y' + y'^3)/(1+y'^2)^{3/2}$.

3.15 证明 Painleve 方程 $P_{\mathrm{II}}: y'' = 2y^3 + xy + \alpha$.

(1) 它的等价方程组为

$$\begin{cases} y' = y^2 + \dfrac{1}{2}x + z, \\ z' = \alpha - \dfrac{1}{2} - 2yz \end{cases} \quad \text{或} \quad \begin{cases} y' = -y^2 - \dfrac{1}{2}x + z, \\ z' = \alpha + \dfrac{1}{2} + 2yz; \end{cases}$$

(2) 令 $z=0$，$\varepsilon=\pm1$，则 $\alpha=\varepsilon/2$，等价方程组化为下列 Riccati 方程

$$y' = \varepsilon y^2 + \frac{\varepsilon}{2}x,$$

并求解.

3.16 证明下列简化的 Rikitake 系统

$$\dot{x} = yz, \quad \dot{y} = -xz, \quad \dot{z} = -xy$$

有解,且

$$x = a\mathrm{sn}(bt,m), \quad y = a\mathrm{cn}(bt,m), \quad z = b\mathrm{dn}(bt,m) \quad (m = a/b, 0 < a < b).$$

提示:$x^2+y^2=a^2, x^2+z^2=b^2>a^2$.

3.17 对于 Chazy 方程

$$y''' = 2yy'' - 3y'^2,$$

若设 $x(\xi) = \dfrac{z_2(\xi)}{z_1(\xi)}$,可以证明 $y(\xi(x)) = \dfrac{6}{z_1}\dfrac{\mathrm{d}z_1}{\mathrm{d}x} = \dfrac{6}{z_1}\dfrac{\mathrm{d}z_1}{\mathrm{d}\xi}\dfrac{\mathrm{d}\xi}{\mathrm{d}x}\left[\dfrac{\mathrm{d}x}{\mathrm{d}\xi} = \dfrac{1}{z_1^2}W(z_1,z_2)\right.$,

$W(z_1,z_2)$是 z_1 和 z_2 的 Wronski 行列式$\Big]$,而 $z_1(\xi)$和 $z_2(\xi)$是下列超比方程(即 Gauss 方程)

$$\xi(1-\xi)\frac{\mathrm{d}^2 z}{\mathrm{d}\xi^2} + \left(\frac{1}{2} - \frac{7}{6}\xi\right)\frac{\mathrm{d}z}{\mathrm{d}\xi} - \frac{1}{144}z = 0$$

的两个线性无关的解,请写出 $z_1(\xi)$和 $z_2(\xi)$.

3.18 证明下列 Darboux-Halphen 方程组

$$\begin{cases} \dot{\omega}_1 = \omega_2\omega_3 - \omega_1(\omega_2+\omega_3), \\ \dot{\omega}_2 = \omega_3\omega_1 - \omega_2(\omega_3+\omega_1), \\ \dot{\omega}_3 = \omega_1\omega_2 - \omega_3(\omega_1+\omega_2), \end{cases}$$

作变换

$$y = -2(\omega_1+\omega_2+\omega_3),$$

可化为 Chazy 方程

$$\frac{\mathrm{d}^3 y}{\mathrm{d}t^3} = 2y\frac{\mathrm{d}^2 y}{\mathrm{d}t^2} - 3\left(\frac{\mathrm{d}y}{\mathrm{d}t}\right)^2.$$

3.19 化下列方程或方程组为 Jacobi 椭圆函数方程求解:

(1) $y''=\mathrm{e}^{-2y}-\mathrm{e}^{y}$;

(2) $y''=-2\mathrm{e}^{-y}+3\mathrm{e}^{2y}$;

(3) $y''+2\mu y'+\alpha y+\beta y^3=0(\alpha>0,\beta>0,8\mu^2=9\alpha)$$\left[\text{提示:令 } \xi=\sqrt{2}\mathrm{e}^{-\frac{2\mu}{3}x}, z(\xi)=\sqrt{\dfrac{\beta}{\alpha}}\mathrm{e}^{\frac{2\mu}{3}x}\text{化为}\dfrac{\mathrm{d}^2 z}{\mathrm{d}\xi^2}+z^3=0\right]$;

(4) $\dot{u}=-aw, \dot{v}=-buw, \dot{w}=au+buv$.

3.20 化下列方程为 Weierstrass 椭圆函数方程求解:

(1) $y''=6y^2-\frac{3}{2}a^2$；

(2) $y'^2=a+by-4y^2-\frac{4}{3}y^3$.

3.21 作 $y'=u(y)$的变换后求解：

(1) $(1+y^2)y''+(1-2y)y'^2=0$；

(2) $[yy''-(y')^2]^2+4yy'^3=0$；

(3) $yy''=ay'^2 \quad (a\neq 1)$.

3.22 求解方程组

$$\begin{cases}\ddot{x}+\mu(x^2+y^2)x=\gamma_1 x,\\ \ddot{y}+\mu(x^2+y^2)y=\gamma_2 y.\end{cases}$$

提示：令 $x=A\mathrm{sn}(\omega t,m)\mathrm{dn}(\omega t,m)$，$y=A\mathrm{cn}(\omega t,m)\mathrm{dn}(\omega t,m)$.

3.23 对于 Euler 方程组(3.6.1)，证明：

(1) $\left(\frac{A^2}{I_1}-2H\right)a_1^2+\left(\frac{A^2}{I_2}-2H\right)a_2^2+\left(\frac{A^2}{I_3}-2H\right)a_3^2=0 \quad \left[A^2=a_1^2+a_2^2+a_3^2, H=\frac{1}{2}\left(\frac{a_1^2}{I_1}+\frac{a_2^2}{I_2}+\frac{a_3^2}{I_3}\right)\right]$；

(2) $\frac{A^2}{I_1}-2H=\gamma_2 A_3^2$， $\frac{A^2}{I_2}-2H=\gamma_3 A_1^2-\gamma_1 A_3^2$， $\frac{A^2}{I_3}-2H=-\gamma_2 A_1^2 \quad \left(A_1^2=a_1^2-\frac{\gamma_1}{\gamma_2}a_2^2, A_2^2=a_2^2-\frac{\gamma_2}{\gamma_1}a_1^2, A_3^2=a_3^2-\frac{\gamma_3}{\gamma_2}a_2^2\right)$.

3.24 设 $\mathrm{J}(u,v)\equiv\frac{\partial u}{\partial x}\frac{\partial v}{\partial y}-\frac{\partial u}{\partial y}\frac{\partial v}{\partial x}$，验证：

(1) 若 $\mathrm{J}(u,v)=0$，则 $v=F(u)$；

(2) 若 $\mathrm{J}(u,v)=-\alpha\frac{\partial u}{\partial x}-\beta\frac{\partial u}{\partial y}$，则 $v=F(u)-\alpha y+\beta x$；

(3) 若 $\mathrm{J}(u,v)=-\alpha(y)\frac{\partial u}{\partial x}$，则 $v=F(u)-\int\alpha(y)\mathrm{d}y$；

(4) 若 $\mathrm{J}(u,v)=-\beta(x)\frac{\partial u}{\partial y}$，则 $v=F(u)+\int\beta(x)\mathrm{d}x$.

3.25 用两边取对数的方法求解下列差分方程：

(1) $x_{n+1}=x_n^2$；

(2) $x_{n+2}=\frac{x_{n+1}^2}{x_n}$.

3.26 用变换的方法求解下列差分方程：

(1) $x_{n+1}=2x_n^2-1$. 提示：$|x_0|\leqslant 1$，令 $x_n=\cos t_n$；$|x_0|\geqslant 1$，令 $x_n=\cosh t_n$.

(2) $x_{n+1}=2x_n(1-x_n)$. 提示:令 $x_n=\frac{1}{2}(1-y_n)$.

(3) $x_{n+1}=x_n(4x_n^2-3x_n)$　($|x_n|\leqslant 1$). 提示:令 $x_n=\cos t_n$.

(4) $x_{n+1}=16x_n(1-2\sqrt{x_n}+x_n)$　($0\leqslant x_n\leqslant 1$). 提示:令 $x_n=\sin^4 t_n$.

(5) $x_{n+1}=\sqrt{2}x_n(1-x_n^4)^{1/4}$　($0\leqslant x_n\leqslant 1$). 提示:令 $x_n^2=\sin t_n$.

(6) $x_{n+1}=16x_n^3-24x_n^2+9x_n$　($0\leqslant x_n\leqslant 1$). 提示:令 $x_n=\frac{1}{2}(1+\sin t_n)$.

(7) $x_{n+1}=(2x_n^{2/3}-1)^3$　($|x_n|\leqslant 1$). 提示:令 $x_n=\cos^3 t_n$.

(8) $x_{n+1}=(2x_n^6-1)^{1/3}$　($|x_n|\leqslant 1$). 提示:令 $x_n^3=\cos t_n$.

3.27　验证:

$$(1)\ x_{n+1}=\begin{cases}4x_n & (0\leqslant x_n\leqslant 1/4),\\ 2(1-2x_n) & (1/4\leqslant x_n\leqslant 1/2),\\ 2(2x_n-1) & (1/2\leqslant x_n\leqslant 3/4),\\ 4(1-x_n) & (3/4\leqslant x_n\leqslant 1)\end{cases}$$

有解 $x_n=\frac{1}{\pi}\cos^{-1}(\cos(4^n\pi x_0))$;

$$(2)\ x_{n+1}=\begin{cases}3x_n & (0\leqslant x_n\leqslant 1/3),\\ 2-3x_n & (1/3\leqslant x_n\leqslant 2/3),\\ 3x_n-2 & (2/3\leqslant x_n\leqslant 1)\end{cases}$$

有解 $x_n=\frac{1}{\pi}\cos^{-1}[\cos(3^n\pi x_0)]$.

3.28　对于 Toda 映射,证明:

(1) 若令 $\eta_n=\frac{\mathrm{d}p_n}{\mathrm{d}\tau}$,则 $\frac{\mathrm{d}}{\mathrm{d}\tau}\ln\left(1+\frac{\mathrm{d}p_n}{\mathrm{d}\tau}\right)=p_{n+1}+p_{n-1}-2p_n$;

(2) 若令 $p_n=\frac{\mathrm{d}q_n}{\mathrm{d}\tau}$,则 $\ln\left(1+\frac{\mathrm{d}^2q_n}{\mathrm{d}\tau^2}\right)=q_{n+1}+q_{n-1}-2q_n$;

(3) 若令 $q_n=\ln s_n$,则 $s_n\frac{\mathrm{d}^2s_n}{\mathrm{d}\tau^2}-\left(\frac{\mathrm{d}s_n}{\mathrm{d}\tau}\right)^2=s_n+s_{n-1}-s_n^2$.

3.29　对于 Toda 方程(见上题)

(1) 设 $s_n=1+\mathrm{e}^{2(\alpha n-\beta\tau-\delta)}$,求它的单孤立子解. 提示:$\beta=\pm\sinh\alpha$.

(2) 设 $s_n=1+A_1\mathrm{e}^{2(\alpha_1 n-\beta_1\tau)}+A_2\mathrm{e}^{2(\alpha_2 n-\beta_2\tau)}+A_3\mathrm{e}^{2[(\alpha_1+\alpha_2)n-(\beta_1+\beta_2)\tau]}$,求它的双孤立子解.

提示:$\beta_1=\pm\sinh\alpha_1$,$\beta_2=\pm\sinh\alpha_2$,$\frac{A_3}{A_1A_2}=-\frac{(\beta_1-\beta_2)^2-\sinh^2(\alpha_1-\alpha_2)}{(\beta_1+\beta_2)^2-\sinh^2(\alpha_1+\alpha_2)}$,在 $\beta_1=\sinh\alpha_1$,$\beta_2=\sinh\alpha_2$ 和 $\beta_1=\sinh\alpha_1$,$\beta_2=-\sinh\alpha_2$ 时分别有

$$\alpha^2 \equiv \left[\frac{\sinh\frac{1}{2}(\alpha_1-\alpha_2)}{\sinh\frac{1}{2}(\alpha_1+\alpha_2)}\right]^2 = \frac{\sinh^2(\alpha_1-\alpha_2)-(\sinh\alpha_1-\sinh\alpha_2)^2}{(\sinh\alpha_1+\sinh\alpha_2)^2-\sinh^2(\alpha_1+\alpha_2)},$$

$$\beta^2 \equiv \left[\frac{\cosh\frac{1}{2}(\alpha_1-\alpha_2)}{\cosh\frac{1}{2}(\alpha_1+\alpha_2)}\right] = \frac{\sinh^2(\alpha_1-\alpha_2)-(\sinh\alpha_1+\sinh\alpha_2)^2}{(\sinh\alpha_1-\sinh\alpha_2)^2-\sinh^2(\alpha_1+\alpha_2)}.$$

3.30　对于晶格方程

$$\ddot{u}_n = \left(\frac{\omega_m^2}{2}\right)^2(u_{n+1}-2u_n+u_{n-1}) \quad \left(\omega_m^2 = \frac{4\alpha}{m}, m \text{ 和 } \alpha \text{ 分别为质量和弹性系数}\right).$$

(1) 设 $u_n = u_0 e^{i(kan-\omega t)}$，证明有下列色散关系：

$$\omega^2(k) = \omega_m^2 \sin^2\frac{ak}{2} \quad \text{且} \quad \omega(k) = \omega(k+2\pi/a);$$

(2) 设 $u_n = (-1)^n u_0 e^{i(qan-\omega t)}\left(q = k - \frac{2\pi}{a}, |q| \ll 1\right)$，证明有下列二次色散关系

$$\omega^2(k) = \omega_m^2 \cos^2\frac{aq}{2}, \quad \text{且} \quad \omega \approx \omega_m - \frac{1}{2}\gamma q^2 \quad \left(\gamma = \omega_m\left(\frac{a}{2}\right)^2\right).$$

3.31　对于双原子的晶格方程

$$\ddot{u}_n = -\left(\frac{\omega_m}{2}\right)^2(2u_n - v_n - v_{n-1}), \quad \ddot{v}_n = -\left(\frac{\omega_m}{2}\right)^2(2v_n - u_n - u_{n+1}),$$

证明有下列色散关系

$$\omega_1(k) = \omega_m\left|\sin\frac{ak}{4}\right|, \quad \omega_2(k) = \omega_m\left|\cos\frac{ak}{4}\right|.$$

3.32　求解函数方程

(1) $u(x+y) = u(x) + u(y) + 4xy$；

(2) $u(x-1) = u(x+1)$；

(3) $u(x+1) = \dfrac{u(x)-1}{u(x)+1}$　$(u(x) \neq -1)$；

(4) $u(u(x)) = x^2 + 2x$.

3.33　证明：

(1) $u\left(\frac{x+y}{2}\right) = \sqrt{u(x)u(y)}$ 与 $u(x+y) = u(x)u(y)$ 等价，且 $u(x) = a^x$ 或 $u(x) = e^{ax}$；

(2) $u\left(\frac{x+y}{2}\right) = \frac{1}{2}[u(x)+u(y)]$(Jensen 方程)与 $u(x+y)+u(x-y) = 2u(x)$等价，且 $u(x) = ax+b$.

3.34　证明：

(1) $u\left(\frac{x+y}{1+xy}\right)=u(x)+u(y)$有解 $u(x)=a\ln\frac{1+x}{1-x}$;

(2) $u(x+y)+u(x-y)=2u(x)u(y)$(d'Alembert 方程)有解 $u(x)=\cos kx$ 或 $u(x)=\cosh kx$;

(3) $u(2x)=2u^2(x)-1$ 有解 $u(x)=\cos kx$ 或 $u(x)=\cosh kx$.

第　4　章

4.1　设有一半径为 a 的球,沉入流体中的深度为 h(从球的赤道算起),达到平衡时球刚好一半沉入流体中(即 $h=a$),给球上下扰动,此时 h 的变化满足方程

$$\frac{\mathrm{d}^2h}{\mathrm{d}t^2}+\frac{3g}{2a}\left(h-\frac{h^3}{3a^2}\right)=0,$$

其中 g 为重力加速度.

(1) 在 h 很小时,写出方程的近似形式,并求其圆频率;

(2) 与方程(3.3.80)比较,求它的准确解;

(3) 在 h 不大时,用三角试探函数求解.

4.2　用三角试探函数求解

(1) $\frac{\mathrm{d}^2u}{\mathrm{d}t^2}+au^3=0$;

(2) $\frac{\mathrm{d}^2\theta}{\mathrm{d}t^2}+\omega_0^2\sin\theta=0$.

4.3　用抛物线试探函数求解

(1) $\frac{\mathrm{d}^2\theta}{\mathrm{d}x^2}-a\theta^n=-b$,　$\theta(0)=0$,　$\theta(L)=0$;

(2) $\frac{\mathrm{d}^2u}{\mathrm{d}t^2}+au^3=0$,　$u(0)=u_0$,　$u'(0)=0$.

4.4　设有方程

$$\frac{\mathrm{d}u}{\mathrm{d}t}=1-u^3,$$

带有初条件 $u(0)=0$.

(1) 证明 u 随 t 的变化类似于图 4-2;

(2) 写出 u_∞;

(3) 用指数试探函数求解,并说明剩余函数和时间常数.

4.5　用指数试探函数求解

(1) $\frac{\mathrm{d}u}{\mathrm{d}t}+au^n=0$,　$u(0)=u_0$;

(2) $\dfrac{du}{dt}+au^n=1$, $u(0)=0$;

(3) $m\dfrac{dv}{dt}=mg-\mu v^{1.7}$, $v(0)=v_0$;

(4) $m\dfrac{dv}{dt}=mg-\mu v^n$, $v(0)=v_0$, $v(\infty)=v_\infty$ $(mg=\mu v_\infty^n)$;

(5) $\dfrac{d^2u}{dx^2}+au^n=0$, $u(0)=u_0$, $u(L)=0$, 提示:可设试探函数 $U=u_0e^{-x/\lambda}$,λ 为长度常数;

(6) $\dfrac{d^2u}{dx^2}-au^4=-b$, $u(0)=0$, $u(L)=0$, 提示:可设试探函数 $U=u_\infty(1-e^{-x/\lambda})$,$u_\infty=(b/a)^{1/4}$.

4.6 设试探函数 $u=\dfrac{Be^{b(\xi-\xi_0)}}{1+e^{a(\xi-\xi_0)}}$,求 Burgers 方程

$$\frac{\partial u}{\partial t}+u\frac{\partial u}{\partial x}-\nu\frac{\partial^2 u}{\partial x^2}=0$$

的行波解.

4.7 证明 KdV-Burgers 方程与 Fisher 方程可以互换.

(1) KdV-Burgers 方程(4.3.60)求行波解所得常微分方程(4.3.62)(取 $A=0$)作变换 $u=2c(1-v)$ 可化为 $\nu\dfrac{dv}{d\xi}-\beta\dfrac{d^2v}{d\xi^2}-cv(1-v)=0$,其形式与 Fisher 方程(4.3.23)求行波解所得常微分方程(4.3.24)相同;

(2) Fisher 方程(4.3.23)求行波解所得常微分方程(4.3.24)作变换 $u=1-\dfrac{v}{2c}$ 可化为 $-cu+\dfrac{1}{2}u^2+\dfrac{c^2}{r}\dfrac{dv}{d\xi}+\dfrac{Dc}{r}\dfrac{d^2v}{d\xi^2}=0$,其形式与 KdV-Burgers 方程(4.3.60)求行波解所得常微分方程(4.3.62)相同.

4.8 求反应扩散方程

$$\frac{\partial u}{\partial t}-D\frac{\partial^2 u}{\partial x^2}-ru(1-u^m)(u^m-s)=0$$

的行波解. 提示:令 $\dfrac{du}{d\xi}=au(1-u^m)$,$\xi=x-ct$.

4.9 求反应扩散方程

$$\frac{\partial u}{\partial t}-D\frac{\partial^2 u}{\partial x^2}-ru(1-u^m)=0$$

的行波解. 提示:设 $u=\dfrac{B}{[1+e^{a(\xi-\xi_0)}]^{2/m}}$,$\xi=x-ct$.

4.10 设试探函数 $u=A+\dfrac{B}{1+\mathrm{e}^{a(\xi-\xi_0)}}(\xi=x-ct)$,求 Fitz Hugh-Nagumo 方程

$$\frac{\partial u}{\partial t}-D\frac{\partial^2 u}{\partial x^2}-ru(1-u)(u-s)$$

的行波解.

4.11 用微扰法求解 KdV-Burgers 方程

$$\frac{\partial u}{\partial t}+u\frac{\partial u}{\partial x}-\nu\frac{\partial^2 u}{\partial x^2}+\beta\frac{\partial^3 u}{\partial x^3}=0.$$

令 $u=u_0+u'(u'\ll|u_0|$,u_0 满足线性化的 KdV-Burgers 方程),证明:

(1) $u_0=A\mathrm{e}^{-at}\sin(kx-\omega t)$, $a=\nu k^2$, $\omega=\beta k^3$;

(2) $\dfrac{\partial u'}{\partial t}-\nu\dfrac{\partial^2 u'}{\partial x^2}+\beta\dfrac{\partial^3 u'}{\partial x^3}=-u_0\dfrac{\partial u_0}{\partial x}$, $u'=\dfrac{kA^2}{4(a^2+\omega^2)}\{a[\mathrm{e}^{-2at}\sin 2(kx-\omega t)-\mathrm{e}^{-4at}\sin 2(kx-4\omega t)]+\omega[\mathrm{e}^{-2at}\cos 2(kx-\omega t)-\mathrm{e}^{-4at}\cos 2(kx-4\omega t)]\}$.

4.12 用 Adomian 分解法求解 KdV 方程的初值问题

$$\begin{cases}\dfrac{\partial u}{\partial t}-6u\dfrac{\partial u}{\partial x}+\dfrac{\partial^3 u}{\partial x^3}=0 & (-\infty<x<+\infty,t>0),\\ u|_{t=0}=-\dfrac{k^2}{2}\mathrm{sech}^2\dfrac{k}{2}x=-\dfrac{2k^2\mathrm{e}^{kx}}{(1+\mathrm{e}^{kx})^2} & (-\infty<x<+\infty).\end{cases}$$

4.13 用 Adomian 分解法求解 mKdV 方程的初值问题

$$\begin{cases}\dfrac{\partial u}{\partial t}+6u^2\dfrac{\partial u}{\partial x}+\dfrac{\partial^3 u}{\partial x^3}=0 & (-\infty<x<+\infty,t>0),\\ u|_{t=0}=k\,\mathrm{sech}kx=\dfrac{2k\mathrm{e}^{kx}}{1+\mathrm{e}^{2kx}} & (-\infty<c<+\infty).\end{cases}$$

4.14 用 Adomian 分解法求解非线性 Schrödinger 方程的初值问题

$$\begin{cases}\mathrm{i}\dfrac{\partial u}{\partial t}+\alpha\dfrac{\partial^2 u}{\partial x^2}+\beta|u|^2u=0 & (-\infty<x<+\infty,t>0),\\ u|_{t=0}=a\mathrm{e}^{\mathrm{i}kx} & (-\infty<x<+\infty).\end{cases}$$

提示:设 $u=u_0+u_1+u_2+\cdots$,则

$$|u|^2u=u^2\bar{u}=A_0+A_1+A_2+\cdots\quad(\bar{u}\text{ 为 }u\text{ 的复共轭}),$$

其中 $A_0=u_0^2\bar{u}_0$,$A_1=2u_0u_1\bar{u}_0+u_0^2\bar{u}_1$,$A_2=2u_0u_2\bar{u}_0+u_1^2\bar{u}_0+2u_0u_1\bar{u}_1+u_0^2\bar{u}_2$.

4.15 用 Adomian 分解法求解正弦-Gordon 方程的初值问题

$$\begin{cases}\dfrac{\partial^2 u}{\partial t^2}-c_0^2\dfrac{\partial^2 u}{\partial x^2}+f_0^2\sin u=0 & (-\infty<x<+\infty,t>0),\\ u|_{t=0}=\dfrac{\pi}{2},\quad \left.\dfrac{\partial u}{\partial t}\right|_{t=0}=0 & (-\infty<x<+\infty).\end{cases}$$

提示:设 $u=u_0+u_1+u_2+\cdots$,则

$$\sin u=A_0+A_1+A_2+\cdots,$$

其中 $A_0=\sin u_0, A_1=u_1\cos u_0, A_2=u_2\cos u_0-\frac{1}{2}u_1^2\sin u_0$.

第 5 章

5.1 用多尺度方法,详细求解 van der Pol 方程

$$\frac{\mathrm{d}^2 x}{\mathrm{d}t^2}+2\mu\left(\frac{x^2}{a_c^2}-1\right)\frac{\mathrm{d}x}{\mathrm{d}t}+\omega_0^2 x=0.$$

5.2 用 PLK 方法、平均值方法和 KBM 方法求解 van der Pol 方程,并分析极限环.

5.3 用多尺度方法和 PLK 方法求解

$$\frac{\mathrm{d}^2 x}{\mathrm{d}t^2}+\omega_0^2 x=-\varepsilon\alpha_0^2 x^2,$$

并与附录 D 2.5 的结果相比较.

5.4 用 PLK 方法求解

$$\frac{\mathrm{d}^2 x}{\mathrm{d}t^2}+\omega_0^2 x=-\varepsilon\alpha_0^2 x^2-\varepsilon^2\beta_0^2 x^3.$$

5.5 用 PLK 方法求解 u^4 势能的非线性 Klein-Gordon 方程

$$\frac{\partial^2 u}{\partial t^2}-c_0^2\frac{\partial^2 u}{\partial x^2}+\alpha u-\beta u^3=0\quad(\alpha>0,\beta>0).$$

提示:先令 $u=u(\theta),\theta=kx-\omega t$,再令 $u=\varepsilon u_1+\varepsilon^2 u_2+\cdots,\omega=\omega_0+\varepsilon\omega_1+\varepsilon^2\omega_2+\cdots$.

5.6 利用附录 D 1.5,用摄动法求解大 Rayleigh 数(r 大,ε 是小参数)条件下的 Lorenz 系统. 即令

$$(u,v,w)=(u_0,v_0,w_0)+\varepsilon(u_1,v_1,w_1)+\cdots.$$

(1) 证明(u_0,v_0,w_0)满足

$$\frac{\mathrm{d}u_0}{\mathrm{d}\tau}=v_0,\quad \frac{\mathrm{d}v_0}{\mathrm{d}\tau}=u_0 w_0,\quad \frac{\mathrm{d}w_0}{\mathrm{d}\tau}=-u_0 v_0.$$

(2) 证明

$$\frac{1}{2}u_0^2+w_0=A,\quad v_0^2+w_0^2=B^2\quad(A \text{ 和 } B \text{ 为常数}, B>0).$$

(3) 证明

$$\left(\frac{\mathrm{d}w_0}{\mathrm{d}\tau}\right)^2=2(w_0-B)(w_0-A)(w_0+B).$$

(4) 分别在$-B<A<B$和$0<B<A$的条件下求解(u_0,v_0,w_0),并讨论$m=1$结果.

提示:在$-B<A<B$时,

$$w_0 = A-(A+B)\mathrm{cn}^2(\sqrt{B}\tau,m) = B[1-2\mathrm{dn}^2(\sqrt{B}\tau,m)],\quad m^2 = \frac{A+B}{2B};$$

在 $0<B<A$ 时，

$$w_0 = B\left[1-2\mathrm{cn}^2\left(\sqrt{\frac{A+B}{2}}\tau,m\right)\right] = A-(A+B)\mathrm{dn}^2\left(\sqrt{\frac{A+B}{2}}\tau,m\right),$$

$$m^2 = \frac{2B}{A+B}.$$

5.7 证明式(5.6.14),(5.6.15)和(5.6.16).

提示：Bugers 方程：$\omega=kc_0-\mathrm{i}\nu k^2$，$c=c_0+\varepsilon c_1+O(\varepsilon^2)$[波速与振幅成正比，参见式(6.1.17)]，$\alpha=1$；

mKdV 方程：$\omega=kc_0-\beta k^3$，$c=c_0+\varepsilon^2 c_2+O(\varepsilon^3)$[波速与振幅的平方成正比，参见式(6.3.76)]，$\alpha=1$；

NLS 方程(方程的系数为 α_1,β_1)：$\omega=\alpha_1 k^2-\beta_1 a^2=kc_g-(\alpha_1 k^2+\beta_1 a^2)$，$c_g=2\alpha_1 k$[参见式(6.1.131)和(6.1.132)]，$a=\varepsilon a_1+O(\varepsilon^2)$，$\alpha=1$.

5.8 用约化摄动法化下列无量纲的离子声波方程组为 KdV 方程

$$\begin{cases}\dfrac{\partial n}{\partial t}+\dfrac{\partial nv}{\partial x}=0,\\[2mm]\dfrac{\partial v}{\partial t}+v\dfrac{\partial v}{\partial x}=-\dfrac{\partial\phi}{\partial x},\\[2mm]\dfrac{\partial^2\phi}{\partial x^2}=\mathrm{e}^{\phi}-n.\end{cases}$$

提示：令 $\xi=\varepsilon^{1/2}(x-t)$，$\tau=\varepsilon^{3/2}t$ 和 $n=1+\varepsilon n_1+\varepsilon^2 n_2+\cdots$，$(v,\phi)=\varepsilon(v_1,\phi_1)+\varepsilon^2(v_2,\phi_2)+\cdots$，则最低阶近似满足 $n_1=\phi_1$，$\dfrac{\partial n_1}{\partial\xi}=\dfrac{\partial v_1}{\partial\xi}$(可取 $n_1=v_1$).

下一阶近似满足

$$\begin{cases}\dfrac{\partial n_1}{\partial\tau}-\dfrac{\partial n_2}{\partial\xi}+\dfrac{\partial v_2}{\partial\xi}+\dfrac{\partial n_1 v_1}{\partial\xi}=0,\\[2mm]\dfrac{\partial v_1}{\partial\tau}-\dfrac{\partial v_2}{\partial\xi}+v_1\dfrac{\partial v_1}{\partial\xi}=-\dfrac{\partial\phi_2}{\partial\xi},\\[2mm]\dfrac{\partial^2\phi_1}{\partial\xi^2}=\phi_2+\dfrac{1}{2}\phi_1^2-n_2,\end{cases}$$

最后得到

$$\frac{\partial n_1}{\partial\tau}+n_1\frac{\partial n_1}{\partial\xi}+\frac{1}{2}\frac{\partial^3 n_1}{\partial\xi^3}=0.$$

5.9 用约化摄动法化下列二维浅水方程

$$\begin{cases}\dfrac{\partial u}{\partial t}+u\dfrac{\partial u}{\partial x}+v\dfrac{\partial u}{\partial y}+g\dfrac{\partial h}{\partial x}-\dfrac{H^2}{3}\dfrac{\partial}{\partial t}\nabla_2^2 u=0,\\ \dfrac{\partial v}{\partial t}+u\dfrac{\partial v}{\partial x}+v\dfrac{\partial v}{\partial y}+g\dfrac{\partial h}{\partial y}-\dfrac{H^2}{3}\dfrac{\partial}{\partial t}\nabla_2^2 v=0,\\ \dfrac{\partial h}{\partial t}+u\dfrac{\partial h}{\partial x}+v\dfrac{\partial h}{\partial y}+h\left(\dfrac{\partial u}{\partial x}+\dfrac{\partial v}{\partial y}\right)=0\end{cases}$$

为二维 KdV 方程(即 KP 方程).

提示:令 $u=\dfrac{\partial\phi}{\partial x}$,$v=\dfrac{\partial\phi}{\partial y}$,方程组可化为

$$\begin{cases}\dfrac{\partial\phi}{\partial t}+gh+\dfrac{1}{2}(\nabla_2\phi)^2-\dfrac{H^2}{3}\nabla_2^2\dfrac{\partial\phi}{\partial t}=0,\\ \dfrac{\partial h}{\partial t}+\nabla_2\phi\cdot\nabla_2 h+h\nabla_2^2\phi=0.\end{cases}$$

作变换

$$\xi=\varepsilon^{1/2}(x-ct),\quad \tau=\varepsilon^{3/2}t,\quad \eta=\varepsilon y,$$

并作摄动展开

$$h=H+\varepsilon h_1+\varepsilon^2 h_2+\cdots,$$
$$\phi=\varepsilon^{1/2}(\phi_1+\varepsilon\phi_2+\cdots),$$

有 $c=c_0=\sqrt{gH}$ 和

$$\frac{\partial}{\partial\xi}\left[2\frac{\partial\phi_1}{\partial\tau}+\frac{3}{2}\left(\frac{\partial\phi_1}{\partial\xi}\right)^2+\frac{1}{3}\frac{\partial^3\phi_1}{\partial\xi^3}\right]+\frac{\partial^2\phi_1}{\partial\eta^2}=0.$$

5.10 上题的方程组若改为

$$\begin{cases}\dfrac{\partial u}{\partial t}+u\dfrac{\partial u}{\partial x}+v\dfrac{\partial u}{\partial y}+g\dfrac{\partial h}{\partial x}+\dfrac{H}{3}\dfrac{\partial^3 h}{\partial t^2\partial x}=0,\\ \dfrac{\partial v}{\partial t}+u\dfrac{\partial v}{\partial x}+v\dfrac{\partial v}{\partial y}+g\dfrac{\partial h}{\partial y}+\dfrac{H}{3}\dfrac{\partial^3 h}{\partial t^2\partial y}=0,\\ \dfrac{\partial h}{\partial t}+u\dfrac{\partial h}{\partial x}+v\dfrac{\partial h}{\partial y}+h\left(\dfrac{\partial u}{\partial x}+\dfrac{\partial v}{\partial y}\right)=0,\end{cases}$$

用约化摄动法求解.

5.11 证明式(5.7.25)可以化为

$$\frac{\mathrm{d}^2 v'}{\mathrm{d}\theta^2}=\frac{\beta_0}{kl}\left[1-\frac{1}{1+\dfrac{lv'}{\omega-k\bar{u}}}\right],$$

乘以 $2\dfrac{\mathrm{d}v'}{\mathrm{d}\theta}$并对 θ 积分一次,得

$$\left(\frac{\mathrm{d}v'}{\mathrm{d}\theta}\right)^2=\frac{2\beta_0}{kl}\left[v'-\frac{\omega-k\bar{u}}{l}\ln\left(1+\frac{lv'}{\omega-k\bar{u}}\right)\right]+A,$$

其中 A 为积分常数. 将 $\ln\left(1+\dfrac{lv'}{\omega-k\bar{u}}\right)$ 作幂级数展开,证明结果与展开 $F(v')$ 的结果相同.

5.12　用幂级数展开法求解非线性惯性内波的下列方程组:

$$\begin{cases}\dfrac{\partial u}{\partial t}+u\dfrac{\partial u}{\partial x}-f_0 v=0,\\[2mm]\dfrac{\partial v}{\partial t}+u\dfrac{\partial v}{\partial x}+f_0 u=0.\end{cases}$$

提示:令 $u=u(\xi)$, $v=v(\xi)$, $\xi=x-ct$,则方程组可以化为

$$\begin{cases}\dfrac{\mathrm{d}u}{\mathrm{d}\xi}+F(u)v=0,\\[2mm]\dfrac{\mathrm{d}v}{\mathrm{d}\xi}u-F(u)u=0,\end{cases}$$

其中 $F(u)=\dfrac{f_0}{c-u}$,在 $u\ll|c|$ 的条件下展开.

5.13　用幂级数展开法求解非线性重力内波的下列方程组:

$$\begin{cases}\dfrac{\partial u}{\partial t}+u\dfrac{\partial u}{\partial x}=-\dfrac{\partial \phi'}{\partial x},\\[2mm]\dfrac{\partial w}{\partial t}+u\dfrac{\partial w}{\partial x}=-\dfrac{\partial \phi'}{\partial z}-g\dfrac{\rho'}{\rho_0},\\[2mm]\dfrac{\partial u}{\partial x}+\dfrac{\partial w}{\partial z}=0,\\[2mm]\dfrac{\partial}{\partial t}\left(g\dfrac{\rho'}{\rho_0}\right)+u\dfrac{\partial}{\partial x}\left(g\dfrac{\rho'}{\rho_0}\right)-N^2 w=0.\end{cases}$$

提示:令 $\left(u,w,\phi',g\dfrac{\rho'}{\rho_0}\right)=(u(\theta),w(\theta),\phi(\theta),\pi(\theta))$, $\theta=kx+nz-\omega t$,则方程组可以化为

$$\frac{\mathrm{d}u}{\mathrm{d}\theta}+F(u)\pi=0,\quad \frac{\mathrm{d}\pi}{\mathrm{d}\theta}+G(u)u=0,$$

其中 $F(u)=\dfrac{kn}{(k^2+n^2)(\omega-ku)}$, $G(u)=-\dfrac{kN^2}{n(\omega-ku)}$,在 $ku\ll|\omega|$ 的条件下展开.

第　6　章

6.1　直接求 KdV 方程

$$\frac{\partial u}{\partial t}-6u\frac{\partial u}{\partial x}+\frac{\partial^3 u}{\partial x^3}=0$$

的椭圆余弦波解和孤立波解.

6.2　写出正弦-Gordon 方程(6.1.57)关于$\frac{du}{d\xi}$的解(分 $c^2>c_0^2$ 和 $c^2<c_0^2$ 两种情况).

6.3　验证下列方程的有理解(rational solutions)：

(1) 平流方程$\frac{\partial u}{\partial t}+u\frac{\partial u}{\partial x}=0$：$u=\frac{x}{t}$，$u=\frac{x}{t-A}$；

(2) Burgers 方程$\frac{\partial u}{\partial t}+u\frac{\partial u}{\partial x}-\nu\frac{\partial^2 u}{\partial x^2}=0$：$u=-\nu k+\frac{2\nu k}{A-(kx-\omega t)}$；

(3) KdV 方程$\frac{\partial u}{\partial t}-6u\frac{\partial u}{\partial x}+\frac{\partial^3 u}{\partial x^3}=0$：$u=\frac{2}{x^2}$，$u=\frac{6x(x^3-24t)}{(x^3+12t)^2}$；

(4) mKdV 方程$\frac{\partial u}{\partial t}+6u^2\frac{\partial u}{\partial x}+\frac{\partial^3 u}{\partial x^3}=0$：$u=A-\frac{4A}{4A^2(x-6A^2t)^2+1}$；

(5) KP(Ⅰ)方程$\frac{\partial}{\partial x}\left(\frac{\partial u}{\partial t}-6u\frac{\partial u}{\partial x}+\frac{\partial^3 u}{\partial x^3}\right)-3\frac{\partial^2 u}{\partial y^2}=0$：$u=-\frac{4p^2y^2-\xi^2+p^{-2}}{(p^2y^2+\xi^2+p^{-2})^2}$，它称为 Zakharov-Manakov 的代数孤立子(algebraic solitons)或有理孤立子(rational solitons)，其中 $\xi=x-3p^2t+p^{-1}$，p 为实常数；

(6) NLS 方程 $\mathrm{i}\frac{\partial u}{\partial t}+\frac{\partial^2 u}{\partial x^2}+|u|^2u=0$：$u=\frac{1-4(1+2\mathrm{i}t)}{1+2x^2+4t^2}\mathrm{e}^{\mathrm{i}t}$.

6.4　验证下列方程的孤立波解：

(1) $\frac{\partial u}{\partial t}-6u\frac{\partial u}{\partial x}+\frac{\partial^3 u}{\partial x^3}=0$：$u=-2k^2\operatorname{sech}^2[k(x-4k^2t)]$；

(2) $\frac{\partial u}{\partial t}+(n+1)(n+2)u^n\frac{\partial u}{\partial x}+\frac{\partial^3 u}{\partial x^3}=0$：$u^n=\frac{c}{2}\operatorname{sech}^2\left[\frac{n\sqrt{c}}{2}(x-ct)\right]$；

(3) $\frac{\partial}{\partial x}\left(\frac{\partial u}{\partial t}-6u\frac{\partial u}{\partial x}+\frac{\partial^3 u}{\partial x^3}\right)+3\frac{\partial^2 u}{\partial y^2}=0$：$u=-\frac{1}{2}k^2\operatorname{sech}^2\left[\frac{1}{2}(kx+ly-\omega t)\right]$ $\left(\omega=k^2+\frac{3l^2}{k}\right)$；

(4) $\frac{\partial^2 u}{\partial t^2}-\frac{\partial^2 u}{\partial x^2}-3\frac{\partial^2 u^2}{\partial x^2}-\frac{\partial^4 u}{\partial x^4}=0$：$u=2k^2\operatorname{sech}^2k(x-ct)$　$(c^2=1+4k^2)$.

6.5　求 NLS 方程

$$\mathrm{i}\frac{\partial u}{\partial t}+\alpha\frac{\partial^2 u}{\partial x^2}+\beta\mid u\mid^2u=0$$

的下列形式的包络周期解

$$u=\phi(x)\mathrm{e}^{\mathrm{i}\omega t},$$

其中 $\phi(x)$为实函数.

6.6　求正弦-Gordon 方程

$$\frac{\partial^2 u}{\partial x\partial t}=\alpha\sin u$$

的螺旋波解和孤立波解.

6.7 求双曲正弦-Gordon方程

$$\frac{\partial^2 u}{\partial x \partial t} = \alpha \sinh u$$

的孤立波解.

6.8 证明:KdV方程

$$\frac{\partial u}{\partial t} - 6u\frac{\partial u}{\partial x} + \frac{\partial^3 u}{\partial x^3} = 0$$

有孤立子解

$$u = 2k^2 \operatorname{csch}^2 k(x - 4k^2 t),$$

并证明 $k \to 0$ 时, $u \to 2/x^2$.

6.9 由方程组(6.1.92)可以普遍地讨论正弦-Gordon方程的解:

(1) 取 $\alpha = -k^2/A^2$, $1-\beta = k^2(2-m_1^2)$, $\gamma = -k^2A^2(1-m_1^2)$, 证明 $X(x_1) = A\mathrm{dn}(kx_1, m_1)$;

取 $\alpha = -\omega^2$, $\beta = -\omega^2(2-m_2^2)$, $\gamma = -\omega^2(1-m_2^2)$, 证明 $\dfrac{1}{T(t_1)} = \mathrm{sc}(\omega t_1, m_2)$.

因而 $u = 4\tan^{-1}[A\mathrm{dn}(kx_1, m_1) \cdot \mathrm{sc}(\omega t_1, m_2)]$.

这里 $m_1^2 = 1 - \dfrac{\omega^2(A^2-1)-1}{k^2(A^2-1)}$, $m_2^2 = 1 - \dfrac{A^2[\omega^2(A^2-1)-1]}{\omega^2(A^2-1)}$, $k^2 = \omega^2 A^2$.

当 $m_1 = 1$, $m_2 = 1$ 时, $\omega^2(A^2-1) = 1$, $k^2 - \omega^2 = 1$, 证明

$$u = 4\tan^{-1}\left(\frac{k\sinh \omega t_1}{\omega \cosh kx_1}\right)$$

(扭结孤立子与反扭结孤立子相互作用).

(2) 取 $\alpha = -k^2/A^2$, $1-\beta = k^2(2-m_1^2)$, $\gamma = -k^2A^2(1-m_1^2)$, 从(1)知 $X(x_1) = A\mathrm{dn}(kx_1, m_1)$;

取 $\alpha = -\omega^2$, $\beta = \omega^2(1+m_2^2)$, $\gamma = -\omega^2 m_2^2$, 证明 $\dfrac{1}{T(t_1)} = \mathrm{sn}(\omega t_1, m_2)$.

因而 $u = 4\tan^{-1}[A\mathrm{dn}(kx_1, m_1) \cdot \mathrm{sn}(\omega t_1, m_2)]$.

这里 $m_1^2 = 1 - \dfrac{A^2 - k^2(1+A^2)}{k^2A^2(1+A^2)}$, $m_2^2 = \dfrac{A^2[1-\omega^2(1+A^2)]}{\omega^2(1-A^2)}$, $k^2 = \omega^2 A^2$.

当 $m_1 = 1$, $m_2 = 0$ 时, $\omega^2(1+A^2) = 1$, $k^2 + \omega^2 = 1$, 证明

$$u = 4\tan^{-1}\left(\frac{A\sin \omega t_1}{\cosh kx_1}\right) \quad \text{(呼吸子)}.$$

6.10 对于mKdV方程

$$\frac{\partial u}{\partial t} + 6u^2\frac{\partial u}{\partial x} + \frac{\partial^3 u}{\partial x^3} = 0.$$

(1) 证明:通过变换 $u=\frac{\partial v}{\partial x}$ 和 $\phi=\tan\frac{v}{2}$,它化为

$$(1+\phi^2)\left(\frac{\partial\phi}{\partial t}+\frac{\partial^3\phi}{\partial x^3}\right)+6\frac{\partial\phi}{\partial x}\left[\left(\frac{\partial\phi}{\partial x}\right)^2-\phi\frac{\partial^2\phi}{\partial x^2}\right]=0.$$

(2) 若令 $\theta_1=k_1x-\omega_1t-\delta_1,\theta_2=k_2x-\omega_2t-\delta_2$ 和 $\phi=AX(\theta_1)Y(\theta_2)$,证明 X 和 Y 分别满足

$$\left(\frac{\mathrm{d}X}{\mathrm{d}\theta_1}\right)^2=a_1+b_1X^2+c_1X^4,\quad\left(\frac{\mathrm{d}Y}{\mathrm{d}\theta_2}\right)^2=a_2+b_2Y^2+c_2Y^4,$$

其中 $A^4=\frac{c_1c_2}{a_1a_2},\frac{k_1^2}{k_2^2}=-\frac{c_2}{a_1A^2},\omega_1=k_1(b_1k_1^2+3b_2k_2^2),\omega_2=k_2(b_2k_2^2+3b_1k_1^2)$.

(3) 取 $a_1=1,b_1=-(1+m_1^2),c_1=m_1^2;a_2=-(1+m_2^2),b_2=2-m_2^2,c_2=-1$,证明:

$$X(\theta_1)=\mathrm{sn}(\theta_1,m_1),\quad Y(\theta_2)=\mathrm{dn}(\theta_2,m_2),$$

$$\phi=\pm\left(\frac{m_1^2}{1-m_2^2}\right)^{\frac{1}{4}}\mathrm{sn}(\theta_1,m_1)\mathrm{dn}(\theta_2,m_2).$$

(4) 取 $a_1=1,b_1=-1,c_1=0;a_2=0,b_2=1,c_2=-1$(意味着 $m_1=0,m_2=1$),证明:

$$X(\theta_1)=\sin\theta_1,\quad Y(\theta_2)=\mathrm{sech}\theta_2,\quad\phi=\pm\frac{k_2\sin(\theta_1-\delta_1)}{k_1\cosh(\theta_2-\delta_2)},$$

$$\tan\frac{v}{2}=\pm\frac{k_2\sin(k_1x-\omega_1t-\delta_1)}{k_1\cosh(k_2x-\omega_2t-\delta_2)}\quad(\text{mKdV 方程的呼吸子}).$$

6.11 利用式(6.1.92),证明正弦-Gordon 方程(6.1.57)的下列解:

(1) $\alpha=0,\gamma=0,\beta<0:u=4\tan^{-1}[\mathrm{e}^{\pm l(\xi-\xi_0)}]\quad(\xi=x-ct)$;

(2) $\alpha=0,\gamma\neq0,\beta<0:u=4\tan^{-1}\left(\frac{c\sinh lx}{c_0\cosh lct}\right)$,

其中 $l^2=(1-\beta)\lambda_0^2,\lambda_0=f_0/c_0,c^2=c_0^2-f_0^2/l^2$.

6.12 简化的 Maxwell-Bloch 方程组为

$$\frac{\partial E}{\partial t}=s,\quad\frac{\partial s}{\partial x}=Eu+\alpha r,\quad\frac{\partial r}{\partial x}=-\alpha s,\quad\frac{\partial u}{\partial x}=-Es.$$

(1) 证明:当 $\alpha=0$ 时,方程组化为

$$\frac{\partial^2u}{\partial x^2}+E^2u-\frac{1}{E}\frac{\partial u}{\partial x}\frac{\partial E}{\partial x}=0,\quad\frac{\partial^2E}{\partial x\partial t}-Eu=0,$$

并证明:它有解:$u=\cos\phi,E=\frac{\partial\phi}{\partial x}$,而 ϕ 满足下列正弦-Gordon 方程

$$\frac{\partial^2\phi}{\partial x\partial t}=\sin\phi.$$

(2) 证明:当 $\alpha\neq0$ 时,若 $x\to\pm\infty$ 时,$E\to0,r\to0,s\to0,u\to-1$,则 E 有下列孤

立波解

$$E=a\operatorname{sech}\left[\frac{a}{2}(x-ct)+\delta\right],$$

其中 $c=\dfrac{4}{a^2+4\alpha^2}$.

6.13　证明:NLS 方程

$$\mathrm{i}\frac{\partial u}{\partial t}+\frac{\partial^2 u}{\partial x^2}+|u|^2u=0$$

有下列所谓 Ma 孤立子解:

$$u=a\mathrm{e}^{\mathrm{i}a^2t}\left[\frac{1+2m(m\cos\theta+\mathrm{i}n\sin\theta)}{n\cosh(\sqrt{2}max)+\cos\theta}\right],$$

其中 a,m 为实数,$n^2=1+m^2$,$\theta=2mna^2t$.

提示:设 $u=a\mathrm{e}^{\mathrm{i}a^2t}(1+A+\mathrm{i}B)$,$A,B$ 为实函数.

6.14　求 NLS 方程

$$\mathrm{i}\frac{\partial u}{\partial t}+\frac{\partial^2 u}{\partial x^2}+|u|^2u=0$$

的下列形式的行波解

$$u=\phi(\xi)\mathrm{e}^{\mathrm{i}[\theta(\xi)+nt]},\quad \xi=x-ct,$$

其中 c 和 n 是实常数,$\phi(\xi)$ 和 $\theta(\xi)$ 是实函数,并证明

$$\begin{cases}\left(\dfrac{\mathrm{d}\psi}{\mathrm{d}\xi}\right)^2=-2F(\psi),\quad F(\psi)=\psi^3-2\left(n-\dfrac{1}{4}c^2\right)\psi^2+A\psi+B,\\ \left(\dfrac{\mathrm{d}\theta}{\mathrm{d}\xi}\right)^2=\dfrac{1}{2}\left(c+\dfrac{B}{\psi}\right)\end{cases}\quad(\psi=\phi^2).$$

A 和 B 是实的积分常数,说明在行波解中的孤立波解为

$$u=a\mathrm{e}^{\mathrm{i}\left(\frac{c}{2}\xi+nt\right)}\operatorname{sech}\frac{a}{\sqrt{2}}\xi\quad\left(a^2=2\left(n-\frac{1}{4}c^2\right)>0\right).$$

6.15　求另一类 NLS 方程

$$\mathrm{i}\frac{\partial u}{\partial t}+\frac{\partial^2 u}{\partial x^2}-|u|^2u=0$$

的下列形式的行波解

$$u=\phi(\xi)\mathrm{e}^{\mathrm{i}[\theta(\xi)+nt]},\quad \xi=x-ct,$$

其中 c 和 n 是实常数,$\phi(\xi)$ 和 $\theta(\xi)$ 是实函数,并证明孤立波解为

$$\phi^2(\xi)=m-2k^2\operatorname{sech}^2k\xi,\quad \cot\theta(\xi)=-2k\tanh k\xi,$$

其中 $m=-n,k=\dfrac{1}{2}\sqrt{2m-c^2}\left(m>\dfrac{1}{2}c^2\right)$.

6.16　求准地转位涡度方程偶极子解中的水平速度场 $(v_r,v_\theta)=\left(-\dfrac{1}{r}\dfrac{\partial\psi}{\partial\theta},\dfrac{\partial\psi}{\partial r}\right)$.

6.17 考虑圆域($r\leqslant a$)内的二维流场(v_r, v_θ),设它满足

$$\frac{1}{r}\frac{\partial}{\partial r}(rv_r)+\frac{1}{r}\frac{\partial v_\theta}{\partial \theta}=0,$$

且流函数 $\psi=-caJ_1(kr)\sin\theta$,若在圆上($r=a$),$\psi=0$,试求流场$(v_r, v_\theta)=\left(-\frac{1}{r}\frac{\partial\psi}{\partial\theta},\frac{\partial\psi}{\partial r}\right)$并分析 ψ 的偶极子结构.

6.18 用双曲正切函数展开法求解非线性常微分方程

$$y'''+2yy''+2y'^2=0.$$

6.19 对于下列方程积分后(取积分常数为零),再用双曲正切函数展开法求行波解:

(1) Burgers 方程,式(6.2.23)对 θ 积分一次后求;

(2) KdV-Burgers 方程,式(6.2.31)对 θ 积分一次后求.

说明不积分求解和积分后求解的差别.

6.20 用双曲正切函数展开法求下列方程的行波解:

(1) 等离子体中暖电子与冷离子碰撞时所满足的方程:

$$\frac{\partial u}{\partial t}+u\frac{\partial u}{\partial x}+\frac{1}{2}\frac{\partial^3 u}{\partial x^3}-\nu\frac{\partial}{\partial x}\left(\frac{\partial u}{\partial t}+u\frac{\partial u}{\partial x}\right)=0;$$

(2) 弹性介质中的非线性波方程:

$$\frac{\partial^2 u}{\partial t^2}-c_0^2\frac{\partial^2 u}{\partial x^2}-\nu\frac{\partial u}{\partial x}\frac{\partial^2 u}{\partial x^2}-\sigma^2\frac{\partial^4 u}{\partial x^4}=0.$$

6.21 用双曲正切函数展开法求下列方程的行波解,并说明直接展开和积分一次(取积分常数为零)后展开结果的差别:

(1) KS(Kuramoto-Sivashinsky)方程:

$$\frac{\partial u}{\partial t}+u\frac{\partial u}{\partial x}-\nu\frac{\partial^2 u}{\partial x^2}+\beta\frac{\partial^4 u}{\partial x^4}=0;$$

(2) KdV-Burgers-Kuramoto 方程:

$$\frac{\partial u}{\partial t}+u\frac{\partial u}{\partial x}+\alpha\frac{\partial^2 u}{\partial x^2}+\beta\frac{\partial^3 u}{\partial x^3}+\gamma\frac{\partial^4 u}{\partial x^4}=0.$$

6.22 求下列反应扩散方程的行波解:

$$\frac{\partial u}{\partial t}-D\frac{\partial^2 u}{\partial x^2}-ru(1-u^m)(u^m-s)=0.$$

提示:令 $v=u^m$,再用双曲正切函数展开法.

6.23 求下列 TDB(Tzitzeica-Dodd-Bullough)方程的行波解

$$\frac{\partial^2 u}{\partial x\partial t}=\alpha e^{-u}+\beta e^{-2u}.$$

提示:令 $v=e^{-u}$,使方程化为$\frac{\partial^2 v}{\partial x\partial t}-\frac{\partial v}{\partial x}\frac{\partial v}{\partial t}+\alpha v^3+\beta v^4=0$,再用双曲正切函数

法求行波解.

6.24　用双曲正切函数展开法求 KP 方程

$$\frac{\partial}{\partial x}\left(\frac{\partial u}{\partial t}+u\frac{\partial u}{\partial x}+\beta\frac{\partial^3 u}{\partial x^3}\right)+\frac{c_0}{2}\frac{\partial^2 u}{\partial y^2}=0$$

的行波解,并说明直接展开、积分一次(取积分常数为零)后展开、积分两次(取积分常数为零)后展开结果的差别.

6.25　用双曲正切函数展开法求行波解(积分一次后展开):

(1) Kawahara 方程:$\frac{\partial u}{\partial t}+\alpha u\frac{\partial u}{\partial x}+\beta\frac{\partial^3 u}{\partial x^3}+\gamma\frac{\partial^5 u}{\partial x^5}=0$;

(2) mKawahara 方程:$\frac{\partial u}{\partial t}+\alpha u^2\frac{\partial u}{\partial x}+\beta\frac{\partial^3 u}{\partial x^3}+\gamma\frac{\partial^5 u}{\partial x^5}=0$.

6.26　用 Jacobi 椭圆正弦函数展开法求方程的行波解:

(1) BBM(Benjamin-Bona-Mahony)方程(或正则的长波方程):

$$\frac{\partial u}{\partial t}+c_0\frac{\partial u}{\partial x}+u\frac{\partial u}{\partial x}+\beta\frac{\partial^3 u}{\partial x^2\partial t}=0;$$

(2) mBBM(modified BBM)方程(或修正的正则的长波方程):

$$\frac{\partial u}{\partial t}+c_0\frac{\partial u}{\partial x}+\alpha u^2\frac{\partial u}{\partial x}+\beta\frac{\partial^3 u}{\partial x^2\partial t}=0;$$

(3) JE(Joseph-Egri)方程:$\frac{\partial u}{\partial t}+c_0\frac{\partial u}{\partial x}+u\frac{\partial u}{\partial x}+\beta\frac{\partial^3 u}{\partial x\partial t^2}=0$.

6.27　用 Jacobi 椭圆正弦函数展开法求 ZK(Zakharov-Kuznetsov)方程

$$\frac{\partial u}{\partial t}+\alpha u\frac{\partial u}{\partial x}+\beta\frac{\partial}{\partial x}\left(\frac{\partial^2 u}{\partial x^2}+\frac{\partial^2 u}{\partial y^2}\right)=0$$

的行波解.

6.28　对于下列方程积分(取积分常数为零)后再用 Jacobi 椭圆函数展开法求行波解.

(1) KdV 方程,式(6.3.32)对 θ 积分一次后求;

(2) mKdV 方程,式(6.3.67)对 θ 积分一次后求;

(3) Gardner 方程,式(6.3.78)对 θ 积分一次后求;

(4) Boussinesq 方程,式(6.3.49)对 θ 积分两次后求;

(5) KP 方程,式(6.3.91)对 θ 积分两次后求.

说明不积分求解和积分后求解的差别.

6.29　用 Jacobi 椭圆正弦函数展开,Jacobi 椭圆余弦函数展开和第三类 Jacobi 椭圆函数展开求 u^3 和 u^4 势能结合的非线性 Klein-Gordon 方程(即李政道方程)的行波解

$$\frac{\partial^2 u}{\partial t^2}-c_0^2\frac{\partial^2 u}{\partial x^2}+\alpha u-\beta u^2+\gamma u^3=0.$$

6.30 用Jacobi椭圆正弦函数展开法求行波解或驻波解($c=0$):

(1) BO(Benjamin-Ono)方程:$\frac{\partial^2 u}{\partial t^2}+\alpha\frac{\partial^2 u^2}{\partial x^2}+\beta\frac{\partial^4 u}{\partial x^4}=0$;

(2) Boussinesq方程:$\frac{\partial^2 u}{\partial t^2}-c_0^2\frac{\partial^2 u}{\partial x^2}+\alpha\frac{\partial^2 u^2}{\partial x\partial t}+\beta\frac{\partial^4 u}{\partial x^2\partial t^2}=0$;

(3) GL(Ginzberg-Landau)电磁场方程:$\frac{\partial^2 v}{\partial x^2}=\alpha u-\beta u^3+\gamma u^{-3}$.

提示:令 $v=u^2$,方程可化为 $2v\frac{\partial^2 v}{\partial x^2}-\left(\frac{\partial v}{\partial x}\right)^2=4\alpha v^2-4\beta v^3+4\gamma$,然后对 v 展开.

6.31 对于Jacobi椭圆函数 $\mathrm{sc}u\equiv\frac{\mathrm{sn}u}{\mathrm{cn}u}$,可以引入它的展开[简记S/C为 $\mathrm{sc}(\theta-\theta_0,m)$],试给出其运算规则,并求方程的行波解

(1) mKdV方程:$\frac{\partial u}{\partial t}+\alpha u^2\frac{\partial u}{\partial x}+\beta\frac{\partial^3 u}{\partial x^3}=0$;

(2) u^4 势能的非线性Klein-Gordon方程:$\frac{\partial^2 u}{\partial t^2}-c_0^2\frac{\partial^2 u}{\partial x^2}+\alpha u-\beta u^3=0$.

6.32 用Jacobi椭圆正弦函数展开法求解非对称耦合的标量场方程组:

(1) $\begin{cases}\frac{\mathrm{d}^2 u}{\mathrm{d}x^2}=\alpha_1 u+\alpha_2 uv,\\ \frac{\mathrm{d}^2 v}{\mathrm{d}x^2}=\beta_1 v+\beta_2 v^2+\beta_3 u^2;\end{cases}$ (2) $\begin{cases}\frac{\mathrm{d}^2 u}{\mathrm{d}x^2}=\alpha_1 u+\alpha_2 u^3+\alpha_3 uv^2,\\ \frac{\mathrm{d}^2 v}{\mathrm{d}x^2}=\beta_1 v+\beta_2 v^3+\beta_3 v(u^2-1).\end{cases}$

6.33 用Jacobi椭圆正弦函数展开法求变形的Boussinesq方程组的行波解

$$\begin{cases}\frac{\partial u}{\partial t}+u\frac{\partial u}{\partial x}+\frac{\partial v}{\partial x}+\alpha\frac{\partial^3 u}{\partial x^2\partial t}=0,\\ \frac{\partial v}{\partial t}+\frac{\partial uv}{\partial x}+\beta\frac{\partial^3 u}{\partial x^3}=0.\end{cases}$$

6.34 用Jacobi椭圆正弦函数展开法求空间二维色散的长波方程组的行波解

$$\begin{cases}\frac{\partial^2 u}{\partial y\partial t}+\alpha\frac{\partial^2 u^2}{\partial x\partial y}+\beta\frac{\partial^2 v}{\partial x^2}=0,\\ \frac{\partial v}{\partial t}+c_0\frac{\partial u}{\partial x}+\frac{\partial uv}{\partial x}+\gamma\frac{\partial^3 u}{\partial x^2\partial y}=0.\end{cases}$$

6.35 用Jacobi椭圆正弦函数展开法求耦合的非线性Klein-Gordon-Schrödinger方程组的行波解和包络行波解

$$\begin{cases}\frac{\partial^2 u}{\partial t^2}-c_0^2\frac{\partial^2 u}{\partial x^2}+f_0^2 u-\gamma|v|^2=0,\\ \mathrm{i}\frac{\partial v}{\partial t}+\alpha\frac{\partial^2 v}{\partial x^2}+\beta uv=0.\end{cases}$$

6.36　用 Jacobi 椭圆正弦函数展开,Jacobi 椭圆余弦函数展开和第三类Jacobi椭圆函数展开求耦合的 mKdV 方程组的行波解

$$\begin{cases}\dfrac{\partial u}{\partial t}+c_0\dfrac{\partial v}{\partial x}+\alpha u^2\dfrac{\partial u}{\partial x}+\beta\dfrac{\partial^3 u}{\partial x^3}=0,\\[2mm] \dfrac{\partial v}{\partial t}+\gamma v\dfrac{\partial v}{\partial x}+\delta\dfrac{\partial}{\partial x}(uv)=0.\end{cases}$$

6.37　用 Jacobi 椭圆正弦函数展开,Jacobi 椭圆余弦函数展开和第三类 Jacobi 椭圆函数展开求耦合的 NLS 方程组的包络行波解

$$\begin{cases}\mathrm{i}\dfrac{\partial u}{\partial t}+\alpha\dfrac{\partial^2 u}{\partial x^2}+(\beta_1|u|^2+\beta_2|v|^2)u=0,\\[2mm] \mathrm{i}\dfrac{\partial v}{\partial t}+\alpha\dfrac{\partial^2 v}{\partial x^2}+(\beta_1|u|^2+\beta_2|v|^2)v=0.\end{cases}$$

6.38　求非线性平流方程、KdV 方程和 mKdV 方程的第三个守恒律.

6.39　证明:NLS方程的第三个时间不变量为 $I_3=\int_{-\infty}^{+\infty}\left(\alpha\left|\dfrac{\partial u}{\partial x}\right|^2-\dfrac{\beta}{2}|u|^4\right)\mathrm{d}x$(微观粒子的能量).

6.40　求另一类变系数 KdV 方程的解

$$\frac{\partial u}{\partial t}+[\sigma(t)+\mu(t)x]\frac{\partial u}{\partial x}+\alpha(t)u\frac{\partial u}{\partial x}+\beta(t)\frac{\partial^3 u}{\partial x^3}+\nu(t)u=0.$$

6.41　求下列非线性方程的多级行波解:

(1) BBM(Benjamin-Bona-Mahony)方程(或正则的长波方程):$\dfrac{\partial u}{\partial t}+c_0\dfrac{\partial u}{\partial x}+u\dfrac{\partial u}{\partial x}+\beta\dfrac{\partial^3 u}{\partial x^2\partial t}=0$;

(2) Boussinesq 方程:$\dfrac{\partial^2 u}{\partial t^2}-c_0^2\dfrac{\partial^2 u}{\partial x^2}-\alpha\dfrac{\partial^2 u^2}{\partial x^2}-\beta\dfrac{\partial^4 u}{\partial x^4}=0$.

6.42　求下列非线性方程的多级行波解:

(1) mBBM(modified BBM)方程(或修正的正则的长波方程):$\dfrac{\partial u}{\partial t}+c_0\dfrac{\partial u}{\partial x}+\alpha u^2\dfrac{\partial u}{\partial x}+\beta\dfrac{\partial^3 u}{\partial x^2\partial t}=0$;

(2) Gardner 方程:$\dfrac{\partial u}{\partial t}+\alpha_1 u\dfrac{\partial u}{\partial x}+\alpha_2 u^2\dfrac{\partial u}{\partial x}+\beta\dfrac{\partial^3 u}{\partial x^3}=0$.

第 7 章

7.1 说明下列方程在一定初条件下存在活动奇点：

(1) $y'=1-xy^2$；

(2) $y'=\dfrac{y^2}{1-xy}$，　提示：$y=e^{xy}$；

(3) $2y'y'''=3y'^2$.

7.2 证明在下列标度变换下，方程的形式保持不变：

(1) Burgers 方程：$\dfrac{\partial u}{\partial t}+u\dfrac{\partial u}{\partial x}-\nu\dfrac{\partial^2 u}{\partial x^2}=0$

$$x'=\lambda^{-\gamma}x,\quad t'=\lambda^{-2\gamma}t,\quad u'=\lambda^{\gamma}u.$$

(2) KdV 方程：$\dfrac{\partial u}{\partial t}+u\dfrac{\partial u}{\partial x}+\beta\dfrac{\partial^3 u}{\partial x^3}=0$

$$x'=\lambda^{-\frac{1}{2}\gamma}x,\quad t'=\lambda^{-\frac{3}{2}\gamma}t,\quad u'=\lambda^{\gamma}u.$$

(3) mKdV 方程：$\dfrac{\partial u}{\partial t}+\alpha u^2\dfrac{\partial u}{\partial x}+\beta\dfrac{\partial^3 u}{\partial x^3}=0$

$$x'=\lambda^{-\gamma}x,\quad t'=\lambda^{-3\gamma}t,\quad u'=\lambda^{\gamma}u.$$

(4) NLS 方程：$\mathrm{i}\dfrac{\partial u}{\partial t}+\alpha\dfrac{\partial^2 u}{\partial x^2}+\beta|u|^2u=0$

$$x'=\lambda^{-\gamma}x,\quad t'=\lambda^{-2\gamma}t,\quad u'=\lambda^{\gamma}u.$$

利用这个性质可以扩展方程的解.

7.3 说明 KdV 方程

$$\frac{\partial u}{\partial t}\pm 6u\frac{\partial u}{\partial x}+\frac{\partial^3 u}{\partial x^3}=0$$

有自相似解

$$u=\pm(3t)^{-2/3}F(\xi),\quad \xi=(3t)^{-1/3}x.$$

7.4 对于非线性平流方程(7.2.30)，若取式(7.2.32)的两端均为零，即 $\alpha=2\gamma,\beta=\gamma$，求它的相似变换和自相似解.

7.5 利用相似变换化非线性热传导方程

$$\frac{\partial u}{\partial t}=\kappa\frac{\partial}{\partial x}\left(k(u)\frac{\partial u}{\partial x}\right)$$

为非线性常微分方程求解.

7.6 证明：柱 KdV 方程

$$2\frac{\partial u}{\partial t}-3u\frac{\partial u}{\partial x}+\frac{1}{3}\frac{\partial^3 u}{\partial x^3}+\frac{u}{t}=0$$

有形式为

$$u = -\frac{1}{3}\left(\frac{2}{t^2}\right)^{1/3} v(\xi), \quad \xi = (2t)^{-1/3} x$$

的自相似解. 并且证明:若 $\xi \to +\infty$ 时, v 充分快地趋于零,则 $w(\xi) = v^2$ 满足

$$\frac{\mathrm{d}^2 w}{\mathrm{d}\xi^2} - \xi w + w^3 = 0.$$

7.7 设方程有自相似解,相似变换为

$$\xi = x t^m, \quad v(\xi) = u t^n.$$

试确定 m, n 及 $v(\xi)$ 所满足的方程.

(1) u^3 势能的非线性 Klein-Gordon 方程: $\dfrac{\partial^2 u}{\partial t^2} - c_0^2 \dfrac{\partial^2 u}{\partial x^2} + \alpha u - \beta u^3 = 0$;

(2) NLS 方程: $\mathrm{i}\dfrac{\partial u}{\partial t} + \alpha \dfrac{\partial^2 u}{\partial x^2} + \beta |u|^2 u = 0$.

7.8 对于 Boussinesq 方程

$$\frac{\partial^2 u}{\partial t^2} - c_0^2 \frac{\partial^2 u}{\partial x^2} - \alpha \frac{\partial^2 u^2}{\partial x^2} - \beta \frac{\partial^4 u}{\partial x^4} = 0.$$

(1) 若设 $\xi = x - ct$,并对关于 ξ 的常微分方程积分两次,证明

$$\beta \frac{\mathrm{d}^2 u}{\mathrm{d}\xi^2} - (c^2 - c_0^2) u + \alpha u^2 = A\xi + B,$$

其中 A 和 B 为积分常数.

(2) 若令 $u = -\dfrac{6\beta}{\alpha} w + \dfrac{c^2 - c_0^2}{2\alpha}$,并选 $A = 1, B = \dfrac{(c^2 - c_0^2)^2}{12\beta^2}$,证明 w 满足 Painleve 方程 P_{I}:

$$\frac{\mathrm{d}^2 w}{\mathrm{d}\xi^2} = 6w^2 + \xi.$$

7.9 求 KP 方程

$$\frac{\partial}{\partial x}\left(\frac{\partial u}{\partial t} - 6u \frac{\partial u}{\partial x} + \frac{\partial^3 u}{\partial x^3}\right) + 3 \frac{\partial^2 u}{\partial y^2} = 0$$

的下列形式的自相似解

$$u = t^{-n} v(\xi), \quad \xi = x t^p + \lambda y^2 t^q,$$

并证明:在一定条件下 $w(\xi) = \sqrt{v(\xi)}$ 也满足 KP 方程.

7.10 求不可压缩流体的边界层方程[参见式(8.2.55)]

$$\frac{\partial \psi}{\partial y} \frac{\partial^2 \psi}{\partial x \partial y} - \frac{\partial \psi}{\partial x} \frac{\partial^2 \psi}{\partial y^2} = -\nu \frac{\partial^3 \psi}{\partial y^3}$$

的下列形式的自相似解

$$\psi = x^{-n} \phi(\eta), \quad \eta = y x^m.$$

第 8 章

8.1 求下列线性方程组的特征线和 Riemann 不变量：

(1) $\frac{\partial u}{\partial t}+g\frac{\partial h}{\partial x}=0,\frac{\partial h}{\partial t}+H\frac{\partial u}{\partial x}=0$（可引入 $c_0=\sqrt{gH}$）；

(2) $\frac{\partial u}{\partial t}-\frac{\partial p(v)}{\partial x}=0,\frac{\partial v}{\partial t}-c_0\frac{\partial u}{\partial x}=0$；

(3) $\frac{\partial v}{\partial x}+L\frac{\partial I}{\partial t}+RI=0,\frac{\partial I}{\partial x}+C\frac{\partial v}{\partial t}+Gv=0$；

(4) $\frac{\partial u}{\partial t}-c_0\frac{\partial u}{\partial x}=f_0v,\frac{\partial v}{\partial t}-c_0\frac{\partial v}{\partial x}=-f_0u\Big($即线性 Klein-Gordon 方程：$\frac{\partial^2 u}{\partial t^2}-c_0^2\frac{\partial^2 u}{\partial x^2}+f_0^2u=0\Big)$.

8.2 求非线性声波方程组

$$\begin{cases}\frac{\partial u}{\partial t}+u\frac{\partial u}{\partial x}+\frac{c_s^2}{\rho_0}\frac{\partial \rho'}{\partial x}=0,\\ \frac{\partial \rho'}{\partial t}+u\frac{\partial \rho'}{\partial x}+\rho_0\frac{\partial u}{\partial x}=0\end{cases}\quad(\rho_0,c_s^2\text{ 为常数})$$

的特征线和 Riemann 不变量.

8.3 求非线性惯性浅水波方程组

$$\begin{cases}\frac{\partial u}{\partial t}+u\frac{\partial u}{\partial x}+g\frac{\partial h}{\partial x}-f_0v=0,\\ \frac{\partial v}{\partial t}+u\frac{\partial v}{\partial x}+f_0u=0,\\ \frac{\partial h}{\partial t}+u\frac{\partial h}{\partial x}+h\frac{\partial u}{\partial x}=0\end{cases}\quad(g,f_0\text{ 为常数})$$

的特征线和 Riemann 不变量.

8.4 求解非线性平流方程$\frac{\partial u}{\partial x}+u\frac{\partial u}{\partial x}=0$ 的下列初值问题：

(1) $u|_{t=0}=u_0(x)=A\cos kx$；

(2) $u|_{t=0}=u_0(x)=\cos\pi x,u(x+2,t)=u(x,t)$.

8.5 证明方程

$$\frac{\partial u}{\partial t}+u\frac{\partial u}{\partial x}+au+bu^2=0$$

满足初条件 $u|_{t=0}=u_0(x)$的解为

$$u=\mathrm{e}^{-(at+bx)}u_0(\xi),$$

其中 $\xi=F(x)-G(t)\mathrm{e}^{bx}u$，$F(x)=\dfrac{1}{b}(\mathrm{e}^{bx}-1)$，$G(t)=\dfrac{1}{a}(\mathrm{e}^{at}-1)$.

8.6 在广义相对论中，Einstein 把引力修正为 $-\mu\left(\dfrac{1}{r^2}+\dfrac{3h^2}{c^2r^4}\right)$，证明：对行星轨道

(1) 径向运动方程修改为 $\dfrac{\mathrm{d}^2r}{\mathrm{d}t^2}-\dfrac{h^2}{r^3}=-\mu\left(\dfrac{1}{r^2}+\dfrac{3h^2}{c^2r^4}\right)$；

(2) 令 $u=\dfrac{1}{r}$，有 $\dfrac{\mathrm{d}^2u}{\mathrm{d}\theta^2}+u=\dfrac{\mu}{h^2}+\dfrac{3\mu}{c^2}u^2$；

(3) $\left(\dfrac{\mathrm{d}u}{\mathrm{d}\theta}\right)^2=\dfrac{2\mu}{c^2}\left(u^3-\dfrac{c^2}{2\mu}u^2+\dfrac{c^2}{h^2}u+\dfrac{Ec^2}{h^2}\right)$，$E$ 为积分常数，若设 $u^3-\dfrac{c^2}{2\mu}u^2+\dfrac{c^2}{h^2}u+\dfrac{Ec^2}{h^2}=0$ 有三个实根 $u_1>u_2>u_3$，试求 u.

8.7 应用 Legendre 变换化非线性方程为线性方程求解

(1) $\dfrac{\partial^2u}{\partial y^2}=f\left(\dfrac{\partial u}{\partial x}\right)\dfrac{\partial^2u}{\partial x^2}$；

(2) $\dfrac{\partial u}{\partial t}+u\dfrac{\partial u}{\partial x}=0$.

8.8 求解 Vakhnenko 方程

$$\frac{\partial}{\partial x}\left(\frac{\partial u}{\partial t}+u\frac{\partial u}{\partial x}\right)+\alpha u=0\quad(\alpha\text{ 为常数}).$$

(1) 令 $x=\xi+v(\xi,\tau)$，$\tau=t$，证明：方程化为 $\dfrac{\partial}{\partial x}\left(\dfrac{\partial^2v}{\partial\tau^2}\right)+\alpha\dfrac{\partial v}{\partial\tau}=0$，再乘以 $1+\dfrac{\partial v}{\partial\xi}$，方程又化为 $\dfrac{\partial^3v}{\partial\xi\partial\tau^2}+\alpha\dfrac{\partial v}{\partial\tau}\dfrac{\partial v}{\partial\xi}+\alpha\dfrac{\partial v}{\partial\tau}=0$；

(2) 令 $v=v(\eta)$，$\eta=\xi-c\tau$，并设 $v=\dfrac{B\mathrm{e}^{a\eta}}{1+\mathrm{e}^{a\eta}}$ 求解.

8.9 证明：Thomas 方程

$$\frac{\partial^2u}{\partial x\partial y}+\alpha\frac{\partial u}{\partial x}+\beta\frac{\partial u}{\partial y}+\gamma\frac{\partial u}{\partial x}\frac{\partial u}{\partial y}=0\quad(\alpha,\beta\text{ 和 }\gamma\text{ 为常数})$$

可以通过变换 $u=\dfrac{1}{\gamma}\ln v$ 化为下列线性方程

$$\frac{\partial^2v}{\partial x\partial y}+\alpha\frac{\partial v}{\partial x}+\beta\frac{\partial v}{\partial y}=0,$$

并令 $v=1+\mathrm{e}^{k(x-cy)}$ 求解.

8.10 对于非线性 Poisson 方程

$$\nabla_2^2u=F(u),$$

令 $\theta=kx+ly$，证明

$$\int \sqrt{\frac{k^2+l^2}{2\int F(u)\mathrm{d}u+C}}=\theta-\theta_0,$$

其中 θ_0 为任意常数.

8.11 把下列非线性方程化为守恒律的形式后求解:

(1) $\dfrac{\partial u}{\partial t}=\kappa\dfrac{\partial}{\partial x}\left(u^{-2}\dfrac{\partial u}{\partial x}\right)$;

(2) $\dfrac{\partial^2 u}{\partial x\partial y}+u\dfrac{\partial u}{\partial x}=0$.

8.12 证明:线性热传导方程

$$\frac{\partial v}{\partial t}=\kappa\frac{\partial^2 v}{\partial x^2},$$

(1) 通过变换 $v=\mathrm{e}^{\int F(u)\mathrm{d}u}$ 化为 $\dfrac{\partial u}{\partial t}=\kappa\left[\dfrac{\partial^2 u}{\partial x^2}+\dfrac{F''}{F'}\left(\dfrac{\partial u}{\partial x}\right)^2\right]+2\kappa F(u)\dfrac{\partial u}{\partial x}$;

(2) 通过变换 $v=F(u)f(t)$ 化为 $\dfrac{\partial u}{\partial t}=\kappa\left[\dfrac{\partial^2 u}{\partial x^2}+\dfrac{F''}{F'}\left(\dfrac{\partial u}{\partial x}\right)^2\right]-\dfrac{f'}{f}\cdot\dfrac{F}{F'}$;

(3) 在(2)中若取 $f(t)=\mathrm{e}^{-\mu t}$,$\dfrac{F'}{F}=G(u)$,则 $\dfrac{\partial u}{\partial t}=\kappa\left[\dfrac{\partial^2 u}{\partial x^2}+\dfrac{1-G'}{G}\left(\dfrac{\partial u}{\partial x}\right)^2\right]+\mu G(u)$;

(4) 在(3)中若取 $G(u)=\dfrac{u(a-u)}{a}$,则 $\dfrac{\partial u}{\partial t}=\kappa\left[\dfrac{\partial^2 u}{\partial x^2}+\dfrac{2}{a-u}\left(\dfrac{\partial u}{\partial x}\right)^2\right]+\mu G(u)$;

(5) 在(2)中若取 $f(t)=\mathrm{e}^{-\mu t}$,$F(u)=\dfrac{u}{a-u}$,则 $u=av(v+\mathrm{e}^{-\mu t})$.

8.13 对于 Legendre 变换(8.2.67),若设

$$\boldsymbol{A}(u)=\begin{bmatrix}\dfrac{\partial^2 u}{\partial x^2} & \dfrac{\partial^2 u}{\partial x\partial t}\\ \dfrac{\partial^2 u}{\partial x\partial t} & \dfrac{\partial^2 u}{\partial t^2}\end{bmatrix},\quad \boldsymbol{B}(v)=\begin{bmatrix}\dfrac{\partial^2 v}{\partial \xi^2} & \dfrac{\partial^2 v}{\partial \xi\partial \eta}\\ \dfrac{\partial^2 v}{\partial \xi\partial \eta} & \dfrac{\partial^2 v}{\partial \eta^2}\end{bmatrix},$$

证明 $\boldsymbol{AB}=\boldsymbol{I}\equiv\begin{bmatrix}1 & 0\\ 0 & 1\end{bmatrix}$.

8.14 证明:自治系统(8.2.140)和(8.2.149)都是三维保守系统.

8.15 利用 Cole-Hopf 变换,求 Burgers 方程的下列初值问题:

(1) $u_0(x)=\begin{cases}u_1, & x<x_0,\\ u_2, & x>x_0\end{cases}$ $(u_1>u_2)$. 提示:作变换 $\xi=\dfrac{x-x_0-\dfrac{u_1+u_2}{2}t}{2(u_1-u_2)}$,$\tau=\dfrac{t}{4(u_1-u_2)^2}$,$v=\dfrac{2u-(u_1+u_2)}{u_1-u_2}$.

(2) $u_0(x)=\begin{cases}u_1, & x<x_0,\\ u_2, & x>x_0\end{cases}$ $(u_1<u_2)$. 提示：作变换 $\xi=\dfrac{x-x_0-\dfrac{u_1+u_2}{2}t}{2(u_2-u_1)}$，$\tau=\dfrac{t}{4(u_2-u_1)^2}$，$v=\dfrac{2u-(u_1+u_2)}{u_2-u_1}$.

8.16　利用 Cole-Hopf 变换，设 $v=1+\mathrm{e}^{-2(k_1x-\omega_1t)}+\mathrm{e}^{-2(k_2x-\omega_2t)}$ $(\omega_1=2\nu k_1^2,\omega_2=2\nu k_2^2)$，求 u.

8.17　利用 WTC 方法求解

(1) Thomas 方程：$\dfrac{\partial^2u}{\partial x\partial y}+\alpha\dfrac{\partial u}{\partial x}+\beta\dfrac{\partial u}{\partial y}+\gamma\dfrac{\partial u}{\partial x}\dfrac{\partial u}{\partial y}=0$；

(2) 两波相互作用方程组：$\begin{cases}\dfrac{\partial u_1}{\partial t}+c_1\dfrac{\partial u_1}{\partial x}=-\beta u_1u_2,\\ \dfrac{\partial u_2}{\partial t}+c_2\dfrac{\partial u_2}{\partial x}=\beta u_1u_2.\end{cases}$

8.18　证明：

(1) $D_tD_x(u\cdot 1)=D_tD_x(1\cdot u)=\dfrac{\partial^2u}{\partial t\partial x}$；

(2) $D_x^m(u\cdot v)=(-1)^mD_x^m(v\cdot u)$，并且 $D_x^m(u\cdot u)=0$ (m 为奇数)；

(3) $D_t^mD_x^n(u\cdot v)=D_x^nD_t^m(u\cdot v)$；

(4) $D_t^mD_x^n(\mathrm{e}^{\theta_1}\cdot\mathrm{e}^{\theta_2})=(\omega_2-\omega_1)^m(k_1-k_2)^n\mathrm{e}^{\theta_1+\theta_2}$，$\theta_1=k_1x-\omega_1t$，$\theta_2=k_2x-\omega_2t$.

8.19　若令 $u=-2\dfrac{\partial^2\ln v}{\partial x^2}$，证明：

(1) Boussinesq 方程 $\dfrac{\partial^2u}{\partial t^2}-\dfrac{\partial^2u}{\partial x^2}-3\dfrac{\partial^2u^2}{\partial x^2}-\dfrac{\partial^4u}{\partial x^4}=0$ 的双线性形式为 $(D_t^2-D_x^2-D_x^4)(v\cdot v)=0$；

(2) KP 方程 $\dfrac{\partial}{\partial x}\left(\dfrac{\partial u}{\partial t}-6u\dfrac{\partial u}{\partial x}+\dfrac{\partial^3u}{\partial x^3}\right)+3\dfrac{\partial^2u}{\partial y^2}=0$ 的双线性形式为 $(D_tD_x+D_x^4+3D_y^2)(v\cdot v)=0$.

8.20　若令 $u=G/F$，证明：

(1) mKdV 方程 $\dfrac{\partial u}{\partial t}-6u^2\dfrac{\partial u}{\partial x}+\dfrac{\partial^3u}{\partial x^3}=0$ 的双线性形式为 $(D_t+D_x^3)(G\cdot F)=0$，$D_x^2(G\cdot G+F\cdot F)=0$；

(2) NLS 方程 $\mathrm{i}\dfrac{\partial u}{\partial t}+\dfrac{\partial^2u}{\partial x^2}+2|u|^2u=0$ 的双线性形式为 $(\mathrm{i}D_t+D_x^2)(G\cdot F)=0$，$D_x^2(F\cdot F)-2|G|^2=0$，这里 F 为实函数，G 为复函数.

8.21　若令 $u=2\mathrm{i}\ln\dfrac{\bar F}{F}$（$\bar F$ 为 F 的复共轭），证明：

(1) 正弦-Gordon 方程$\frac{\partial^2 u}{\partial t\partial x}=\sin u$ 的双线性形式为 $D_tD_x(F\cdot F)=\frac{1}{2}(F^2-\bar{F}^2)$;

(2) 正弦-Gordon 方程$\frac{\partial^2 u}{\partial t^2}-\frac{\partial^2 u}{\partial x^2}+\sin u=0$ 的双线性形式为$(D_x^2-D_t^2)(F\cdot F)=\frac{1}{2}(F^2-\bar{F}^2)$.

8.22 若令 $\tan\frac{u}{4}=G/F$,证明正弦-Gordon 方程$\frac{\partial^2 u}{\partial t^2}-\frac{\partial^2 u}{\partial x^2}+\sin u=0$ 的双线性形式为

$$(D_x^2-D_t^2-1)(F\cdot G)=0,\quad (D_x^2-D_t^2)(F\cdot F-G\cdot G)=0.$$

提示:证明$(F^2-G^2)[(D_x^2-D_t^2-1)(F\cdot G)]-2FG[(D_x^2-D_t^2)(F\cdot F-G\cdot G)]=0$.

第 9 章

9.1 证明式(9.2.23). 提示:令 $v_1=C_1e^{\mu_1 x}+C_1e^{-\mu_1 x}$, $v_2=C_3e^{\mu_2 x}+C_4e^{-\mu_2 x}$ 有 $\left(\frac{dv_1}{dx}\right)^2-\mu_1^2v_1^2=\left(\frac{dv_2}{dx}\right)^2-\mu_2^2v_2^2$.

9.2 证明式(9.2.32).

9.3 证明式(9.3.20).

9.4 证明式(9.6.3).

9.5 对分立谱,利用式(9.3.10)证明 $x\to\pm\infty$ 时,$\int\frac{1}{\psi^2}dx$ 和 $\psi\int\frac{1}{\psi^2}dx$ 均无界.

9.6 对连续谱,证明式(9.3.12),(9.3.24),(9.3.26),(9.3.27)和(9.3.28).

9.7 证明 KdV 方程单孤立子解中 Schrödinger 方程的本征值问题

$$\begin{cases}\dfrac{\partial^2\psi_0}{\partial x^2}+(\lambda+2\operatorname{sech}^2 x)\psi_0=0 \quad (-\infty<x<+\infty),\\ \psi_0\mid_{x\to-\infty}\text{有界},\quad \psi_0\mid_{x\to+\infty}\text{有界}.\end{cases}$$

可以通过变换

$$\xi=\frac{1}{2}(1-\tanh x),\quad \psi_0=\phi_0\operatorname{sech}^2 x=\phi_0[4\xi(1-\xi)]$$

化为下列超比方程的本征值问题

$$\begin{cases}\xi(1-\xi)\dfrac{\partial^2\phi_0}{\partial\xi^2}+(-\lambda+1)(1-2\xi)\dfrac{\partial\phi_0}{\partial\xi}\\ \qquad -(-\lambda-1)(-\lambda+2)\phi_0=0 \quad (0<\xi<1),\\ \phi_0\mid_{\xi=0}\text{有界},\quad \phi_0\mid_{\xi=1}\text{有界}\end{cases}$$

并求解.

提示:$\alpha=-\lambda-1,\beta=-\lambda+2,\gamma=-\lambda+1$;本征值 $\alpha=-n(n=0,1,2,\cdots)$;本征函数 $F(-n,\beta,\gamma,\xi)$.

9.8 证明 KdV 方程双孤立子解中 Schrödinger 方程的本征值问题

$$\begin{cases}\dfrac{\partial^2\psi_0}{\partial x^2}+(\lambda+6\operatorname{sech}^2 x)\psi_0=0 \quad (-\infty<x<+\infty),\\ \psi_0\,|_{x\to-\infty}\text{ 有界},\quad \psi_0\,|_{x\to+\infty}\text{ 有界}\end{cases}$$

可以通过变换

$$\xi=\frac{1}{2}(1-\tanh x),\quad \psi_0=\phi_0\operatorname{sech}^2 x=\phi_0[4\xi(1-\xi)]$$

化为下列超比方程的本征值问题

$$\begin{cases}\xi(1-\xi)\dfrac{\partial^2\phi_0}{\partial\xi^2}+(-\lambda+1)(1-2\xi)\dfrac{\partial\phi_0}{\partial\xi}-(-\lambda-2)(-\lambda+3)\phi_0=0 \quad (0<\xi<1),\\ \phi_0\,|_{\xi=0}\text{ 有界},\quad \phi_0\,|_{\xi=1}\text{ 有界}\end{cases}$$

并求解.

提示:$\alpha=-\lambda-2,\beta=-\lambda+3,\gamma=-\lambda+1$;本征值 $\alpha=-n(n=0,1,2,\cdots)$;本征函数 $F(-n,\beta,\gamma,\xi)$.

9.9 用散射反演法求解下列 KdV 方程的初值问题:

$$\begin{cases}\dfrac{\partial u}{\partial t}-6u\dfrac{\partial u}{\partial x}+\dfrac{\partial^3 u}{\partial x^3}=0 \quad (-\infty<x<+\infty,t>0),\\ u\,|_{t=0}=-12\operatorname{sech}^2 x \quad (-\infty<x<+\infty).\end{cases}$$

9.10 设 $E(t)=0$,

(1) 利用式(9.6.6)证明$\dfrac{\partial L}{\partial t}=-\dfrac{\partial u}{\partial t}$;

(2) 利用(1)和式(9.6.9),将 Lax 方程(9.6.11)用于 ψ,证明

$$\frac{\partial u}{\partial t}-6u\frac{\partial u}{\partial x}+\frac{\partial^3 u}{\partial x^3}=0.$$

9.11 将 Lax 方程扩展到空间二维(称为 Zakharov-Shabat 方法),即写式(9.6.6)为

$$L\equiv\frac{\partial^2}{\partial x^2}-u(x,y,t)+\frac{\partial}{\partial y},$$

而将式(9.6.9)(取 $E(t)=0$)扩展为

$$M=-4\frac{\partial^3}{\partial x^3}+6u\frac{\partial}{\partial x}+3\frac{\partial u}{\partial x}+w(x,y,t),$$

并令 $3\dfrac{\partial u}{\partial y}=-\dfrac{\partial w}{\partial x}$,证明可得到 KP 方程

$$\frac{\partial}{\partial x}\left(\frac{\partial u}{\partial t}-6u\frac{\partial u}{\partial x}+\frac{\partial^3 u}{\partial x^3}\right)+3\frac{\partial^2 u}{\partial y^2}=0.$$

9.12 利用式(9.7.19)和(9.7.22),证明:相容性条件为

$$\frac{\partial \boldsymbol{M}}{\partial x}-\frac{\partial \boldsymbol{N}}{\partial t}+[\boldsymbol{M},\boldsymbol{N}]=0.$$

9.13 设 $\psi=(\psi_1(x,\lambda),\psi_2(x,\lambda))$ 是方程组(9.7.18)的解,若 $r=\pm q$,证明

$$\psi=(\psi_2(x,-\lambda),\pm\psi_1(x,-\lambda)).$$

9.14 在(9.7.43)式中取 $q=u,r=-u$,求非线性演化方程和相应的 Lax 对.

9.15 写出 mKdV 方程、NLS 方程和正弦-Gordon 方程的算子偶.

9.16 证明:Thomas 方程 $\frac{\partial^2 u}{\partial x\partial y}+\alpha\frac{\partial u}{\partial x}+\beta\frac{\partial u}{\partial y}+\gamma\frac{\partial u}{\partial x}\frac{\partial u}{\partial y}=0$ 的 Lax 对为

$$\begin{cases}\dfrac{\partial\psi}{\partial x}=-\dfrac{\partial u}{\partial x}-\left(2\beta+\gamma\dfrac{\partial u}{\partial x}\right)\psi,\\[2mm]\dfrac{\partial\psi}{\partial y}=\dfrac{\partial u}{\partial y}-\left(2\alpha+\gamma\dfrac{\partial u}{\partial y}\right)\psi.\end{cases}$$

第 10 章

10.1 对于式(10.2.34),若取 $c=\mathrm{i}c_1$,令 $\sqrt{\beta}=\frac{c_1}{\sqrt{c_0^2+c_1^2}}$,$\sqrt{1-\beta}=\frac{c_0}{\sqrt{c_0^2+c_1^2}}$,则它化为正弦-Gordon 方程的呼吸子解

$$\tan\frac{u_3}{4}=-\sqrt{\frac{1-\beta}{\beta}}\frac{\sin\sqrt{\beta}c_0t}{\cosh\sqrt{1-\beta}\lambda_0x}\quad(\lambda_0\equiv f_0/c_0).$$

提示:$\sin\mathrm{i}u=\mathrm{i}\sinh u$,$\cos\mathrm{i}u=\cosh u$.

10.2 证明:Darboux 变换(10.4.9)可改写为

$$\begin{cases}\psi=\dfrac{\partial\psi_0}{\partial x}-\left(\dfrac{\partial\ln\psi_0^*}{\partial x}\right)\psi_0,\\[2mm]u=\lambda_0+\psi_0^*\dfrac{\partial^2}{\partial x^2}\left(\dfrac{1}{\psi_0^*}\right).\end{cases}$$

10.3 证明下列特解:

(1) $\frac{\partial^2\psi_0}{\partial x^2}+[-(n+1)^2+n(n+1)\mathrm{sech}^2x]\psi_0=0$:$\psi_0^*=\cosh^{n+1}x$;

(2) $\frac{\partial^2\psi_0}{\partial x^2}+[-n^2+n(n+1)\mathrm{sech}^2x]\psi_0=0$:$\psi_0^*=\mathrm{sech}^nx$.

10.4 设 ψ_0 满足下列方程

$$\frac{\partial^2\psi_0}{\partial x^2}+(\lambda-u_0)\psi_0=0\quad(u_0=-n(n+1)\mathrm{sech}^2x,n=0,1,2,\cdots).$$

已知:当 $\lambda=\lambda_0=-(n+1)^2(n=0,1,2,\cdots)$ 时有特解 $\psi_0^*=\cosh^{n+1}x$,求 Darboux

变换：

(1) $n=0,\lambda_0=-1,u_0=0,\psi_0^*=\cosh x$；

(2) $n=1,\lambda_0=-4,u_0=-2\operatorname{sech}^2 x,\psi_0^*=\cosh^2 x$，

并证明一般情况下的 Darboux 变换为

$$\psi=\left(\frac{\mathrm{d}}{\mathrm{d}x}-n\tanh x\right)\left(\frac{\mathrm{d}}{\mathrm{d}x}-(n-1)\tanh x\right)\cdots\left(\frac{\mathrm{d}}{\mathrm{d}x}-\tanh x\right)\psi_0,$$

$$\psi_0=A\mathrm{e}^x+B\mathrm{e}^{-x},\quad u=-(n+1)(n+2)\operatorname{sech}^2 x.$$

10.5 证明 KdV 方程

$$\frac{\partial u}{\partial t}+u\frac{\partial u}{\partial x}+\beta\frac{\partial^3 u}{\partial x^3}=0$$

经过 $u=\frac{\partial w}{\partial x},u_0=\frac{\partial w_0}{\partial x}$的变换后，Bäcklund 变换为

$$\begin{cases}\dfrac{\partial w}{\partial x}=-\dfrac{\partial w_0}{\partial x}+m-\dfrac{1}{12\beta}(w-w_0)^2,\\ \dfrac{\partial w}{\partial t}=-\dfrac{\partial w_0}{\partial t}+\dfrac{1}{6}(w-w_0)\left(\dfrac{\partial^2 w}{\partial x^2}-\dfrac{\partial^2 w_0}{\partial x^2}\right)-\dfrac{1}{3}\left[\left(\dfrac{\partial w}{\partial x}\right)^2+\dfrac{\partial w}{\partial x}\dfrac{\partial w_0}{\partial x}+\left(\dfrac{\partial w_0}{\partial x}\right)^2\right].\end{cases}$$

提示：根据习题 1.7，将(10.3.26)的第一式和式(10.3.27)中的 x 换为$\beta^{-1/3}x$，w 和 w_0 分别换为$-\frac{1}{6}\beta^{-2/3}w$ 和$-\frac{1}{6}\beta^{-2/3}w_0$.

10.6 证明 KdV 方程解的非线性叠加公式(10.3.39).

10.7 设 $w_0=0,w_1=-2\tanh(x-4t),w_2=-4\coth 2(x-16t),\lambda_1=-1,\lambda_2=-4$，根据 KdV 方程解的叠加公式求 w_3 和 u_3.

提示：

$$w_3=-\frac{6}{2\coth 2(x-16t)-\tanh(x-4t)},$$

$$u_3=-12\frac{3+4\cosh 2(x-4t)+\cosh 4(x-16t)}{[3\cosh(x-28t)+\cosh 3(x-12t)]^2}.$$

10.8 证明 NLS 方程

$$\mathrm{i}\frac{\partial u}{\partial t}+\frac{\partial^2 u}{\partial x^2}+2|u|^2 u=0$$

的 Bäcklund 变换为

$$\begin{cases}\dfrac{\partial u}{\partial x}=-\dfrac{\partial u_0}{\partial x}+(u-u_0)\sqrt{4\lambda^2-|u+u_0|^2},\\ \dfrac{\partial u}{\partial t}=-\dfrac{\partial u_0}{\partial t}+\mathrm{i}\left(\dfrac{\partial u}{\partial x}-\dfrac{\partial u_0}{\partial x}\right)\sqrt{4\lambda^2-|u+u_0|^2}+\dfrac{\mathrm{i}}{2}(u+u_0)[|u+u_0|^2\\ \qquad +|u-u_0|^2],\end{cases}$$

其中 u 和 u_0 满足 NLS 方程，并在 $u_0=0$ 的条件下求 NLS 方程的解.

10.9 证明 mKdV 方程

$$\frac{\partial u}{\partial t}+6u^2\frac{\partial u}{\partial x}+\frac{\partial^3 u}{\partial x^3}=0$$

的 Bäcklund 变换为

$$\begin{cases}\dfrac{\partial w}{\partial x}=-\dfrac{\partial w_0}{\partial x}+2k\sin(w-w_0),\\[2ex]\dfrac{\partial w}{\partial t}=-\dfrac{\partial w_0}{\partial t}-2k\left[\left(\dfrac{\partial u}{\partial x}-\dfrac{\partial u_0}{\partial x}\right)\cos(w-w_0)+(u^2-u_0^2)\sin(w-w_0)\right],\end{cases}$$

其中 $u\equiv\dfrac{\partial w}{\partial x}$,$u_0\equiv\dfrac{\partial w_0}{\partial x}$,$u$ 和 u_0 满足 mKdV 方程. 取 $w_0=0$,证明

$$w=\pm 2\tan^{-1}\left[\mathrm{e}^{2k(x-4k^2t-x_0)}\right].$$

引进 k_1,k_2 和 w_1,w_2,w_3,证明 w 的叠加公式为

$$w_3=w_0+2\tan^{-1}\left[\frac{k_1+k_2}{k_1-k_2}\tan\frac{1}{2}(w_2-w_1)\right].$$

10.10 应用 Bäcklund 变换

$$\begin{cases}\dfrac{\partial v}{\partial x}=u-v^2,\\[2ex]\dfrac{\partial v}{\partial t}=-\dfrac{\partial^2 u}{\partial x^2}+2\left(u\dfrac{\partial v}{\partial x}+v\dfrac{\partial u}{\partial x}\right)\end{cases}$$

证明 u 和 v 分别满足下列 KdV 方程和 mKdV 方程:

$$\frac{\partial u}{\partial t}-6u\frac{\partial u}{\partial x}+\frac{\partial^3 u}{\partial x^3}=0,\quad \frac{\partial v}{\partial t}-6v^2\frac{\partial v}{\partial x}+\frac{\partial^3 v}{\partial x^3}=0.$$

参考文献

[1] Ablowitz M J, Clarkson P A. Solitons, Nonlinear Evolutions and Inverse Scattering Transform. Cambridge: Cambridge University Press, 1991.

[2] Ames W F. Nonlinear Partial Differential Equations in Engineering, Vol 1. New York: Academic Press, 1965.

[3] Ames W F. Nonlinear Partial Differential Equations in Engineering, Vol 2. New York: Academic Press, 1972.

[4] Acton J R, Squire P T. Solving Equations with Physical Understanding. New York: Adam Hilger Led, 1985.

[5] Bateman H, Erdelyi A. Higher Transcendental Functions. New York: McGraw-Hill, 1995.

[6] Bhatnagar P L. Nonlinear Waves in One-dimensional Dispersive Systems. Oxford: Clarendon Press, 1979.

[7] Bluman G W, Cole I D. Similarity Methods for Differential Equations. Berlin: Springer, 1974.

[8] Bluman G W, Kumes S. Symmetries and Differential Equations. Applied Mathematical Sciences, Vol 81. Berlin: Springer-Verlag, 1989.

[9] Dauxois T, Peyrard M. Physics of Solitons. Cambridge: Cambridge University Press, 2006.

[10] Dodd R K, Eilbeck J C, Gibbon J D, Morris H C. Solitons and Nonlinear Wave Equations. New York: Academic Press, 1984.

[11] Drazin P G, Johnson R S. Soliton: An Introduction. Cambridge: Cambridge University Press, 1988.

[12] Fushchich W I, Serov N I, Shtelen W M. Some Exact Solutions of Multidimensional Nonlinear d′Alembert, Liouville, Eikonal and Dirae equations, in: Group-theoretical Methods in Physics. New York: Horwood Academic Publ., 1984.

[13] Fushchich W I, Shtelen W M. On some exact solutions of the nonlinear

equations of quantum electrodynamics. Phys Lett B，1985. 128.

[14] Fushchich W I，Shtelen W M，Serov N I. Symmetry Analysis and Exact Solutions of Equations of Nonlinear Mathematical Physics. Dordrecht：Kluwer Academic Publ.，1993.

[15] Fu Z T，Liu S K，Liu S D，Zhao Q. New Jacobi elliptic functions expansion and new periodic solutions of nonlinear wave equations. Phys Lett A 290，2001. 72.

[16] Gardner C S，Greene J M，Kruskal M D，Miura R M. Method for solving the Kortweg-de Vries equation. Phys Rev Lett，1967. 19.

[17] 谷超豪等. 孤立子理论与应用. 浙江：科学技术出版社，1990.

[18] 郭柏灵，庞小峰. 孤立子. 北京：科学出版社，1987.

[19] 郭柏灵. 非线性波和孤立子. 力学与实践，1982. 4.

[20] Guo B L. Some Problems of The Generalized Kuramoto-Sivashinsky Type Equations in Dispersive Effects. Nonlinear Physics，Berlin：Springer-Verlag，1989.

[21] Grundland A M，Harnad J，Winternitz D. Symmetry reduction for nonlinear relativistically in variant equations. J Math Phys，1984. 25.

[22] Hirota R. Exact solutions of the Korteweg-de Vries equation for multiple collisions of solution. Phys Rev Lett，1971. 27.

[23] Ibragimov N K. Transformation Groups Applied to Mathematical Physics. Dordrecht：Reidel Publ. Company，1985.

[24] Jackson E A. Perspectives of Nonlinear Dynamics. Cambridge：Cambridge University Press，1989.

[25] Kolk W R. Nonlinear System Dynamics. Netherlands：Reinhold，1992.

[26] Lon H B，Wang K L. Exact solutions for two nonlinear equations I. J Phys A Math Gen 23，1990. 3923.

[27] Landau L D，Lifshits E M. Quantum Mechanics Non-relativistic Theory. London：Pergamon Press，1965.

[28] 刘式达，刘式适. 大气中的非线性椭圆余弦波和孤立波. 中国科学，1982. 4.

[29] 刘式适，刘式达. 特殊函数(第二版). 北京：气象出版社，2002.

[30] Liu S K，Liu S D. Heteroclinic orbit on the KdV-Burgers equation and Fisher equation. Commun Theor. Phys，1991. 16.

[31] Liu S K，Liu S D. On the dispersion effects of atmospheric motion. Dyn. Atmos Oceans，1995. 22.

[32] Liu S K，Fu Z T，Liu S D，Zhao Q. Jacobi elliptic function expansion method and periodic wave solutions of nonlinear wave equations. Phys Lett A

289，2001. 69.

[33] Liu S K，Fu Z T，Liu S D，Zhao Q. Power series expansion method and its applications to nonlinear wave equations. Phys Lett A 309，2003. 234.

[34] Liu S K，Fu Z T，Lin S D，Zhao Q. A simple fast method in finding particular solutions of some nonlinear PDE. Appl Math and Mech.，2001. 153.

[35] 刘式适，付遵涛，王彰贵，刘式达. Lamé 函数和非线性演化方程的扰动方法. 物理学报，2003. 1837.

[36] Liu S K，Fu Z T，Liu S D，Wang Z G. Lamé function and multi-order exact solutions to nonlinear evolution equations. Chaos，Solitons and Fractals，2004. 795.

[37] 李翊神. KdV 和 KP 方程新型的 Darboux 变换. 中国科学，1992. 6.

[38] Nayfeh A H. Perturbation Methods. New York：John Wiley and Sons，1973.

[39] Nishitani T，Tajiri M. On similarity solutions of the Boussinesq equation. Phys Lett A，1982. 89.

[40] Olver P，Rosenau P. The constriction of special solutions to partial differential equations. Phys Lett A，1986. 114.

[41] 庞小峰. 非线性量子力学. 北京：电子工业出版社，2009.

[42] Rogers C，Shadwick W K. Bäcklund Transformations and Their Applications. New York：Academic Press，1982.

[43] Sachdev P L. Nonlinear Diffusive Waves. Cambridge：Cambridge University Press，1987.

[44] Sachdev P L. Nonlinear Ordinary Differential Equations and Their Applications. New York：Dekker Inc，1991.

[45] Seshadri R，Na T Y. Group Invariance in Engineering Boundary Value Problems. Berlin：Springer-Verlag，1985.

[46] Tjon J，Wright J. Solitons in the continuous Hersenberg spin chain. Phys Rev B，1977. 15.

[47] 户田盛和，渡辺慎介. 非線形力学. 东京：共立出版株式会社，1983.

[48] Wazwaz A M. Spatial Differential Equations and Solitary Waves Theory. Beijing：Higher Education Press，2009.

[49] Weiss J，Tabor M，Carnevale G. The painleve property for partial differential equations. J Math Phys，1983. 24.

[50] Whitham G B. Linear and Nonlinear Waves. New York：John Wiely and Sons，1974.